수공구조물 공학설계를 위한

수문학·수리학

윤용남·안재현·김태웅 지음

HYDROLOGY AND HYDRAULICS

교문사

머리말

수문학(水文學, Hydrology)과 수리학(水理學, Hydraulics)은 수공학 분야의 주요 과목으로서 밀접하게 연관되어 있다. 수문학을 통해 계산된 다양한 수문인자들은 수공구조물 설계를 위한 기본 자료가 되며, 수리학의 이론들을 이용해서 구체적인 설계 제원이 결정된다. 이 책에서는 일반적으로 독립되어 출판되는 수문학과 수리학을 함께 묶어 각각 1편과 2편으로 구성하였다. 그 자체로도 방대한 분량인 수문학과 수리학을 주요 핵심내용 위주로 정리해서 학부수준에서 독자들의 이해를 돕고자 하였다. 특히 수문학과 수리학을 함께 다룸으로써 수공구조물의 공학설계를 위한 기본 이론 및 적용사례를 제공하는 것이 이 책의 주된 목적이다.

1편 수문학

수문학은 지구상의 물의 순환 전 과정을 다루는 과학의 한 분야로서 인간과 자연이 필요로 하는 물의 공급이라든지, 홍수 및 가뭄으로 인한 피해의 저감, 도시 내 배수처리, 홍수터의 관리 등 물의 환경적 중요성 때문에 토목공학 및 환경공학분야 기술자뿐만 아니라 지구과학과 관련된 기술자에게는 기본적으로 대단히 중요한 학문분야이다.

20세기 전반부까지만 하더라도 수문학의 주된 관심사항이던 수자원의 개발과 관리는 주로 물의 공급과 홍수조절에 초점이 맞추어져 왔다. 그러나 최근에는 이들 문제 이외에도 환경보전의 중요성에 대한 일반 대중의 의식이 크게 높아져서 물 문제의 해결을 위해서는 기존의 구조물적 수단보다는 다른 새로운 대안의 개발이 필요한 것이 현실이다.

1편에서는 물의 순환에 대한 기본원리를 간략히 설명하고, 수공구조물 공학설계를 위한 적용방법 및 절차를 제시하는 데 주력하였다. 1편의 1~8장은 주당 3시간, 1학기 16주 동안의 학부과정 「수문학」에서 모두 다룰 수 있도록 구성하였다.

2편 수리학

수리학은 정지 혹은 유동상태에 있는 물의 역학적인 해석을 위한 학문의 분야이다. 따라서, 수리학에서는 토목공학 분야에서 주 관심사가 되는 유체인 물에 관한 역학적인 기본원리를 유체역학의 이론에 의해 전개하고, 이들 원리를 기초로 하여 자연계에서 발생하는 여러 가지 수리학적 문제를 실질적으로 해결하는 방법을 광범위하게 취급하고 있다.

물의 흐름은 현상자체가 복잡하여 해석적 방법만으로는 항상 만족할 만한 결과를 얻을 수는 없으므로 각종의 실험 및 경험적 요소에 힘입어 실제 문제를 해결하는 것이 일반적이다. 예를 들면, 물의 이용과 관리를 위한 수리구조물의 경우, 흐름의 경계조건이 복잡하여 해석적 방법만으로는 문제의 해결이 곤란하므로 여러 가지 실험결과에 의한 경험적 방법을 응용하게 된다. 2편에서는 복잡한 이론적 혹은 수학적 전개를 통한 분석방법을 지양하고, 각종 수리현상에 대한 기본식을 유도하고, 수공구조물 공학설계를 위해 기본식을 적용하는 방법을 예제풀이를 통해 설명하였다. 기본적으로 주당 3시간, 1학기 16주 동안의 학부과정 「수리학」에서 다룰 수 있도록 구성하였다. 만일, 수리학을 두 학기로 나누어 강의한다면 첫 번째 학기에서는 2편 1~5장을, 두 번째 학기에서는 2편 6~9장과 1편 4장 지하수를 포함시킬 수 있다.

이 책이 출판되기까지 물심양면으로 지원해 준 교문사 류원식 대표님과 직원 여러분께 깊은 감사를 드린다.

2021년 1월
대표저자 윤용남

차 례

1편 **수문학**

Chapter 03

증발 · 증산과 침투

Chapter 04

지하수

Chapter 05

하천유량과 유출

Chapter 06

수문곡선 해석 및 합성

Chapter 07

수문학적 홍수추적

Chapter 08

수공구조물의 수문학적 설계

2편 수리학

Chapter 05

개수로내의 정상등류

Chapter **06**

개수로내의 정상부등류

Chapter **07**

수리구조물

Chapter **08**

흐름의 계측

1편

수문학

Chapter

01 물의 순환과 수자원

1.1 물의 순환

지구상에서의 물의 순환(hydrologic cycle) 개념은 수문학(hydrology)을 연구하는 데 있어서 대단히 편리하고 유용한 개념이다. 여기서, 수문학은 지구상에 존재하는 물의 생성, 순환, 분포와 물리화학적 성질을 포함하여 물이 환경에 어떠한 작용을 하며, 생물과는 어떠한 관계를 가지는가를 취급하는 과학의 한 분야로서 지구상의 물의 순환 전 과정을 다루는 학문이다. 그림 1.1은 물의 순환과정을 서술적으로 표현한 것이며, 그림 1.2는 이를 도식적으로 표현한 것이다. 물은 지면이나 바다로부터 증발하여 수증기가 되며, 구름을 형성하게 되고 기단(air mass)에 의해 이동하다가 적절한 기상학적 조건이 구비되면 강수(precipitation)의 형태로 지상에 떨어지게 된다.

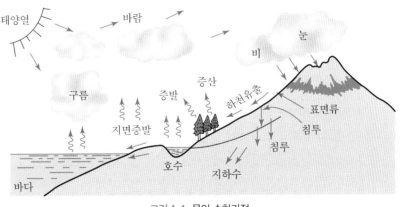

그림 1.1 물의 순환과정

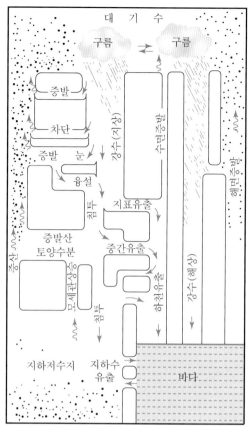

그림 1.2 물의 순환과정 모식도

지상에 떨어지는 강수는 여러 가지 과정을 거치게 된다. 즉, 강수의 상당한 부분은 지표면이나 토양 속에 저류되나 결국에는 증발(evaporation) 및 식물의 뿌리와 잎을 통한 증산(transpiration)에 의해 대기 중으로 되돌아간다. 또한 강수의 일부분은 지표면이나 토양 속을 통해 하도로 유입되기도 하며 일부는 토양 속으로 더 깊이 침투하여 지하수(groundwater)가 되기도 한다. 자연하도로 유입되는 지표수(surface streamflow)와 토양 속으로 흐르는 지하수는 중력에 의해 높은 곳으로부터 낮은 곳으로 흘러 결국에는 바다에 이르게 된다. 그러나 지표수와 지하수의 상당한 부분은 바다에 도달하기 전에 증발과 증산 현상에 의해 대기 중으로 되돌아가게 된다.

그림 1.1과 1.2는 물의 순환과정을 개념적으로 표시하는 것으로 실제의 순환과정은 대단히 복잡하다. 예를 들면 지표하천을 통해 흐르는 물은 지하로 침투될 수도 있고 반대로 지하수가 하천으로 방출되는 경우도 있으며, 눈(snow)의 형태로 내린 강수가 수개월 동안 지상에 쌓여 있다가 기온의 상승으로 녹아서 지표하천이나 지하수층으로 흐를 수도 있다.

위에서 소개한 물의 순환과정은 물의 이동이 일정률로 연속된다는 의미는 결코 아니다. 즉, 순환과정을 통한 물의 이동은 시간 및 공간적인 변동성을 가지는 것이 보통이다. 때로는 강수가 극심하여 하천의 통수능력을 초과함으로써 홍수를 발생시키기도 하며 반대로 장기간에 강수가 전혀 없어서 하천유출이 중단되어 가뭄을 발생시키기도 한다. 또한 인접한 지역이지만 물의 순환양상이 크게 상이한 경우도 대단히 많다. 물의 순환과정의 시간 및 공간적 변동성을 극복하기 위한 인위적인 수단으로 각종 수공구조물이 건설되는 것이므로 수자원기술자가 가장 관심을 가지는 부분은 물의 극한적 과다와 과소현상인 홍수와 가뭄이라 할 수 있다.

1.2 물 수지 분석

1.2.1 유역

물의 순환과정은 그림 1.1과 같이 대단히 복잡하지만 어떤 하천유역에 내린 강우와 유역에서 발생하는 침투 및 증발 등의 특정 조건이 주어지고 간단한 가정을 도입하면 유역의 반응인 유출(runoff)을 분석하는 것이 가능하다. 여기서, 유역(watershed 혹은 catchment)이란 강수로 인해 하천의 임의 단면에 위치한 출구지점에 유출을 발생시키는 지역의 범위로 정의할 수 있으며, 물의 순환이 이루어지는 기본적인 수문시스템(hydrologic system or hydrologic unit)이라 할 수 있다. 유역의 분계선은 그림 1.3과 같이 인접한 두 유역을 분리하는 점들을 연결하는 궤적(능선)이며 이 분계선으로 둘러싸이는 면적을 유역면적(watershed area)이라 한다. 유역의 분계선은 통상 지형도상에서 인접한 두 유역을 분리하는 지점들을 연결하여 그리며, 그림 1.4와 같이 유역으로부터의 강수로 인한 유출은 고도가 높은 지역으로부터 낮은 지역으로, 등고선에 직각인 방향으로 중력에 의해 발생하게 된다. 따라서, 물의 순환과정에 대한 분석은 하천 유역을 단위 수문시스템으로 보고 강수를 시스템의 입력으로 하고 유역으로부터의 유출을 시스템의 출력으로 하면서 기타 성분과정인 침투, 증발, 증산, 지하수 등을 중간과정 변수로 하여 강수와 유출 간의 관계를 분석하는 것이라 할 수 있다. 이 수문시스템의 특성은 유역의 각종 지상학적 특성뿐만 아니라 중간 과정변수에 영향을 미치는 여러 가지 인자들에 의해 지배된다.

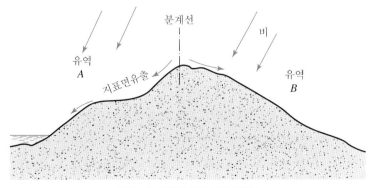

그림 1.3 지형에 의한 유역 분계선

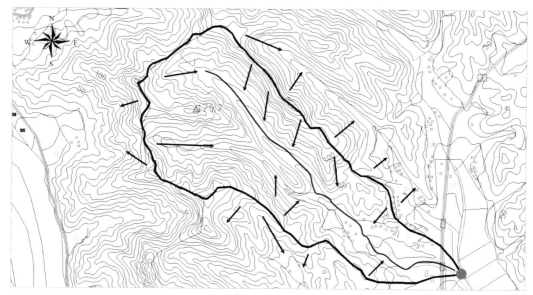

그림 1.4 지형도에서의 유역 구분

1.2.2 수문시스템에 대한 물 수지 분석

물 순환의 여러 과정을 통한 물의 이동은 시간과 공간에 따라 크게 변동하게 되므로 홍수와 가뭄 등 극한 수문사상이 발생하게 된다. 이들 극한 수문사상은 수자원 시설의 설계와 운영 측면에서 대단히 중요하며 수문시스템의 입력과 출력을 고려하여 식 (1.1)과 같은 수문학적 연속방정식에 의해 물 수지(water budget)의 계산이 가능하다.

$$I - O = \frac{dS}{dt} \qquad (1.1)$$

여기서, I는 시스템으로의 유입량(inflow)이며, O는 유출량(outflow)이고, S는 시스템 내의 저류량(storage)을 표시한다.

도시지역의 포장된 주차장의 경우처럼 침투와 증발을 무시하면 주차장을 통해 배수된 물의 총 체적이 저류량이며 식 (1.2)와 같이 계산될 수 있다.

$$S = \int_{O}^{T} (I - O) dt \qquad (1.2)$$

여기서, T는 유출이 계속된 시간이다.

소규모 혹은 대규모 자연하천유역의 경우에도 시스템 내에서의 물 손실을 고려하면 위와 동일한 개념으로 물 수지 분석이 가능하다. 즉, 어떤 기간의 대상유역(수문시스템)에 내린 강수량(P)과 지표유출량(R), 지하수유출량(G), 증발량(E), 증산량(T)을 알고 있다면, 유역 내 저류량의 변화량(ΔS)은 식 (1.3)의 물 수지방정식을 이용하여 계산될 수 있다.

$$\Delta S = P - R - G - E - T \qquad (1.3)$$

수자원기술자들은 수자원 관련 시설의 수문학적 설계를 적절히 하기 위해 물 순환과정의 여러 성분과정을 대표하는 수문량을 계산하거나 추정할 수 있어야 한다. 대규모의 홍수조절 프로젝트의 경우는 극한 홍수로 인한 피해를 최소화할 수 있도록 홍수경감 시설물을 설계해야 하며, 용수공급 프로젝트의 경우는 극한 가뭄에 대비하여 저수지의 용량을 결정해야 하는 것 등이다. 보다 더 구체적으로 수자원실무에서 해결해야 할 문제들을 열거하면 다음과 같다.

- 도시확장에 따른 홍수량의 증가를 고려한 도시 배수시스템의 소요용량의 결정
- 특정 가뭄기간에 생활 및 도시용수와 관개용수의 적정공급에 소요되는 저수지의 용량 결정
- 하천의 홍수위에 미치는 홍수조절용 저수지나 제방 등 홍수조절시설의 영향 평가
- 홍수조절댐이나 댐 여수로, 고속도로 암거 등의 설계를 위한 계획 홍수량의 결정
- 주거지역이나 상업지역 개발에 따른 홍수침수를 줄이기 위한 홍수터의 구역 설정 등

1.3 수문학에서 취급하는 분야

수문학에서는 물의 순환과정에서 이미 설명한 바와 같이 대기권 내의 강수의 기원, 발생과정, 크기, 분포 및 양의 변화를 취급하며, 증발, 승화 및 증산에 의해 물이 대기 중으로 복귀하는 전 과정에 관련된 제반문제를 취급한다. 대기 중에서 발생하는 모든 현상을 연구하는 학문인 기상학(meteorology)의 분야를 광범위하게 해석하면 대기 중의 물에 관한 연구도 포함시킬 수 있으며 이를 수문기상학(hydrometeorology)이라 부른다.

지표수 수문학(surface water hydrology)에서는 하천유출과 그의 시간 및 공간적 변화, 호수, 연못 및 저수지에서의 물의 저류, 호수 및 하천수계의 물리적 특성, 그리고 지표수의 기원과 생태 등에 관하여 광범위하게 다루고 있는 반면에, 지하수 수문학(groundwater hydrology)은 지하수의 기원과 성질 및 발생과정, 강수의 지하로의 침루, 그리고 지하수층으로부터 지표면 하천으로의 유출 등에 관한 제반 수문학적 문제를 다룬다.

1.4 컴퓨터 시대의 수문학

수문학은 고대시대의 물 순환과정에 대한 철학적 고찰에서 시작해서 근현대 시대의 실험과 관찰을 통한 기본이론 및 경험공식의 개발을 거쳐 컴퓨터를 활용하는 현대수문학으로 발전을 거듭하고 있다. 특히, 수문학적 컴퓨터 모형들은 도시홍수 해석이라든지, 홍수터 수문해석, 배수설계, 저수지 설계 및 운영, 강우 및 홍수 빈도분석, 대규모 하천유역 관리 등 하천유역의 수문분석 및 설계에 광범위하게 사용되어 왔다.

이들 수문학적 컴퓨터 모형들은 수공구조물의 수문·수리학적 설계 및 운영 등에 광범위하게 활용되고 있으며, 최근에는 대규모 수문 데이터 베이스의 구축이 가능해짐에 따라 앞으로도 수문학적 예측과 설계 및 운영 등에 계속적으로 사용될 것으로 보인다. 또한 온라인으로 취득 가능한 수문자료뿐만 아니라 지리정보시스템(GIS) 및 빅데이터까지 활용할 수 있도록 수문모형을 개선하는 노력도 계속되고 있다.

1.5 지구상의 물의 분포

물의 순환과정에서 살펴본 바와 같이 물은 수면으로부터 대기 중으로, 대기 중으로부터 육지면으로, 또한 지면이나 지하를 통해 다시 바다로 이동하여 순환을 반복하고 있다. 이들 물의 순환과정을 정량적으로 파악하기란 쉽지 않으며 인류문명의 발달에 따른 물 수요의 증대 때문에 인간의 활동이 물의 순환과정에 미치는 영향 또한 적지 않다.

표 1.1은 지구상 수자원의 분포를 상세하게 나타내고 있다. 바다가 차지하는 물의 총 체적은 약 $1,338 \times 10^6 \mathrm{km}^3$로서 지구상의 전체 물의 체적인 $1,386 \times 10^6 \mathrm{km}^3$의 약 96.5%를 차지하고 있다. 이를 지구표면에 골고루 분포시킨다면 그 깊이는 약 2.6 km에 달할 것이다. 육지지역에 존재하는 물은 약 3.5%에 불과한데, 남극과 북극에 존재하는 만년빙하가 차지하는 1.7%의 물과 지하수 1.69%, 그리고 약 1%의 지표수 및 대기수로 구성된다. 대기수의 총량은 $12,900 \mathrm{km}^3$로서 지구상 총 물량의 0.00093% 정도이다.

표 1.1 지구상 물의 분포

항목		면적 ($10^6\,\mathrm{km}^2$)	체적 (km^3)	총 수량 대비 백분율 (%)	담수량 대비 백분율 (%)
바다		361.3	1,338,000,000	96.5	
지하수					
	담수	134.8	10,530,000	0.76	30.1
	염수	134.8	12,870,000	0.93	
토양수분		82.0	16,500	0.0012	0.05
만년빙하		16.0	24,023,500	1.7	68.6
기타빙설		0.3	340,600	0.025	1.0
호수					
	담수	1.2	91,000	0.007	0.26
	염수	0.8	85,400	0.006	
습지		2.7	11,470	0.0008	0.03
하천		148.8	2,120	0.0002	0.006
생물수		510.0	1,120	0.0001	0.003
대기수		510.0	12,900	0.001	0.04
총계	총 수량	510.0	1,385,984,610	100	
	담수량	148.8	35,029,210	2.5	100

자료 : Shiklomanov and Sokolov (1983)

그런데, 육지상의 물 3.5% 중 약 1%는 지하 200~600 m 깊이에 있는 심층지하수로 염분을 포함할 뿐 아니라 물의 이용이 어려우므로 인간이 사용 가능한 담수는 지구상 총량의 약 2.5%로 보고 있다. 표 1.1에서 볼 수 있는 바와 같이 담수총량 중 68.6%는 만년빙하 상태로 존재하여 수자원으로 이용하는 것이 어렵고, 담수의 0.04%인 대기수와 토양수분 0.05% 등도 가용수자원으로 볼 수 없기 때문에 실제로 이용 가능한 수자원은 천층지하 담수 30.1%, 기타 빙설 1.0%, 호수의 담수 0.26%, 습지수 0.03%, 하천수 0.0006%와 동식물의 조직에 존재하는 생물수 0.003%를 합한 담수 총량의 31.4%에 해당하는 $10.5 \times 10^6 \mathrm{km}^3$ 정도이다.

1.6 우리나라의 수자원

1.6.1 우리나라의 주요 하천 및 대규모 댐 현황

우리나라 대부분의 하천은 그 유역면적이 작고 유로연장이 짧으며 또한 산지가 많기 때문에 하천의 경사도 급한 곳이 많다. 남북한을 합한 면적 $222,223 \mathrm{~km}^2$의 약 70%가 산지이며, 우리나라를 남북으로 관통하는 태백산맥이 주요 하천의 수원 역할을 하고 있다.

우리나라의 산지 수원지대에 내린 강수는 동해안 쪽에서는 유로가 짧고 급경사이기 때문에 유출이 대단히 빠르고 남서해안 쪽 유역의 중상류부에서도 급경사인 곳이 많아서 태풍이나 국지호우가 수원지대에서 일어날 경우 많은 토사가 함유된 홍수파가 중하류에 짧은 시간 내에 도달하여 하천을 범람시키게 되며 운반된 토사는 하상에 퇴적된다. 이와 같은 유역의 유출여건 때문에 우리나라 하천에서의 평수량 및 갈수량의 크기는 대단히 작은 반면에 홍수량은 대단히 커서 연간 하천유량의 변동이 극심하다. 이는 우리나라 수자원개발 및 관리라는 측면에서 커다란 불리한 점이 되고 있다.

표 1.2 국내외 주요 하천의 유량변동계수 비교

하천명	유량변동 계수	하천명	유량변동 계수
한강	115(390)	대정천(일본)	110
낙동강	101(372)	세느강(프랑스)	34
금강	71(300)	나일강(이집트)	30
섬진강	272(390)	라인강(독일)	16
영산강	214(320)	템즈강(영국)	8

주 : 1. 하천 유량변동계수는 해당하천의 최대유량과 최소유량의 비로 표시됨
    2. ( )는 댐에 의한 홍수 조절을 하기 전의 유량변동계수임
자료 : 국토교통부와 K-water(2018)

하천유황의 변동정도를 표시하는 지표인 유량변동계수(또는 하상계수, coefficient of river regime)는 대하천의 주요지점에서의 연중 최대유량과 최소유량의 비로 정의되는데 우리나라의 주요하천은 표 1.2에서 볼 수 있는 바와 같이 댐의 홍수조절 효과를 고려하더라도 하상계수가 대체로 100~300 사이에 있어서 주요 외국하천에 비해 하천유황이 대단히 불안정함을 알 수 있다.

우리나라의 주요 하천유역은 그림 1.5와 같으며 표 1.3은 우리나라 10대 하천의 유역면적, 유로연장, 유출량 및 하천개소수 등을 표시하고 있다. 우리나라 하천의 유역특성을 감안하여 조기에 바다로 유출되는 하천수를 저류함으로써 용수확보율을 높이고 아울러 홍수조절 효과를 높이는 것이 우리나라의 수자원 개발정책의 기본이 되어 왔으며 이는 그동안 대규모 다목적댐의 건설에 의해 이루어져 왔다. 2016년 기준으로 전국 다목적댐은 20개이며, 총저수용량은 약 127억 m^3, 발전시설용량은 약 105만 kW, 홍수조절능력은 약 22억 m^3, 연간 용수공급능력은 약 110억 m^3이다. 이들 댐의 주요 제원은 표 1.4에 수록되어 있다.

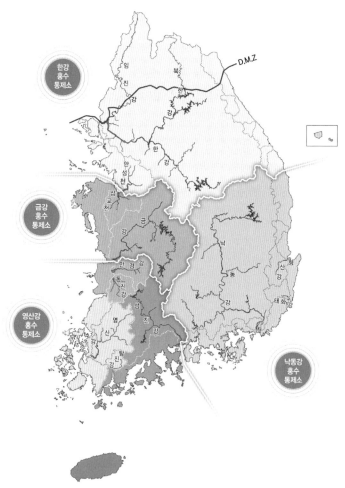

그림 1.5 우리나라의 주요 하천유역 (홍수통제소별 관할 구분도)
자료 : 국토교통부와 K-water (2018)

표 1.3 우리나라의 10대 하천

하천명	유역면적(km²)	간선유료연장(km)	연평균유출량(억 m³)	연평균강수량(mm)	하천개소수(개)
한강	25,983(35,770)*	494	174	1,260	699
낙동강	23,384	510	158	1,203	781
금강	9,912	398	78	1,271	468
섬진강	4,912	224	44	1,457	283
영산강	3,468	130	30	1,340	169
안성천	1,655	71	12	1,215	102
삽교천	1,649	59	12	1,227	98
만경강	1,527	77	12	1,282	70
형산강	1,140	62	7	1,157	30
동진강	1,136	51	8	1,242	87

주 : 1. 연평균유출량 및 연평균강수량은 1978~2007 기준
    2. ( )안은 북한 지역을 포함한 한강의 유역면적임
자료 : 국토교통부와 K-water(2018)

표 1.4 우리나라 주요 다목적댐의 건설현황 (2006년 현재)

수계명	댐명	유역면적	제원 높이(m)	제원 길이(m)	총저수량(백만 m³)	유효저수용량(백만 m³)	발전시설용량(천 kW)	사업효과 홍수조절(백만 m³)	사업효과 용수공급(백만 m³/년)	공사기간
계		22,511			12,742	8,951	1,051.8	2,221	10,993	
한강	소양강	2,703	123	530	2,900	1,900	200	500	1213	'67~'73
	충주	6,648	97.5	447	2,750	1,789	412	616	3380	'78~'86
	횡성댐	209	48.5	205	86.9	73.4	1.3	9.5	119.5	'90~'02
낙동강	안동	1,584	83	612	1,248	1,000	91.5	110	926	'71~'77
	임하	1,361	73	515	595	424	51.1	80	291.6	'84~'93
	합천	925	96	472	790	560	101.2	80	599	'82~'89
	남강	2,285	34	1,126	309.2	299.7	14	270	573.3	'87~'03
	밀양	95.4	89	535	73.6	29.8	1.3	6	73	'90~'02
	성덕	41.3	58.5	274	27.9	24.8	0.2	4.2	20.6	'02~'15
	군위	87.5	45	390	48.7	40.1	0.5	3.1	38.3	'00~'11
	김천부항	82.0	64	472	54.3	42.6	0.6	12.3	36.3	'02~'14
	보현산	32.6	58.5	250	22.1	17.9	0.2	3.5	14.9	'10~'15
금강	대청	3,204	72	495	1,490	790	90.8	250	1649	'75~'81
	용담	930	70	498	815	672	26.2	137	650.4	'90~'05

(계속)

수계명	댐명	유역 면적	제원 높이 (m)	제원 길이 (m)	총저수량 (백만 m²)	유효 저수용량 (백만 m²)	발전시설 용량 (천 kW)	사업효과 홍수조절 (백만 m²)	사업효과 용수공급 (백만 m²/년)	공사 기간
섬진강	섬진강	763	64	344	466	370	34.8	32	350	'61~'65
	주암	1,010	58	330	457	352	1.4	60	271.7	'84~'92
	주암 조절지	134.6	99.9	562.6	250	210	22.5	20	218.7	'84~'92
직소천	부안	59	50	282	50.3	35.6	0.2	9.3	35.1	'90~'96
웅천천	보령	163.6	50	291	116.9	108.7	0.7	10	106.6	'90~'00
탐진강	장흥	193.0	53	403	191	171	0.8	8	127.8	'96~'07

자료 : 국토교통부와 K-water(2018)

1.6.2 우리나라 수자원의 부존량 및 이용현황과 전망

남북한을 합한 한반도의 총 면적은 222,223 km^2이고 이 중 남한의 면적은 44.8%인 99,461 km^2이다. 남한 전역에 내린 1986년~2015년간의 연 평균강수량은 1,300 mm로서 우리나라의 연간 수자원 부존량은 남한 면적에 연 평균강수량을 곱한 값인 약 1,323억 m^3에 달한다. 우리나라의 연 평균강수량 1,300 mm는 세계평균 813 mm의 약 1.6배이나 인구밀도가 높기 때문에 인구 1인당 연 강수총량은 2,546 m^3로 세계평균 15,044 m^3의 약 1/6에 지나지 않는다. 표 1.5는 주요 국가별 강수량 및 1인당 강수량을 비교한 것이다.

그림 1.6은 우리나라 연간 수자원의 부존구성을 표시하고 있다. 전국의 연간수자원 부존량 1,323억 m^3 중 손실량 563억 m^3(43%)를 제외한 760억 m^3(57%)가 연간 가용수자원량이지만 홍수시 유출되는 548억 m^3(41%)와 평상시 유출되는 212억 m^3(16%) 중 상당부분인 388억 m^3 (29%)는 바다로 흘러가 버리고, 나머지 중 122억 m^3(10%)는 하천으로부터 직접 취수하여 이용하며, 209억 m^3(15%)는 댐으로부터, 그리고 41억 m^3(3%)는 지하수원으로부터 취수하여 이용하고 있어, 2015년 현재의 우리나라의 연간 수자원 이용량은 372억 m^3(28%)이다.

표 1.5 주요 국가별 강수량 및 1인당 강수량

구분	한국	일본	미국	영국	중국	캐나다	세계평균
연평균 강수량(mm/년)	1,300	1,668	715	1,220	645	537	813
1인당 강수량(m³/년)	2,546	4,964	21,791	4,663	4,345	150,929	15,044

주 : 1인당 강수량(m³/년) = 연평균강수량×국토면적/인구수
자료 : 국토교통부와 K-water(2018)

표 1.6은 1980년부터 2014년까지의 연간 수자원 이용총량과 용수목적별 이용량 및 구성률을 표시하고 있으며, 2015년 현재의 연간 총 이용량 372억 m³ 중 생활용수로 76억 m³, 공업용수로 23억 m³, 농업용수로 152억 m³, 그리고 하천유지용수로는 121억 m³가 이용되고 있다. 표 1.6으로부터 수자원 이용총량 및 용수목적별 이용량은 연차별로 계속 늘어왔음을 알 수 있다.

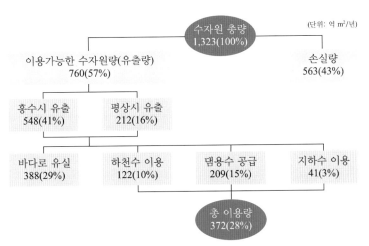

주 : 1. 수자원총량은 연평균강수량×국토면적이며, 북한지역에서의 23억 m³/년이 표함된 수량임
　　　2. 이용 가능한 수자원량은 강수량을 이용하여 산정한 유출량(1986~2015)이며, 손실량은 수자원총량에서 이용가능한 수자원량을 제외한 값으로 증발산 등의 손실을 간접적으로 나타낸다고 할 수 있음
　　　3. 홍수기 유출량은 6~9월의 유출이고, 나머지 기간의 비홍수기 유출량임
　　　4. 댐용수 공급량은 계획공급량, 지하수 이용량은 연간 실지하수 이용량, 하천수 이용량은 총 이용량에서 댐용수와 지하수 이용량의 차로 산정
　　　5. 바다로 유실은 이용가능한 수자원량에서 총이용량을 제외한 값으로 간접적으로 산정
　　　6. 총이용량 372억 m³은 용수이용량(2014)과 하천유지용수(2015)로 구성

그림 1.6 우리나라의 수자원 부존구성
자료: 국토교통부와 K-water (2018)

표 1.6 계획연도별 수자원 이용량 변화추이(단위: 억 m³/년)

구분 \ 연도	1980년	1990년	1994년	1998년	2003년	2007년	2014년
수자원 총량	1,140	1267	1267	1276	1240	1297	1300
이용가능한 수자원량 (유출량)	662	697	697	731	723	753	760
총 이용량 *취수량(취수율)	153 128(19%)	249 213(31%)	301 237(34%)	331 260(36%)	337 262(36%)	333 255(33%)	372 251(33%)
생활용수	19	42	62	73	76	75	76
공업용수	7	24	26	29	26	21	23
농업용수	102	147	149	158	160	159	152
유지용수	25	36	64	71	75	78	121

주 : 취수량은 유지용수 제외. 취수율은 하천유출량 대비 취수량

자료 : 국토교통부와 K-water(2018)

표 1.7은 2020년 기준 물 부족량을 전망한 것이다. 전국의 장래 물 수급전망을 보면 다목적댐 건설 등을 통한 물 공급능력의 증가로 대부분의 지역에서 생·공·농업용수 부족은 해소되며, 하천의 수질 및 생태계 보전 등을 위해 필요한 하천유지 및 환경개선용수 수요도 대부분 충족될 수 있다. 다만, 도서 및 산간 등 일부 지역에는 가뭄 정도에 따라 약 1.9억 m^3~4.0억 m^3의 물부족이 발생할 것으로 전망되고 있다. 앞으로 국지적으로 발생하는 물부족에 대처하기 위해 친환경 중소댐건설, 공공지하수 개발 등 신규 수자원 확보와 기존 노후시설의 개량 및 비상연계 체계 구축 등을 추진하는 방향으로 수자원관리계획을 수립한 바 있다.

표 1.7 계획연도별 용수수요량 및 공급량과 과부족량 추정치 (단위: 백만 m^3/년)

구분 \ 권역	전국	한강	낙동강	금강	영산강	섬진강	제주·울릉
수요량	24,653	7,347	6,477	6,180	2,655	1,654	340
생활용수	7,479	3,787	1,795	1,196	365	224	112
공업용수	2,839	917	910	750	79	180	3
농업용수	14,335	2,643	3,772	4,234	2,211	1,250	225
공급가능량	24,249	7,295	6,464	6,040	2,489	1,624	340
과부족량	▼ 404	▼ 52	▼ 16	▼ 140	▼ 166	▼ 30	–

자료 : 국토교통부와 K-water(2018)

02 기상인자와 강수

2.1 기상과 수문현상

한 지역의 수문학적 특성은 그 지역의 기후와 지형 및 지질구조에 의하여 결정된다. 특히 강수의 양과 시간 및 공간적 분포, 눈과 얼음의 생성, 그리고 증발과 증산 및 융설 등은 수문기상인자에 영향을 크게 받는다. 따라서 수공구조물의 효율적인 설계, 관리 및 운영을 위해서는 수문기상학적인 고려가 있어야 한다.

한 지역의 수문기상은 그 지역의 기후와 밀접한 관계를 가진다. 한 지역의 기후는 그 지역이 지구상에서 어디에 위치하고 있느냐에 따라 주로 결정되며, 중요한 기상학적 인자로서는 대기압, 기온, 바람, 습도 및 강수 등이 있다. 기상학적 인자들의 특성을 이해하기 위해서는 대기권에서의 에너지 및 열순환에 대한 이해가 필수적이다.

대기권 내에 있어서의 열순환(thermal circulation)의 양상은 대단히 복잡하다. 만약 지구가 정지상태에 있는 구형체라면 단순한 열순환이 이루어질 것이다. 즉, 적도지방은 위도가 높은 지역보다 더 많은 태양복사열(solar radiation)을 받게 될 것이므로 그림 2.1의 좌상단부에 단일 폐합형 순환기류로 표시한 바와 같이 적도지역의 따뜻한 기단은 상승할 것이며 극지방의 차가운 기단이 적도지방으로 하강하게 될 것이다. 그러나 실제의 열순환은 지구의 회전에 의해 그림 2.1의 우상단부에 표시한 것처럼 다 폐합형 순환기류들이 위도에 따라 공존한다. 지구가 회전을 하게 되면 편향력(coriolis force)이 생기게 되고, 공기기단과 지구 표면 사이의 마찰에 의해 열순환이 변하게 된다. 예를 들어, 타원형의 지구가 그 축을 중심으로 1일 1회씩 자전하기 때문에 지구상의 임의 지점의 기단은 12시간씩 가열과 냉각이 반복된다. 뿐만 아니라 지구는 태양 주위를 연 1회씩 공전하므로 기단의 가열과 냉각은 계절성을 가진다. 또한 지구표면은 지면과 수면으로 구성되어 있으며, 그 분포도 불규칙할 뿐만 아니라 수면과 지면의 비열 및 열반사율이 각각 다르다.

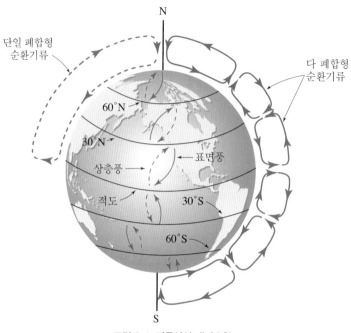

그림 2.1 지구상의 대기순환

이와 같은 몇 가지 이유 때문에 한 지역의 기후는 각종 인자들의 복합작용에 의하여 그 특성이 결정되며 간단한 방법으로 이를 예측하기란 대단히 어렵다. 따라서 비교적 장기간 동안의 기상관측 자료를 획득하여 통계학적으로 분석함으로써 기후의 장기적 예측을 수행하는 것이 일반적이다.

2.2 대기압, 기온, 바람

2.2.1 대기압의 측정 및 분포

공기는 작지만 무게를 가지고 있어서 특정 면적상에는 공기의 무게로 인한 힘이 작용한다. 이와 같은 공기가 미치는 단위면적당의 힘, 즉 압력을 대기압(air pressure)이라 한다. 한 지역에서의 대기압의 변화는 바람을 발생시키고, 기온과 습도를 변화시키는 등 기상 변화를 초래하는 중요한 역할을 한다.

대기압은 수은기압계(mercury barometer)나 아네로이드 기압계(aneroid barometer)로 측정한다. 수은기압계는 그림 2.2(a)에서 보는 바와 같이 한쪽 끝이 막힌 유리관에 수은을 채우고 이를 수은이 들어 있는 그릇에 뒤집어서 그릇 속의 수은 표면으로부터 유리관 내 수은 표면까지의 높이, 즉 수은주를 측정함으로써 기압을 계산한다. 즉, 그림 2.2(a)에서 보는 바와 같이 수은주의 높이에 해당하는 수은의 무게와 대기압이 평형을 이루는 것이므로

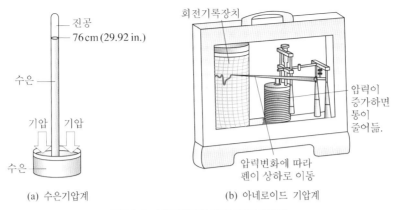

그림 2.2 수은기압계와 아네로이드 기압계

수은주의 무게가 곧 대기압인 것이다. 한편, 그림 2.2(b)는 아네로이드 기압계로 공기를 뺀 금속통을 사용하여 기계적으로 기압을 측정한다. 금속통은 기압의 변화에 대단히 민감하여 압력이 증가하면 압축되고 압력이 감소되면 팽창하여 모양이 변하게 되며 이와 같은 금속통의 압축과 팽창정도가 기압으로 표시되도록 만들어져 있다. 아네로이드 기압계는 그림 2.2(b)에서와 같이 시간에 따른 기압의 변화를 기록지에 표시할 수 있도록 되어 있으며, 이를 자기기압계(barograph)라 한다.

표준대기압은 해수면을 기준으로 산정한 대기압이며 수은주의 높이는 760 mm이다. 따라서, 표준대기압 1기압은 760 mmHg에 해당하는 압력이며, 다른 압력단위와의 관계는 식 (2.1)과 같다.

$$1기압 = 760 \text{ mmHg} = 13.6 \times 0.76 \text{ m } H_2O = 10.33 \text{ m } H_2O$$
$$= 1,000 \times 10.33 \text{ kg/m}^2 = 1.033 \text{ kg/cm}^2$$
$$= 9.8 \times 1,000 \times 10.33 \text{ N/m}^2 = 1.013 \times 10^5 \text{ N/m}^2$$
$$= 1.013 \text{ bar} = 1,013 \text{ mb} \tag{2.1}$$

대기압은 연직방향의 고도변화에 따라 평균 해수면에서의 표준대기압과는 다르게 변화하며 한 지역의 기상과 밀접한 관계를 가진다. 일반적으로 고도가 높아지면 공기의 밀도가 낮아져 단위체적당의 공기의 무게가 가벼워지므로 기압은 낮아지게 된다.

2.2.2 기온의 측정 및 분포

기온(air temperature)이란 대기의 온도를 말한다. 태양복사에너지와 지구에너지 간의 열수지(heat balance)의 불균등으로 인해 지구표면 및 대기 중에서의 온도는 다양하게 나타나며, 이러한 온도의 변화는 한 지역의 기후에 영향을 미친다.

기온은 온도계(thermometer)에 의해 섭씨(℃) 혹은 화씨(℉)로 측정되며 절대온도인

Kelvin 온도(K)로도 표시되며 이들 간의 관계는 식 (2.2)~(2.4)와 같다.

$$\text{℃} = (\text{℉} - 32) \times 5/9 \tag{2.2}$$

$$\text{℉} = (9/5 \times \text{℃}) + 32 \tag{2.3}$$

$$K = \text{℃} + 273.15 \tag{2.4}$$

온도계에는 일 최고치 온도계와 일 최저치 온도계가 있으며, 시간에 따른 순간온도를 기록지에 자동적으로 기록하도록 되어 있는 자기온도계(thermograph)가 있다.

어떤 시간장경 동안의 평균기온(average or mean temperature)은 산술평균기온을 의미하며, 정상기온(normal temperature)은 특정일이나 월, 계절 혹은 연에 대한 최근 30년간의 평균값으로 정의된다. 예를 들면 2001년을 현재라고 가정하면 정상기온은 1971~2000년간의 30년 평균값이다.

일 평균기온은 하루 동안의 시간별 기온을 평균한 것으로, 때로는 3시간 혹은 6시간 간격의 기온을 평균하는 방법을 사용하거나 일 최고 및 일 최저기온을 산술평균하여 사용하기도 한다.

정상 일 평균기온은 특정일의 30년간의 일 평균기온을 평균한 기온을 말한다. 월 평균기온은 해당 월의 일 평균기온 중 최고값과 최저값을 평균한 기온을 말하며, 정상 월 평균기온은 특정월에 대한 장기간(30년간) 동안의 월 평균기온의 산술평균값을 뜻한다. 연 평균기온은 해당 년의 월 평균기온의 평균값으로 정의된다.

기온은 낮 동안에는 올라가고 밤에는 내려가게 되며 지면으로 태양복사에너지가 최대로 유입될 때와 온도가 가장 높은 때와는 몇 시간의 차이가 나게 된다. 이러한 차이는 그림 2.3과 같이 최대 태양복사에너지 유입과 지구로부터 방출되는 최대 복사에너지의 발생시각 차이 때문에 생긴다. 육지에서 하루 동안의 온도변화는 바다에서의 온도변화보다 크게 나타나는데 바다는 물 속에 에너지를 보다 효과적으로 분포시켜 빠르게 온도가 변하는 것을 억제하기 때문이다.

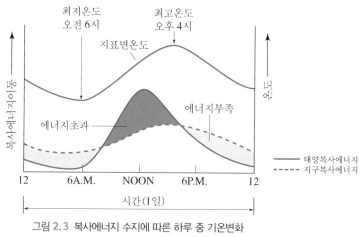

그림 2.3 복사에너지 수지에 따른 하루 중 기온변화
자료 : Marsh and Dogier (1986)

계절적인 온도변화 또한 유입되는 태양복사에너지의 연중 분포와 매우 밀접한 관계를 가진다. 지구로 유입되는 태양복사에너지와 지구로부터 방출되는 태양복사에너지의 차이로 인해 최고치의 발생시기에 차이가 나타나게 되며, 이러한 완충효과는 바다에 의해 영향을 받는 지역에서 더욱 뚜렷하게 나타난다. 북반구인 경우 최대 및 최저 기온은 8월과 2월에 나타나며, 대륙지역에서는 최대 및 최저기온이 7월과 1월에 각각 발생한다.

기온의 연직방향 변화율(lapse rate)은 기온이 지면으로부터 연직방향으로 감소해 가는 율을 말한다. 대류권(지표면으로부터 10∼20 km까지의 대기층)의 하부층 내에서의 기온변화율은 고도 100 m당 약 0.7℃ 정도이며 기온변화율이 가장 심한 곳은 지표면 부근이다. 연직방향 기온변화율은 시간에 따라 크게 변동된다.

지표면 부근에서는 일조시간 동안의 태양복사열에 의한 가열 때문에 기온변화율은 대단히 크나 밤에는 냉각되므로 기온변화율이 크게 떨어진다. 고도가 높아짐에 따라 대기압은 낮아지므로 단위질량의 공기가 차지하는 용적은 더 커지며 이에 따른 기온저하는 주위 공기가 건조할 경우 고도 100 m당 약 1℃ 정도이다. 이 기온변화율을 건조단열 기온변화율(dry-adiabatic lapse rate)이라 부른다. 만약 공기가 상승했을 때 주위 공기가 습윤한 상태이면 용적증가와 더불어 냉각이 일어나 공기가 함유하고 있는 수증기는 응축하게 되며 이때 방출되는 응축열은 기단이 건조한 공기일 때처럼 빨리 냉각되지 못하게 한다. 이때의 기온변화율을 포화단열 기온변화율(saturated-adiabatic lapse rate)이라 하며 고도 100 m당 약 0.6℃ 정도로서 건조단열시보다 낮다.

2.2.3 바람의 측정 및 분포

바람(wind)이란 고기압 지역에서 저기압 지역으로 이동하는 기단(air mass)을 지칭하며 증발 및 강수와 같은 수문기상학적 과정에 있어서 중요한 역할을 하는 기상인자이다.

바람은 속도와 방향을 가지는 벡터량으로 그 크기를 표시한다. 바람의 방향, 즉 풍향은 바람이 불어오는 방향으로 그 명칭을 붙이게 된다. 예를 들면, 북동풍은 북동쪽에서 불어와 남서쪽으로 불어가는 바람을 말한다.

그림 2.4 풍향계 및 나침반

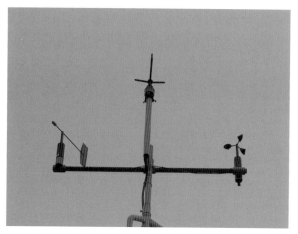
그림 2.5 컵형 풍속계와 풍향계

그림 2.6 무인 자동 기상관측소(AWS)

풍향은 통상 나침반의 16개 방향(N, NNE, NE, ENE 등)으로 표시하는 것이 보통이며, 그림 2.4와 같은 풍향계에 연결되어 있는 나침반이 가리키는 각도를 읽어서 풍향을 결정할 수 있다. 즉, 0°와 360°는 북쪽, 90°는 동쪽, 180°는 남쪽, 270°는 서쪽을 의미한다.

풍속을 측정하는 계기를 풍속계라 부르며 여러 가지 종류가 있지만 가장 많이 사용되고 있는 것은 3개 혹은 4개의 컵(cup)이 연직축 주위로 회전하도록 되어 있는 컵형 풍속계이나 바람이 불 때 컵은 가속회전을 하기 때문에 평균풍속을 실제보다 약간 높게 측정하는 성향이 있다. 프로펠라형 풍속계는 수평축 주위로 회전하게 되어 있으며, 압력튜브형 풍속계는 피토관의 작동원리를 이용한 풍속계이다. 그림 2.5는 컵형 풍속계와 풍향계가 함께 설치되어 있는 광경을 나타내고 있으며, 그림 2.6은 철탑 위에 설치된 풍속계 및 풍향계뿐만 아니라 대기온도 측정을 위한 온도계와 습도계, 우량계, 증발계 및 기타 기상 및 수문자료 측정을 위한 기기를 설치하여 운영하는 무인자동기상관측소(Automatic Weather Station, AWS)의 광경을 나타내고 있다.

풍속계에 의해 측정되는 풍속의 크기를 표시하는 단위들 간의 관계는 식 (2.5)와 같다.

$$1 \, \text{km/hr} = 0.621 \, \text{mi/hr} = 0.278 \, \text{m/sec} = 0.540 \, \text{knots} \qquad (2.5)$$

지표면 부근에서의 바람은 겨울에는 추운 내륙지방에서 상대적으로 따뜻한 바다 쪽으로 불어오나 여름에는 반대방향으로 불게 된다. 마찬가지로 하루 중의 육풍과 해풍은 육지와 바다의 상대적인 온도 크기에 따라 차가운 쪽에서 따뜻한 쪽으로 불게 된다.

지표면 부근에서는 나무나 건물 혹은 기타 장애물로 인해 마찰을 받게 되므로 풍속은 감속되고 풍향도 바뀌어지는 것이 보통이다. 이와 같은 영향은 해발 600 m 이상이 되면 거의 무시할 수 있으며 이 영역을 마찰층(friction layer)이라 부른다. 마찰층 내에서의 지표면 풍속과 해양면 풍속은 평균적으로 볼 때 마찰층 바깥 풍속의 약 40% 및 70% 정도인 것으로 알려져 있다.

지표면으로부터의 높이에 따른 풍속의 변화는 마찰층 내에서 풍속분포곡선(wind profile)으로 표시할 수 있으며 이 곡선의 방정식은 대수함수곡선식 혹은 멱함수곡선식으로 표현될 수 있다. 멱함수곡선식은 식 (2.6)과 같다.

$$\frac{\bar{v}}{\bar{v_1}} = \left(\frac{z}{z_1}\right)^k \tag{2.6}$$

여기서, $\bar{v}$는 지표면으로부터 어떤 높이 z에 있어서의 평균풍속이며, $\bar{v_1}$는 지표면으로부터 어떤 기준 높이 z_1에 설치한 풍속계로 측정한 평균풍속이고, k는 지표면의 조도상태와 기류의 안정성 정도에 따라 변하는 지수로서 표면경계층 내에서는 표 2.1에 나타낸 바와 같이 약 0.1~0.6의 값을 가진다.

예제 2-01

지상 5 m와 60 m 위치에 설치한 풍속계로 측정한 풍속이 각각 5 m/sec 및 10 m/sec이었다. 식 (2.6)을 사용하여 지상으로부터 각각 10 m 및 30 m 위치에서의 풍속을 계산하라.

풀이 식 (2.6)에 $z_1 = 5$ m, $\bar{v_1} = 5$ m/sec와 $z_1 = 60$ m, $\bar{v_1} = 10$ m/sec를 대입하면

$$\frac{10}{5} = \left(\frac{60}{5}\right)^k \qquad \therefore k = 0.279$$

따라서, 식 (2.6)을 다시 사용하면, 지상 10 m 지점에서는

$$\frac{\bar{v}}{5} = \left(\frac{10}{5}\right)^{0.279} \qquad \therefore \bar{v} = 6.067 \text{ m/sec}$$

지상 30 m 지점에서는

$$\frac{\bar{v}}{5} = \left(\frac{30}{5}\right)^{0.279} \qquad \therefore \bar{v} = 8.243 \text{ m/sec}$$

해마다 막대한 풍수해를 동반하는 우리나라의 태풍은 7월부터 9월 사이에 발생하며 해마다 태풍의 통과 경로는 약간씩 다르나 최근에 우리나라를 통과한 대형 태풍의 경로는 그림 2.7과 같다. 남태평양 지역에서 열대성 저기압으로 인해 발생하는 태풍은 대체로 서북방향으로 진행하다가 중국 대륙의 영향으로 방향을 북동방향으로 선회하면서 우리나라의 중부 이남 지역을 강타한 후 대한해협을 빠져나가는 것이 보통이다.

표 2.1 지표면의 조도와 기류의 안정성에 따른 k값

지표면 유형	지표면상 높이 (m)	과단열*	중립	안정	불안정
목초지	10~70	0.25	0.27	⋯	0.61
평지	11~49	0.16	0.20	0.25	0.36
초지	8~120	0.14	0.17	0.27	0.32-0.77
비행장	9~27	0.09	0.08	0.18	⋯
사막	6~61	0.15	0.18	0.22	⋯
산림지 부근	11~124	0.19	0.29	0.35	⋯

* 대기가 불안정한 상태

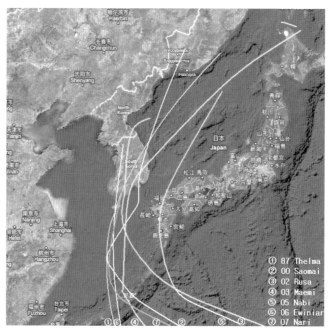

그림 2.7 최근의 주요 태풍경로도

2.3 습 도

습도(humidity)란 대기 중의 공기가 함유하는 수분의 정도를 표시하는 척도이며, 수문순환 과정 중 중요한 하나의 성분과정인 증발 및 증산현상에 큰 영향을 미치는 기상인자이다.

2.3.1 수증기의 성질

액체상태의 물이 기체상태의 수증기로 바뀌는 현상을 기화(vaporization) 혹은 증발 (evaporation)이라 부른다. 물 분자가 충분한 운동에너지를 받아 물 분자 간의 응집력보다 운동에너지가 더 커지면 물 분자는 수표면을 이탈하게 된다. 마찬가지로 눈이나 얼음표면으로부터 물 분자가 직접 수증기로 변환될 수도 있는데 이를 승화(sublimation)라 부르며 수문학에서는 증발현상에 포함시키는 것이 보통이다. 증발현상과는 반대로 수증기가 물 혹은 눈, 얼음으로 변환하는 현상을 응축(condensation)이라 한다.

두 가지 이상의 기체가 혼합체를 구성하고 있을 경우 각 기체는 다른 기체에 무관하게 부분압(partial pressure)을 가지게 되며 공기와 수증기의 혼합체에 있어서 수증기가 가지는 부분압을 증기압(vapor pressure)이라 한다. 증기압은 milibar와 mmHg의 단위로 표현될 수 있는데, 그 관계는 식 (2.7)과 같다.

$$1\,\mathrm{mmHg} = 1.333\,\mathrm{milibar} = 1.333 \times 10^3\,\mathrm{dyne/cm^2} = 133.3\,\mathrm{N/m^2} \quad (2.7)$$

만약 증발수표면이 폐쇄된 시스템 내에 있고 증발표면 위에 공기가 채워져 있을 때 열에너지가 이 시스템 내에 가해지면 수면으로부터 수분이 공기 중으로 증발하게 될 것이다. 이러한 증발현상은 공기가 수증기로 포화되어 더 이상 증발할 수 없을 때까지, 즉 평형상태에 도달할 때까지 계속된다. 이때 수증기분자는 수표면에 압력을 가하게 되며 이 압력을 포화증기압(saturation vapor pressure, e_s)이라 부른다. 포화증기압은 그림 2.8과 같이 시스템의 온도에 따라 달라진다.

그림 2.8을 살펴보면 질량 M의 공기가 어떤 온도 $t\,℃$에서 e mmHg의 증기압을 가진다면 M점은 포화증기압곡선(saturation vapor pressure curve) 아래에 있으므로 온도가 일정하게 유지될 때 이 기단은 더 많은 수증기를 계속 흡수하여 그림의 연직점선 ①을 따라 포화증기압 e_s에 도달하게 될 것이다. 이때 증기압의 증가량($e_s - e$)을 포화미흡량(saturation deficit)이라 한다.

반대로, 기단의 습도를 일정하게 유지하면서, 즉 기단의 증기압을 일정하게 유지하면서 공기를 냉각시키면 M점은 수평점선 ②를 따라 좌측으로 이동하여 포화증기압곡선과 만나게 된다. 이 점에서 기단은 포화상태에 도달하게 되며 이때의 온도를 이슬점(dew point)이라 한다. 기단을 이슬점 이하로 냉각시키면 응축현상이 일어나게 된다.

증기화 현상은 증발되는 액체로부터 열을 뺏는 것이며 응축현상은 반대로 열을 가하는 것이다. 잠재증기화열(latent heat of vaporization)은 온도의 변화없이 액체상태로부터 기체상태로 변환하는 데 필요한 단위질량당의 열량을 말하며 40℃까지 식 (2.8)에 의해 비교적 정확하게 결정될 수 있다.

$$H_v = 597.3 - 0.564\,t \qquad (2.8)$$

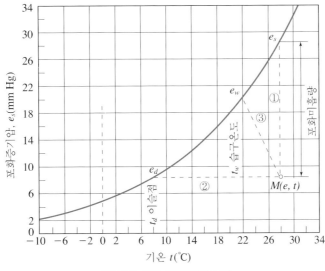

그림 2.8 물의 포화증기압 곡선

여기서, H_v는 잠재증기화열(cal/g)이며 t는 대기의 온도(℃)이다. 따라서 습도와 증기압이 상승함에 따라 공기의 온도는 낮아지게 되며 그림 2.8의 M점은 사선 ③을 따라 포화증기압에 도달할 때까지 이동하게 된다. 이때의 온도 t_w를 습구온도(wet-bulb temperature)라 하며 습구온도계에 의해 측정된다.

잠재융해열(latent heat of fusion)은 단위질량의 얼음 혹은 눈을 동일 온도의 물로 변환시키는 데 필요한 열량(cal/g)을 말하며 0℃에서의 물의 잠재융해열은 79.7 cal/g이다.

수증기의 비중(specific gravity)은 동일 온도와 압력에서의 건조공기 비중의 0.622배 정도이고 수증기의 밀도(density) ρ_v(g/cm^3)는 식 (2.9)로 구할 수 있다.

$$\rho_v = 0.622 \frac{e}{R_g t} \qquad (2.9)$$

여기서, t는 대기의 절대온도(K, Kelvin 온도)이며 R_g는 건조공기의 기체상수로서 2.87×10^3 cm^3/sec^2/K이고 e는 증기압(milibars)이다.

한편, 건조공기의 밀도는 식 (2.10)으로 표시할 수 있다.

$$\rho_d = \frac{p_d}{R_g t} \qquad (2.10)$$

여기서, ρ_d는 건조공기의 밀도(g/cm^3)이며 p_d는 milibar 단위로 표시한 대기압이다.

습윤한 공기의 밀도는 단위 혼합체적당 수증기와 건조공기의 질량합과 같으며 습윤한 공기에 작용하는 전압력을 p_a라 하면 $(p_a - e)$는 건조공기만의 부분압 p_d가 된다. 식 (2.9)와 식 (2.10)을 더하고 $p_d = p_a - e$로 놓으면

$$\rho_a = \frac{p_a}{R_g t}\left(1 - 0.378 \frac{e}{p_a}\right) \qquad (2.11)$$

식 (2.11)로부터 습윤한 공기는 건조공기보다 가벼움을 알 수 있다.

2.3.2 습도와 관련된 경험공식

포화증기압은 온도에 따라 변하며 이를 결정하는 방법은 다분히 경험적이다. 포화증기압을 결정하기 위한 경험 공식 중 대표적인 것은 식 (2.12)와 같이 표시되는 Goff-Gratch형의 공식과 식 (2.13)과 같은 포화증기압곡선식이 있다. 즉,

$$e_s \approx 33.8639[(0.00738\,t + 0.8072)^8 - 0.000019|1.8\,t + 48| + 0.001316] \quad (2.12)$$

$$e_s = 6.11\exp\left(\frac{17.27t}{237.3 + t}\right) \qquad (2.13)$$

여기서, e_s는 포화증기압(milibars)이고 t는 기온(℃)을 표시한다.

상대습도(relative humidity) f는 어떤 온도 $t℃$에서의 포화증기압 e_s에 대한 실제증기압 e의 비를 백분율로 표시하여 정의한다. 즉,

$$f = 100 \times \frac{e}{e_s} \qquad (2.14)$$

이슬점 t_d는 일정한 압력과 일정한 물–수증기비 아래서 공기가 냉각됨에 따라 물–수증기 혼합체가 수증기로 포화되는 온도를 말한다. 만약 어떤 온도 $t℃$에서의 상대습도 f를 알면 이슬점은 식 (2.15)에 의해 $-40℃ \sim +50℃$에서 $0.3℃$ 이내의 오차로 계산이 가능하다.

$$t - t_d \approx (14.55 + 0.114\,t)X + [(2.5 + 0.007\,t)X]^3 + (15.9 + 0.117\,t)X^{14} \qquad (2.15)$$

여기서, t는 기온(℃)이고 X는 1.0으로부터 소수점으로 표시한 상대습도 f를 뺀 값이다. 즉, $X = 1.0 - f/100$이다.

비습도(specific humidity) q_h는 습윤공기 단위질량당 수증기의 질량(g/kg)으로 정의되며 식 (2.16)과 같은 경험식으로 계산할 수 있다.

$$q_h = 622\frac{e}{(p_a - 0.378e)} \approx 622\frac{e}{p_a} \qquad (2.16)$$

여기서, p_a는 대기압(milibars)이고 e는 어떤 온도에서의 실제증기압(milibars)이다.

어떤 두께의 공기층 내에 존재하는 수증기의 총량은 흔히 가능강수수분량(precipitable water) W_p(mm)로 표시하기도 한다. 어떤 두께의 공기층 내 가능강수수분량의 크기는 그 층 내에서의 평균압력과 층의 상부 및 하부면에서의 온도, 습도 등의 측정에 의해 식 (2.17)과 같은 경험식으로 계산할 수 있다.

$$W_p = \sum 0.01\,\overline{q}_h\,\Delta p_a \qquad (2.17)$$

여기서, W_p는 가능강수수분량(mm)이며 Δp_a는 층 내 대기압의 변화량(milibars), $\overline{q}_h$는 해당층의 상부면과 하부면에서의 비습도의 평균값(g/kg)이다.

2.3.3 습도의 측정

지구표면의 공기층에서의 습도는 통상 습도계(psychrometer)로 측정한다. 그림 2.9의 회전식 습도계는 2개의 온도계로 구성되어 있는데 그 중 하나는 온도계의 벌브(bulb) 부분을 물에 축인 면포로 둘러싼 습구온도계이며 다른 한 개의 온도계는 공기 중에 노출되어 있는 건구온도계이다. 이들 온도계에는 바람이 잘 통하도록 환기장치가 부착되며 증발로 인한 냉각 때문에 습구온도계의 값은 건구온도계의 값보다 낮아지는데 그 차를 습구온도강하량(wetbulb depression)이라 하며 건구온도계에 나타나는 온도하에서의 실제증기압을 계산

그림 2.9 회전식 습도계

하는 데 사용된다. 즉, 임의의 기온 t℃에 있어서의 실제증기압 e는 식 (2.18)로 표시할 수 있다.

$$e = e_w - \gamma(t - t_w) \qquad (2.18)$$

여기서, t_w는 습구온도계의 값(℃)이고 e_w는 t_w에서의 포화증기압(milibars)이며 e는 기온 t℃에서의 실제증기압(milibars)이다. 또한 γ는 습도계 계수(psychrometer constant)로서 e를 milibar로 표시할 때 0.66의 값을 가지나, e를 mmHg로 표시할 때에는 0.485의 값을 가진다. 이들 γ값은 온도계의 벌브를 통해 최소한 3 m/sec 이상의 풍속으로 환기시켜 줄 때의 값이다.

예제 2-02

어떤 지점에 설치한 회전식 습도계의 건구와 습구가 가리킨 온도가 각각 30℃ 및 22℃였다. 다음을 구하라.

(1) 포화증기압　　　(2) 실제증기압　　　(3) 상대습도　　　(4) 이슬점

풀이 (1) 건구온도계로 측정된 30℃가 대기의 온도이므로 식 (2.12)를 사용하여 계산하면

$$e_s = 33.8639[(0.00738 \times 30 + 0.8072)^8 - 0.000019(1.8 \times 30 + 48) + 0.001316]$$

$$= 42.41 \text{ milibars}$$

(2) 식 (2.18)을 사용하면 $t_w = 22$℃, $e_w = 26.42$ milibars, $t = 30$℃, $\gamma = 0.66$이다. 따라서

$$e = 26.42 - 0.66(30 - 22) = 21.14 \text{ milibars}$$

(3) 상대습도는 식 (2.14)에 의하면

$$f = 100 \times \frac{21.14}{42.42} = 49.83\%$$

(4) 이슬점은 (2)에서 구한 실제증기압이 포화증기압으로 되는 대기의 온도이므로 $e = 21.14$ milibars $= 15.86$ mmHg에 해당하는 기온 $t_d = 18.35$℃가 이슬점이다.

한편, 식 (2.15)를 사용하면, $X = 1 - 0.5 = 0.5$이며

$$t - t_d = [(14.55 + 0.114 \times 30) \times 0.5] + [(2.5 + 0.007 \times 30) \times 0.5]^3$$
$$+ [(15.9 + 0.117 \times 30) \times (0.5)^{14}] = 11.47$$
$$\therefore t_d = 30 - 11.47 = 18.53 \text{℃}$$

예제 2-03

어떤 지역에서 측정한 고도별 대기압과 회전식 습도계 측정자료로부터 계산한 층별 비습도가 표 2.2와 같을 때 이 지역의 가능강수 수분량의 크기를 추정하라.

표 2.2 고도별 대기압과 비습도

고도번호	대기압 p_a(milibars)	비습도 q_h (g/kg)	고도번호	대기압 p_a(milibars)	비습도 q_h (g/kg)
1	1,200	18	6	510	8
2	1,000	16	7	430	6
3	850	15	8	320	4
4	700	13	9	250	2
5	600	10	10	200	1

풀이 식 (2.17)에서 $\bar{q}_h$는 고도구간별(층별) 평균비습도이며, Δp_a는 대기압차임을 고려하여 표 2.3에 필요한 계산을 하였으며 식 (2.17)을 적용하면

$$W_p = \sum 0.01\, \bar{q}_h \cdot \Delta p_a = 0.01 \sum \bar{q}_h \cdot \Delta p_a = 0.01 \times 11,180 = 111.8 \text{ mm}$$

표 2.3 가능강수 수분량의 계산

고도번호	p_a	Δp_a	q_h	$\bar{q}_h$	$\bar{q}_h \cdot \Delta p_a$	고도번호	p_a	Δp_a	q_h	$\bar{q}_h$	$\bar{q}_h \cdot \Delta p_a$
1	1,200	200	18	17	3,400	6	510	80	8	7	560
2	1,000	150	16	15.5	2,325	7	430	110	6	5	550
3	850	150	15	14	2,100	8	320	70	4	3	210
4	700	100	13	11.5	1,150	9	250	50	2	1.5	75
5	600	90	10	9	810	10	200			1	
계											11,180

2.4 강수의 종류 및 측정

수문학에 있어서 강수(precipitation)란 구름이 응축되어 지상으로 떨어지는 모든 형태의 수분을 통틀어 말한다. 강수는 수문시스템(hydrologic system)의 입력요소이므로 시스템의 올바른 각종 분석을 위해서는 강수의 형성과정과 종류, 강수량의 측정방법, 강수자료의 수집 및 자료의 일관성 검정 등의 분석 절차를 올바르게 이해할 필요가 있다. 강수자료의 각종 분석방법은 수문시스템의 해석 및 설계를 위한 출발이 된다.

2.4.1 강수의 발생 유형

강수를 형성하기 위해서는 몇 가지 기상학적 조건이 구비되어야 한다. 첫째로 공기를 이슬점까지 냉각시킬 수 있어야 하고, 둘째로 수분입자를 형성시킬 수 있는 응결핵(condensation nuclei)이 존재해야 하며, 셋째로는 응결된 작은 수분입자를 점점 크게 할 수 있어야 하고, 마지막으로는 충분한 강도의 수분을 모을 수 있어야 한다. 이와 같은 네 가지 조건이 동시에 만족될 경우에 구름이 형성되고 호우(heavy precipitation)가 발생하게 된다. 이러한 조건들은 열에너지에 의해 따뜻해진 공기가 상승하여 대규모의 냉각이 이루어질 때 충족될 수 있다. 일반적으로 강수는 따뜻한 기단의 상승요인에 따라 대류형, 선풍형 및 산악형으로 분류할 수 있다.

대류형 강수(convective precipitation)는 따뜻하고 가벼워진 공기가 대류현상에 의해 보다 차갑고 밀도가 큰 공기 속으로 상승할 때 발생하며 이때의 온도차는 불균등하게 지표면이 가열되거나 상부의 공기층이 불균등하게 냉각될 때 생기게 된다[그림 2.10(a)]. 대류형 강수는 작은 지역적 범위에서 발생하며 강수의 강도는 지나가는 소나기(shower)로부터 뇌우(thunderstorm)에 이르기까지 다양하다.

선풍형 강수(cyclonic precipitation)는 저기압 지역으로 몰려드는 기단이 상승되어 발생되는 것으로 전선형일 수도 있고 비전선형일 수도 있다. 전선형 강수(frontal precipitation)는 전선의 한쪽 면에서 다른 한쪽의 차갑고 밀도가 큰 기단 위로 따뜻한 기단이 상승할 때 발생한다[그림 2.10(b)]. 온난전선형 강수는 따뜻한 난기단이 차가운 한기단 위로 진행할 때 발생하며 때로는 강수전선보다 300~500 km 전방지역에까지 내리는 경우도 있다. 이러한 강수는 강도가 그다지 크지는 않으나 전선이 완전히 통과할 때까지 계속해서 강수가 발생하는 특성을 가진다. 한편, 한랭전선형 강수는 빠르게 이동하는 한기단에 의해 난기단이 강제 상승될 때 발생하며 소나기와 같은 성질을 가진다. 일반적으로 한랭전선은 온난전선보다 이동속도가 빠르므로 온난전선의 경우보다는 난기단을 더 빠른 속도로 상승시키게 되어 강수강도도 일반적으로 훨씬 크며 최대강도의 강수는 역시 전선면에서 발생한다.

산악형 강수(orographic precipitation)는 습윤한 기단을 운반하는 바람이 산맥에 부딪쳐서 기단이 산 위로 상승할 때 생기며[그림 2.10(c)], 바람이 불어오는 방향의 사면(windward)에는 비가 많이 내리나 배사면(leeward)에는 대단히 건조한 것이 보통이다. 우리나라와 같이 험한 산맥이 많은 지형에서는 산악형 강수는 대단히 중요한 강수형이라 할 수 있다.

기단의 상승요인에 의한 강수 이외에도 지구상의 특정 지역에서 매년 반복적으로 발생하는 저기압과 광역적인 기단의 충돌로 인해 발생하는 강수도 있다. 우리나라에 주로 영향을 주는 기단에는 시베리아 기단과 오호츠크해 기단 및 북태평양 기단 등이 있다. 시베리아 기단은 한랭 건조한 기단으로 겨울철에 북서계절풍으로 혹한을 동반하며, 오호츠크해 기단은 한랭 습윤한 기단으로 늦은 봄에서 이른 여름철에 걸쳐 발생하고, 북태평양 기단은 온난 다습한 기단으로 강한 소나기와 천둥 번개를 동반한다.

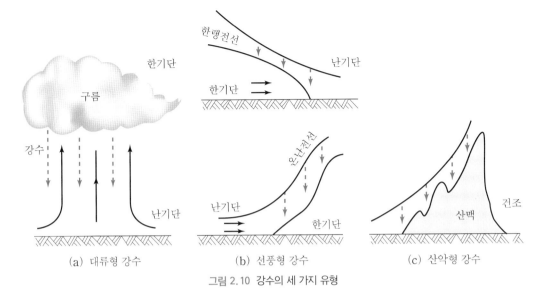

(a) 대류형 강수　　(b) 선풍형 강수　　(c) 산악형 강수

그림 2.10 강수의 세 가지 유형

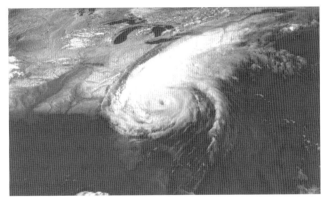

그림 2.11 열대성 저기압(태풍)

　　우리나라에서는 6월 하순에서 7월 하순에 걸쳐 한랭 습윤한 해양성 기단인 오호츠크해 고기압의 형성에 의한 북동기류와 온난 다습한 북태평양 고기압에 의한 남서기류가 충돌하여 생기는 정체전선은 한 달여간 계속되는 우리나라 장마의 원인이 되며, 이 기간에 집중호우가 여러 차례 발생한다.

　　열대성 저기압(tropical cyclones)은 열대지방에서 해수면 온도가 26℃보다 높을 때 발생하는 강한 회오리 바람을 동반하는 폭우성 강우를 말하며, 바람의 속도는 통상 33 m/sec를 상회한다. 열대성 저기압은 멕시코만 부근에서는 허리케인(hurricane), 동지나해 부근에서는 태풍(typhoon), 인도양 부근에서는 사이클론(cyclone)이라 부른다. 우리나라를 매년 수차례에 걸쳐 강타하는 태풍은 그림 2.11과 같이 태풍의 눈(eye)을 중심으로 북반구에서는 반시계방향으로 회전하면서 강한 속도로 태풍경로를 따라 이동하면서 많은 양의 비를 뿌리게 된다.

실제 자연계에서 발생하는 강수는 위에서 설명한 세 가지 형태의 기단 상승요인에 의해 각각 발생할 수도 있으나, 때로는 이들 기단 상승요인이 복합적으로 작용하여 강수가 발생할 수도 있다.

2.4.2 강수의 종류

어떤 지역의 기상조건에 따라 여러 가지 종류의 강수가 발생하게 되는데 그 종류를 분류해보면 대략 다음과 같다. 비(rain)는 지름이 약 0.5 mm 이상인 물방울로 형성되는 것이 통상이다. 눈(snow)은 대기 중의 수증기가 직접 얼음으로 변하여 생성된다. 설편(snow flake)은 여러 개의 얼음결정이 동시에 엉켜서 이루어진 것이며, 우박(hail)은 지름 5～125 mm의 구형 또는 덩어리 모양의 얼음상태의 강수이다. 부슬비(drizzle)는 지름이 0.1～0.5 mm의 물방울로 형성되며, 강수강도는 보통 1 mm/hr 이하이다. 우빙(glaze)은 비나 부슬비가 강하하여 지상의 찬 것과 접촉하자마자 얼어버린 것을 말하며, 진눈깨비(sleet)는 빗방울이 강하하다가 빙점 이하의 온도를 만나 얼어버린 것을 말한다.

이 밖에도 지표면의 수분이 직접 응결되어 이슬(dew) 혹은 서리(frost)를 형성하게 된다. 이들 이슬과 서리는 보통 증발이나 승화현상에 의하여 곧 대기 중으로 돌아가게 되므로 지표상의 물의 중요한 원천으로 취급하지는 않으나 반 사막지대 같은 곳에서의 이슬은 가용강수량의 큰 부분을 차지하는 경우도 있다.

대기의 기상현상을 인공적으로 수정하기 위한 노력은 1940년대 말부터 진행되어 왔으며 일반적으로 일기수정(weather modification) 혹은 일기조절(weather control)로 알려져 있다. 예를 들면 강수량을 늘리거나 줄이기 위한 인공적 수단을 동원한다든가, 우박이나 번개의 방지, 태풍의 약화, 안개의 제거 등이 이에 속한다. 일기수정 중 구름수정(cloud modification) 혹은 구름씨앗 뿌리기(cloud seeding)는 구름 속에 특수물질을 주입시켜 강수현상을 촉진시키는 것을 말하며 이를 인공강우(artificially induced rainfall)라 부른다.

1946년 미국의 General Electric 연구소에서 과냉 물방울을 포함하는 구름 속에 드라이아이스(dry ice)를 주입하여 인공적으로 강수를 유발하는 데 성공한 이래 소금의 일종인 옥화은(silver iodide)도 강수를 촉진시키는 데 대단히 효과적임이 밝혀졌으며 이들 물질은 과냉구름 속에서 결빙핵의 역할을 하는 것으로 알려져 있다. 드라이아이스를 구름 속에 뿌리기 위해서는 비행기나 풍선 혹은 로켓 등을 사용해야 하며 옥화은의 살포를 위해서는 비행기를 사용하거나 혹은 지상기지에서 가열에 의해 옥화은을 증기화시켜 구름 속으로 보낼 수도 있다.

양호한 강수조건하에 있는 구름 속에 씨앗을 뿌림으로써 강우를 촉진시킨다는 데는 의문이 없으나 국지적인 효과가 광범위한 지역에 어떻게 나타나는가에 대해서는 아직도 논란이 많다. 우리나라에서도 1994년～1995년 전국적인 가뭄을 계기로 기상청이 1995년 3월에 경북 문경과 강원도 인제에서 인공강우 실험을 한 바 있으며, 이어서 2001년과 2002년에도 CN-235 항공기를 사용하여 연구차원의 실험을 한 바 있다.

2.4.3 강수량의 측정

강수량은 다른 수문현상의 측정에 비해 간단한 측정기구를 필요로 하며 역사상 최초로 관측된 수문현상이다. 우리나라에서는 세종 23년(1441년)에 그림 2.12와 같은 측우기가 발명되어 우량을 측정하기 시작한 것으로 알려져 있다.

(1) 보통우량계

강우량의 크기는 일정한 면적 위에 내린 총 강우량의 부피를 그 면적으로 나눈 깊이로서 표시한다. 우리나라에서 사용하는 단위는 mm이고, 미국 등의 나라에서는 inch를 사용하기도 한다.

강우량을 측정하는 계기를 우량계(rain gauge)라 하며, 보통우량계와 자기우량계 등 두 가지 형태가 있다. 우리나라에서 많이 사용하고 있는 보통우량계는 그림 2.13과 같은 지름 20 cm, 높이 60 cm의 윗부분이 개방된 원통형 구리관 혹은 아연 도금 철관이다. 이 관 상단의 내부에 깔때기 모양의 수수기를 넣어 빗물을 받은 다음 이를 눈금이 든 유리 우량측정관에 부어 측정하게 된다. 우량측정관의 안지름은 4 cm이고 길이는 36 cm이며, 우량측정관의 단면적은 수수기 단면적의 1/25이므로 깊이를 25배 확대해서 읽을 수 있다. 보통우량계의 측정횟수는 매일 1회이며, 측정된 우량을 일 우량이라 한다. 일 우량이 0.1 mm 이하일 때는 무강우로 취급하며, 비 이외의 다른 강수의 측정은 수수기에 담긴 눈, 우박 등에 일정량의 더운 물을 넣어 녹인 후에 물의 총량을 측정한 후 첨가해 준 물의 양을 뺌으로써 측정할 수 있다. 미국 기상청(U.S. National Weather Service)에서는 8인치(inch) 표준강수계(standard precipitation gauge)를 사용하고 있으며, 단면적이 수수기 단면적의 1/10되는 우량측정관에 물을 받아 깊이를 측정한다.

그림 2.12 측우기(세종 23년)

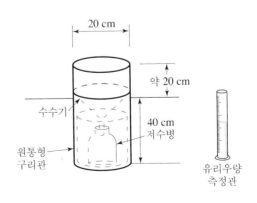

그림 2.13 보통우량계(한국)

보통우량계에 의한 일 우량의 측정은 당일 0시부터 24시까지 하루에 내린 총 우량(누적 우량)을 측정하는 것으로 총 우량의 시간적 분포는 알 수가 없다. 따라서, 어떤 시간 동안 내리는 우량의 시간적 분포와 총 우량을 동시에 측정할 수 있는 자기우량계로 측정되는 총 우량을 검증하기 위한 목적으로 주로 사용된다. 따라서 자기우량계와 동일한 지점에 설치운 영하는 것이 보통이다.

(2) 자기우량계

강수기록의 수문학적 해석을 위해서는 보통우량계로 측정되는 일 강우량 및 순, 월 강우량 도 특정 목적을 위해 충분한 자료가 될 수 있지만, 하천 범람에 의한 홍수해석 및 기타 여러 가지 수문현상의 올바른 해석을 위해서는 짧은 시간 내에 발생하는 호우의 강도 및 지속시 간 등이 필요하다. 이와 같은 목적을 위해서는 우량을 시간에 따라 연속적으로 측정할 수 있는 자기우량계를 사용한다.

그림 2.14는 전도식(tipping bucket) 자기우량계로서 현재 우리나라에서 가장 많이 사용 되고 있는 자기우량계이다. 이 우량계는 두 개의 소형컵 중 한 개의 컵에 일정량(0.01 inch =0.25 mm)의 빗물이 고이면 물의 무게에 의해서 한쪽으로 기울어지면서 빗물을 저수탱크 에 비우게 되며, 이때 전기회로가 연결되면서 전기신호가 발생하게 된다. 시간에 따라 누적 되는 이들 전기신호는 디지털 자료로 변환되어 기록된다.

그림 2.15는 부자식(float type) 자기우량계의 구조를 표시하는 모식도이다. 수수기에 내 린 비로 인해 우량측정통 내의 수면이 상승함에 따라 기록펜에 연결된 부자가 상승하게 되 며, 이때 기록지가 부착되어 있는 자기시계는 일반 시계와 같은 속도로 회전하게 되므로 기록지에는 시간에 따른 누적우량이 기록된다. 우량측정통은 일정용량(20 mm)을 가지므로 물이 일정 수면에 도달하면 사이폰 작용에 의해 일시에 물이 비워지게 되어 부자가 우량측 정통의 바닥으로 떨어지고 다시 측정이 계속된다.

그림 2.14 전도형 버킷식 자기우량계

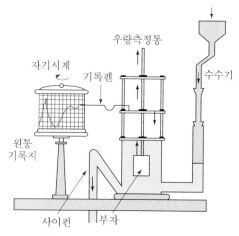

그림 2.15 부자식 자기우량계의 구조도

그림 2.16 무게측정식 자기우량계　　　　　　그림 2.17 텔레미터(T/M) 전송장치

그림 2.16은 무게측정식(weighting type) 자기우량계로서 누적되는 우량을 계속적으로 기록한다는 점에서는 부자식이나 전도형 버킷식과 비슷하나 우량측정 버킷에 누적되는 물의 무게를 연속적으로 측정하여 강우 깊이로 환산함으로써 시간에 따른 누적우량을 계측하게 된다.

(3) 텔레미터 시스템에 의한 측정우량기록의 원격전송

전도식 버킷형이나 부자식 혹은 무게측정식 자기우량계로 측정되는 우량자료는 우량 관측소 현장에서 아날로그(analog) 데이터의 형태로 기록될 수도 있고 데이터 로거에 의해 디지털(digital) 데이터로 기록될 수도 있다.

하천 유역에 대한 실시간 홍수예보를 할 경우 우량자료의 실시간 원격전송은 필수적이며 이를 위해 자동신호 전송장치를 사용한다. 텔레미터 시스템(telemetering system, T/M)은 관측소에서 측정되는 우량 또는 하천수위 등 수문관측치를 디지털 신호로 변환하여 무선통신망(UHF, VHF, 인공위성 등)에 의해 실시간으로 현장에서 자료처리센터로 전송하게 되고 센터에서는 이들 자료를 자동처리하여 우량 혹은 수위 자료를 여러 목적에 사용하거나 혹은 데이터 베이스(data base, D/B)로 저장할 수 있으며, 노트북 컴퓨터나 주전산기에 바로 입력하여 수문계산을 할 수도 있다. 그림 2.17은 현장에 설치된 T/M 전송장치를 보여주고 있다.

(4) 누가우량곡선과 우량주상도

자기우량계에 의해 측정되는 우량관측지점의 시간별 우량은 펜 기록계나 데이터 로거 혹은 T/M 전송장치에 의해 그림 2.18에서 보는 바와 같이 시간에 따라 관측된 우량이 계속적으로 누가되어 한 개의 곡선으로 나타나는데 이를 누가우량곡선(rainfall mass curve)이라 하

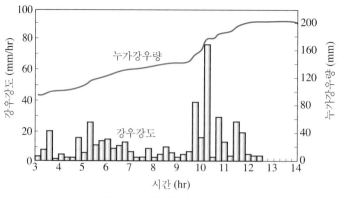

그림 2.18 누가우량곡선과 우량주상도

며, 여러 가지 목적을 위한 시간우량 자료의 분석에 널리 사용된다.

누가우량곡선이 표시하는 시각별 누가우량자료로부터 임의시간구간별 우량(mm)을 구간시간(hr)으로 나누면 해당시간구간의 평균 강우강도(mm/hr)를 얻게 되며 이를 시간구간별로 표시하면 그림 2.18에서와 같이 막대그래프의 형태가 된다. 이와 같이 시간구간별 평균 강우 강도를 표시한 그래프를 우량주상도(rainfall hyetograph)라 하며 강우−유출관계 분석에 반드시 필요한 자료이다.

(5) 강수량의 측정오차

우량계로 측정되는 강수량은 강수가 계속되는 시간 동안 지름이 20 cm인 수수기를 통과한 비나 눈의 양을 평균깊이(mm 단위)로 표시하는 것이므로 어떤 크기를 가지는 하천유역 전체에 내린 강수량을 대표하는 것이 아니라 계기의 설치지점에서의 점 강수량(point precipitation)을 의미한다.

우량관측소 지점에서의 우량계에 의한 강수량 측정에는 두 가지 종류의 측정오차가 발생하게 된다. 그 첫째는 계기오차(instrumental error)이다. 이는 우량계 자체의 결함으로 인한 기계적 오차로서 발생오차는 규칙성을 가지는 것이 보통이며, 계기의 주기적인 성능점검으로 오차를 극복할 수 있다. 다른 한 가지 오차는 관측오차(observational error)로서 우량계의 설치조건이라든지, 계측절차의 부적절성 등 인위적인 원인에 의해 발생하는 오차로서 우량계의 설치위치 선정이라든지 우량계에 기록되는 계측값의 정확한 판독 등에 세심한 주의를 기울임으로써 최소화할 수 있다.

강수량의 측정에 수반되는 오차 중 가장 큰 오차는 바람에 의한 것으로서 우량계 주위에서 바람이 상향으로 불게 될 경우엔 강수량이 실제보다 적게 측정된다. 이와 같은 바람에 의한 오차를 감소시키기 위해 그림 2.19와 같이 우량계 주위에 바람막이(wind shields)를 설치하면 효과적이나 인공적인 바람막이만으로는 우량계의 부적절한 설치위치로 인한 오차를 방지할 수는 없다.

그림 2.19 우량계와 바람막이(wind shields)

(6) 기상레이더와 인공위성에 의한 강우량 측정

강우로 인한 하천유역으로부터의 유출량 등을 예측하는 수문학적 분석에서 가장 심각한 오차를 발생시키는 인자는 우량계에 의해 측정되는 점우량의 측정오차로 인한 것이라 할 수 있다. 점우량은 유역에 떨어지는 강우의 공간적 분포를 고려할 수 없으나 레이더를 사용하면 강우의 공간적 분포를 실시간으로 고려하여 강우량을 추정할 수 있으므로 실시간 홍수예보 시스템의 입력 강우자료 획득에 유리한 측면이 있다. 레이더(Radar)는 "Radio Detection And Ranging"의 머릿글자를 딴 합성어이다.

레이더 시스템은 전자에너지를 송출한 후 반사에너지를 측정하게 된다. 레이더에서 송출된 펄스(pulse)와 돌아온 반사시그널(reflectivity)의 시간차에 의해 목표물까지의 거리가 측정될 수 있으며, 반사시그널의 강도는 목표물의 횡단면적과 전기적 특성에 의해 결정된다. 반사시그널의 강도와 목표물까지의 거리 등을 고려한 조정으로 목표물의 특성에 대한 정보를 얻게 되는데, 빗방울의 경우 레이더에서 송출된 에너지의 일부를 반사하게 되며, 반사에너지(반사파)의 강도가 바로 강우강도(rainfall intensity)와 상관되게 된다.

레이더에 의한 강우량 측정의 가장 중요한 장점은 공간과 시간에 대한 높은 해석능력이라 할 수 있는데, 5분 간격으로 작게는 1 km^2에 대한 점 강우량의 추정이 가능하며, 레이더로부터의 우량추정 가능거리는 안테나의 빔(beam)이나 출력, 수신 감도 등에 따라 약 $40 \sim 200 \text{ km}$ 정도인 것으로 알려져 있다. 또한, 레이더는 넓은 지역을 단시간에 동시 관측할 수 있으므로 수평관측뿐만 아니라 연직방향 관측도 가능하므로 강우분포를 쉽게 영상화하여 나타낼 수 있다.

실제 수문분석에서는 레이더 측정우량자료는 지면 우량계와 연계하여 측정자료의 신뢰도를 높일 수 있고, 실시간 강우-유출 분석에 활용되고 있다. 우리나라에서는 1968년 관악산에 기상레이더가 처음으로 설치되어 지금까지 운영되고 있으며, 이후 제주, 부산, 동해, 군산, 백령도, 광덕산(이상 기상청), 강화도(환경부)에 설치하여 기상예보 및 홍수예경보 목적으로 운영하고 있다.

인공위성(satellite)은 강우량을 직접 측정하는 것이 아니고 인공위성에서 찍은 구름사진의 선명도와 강우강도의 상관성을 이용하여 강우량을 추정하게 된다. 구름사진의 선명도는 최상층 구름의 온도 또는 고도를 나타내며, 가장 높고 밀도가 큰 구름이 가장 큰 강우강도를 나타내게 된다. 즉, 구름사진의 선명도와 강우강도의 관계는 우량계나 레이더에 의한 지상우량계나 레이더에 의한 강우량 측정치를 이용한 검정(calibration)에 의해 결정된다.

이와 같이 인공위성에 의한 강우량 측정자료는 자기우량계나 레이더에 의한 강우량 측정치와의 관계에 의한 검정을 거쳐야 하며, 인공위성에 의한 강우량 측정방법은 지상우량계나 레이더의 설치가 용이하지 않은 지역이나 해양지역의 강우량 측정에 사용되고 있다.

우리나라에서는 1980년 GMS 위성으로부터 보내오는 자료를 받아 처리하는 자료출력기능을 갖춘 위성사진 수신장치 SDUS(Small-scale Data Utilization System)가 도입되면서 본격적으로 이용 가능하게 되었다. 현재에는 두 개의 정지위성 GMS-5와 Meteoset-5, 그리고 다수의 극궤도위성인 NOAA와 TERRA로부터 위성영상자료를 전송받아 기상관측 및 예보에 활용하고 있다.

2.4.4 강수량의 분포

강수량은 지리적으로 변동할 뿐 아니라 시간적으로도 변동한다. 즉, 동일 기간의 강수량일지라도 지역적인 위치에 따라 그 크기가 달라질 뿐 아니라 1년 중의 시기 혹은 계절에 따라 한 지역의 강수량의 크기가 달라지는 것이 보통이다.

일반적으로 강수량은 적도부근에서 가장 많고 위도가 높아짐에 따라 감소한다. 그러나 등우선은 위도방향으로 평행선을 그리는 것이 아니라 불규칙적이고 그 방향 또한 일정하지 않다.

강수의 요건인 대기 중 수분의 원천은 바다로부터의 증발이므로 해안지역에 가까울수록

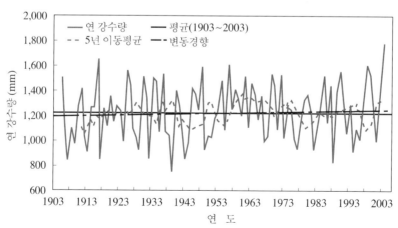

그림 2.20 우리나라 연 평균강수량의 경년변화

자료 : 건설교통부(2005b)

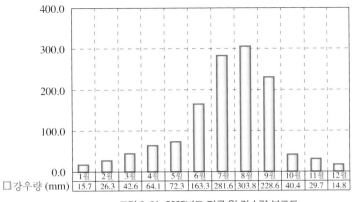

□ 강우량 (mm)	1월	2월	3월	4월	5월	6월	7월	8월	9월	10월	11월	12월
	15.7	26.3	42.6	64.1	72.3	163.3	281.6	303.8	228.6	40.4	29.7	14.8

그림 2.21 2005년도 전국 월 강수량 분포도
자료 : 건설교통부(2005b)

강수량은 많아지며 산악의 영향 또한 중요하다. 산맥이 가로놓여 있을 경우, 바람이 불어오는 향사면 지역에서는 습윤한 기단의 상승으로 강수량이 많고 강수횟수도 많으나, 배사면 지역은 통상 건조하므로 강수량 및 강수횟수도 적은 것이 보통이다.

한 지역의 강수량은 기간에 관계없이 시간적 변동성을 가진다. 예를 들면 한 지점의 연 강수량 기록은 경년적으로 약간씩 변화하는 것이 보통으로 어떤 해에는 평균값보다 크나 어떤 해에는 평균값보다 작게 나타나며 일반적으로 연 평균강수량 주위에서 변동하게 된다. 그림 2.20은 우리나라 연 평균강수량의 경년적 변동성을 표시하고 있으며, 그림 2.21은 전국의 2005년도 월 강수량의 월별 변동성을 표시하고 있다. 우리나라 연 평균강우량의 경년적 변동폭은 약 700~1,800 mm 정도이며, 연 강수량의 약 75%는 6~9월에 집중되어 있다.

2.5 강수량 자료의 일관성 검사와 평균강우량 산정

2.5.1 강수량 자료의 일관성 분석

수십 년에 걸친 장기간의 강수자료는 각종 수자원계획의 수립을 위한 수문학적 해석에 사용하기에 앞서 우선 장기간 자료로서의 일관성(consistency)에 대한 검사가 필요하다. 만약 우량계의 위치, 노출상태, 우량계의 형식, 관측방법 및 주위환경에 변화가 생겼을 경우엔 이들 변화요소가 자료에 직접적인 영향을 주기 때문에 전반적인 자료의 일관성이 없어지며 무의미한 값이 될 수도 있다. 이를 교정하기 위한 한 방법을 이중누가우량분석(double mass analysis)이라 한다. 이 분석은 문제가 된 관측점에서의 연 혹은 계절강우량의 누적총량을 그 부근에 있는 여러 관측점 누적총량의 평균값과 비교함으로써 이루어진다. 물론, 부근에 위치한 관측점들이 가지는 동질성이 양호하면 할수록 이 절차는 더욱 정확해지며, 가능하면 10개 이상의 부근 관측점을 선택하는 것이 통상이다. 이 해석의 결과 그림 2.22에서와 같

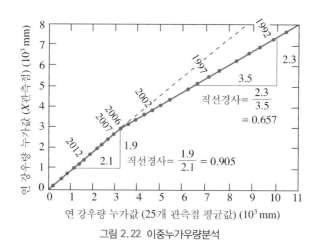

그림 2.22 이중누가우량분석

이 관계직선의 경사가 어떤 연도에서 갑자기 변할 때는 상기한 변화가 생겼음을 추측할 수 있으며, 따라서 보다 최근의 기록(1924~1945년)을 그대로 유지하는 반면에 과거 기록 (1910~1923년)을 237/278로 곱해 줌으로써 자료의 일관성을 얻게 된다.

예제 2-04

X우량관측점 및 인접 25개 관측점에 있어서의 연 우량자료가 표 2.4에 수록되어 있다. 이중누가우량분석에 의해 자료의 수정이 필요하다면 수정하라. 2017년도 관측점 위치에서의 연 평균강우량을 계산하고 수정 없이 구한 연 평균강우량과 비교하라.

풀이 표 2.4의 (1), (2)란에 수록된 자료로부터 X관측점과 인접 25개 관측점의 연 강우량 평균값으로부터 각각의 누가값을 2017년부터 1991년까지 계산하여 (3), (4)란에 표시하였다. 이들 누가값을 그림 2.22에 나타낸 결과 2006년 이전과 이후의 자료가 이질성을 가짐을 알 수 있다.

그림 2.22에서처럼 두 직선의 경사를 구해보면 0.657과 0.905이다. 따라서, 2006년 이전과 X 관측점의 연 강우량 자료는 직선경사비 $0.905/0.657 = 1.378$을 곱해서 수정함으로써 전 자료가 동질성을 가진다고 볼 수 있다.

표 2.4로부터 X관측점의 연 평균강우량(27년 평균값)을 계산하면

(1) 자료의 수정을 하지 않았을 경우

$$P_{m1} = \frac{X\text{관측점의 총 누가값}}{\text{기록연수}} = \frac{7545}{27} = 279.4 \text{ mm}$$

(2) 자료의 수정을 했을 경우

$$P_{m2} = \frac{(2006 \sim 2017\text{년 누가값}) + (1991 \sim 2005\text{년 수정 누가값})}{\text{기록연수}}$$
$$= \frac{1}{27}[2939 + (7545 - 2939) \times 1.378] = 343.9 \text{ mm}$$

표 2.4

기록연	연 강우량 (mm)		연 강우량 누가값 (mm)	
	(1) X관측점	(2) 25개 관측점 평균값	(3) X관측점	(4) 25개 관측점 평균값
1991	328	530	7545	10410
1992	320	555	7217	9880
1993	305	457	6897	9325
1994	389	539	6592	8868
1995	437	727	6203	8329
1996	323	494	5766	7602
1997	374	438	5443	7108
1998	220	443	5169	6670
1999	383	745	4849	6227
2000	484	465	4366	5482
2001	246	330	4082	5017
2002	218	342	3836	4687
2003	282	445	3618	4345
2004	173	277	3336	3900
2005	224	360	3163	3623
2006	285	312	2939	3263
2007	241	231	2654	2951
2008	269	234	2413	2720
2009	206	231	2144	2486
2010	295	333	1938	2255
2011	284	264	1643	1922
2012	203	246	1359	1658
2013	224	282	1156	1412
2014	216	289	932	1130
2015	228	234	716	841
2016	305	371	488	607
2017	183	236	183	236

2.5.2 강수량 기록의 보삽 추정

어떤 관측점에서의 강수기록 측정이 모종의 사정에 의하여 짧은 기간 혹은 상당한 기간 동안 중단될 경우가 가끔씩 있다. 이러한 결측값을 보완하여 월 혹은 연 강수총량을 결정하기 위해서는 결측값을 가진 관측점으로부터 가능한 한 근거리에 운영되어온 3개의 관측점을 선정하여 동일기간에 대한 동일기록을 획득하여 관측점별 정상 연 평균강수량을 산정하고 그 편차의 크기에 따라 다음 두 가지 절차에 의해 결측값을 보완하게 된다. 여기서, 정상 연 평균강수량(normal annual precipitation)은 30년 이상 기간의 연 강수량 자료의 평균값을 의미하나 자료기간이 30년이 못될 경우에는 자료기간 평균값을 사용하게 된다. 첫째 방법은 산술평균법으로서, 3개 관측점 각각의 정상 연 평균강수량과 결측값을 가진 관측점의 정상 연 평균강수량의 차가 10% 이내일 경우엔 3개 관측점에서의 결측기간의 강수량을 산술평균함으로써 보완하며, 두 번째 방법은 정상 연 강수량비율법(normal ratio method)으로서 3개 관측점 중 1개라도 10% 이상의 차를 가지면 정상 연 평균강수량의 비에 의해 측정값을 보삽 추정한다. 즉,

$$P_X = \frac{N_X}{3}\left(\frac{P_A}{N_A} + \frac{P_B}{N_B} + \frac{P_C}{N_C}\right) \tag{2.19}$$

여기서, P는 강수량을 표시하며, N은 정상 연 평균강수량, X는 결측값을 가진 관측점이고, A, B, C는 3개의 주변 관측점을 각각 표시한다. 첫 번째 방법보다 두 번째 방법이 강수현상이 산악의 영향을 많이 받는 지역에 더 효과적으로 적용될 수 있다.

결측관측점과 인접관측점의 정상 연 평균강수량비를 사용하지 않고 결측값을 보완하는 또 다른 한 가지 방법은 역거리 자승법(inverse distance squared method)이다. 이 방법은 결측관측점을 기준으로 동서남북 4개 방향으로 제일 인접한 관측소를 각각 1개소씩 선정하여 결측관측점과 인접관측점 간의 거리의 제곱의 역수를 가중인자로 하여 결측값을 산정한다. 즉,

$$P_X = \frac{\displaystyle\sum_{i=1}^{n}\left[\left(\frac{1}{D_i^2}\right)P_i\right]}{\displaystyle\sum_{i=1}^{n}\left[\frac{1}{D_i^2}\right]} \tag{2.20}$$

여기서, P_X는 결측관측점 X의 보완하고자 하는 결측값이고 D_i와 P_i는 X관측점과 i관측점 간의 거리 및 i관측점에 기록된 강수량이다.

예제 2-05

X우량관측점의 우량계 고장으로 1개월 동안 우량관측을 할 수 없었다. 이 기간에 집중호우가 발생하여 인접 관측점 A, B, C에 표 2.5와 같은 우량이 측정되었다. 정상 연 평균 강우량과 X관측점-인접관측점 간 거리가 아래에 주어진 바와 같을 때 결측기간의 X관측점의 총 강우량을 (1) 정상 연 강수량 비율법과 (2) 역거리자승법으로 각각 보삽 추정하라.

표 2.5

관측점	월 강우량 P_i(mm)	정상 연 평균강수량 N(mm)	X관측점과의 거리 D_i(km)
X	?	963	0
A	105	1103	6
B	88	920	7
C	120	1180	10

풀이 (1) 정상 연 강수량비율법

$$\frac{N_C - N_X}{N_X} = \frac{1180 - 963}{963} = \frac{217}{963} = 0.225 > 10\%$$

따라서, 정상 연 강수량비율법을 사용하면

$$P_X = \frac{1}{3} \times 963 \times \left(\frac{105}{1103} + \frac{88}{920} + \frac{120}{1180} \right) = 93.9 \text{ mm}$$

(2) 역거리자승법

$$P_X = \frac{\sum_{i=1}^{3} \left[\left(\frac{1}{D_i^2} \right) P_i \right]}{\sum_{i=1}^{3} \left[\frac{1}{D_i^2} \right]} = \frac{\frac{1}{6^2} \times 105 + \frac{1}{7^2} \times 88 + \frac{1}{10^2} \times 120}{\frac{1}{6^2} + \frac{1}{7^2} + \frac{1}{10^2}} = \frac{5.9126}{0.0582} = 101.6 \text{ mm}$$

2.5.3 유역의 평균강우량 산정

특정 호우로 인한 유역의 평균우량(average rainfall)은 우량 깊이−유역면적 간의 관계뿐만 아니라 여러 가지 목적을 위해 필요할 때가 많다. 또한 호우별 평균우량 이외에 강우지속기간을 더 길게 잡아 월별, 계절별 및 연별 평균우량을 산정해야 할 경우도 있다.

가장 간단한 방법은 유역 내 관측점의 지점강우량을 산술평균하여 유역평균우량을 산정하는 산술평균법(arithmetic average method)으로, 식 (2.21)과 같다.

$$P_m = \frac{P_1 + P_2 + \cdots + P_N}{N} = \frac{1}{N} \sum_{i=1}^{N} P_i \qquad (2.21)$$

여기서, P_m은 어떤 호우로 인한 유역의 평균강우량이며 P_1, $P_2 \cdots$, P_N은 유역 내 혹은 인접한 관측점에 각각 기록된 강우량이고 N은 우량 관측점의 총수이다(그림 2.23). 산술평균법은 강수에 대한 산악효과나 우량계의 분포상태 및 밀도 등에 대한 고려가 전혀 없으므로 비교적 평야 지역에서 강우분포가 비교적 균일한 경우에 사용하는 것이 좋다.

우량계가 유역 내외에 불균등하게 분포되어 있을 경우에는 Thiessen의 가중법을 사용한다. 이 방법에서는 전 유역면적에 대한 각 관측점의 지배면적을 가중인자(weighting factor)로 활용하여 이를 각 우량값에 곱하여 합산한 후 이 값을 유역 면적으로 나눔으로써 평균우량을 산정하는 방법으로(그림 2.24), 식 (2.22)와 같다.

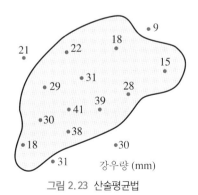

그림 2.23 산술평균법

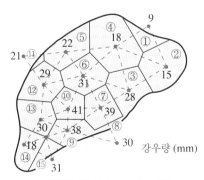

그림 2.24 Thiessen의 가중법

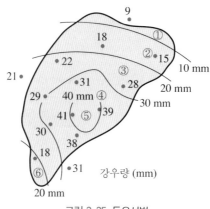

그림 2.25 등우선법

각 우량계의 지배면적은 우선 인접 관측점들을 직선으로 연결하여 여러 개의 삼각형을 만든 후(그림 2.24의 점선 삼각형) 각 변의 수직이등분선을 그으면 얻게 되는 삼각형의 내심을 연결하는 직선과 유역분수계로 둘러싸이는 관측점 주위의 다각형(Thiessen's polygon)을 만듦으로써 결정된다. 다각형으로 둘러싸인 면적이 곧 각 우량계의 지배면적이 된다.

$$P_m = \frac{A_1 P_1 + A_2 P_2 + \cdots + A_N P_N}{A_1 + A_2 + \cdots + A_N} = \frac{\displaystyle\sum_{i=1}^{N} A_i P_i}{\displaystyle\sum_{i=1}^{N} A_i} \qquad (2.22)$$

여기서, P_m은 유역의 평균강우량이며 P_1, P_2, $\cdots$ P_N은 유역 내 각 관측점에 기록된 강우량이고 A_1, A_2, $\cdots$ A_N은 각 관측점의 지배면적이다.

이 방법에서도 강우에 대한 산악효과는 무시되고 있으나 각 우량계의 지배면적에 의해 우량계의 분포상태는 고려하고 있으므로 산술평균법보다는 정확하며 적용방법의 객관성 때문에 실제로 가장 널리 사용되고 있는 방법이다.

강우에 대한 산악의 영향은 등우선법(isohyetal method)에 의해 고려될 수 있다. 이 방법에서는 우선 지형도상에 관측점의 위치와 강우량을 표시한 후 등우선(isohyets)을 그리고 각 등우선 간의 면적을 구적기로 측정한 후 이를 해당 등우선 간의 평균우량에 곱하여 전부 합산한 후 이 값을 유역면적으로 나눔으로써 전 유역에 대한 평균우량을 구하게 된다(식 (2.23)). 여기서, 두 등우선 간의 평균우량으로는 통상 등우선상의 우량값을 평균한 값을 사용한다(그림 2.25).

$$P_m = \frac{A_1 P_{1m} + A_2 P_{2m} + \cdots + A_N P_{Nm}}{A_1 + A_2 + \cdots + A_N} = \frac{\displaystyle\sum_{i=1}^{N} A_i P_{im}}{\displaystyle\sum_{i=1}^{N} A_i} \qquad (2.23)$$

여기서, A는 두 인접 등우선 사이의 면적이고, N은 등우선에 의해 나누어지는 면적구간의 수이며, P_{im}은 두 인접 등우선 간의 평균강우량이다. 현재까지의 경험에 의하면 우량계가 비교적 등분포되어 있고 유역면적이 약 $500\,\mathrm{km}^2$ 미만인 평지지역에서는 산술평균법도 다른 방법에 못지않은 정확성을 가지고 있으며, 산악효과가 비교적 작고 유역면적이 약 $500{\sim}5{,}000\,\mathrm{km}^2$인 곳에서는 Thiessen법을 사용하는 것이 좋다. 유역면적이 더 이상 커지거나 산악지역에서는 등우선법을 사용하는 것이 정확한 결과를 얻을 수 있으나 우량계의 밀도가 조밀해야 할 뿐만 아니라 등우선을 그리는 과정에서 생기는 주관적 오차에 특별한 주의를 하지 않으면 안된다.

예제 2-06

그림 2.23과 같은 유역에 집중호우가 발생하여 유역 내의 11개 우량관측점과 부근의 4개 관측점에서 측정된 관측별 총 우량은 그림 2.23에 표시된 바와 같다. 평균우량을 산정하기 위하여 Thiessen의 다각형과 등우선을 그려본 결과는 그림 2.24 및 2.25와 같다. 이 유역의 평균강우량을 산술평균법, Thiessen법 및 등우선법에 의하여 산정하라. Thiessen의 다각형별 면적과 등우선 간의 소구역면적은 표 2.6과 같다.

표 2.6

소구역번호	Thiessen 다각형면적(km^2)	등우선 간 면적(km^2)	소구역번호	Thiessen 다각형면적(km^2)	등우선 간 면적(km^2)
1	40	55	9	60	
2	118	220	10	60	
3	99	390	11	8	
4	150	278	12	86	
5	95	63	13	70	
6	86	34	14	52	
7	86	8	15	25	
8	5				

풀이 (1) 산술평균법

유역 내에 있는 11개 관측점에 기록된 우량의 산술평균값이 곧 평균우량이므로 식 (2.21)을 사용하면

$$P_m = \frac{1}{11}(15+28+18+22+31+39+38+41+29+30+18) = 28.09\,\mathrm{mm}$$

(2) Thiessen의 가중법

표 2.7의 계산값을 사용하면 식 (2.22)로부터

$$P_m = \frac{\displaystyle\sum_{i=1}^{15} A_i P_i}{\displaystyle\sum_{i=1}^{15} A_i} = \frac{27075}{1040} = 26.03\,\mathrm{mm}$$

(3) 등우선법

표 2.7의 계산값과 식 (2.23)으로부터

$$P_m = \frac{\sum A_i P_i}{\sum A_i} = \frac{26845}{1040} = 25.81\,\mathrm{mm}$$

표 2.7

소구역번호	Thiessen 가중법			등우선법		
	다각형면적 A_i (km^2)	우량 P_i (mm)	$A_i P_i$	등우선 간 면적 A_i (km^2)	등우선 간 평균 우량 P_{im} (mm)	$A_i P_i$
1	40	9	360	55	10*	550
2	118	15	1770	220	15	3300
3	99	28	2772	390	25	9750
4	150	18	2700	278	35	9730
5	95	22	2090	63	45	2835
6	86	31	2666	34	20*	680
7	86	39	3354			
8	5	30	150			
9	60	38	2280			
10	60	41	2460			
11	8	21	168			
12	86	29	2494			
13	70	30	2100			
14	52	18	936			
15	25	31	775			
계(Σ)	1040		27075	1040		26845

* 추정값임

2.6 강수량 자료의 분석

보통우량계로 측정되는 일 강우량 자료와 이로부터 산정되는 월 및 연 강우량 자료는 통상 몇 개월 혹은 몇 년 등 비교적 장기간에 걸쳐 발생하는 가뭄의 해석이나 이수 목적의 물 수지 분석 등에 필요한 자료이다. 그러나, 단시간에 걸쳐 내리는 집중호우 등으로 인한 홍수 피해를 방어하기 위한 치수 목적의 계획수립을 위해서는 짧은 시간 간격의 강우량 자료의 분석이 필요하므로 통상 자기우량계로 측정한 시간우량자료가 사용된다.

짧은 기간에 내리는 호우의 특성을 제대로 파악하기 위해서는 다음의 질문에 대한 해답이 필요하다. 즉, 얼마나 강하게? 얼마나 긴 시간 동안? 얼마나 자주? 그리고 얼마나 넓은 지역에 걸쳐 비가 내렸는지?이다.

"얼마나 강하게?"는 강우강도(rainfall intensity)를 뜻하며 이는 단위시간에 내리는 강우량(mm/hr)으로 표시되며, "얼마나 긴 시간 동안?"은 강우가 계속되는 시간장경으로 강우의 지속기간(duration)을 뜻하며 통상 분(minutes) 혹은 시간(hours) 단위로 표시된다. "얼마나 자주?"는 특정 크기의 강우량을 초과하는 호우가 일정 기간 동안에 평균적으로 발생할 횟수를 의미하는 것으로 평균발생빈도(mean frequency of occurrences)를 뜻한다. 이는 당해 호우로 인한 특정 크기의 강우량(x)보다 클 초과확률(exceedance probability) P로 표시되거나 초과확률의 역수인 평균재현기간(mean recurrence interval 혹은 return period) T(years)로 표시되며, 식 (2.24)와 같은 관계가 성립된다.

$$T = \frac{1}{P(X > x)} \tag{2.24}$$

여기서, $P(X > x)$는 강우량(X)이 특정 크기의 강우량 x(mm)를 초과할 확률을 뜻하며, x가 커질수록 초과확률 $P(X > x)$는 작아지고, 재현기간 T는 커진다. 예를 들면, 어떤 우량관측지점의 연 강우량(X)이 $x = 2,000$ mm를 초과할 확률 $P(X \geq 2,000)$가 1%라면 이 연 강수량의 평균재현기간은 100년이 되는 것이다. 즉, 100년에 평균 1회 정도 연 강우량이 2,000 mm를 초과한다는 의미이다.

마지막으로, "얼마나 넓은 지역에 걸쳐 비가 내렸는지?"는 우량계에 의해 측정되는 점우량이 대표할 수 있는 지역적 범위(areal extent)가 얼마나 넓은 지역(km^2)인지를 뜻한다.

2.6.1 강우강도와 강우지속기간 관계

일정시간 동안 계속된 호우에 대하여 강우지속기간을 짧게 잡을수록 최대강우강도는 일반적으로 커지는 특성을 가지고 있다. 이는 강우강도가 강우지속기간 동안 내린 총 강우량을 지속기간으로 나눈 평균 강도로 정의되며, 지속기간을 짧게 잡을수록 강우강도는 커지기 때문이다. 예제 2.7은 이와 같은 강우강도의 특성을 설명하고 있다.

예제 2-07

어떤 유역에 30분간 계속된 집중호우로부터 기록된 5분간격 우량값은 표 2.8과 같다. 지속기간별(5분 단위) 최대강우강도를 결정하라.

표 2.8

시간 (min.)	0~5	5~10	10~15	15~20	20~25	25~30
우량 (mm)	2.0	4.0	6.0	4.0	8.0	6.0

풀이 표 2.8로부터 지속기간별 최대강우량을 결정한 다음 지속기간 1시간에 해당하는 최대강우량으로 환산함으로써 표 2.9와 같이 각 지속기간에 대한 최대강우강도를 얻게 되며, 지속기간을 길게 잡을수록 최대강우강도는 작아지고 있음을 확인할 수 있다.

표 2.9

지속기간 (min.)	최대강우량 (mm)	최대강우강도 (mm/hr)	지속기간 (min.)	최대강우량 (mm)	최대강우강도 (mm/hr)
5	8.0	96.0	25	28.0	67.2
10	14.0	84.0	30	30.0	60.0
15	18.0	72.0			
20	24.0	72.0			

우량관측소 지점에서의 최대강우강도-지속기간관계(rainfall intensity-duration relationship)는 통상 지역적인 특성을 가지므로 각 지역별로 기왕에 관측된 자기우량자료를 통계학적 빈도해석하여 수립하게 된다.

일반적으로, 단기간 동안 계속되는 강우의 발생빈도가 동일할 경우(예를 들면 $T = 10$년) 최대강우강도는 예제 2.7에서 살펴본 바와 같이 강우의 지속시간이 커짐에 따라 작아지는 관계를 가진다. 이러한 관계는 식 (2.25)와 같은 경험공식으로 표현될 수 있다.

$$I = \frac{a}{t^n + b} \qquad\qquad (2.25)$$

여기서, I는 최대강우강도(mm/hr), t는 강우지속기간(min., hrs 등)이며, a, b, n은 지역상수로서 회귀분석(regression analysis)으로 결정할 수 있다.

식 (2.25)는 소규모 수공구조물의 설계강우강도를 산정하는 데 사용되는 경험공식으로 강우강도식(rainfall intensity formula)이라고 하며, 특정 발생빈도별(2, 5, 10, 20년 등)로 통계학적 빈도해석 결과를 사용하여 유도될 수 있다. 이러한 강우강도식은 도시지역의 우수관거라든지, 고속도로를 횡단하는 암거(culvert), 비행장의 배수시설 등의 설계를 위한 설계홍수량을 산정하는 데 사용된다.

2.6.2 강우강도-지속기간-발생빈도 관계

강우강도-지속기간 관계에 강우의 발생확률을 변수로 추가하면 각종 수문 설계에 대단히 유용한 일련의 곡선을 얻게 된다. 그림 2.26은 서울기상대 지점에 대한 최대강우강도-지속기간-발생빈도(intensity-duration-frequency, IDF) 곡선을 표시하고 있다.

이들 관계 곡선은 우량 관측소 지점의 장기간 자기우량자료(가급적 30년 이상)로부터 강우지속기간(10분, 30분, 60분, 120분, 360분, 1440분)별 연도별 최대강우량을 선별한 후 연도별 최대강우량을 각 지속기간으로 나누어 연도별 최대강우강도 자료계열을 작성한 후 통계학적 빈도해석 방법을 적용하면 재현기간별, 지속기간별 최대강우강도 관계를 얻게 된다.

그림 2.26의 서울기상대 지점의 IDF 곡선을 보면 재현기간이 20년이고 지속기간이 1시간인 최대강우강도는 90 mm/hr이고, 2시간 동안 100 mm의 호우가 내렸다면 강우강도는 50 mm/hr이고 이 강도로 2시간 동안 내린 강우의 재현기간은 약 10년이고 초과확률 $P(X > 50\,\text{mm/hr})$ = 0.1임을 알 수 있다.

건설교통부(2000)는 '한국확률강우량도 작성' 연구에서 기상청에서 운영해 온 22개 우량 관측소의 연 최대치 시간우량자료를 Type-I 극치 확률분포에 적합시켜 빈도분석한 결과를 이용하여 식 (2.26)과 같은 통합형 확률 강우강도식을 제시한 바 있다.

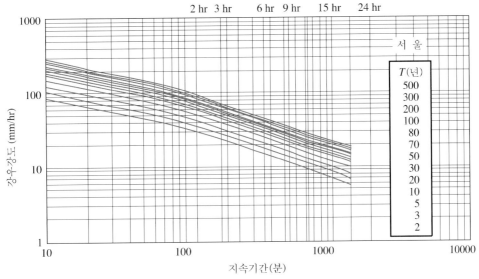

그림 2.26 강우강도-지속기간-빈도 관계곡선(서울기상대 지점)

$$I(T,\, t) = \frac{a + b \ln\left(\dfrac{T}{t^n}\right)}{c + d \ln\left(\dfrac{\sqrt{T}}{t}\right) + \sqrt{t}} \tag{2.26}$$

여기서, I는 강우강도(mm/hr), t는 지속기간(min), T는 재현기간(년, years)이고, a, b, c, d 및 n은 지역상수로서 기상청의 22개 우량관측소별 지역상수값은 표 2.10과 같다.

한편, 식 (2.26)의 확률강우강도식은 유도과정에서 회귀식의 적합도를 높이기 위해 표 2.10에서 보는 바와 같이 우량관측소별로 단시간과 장시간으로 지속기간을 나누어 분석하였으며, 단시간과 장시간 자료의 회귀직선에 큰 차이가 없는 지점에 대해서는 단일 회귀식을 유도하였다. 그림 2.26의 서울기상대 지점에 대한 강우강도-지속기간-발생빈도 관계곡선의 경우 단시간과 장시간의 구분경계점은 120분임을 알 수 있다.

식 (2.26)은 전국의 22개 기상청 우량관측소 지점에 대한 강우강도식이므로 지점별 지속기간별 확률강우강도(probability rainfall intensity)를 산정하는 데 사용할 수 있으나 미관측지역에는 사용할 수가 없다. 이에 건설교통부(2000)에서는 우리나라 전역의 68개 우량관측소의 장기간 자기우량자료를 빈도분석하여 지속기간이 30분, 1, 2, 3, 6, 12, 24시간이고 재현기간이 2, 5, 10, 20, 50, 100, 200년인 확률강우량을 지점별로 산정한 후 등우선(isohyets)을 그려 확률강우량도(rainfall frequency map)를 제작하였다. 그림 2.27은 건설교통부가 제작한 확률강우량도 중 강우지속기간이 24시간이고 재현기간이 100년인 확률강우량의 전국적인 공간분포를 표시하는 지도이다.

표 2.10 기상청 주요 우량관측지점의 통합 확률강우강도식의 회귀상수값

지점 번호	지점명	단·장시간 구분경계점		회귀상수값				
				a	b	c	d	n
090	속초	240분	단기간	93.7767	77.1755	1.1261	0.2165	−0.2620
			장기간	158.2023	82.0172	2.8169	0.6434	−0.0835
101	춘천	전체	전체	172.6329	82.6687	0.0555	0.1444	−0.0073
105	강릉	120분	단기간	98.1820	78.2095	0.1927	0.1525	−0.1758
			장기간	188.0071	101.6393	3.5588	0.5308	0.0141
108	서울	120분	단기간	153.0746	144.5254	0.6011	0.1562	−0.1488
			장기간	324.7979	91.6429	−2.8899	0.0176	0.2685
112	인천	120분	단기간	322.0633	147.1074	2.1344	0.2689	0.1109
			장기간	338.1145	97.8410	−2.0748	0.0655	0.2937
114	원주	전체	전체	368.0955	126.2754	1.0182	0.1342	0.2777
119	수원	30분	단기간	79.1287	78.0319	−0.2551	0.1088	−0.6026
			장기간	828.3783	144.8427	4.9127	0.1139	0.6580
129	서산	240분	단기간	187.1922	82.8980	0.0432	0.0997	−0.0486
			장기간	585.5659	119.4289	7.8698	0.7273	0.4891
131	청주	60분	단기간	206.9811	93.6890	0.1992	0.1380	−0.0266
			장기간	194.5685	67.0847	−1.7755	0.0855	0.0791
133	대전	90분	단기간	157.7852	98.5065	0.1822	0.1356	−0.2843
			장기간	521.6633	101.0004	−0.1721	−0.0005	0.5153
135	추풍령	60분	단기간	90.8913	64.2279	−0.3600	0.1091	−0.2834
			장기간	119.4443	47.8249	−2.1360	0.0675	−0.0654
138	포항	120분	단기간	51.8427	72.6780	−0.2845	0.1044	−0.3374
			장기간	266.0319	91.7480	3.0201	0.5121	0.2019
140	군산	90분	단기간	317.0764	96.5720	1.9521	0.1943	0.1353
			장기간	888.6918	100.2966	2.9299	−0.5044	1.0673
143	대구	90분	단기간	147.9781	98.0911	0.2046	0.1725	−0.0518
			장기간	310.0363	66.9800	−1.8327	−0.0354	0.4384
146	전주	180분	단기간	412.1723	138.2680	1.9288	0.3150	0.3174
			장기간	351.8756	82.1814	−2.3994	0.0696	0.3885
152	울산	30분	단기간	569.2767	185.9155	4.6126	0.2583	0.4327
			장기간	255.6156	124.4030	1.2410	0.2497	0.1373
156	광주	60분	단기간	185.4785	97.5953	0.5941	0.1531	−0.1131
			장기간	354.2587	78.4099	−0.6737	−0.0313	0.3859
159	부산	90분	단기간	253.5492	159.1007	1.6795	0.1470	0.0109
			장기간	380.9872	118.4000	−0.5210	0.0627	0.2784
162	통영	240분	단기간	217.0543	115.5635	1.5085	0.1156	−0.0008
			장기간	462.6959	118.7615	2.3610	0.4478	0.3651
165	목포	60분	단기간	140.3045	74.9801	−0.0001	0.1289	−0.1577
			장기간	350.2751	76.0617	1.1267	0.1034	0.3669
168	여수	240분	단기간	256.060	116.194	1.497	0.282	0.100
			장기간	292.5127	80.2553	−2.4705	0.1490	0.2509
170	완도	180분	단기간	4410.9550	447.7651	27.7054	−3.0745	1.3390
			장기간	354.2686	141.2124	−0.3229	0.3520	0.1945

자료 : 건설교통부(2000)

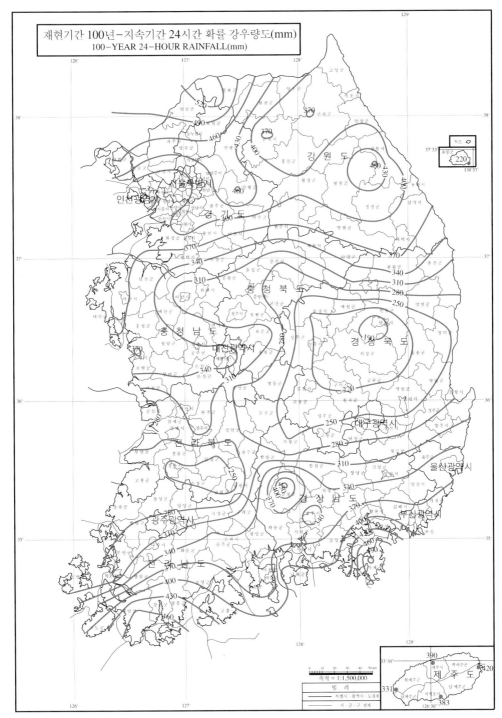

그림 2.27 확률강우량도(재현기간 100년, 지속기간 24시간)

식 (2.26)을 이용하여 서울기상대 지점에 대한 재현기간이 100년이고, 지속기간 1시간과 24시간에 대한 강우강도를 각각 계산하고, 100년 빈도 24시간 강우강도의 경우는 그림 2.28의 확률강우량도에서 구한 값과 비교하라.

풀이 표 2.10으로부터 서울기상대 지점에서 1시간(60분)과 24시간(1440분)은 각각 단시간과 장시간으로 분류되므로 강우강도식의 회귀상수를 읽으면 표 2.11과 같다.

표 2.11

지속기간(분) / 회귀상수	a	b	c	d	n
60분	153.0746	144.5254	0.6011	0.1562	-0.1488
1440분	324.7979	91.6429	-2.8899	0.0176	0.2685

식 (2.26)에 $t=60$분과 $t=1440$분에 해당하는 회귀상수값 a, b, c, d, n과 강우의 재현기간 $T=100$년을 대입하여 강우강도를 계산한 결과는 다음과 같다.

$$I(100, 60) = 112.4 \, \mathrm{mm/hr}$$

$$I(100, 1440) = 20.0 \, \mathrm{mm/hr}$$

한편, 그림 2.27로부터 서울지점의 100년 빈도 24시간 확률강우량을 개략적으로 읽으면 약 400 mm이고 이를 강우강도로 표시하면 $I(100, 1440) = 400/24 = 16.7 \, \mathrm{mm/hr}$이다. 따라서, 식 (2.26)에 의해 계산된 100년 빈도 24시간(1440분) 강우강도 20.0 mm/hr는 그림 2.27의 확률강우량도에서 확률강우량을 읽어서 강우강도로 표시한 값 16.7 mm/hr와 약간의 차이가 있다.

2.6.3 평균우량깊이와 유역면적 관계

일정면적을 가진 유역의 전반에 걸쳐 균일한 강우가 발생할 경우는 대단히 드물다. 일정한 강우지속기간에 유역상에 내린 평균우량깊이는 호우중심지역으로부터 멀어질수록 점차 감소하게 된다. 여기서, 말하는 평균우량깊이(mean rainfall depth)는 어떤 유역면적상에 내린 총 우량을 유역면적으로 나눈 유역상의 등가우량깊이(mm)를 의미한다. 따라서 호우중심점으로부터 면적이 증가됨에 따라서 등가우량깊이는 점점 작아지며 강우강도 또한 감소하게 된다. 그림 2.28은 어떤 유역에 있어서의 특정호우로 인한 전형적인 유역평균우량-유역면적 관계곡선(rainfall depth-area curve)을 도시하고 있다. 그림 2.28의 실선은 유역면적이 커질수록 평균우량깊이가 작아진다는 것을 표시하며 점선은 해당 유역의 외곽선상에 있는 지점에서의 평균우량깊이가 유역면적이 커짐에 따라 더 많이 감소한다는 것을 나타내고 있다.

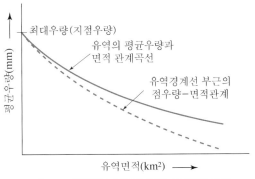

그림 2.28 전형적인 유역평균우량-유역면적 관계

　어떤 크기의 면적을 가지는 유역에 여러 개의 우량관측소가 설치되어 있을 경우 어떤 호우가 발생할 때 각 관측소에서 계측되는 우량은 점우량이며, 유역평균우량은 앞에서 소개한 산술평균법이나 Thiessen 방법 혹은 등우선법 등으로 산정할 수 있다. 그러나, 하천제방이나 댐 등 수공구조물의 설계 홍수량을 구하고자 할 때에는 특정 발생빈도(설계빈도 혹은 설계재현기간)를 가지는 유역의 평균강우량 산정이 필요하다. 따라서, 그림 2.29에서처럼 지점평균우량은 유역면적이 커짐에 따라 감소할 수밖에 없다는 사실을 고려해주기 위해 면적감소계수(area reduction factor, ARF)를 적용하게 된다. 면적감소계수는 지점별 설계강우량을 유역면적에 걸쳐 평균한 후 유역면적이 커짐에 따라 감소하는 유역평균강우량(면적우량)으로 보정해주기 위해 백분율(%)로 표시되는 계수로서 면적우량환산계수라고도 부른다.

　그림 2.29는 한강유역의 100년 빈도강우에 대한 면적우량환산계수-강우지속기간-유역면적 관계를 표시하고 있다. 서울 우량관측소 지점의 100년 빈도 24시간 점 강우량이 약 400 mm일 때 서울지역에 위치한 중랑천 유역(유역면적이 약 300 km^2)에 대한 면적우량환산계수는 약 93%임을 알 수 있으므로 중랑천 유역의 100년 빈도 24시간 평균우량(면적우량)은 $400 \times 0.93 = 372 \text{ mm}$로 추정할 수 있다.

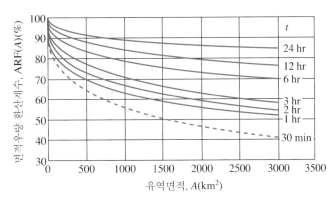

그림 2.29 유역면적-ARF-강우지속기간 관계(한강유역, $T = 100$년)

2.7 가능최대강수량

가능최대강수량(probable maximum precipitation, PMP)은 어떤 지역에서 생성될 수 있는 가장 극심한 기상조건하에서 발생 가능한 호우로 인한 최대강수량을 의미한다. 물론 강우지속기간과 유역면적의 크기에 따라 그 크기가 달라질 수 있다.

PMP는 대규모 댐과 같이 파괴로 인하여 하류의 인명 및 재산피해가 극심할 것으로 예상되는 주요 수공구조물의 설계강우량으로 사용되며, 대기 중의 가능강수수분량, 구름층의 두께, 바람, 기온 등 호우를 발생시킬 기단의 각종 특성과 유역의 지형학적 특성, 계절적 특성, 유역의 위치 등 여러 가지 복합적인 요인에 의해 발생한다. PMP를 산정하는 방법에는 수문기상학적 방법(hydrometeorological method)과 최대우량 포락곡선방법(maximum rainfall evelope curve method) 및 통계학적 방법(statistical method)의 세 가지가 있다.

2.7.1 수문기상학적 방법

이 방법은 대상 유역에서 실측된 극대호우기록이나 혹은 극대호우기록이 없는 경우에는 인접 타 지역에 내린 극대호우기록을 호우전이(storm transposition)하여 강우지속시간별 유역평균 최대강우량을 먼저 산정한다. 다음으로는 대기 중의 수분량을 산정하기 위한 이슬점, 기온, 바람, 기압 등의 기상자료를 이용하여 수분최대화비를 계산하고, 호우전이로 인한 영향을 고려하기 위해 수평전이비와 수직전이비를 구하며, 지형영향의 고려를 위한 지형영향비를 계산하여 유역평균 최대우량산정치에 곱해줌으로써 PMP를 산정하게 된다.

2.7.2 최대강우량 포락곡선방법

이 방법은 전세계의 기록상의 최대 호우사상의 강우지속기간별 최대우량 포락곡선(envelope curve)을 그림 2.30과 같이 그려서 포락곡선의 방정식을 사용하여 PMP에 상응하는 최대강우량을 추정하는 방법이다. 그림 2.30의 강우량-지속기간관계 포락곡선은 WMO에서 수집한 전 세계의 극심한 강우자료를 사용하여 그린 것이며, 이를 이용한 PMP 추정 공식은 식 (2.27)과 같다.

$$R = 16.7D^{0.47} \tag{2.27}$$

여기서, R은 PMP 추정치(inch)이고 D는 강우지속기간(hr)이다.

우리나라의 경우 전국의 연 강우량 분포와 지형인자를 감안하여 전국에 적용하기 위한 PMP 공식을 식 (2.28)~(2.29)와 같이 유도한 바 있다.

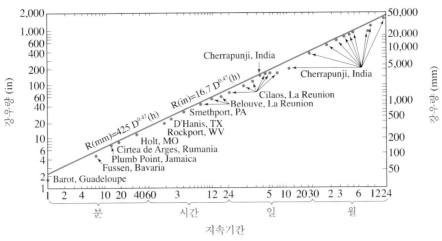

그림 2.30 PMP 산정을 위한 세계 최대의 점강우량(WMO)

$$\text{PMP} = 118.6 D^{0.449} \quad (D \leq 24 \text{ hr 일 때}) \tag{2.28}$$

$$\text{PMP} = 186.8 D^{0.306} \quad (D > 24 \text{ hr 일 때}) \tag{2.29}$$

2.7.3 통계학적 방법

이 방법은 우량관측소 지점에서의 매년 최대 일 강우량을 선별하여 만든 자료계열을 빈도분석하여 지점 PMP를 추정하는 방법으로 일반적인 경험공식은 식 (2.30)과 같다.

$$\text{PMP}_{24} = \overline{P} + K s_n \tag{2.30}$$

여기서, PMP_{24}는 지속기간이 24시간인 지점 PMP(mm)이고 $\overline{P}$는 우량관측소 지점의 자료기간의 24시간 연 최대우량의 평균값이고, s_n은 24시간 연 최대우량자료 계열의 표준편차, 그리고 K는 상수로서 약 15 정도의 값이 추천되어 있다.

2.1 국지대기압 754 mmHg를 kg/cm^2, N/m^2, milibar, bar 단위의 압력으로 표시하라.

2.2 우리나라 5대 도시인 서울, 부산, 대구, 대전, 광주의 최근 40년간의 기온자료를 사용하여 지점별로 월 평균기온, 연 평균기온 및 8월의 정상 월 평균기온을 산정하라.

2.3 지상 5 m와 60 m 위치에 설치한 풍속계로 측정한 풍속이 각각 5 m/sec 및 10 m/sec이었다. 지상으로부 터 각각 10 m 및 30 m 위치에서의 풍속을 계산하라.

2.4 지상 5 m 위치에 풍속계를 설치하여 측정한 풍속은 32 km/hr였다. 지상 200 m에 걸친 마찰층을 20 m 간격으로 등분한 각 고도에 있어서의 풍속을 계산하여 풍속곡선을 그려라.

2.5 지상에서 100 m 높이의 기상탑에 설치한 풍속계로 측정한 풍속이 40 knot였다면 지상 200 m 위치에서 의 풍속은 몇 mi/hr인가? 멱함수 분포곡선식을 사용하고 $k=1/7$일 때와 $k=1/5$일 때에 대해 각각 계산 한 후 서로 비교하라.

2.6 습도계의 건구 및 습구온도계의 값이 각각 25℃ 및 17℃이었으며 이때의 대기압은 770 mmHg였다. 다음 을 구하라.

    (가) 실제증기압   (나) 이슬점
    (다) 포화증기압   (라) 상대습도

2.7 포화상태에 있는 기층에서 측정한 3개 고도에서의 대기압과 상응하는 기온은 각각 900, 800, 700 milibars 및 14.0, 9.2, 3.5℃였다. 대기압이 900 및 700 milibars가 되는 기층 내에서의 가능강수 수분량을 계산하라.

2.8 호우시작 바로 전에 대기 중에 포함되어 있는 수분은 대체로 거의 일정하므로 습도도 대략 일정한 것이 통상이다. 만약 어떤 기상관측소에서 측정한 오전 7시의 기온이 22℃였으며 예보된 일 최대기온이 30℃ 였다면 최대기온에서의 상대습도는 얼마나 되겠는가? 대기 중의 수분량에는 큰 변화가 없는 것으로 가 정하라.

2.9 다음 표에 표시된 온도에 해당하는 포화증기압을 구하고 상대습도 10%, 30%, 50%, 70% 및 90%에 대한 실제증기압을 계산하여 표를 작성한 후

    (가) 증기압을 종축에, 온도를 횡축에, 상대습도별로 표시하여 곡선을 그리고 상대습도를 표시하라.
    (나) (가)에서 그린 곡선을 이용하여 다음 문제를 풀어라. 어느 겨울날 새벽에 측정한 지면에서의 온도 가 −5℃였으며 수 시간 후의 지면에서의 온도가 0℃였다면 이때의 상대습도는 얼마였겠는가? 대 기압과 대기 중의 수분량은 일정하다고 가정하라.

대기온도 (℃)	포화증기압 e_s (mmHg)	상대습도(%)				
		10	30	50	70	90
− 10						
− 5						
0						
5						
10						
15						
20						
25						
30						

2.10 다음 표와 같이 고도별 대기압과 실제증기압이 주어졌을 때 고도구간 내의 총 가능강수 수분량을 산정하라.

고도구간번호	대기압 p_a (milibars)	실제증기압 e (milibars)
1	1,200	38
2	1,000	28
3	850	22
4	600	12
5	430	6
6	200	1

2.11 어떤 우량 관측소 'A'에서의 연도별 총 우량과 부근에 위치한 25개 우량관측소에 대한 장기간의 연평균우량은 다음 표와 같다.

연도	연도별 우량 (mm)		연도	연도별 우량 (mm)	
	A관측소	25개 관측소 평균값		A관측소	25개 관측소 평균값
2017	564	793	1999	671	1,082
2016	556	686	1998	518	701
2015	930	1,158	1997	846	998
2014	884	892	1996	655	709
2013	625	853	1995	739	754
2012	861	1,052	1994	853	853
2011	549	709	1993	1,448	1,082
2010	914	1,113	1992	960	846
2009	686	701	1991	823	815
2008	648	867	1990	968	823
2007	671	846	1989	1,311	907
2006	610	739	1988	1,166	1,052
2005	853	793	1987	914	686
2004	884	998	1986	960	937
2003	617	693	1985	983	846
2002	808	701	1984	922	945
2001	724	693	1983	907	838
2000	853	937	1982	1,242	1,029

이중누가우량 분석에 의하여 A관측소의 우량기록의 일관성을 검사하여 몇 년도부터 변화가 생겼는지를 확인하라. 변화가 생기기 시작한 연도 이후의 A관측소 연 우량을 수정하여 연 평균우량을 산출하고, 이를 수정 전의 A관측소 연 평균우량과 비교하라.

2.12 우량관측소 X의 우량계 고장으로 수개월간 관측을 하지 못하였다. 이 기간에 인접한 A, B, C관측소에서 관측된 총 우량과 관측소별 정상 연 평균강수량 및 X관측소로부터 A, B, C관측소까지의 거리가 다음 표에 수록되어 있다. X관측소의 결측우량을 정상 연 강수량 비율법과 역거리 자승법으로 각각 구하여 비교하라.

우량관측소	X	A	B	C
기간 강우량 (mm)	(?)	214	178	244
정상 연 평균강수량 (mm)	1,174	1,344	1,122	1,439
X관측소 간 거리 (km)	0	9.5	6.5	4.5

2.13 우량관측소 X 및 Y의 2014년 11월 강우량이 결측되었다. 인접 A, B, C, D관측소의 2014년 11월 강우량과 정상 연 평균강우량이 다음과 같을 때, X와 Y관측소의 2014년 11월 강우량을 정상 연 강수량비율법으로 추정하라.

우량관측소	X	Y	A	B	C	D
2014년 11월 강우량 (mm)	?	?	175	165	160	155
정상 연 평균 강우량 (mm)	990	1,030	1,120	1,100	1,070	1,050

2.14 어떤 유역 내에 우량관측소 A, B, C 및 D가 있다. 각 관측소에서의 2001~2010년간의 연별 총 우량이 아래의 표와 같을 때 D관측소에서의 2006년 평균우량을 보삽 추정하여라.

연도	A (mm)	B (mm)	C (mm)	D (mm)	연도	A (mm)	B (mm)	C (mm)	D (mm)
2001	800	700	500	800	2006	950	1,000	700	(?)
2002	900	550	800	700	2007	600	800	1,100	950
2003	1,000	750	700	700	2008	700	400	1,300	750
2004	800	400	600	800	2009	1,100	350	750	1,000
2005	850	800	800	600	2010	800	750	1,050	900

2.15 4개의 지류유역으로 구성되어 있는 비교적 큰 유역의 특정 년의 평균강우량을 산정하고자 한다. 각 소유역의 연 강우량이 각각 1,008, 1,123, 848 및 734 mm이고 각 유역의 면적이 922, 704, 1,075 및 1,664 km^{2}이라면 전 유역의 평균강우량은 얼마인가?

2.16 다음 표는 어떤 유역 내에 설치된 3개의 자기우량계에 의하여 측정된 시간우량(mm) 자료이다.

관측소	A		B		C	
시각 \ 우량 (mm)	시간우량	누가우량	시간우량	누가우량	시간우량	누가우량
10 : 00	0		0		0	
11 : 00	0		0		0.3	
12 : 00	1.2		0		37.2	
13 : 00	60.6		31.5		42.6	
14 : 00	29.1		36.9		24.0	
15 : 00	27.0		39.6		3.9	
16 : 00	2.2		32.4		27.9	
17 : 00	20.4		0.6		3.9	
18 : 00	3.9		7.8		0.3	
19 : 00	0		4.2		1.5	
20 : 00			0.6		0	
21 : 00			0			

(가) 각 관측점에 대한 누가우량을 계산하라.

(나) 관측점별 누가우량곡선을 그려라.

(다) B관측점의 누가우량곡선을 총 우량 및 강우지속기간을 사용하여 무차원 곡선으로 표시하라.

(라) 이 호우의 이동방향을 판단하라.

2.17 다음 표의 우량 관측소별 우량과 관측소 위치도를 사용하여 다음 문제를 풀이하라.

관측소	우량 (mm)	관측소	우량 (mm)	관측소	우량 (mm)
A	110	I	21	R	20
B	100	J	245	S	22
C	45	K	50	T	16
D	36	L	56	U	102
E	50	M	120	V	210
F	130	N	217	W	51
G	25	P	18	X	17
H	22	Q	170	Y	14

(가) 관측점 위치를 투명지에 복사하여 관측점별 우량을 기입하고 20, 50, 100, 150 및 200 mm 등우선을 스케치하라.

(나) 20 mm 등우선을 유역의 경계선으로 가정하고 등우선 간 면적을 구하라.

(다) 등우선법에 의하여 평균우량을 산정하라.

(라) 평균우량 깊이-유역면적 관계곡선을 적당한 방안지에 그려라.

(마) Thiessen 방법에 의해 평균우량을 구하여 등우선법에 의한 결과와 비교하라. 단, 20 mm 등우선을 유역 경계선으로 가정하라.

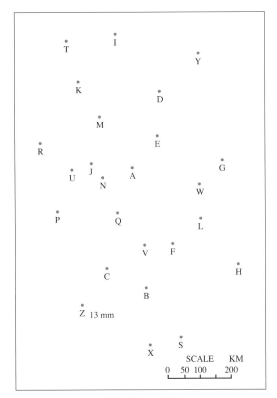

우량 관측소 배치도

2.18 아래 그림과 같은 유역 내외에 5개의 자기 우량관측소가 설치되어 있다. 설치된 자기우량관측소에서 측정된 강우량(mm)의 시간별 측정값은 다음 표와 같다.

시간 관측소	10:00	11:00	12:00	13:00	14:00	15:00	16:00	17:00	18:00	19:00	20:00
P1	1	60	29	27	20	10	3	2	0	0	0
P2	0	0	20	50	70	20	15	10	7	5	3
P3	0	5	35	55	28	25	20	10	5	3	0
P4	0	0	60	30	27	2	20	4	0	0	0
P5	0	0	37	43	24	5	28	4	1	1	0

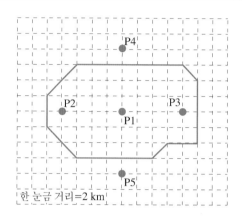

(가) 시간별 유역평균 누가우량을 Thiessen 가중법을 이용하여 계산하라.
(나) 관측소별로 강우지속기간 3시간 및 5시간 최대강우량(mm) 및 강우강도(mm/hr)를 계산하라.
(다) 이 호우로 인한 유역 내 총 강우량을 부피(m^3)로 환산하라.

2.19 어떤 소유역에 30분간 내린 집중호우의 시간별 누적우량은 다음 표와 같다. 선형방안지에 누가우량곡선을 그리고 강우강도-지속기간 관계곡선의 작성에 필요한 강우지속기간별 최대 강우강도를 구하여 전대수방안지에 표시하라.

시간 (min.)	0	5	10	15	20	25	30
누가우량 (mm)	0	6.6	18.0	31.0	35.3	38.1	41.0

2.20 서울 기상대의 관측기간 동안의 우량자료를 획득하여 정상 연 평균강우량을 계산하라. 또한 최대한의 기록값을 사용하여 서울지역의 월 평균강우량을 산정한 후 주상도로 표시하고 월별 강우량의 변화를 분석하라.

Chapter

03 증발·증산과 침투

3.1 증발산과 침투

지표면에 떨어지는 강수량의 일부는 차단, 지면저류, 증발산, 그리고 침투 등으로 손실되어 단기 및 장기 유출에 영향을 미치게 된다. 차단(interception)은 강수의 일부분이 지표면의 나무, 식생 등에 부착되어 머물다가 결국에는 증발현상에 의해 대기 중으로 되돌아가는 현상이다. 또한, 지면저류(depression storage)는 지표면에 산재해 있는 함몰부에 강수의 일부분이 저류되는 것이며, 결국에는 증발로 인해 유출에는 기여하지 못한다. 증발(evaporation)은 수표면 혹은 습한 토양표면의 물 분자가 태양이 방사하는 열에너지를 얻어 액체상태로부터 기체상태로 변환하는 과정을 말하며, 증산(transpiration)은 식물의 엽면을 통해 땅 속의 물이 수증기의 형태로 대기 중에 방출되는 것이다. 증발과 증산에 의한 물의 수증기화를 총칭해서 증발산(evapotranspiration)이라 한다.

강수로 인하여 지표면이 완전히 습윤상태에 도달되면 빗물은 지표면의 토양층을 스며들거나 불투수층 위로 흘러 하천수로에 도달하게 된다. 지표면이 투수층일 경우에는 토양 속의 작은 공극을 통해 물이 지하로 스며들게 된다. 이와 같이 물이 토양면을 통해 토양 속으로 스며드는 현상을 침투(infiltration)라 한다. 일단 물이 토양면을 통해 스며들면 물의 무게에 미치는 중력의 영향 때문에 계속 지하로 이동하여 포화대(zone of saturation)인 지하수면(groundwater table)까지 도달하게 되며, 이 현상을 침루(percolation)라 부른다. 일반적으로 침투와 침루에 의해 물이 토양면을 통해 아래로 계속 이동하는 현상을 침투라 한다.

차단, 지면저류, 증발산, 침투 등에 의해 손실되는 물은 물의 순환과정에서 중요한 역할을 한다. 예를 들어, 수자원을 개발하고자 하는 지역의 가용 수자원 중 순수하게 이용 가능한 양을 추정하기 위해서는 증발산에 의한 손실량을 산정해야 하고, 호우사상으로 인한 홍수량을 계산하기 위해서는 침투에 의한 손실량을 산정해야 한다.

3.2 저수지 증발량 산정방법

물의 순환과정에 있어서의 증발은 주로 자유수면으로부터 발생한다. 따라서 대규모 수표면을 가지는 저수지 수면으로부터의 증발이 중요하다. 저수지 증발량을 산정하기 위한 방법에는 물 수지방법, 에너지 수지방법, 공기동역학적 방법, 그리고 에너지 수지 및 공기동역학적 방법을 혼합 적용하는 방법 및 증발접시에 의한 측정방법 등이 있다. 이는 증발 가능한 물은 항상 풍부하다는 가정 아래 기상자료와 태양복사에너지 등의 자료를 이용하여 소위 잠재 증발량(potential evaporation)을 산정하기 위한 방법들이다.

3.2.1 물 수지방법

이 방법은 일정기간의 저수지(혹은 호수)로의 물 유입량과 저수지로부터의 유출량을 고려하여 물 수지(water budget)를 따짐으로써 어떤 기간의 증발량을 산정하는 방법이다.

저수지의 저류량을 S라 하고 저수지로의 지표면 유입량 및 유출량을 각각 I 및 O, 지하로의 침투량을 O_g, 강수량을 P라 하면 저수지로부터의 증발량 E는 식 (3.1)로 표시할 수 있다.

$$E = (S_1 - S_2) + I + P - O - O_g \tag{3.1}$$

여기서, 우변의 각 항은 어떤 기간(최소한 1주일)의 부피단위로 표시되며 측정이 가능하다.
식 (3.1)에 의한 물 수지 방법은 이론 자체는 대단히 간단하나 우변 각 항의 측정에서 생기는 오차 때문에 정확한 증발량을 산정하기가 어렵다. 이 중 침투량은 지하수위의 변동이나 지반의 투수능 등을 고려하여 간접적으로 산정해야 하므로 그 결정이 가장 어렵다. 강수량의 측정은 저수지 지역에 우량계측망을 적절히 설치하면 큰 어려움이 없다. 저수지의 저류량은 수면 표고별 저수량 곡선(elevation-storage curve)을 이용하여 임의 시각에 대한 저수지 수위에 따른 저수량 결정이 가능하다. 따라서 임의의 기간 동안 저수량의 변화량인 $(S_1 - S_2)$의 계산이 가능하다. 식 (3.1)의 각 항은 비교적 장기간에 대해 측정하는 것이 바람직함으로 짧은 기간보다는 월 혹은 연 증발량의 산정에 적용될 수 있는 방법이다.

3.2.2 에너지 수지방법

증발량을 산정하기 위한 에너지 수지방법은 증발에 관련되는 에너지항으로 표시되는 연속방정식을 풀어서 증발량을 산정하는 방법이다. 이 방법에서는 저수지 수면부에 저장되어 있는 에너지와 유입 및 유출되는 에너지에 대한 에너지 보존원리를 적용하는 것으로 저수지에 대한 에너지 수지방정식은 식 (3.2)와 같다.

$$Q_o = (Q_s - Q_r) + (Q_a - Q_{ar}) + Q_v - Q_{bg} - Q_e - Q_h - Q_w \qquad (3.2)$$

여기서, Q_o =증발표면에 저장된 에너지의 변화량

Q_s =증발표면에 도달하는 태양복사에너지

Q_r =증발표면으로부터 반사되는 태양복사에너지

Q_a =증발표면으로 입사하는 장파복사에너지

Q_{ar} =증발표면으로부터 반사되는 장파복사에너지

Q_v =저수지로 유입 혹은 유출되는 물로 인한 순에너지의 변화량

Q_{bg} =증발표면의 물이 방사하는 장파복사에너지

Q_e =증발에 사용된 에너지

Q_h =증발표면으로부터 대기로 전도된 에너지

Q_w =증발된 물로 인해 손실된 에너지

식 (3.2)의 모든 항은 cal/cm^2/day의 단위로 표시된다. Q_{bg}와 Q_w는 다른 항에 비해 매우 작기 때문에 식 (3.3)과 같이 단순화할 수 있다(그림 3.1 참조).

$$Q_o = Q_s - Q_r - Q_b + Q_v - Q_e - Q_h \qquad (3.3)$$

여기서, $Q_b(= Q_{ar} - Q_a)$는 증발표면에서의 장파복사에너지의 교환량이다.

식 (3.3)에서 Q_e를 제외한 각 항의 값은 이론식 혹은 측정에 의해 결정될 수 있으므로 증발에 사용된 에너지인 Q_e의 산정이 가능하다. 증발량 E(mm)는 Q_e를 물의 잠재 증기화열 H_v(식 (2.8))로 나누어 줌으로써 얻을 수 있다. 즉,

$$E = \frac{Q_e}{H_v} \qquad (3.4)$$

식 (3.3)으로부터 Q_e를 결정하여 식 (3.4)에 의해 증발량 E를 구하기 위해서는 식 (3.3)의 각 합을 실측록은 경험공식으로 산정해야 하며, 다음의 방법에 의한다.

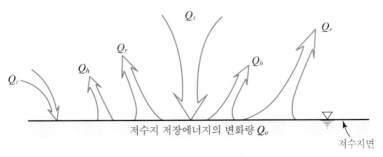

그림 3.1 에너지 수지 모식도

(1) 태양복사에너지(Q_s)의 산정

Penman에 의하면 지구상의 한 지점이 실제로 받는 단위면적당 일 평균 태양복사에너지 Q_s (cal/cm^2/day)는 대기권 내에 도달하는 단위면적당 일 평균 태양방사열량(Q_A)과 일조율 (n/D)에 의해 결정된다. 즉,

$$Q_s = Q_A\left(a + b\frac{n}{D}\right) \tag{3.5}$$

여기서, a, b는 지역상수이며, 표 3.1에 지구상의 몇몇 지역에 대한 값이 제시되어 있다. D 는 월별 최대가능 일조시간이며, n은 관측된 월별 일조시간이다. 구름이 완전히 덮힌 날($n/D=0$)에도 18~25%의 태양방사열량이 지표면에 도달하며 완전히 청명한 날 ($n/D=1$)에는 71~85% 정도 도달한다. 또한 우리나라에 도달하는 식 (3.5)의 태양방사 열량 Q_A는 표 3.2와 같이 추정되어 있다. 한편, 식 (3.5)의 월별 최대가능 일조시간, D (hr/month)의 추정치는 표 3.3과 같다.

표 3.1 지역상수 a, b의 값

지역명	a	b
세계(평균)	0.23	0.48
영국 남부	0.18	0.55
미국 Virginia	0.22	0.54
호주 Canberra	0.25	0.54
캐나다(5~8월)	0.25	0.60

표 3.2 우리나라에 도달하는 태양방사열량(cal/cm^2/day)

월 위도	1	2	3	4	5	6	7	8	9	10	11	12
33° N	473.3	591.7	742.2	878.3	965.7	997.8	978.6	908.4	790.7	642.7	505.8	437.6
34	458.8	578.4	732.7	873.6	965.4	999.7	979.5	905.5	783.1	631.2	491.9	422.8
35	444.2	565.4	723.0	868.6	964.7	1001.3	980.1	902.4	775.4	619.4	477.8	407.9
36	429.5	552.2	713.2	863.4	963.9	1002.6	980.5	899.1	767.4	607.5	463.6	393.0
37	414.8	538.9	703.1	857.9	962.8	1003.8	980.6	895.5	759.2	595.4	449.4	378.1
38	400.1	525.5	692.7	852.2	961.4	1004.8	980.6	891.7	750.8	583.2	435.1	363.2
39	385.3	511.9	682.2	846.2	959.9	1005.5	980.3	887.6	742.1	570.8	420.7	348.2
40	370.5	498.2	671.5	840.0	958.1	1006.0	979.8	883.3	733.2	558.2	406.3	333.3
41	355.6	484.4	660.6	833.5	956.1	1006.4	979.1	878.8	724.1	545.5	391.8	318.4
42	340.8	470.5	649.4	826.9	953.9	1006.5	978.1	874.0	714.8	532.6	377.2	303.5
43	325.9	456.5	638.5	820.0	951.4	1006.5	977.0	869.0	705.3	519.6	362.6	288.6
44	311.1	442.4	626.6	812.8	948.8	1006.3	975.7	863.8	695.5	506.5	348.0	273.7

표 3.3 위도별 최대가능 일조시간(hr/month)

위도 \ 월	1	2	3	4	5	6	7	8	9	10	11	12
50° N	265	280	366	415	480	490	495	450	380	330	274	252
40	303	300	370	400	445	450	455	425	375	345	300	290
30	324	314	370	388	425	420	430	410	370	353	320	316
20	341	324	370	378	407	400	410	400	366	360	335	338
10	360	327	370	370	390	380	390	385	366	366	352	356
0	375	340	375	363	375	363	375	375	363	375	363	375
10	388	350	378	355	363	346	360	364	360	380	378	396
20	410	360	378	350	346	328	340	344	360	388	393	414
30	430	370	380	342	330	306	328	345	360	404	410	435
40	466	380	385	334	310	280	302	330	260	415	432	463
50° S	490	403	387	320	276	242	266	315	356	427	465	508

(2) 반사복사에너지(Q_r)의 산정

지표면에 도달하는 태양복사에너지 Q_s의 일부는 표면의 반사효과 때문에 지표면을 떠나게 된다. 따라서, 반사계수(albedo)를 r이라 하면 반사복사에너지 Q_r은 식 (3.6)과 같다.

$$Q_r = r\,Q_s \qquad (3.6)$$

여기서, 반사계수 r의 값은 지상의 물체성질에 따라 다르며 표 3.4에 대표적인 값이 수록되어 있다.

표 3.4 반사계수 r값

물체	물	숲, 초지	모래	흙	얼음	눈
r	0.05~0.15	0.05~0.20	0.10~0.20	0.15~0.30	0.4~0.5	0.6~0.9

(3) 장파복사에너지 교환량(Q_b)의 산정

장파복사에너지 교환량은 대기권으로부터 증발표면에 도달하는 장파복사에너지(Q_a)와 증발표면에서 반사되는 장파복사에너지(Q_{ar}) 간의 교환을 의미하는 것으로 대기의 온도, 대기 중의 수분량, 반사물체의 종류, 일조율 등의 영향을 받으며 식 (3.7)과 같은 이론식으로 산정된다.

$$Q_b = \sigma\,T_a^{\,4}(\epsilon - 1)\left(0.1 + 0.9\,\frac{n}{D}\right) \qquad (3.7)$$

여기서, σ는 Stefan-Boltzman 상수$[1.17 \times 10^{-7}\,\mathrm{cal/cm^2/(K)^4/day}]$이며 T_a는 대기의 절대온도($t\,℃ + 273$)이고 ϵ은 방사율(emissivity)로서 어떤 온도에서의 실제 증기압 e_a의 함수로 식 (3.8)과 같이 표시된다.

$$\epsilon = c + d\,\sqrt{e_a} \qquad (3.8)$$

여기서, c, d는 지역상수로서 표 3.5에 대표적인 값이 수록되어 있으며 e_a는 증발표면상 2 m 높이에서의 실제 증기압(mmHg)이다.

표 3.5 방사율 공식에서의 상수값

측정지역	c	d
세계(평균)	0.51	0.066
영국	0.53	0.065
스웨덴	0.43	0.082
호주	0.47	0.063
미국(Washington, D.C)	0.44	0.061
미국(California)	0.50	0.032
인도	0.62	0.029

(4) 전도에너지(Q_h)의 산정

증발표면의 온도와 수면에 접하고 있는 대기 온도 간의 차이 때문에 에너지의 교환이 생기게 된다. 전도에너지를 측정한다는 것은 어려운 일이지만, 증발에 소요되는 에너지 Q_e와 전도에너지 Q_h의 비는 쉽게 측정할 수 있는 기상인자의 항으로 표시할 수 있으며, 이를 Bowen비(Bowen ratio), B라 한다. 즉,

$$B = \frac{Q_h}{Q_e} = \gamma \left\{ \left[\frac{t_o - t_a}{e_o - e_a} \right] \frac{P}{1000} \right\} \tag{3.9}$$

여기서, γ는 습도계 계수(psychrometer constant)로서 식 (3.9)의 대기압 P를 milibar 로 표시할 때 대기류의 안정성에 따라 $0.58 \sim 0.66$의 값을 가지며 정상조건하에서는 0.61 의 값을 사용하는 것이 좋다. 또한, e_o는 수면온도 $t_o(\text{℃})$에서의 포화증기압(milibar)이고, e_a는 대기온도 $t_a(\text{℃})$에서의 실제증기압(milibar)이다.

(5) 저수지 유입 및 유출수로 인한 순에너지 변화량(Q_v)의 산정

저수지로 유입되거나 저수지로부터 유출되는 물의 온도는 항상 변하므로 저수지에 저장되어 있는 물의 온도에도 변화를 준다. 저수지로 유입 혹은 유출되는 물의 온도차는 저수지에 저장되어 있는 총 에너지에 변화를 일으킨다. 만약 저수지로 유입하는 물과 저수지로부터 유출되는 물의 온도에 큰 변화가 없다면 $Q_v = 0$으로 가정할 수 있다.

(6) 저수지 저장에너지 변화량(Q_o)의 산정

어떤 기간의 저수지 수온의 변화에 따라 에너지의 증감이 있을 수 있다. 저수지 내의 온도 는 유입부와 유출부를 연결하는 횡방향뿐만 아니라 물의 연직방향 밀도차로 인해 종방향으

로도 변화한다. Q_o의 경우도 증발량 산정기간이 짧아 수온의 변화를 무시할 수 있다면 $Q_o = 0$으로 가정할 수 있다.

(7) 에너지 수지방법에 의한 증발량(Q_e)의 산정공식

이상에서 소개한 방법으로 식 (3.3)의 Q_e를 제외한 각 항을 산정할 수 있으면 증발에 사용되는 에너지 Q_e를 계산할 수 있고 이를 식 (3.4)에 의해 mm 단위로 표시할 수 있다. 즉, 식 (3.9)로부터 $Q_h = BQ_e$를 식 (3.3)에 대입하고 정리하면

$$Q_e = \frac{1}{1+B}[(1-r)Q_s - Q_b + Q_v - Q_o] \qquad (3.10)$$

식 (3.10)을 식 (3.4)에 대입하면

$$E = \frac{1}{H_v(1+B)}[(1-r)Q_s - Q_b + Q_v - Q_o] \qquad (3.11)$$

예제 3-01

북위 37°인 어떤 지역에서의 6월 중 어느 날의 저수지 증발량을 에너지 수지방법으로 계산하고자 한다. 이날의 일조율 $n/D = 0.4$, 평균대기온도는 22°C, 수표면 온도는 20°C, 상대습도는 50%, 대기압은 1,010 milibars 이었다. 저수지의 유입 및 유출량은 극히 적으며 저수지 내 물의 온도변화도 거의 없다고 가정하라.

풀이 (1) 태양복사에너지

표 3.1로부터 $a = 0.22$, $b = 0.54$를 택하고 표 3.2로부터 북위 37°에서의 6월의 태양방사열량 $Q_A = 1,003.8\,\mathrm{cal/cm^2/day}$를 택하여 식 (3.5)를 적용하면

$$Q_s = 1,003.8 \times (0.22 + 0.54 \times 0.4) = 437.7\,\mathrm{cal/cm^2/day}$$

(2) 반사복사에너지

반사복사에너지를 식 (3.6)으로 계산하기 위한 반사계수 r을 표 3.4로부터 취하면 수표면의 경우 $r = 0.10$이다.

(3) 장파복사에너지 교환량

식 (3.8)의 c, d값을 표 3.5로부터 $c = 0.44$, $d = 0.061$로 취하고 대기온도 22°C일 때의 포화증기압 19.84 mmHg와 상대습도 50%를 사용하여 실제증기압 e_a를 구하면

$$e_a = fe_s = 0.5 \times 19.84 = 9.92\,\mathrm{mmHg}$$

따라서, 방사율 ϵ은 식 (3.8)로부터

$$\epsilon = 0.44 + 0.061\sqrt{9.92} = 0.632$$

식 (3.7)로 장파복사에너지 교환량을 계산하면

$$Q_b = 1.17 \times 10^{-7} \times (22 + 273)^4 \times (0.632 - 1) \times (0.1 + 0.9 \times 0.4)$$
$$= -149.9959649 \fallingdotseq -150.0\,\mathrm{cal/cm^2/day}$$

(4) 전도에너지

전도에너지 Q_h와 증발에 소요되는 에너지 Q_e의 비인 Bowen비를 식 (3.9)로 계산하기 위해 $t_o = 20℃$에서의 $e_o = 23.39$ milibars $= 17.55$ mmHg, $t_a = 22℃$에서의 $e_a = 9.92$ mmHg $= 13.22$ milibars를 사용하면

$$B = 0.61 \times \left[\frac{20 - 22}{23.39 - 13.22} \right] \times \frac{1010}{1000} = -0.121$$

(5) 저수지의 유입 및 유출량이 극히 적고 저수지의 수온변화도 거의 없는 것으로 가정하므로 $Q_v = 0,\ Q_o = 0$으로 볼 수 있다.

(6) 식 (2.8)로부터

$$H_v = 597.3 - 0.564 \times 20 = 586.02 \, \text{cal/g}$$

따라서 식 (3.11)을 사용하면

$$E = \frac{1}{586.02 (1 - 0.121)} \times [(1 - 0.1) \times 437.7 + 150] = 1.056 \, \text{cm/day}$$
$$= 10.56 \, \text{mm/day}$$

3.2.3 공기동역학적 방법

공기동역학적 원리(aerodynamic principle)를 이용하여 증발률을 표시하기 위한 각종 경험공식이 제안되어 왔다. 이들 경험공식은 자유표면으로부터의 물 분자의 이동이 연직방향의 증기압 경사에 비례한다는 Dalton 법칙에 기반을 두고 있으며, 일반식은 식 (3.12)와 같이 표시된다.

$$E = c(e_o - e_h)(a + bW) \tag{3.12}$$

여기서, e_o는 수표면 온도에서의 포화증기압이며 e_h는 수표면상 높이 h에 있어서의 실제증기압이고 W는 어떤 높이에 있어서의 풍속이며 $a,\ b,\ c$는 상수이다.

미국의 Hefner호에서 측정된 자료로부터 유도된 Dalton형의 공식은 식 (3.13)~(3.14)와 같다.

$$E = 0.122(e_o - e_2)W_4 \tag{3.13}$$
$$E = 0.109(e_o - e_8)W_8 \tag{3.14}$$

여기서, E는 저수지 표면에서의 증발률(mm/day)이고 e_2와 e_8은 각각 수면으로부터 2 m 및 8 m 높이에서의 실제증기압(milibars)이며 W_4와 W_8은 수표면상 4 m 및 8 m 높이에서의 풍속(m/sec)이다.

한편, 네덜란드의 Ijsselmeer호에 적용하기 위해 만든 경험공식은 식 (3.15)와 같다.

$$E = 0.345(e_o - e_a)(1 + 0.25W_6) \tag{3.15}$$

여기서, e_o는 수표면 온도에서의 포화증기압(mmHg), e_a는 평균기온에서의 실제증기압(mmHg)이고, W_6는 수표면상 6 m 위치에서의 풍속(m/sec)이다.

일반적으로 수표면에서의 수온은 대기온도와 상당한 차이를 가지나 수온의 측정은 기온의 측정보다 번거롭다. 따라서 식 (3.16)과 같이 수표면 온도에서의 포화증기압 e_o 대신 대기온도에서의 포화증기압 e_s를 사용하기도 하며, 이럴 경우 대체로 증발량이 과다산정되는 것으로 알려져 있다.

$$E_a = 0.35(e_s - e_a)(0.5 + 0.54\,W_2) \qquad (3.16)$$

여기서, e_s는 mmHg 단위이며 W_2는 m/sec 단위를 갖는다.

공기동역학적 원리를 사용하는 또 다른 Dalton형 경험공식으로 식 (3.17)과 같은 Dunne의 공식이 있다.

$$E = (0.013 + 0.00016\,W_2)e_a\left(\frac{100 - f}{100}\right) \qquad (3.17)$$

여기서, E는 저수지 증발률(cm/day)이고, W_2는 지표면으로부터 2 m 높이에서 측정한 풍속(km/day), e_a는 대기온도 $t\,℃$에서의 실제증기압(milibars), f는 상대습도(%)이다.

예제 3-02

저수지 수표면의 평균온도가 20℃이며 평균대기온도가 22℃, 평균상대습도가 50%일 때 저수지면으로부터의 일 증발량을 산정하고자 한다. 저수지면상 2 m 지점에서 측정한 풍속은 3 m/sec이었다. Dalton형 공식들에 의해 일 증발량을 계산하여 비교하라.

풀이 $t = 22℃$ 일 때의 포화증기압 $e_s = 26.45\,\text{milibars} = 19.84\,\text{mmHg}$ 이고 수면온도 $t_o = 20℃$ 일 때의 포화증기압 $e_o = 23.39\,\text{milibars} = 17.55\,\text{mmHg}$이다.

(1) 식 (3.13)에 의한 계산

수면상 2 m 높이에서의 상대습도를 평균상대습도와 같다고 가정하면
$$e_2 = 26.45 \times 0.5 = 13.23\,\text{milibars} = 17.63\,\text{mmHg}$$
$W_4 \doteqdot W_2 = 3\,\text{m/sec}$라 하면
$$E = 0.122(23.39 - 13.23) \times 3 = 3.72\,\text{mm/day}$$

(2) 식 (3.15)에 의한 계산

대기온도에서의 실제증기압 $e_a = fe_s$이므로
$$e_a = 0.5 \times 19.84 = 9.92\,\text{mmHg}$$
$W_6 \doteqdot W_2 = 3\,\text{m/sec}$라 하면
$$E = 0.345(17.55 - 9.92)(1 + 0.25 \times 3) = 4.61\,\text{mm/day}$$

(3) 식 (3.16)에 의한 계산
$$E_a = 0.35(19.84 - 9.92)(0.5 + 0.54 \times 3) = 7.36\,\text{mm/day}$$

(4) 식 (3.17)에 의한 계산

단위 환산을 하면

$$W_2 = 3\,\mathrm{m/sec} = 259.2\,\mathrm{km/day}$$

$$E = (0.013 + 0.00016 \times 259.2) \times 13.23 \times \left(\frac{100 - 50}{100}\right)$$
$$= 0.360\,\mathrm{cm/day} = 3.60\,\mathrm{mm/day}$$

(5) 비교

위의 계산에서 $W_2 \fallingdotseq W_4 \fallingdotseq W_6$라는 가정을 하였으나 식 (3.16)에 의한 산정값은 식 (3.13), (3.15)에 의해 계산된 값보다 크게 산정되었다.

3.2.4 에너지 수지 및 공기동역학적 방법의 혼합적용

저수지에서 증발은 증발표면에서의 에너지의 유입과 유출 그리고 공기동역학적인 수증기의 이동에 의해 동시에 발생하는 것이 대부분이다. 따라서 에너지 수지방법과 공기동역학적인 방법을 혼합하여 적용하는 것이 적절하다. 에너지 수지 및 공기동역학적 방법의 혼합 적용은 Penman 방법으로 알려져 있으며, 식 (3.18)과 같이 표시할 수 있다.

$$E = \frac{H \tan \alpha + \gamma E_a}{\tan \alpha + \gamma} \tag{3.18}$$

여기서, H는 에너지 수지방법으로 산정한 증발량이며, E_a는 공기동역학적 방법으로 산정한 증발량이다. γ는 습도계 계수로서 $0.66\,\mathrm{milibars/℃}$ 또는 $0.485\,\mathrm{mmHg/℃}$의 값을 가진다. $\tan \alpha$는 대기온도 $t_a℃$에서 포화증기압 곡선에 그은 접선의 기울기이며, 이의 전형적인 값은 표 3.6과 같으며 식 (3.19)로 산정할 수 있다.

$$\tan \alpha = (0.00815\,t_a + 0.8912)^7 \tag{3.19}$$

여기서, $\tan \alpha$는 $\mathrm{milibars/℃}$의 단위를 가진다.

식 (3.18)과 같은 Penman의 공식은 세계 각지에 적용되고 있으며, 증발량의 실측자료가 없는 지역에 있어서의 수자원개발을 위한 예비조사 단계에서 대단히 효과적으로 사용될 수 있다.

표 3.6 포화증기압 곡선에 그은 온도별 접선의 기울기

온도(℃)	0	10	20	30
$\tan \alpha$(mmHg/℃)	0.36	0.61	1.07	1.80

북위 37° 선상에 위치한 어떤 저수지 표면으로부터 6월 중 어느 날의 일 증발률을 Penman 방법으로 산정하고자 한다. 그날의 평균기온은 22℃였으며 상대습도는 50%, 일조율은 0.4, 저수지면상 2 m 지점에 있어서의 풍속은 3 m/sec였다. 일 증발률을 산정하라.

풀이 예제 3.1과 3.2로부터,

$$H = 10.56 \, \text{mm/day}, \quad E_a = 7.36 \, \text{mm/day}$$

식 (3.19)를 사용하여 $t_a = 22℃$일 때의 $\tan \alpha$를 구하면

$$\tan \alpha = (0.00815 \times 22 + 0.8912)^7 = 1.611 \, \text{milibar/℃}$$

$$\gamma = 0.66 \, \text{mmbar/℃}$$

또는 표 3.6에 보간법을 적용하면

$$\tan \alpha = 1.216 \, \text{mmHg/℃}, \quad \gamma = 0.485 \, \text{mmHg/℃}$$

식 (3.18)에 대입하면,

$$E = \frac{1.611 \times 10.56 + 0.66 \times 7.36}{1.611 + 0.66} = 9.63 \, \text{mm/day}$$

또는

$$E = \frac{1.216 \times 10.56 + 0.485 \times 7.36}{1.216 + 0.485} = 9.64 \, \text{mm/day}$$

3.2.5 증발접시에 의한 저수지 증발량의 측정

이상에서 살펴본 저수지 증발량의 산정을 위한 네 가지 방법은 모두 증발표면의 수온측정을 필요로 하기 때문에 저수지의 설계나 운영에 이들 방법을 사용하기가 쉽지 않다. 이에 대한 대안으로 댐 후보지역이나 인근지역에 증발접시(evaporation pan)를 설치하여 측정한 증발량을 저수지 증발량으로 환산하는 방법이 사용되고 있다. 물론 저수지면으로부터의 증발 메커니즘과 증발접시로부터의 증발 메커니즘 사이에는 상당한 차이가 있으나 기상인자를 사용하는 경험식이나 기타 산정법은 그들 방법이 개발된 지역에서 어느 정도의 신뢰성을 가질 뿐이기 때문에 증발접시에 의한 측정방법은 최근에 와서 실무에서 대단히 많이 사용되고 있다.

(1) 증발접시의 종류

증발접시는 설치 위치에 따라 지상식 증발접시(surface pan), 함몰식 증발접시(sunken pan) 및 부유식 증발접시(floating pan)의 세 가지로 나누며 접시의 크기에 따라 소형 증발접시와 대형 증발접시로 구분된다.

지상식 증발접시는 그림 3.2(a)에서 볼 수 있는 바와 같이 지상에 설치하여 증발량을 측정하는 계기이며 설치가 용이하고 비용이 적게 든다. 또한, 나무격자판을 사용하여 지면으로부터 어느 정도 높이만큼 떨어지게 설치할 수 있어 이물질이 들어가는 것을 막을 수 있

(a)   (b)

그림 3.2 지상식 대형증발접시와 함몰식 증발접시

그림 3.3 부유식 증발접시(용담댐 시험 유역)

다. 그러나 태양복사열에 의한 접시 벽면에서의 열전도 때문에 실제의 증발량보다 더 많이 측정되는 것이 보통이다.

함몰식 증발접시는 그림 3.2(b)와 같이 접시벽면의 일부 혹은 전부가 땅 속으로 함몰되도록 설치하는 것으로, 벽면을 통한 열전도를 어느 정도 막을 수 있으나 지열의 영향은 면하지 못한다. 또한 이 접시는 설치나 고장수리가 어려울 뿐 아니라 이물질이 쉽게 들어갈 수 있으므로 운영관리면에서 불리하다.

부유식 증발접시는 그림 3.3에 표시된 바와 같이 저수지상에 특수시설을 하여 증발접시를 띄워 측정하는 것으로, 벽면이 물과 접하고 있으므로 열전도를 막을 수 있어 실제에 가까운 증발량을 측정할 수 있는 장점은 있으나 접근이 불리하여 관측에 어려움이 있을 뿐 아니라 시설 및 유지관리비가 과대하게 소요되는 단점이 있다. 그러나, 증발접시에 의한 측정치와 실제 증발량의 비인 증발접시 계수를 결정하는 데 가장 적합한 증발접시이다.

(2) 증발량의 측정방법 및 증발접시 계수

증발접시에 의한 증발량의 측정방법은 대단히 간단하다. 그림 3.3과 같은 증발접시에 물을 채우고(30 cm 깊이 중 20 cm 정도) 접시벽면에 부착된 훅 게이지(hook gauge)로 수면고를 읽고 1일(24시간) 후에 다시 수면고를 읽어 수면고의 차이를 mm 단위로 읽으면 일 증발량(mm/day)을 얻게 된다. 우리나라 기상청의 경우 09 : 00시에서 익일 09 : 00시까지를 1일 기준으로 하고 있다. 이때 수면고를 원래의 위치로 유지하기 위해 접시 내에 매일 증발한 양만큼의 물을 보충하도록 되어 있다. 또한 비가 오는 날의 증발량을 구하기 위해 증발접시 인근지역에 우량계를 설치 운영하는 것이 보통이며, 일 증발량은 훅 게이지로 측정한 수면고의 차이에서 mm 단위의 일 우량을 더한 것이 된다. 이와 같이 어떤 지점의 일 증발량을 연속적으로 측정하면 월 및 연 증발량을 구할 수 있다.

증발접시로부터의 증발은 접시벽면을 통한 열전도라든지 기타 여러 가지 영향 때문에 자연상태의 저수지면으로부터의 증발률보다 높기 마련이다. 증발접시 증발량에 대한 저수지면으로부터의 실제 증발량 비를 증발접시 계수(evaporation pan coefficient)라 한다. 증발접시 계수는 장기간 동안의 증발접시 측정값을 저수지의 실제 증발량과 비교함으로써 얻어진다. 연 평균 증발접시계수는 대부분 0.65~0.80 사이의 값을 가진다. 우리나라의 경우 측정 자료가 부족하여 연 평균 증발접시 계수를 구하기 곤란할 경우에는 0.7을 사용하는 경우도 있다.

3.3 유역 증발산 산정방법

3.3.1 증발과 증발산

모든 종류의 식물은 그 생명을 유지하기 위해 물을 필요로 한다. 식물이 필요로 하는 물 중 아주 적은 부분만을 식물의 체내에 함유하고 뿌리를 통해 빨아들인 대부분의 물은 나무줄기를 거쳐 엽면을 통해 대기 중으로 방출하게 된다. 이 현상을 증산(transpiration)이라 한다. 증산은 물 분자가 이탈하는 표면이 자유수표면이 아니고 엽면이라는 점을 제외하고는 수면증발의 경우와 본질적으로 같은 현상이라 할 수 있다.

수문학에서 어떤 유역에 대한 가용 수자원을 조사할 때 유역으로부터 대기 중으로의 물의 손실이란 증발과 증산을 합한 이른바 증발산(evapotranspiration)을 의미한다. 즉, 유역으로부터의 증발과 증산을 구분하여 해석할 수는 없으므로 유역 내의 수면이나 토양, 눈, 얼음, 식생피복으로부터의 증발과 식물에 의한 증산을 통틀어 대기 중으로의 물의 손실로 취급한다.

저수지 증발의 경우는 증발될 물이 무한정 있을 경우이지만 자연유역의 경우는 항상 그러하지는 않으므로 실제 증발산량(actual evapotranspiration)과 잠재 증발산량(potential evapo-transpiration)을 구분하게 된다. 잠재 증발산량은 유역의 토양이 수분으로 완전포화되어 있는 상태에서의 증발산량을 의미하며, 지표면의 성질이나 조건에는 전혀 무관하다. 유역의 토양이 수분으로 포화되어 있는 상태에서 증발산이 계속되면 토양 중의 수분이 점차로 감소하게 되어 식물의 뿌리를 통한 증산뿐만 아니라 토양면으로부터의 증발도 둔화된다. 따라서, 실제 증발산량(E_{Ta})은 포화상태에서의 증발산량인 잠재 증발산량(E_T)에 감소계수를 적용하여 산정할 수 있다. 즉,

$$E_{Ta} = kE_T \tag{3.20}$$

여기서, k는 월 혹은 계절에 관계되는 상수이며, 측정 자료가 부족할 경우에는 0.7을 사용하기도 한다.

유역의 잠재 증발산량을 결정하는 방법에는 증발산계에 의한 측정방법, 물 수지계산방법, 에너지 수지계산방법 및 기상자료에 의한 계산방법 등이 있다.

3.3.2 증발산계에 의한 측정방법

증발산량의 일반적인 실험실 측정방법은 라이시미터(lysimeter)라고 불리는 증발산계를 사용한다. 그림 3.4에 표시된 바와 같이 금속 혹은 플라스틱 용기 내에 설치 장소 주위와 비슷한 흙을 넣고 초목을 심어서 땅 속에 위치시키게 된다. 용기 내 식물의 정상적인 성장을 위해서는 일정량의 수분이 유지되어야 한다. 일정한 시간 간격으로 끄집어 낸 용기의 무게를 측정하고, 수분 유지를 위해서 공급된 물의 양을 고려한 물 수지계산에 의하여 증발산량을 추정하게 된다.

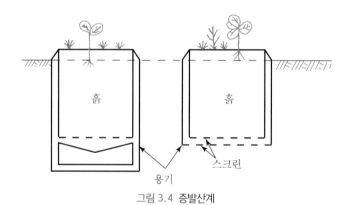

그림 3.4 증발산계

3.3.3 물 수지계산에 의한 산정방법

유역 내의 저류량이나 유입량 및 유출량을 측정하면 이론적으로는 물 수지계산에 의해 유역 평균 증발산량을 추정할 수 있다. 물 수지방법은 제한된 가정하에서 유역의 실제 증발산량을 계산하는 데 사용할 수 있으며, 예제 3.4에 설명되어 있다.

그림 3.5는 어떤 유역에 내린 호우와 그로 인한 유출량의 크기를 표시하고 있다. 첫 번째 호우가 끝난 후(6월 21일)부터 유역은 거의 포화상태에 있다고 가정하고 두 번째 호우로 인한 유출기간(6월 25일~30일)의 일 평균 증발산량과 6월 25일~7월 16일간의 일 평균 증발산량을 산정하라.

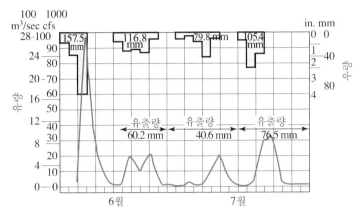

그림 3.5 물 수지계산방법에 의한 단기간 증발산량의 산정 예

풀이 (1) 6월 25일~6월 30일간의 일 평균 증발산량

두 번째 호우(6월 25일~30일)로 인한 총 우량은 116.8 mm이고 유출량은 60.2 mm이다. 호우 종료 후 토양은 거의 포화상태에 있다고 가정하므로 유역의 저류량 변화는 없는 것으로 본다. 따라서 두 번째 호우로 인한 유출기간 동안(6월 25일~30일, 6일간)의 증발산량은 $(116.8-60.2)=56.6$ mm이므로 일 평균 증발산량은 $56.6/6=9.43$ mm/day이다.

(2) 6월 25일~7월 16일간의 일 평균 증발산량

이 기간 동안의 총 증발산량은

$$(116.8-60.2)+(79.8-40.6)+(105.4-76.5)=124.7\,\mathrm{mm}$$

따라서, 일 평균 증발산량은 $124.7/22=5.67\,\mathrm{mm/day}$

3.3.4 에너지 수지에 의한 산정방법

증발산량의 산정을 위한 에너지 수지계산방법은 저수지 증발량의 산정을 위한 에너지 수지계산방법과 거의 비슷하다. 저수지 증발량의 산정에서는 저수지 내의 물에 저장되는 에너지를 계산하지만 증발산량의 경우는 지표토양에 저장되는 에너지를 계산해야 한다. 지표토양에 저장되어 증발산에 사용되는 에너지는 태양복사에너지 중 증발표면에 최종적으로 남는 순에너지(Q_n)에서 토양면으로부터의 열증산량(G)과 토양과 대기 간의 경계층에 남는 에너지(M)를 뺀 것으로 표시될 수 있다. 따라서, 식 (3.11)과 유사한 식으로 표시하면

$$E_T = \frac{Q_n - G - M}{H_v(1+B)} \tag{3.21}$$

여기서, E_T는 증발산량(mm 단위)이며, G, M은 에너지 단위이고, H_v는 물의 잠재 수증기화열이며, B는 Bowen비이다.

(1) Priestly-Taylor의 잠재 증발산량 산정방법

Priestly−Taylor는 시험단지에서의 여러 실험자료를 분석하여 실제 증발산량을 산정하기 위하여 식 (3.22)를 제안한 바 있다.

$$E_T = 1.26 \frac{\tan\alpha\,(Q_n - G - M)}{(\tan\alpha + \gamma)H_v} \tag{3.22}$$

식 (3.22)는 식 (3.18)의 Penman 방법에서 $H = (Q_n - G - M)/H_v$, $\gamma E_a = 0$으로 놓았을 경우에 얻을 수 있는 식이다. 식 (3.22)의 적용에 있어서 G와 M은 그 크기가 Q_n에 비해 미미하고 또한 실측하기도 어렵기 때문에 이들을 무시하고 잠재 증발산량을 계산하는 것이 보통이다. 즉,

$$E_T = 1.26 \frac{\tan\alpha}{\tan\alpha + \gamma} H \tag{3.23}$$

(2) Penman의 잠재 증발산량 산정방법

유역으로부터의 잠재 증발산량을 에너지 수지계산에 의해 산정하는 또 하나의 방법으로는 식 (3.24)와 같은 Penman 공식이 있다.

$$E_T = \frac{H \cdot \Delta + 0.27E}{\Delta + 0.27} \tag{3.24}$$

여기서, Δ = 대기온도(℉)에서 포화증기압 곡선에 그은 접선의 기울기(mmHg/℉)[그림 3.6으로부터 결정]

H = 지표면에서의 일 열수지(순 방사열량의 추정치)(mm/day)

E = 일 수면증발량(mm), E_T = 일 잠재 증발산량(mm/day)

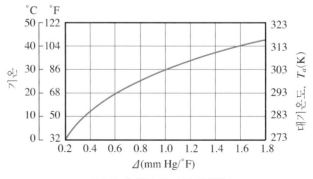

그림 3.6 대기온도와 Δ 간 관계곡선

식 (3.24)의 일 수면증발량 E는 식 (3.25)로 산정된다.

$$E = 0.35(e_s - e_a)(1 + 0.0098\,W_2) \qquad (3.25)$$

여기서, e_s = 대기온도에서의 포화증기압(mmHg)

e_a = 대기온도에서의 실제증기압(mmHg)

W_2 = 지상 2 m에서의 평균 풍속(mi/day)

한편, 식 (3.24)의 H는 식 (3.26)으로 산정된다.

$$H = R(1-r)(0.18 + 0.55\,S) - B(0.56 - 0.092\,e_a^{0.5})(0.10 + 0.90\,S) \qquad (3.26)$$

여기서, R = 월 평균 태양방사열 강도(solar radiation intensity)로서, 일 수분증발량
단위(mmH$_2$O evaporated/day)로 표시되며 표 3.7로부터 결정

r = 지표면의 반사계수(0.05~0.12)

B = 대기온도에 따라 결정되는 상수(mmH$_2$O/day)이며, 표 3.8로부터 결정

S = 최대가능 일조시간에 대한 실제 일조시간의 비[일조율 n/D와 동일]

표 3.7 월 평균 태양방사열 강도(R) [단위 : 일 수분증발량(mmH$_2$O/day)]

월별 위도	1	2	3	4	5	6	7	8	9	10	11	12
북위 60	1.3	3.5	6.8	11.1	14.6	16.5	15.7	12.7	8.5	4.7	1.9	0.9
50	3.6	5.9	9.1	12.7	15.4	16.7	16.1	13.9	10.5	7.1	4.3	3.0
40	6.0	8.3	11.0	13.9	15.9	16.7	16.3	14.8	12.2	9.3	6.7	5.5
30	8.5	10.5	12.7	14.8	16.0	16.5	16.2	15.3	13.5	11.3	9.1	7.9
20	10.8	12.3	13.9	15.2	15.7	15.8	15.7	15.3	14.4	12.9	11.2	10.3
10	12.8	13.9	14.8	15.2	15.0	14.8	14.8	15.0	14.9	14.1	13.1	12.4
0	14.5	15.0	15.2	14.7	13.9	13.4	13.5	14.2	14.9	15.0	14.6	14.3
남위 10	15.8	15.7	15.1	13.8	12.4	11.6	11.9	13.0	14.4	15.3	15.7	15.8
20	16.8	16.0	14.6	12.5	10.7	9.6	10.0	11.5	13.5	15.3	16.4	16.9
30	17.3	15.8	13.6	10.8	8.7	7.4	7.8	9.6	12.1	14.8	16.7	17.6
40	17.3	15.2	12.2	8.8	6.4	5.1	5.6	7.5	10.5	13.8	16.5	17.8
50	17.1	14.1	10.5	6.6	4.1	2.8	3.3	5.2	8.5	12.5	16.0	17.8
60	16.6	12.7	8.4	4.3	1.9	0.8	1.2	2.9	6.2	10.7	15.2	17.5

표 3.8 기온에 따라 결정되는 계수(B)

T_a(K)	B (mmH$_2$O/day)	T_a (°F)	B (mmH$_2$O/day)
270	10.73	35	11.48
275	11.51	40	11.96
280	12.40	45	12.45
285	13.20	50	12.94
290	14.26	55	13.45
295	15.30	60	13.96
300	16.34	65	14.52
305	17.46	70	15.10
310	18.60	75	15.65
315	19.85	80	16.25
320	21.15	85	16.85
325	22.50	90	17.46
		95	18.10
		100	18.80

주 : $B = \alpha T_a^{\,4}$이고, α는 Boltzman 상수로 2.01×10^{-9} mm/day이며, T_a는 절대온도(K)임

예제 3-05

예제 3.3에 주어진 어떤 저수지에 대한 기상조건이 어떤 하천유역에 대한 조건이라 가정하고 Priestly-Taylor 방법에 의해 유역으로부터의 일 증발산량을 산정하라.

풀이 예제 3.3의 풀이로부터 $H = 10.25$ mm/day, $\tan \alpha = 1.209$ mmHg/℃, $\gamma = 0.485$ mmHg/℃이므로 식 (3.23)을 사용하면

$$E_T = 1.26 \times \frac{1.209}{1.209 + 0.485} \times 10.25 = 9.22 \text{ mm/day}$$

예제 3-06

북위 37°에 위치한 어떤 하천 유역의 6월 어느 날의 기상자료가 다음과 같을 때 Penman 방법을 사용하여 이 유역의 잠재 일 증발산량을 산정하라.

- 대기온도 : $t = 33$℃
- 풍속 : $W_2 = 1.5 \text{ mi/hr}$ (36 mi/day)
- 상대습도 : $f = 45\%$
- 반사계수 : $r = 0.07$
- 일조율 : $S = 0.70$

풀이 (1) 대기온도 33℃일 때의 포화증기압 $e_s = 37.75 \text{ mmHg}$

실제증기압 $e_a = 37.75 \times 0.45 = 17.0 \text{ mmHg}$이므로 식 (3.25)를 사용하면

$$E = 0.35(37.75 - 17.0)[1 + (0.0098 \times 36)] = 9.82 \text{ mm/day}$$

그림 3.7로부터 $\Delta = 1.2 \text{ mmHg/°F}$이고, 표 3.7로부터 $R = 16.64 \text{ mmH}_2\text{O/day}$이며, 표 3.8로부터 $B = 17.688 \text{ mmH}_2\text{O/day}$이므로 식 (3.26)에 대입하면

$$H = 16.64(1 - 0.07)[0.18 + (0.55 \times 0.70)] - 17.688[0.56 - 0.092 \times (17.0)^{0.5}]$$
$$[0.10 + (0.90 \times 0.70)] = 6.41 \text{ mm/day}$$

따라서, 식 (3.24)에 이들 값을 대입하면

$$E_T = \frac{(1.2 \times 6.41) + (0.27 \times 9.82)}{1.2 + 0.27} = 7.036 \,\mathrm{mm/day}$$

3.3.5 기상자료를 이용한 월 잠재 증발산량의 산정방법

증발산에 영향을 미치는 기상인자와 증발산량 간의 상관관계를 분석하여 경험적인 방법으로 유역의 월 잠재 증발산량을 산정하기 위한 노력은 계속되어 왔다. 유역으로부터 월별 잠재 증발산량을 산정하는 데 흔히 사용되는 방법으로 Thornthwaite의 월 열지수법(monthly heat index method)이 있다. Thornthwaite는 북위 29°~43° 사이의 미국 전역에 걸쳐 증발산계에 의해 측정된 자료를 수집하여 평균기온 및 일조시간과 잠재 증발산량 간의 관계를 광범위하게 연구하였다.

만약 한 해의 매월 평균기온을 t_n℃ (여기서, $n = 1, 2, 3, \cdots, 12$)라 하고 월 열지수(monthly heat index)를 j라 할 때 경험적으로 얻은 t_n과 j의 관계는 식 (3.27)과 같다.

$$j = \left(\frac{t_n}{5}\right)^{1.514} = 0.0875 \, t_n^{1.514} \tag{3.27}$$

따라서, 연 열지수(yearly heat index) J는 월 열지수의 합이므로

$$J = \sum_{n=1}^{12} j_n \tag{3.28}$$

월 평균기온이 t℃인 임의 월의 잠재 증발산량 PE_x는 식 (3.29)로 표시된다.

$$PE_x = 1.6 \left(\frac{10t}{J}\right)^a \mathrm{cm/month} \tag{3.29}$$

여기서,

$$a = (675 \times 10^{-9})J^3 - (771 \times 10^{-7})J^2 + (179 \times 10^{-4})J + 0.49239 \tag{3.30}$$

식 (3.29)에 의한 PE_x는 1개월을 평균 30일로 잡고 월 평균 일조시간(일출, 일몰시간 간의 평균 시간장경)을 12시간으로 잡았을 때의 월 잠재 증발산량의 이론값이므로 평균기온이 t℃인 특정 월에 대한 PE는 식 (3.31)로 표시된다.

$$PE = PE_x \frac{DT}{30 \times 12} \mathrm{cm/month} \tag{3.31}$$

여기서, D와 T는 각각 잠재 증발산량을 산정하고자 하는 달의 일수(days) 및 일조시간(hours)이다.

Thornthwaite 방법은 잠재 증발산량이 기온에 바로 비례한다는 데 근거를 두고 있다. 이는 실제 여러 가지 인자들이 증발산에 영향을 미친다는 것을 생각하면 이론적인 약점이 없지 않으나 대체로 만족할만한 결과를 주는 것으로 알려져 있으며 여러 가지 수자원 개발사업의 수립에 있어서 Penman의 잠재 증발산량 산정공식을 보완해 주는 방법으로 사용할 수 있다.

예제 3-07

어떤 지역의 2015년 월 평균기온이 표 3.9와 같을 때 연 잠재 증발산량을 산정하라.

표 3.9

월별	1	2	3	4	5	6	7	8	9	10	11	12
평균기온 (℃)	1	2	7	11	15	19	22	20	15	11	5	2
평균일조시간 (hr)	10	11	12	13	14	15	14	13	12	11	10	9

풀이 식 (3.27)과 (3.28)을 사용하여 j와 J 값을 계산한 후 매월의 PE_x 값과 PE 값을 식 (3.29)와 (3.31)에 의해 계산 후 PE를 12개월에 걸쳐 합산함으로써 연 증발산량을 결정한다.

식 (3.30)의 a값 결정

$$a = (675 \times 10^{-9})(45.89)^3 - (771 \times 10^{-7})(45.89)^2 + (179 \times 10^{-4})(45.89) + (0.492) = 1.22$$

표 3.10으로부터 이 지역의 연 잠재 증발산량은 59.36 cm(593.6 mm)임을 알 수 있다.

표 3.10 Thornthwaite 월 열지수법에 의한 연 잠재 증발산량의 산정 예

월별	1	2	3	4	5	6	7	8	9	10	11	12	연평균
평균기온 t_n (℃)	1	2	7	11	15	19	22	20	15	11	5	2	
평균일조시간 (hr)	10	11	12	13	14	15	14	13	12	11	10	9	
$\dfrac{t_n}{5}$	0.2	0.4	1.4	2.2	3	3.8	4.4	4	3	2.2	1	0.4	
$j = \left(\dfrac{t_n}{5}\right)^{1.514}$	0.09	0.25	1.66	3.30	5.28	7.55	9.42	8.16	5.28	3.30	1.00	0.25	$J = 45.53$
PE_x	0.252	0.586	2.704	4.693	6.852	9.143	10.933	9.733	6.852	4.693	1.794	0.586	
$\dfrac{DT}{360}$	0.861	0.856	1.033	1.083	1.206	1.250	1.206	1.119	1.000	0.947	0.833	0.775	
PE	0.217	0.502	2.794	5.085	8.261	11.428	13.181	10.896	6.852	4.446	1.495	0.455	65.609

3.4 토양의 침투능 결정방법

3.4.1 침투능이란

주어진 조건에서 토양면을 통해 물이 침투할 수 있는 최대율을 침투능(infiltration capacity) f_p라 하며, 통상 mm/hr 혹은 in./hr의 단위로 표시된다. 따라서 토양의 침투능은 토양의 종류라든지 함수량, 토양면의 상태 및 기타 여러 가지 인자에 의하여 지배된다. 강우강도 I는 분명히 침투율에 영향을 미치며 강우강도가 토양의 침투능보다 최소한 커야만 실제침투율 f_a는 f_p에 도달할 수 있다. 만약 강우강도가 침투능보다 작으면 실제침투율은 강우강도보다는 더 커질 수 없다. 토양의 침투능은 소규모 시험지에서 침투계(infiltrometer)에 의해 측정하거나, 여러 가지 경험공식에 의해 산정할 수 있다.

3.4.2 침투계에 의한 측정방법

침투계에 의한 침투능의 측정은 통상 소규모의 시험포(test plot)에서 실시되며 사용되는 침투계의 종류에는 Flooding형과 Sprinkling형의 두 가지가 있다.

대표적인 Flooding형 침투계로는 그림 3.7과 같이 직경이 약 9 in.(22.9 cm)이고 높이가 약 20 in.(50 cm)인 내부관과 지름이 14 in.(35.6 cm), 높이가 20 in.(50 cm)인 외부관으로 되어 있는 한 쌍의 동심원통관이다. 내부관 바깥 부분에 지름이 더 큰 외부관을 사용하는 이유는 침투계 외부에 있는 건조토양에 의한 단효과(end effect)를 가능한 한 최소로 하기 위한 것이다.

대표적인 Sprinkling형 침투계는 F형 노즐(nozzle)을 사용하는 것이다. 6 ft×12 ft(약 1.83 m×3.66 m)되는 작은 시험포 위에 노즐을 사용하여 일정한 강도의 인공강우를 일정시간 동안 내리게 한다. 이때 시험포로의 유입률(강우강도)과 시험포로부터의 유출률을 측정하여 그 차이를 구하면 침투능이 된다. 이 방법은 Flooding형 침투계보다는 실제의 침투현상에 가까운 조건하에 침투능을 측정할 수 있다는 장점이 있으나 자연조건하에서의 침투능보다 큰 값을 나타낸다.

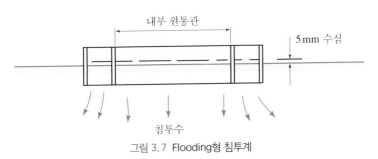

그림 3.7 Flooding형 침투계

3.4.3 침투모형에 의한 침투능의 산정

토양의 침투능을 결정하기 위해 경험적으로 개발된 여러 가지 침투모형은 대부분 시험포에서의 침투량 실측자료로부터 유도되었거나 혹은 토양물리학적 이론해로부터 얻어졌다. 널리 알려져 있는 침투모형으로는 Horton의 침투모형과 Philip 침투모형, 그리고 Green-Ampt 침투모형 등이 있다.

(1) Horton의 침투모형

Horton의 침투모형은 식 (3.32)와 같은 침투능 곡선식(infiltration capacity curve)으로 표현되며, 이는 침투능 실측자료를 바탕으로 제안된 것이다.

$$f_p = f_c + (f_0 - f_c)e^{-kt} \tag{3.32}$$

여기서, f_p는 임의시각에 있어서의 침투능(mm/hr)이며, f_0는 초기침투능(mm/hr), f_c는 종기침투능(mm/hr), t는 강우시작시간으로부터 측정되는 시간(hr)이며, k는 주로 토양의 종류에 따라 결정되는 토양상수(hr^{-1})이다.

식 (3.32)를 강우시작시간으로부터 임의시간 T까지 적분하면 해당 기간의 누가침투량 (accumulated infiltration)을 얻을 수 있다.

$$F = \int_0^T f_p dt = \int_0^T f_c dt + \int_0^T (f_0 - f_c)e^{-kt} dt \tag{3.33}$$

$$= f_c T + \frac{1}{k}(f_0 - f_c)(1 - e^{-kT})$$

그림 3.8은 식 (3.32)와 (3.33)의 관계를 표시하고 있는 것으로서 초기침투능 f_0는 강우 시점에서의 침투율로서 토양의 침투능 f_p와 같고 강우시작 후 시간에 따라 감소하다가 일정한 값 f_c에 도달한다. 뿐만 아니라 누가침투량은 강우 초기에는 급격히 증가하나 강우가 계속됨에 따라 그 증가율이 점차 감소하여 일정한 값에 도달하게 된다.

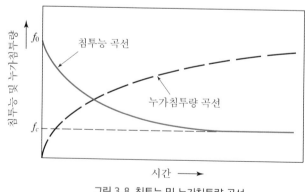

그림 3.8 침투능 및 누가침투량 곡선

식 (3.32)와 식 (3.33)의 f_0, f_c 및 k값은 표 3.11에서 보는 바와 같이 토양의 종류에 따라 특정한 값을 가지며, k값의 변화에 따른 침투능 곡선의 변화는 그림 3.9와 같다. 즉, 초기침투능 f_0가 일정할 때 k값이 커짐에 따라 침투능 곡선의 경사가 급격히 커져서 침투능이 급속하게 감소하여 종기침투능에 도달한다.

표 3.11 Horton 침투능 곡선식의 토양종류별 변수값

토양의 종류	초기침투능 f_0		종기침투능 f_c		토양상수 k
	(cm/hr)	(in/hr)	(cm/hr)	(in/hr)	(1/hr)
Alpha loam	48.26	19.00	3.56	1.40	38.29
Carnegie sandy loam	47.68	14.77	4.49	1.77	19.64
Cowarts loamy sand	38.81	15.28	4.95	1.95	10.65
Dothan loamy sand	8.81	3.47	6.68	2.63	1.40
Fuquay pebbly loamy sand	15.85	6.24	6.15	2.42	4.70
Leefield loamy sand	28.80	11.34	4.39	1.73	7.70
Robertsdale loamy sand	31.52	12.41	2.99	1.18	21.75
Stilson loamy sand	20.59	8.11	3.94	1.55	6.55
Tooup sand	58.45	23.01	4.57	1.80	2.71
Tifton loamy sand	24.56	9.67	4.14	1.63	7.28

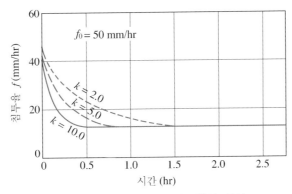

그림 3.9 k값의 변화에 따른 침투능 곡선

예제 3-08

강우지속기간 12시간 동안의 누가침투량이 81.68 cm이고 종기침투능이 6.68 cm/hr이며 토양의 종류는 Dothan loamy sand($k = 1.40\,\mathrm{hr}^{-1}$)이다. 초기침투능 f_0를 구하여 Horton의 침투능 곡선식을 구하여라.

풀이 식 (3.33)에 기지값을 대입하면

$$81.68 = 6.68 \times 12 + \frac{1}{1.4}(f_0 - 6.68)(1 - e^{-1.4 \times 12}) \qquad \therefore f_0 = 8.81\,\mathrm{cm/hr}$$

표 3.11로부터 Dothan loamy sand의 초기침투능은 8.81 cm/hr로 계산값과 일치한다.
따라서, 식 (3.32)로부터

$$f_p = 6.68 + (8.81 - 6.68)e^{-1.4t} = 6.68 + 2.13e^{-1.4t}\,(\mathrm{cm/hr})$$

토양의 침투능 f_p는 식 (3.32)와 같이 표시될 수 있다. 어떤 토양의 $f_0 = 80\,\text{mm/hr}$, $f_c = 15\,\text{mm/hr}$, $k = 2.0$일 때 강우강도(I) 90 mm/hr, 40 mm/hr 및 10 mm/hr에 대한 침투능 곡선을 그려라.

풀이 이 토양의 침투능 곡선은 식 (3.32)로부터

$$f_p = 15 + (80 - 15)e^{-kt} = 15 + 65e^{-2t}$$

(1) $I = 90\,\text{mm/hr}$일 때

강우강도가 침투능보다 항상 크기 때문에 실제의 침투율 f_a는 $t = 0$일 때의 $f_0 = 80\,\text{mm/hr}$로부터 $t = \infty$일 때의 $f_c = 15\,\text{mm/hr}$까지 지수함수적으로 감소한다[그림 3.10(a)]. 즉,

$$f_a = f_p = 15 + 65^{-2t}$$

(2) $I = 40\,\text{mm/hr}$일 때

실제의 침투율은 토양의 침투능이 40 mm/hr가 되는 시간까지는 강우강도와 같고 그 이후는 침투능 곡선[그림 3.10(a)]을 따라 감소한다[그림 3.10(b)].

(3) $I = 10\,\text{mm/hr}$일 때

강우강도가 $t = \infty$일 때의 침투능 15 mm/hr보다 작으므로 강우량이 전부 침투하게 된다[그림 3.10(c)].

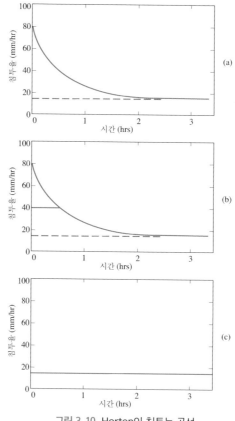

그림 3.10 Horton의 침투능 곡선

(2) Philip의 침투모형

Philip은 비포화층 내의 물의 흐름에 대한 편미분 연속방정식과 운동량방정식인 Richard 방정식을 해석적으로 풀어서 균일특성을 가지는 토양 속을 통하여 연직방향으로 침투하는 누가침투량을 식 (3.34)와 같이 시간과 토양특성의 함수로 표시하였다.

$$F(t) = St^{1/2} + (A_2 + K_0)t + A_3 t^{3/2} + A_4 t^2 + \cdots \qquad (3.34)$$

여기서, $F(t)$는 시각 t에 있어서의 누가침투량(cm)이며 S는 흡습률(sorptivity)(cm/sec$^{1/2}$), K_0, A_2, A_3, A_4, $\cdots$는 토양의 특성상수이다.

식 (3.34)를 시간 t에 관해 미분하면 침투율 $f(t)$를 얻을 수 있다.

$$f(t) = \frac{1}{2} St^{-1/2} + (A_2 + K_0) + \frac{3}{2} A_3 t^{1/2} + 2A_4 t + \cdots \qquad (3.35)$$

식 (3.34)와 식 (3.35)에 의하면 시간이 경과함에 따라 침투는 무한히 계속되는 것이므로 세 번째 항 이하를 무시하면 식 (3.36)과 (3.37)과 같은 이변수 침투능 곡선식을 얻을 수 있다.

$$F(t) = St^{1/2} + Kt \qquad (3.36)$$

$$f(t) = \frac{1}{2} St^{-1/2} + K \qquad (3.37)$$

식 (3.37)에서 $t \to \infty$인 경우 $f(t) \to K$가 되며, K는 토양의 투수계수로서 대단히 작은 값이 되므로 식 (3.36)의 우변 두 번째 항은 무시할 수 있다. 따라서 흡습률 S는 최종 누가침투량 F를 총 침투시간 t의 제곱근으로 나누어 얻을 수 있다.

$$S = \frac{F}{\sqrt{t}} \qquad (3.38)$$

예제 3-10

지름이 10 cm되는 원통형 연직관에 흙을 채우고 30분 동안의 침투량을 측정하였더니 300 cm^{3}가 되었다. Philip 침투모형으로 1, 4, 6, 10, 12시간에 있어서의 침투능을 계산하라.

풀이 원통형 연직관의 단면적

$$A_c = \frac{\pi (10)^2}{4} = 78.5 \, \text{cm}^2$$

총 누가침투량을 cm 단위로 표시하면

$$F = \frac{300}{78.5} = 3.82 \, \text{cm}$$

따라서, 토양의 흡습률은 식 (3.38)으로부터

$$S = \frac{3.82}{\sqrt{30 \times 60}} = 0.09 \, \text{cm} / \sqrt{\text{sec}}$$

식 (3.37)에서 K는 투수계수와 같아 대단히 작은 값을 가지므로 이를 무시하고 $f(t) = \frac{1}{2}S/\sqrt{t}$ 로 계산하면 표 3.12와 같다.

표 3.12

시간 (hr)	1	4	6	10	12
침투능 (mm/hr)	27.0	13.5	11.0	8.5	7.8

주 : 단위환산 $f(t) = \dfrac{1}{2}\dfrac{0.09\times10}{\sqrt{t\times3,600}}\times3,600 = \dfrac{27}{\sqrt{t}}\ \text{mm/hr}$

(3) Green-Ampt의 침투모형

Green-Ampt의 침투모형은 물리적으로 이론적 근거가 강한 침투능 결정방법으로 알려져 있다. 그림 3.11에서 보는 바와 같이 토양표면이 얕은 깊이 H_o의 물로 덮혀 있다면, 물은 침투 초기에 토양의 총 부피에 대한 수분부피의 비인 초기함수비 θ_i가 균질한 토양 속으로 침투하는 것으로 가정할 수 있다. 물이 토양 속으로 침투하기 시작하면 습윤면(wetting front)이 생성되어 습윤토양과 건조토양이 분리되며, 빠른 속도로 아랫방향으로 진행하게 된다. 습윤면의 아랫부분 함수비는 θ_i이고 윗부분은 포화상태의 함수비 θ_s(토양의 공극률 η와 동일)가 되며, 초기 토양수분 미흡량(initial moisture deficiency) $IMD = \theta_s - \theta_i$로 표시된다.

습윤된 토양의 투수계수(permeability coefficient)를 K_s로 표시하고 그림 3.11에 Darcy 법칙(4.3.1절 참조)을 적용하면 식 (3.39)와 같다.

$$V = f_p = -K_s\frac{dh}{ds} = K_s\left(\frac{L+S}{L}\right) \qquad (3.39)$$

여기서, L은 지표면으로부터 습윤면까지의 거리이고, S는 길이단위로 표시되는 습윤면에서의 모세흡인수두(capillary suction head)이다.

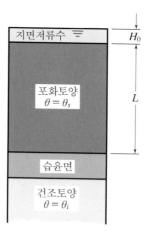

그림 3.11 Green-Ampt 모형에서의 침투개념

한편, 습윤면까지의 거리가 L이 되는 시각까지의 누가침투량 $F(t)$는 토양의 단위면적당 저장된 물의 증가량을 깊이 단위로 표시한 $L(\theta_s - \theta_i)$와 같다. 즉,

$$F(t) = L(\theta_s - \theta_i) = L \times IMD \tag{3.40}$$

식 (3.40)을 식 (3.39)에 대입한 후 정리하면

$$f_p(t) = K_s\left(1 + \frac{S \times IMD}{F(t)}\right) \tag{3.41}$$

식 (3.41)의 침투능 $f_p(t) = dF(t)/dt$로 놓고 적분한 후 $t = 0$일 때 $F = 0$을 대입하여 정리하면

$$F(t) - (S \times IMD) \times \ln\left[\frac{F(t) + (S \times IMD)}{S \times IMD}\right] = K_s t \tag{3.42}$$

식 (3.42)는 누가침투량 $F(t)$에 대한 비선형 방정식이므로 식 (3.43)과 같이 식을 정리하여 시행착오법으로 $F(t)$를 결정할 수 있다.

$$F(t) = K_s t + (S \times IMD) \times \ln\left[1 + \left(\frac{F(t)}{S \times IMD}\right)\right] \tag{3.43}$$

즉, K_s, t, S, IMD가 주어졌을 때 $F(t)$의 초기값으로 $K_s t$를 이용하여 식 (3.43)의 좌변과 우변값을 계산하여 등식이 성립하는지를 확인한다. 만약, 등식이 성립하지 않으면 $F(t)$값을 반복 가정하여 등식이 성립할 때의 값을 누가침투량 $F(t)$값으로 확정하게 된다. 이와 같이 $F(t)$가 계산되면 이를 식 (3.41)에 대입하여 침투능 $f_p(t)$를 계산할 수 있다.

Green-Ampt 공식을 적용하기 위해서는 매개변수인 K_s, S와 $IMD = (\theta_s - \theta_i)$값을 알아야 한다. 이 중 K_s와 S는 표 3.13에서와 같이 토양의 종류에 따라 결정되는 토양상수이며, 포화함수비 θ_s는 토양의 공극률(porosity) η와 같으므로 역시 토양상수이다.

표 3.13 Green-Apmt 공식에 적용하는 매개변수값

토양 종류	공극률 η	습윤면 모세흡인수두 S (cm)	투수계수 K_s (cm/hr)
Sand	0.437(0.374~0.500)	4.95(0.97~25.36)	11.78
Loamy sand	0.437(0.363~0.506)	6.13(1.35~27.94)	2.99
Sandy loam	0.453(0.351~0.555)	11.01(2.67~45.47)	1.09
Loam	0.463(0.375~0.551)	8.89(1.33~59.38)	0.34
Silt loam	0.501(0.420~0.582)	16.68(2.92~95.39)	0.65
Sandy clay loam	0.398(0.332~0.464)	21.85(4.42~108.0)	0.15
Clay loam	0.464(0.409~0.519)	20.88(4.79~91.10)	0.10
Silty caly loam	0.471(0.418~0.524)	27.30(5.67~131.5)	0.10
Sandy clay	0.430(0.370~0.490)	23.90(4.08~140.2)	0.06
Silty clay	0.479(0.425~0.533)	29.22(6.13~139.4)	0.05
Clay	0.475(0.427~0.523)	31.63(6.39~156.5)	0.03

주 : η와 S의 값은 평균값이며, 괄호 안의 값은 값의 변동범위임

예제 3-11

토양의 초기 함수비 $\theta_i = 0.25$인 모래질 옥토(sandy loam)를 통한 2시간 후의 침투능과 누가침투량을 Green-Ampt 모형으로 산정하라. 표 3.13으로부터 Sandy loam 토양의 $K_s = 1.09$ cm/hr, $\eta = \theta_s = 0.453$, $S = 11.01$ cm이다.

풀이 $IMD = \theta_s - \theta_i = \eta - \theta_i = 0.453 - 0.25 = 0.203$

기지의 값들을 식 (3.43)에 대입하면

$$F(t) = 1.09 \times 2 + (11.01 \times 0.203) \times \ln\left[1 + \frac{F(t)}{(11.01 \times 0.203)}\right]$$
$$= 2.18 + 2.235\ln[1 + 0.447F(t)]$$

$F(t) = K_s t = 2.18$로 가정하고 우변의 값을 계산하면

$$\text{우변값} = 2.18 + 2.235\ln(1 + 0.447 \times 2.18) = 3.700 \text{ cm}$$

$F(t) = 3.700$ cm를 식 (3.43)에 다시 대입하고 계산하면

$$\text{우변값} = 2.18 + 2.235\ln[1 + 0.447 \times 3.700] = 4.361 \text{ cm}$$

좌변과 우변의 값이 같아질 때까지 반복계산하면

$$F(t) = 4.714 \text{ cm}$$

따라서, 2시간 후의 침투능을 식 (3.41)로 계산하면

$$f_p(t = 2\text{hr}) = 1.09\left(1 + \frac{11.01 \times 0.203}{4.714}\right) = 1.607 \text{ cm/hr}$$

3.4.4 침투지표법에 의한 유역의 평균침투능의 산정

호우기간의 증발량은 강우량에 비하면 극히 작기 때문에 이를 무시할 수 있으며 총 강우량과 침투량의 차인 초과강우량(rainfall excess)은 모두 지표면유출(surface runoff)이 된다고 가정한다면, 유역에 내리는 총 강우량과 유역으로부터의 총 유출량 간의 관계로부터 유역의 평균 침투능을 결정할 수 있다. 즉, 유역 내의 여러 우량관측점에서 강우량을 측정하여 특정 호우로 인한 유역의 총 평균강우량(mm)을 얻고, 유역의 출구지점에서의 유량을 결정하여 유출량의 시간적 분포를 나타내는 총 유출수문곡선(total runoff hydrograph)을 얻는다. 총 유출수문곡선은 통상 지표면 및 지하로 흐르는 유량으로 구성되어 있으므로 적절한 방법에 의해서 지표면유출과 지하수유출로 분리함으로써 초과강우량에 해당하는 지표면유출량(mm)을 산정하게 된다(제4장 참조).

이와 같이 산정된 지표면유출량(혹은 초과강우량)을 총 강수량으로부터 빼면 호우기간의 총침투량을 얻게 되고 이를 강우지속기간으로 나누면 평균침투능이 되며 이를 침투지표(infiltration index)라 한다.

그림 3.12에 표시한 바와 같이 우량주상도(rainfall hyetograph)에서 총 강우량과 침투손

실량을 구분하는 수평선에 대응하는 강우강도를 침투지표 또는 Φ-지표(파이 지표)라 한다. 이는 곧 이 호우로 인한 평균침투능이다. 그림 3.12의 음영 부분은 지표유출체적을 유역면적으로 나눈 등가유출 깊이(mm)를 표시하며 그 아랫부분은 지면보류(surface detention)라든가 증발산 및 침투 등에 의한 손실을 통틀어 표시하고 있다. 만약 호우기간 중 강우강도가 특정 침투능보다 작은 기간이 있다면, 이를 고려하여 침투지표를 결정해야 한다.

유역의 실제 침투능은 강우가 계속됨에 따라 식 (3.32)가 표시하는 바와 같이 지수함수곡선을 따라 감소되기 때문에 침투지표법에 의한 유역평균침투능을 사용하면 강우 초기에는 실제보다 너무 작은 침투율이 되며 강우 종기에 대해서는 지나치게 큰 침투율이 된다. 따라서 침투지표법은 토양의 함유 수분이 대체로 크거나 혹은 호우의 강도가 크고 지속기간이 길어서 강우 초기에 침투율이 거의 일정하게 되는 호우의 경우 침투능을 산정하는 데 적합하다. 이는 큰 유역에 어떤 호우가 발생했을 때 그 유역으로부터 예상되는 유출량을 개략적으로 산정하기에는 대단히 편리한 방법이며 또한 실제로 많이 사용되고 있는 방법이다.

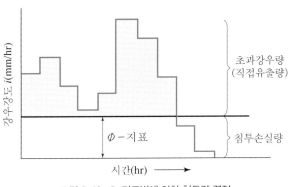

그림 3.12 Φ-지표법에 의한 침투량 결정

예제 3-12

그림 3.13에 표시된 두 개의 우량주상도는 어떤 지역에 내린 총 우량 75 mm인 두 호우의 시간적 분포를 표시하고 있다. 유역의 출구에서 측정한 지표유출량은 두 호우의 경우 모두 33 mm였다. 각 호우에 대한 Φ-지표를 구하라.

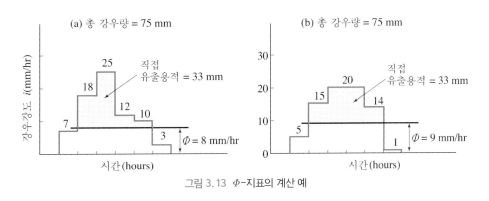

그림 3.13 Φ-지표의 계산 예

두 경우 모두 음영 부분의 면적이 33 mm가 되도록 Φ-지표선을 수평으로 그어 지표유출량과
손실량을 분리하였다. 그림 3.13(a)의 경우 8 mm, 그림 3.13(b)의 경우는 9 mm가 평균침투능
이 된다. 본 예제에서 알 수 있는 바와 같이 강우량이 같고 유출량도 동일한 두 호우일지라도
호우의 시간적 분포가 다르면 Φ-지표의 값도 달라지므로 실제 유역에 대한 Φ-지표의 결정을
위해서는 여러 개의 호우로부터 구한 Φ-지표의 평균값을 그 유역의 값으로 사용해야 한다.

3.5 NRCS 방법에 의한 유역의 유효우량 산정

침투지표법은 총 우량주상도로부터 직접유출량에 상응하는 초과강우량을 수평선으로 분리함
으로써 일정률의 유역평균침투능을 결정하는 방법이다. 따라서 유역의 총 유출수문곡선으로
부터 직접유출분을 분리할 수만 있다면(제6장 참조) 총 우량주상도상에서 직접유출분에 해당
하는 유효우량의 시간적 분포를 표시하는 유효우량주상도(effective rainfall hyetograph)를
얻을 수 있다.

만약, 어떤 호우로 인한 유출량 자료가 없을 경우에는 직접유출량을 결정하는 것이 불가
능하여 Φ-지표를 구할 수 없으므로 유효우량을 결정할 수 없게 된다. 이와 같이 유출량 자
료가 없는 미계측 유역인 경우 미국 토양보존청(U.S. Soil Conservation Service, SCS/현재
는 U.S. Natural Resources Conservation Service, NRCS)이 개발한 유출곡선지수방법
(runoff curve number method)(NRCS 방법)을 이용하여 유효우량을 산정할 수 있다.

NRCS 유효우량 산정방법은 유효우량의 크기를 산정하기 위하여 강우가 있기 이전의 유역의
선행토양함수조건(antecedent soil moisture condition, AMC)과 토양의 종류(soil type), 토
지이용상태(land use) 및 식생피복의 처리상태(vegetal cover treatment), 그리고 토양의 수문
학적 조건(hydrologic condition) 등을 고려하였으며 이들 인자들이 직접유출량(혹은 유효
우량)에 미치는 복합적인 영향을 양적으로 표시하였다.

3.5.1 유역의 선행토양함수조건

총 강수량과 유효우량 간의 관계분석에 있어서 5일 혹은 30일 선행 강수량은 한 유역의 선
행토양함수조건을 대변하는 지표로 흔히 사용된다. 즉, 동일한 강수가 내린 경우 선행 강수
량이 많으면 토양의 습윤도가 높으므로 직접 유출량, 즉 유효우량은 상대적으로 많아질 것이
나 선행 강수량이 적을 경우에는 침투손실이 커지므로 유효우량은 작아져서 유출률은 낮아
지게 된다. NRCS에서 기준으로 삼고 있는 선행토양함수조건은 다음의 3가지로 구분된다.

- AMC-I : 유역의 토양은 대체로 건조상태에 있으나 농작물 재배에는 지장이 없는 수분
  상태. 침투율이 대단히 커서 유출률은 대단히 낮은 상태

표 3.14 5일 선행강수량(P_5)에 의한 유역 선행토양함수조건의 분류

AMC별	비성수기		성수기	
	P_5(in.)	P_5(mm)	P_5(in.)	P_5(mm)
I	$P_5 < 0.5$	$P_5 < 12.70$	$P_5 < 1.4$	$P_5 < 35.56$
II	$0.5 < P_5 < 1.1$	$12.70 < P_5 < 27.94$	$1.4 < P_5 < 2.1$	$35.56 < P_5 < 53.34$
III	$P_5 > 1.1$	$P_5 > 27.94$	$P_5 > 2.1$	$P_5 > 53.34$

- AMC-II : 유역의 토양이 0에서 최대잠재보류수량 S 사이의 평균수준의 수분을 함유한 상태. 침투율이 보통이어서 유출률도 보통인 상태
- AMC-III : 선행하는 5일 동안 강우량이 많아서 유역의 토양은 거의 포화상태. 침투율이 대단히 작아서 유출률이 대단히 큰 상태

NRCS의 3가지 선행토양함수조건은 5일 선행강수량 P_5의 크기에 의해 유역의 습윤 정도를 분류하는 기준이며, 표 3.14와 같이 계절적으로 비가 많이 오지 않는 비성수기(dormant season)와 강우량이 많은 성수기(growing season)로 구분되어 있다.

3.5.2 수문학적 토양군의 분류

(1) 미국의 분류방법

한 유역의 토양특성은 강우로 인한 유출과정에 직접적인 영향을 미친다. 즉, 토양의 성질에 따라 침투능이 상이하므로 총 강우량 중 직접유출로 나오는 유효우량의 크기도 다를 수밖에 없다.

NRCS는 미국 전역에 걸쳐 토양조사를 종합하여 총 4,000여 가지 종류의 토양에 대해서 표 3.15와 같이 4가지 수문학적 토양군(hydrologic soil group)으로 분류하였다. 토양의 침투능의 크기는 A, B, C, D 순이며, 유출률은 이의 역순이다.

표 3.15 수문학적 토양군의 분류(NRCS)

토양군	토양의 성질	침투율 (mm/hr)
Type A	• 유출률이 매우 낮음 • 침투율이 대단히 크며, 모래질 및 자갈질 토양 • 배수 매우 양호	7.62~11.43
Type B	• 침투율이 대체로 크며, 세사와 자갈이 섞인 모래질 토양 • 배수 대체로 양호.	3.81~7.62
Type C	• 침투율이 대체로 작고, 대체로 세사질 토양 • 배수 대체로 불량	1.27~3.81
Type D	• 유출률이 매우 높음 • 침투율이 대단히 작고, 점토질 종류의 토양 • 배수 매우 불량	0~1.27

(2) 우리나라의 분류방법

우리나라의 전국적인 토양분포도에는 개략토양도, 정밀토양도, 세부정밀토양도 및 한국개량토양도 등이 있으며, 실무에서 가장 많이 사용되고 있는 토양도는 농업과학원에서 제작한 축척 1 : 25,000 이상인 수치화된 정밀토양도이다. 우리나라 전역에 산재해 있는 토양의 종류는 약 1,200여 가지로 조사되어 있고 각각 토양부호가 부여되어 있으며, 개별 토양부호별로 NRCS의 4가지 수문학적 토양군(A, B, C, D) 중의 하나로 분류되어 있다.

수문학적 토양군으로의 분류를 위해 우리나라에서 사용되는 기준은 표 3.16과 같다. 토성과 배수등급, 투수성, 투수저해토층의 유무 및 깊이 등 토양을 통한 침투를 지배하는 인자별로 각각 1~4점을 배점하여 4개 인자에 대한 점수를 합산한 총점이 13점 이상이면 A토양군, 12~11점이면 B토양군, 10~8점이면 C토양군, 7점 이하이면 D토양군으로 분류한다.

표 3.16 국내 토양의 수문학적 토양군의 분류 기준

흙의 특성	흙의 특성에 따른 점수			
	4	3	2	1
토성	사질(사력질) – 자갈이 많은 사양질(역질)	사양질 – 미사사양질	식양질 – 자갈이 많은 사양질(식양질)	미사식양질 – 식질
배수 등급	매우 양호	약간 양호	약간 불량	불량
투수성 (cm/hr)	매우 빠름, 빠름 (>12.0)	약간 빠름 (12~6.0)	약간 느림 (6.0~0.5)	느림, 매우 느림 (<0.5)
투수저해토층의 유무 및 깊이 (cm)	존재하지 않음	100~50	50~25	25 이하
수문학적 토양군 (총점)	A(>13)	B(12~11)	C(10~8)	D(<7)

자료 : 건설교통부(2005a), 하천설계기준·해설

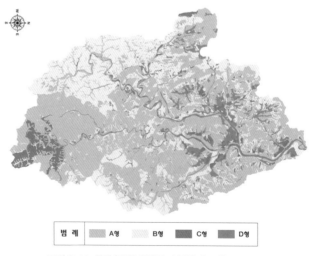

그림 3.14 금강/갑천 유역의 수문학적 토양군 분류도

그림 3.14는 금강의 갑천 유역의 토양분포를 미국 NRCS의 분류 기준에 의해 4개 토양군으로 분류한 결과를 도시하고 있다.

3.5.3 토지 이용과 식생피복 처리상태 및 수문학적 조건의 분류

(1) NRCS의 분류방법

직접유출량(혹은 유효우량)을 총 강우량으로부터 산정하기 위한 NRCS 방법에서는 앞에서 살펴본 선행토양함수조건이라든지, 수문학적 토양군의 종류뿐만 아니라 농경지역의 지표면 조건이 유출에 미치는 영향을 고려하기 위해 토지이용상태 혹은 식생피복과 식생피복의 처리상태 혹은 경작방법 그리고 식생피복의 수문학적 조건을 분류하고 있다.

(2) 우리나라의 분류방법

우리나라 전역의 토지이용상태는 국토지리정보원에서 2000년 초부터 수치토지이용도를 제작해서 보급하고 있다. 토지의 이용상태는 4개 대분류, 14개 중분류 및 38개 소분류로 구분되어 있으며, 그림 3.15는 금강의 갑천 유역의 소분류에 기준한 토지이용도이다.

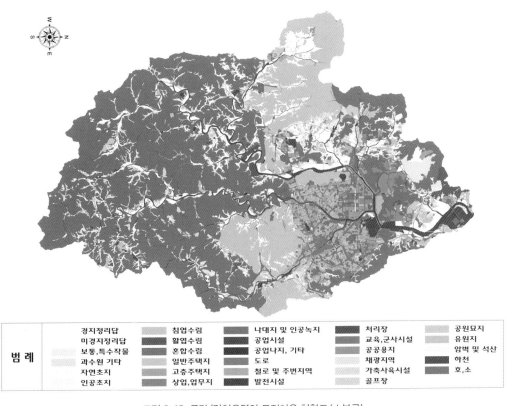

범례	
경지정리답	침엽수림	나대지 및 인공녹지	처리장	공원묘지
미경지정리답	활엽수림	공업시설	교육,군사시설	유원지
보통,특수작물	혼합수림	공업나지, 기타	공공용지	암벽 및 석산
과수원 기타	일반주택지	도로	채광지역	하천
자연초지	고층주택지	철로 및 주변지역	가축사육시설	호,소
인공초지	상업,업무지	발전시설	골프장	

그림 3.15 금강/갑천유역의 토지이용 현황도(소분류)

(3) NRCS와 우리나라의 토지이용상태 분류방법의 비교

NRCS의 유효우량 산정방법을 사용하여 호우사상별 총 우량으로부터 유효우량을 산정하려면 유역의 선행토양함수조건, 수문학적 토양군, 토지이용 및 식생피복 처리상태와 수문학적 조건을 우리나라 유역의 조건에 맞추어 조정할 필요가 있다. 이 중 선행토양함수조건은 5일 선행강수량에 의한 기준을 그대로 쓰면 되고, 수문학적 토양군은 우리나라 토양종류를 표 3.17의 기준에 의해 A, B, C, D군으로 분류하면 된다.

그러나 토지이용상태의 경우는 NRCS의 분류기준과 우리나라 국토지리정보원의 분류기준이 많이 달라서 NRCS의 토지이용분류기준과 우리나라의 분류기준을 접목시킬 필요가 있다. 우리나라 주요 토지이용상태의 중분류 및 소분류와 NRCS의 유사토지이용분류를 대비해 보면 표 3.17과 같다.

표 3.17 우리나라 및 미국 NRCS의 토지이용분류 비교

지역구분	중분류	소분류	NRCS 분류	비고
농경지역 및 산림지역	논	• 경지정리답 • 미경지정리답		NRCS 분류기준 없음
	밭	• 보통·특수작물 • 과수원, 기타	• row crops • small grains	농경지역에 대한 표 3.18 참조
	초지	• 자연초지 • 인공초지	• close-seeded legumes or rotation meadow • pasture or range • meadow	
	임목지	• 침엽수림　• 활엽수림 • 혼합수림	• forests	U.S. Forest Service 분류기준(그림 3.17)
	주거지 및 상업지	• 나대지 및 인공녹지	• woods	농경지역에 대한 표 3.18 참조
	교통시설	• 도로 • 철도 및 주변지역	• roads	
도시지역	임지 (기타)	• 골프장　• 공원묘지 • 문화재 및 유원지 • 암벽 및 석산	• 개활지(잔디, 공원, 골프장, 공원묘지)	도시지역에 대한 표 3.19 참조
	교통시설	• 도로 • 철도 및 주변지역	• 도로와 길 • 불투수지역(주차장, 지붕, 접근로)	
	주거지 및 상업지	• 일반주택지 • 고층주택지 • 상업 및 업무지	• 주거지(150평 이하) • 도시지역(상업 및 사무실 지역)	
	공업지	• 공업용지 • 공업나지, 기타	• 공업지역	
	공공시설	• 발전시설　• 처리장 • 교육군사시설　• 공공용지	• 주거지역(300평 이상)	

3.5.4 NRCS 유출곡선지수의 결정

(1) 농경지역에 대한 유출곡선지수

총 강우량과 유효우량의 관계는 앞에서 살펴본 바와 같이 유역의 선행토양함수조건과 수문학적 토양군, 토지이용상태(식생피복상태)와 식생피복의 처리상태 및 수문학적 조건에 따라 결정된다. 미국 농경지역에 대한 수문학적 토양-피복형별 유출곡선지수 CN값은 표 3.18과 같다. 또한, 도시지역에 대한 유출곡선지수값은 표 3.19와 같다.

표 3.18과 표 3.19는 유역의 선행토양함수조건(AMC)이 평균수준인 AMC-Ⅱ 조건이고, 초기손실우량(I_a)이 토양의 최대잠재보류수량(maximum potential retention) S의 20%(즉, $I_a = 0.2S$)일 경우의 CN값을 표시한다.

미국의 경우는 일부 지역을 제외하고는 벼를 경작하는 논이 없으므로 논에 대한 CN값을 제시하지 못하고 있으나, 우리나라의 경우 논은 전국적으로 대단히 흔한 토지이용상태이므로 CN값을 추정할 수 있는 방법이 꼭 필요하다.

표 3.18 농경지역의 유출곡선지수 CN(AMC-Ⅱ, $I_a = 0.2S$ 경우)

농경지역의 분류	식생피복 및 토지이용상태(land use)	식생피복처리상태 (treatment condition)	수문학적 조건 (hydrologic condition)	A	B	C	D
재배 농경지	휴경지(fallow)	경사 나지	-	77	86	91	94
	이랑 경작지 (row crops)	경사 경작(straight row)	poor	72	81	88	91
		경사 경작	good	67	78	85	89
		등고선 경작(contoured)	poor	70	79	84	88
		등고선 경작	good	65	75	82	86
		등고선, 테라스 경작(terraced)	poor	66	74	80	82
		등고선, 테라스 경작	good	62	71	78	81
	조밀 경작지 (small grains)	경사 경작	poor	65	76	84	88
		경사 경작	good	63	75	83	87
		등고선 경작	poor	63	74	82	85
		등고선 경작	good	61	73	81	84
		등고선, 테라스 경작	poor	61	72	79	82
		등고선, 테라스 경작	good	59	70	78	81
	조밀 식재 콩과 식물 (close-seeded legumes) 또는 윤번초지 (rotation meadow)	경사 경작	poor	66	77	85	89
		경사 경작	good	58	72	81	85
		등고선 경작	poor	64	75	83	85
		등고선 경작	good	55	69	78	83
		등고선 테라스 경작	poor	63	73	80	83
		등고선 테라스 경작	good	51	67	76	80
기타 농경지	자연목초지(pasture) 또는 목장(range)		poor	68	79	86	89
			fair	49	69	79	84
			good	39	61	74	80
		등고선 경작	poor	47	67	81	88
		등고선 경작	fair	25	59	75	83
		등고선 경작	good	6	35	70	79

(계속)

농경지역의 분류	식생피복 및 토지이용상태(land use)	식생피복처리상태 (treatment condition)	수문학적 조건 (hydrologic condition)	토양군 A	B	C	D
기타 농경지	초지(meadow)	등고선 경작	good	30	58	71	78
	수림(woods)		poor	45	66	77	83
			fair	36	60	73	79
			good	25	55	70	77
	농가(farmsteads)		-	59	74	82	86
	산림(forests)*			56	75	86	91

주 : *산림에 대한 CN값은 미국 NRCS 방법에 의한 것이 아니고 미국 산림청의 CN 산정방법에 의한 것으로 하천설계 기준(건설교통부, 2005a)에 제시되어 있는 값(표 3.19의 산림에 대한 값과 동일)은 산림 CN값 중 가장 큰 값임

표 3.19 도시지역의 유출곡선지수 CN(AMC-Ⅱ, $I_a = 0.2S$ 경우)

지표 피복형 및 수문학적 조건	평균불투수 면적비율(%)	수문학적 토양군 A	B	C	D
A. 완전히 개발된 도시지역					
(1) 개활지(잔디, 공원, 골프장, 묘지 등)	• 나쁜(poor)상태(초지피복률 50% 이하)	68	79	86	89
	• 보통(fair) 상태(초지피복률 50~75%)	49	69	79	84
	• 양호한(good) 상태(초지피복률 75% 이상)	39	61	74	80
(2) 불투수지역	• 포장된 주차장, 지붕, 차도(접근도로 불포함)				
	• 가로 및 도로(streets and roads)	98	98	98	98
	– 포장 : 연석(curb)아래 우수관거설치(접근도로 불포함)	98	98	98	98
	– 포장 : 개거(open ditches), (접근도로 포함)	83	89	92	93
	– 자갈도로(접근로도 포함)	76	85	89	91
	– 흙도로(접근도로 포함)	72	82	87	89
(3) 미국서부 사막지역의 도시지역	• 자연 사막지역 상태	63	77	85	88
	• 사막지역에 인공배수시설을 설치한 상태	96	96	96	96
(4) 도시지구(urban districts)					
• 상업 및 업무지역	85	89	92	94	95
• 공업지역	72	81	88	91	93
(5) 주거지구(구획지의 크기에 따름)					
• 1/8 acre(약 150평) 이하	65	77	85	90	92
• 1/4 acre(약 300평) 이하	38	61	75	83	87
• 1/3 acre(약 400평) 이하	30	57	72	81	86
• 1/2 acre(약 600평) 이하	25	54	70	80	85
• 1 acre(약 1,200평) 이하	20	51	68	79	84
• 2 acre(약 2,400평) 이하	12	46	65	77	82
B. 개발 중인 도시지역					
(1) 새로 조성된 단지(식생피복 없음) (2) 단지 조성이 안된 나대지*	–	77	86	91	94

주 : * 단지 조성이 안된 나대지의 경우는 표 3.19의 기타 농경지 분류 기준에 따라 CN값 결정

자료 : 건설교통부(2005a). 하천설계기준·해설

우리나라 논의 경우 홍수기에는 담수상태에 있으므로 경지정리답이나 미 경지정리답에 관계없이, 그리고 토양군의 종류에 관계없이 AMC-Ⅰ, Ⅱ, Ⅲ에서의 CN값은 70, 79, 89로 추천되고 있다.

(2) 산림지역에 대한 유출곡선지수의 산정방법

지금까지 소개한 미국 NRCS의 농경지역에 대한 유출곡선지수 결정방법에서는 산림(forests)에 대한 것은 다루지 않았다. 일반적으로 하천유역의 상당한 면적을 차지하는 산림지역에 대한 유출곡선지수는 미국 산림청이 자체적으로 개발한 방법에 의해 결정하고 있다.

미국 산림청은 미국 동부지역의 산림지역에 대한 조사연구 결과 유출곡선지수를 지배하는 인자는 NRCS의 수문학적 토양군과 나무 아래에 쌓인 부식토(humus)의 종류와 깊이 및 압밀정도(compactness)임을 밝혔다. 부식토는 토양면의 관리방법에 따라 압밀정도가 달라지는데 압밀정도가 낮은 경우에는 침투율이 대단히 크나 압밀이 심할수록 침투율은 급속하게 떨어지는 성질을 가지고 있다.

미국 산림청은 산림지역의 유출잠재능(runoff-producing potential)을 지배하는 수문학적 조건을 1~6의 범위에 있는 숫자로 등급화하였으며, 숫자가 작을수록 유출잠재능은 커

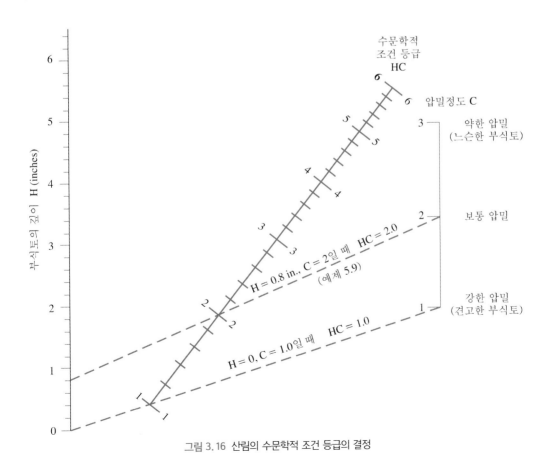

그림 3.16 산림의 수문학적 조건 등급의 결정

진다. 그림 3.16은 부식토 깊이(H)와 압밀정도(C)에 따른 산림 지역의 수문학적 조건의 등급(HC)을 결정하는 그림이다. 그림 3.16을 보면 압밀정도가 일정할 경우 부식토의 깊이가 커질수록 HC값은 커진다. 부식토의 깊이가 크면 부식토의 침투능은 커지므로 유출잠재능은 작아진다. 따라서, HC값이 커지면 그림 3.17에서 보는 바와 같이 유출곡선지수 CN은 작아진다.

그림 3.16에서 부식토의 깊이가 6 in.(약 15 cm)이고 압밀정도 가장 클 때(C=1.0) 수문학적 조건 HC=3.22 정도이다. 부식토의 평균적인 깊이와 압밀정도는 현장조사를 통해 결정할 수 있다.

이와 같이 산림의 수문학적 조건이 그림 3.16으로부터 숫자로 결정되면 NRCS의 수문학적 토양군과 숲의 수문학적 조건 등급(HC)을 사용하여 그림 3.17에서 유출곡선지수 CN을 결정하게 된다.

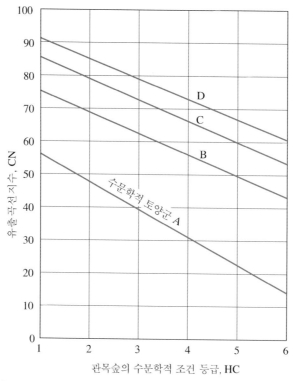

그림 3.17 수문학적 토양군과 산림의 수문학적 조건 등급에 따른 CN값의 결정

3.5.5 총 우량-유효우량 관계모형의 설정

NRCS 방법에서는 강우시점부터 어떤 시각까지의 총 강우량(혹은 잠재유출량) P에 대한 유효우량 Q의 비는 토양의 최대잠재보류수량(maximum potential retention) S'에 대한

실제 보류수량(혹은 침투량) F의 비와 같다고 가정하였다.

$$\frac{F}{S'} = \frac{Q}{P} \tag{3.44}$$

여기서, $P \geqq Q$이며, $S' \geqq F$이다.

토양의 실제보류수량 혹은 침투량은 총 강수량에서 총 유효수량을 뺀 것이므로 식 (3.45)가 성립된다.

$$F = P - Q \tag{3.45}$$

식 (3.44)을 식 (3.45)에 넣고 Q에 관해 풀면

$$Q = \frac{P^2}{P + S'} \tag{3.46}$$

식 (3.46)은 유효우량과 총 우량 간의 관계식이나 강우초기에 내려 유출에 기여하지 못하는 초기손실우량이 고려되지 못하고 있다. 따라서, 초기손실우량 I_a를 고려하기 위해 식 (3.46)의 P를 $(P - I_a)$로, S'을 $(S - I_a)$로 표시하면 식 (3.47)을 얻는다.

$$Q = \frac{(P - I_a)^2}{(P - I_a) + S} \tag{3.47}$$

여기서, S는 초기손실우량 I_a까지를 포함하는 토양의 최대 잠재보류수량 혹은 유역의 토양수분 저류가능량이다.

그런데, 초기손실우량 I_a는 차단량과 초기침투량 및 지면저류량 등으로 구성되며 유출이 시작되기 전에 발생하는 것들이며, 그림 3.18 속의 작은 그림에 표시되어 있다. NRCS는 식 (3.47)에서 I_a를 소거하기 위해서 다수의 시험유역에서 수집한 호우별 강우량과 유출량 자료를 분석하여 식 (3.48)을 제안하였다.

$$I_a = 0.2S \tag{3.48}$$

식 (3.48)을 식 (3.47)에 대입하면 NRCS의 유효우량 산정방법에 적용되는 총 강우량−유효우량(혹은 직접유출량) 관계를 얻는다.

$$Q = \frac{(P - 0.2S)^2}{P + 0.8S} \tag{3.49}$$

식 (3.49)는 $P > 0.2S$인 경우에만 적용된다.

NRCS는 수많은 시험유역에서 주요 호우사상별로 수집한 자료를 사용하여 총 강우량−유효우량관계를 도시해 본 결과 여러 개의 관계 곡선을 그을 수 있었으며, 이들 곡선을 표준화하여 그림 3.18에서와 같이 0에서 100 사이의 값을 가지는 무차원의 유출곡선지수(runoff curve number) CN을 개개 곡선에 부여하였다.

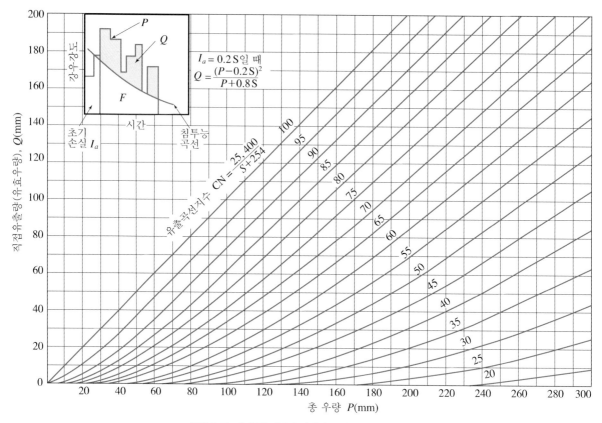

그림 3.18 총 우량–유효우량관계 곡선도 (NRCS 방법)

그림 3.18은 일정한 값을 가지는 한 개의 총 강우량에 대해 유효우량은 CN값에 따라 여러 값이 있을 수 있음을 보여주고 있다. 이는 CN값이 토양의 종류, 토지이용 및 식생피복처리상태, 토양의 수문학적 조건 등 수문학적 토양–피복형의 성질을 반영하며, 토양의 최대 잠재보류수량 S와 관계가 있기 때문이다. NRCS는 미터 단위제를 사용할 경우 S와 CN의 관계를 식 (3.50)으로 표시하였으며, 이 식은 그림 3.18의 관계를 대표한다.

$$CN = \frac{25,400}{S+254} \quad \text{혹은} \quad S = \frac{25,400}{CN} - 254 \qquad (3.50)$$

여기서, CN은 무차원 변수로 0~100의 값을 가지며, 불투수면에서는 CN=100이고, S는 mm의 단위를 가진다. 그런데, 어떤 규모의 수문학적 토양–피복형의 CN값은 선행강수조건에 따라 각각 다른 값을 가진다. 즉, AMC–II 조건에서는 평균적인 값을 가지며, AMC–I 조건에서는 AMC–II 조건의 경우보다 CN값이 작아지고, AMC–III 조건에서는 AMC–II 조건의 경우보다 CN값이 커진다. 이러한 AMC–I 및 AMC–II 조건에서의 CN값을 환산관계는 식 (3.51)과 (3.52)와 같다.

$$CN(\text{I}) = \frac{4.2CN(\text{II})}{10 - 0.058CN(\text{II})} \qquad (3.51)$$

$$CN(\text{III}) = \frac{23CN(\text{II})}{10 + 0.130CN(\text{II})} \tag{3.52}$$

여기서, CN(I), CN(II), CN(III)는 각각 AMC-I, II, III 조건하의 유출곡선지수이다.

3.5.6 NRCS 방법에 의한 평균 유효우량 산정

NRCS의 유효우량 산정방법은 토지이용상태와 식생피복의 처리상태 및 수문학적 조건과 토양군의 종류에 따른 유출곡선지수를 표 3.18 혹은 표 3.19로부터 선정하여 토지이용 단위구역별로 식 (3.49)에 의해 총 우량으로부터 유효우량을 산정하는 방법이다. 그런데, 하천유역은 일반적으로 여러 종류의 토지이용 단위구역으로 구성되기 때문에 토지이용 단위구역별로 선정된 유출곡선지수를 단위구역별 면적을 가중인자로 하여 평균하여 유역평균 유출곡선지수를 구한 후 식 (3.49)에 의해 유역평균 유효우량을 산정하는 절차를 따른다.

① 분석대상 하천유역의 수치지형도(통상 1 : 25,000 축척)에 유역도를 그린다.
② 분석대상유역에 대한 수치정밀토양도(1 : 25,000 축척)를 중첩시켜 NRCS의 4개 토양군별 분포도를 작성한다.
③ 분석대상유역에 대한 토지이용현황도(1 : 25,000 축척)의 토지이용상태를 표 3.18 혹은 표 3.19의 분류에 따라 구분하여 4개 토양군별 분포도로 작성된 지형도상에 중첩시킨다.
④ 대상유역의 토지이용상태별, 토양군별 면적을 지형도상에서 구적기(planimeter)로 구한 후 표 3.18 혹은 표 3.19의 토지이용상태, 처리상태, 수문학적 조건 및 토양군을 고려하여 토지이용상태 및 토양군별 적정 CN값을 선택한다.
⑤ 각 토지이용상태마다 토양군별 CN값에 해당 면적을 가중인자로 곱하여 합산한 후 해당 토지이용상태의 면적으로 나누어 토지이용상태별 평균 CN값을 결정한다.
⑥ 토지이용상태별 평균 CN값에 해당면적을 가중치로 곱하여 합산한 후 총 유역면적으로 나누면 대상유역의 평균 CN(AMC-II 조건하)값을 얻게 된다.
⑦ 대상 호우 이전의 선행 5일 강수량(P_5)을 계산하여 표 3.14의 기준에 의해 AMC를 결정한다.
⑧ 식 (3.51) 또는 식 (3.52)를 이용하여 ⑥에서 산정한 AMC-II 조건에서의 CN값을 해당 AMC 조건에 맞게 환산한다.
⑨ 대상호우의 총 강우량 P를 결정하고 식 (3.50)을 이용하여 최대잠재보류수량 S를 산정한 후, 식 (3.49)를 이용하여 유효우량 Q를 산정한다. 이때 총 우량 P는 호우기간 중 어떤 시각까지의 누가우량이며, 식 (3.49)로 계산되는 유효우량도 누가유효우량이므로 유효우량 주상도를 얻기 위한 시간구간별 유효우량은 어떤 시각에서의 누가유효우량에서 한 시간 구간만큼 이전의 누가 유효우량을 뺌으로서 얻을 수 있다.

최근 지형정보시스템(Geographic Information System, GIS) 분석기법의 발달로 GIS 해석 소프트웨어(ARC-View 등)를 사용하여 하천유역의 평균유출곡선지수를 결정하여 식 (3.49)에 의해 유역평균유효우량을 산정하는 방법이 국내 실무에서 보편화되고 있다.

이 방법은 그림 3.19에서 보는 바와 같이 GIS 소프트웨어나 수치지형도(DEM)를 이용하여 분석대상유역을 정하고 여기에 유역의 수치토지이용현황도와 수치토양도를 중첩시켜서 토지이용상태별, 토양군별 적정 CN값을 부여하여 GIS 기법으로 분석하는 ARC-View 등의 소프트웨어에 의해 유역의 평균 CN값을 결정하게 된다. 이와 같이 유역의 평균 CN값이 산정되고 나면 식 (3.49)에 의한 유효우량의 산정방법은 지형도상 작업에 의한 방법에서와 동일하다.

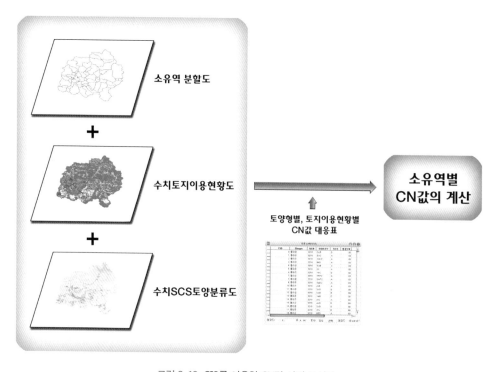

그림 3.19 GIS를 이용한 CN값 산정 모식도

예제 3-13

어떤 하천유역의 토지이용상태별(피복처리상태 및 수문학적 조건 포함), 토양군별 면적분포는 표 3.20과 같다. 표 3.18과 그림 3.17을 사용하여 토지이용상태 및 토양군별 적정 CN값을 구한 후 다음에 답하라.

(1) 이 유역의 평균 유출곡선지수 CN을 구하라.
(2) 표 3.21은 2013년도에 이 유역에 내린 주요 호우로 인한 유역평균 총 우량(P)과 5일 선행강수량(P_5)을 표시하고 있다. 호우별 유효우량을 NRCS 방법으로 계산하라.

표 3.20 [단위: 면적(km²)]

토지이용상태	피복처리상태	수문학적 조건	토양군				총 면적
			A	B	C	D	
이랑경작지(row crops)	경사 경작	양호	0.185	0.050	0.845	0	1.080
조밀경작지(small grains)	경사 경작	양호	0.175	0.010	0.185	0	0.370
농가(farmstead)	–	–	0.015	0.025	0.080	0	0.120
산림(forests)	–	HC = 1.0	6.895	0.470	0.525	0	7.890
총 면적			7.270	0.555	1.635	0	9.460

주 : 산림의 수문학적 조건 HC = 1.0은 그림 3.16에서 부식토의 깊이 H = 0이고 압밀정도 C = 1인 경우임

표 3.21

호우발생기간	P (mm)	P_5 (mm)
8.16~17	93.86	0.0
8.19~23	67.59	93.86
8.27~31	90.74	41.50

풀이 (1) 유역의 평균 CN

표 3.18로부터 이 유역의 토지이용상태별, 토양군별 CN값을 선택하여 표 3.22에 면적과 함께 수록하였다. 표 3.22에서와 같이 토양형별, 토지이용상태별 면적을 가중인자로 하여 CN을 토지이용유형별로 평균한 후 다시 토지이용유형별 면적을 가중인자로 하여 유역 전체에 걸쳐 CN을 평균한 결과 본 유역의 AMC-II 조건하의 평균 CN값은 62.5로 산정되었다.

(2) 유역의 평균 CN = 62.5 ≒ 63(AMC-II 조건하)으로 결정되었으므로 식 (3.51)과 (3.52)로부터 AMC-I에서의 CN = 43, AMC-III에서는 CN = 80을 계산한다. 2013년의 8월 호우 3개는 모두 성수기에 내렸으므로 표 3.14의 기준에 의하면 각 호우별 AMC 구분은 표 3.23과 같고 CN값도 표시된 바와 같다.

따라서, 호우별 유역의 총 우량과 유역의 평균 CN값을 사용하여 그림 3.18로부터 유효우량 Q를 읽거나 혹은 호우별 유역평균 CN값을 사용하여 식 (3.50)으로 S를 구하여 식 (3.49)에 의해 유효우량 Q를 계산하면 표 3.23과 같아진다.

표 3.22 유역의 평균유출곡선지수 CN의 산정(AMC-II 조건하)

토지이용상태	토양군								총 면적 (km²)	평균유출곡선지수 CN
	A		B		C		D			
	면적 (km²)	CN	면적 (km²)	CN	면적 (km²)	CN	면적 (km²)	CN		
이랑경작지	0.185	67	0.050	78	0.845	85	0	89	1.080	81.6
조밀경작지	0.175	63	0.010	75	0.185	83	0	87	0.370	73.3
농가	0.015	59	0.025	74	0.080	82	0	86	0.120	77.5
산림*	6.895	56	0.470	75	0.525	86	0	91	7.890	59.1
유역총계 혹은 평균값	7.270		0.555		1.635		0		9.460	62.5

*산림의 CN값 중 최대치임

표 3.23 호우별 유효우량의 계산

호우기간	P(mm)	P_5(mm)	AMC	CN	Q(mm)
8.16~17	93.86	0.0	I	43	1.94
8.19~23	67.59	93.86	III	80	25.45
8.27~31	90.74	41.50	II	63	17.66

예제 3-14

표 3.24는 어떤 유역에 내린 시간별 우량을 표시하고 있다. 이 유역의 토양-피복형의 분석으로 구한 NRCS
의 유역 평균유출곡선지수가 AMC-III 조건하에서 80.0이라 가정하고 시간별 유효우량을 계산하라.

표 3.24

시간(hr)	1	2	3	4	5	6	7
우량(mm)	9.0	12.2	21.8	83.9	15.3	10.3	4.7

풀이 표 3.24의 시간별 우량을 누가하여 누가우량을 표 3.25에서와 같이 구한다. AMC-III에서의
CN = 80은 AMC-II에서는 CN = 63과 같으므로 식 (3.50)으로 S를 구하여 식 (3.49)에 의해 매
시간별 유효누가우량을 구한다. 매 시간별 유효우량은 매 시각별 누가유효우량에서 전 시각까
지의 누가유효우량을 뺌으로써 구한다.

즉, 식 (3.50)을 사용하면

$$S = \frac{25,400}{63} - 254 = 149.2 \text{ mm}$$

식 (3.49)로부터

$$Q = \frac{(P - 0.2 \times 149.2)^2}{P + (0.8 \times 149.2)} = \frac{(P - 29.84)^2}{P + 119.36}$$

표 3.25

구분 \ 시간(hr)	1	2	3	4	5	6	7
총 누가우량 P(mm)	9.0	21.2	43.0	126.9	142.2	152.5	157.2
유효누가우량 Q(mm)	0	0	1.1	38.3	48.3	55.3	58.7
시간별 유효우량(mm)	0	0	1.1	37.2	10.0	7.0	3.4

예제 3.13의 유역 전체가 울창한 산림(forests)으로 덮혀 있다고 가정하고 유역의 평균유출곡선지수를 구하라. 유역의 부식토의 평균깊이 $H = 0.8$ in.이고 부식토의 압밀정도는 보통으로 $C = 2$라고 가정하라.

풀이 (1) 그림 3.16에서 $H = 0.8$ in.이고 $C = 2$일 때 산림의 수문학적 조건 $HC = 2.0$이다.

그림 3.17로부터 $HC = 2.0$일 때 토양군별 CN값은 다음과 같다.

- 토양군 A : CN = 48
- 토양군 B : CN = 69
- 토양군 C : CN = 85
- 토양군 D : CN = 91

(2) 토양군별 면적을 가중인자로 하여 유역평균 유출곡선지수를 계산하면,

$$\overline{CN} = \frac{48 \times 7.270 + 69 \times 0.555 + 85 \times 1.635 + 91 \times 0}{9.460} = 55.6$$

(3) 산림으로 울창하게 덮힌 유역의 평균 유출곡선지수 $\overline{CN} = 55.6$이며 이는 예제 3.13의 $\overline{CN} = 62.5$보다 작다. 그 이유는 예제 3.13의 이랑경작지와 조밀경작지 및 농가의 토양군별 CN값이 예제 3.15에서의 CN값보다 크고, 산림의 경우도 예제 3.13에서는 최대 CN값을 사용한 데 반해(그림 3.17에서 $HC = 1.0$으로 가정) 예제 3.15에서는 예제 3.13에서보다 작은 CN값($HC = 2.0$ 적용)을 사용하였기 때문이다.

3.1 한강 본류상에 위치한 팔당 저수지로부터의 7월 중 어느 날의 일 증발량을 에너지 수지방법으로 산정하라. 이 날의 일조율 $n/D = 0.10$, 평균기온은 30℃, 수표면온도는 24℃, 상대습도는 40%이었고 대기압은 1025 milibar이었다. 저수지 내로의 유입량과 유출량은 극히 적고 수온변화도 무시할 수 있는 것으로 가정하라.

3.2 수표면적이 8 km^{2}인 저수지로부터의 일 증발량을 공기동역학적 방법에 의해 계산하고자 한다. 어떤 날의 평균기온이 20℃이고 상대습도가 75%, 저수지면상 6 m 지점에서의 풍속 $W_6 = 12.6$ km/hr이며 저수지면 경계층의 수온이 20℃로 추정되었다면, 이 저수지로부터의 일 증발량은 얼마나 되겠는가? 식 (3.13)~(3.17)을 사용하여 계산한 결과를 비교평가하라. $W_6 = W_2 = W_4 = W_8$으로 가정하라.

3.3 연습문제 3.2에서의 실제증기압 $e_a = 1.20 e_2$(여기서, e_2는 수면상 2 m 지점에서의 실제증기압), $W_6 = 1.10 W_4$(W_4는 수면상 4 m 지점에서의 풍속)라 할 때 식 (3.13)을 사용하여 일 증발량을 계산하라.

3.4 소양강 댐지점에서의 7월 중 어느 날에 대한 일 증발량을 추정하고자 한다. 그날의 평균기온이 20℃였고, 상대습도가 60%, 일조율이 0.3, W_2가 10.8 km/hr였다. 이 날의 소양강 댐의 저수면적이 70 km^{2}였다면 1일 총 증발량은 몇 m^{3}나 될 것인가? 에너지 수지 및 공기동역학적 방법의 혼합방법을 이용하여 저수지 증발량을 계산하라.

3.5 어떤 저수지에 월별 강우량, 유출량 및 증발접시에 의하여 실측한 월별 증발량이 다음 표에 수록되어 있다. 저수지로부터의 누수가 전혀 없다고 가정하고 월별 및 연 증발접시 계수를 구하라.

월별	1	2	3	4	5	6	7	8	9	10	11	12
강 우 량(mm)	86.4	73.7	88.9	91.4	94.0	99.1	101.6	116.8	91.4	68.6	61.0	78.7
유 출 량(mm)	40.6	43.2	45.7	43.2	35.6	30.5	20.3	25.4	17.8	20.3	27.9	33.0
접시증발량(mm)	49.5	58.4	62.3	72.0	85.0	98.4	101.3	120.7	92.6	81.3	43.2	35.4

3.6 어떤 저수지 부근에 설치한 대형 증발접시에 의하여 측정된 6월 중 증발량은 25 mm이었으며 저수지 수표면적은 20 km^{2}로부터 15 km^{2}로 감소하였다. 6월 중 이 저수지로부터 증발한 물의 양은 몇 m^{3}나 되겠는가?

3.7 어떤 날 저수지면상에 띄운 증발접시로 측정한 증발량은 4 mm/day이었다. 다음과 같은 기상자료를 사용하여 저수지로부터의 증발량을 산출하라.

평균기온: 25℃	증발접시 내 평균수온: 20℃
저수지 수표면 경계층의 수온: 19℃	평균습도: 60%

단, 증발접시 내 및 저수지면상의 풍속은 동일하다고 가정하라.

3.8 다음 표는 기존 'A' 저수지로부터의 월별 평균 증발량과 증발접시 계수를 표시하고 있다. 'A' 저수지 부근에 'B' 저수지를 건설하고자 하며 저수지의 운영 조작계획을 수립하기 위해 'B' 저수지로부터의 월별 증발량을 산정할 필요가 있다. 'B' 저수지의 월별평균 수위에 해당하는 수표면적이 아래 표와 같을 때 증발량을 산정하라.

월별	접시증발률 (cm/day)	접시계수	증발률 (cm/day)	'B' 저수지 수표면적(km^2)	일 증발량($10^6 m^3$)	월 증발량($10^6 m^3$)
1	0.87	0.75		2.48		
2	0.96	0.76		2.52		
3	1.05	0.78		2.56		
4	1.11	0.68		2.58		
5	0.99	0.63		2.60		
6	1.08	0.66		2.50		
7	0.96	0.68		2.38		
8	0.87	0.70		2.32		
9	0.84	0.71		2.32		
10	0.78	0.72		2.36		
11	0.78	0.72		2.36		
12	0.75	0.73		2.40		

3.9 형산강 유역 내에 위치한 어떤 지역의 2015년 월별 평균기온은 다음 표와 같다. Thornthwaite 월 열지수법으로 연 잠재 증발산량을 산정하라.

월별	1	2	3	4	5	6	7	8	9	10	11	12
평균기온 (℃)	0.8	2.0	5.3	12.1	17.9	20.4	25.7	24.1	21.0	14.3	10.1	2.8
평균일조시간 (hr)	10	11	12	13	14	15	14	13	12	11	10	9

3.10 연습문제 3.9에서 8월 중 어느 날 평균기온은 29℃, 상대습도 45%, 구름이 낀 시간이 3시간, $W_2 = 2m/sec$이었다. Penman 방법과 Priestly-Tayler 방법에 의해 일 증발산량을 산정하라.

3.11 유역면적이 23,000 km^2인 유역에 1년 동안 내린 총 우량은 925 mm이며 유역출구에서의 연 평균유출량은 600 m^3/sec이었다. 기간 중의 증발산량을 물 수지계산방법에 의해 개략적으로 추정하라.

3.12 내부관의 지름이 26 cm인 Flooding형의 동심원통관 침투계를 사용하여 572.6 cm^2 되는 시험지에 대한 침투시험을 실시하였다. 침투계 내의 수심은 1.5 cm로 유지하였으며 이 실험결과로부터 얻은 자료는 다음 표와 같다.

(1) 시험 시작으로부터의 시간 (min.)	(2) 시간증분 (hr)	(3) 가한 물의 부피 (cc)	(4) 누적우량분 (cm)	(5) 침투량 (cm)	(6) 침투율 (cm/hr)
0		0			
1		63			
2		120			
5		269			
10		436			
20		681			
30		862			
60		1153			
90		1298			
120		1440			

(가) 위의 표를 완성하라.

(나) 산술 방안지에 침투능곡선을 그려라.

(다) 종기침투능을 결정하라.

3.13 폭이 4 m, 길이가 12.5 m인 침투시험지에 50 mm/hr의 인공강우를 뿌려 토양의 침투능 시험을 실시하였다. 강우가 어느 정도 계속하여 평행상태에 도달했을 때 시험지로부터의 유출량은 0.0005 m³/sec로 일정하였다.

(가) 단위면적당 유출량은 몇 mm/hr인가?

(나) 종기침투능은 얼마인가?

3.14 어떤 토양의 초기침투능이 120 mm/hr, 종기침투능이 10 mm/hr이며 k값이 0.35/hr이다. 강우 시작 후 10분, 30분, 1시간, 2시간 및 6시간에 있어서의 침투능을 구하고 이로부터 침투능곡선을 그려라.

3.15 Sprinkling형 침투계를 사용하여 인공강우강도 5 cm/hr로 침투시험을 실시한 결과가 다음 표에 수록되어 있다. 시간별 누적침투량을 구하라.

시간 (min)	시간별 누적우량 (cm)	유출량 (cm)	시간 (min)	기간별 누적우량 (cm)	유출량 (cm)
0	0	0	25	6.26	3.64
1	0.25	0.05	30	7.50	4.45
2	0.50	0.20	60	15.00	9.95
5	1.25	0.63	90	22.50	15.86
10	2.51	1.32	120	30.00	22.00
15	3.75	2.07	150	37.50	28.40
20	5.00	2.87			

3.16 어떤 소유역에 내린 호우로 인한 시간별 강우량은 다음 표와 같다.

이 유역 내 토양의 초기침투능은 10.2 mm/hr이며 토양이 포화상태에 도달할 경우의 침투능은 1.3 mm/hr 이고 Horton의 토양상수 k값은 0.5/hr이다. 초기손실우량이 6.35 mm로 추정되었다고 가정하고 다음에 답하라.

시간 (hr)	08 : 00~09 : 00	09 : 00~10 : 00	10 : 00~11 : 00	11 : 00~12 : 00
총 우량 (mm)	15.2	25.4	20.3	7.6

(가) 침투능곡선 및 누가침투량곡선에 대한 식을 구하고 각각의 곡선을 그려라.

(나) 총 유효우량을 산정하라.

3.17 지름이 20 cm되는 원통형 연직관에 흙을 채우고 20분 동안에 침투한 수량을 측정하였더니 1.4 l가 되었다. Philip 공식을 사용하여 10시간 동안 침투할 수 있는 수량을 계산하라. 물의 공급은 무제한이라 가정하라.

3.18 연습문제 3.16에서 Φ-지표는 얼마인가?

3.19 연습문제 3.16 (가)에서 얻은 침투능곡선을 사용하여 다음 표의 강우로부터 유출용적(mm 단위)을 구하고 침투지표를 계산하라.

시간 (hr)	1	2	3	4	5	6
우량 (mm)	2.54	3.81	6.35	5.08	2.54	1.78

3.20 유역면적이 1 km²인 운동장에 내린 호우로 인한 강우량과 직접유출량이 다음 표와 같을 때 Φ-지표법과 Horton의 침투능곡선식으로 매 시간별 유효우량을 구하고 이를 그림으로 표시하라. 단, 토양의 초기침투능 $f_0 = 30$ mm/hr, $k = 0.25$ hr이다.

시간 (hr)	0~1	1~2	2~3	3~4	4~5	5~6	6~7	7~8
강우량 (mm)	27	33	21	19	17	15	6	0
직접유출량 (m³/sec)	0	1.2	2.4	1.6	1.1	0.5	0.2	0

3.21 어떤 침투시험포에서 6시간 동안 침투능(mm/hr)과 누가침투량을 구하였더니 그림과 같았다. Horton의 침투능곡선식을 구하라.

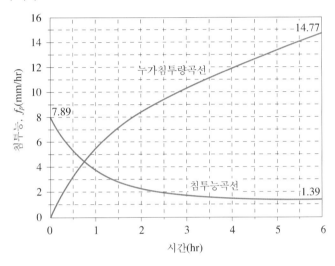

3.22 점토에 대한 Phillip 모형의 흡습률 $S = 42 \, \mathrm{mm/hr}^{1/2}$, $k = 90 \, \mathrm{mm/hr}$일 경우 30분 간격으로 3시간 동안의 누가침투량과 침투율을 계산하라. 침투율과 누가침투량을 시간의 함수로 도시하라. 지면은 계속 담수상태로 있는 것으로 가정하라.

3.23 초기 함수비 $\theta_i = 20\%$인 사질롬(sandy loam) 토양에 12 mm/hr의 강우가 일정하게 내린다. Green-Ampt 모형으로 30분 간격으로 3시간 동안의 유효강우강도를 결정하라. 포화상태에서의 함수비 $\theta_s = 52\%$이고 $k_s = 2 \times 10^{-4} \, \mathrm{mm/sec}$이며 습윤면 모세흡인수두 $S = 260 \, \mathrm{mm}$이다.

3.24 30분 간격으로 3시간 동안 내린 강우강도가 다음 표와 같을 때 Green-Ampt 모형으로 30분 간격의 유효우량을 계산하라. 토양은 사질토(sand)로서 공극률 $\eta = 0.6$, 투수계수 $k_s = 8.4 \times 10^{-3} \, \mathrm{mm/sec}$, 초기 함수비 $\theta_i = 0.15$, 습윤면 모세흡입수두 $S = 162 \, \mathrm{mm}$이다.

시간 (hr)	0~0.5	0.5~1.0	1.0~1.5	1.5~2.0	2.0~2.5	2.5~3.0
강우강도 (cm/hr)	12	15	35	50	20	10

3.25 어떤 유역에 다음과 같은 시간 강우가 내렸을 때 NRCS 방법에 의해 유효우량을 산정하고 총 우량 주상도상에 유효유량 주상도를 사선으로 표시하라. 유역의 토양-피복형의 조사에 의해 결정된 AMC-II 조건에서의 평균유출곡선지수 CN = 75이며 이 호우의 선행함수조건은 AMC-II라 가정하라.

시간 (hr)	1	2	3	4	5	6	7	8	9	10	11	12
강우량 (mm)	0	12	14	25	32	20	6	0	2	0	15	18

3.26 유역면적이 10 km^2인 어떤 유역의 토양군별 및 토지이용 상태별 백분율 구성(%)은 다음 표와 같다. 산림(Forests)의 수문학적 조건 HC=2.0으로 가정하라.

토지이용 상태	토양군			
	A	B	C	D
Row Crops(Straight, Good)	5	3	2	0
Small Grains(Contoured, Poor)	4	1	4	0
Pasture(Contoured, Good)	3	1	1	0
Woods(Fair)	7	2	1	0
Forests(very sparse)	48	4	3	0
Farmsteads	2	4	1	1
Open ditches	2	1	0	0

(가) 이 유역의 평균 유출곡선지수를 계산하라.

(나) 이 유역의 우기에 내린 호우로 인한 총 우량이 285 mm였다면 유효우량은 얼마이겠는가? 5일 선행강수량은 55 mm였다고 가정하라.

(다) 이 유역에 예제 3.14의 표 3.24와 같은 호우가 발생했다고 가정하고 유효우량 주상도를 계산하여 그려라.

3.27 면적이 400 km^2인 아래 그림과 같은 유역의 소유역 A, B, C, D의 평균 CN값(AMC-II 조건하)은 그림에서 표시된 바와 같으며, 이 유역의 소유역별, 시간구간별 강우량이 다음 표와 같을 때 다음 물음에 답하라. 이 유역의 5일 선행강수량은 40 mm (성수기)이다.

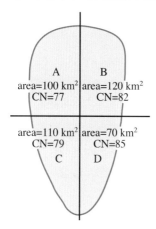

우량 (mm) 시간 (hr)	A	B	C	D
1	5	7	4	6
2	15	17	16	18
3	30	29	31	30
4	20	22	21	23
5	40	38	40	39
6	10	12	9	11

(가) 시간별 유역평균 누가우량을 산정하고 강우지속기간 3시간에 대한 유역최대평균우량을 구하여 강우강도로 표시하라.

(나) 6개 시간구간별 유역평균 유효우량을 NRCS 방법으로 산정하여 유효우량주상도를 그려라.

(다) NRCS 방법으로 구한 총 유효우량이 직접유출량이라 할 때 침투지표를 계산하라.

04 지하수

지하수(groundwater)는 지상에 떨어진 강수가 지표면을 통해 침투하여 짧은 시간 내에 하천으로 방출되지 않고 지하에 머무르면서 흐르는 물을 말한다. 지하수는 생활용수와 공업용수 및 농업용수 등 여러 가지 목적을 위한 중요한 수자원으로 이용되고 있으며, 건조기간 동안 하천유량의 유일한 공급원이 되기도 한다.

지하수는 대기수(meteoric water), 암석수(connate water) 및 화산수(volcanic water)로부터 유래한 것으로 알려져 있다. 이 중 대기수는 대기권으로부터 강수현상에 의해 내려 침투 및 침루현상에 의해 포화대에 도달한 것이며 물의 순환과정의 한 부분을 차지하고 있다. 암석수는 암석층이 형성될 때 층 사이의 공극에 낀 물이며, 화산수는 화산작용에 의하여 지하 깊은 곳으로부터 분출하여 지표면을 거쳐 지하수가 된 부분을 말한다. 암석수와 화산수는 그 양에 있어서 대기수에 비교할 수 없을 정도로 적기 때문에 지하수의 대부분은 대기수로부터 비롯된다고 할 수 있다.

4.1 지하수의 생성과 분포

지하수는 대수층(aquifer)이라고 불리는 투수성을 가진 지질구조 내에 생성된다. 대수층의 지질구조는 물이 토양이나 암석의 공극을 통해 흐를 수 있는 조직을 가지고 있으며 대수층을 지하수 저수지(groundwater reservoir)라 부르기도 한다.

암석이나 토양입자 사이에는 조그마한 공간이 존재하며 이를 통해 지하수가 흐르게 된다. 이 공간을 공극(pores or voids)이라 부르며, 지하수가 흐르는 작은 관의 역할을 한다. 공극률(porosity)은 암석이나 토양이 가지는 내부공간을 양적으로 표시하는 척도로서 식 (4.1)로 표시된다.

$$n = \frac{V_v}{V_0} \times 100\% \qquad (4.1)$$

여기서, V_0는 암석과 토양의 총 용적이며 V_v는 이 중에 존재하는 공극의 용적이다.

공극이 물로 포화되면 토양입자 주위에 얇은 수막이 형성된다. 이 수막은 부착력에 의해 입자에 붙어 있어서 공극 내의 물이 배제되더라도 그대로 공극의 일부를 차지하게 되므로 지하수의 이용면에서 볼 때 이 부분의 물은 가용수량에서 제외해야 하며 가용수가 차지하는 순 공극률을 유효공극률(effective porosity) n_e라 한다.

그림 4.1은 지구의 표면에 가까운 전형적인 지형을 자른 단면도이며 지하수면(groundwater table)에 의하여 두 개의 구역으로 나누어져 있다. 지하수면의 아랫부분은 물로 포화되어 있으며 이를 포화대(zone of saturation)라 부르고 윗부분은 공기와 물로 차 있으며 이를 통기대

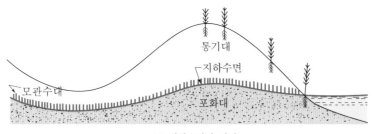

(a) 지하수면의 위치

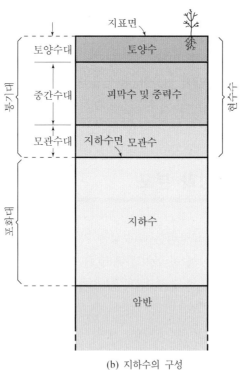

(b) 지하수의 구성

그림 4.1

(zone of aeration)라고 부른다. 통기대 내의 물은 토양물리학의 원리로서 그 흐름이 설명되며 농작물의 재배에 대단히 중요한 수원이 되는 반면에 포화대 내의 물은 지하수리학 분야의 주요관심사이다.

지구의 표면에 가까운 층은 대부분의 경우 포화대 위에 통기대가 있고 통기대가 지표면까지 연장된다. 포화대의 상단은 불투수층이 아닌 경우 통기대와 접하게 되고 하단은 점토질의 불투수층이나 암반까지 연장된다. 포화대와 통기대가 접하는 면을 지하수면(ground water table)이라 하며 이 면의 압력은 대기압과 동일하다. 실제로 포화대는 지하수면의 약간 윗부분까지 연장되는 것이 보통이다.

포화대 내의 물은 통상 지하수(ground water)라 부르며 통기대 내의 물은 현수수(suspended or vadose water)라 한다. 통기대는 다시 토양수대(soil water zone), 중간수대(intermediate zone) 및 모관수대(capillary zone)로 나눌 수 있다.

토양수대는 지표면으로부터 식물의 뿌리가 박혀 있는 면까지의 영역을 말하며 이 영역의 물은 비포화 상태에 있는 것이 보통이다.

중간수대는 토양수대의 하단으로부터 모관수대의 상단까지를 말하며 이 영역의 두께는 지하수위에 따라 크게 변한다. 중간수대는 토양수대와 모관수대를 연결하는 역할을 하며, 중간수대 안에서 이동하지 않는 피막수(pellicular water)는 흡습력(hygroscopic force)과 모관력(capillary force)에 의하여 토양입자에 붙어서 존재하게 된다. 이는 토양수대 내 토양의 함수능(field capacity)과 동일하며 과잉수는 중력수로서 중력에 의하여 포화대 쪽으로 흘러내린다.

모관수대는 지하수가 모세관현상에 의해 지하수면으로부터 올라가는 점까지의 영역을 차지한다. 만약 토양 내의 공극으로 구성되는 연직방향의 관을 모세관이라 가정하면 그림 4.2의 모관상승고(capillary rise) h_c는 정역학적 평형 방정식으로부터 식 (4.2)와 같이 유도할 수 있다.

$$h_c = \frac{2\sigma}{\gamma r} \cos\theta \qquad (4.2)$$

여기서, σ는 표면장력(surface tension), γ는 물의 단위중량(specific weight)이며, r은 모세관의 반지름, θ는 접촉각(angle of contact)이다.

지하수는 포화대 내에 존재하는 모든 공극을 점유하므로 공극률 n은 단위 토양부피 내에 존재하는 지하수량의 척도가 된다. 그러나 물 분자와 흙 입자 간의 응집력이라든지 표면장력 때문에 전 수량을 지하로부터 채취하거나 배수할 수는 없다. 따라서, 포화대에 포장된 물의 일부는 항상 토양이나 암석층 내에 존재하게 되며 이를 보류수(retained water)라 부른다. 특히 포화대의 전체 부피 V_0에 대한 보류수가 차지하는 부피 V_r의 백분율을 보류수율(specific retention) S_r이라 한다.

$$S_r = \frac{V_r}{V_0} \times 100 \qquad (4.3)$$

이와 반대로 포화대로부터의 채취 및 배수가 가능한 수량의 포화대 전체 부피에 대한 백분율을 채수가능률 S_y로 표시하며 이는 유효공극률(effective porosity)과 같다. 즉, 채수가능률 S_y는 포화대로부터 채취 혹은 배수될 수 있는 수량 V_y의 포화대 전 체적 V_0에 대한 백분율로 정의할 수 있다.

$$S_y = \frac{V_y}{V_0} \times 100 \qquad\qquad (4.4)$$

그런데, 공극의 전체 부피 V_v는

$$V_v = V_r + V_y \qquad\qquad (4.5)$$

이므로 식 (4.5)를 식 (4.1)에 대입한 후 식 (4.3)과 (4.4)를 이용하면

$$n = S_r + S_y \qquad\qquad (4.6)$$

따라서, 채수가능률은 대수층의 공극이 차지하는 부피의 한 부분이라 할 수 있으며, 그 크기는 토양입자의 크기, 모양, 공극분포상태 및 토층의 다짐 정도에 의해 지배된다. 입자 크기가 비교적 고른 모래질 토양에 있어서의 채수가능률은 30% 정도이며, 대부분의 충적층에서는 10~20%의 값을 가진다. 표 4.1은 포화대의 구성재료에 따른 공극률 및 채수가능률의 개략적인 평균값을 표시하고 있다.

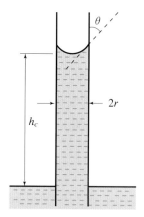

그림 4.2 모세관 내의 물의 상승

표 4.1 공극률 및 채수가능률

구분 포화대의 구성재료	공극률(%)	채수가능률(%)
점토	45	3
모래	35	25
자갈	25	22
자갈 및 모래	20	16
사암	15	8
혈암	5	2
화강석	1	0.5

채수가능률이 포화대로부터 지하수를 채취할 수 있는 정도를 표시하는데 반해 안전채수율은 대수층의 기능이나 수질에 해를 끼치거나 경제적 타당성을 상실함이 없이 인간이 이수 목적으로 대수층 내의 물을 채수할 수 있는 상한율로 정의할 수 있다. 따라서 안전채수량 (safe yield)은 인간이 이수 목적으로 지하저수지로부터 경제적으로 채수할 수 있는 물의 양을 의미한다. 안전채수량은 여러 가지 인자에 의하여 지배되지만, 공학적인 면에서 볼 때, 가장 중요한 인자는 물의 양이며, 수문학적 물 수지 관계로서 안전채수량 G를 표시해 보면 식 (4.7)과 같다.

$$G = P - Q_s - E_T + Q_g + \Delta S_g - \Delta S_s \qquad (4.7)$$

여기서, P는 대수층이 위치한 유역면적상에 일정기간 동안 내리는 강우량이며, Q_s는 해당유역으로부터의 지표유출수량, E_T는 증발산량, Q_g는 유역 내로 유입하는 순 지하수량, ΔS_g 및 ΔS_s는 지하수 및 지표수 저류량의 변화량을 표시한다.

만약, 식 (4.7)을 1년 기준으로 계산한다면 ΔS_s는 거의 0에 가까울 것이며 이때 얻어지는 G값은 연 안전채수량(annual safe yield)이 된다. 강수를 제외한 식 (4.7)의 모든 항은 인공적인 변화를 받게 되므로 G는 각 항에 대한 조건을 각각 가정함으로써 계산될 수 있다.

4.2 대수층의 종류와 투수능

지하수를 함유하는 대수층은 여러 가지 지질구조를 가지고 있다. 대부분의 경우 침하현상으로 다져지지 않은 자갈 및 모래로 구성된 층은 양질의 대수층 구실을 하며, 이들 대수층은 각종 이수 목적에 사용되는 물을 공급할 수 있는 지하저수지의 역할을 한다. 자연적 혹은 인공적인 물의 주입(recharge)에 의해 대수층에 도달한 물은 중력에 의해 흐르거나 혹은 우물을 통해 양수된다. 이와 같은 대수층 내의 지하수 흐름이 압력을 받는지 않는지에 따라 비 피압대수층(unconfined aquifer)과 피압대수층(confined aquifer)으로 분류된다.

비 피압대수층은 지하수면이 포화수대의 상한면을 형상하는 것으로서 자유대수층(free phreatic or non-artesian aquifer)이라고도 부른다. 지하수면은 일반적으로 그 지역의 유량이라든가 주입층, 우물을 통한 양수의 정도, 대수층의 투수능(permeability) 등에 따라 크게 변하며 지하수면의 상승 혹은 하강은 곧 대수층 내 저류수량의 변화를 의미한다. 그림 4.3의 아랫부분은 피압대수층의 전형적인 단면을 표시하고 있으며, 그림 4.3의 윗부분은 전형적인 비 피압대수층을 표시하고 있다. 대수층이 위치한 지역에 여러 개의 우물을 파서 지하수면을 측정하여 그림 4.3과 같은 단면도를 만들면 지하수 부존량이라든가 그의 분포 및 유동상태를 판단하는 데 도움이 된다.

피압대수층은 지하수가 비교적 불투수성인 두 암석층 사이에 끼어서 대기압보다 큰 압력을 받고 있는 대수층을 말한다. 따라서 피압대수층 내부까지 우물을 파면 상부의 불투수층보다 훨씬 높은 지점까지 수위가 올라가게 된다. 이는 그림 4.3의 분정(flowing well)과 굴착정(artesian well)에 표시되어 있다. 피압대수층 내로의 물 주입(recharge)은 그림 4.3에서처럼 불투수층이 지면으로 돌출하거나 지하에서 중단되는 지역을 통해 이루어지며, 이러한 지역을 물 주입지역(recharge area)이라 한다. 피압대수층 속에 박힌 우물 내의 수위 상승 및 하강은 층 내의 저류수량에 의한 것이 아니라 압력변화에 의한 것이다. 따라서, 피압대수층의 저류수량 변화는 대단히 작으며 대수층은 물 주입지역으로부터 지하수의 자연유출 혹은 인공양수지점까지 물을 수송하는 관과 같은 역할을 한다. 피압대수층의 압력수면(piezometric surface)은 대수층 내의 물이 받는 정수압의 크기에 해당하는 높이이다. 즉, 그림 4.3에서와 같이 피압대수층 내부까지 들어가 있는 우물 내의 수위는 바로 대수층 내 우물 위치에서의 물이 받는 압력수두(pressure head)인 것이다. 따라서, 압력수면이 지면보다 높은 곳에 있으면 분정이 생기게 된다.

대수층의 투수능(permeability)이란 대수층을 통해 지하수가 유동할 수 있는 정도를 나타내는 것으로서 대수층의 공극률이라든가 구성입자의 크기, 분포, 배치상태, 모양 및 지질학적 변천과정 등에 따라 결정된다.

어떤 재료의 투수능 정도를 양적으로 표시하는 방법으로 통상 투수계수(permeability coefficient) 혹은 수리전도율(hydraulic conductivity) k를 사용한다. 투수계수 k는 공극조직의 형상을 포함한 여러 인자들에 의해 결정되며 m/day, ft/day 단위 등으로 표시된다.

그림 4.4는 자연상태의 대수층에 대한 투수계수의 개략적인 범위를 구성 토양입자의 종류에 따라 표시하고 있다.

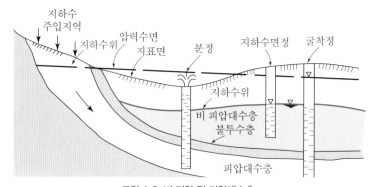

그림 4.3 비 피압 및 피압대수층

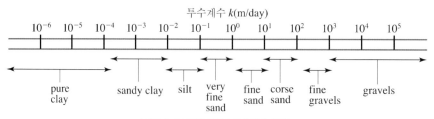

그림 4.4 자연토양의 투수계수 범위

4.3 지하수 흐름의 해석

4.3.1 Darcy의 법칙

물이나 다른 유체로 포화된 다공성 물질 내의 흐름은 Darcy의 법칙에 따른다. 즉, 다공성 물질을 통해 흐르는 유량이 비교적 적을 때, 유량 Q는 손실수두(head loss) $(h_1 - h_2)$에 직접 비례한다.

$$Q = kA \frac{h_1 - h_2}{ds} \qquad (4.8)$$

여기서, h_1은 유입수가 가지는 총 수두이며, h_2는 유출수가 가지는 총 수두, ds는 흐름의 길이, A는 다공성 물질의 단면적이며, k는 비례상수로써 투수계수이다.

식 (4.8)(혹은 그림 4.5)의 h는 피에조메타 수두(piezometric head)라 하며, 임의 단면에 있어서의 위치수두(potential head) z와 압력수두(pressure head) p/γ를 합한 것으로, 단위중량의 물이 가지는 위치에너지와 압력에너지를 합한 총 에너지를 표시한다. 물론 흐르는 물의 속도수두(velocity head)가 대표하는 운동에너지도 있겠으나 다공성 물질을 통해 흐르는 흐름의 속도는 일반적으로 대단히 작으므로 거의 무시할 수 있다. 따라서, 그림 4.5의 $(h_1 - h_2)/ds$는 길이 ds의 다공층에 걸친 유체에너지의 손실률을 의미하여 이를 동수경사(hydraulic gradient) 혹은 수리경사 i라 부른다.

$$i = \frac{h_1 - h_2}{ds} = -\frac{dh}{ds} \qquad (4.9)$$

여기서, 마이너스$(-)$의 부호를 사용한 것은 에너지(혹은 수두)가 흐르는 방향, 즉 s의 방향으로 감소하기 때문이다. 식 (4.9)를 (4.8)에 대입하고 연속방정식(continuity equation)을 생각하면

$$Q = kAi = VA \qquad (4.10)$$

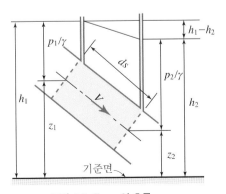

그림 4.5 Darcy의 흐름

따라서,

$$V = ki = -k\frac{dh}{ds} \qquad (4.11)$$

여기서, V는 다공층을 통해 흐르는 물의 평균유속(m/day, mm/sec)으로서 물이 다공층 내 임의의 두 점 간의 거리를 통과하는 데 소요되는 시간을 측정함으로써 구할 수 있으며, 비유속(specific velocity) 혹은 Darcy 유속(Darcy velocity)이라고도 부른다. 이 비유속은 실제 흐름의 속도가 아니라 단순히 유량 Q를 단면적 A로 나눈 값이며 공극을 통해 흐르는 물의 실제 평균유속은 비유속보다 크다.

공극을 통한 실제 평균유속을 $\overline{V}$로 표시하면

$$\overline{V} = \frac{유량}{임의단면에\ 있어서의\ 공극이\ 차지하는\ 단면적} = \frac{Q}{An_e} = \frac{AV}{An_e} = \frac{V}{n_e} \quad (4.12)$$

여기서, $\overline{V}$는 누수유속(seepage velocity)이라 하며, n_e는 유효공극률이다.

예제 4-01

어떤 대수층으로부터 토양표본을 채취하여 그림 4.5와 같은 지름 4 cm, 길이 $ds = 30\,\text{cm}$인 실린더에 넣고 물을 흘렸다. 실린더의 출구에서 2분 동안 채취한 물의 부피가 21.3 cm³였으며 두 단면 간의 압력수두 차$(h_1 - h_2) = 14.1\,\text{cm}$ 로 측정되었다. 이 대수층의 투수계수(수리전도율)를 구하라.

풀이 실린더의 단면적은

$$A = \frac{\pi \times (4)^2}{4} = 12.57\,\text{cm}^2$$

실린더 단위길이당의 손실수두는

$$\frac{h_1 - h_2}{ds} = \frac{14.1}{30} = 0.47$$

실린더 단면을 통한 유량은

$$Q = 21.3\,\text{cm}^2/2\,\text{min} = 10.65\,\text{cm}^3/\text{min}$$

식 (4.8)의 Darcy의 공식으로부터

$$k = \frac{Q}{A} \times \frac{ds}{h_1 - h_2} = \frac{10.65}{12.57 \times 0.47} = 1.80\,\text{cm/min} = 25.92\,\text{m/day}$$

투수계수 $k = 25.92\,\text{m/day}$ 이므로 그림 4.4로부터 이 대수층은 굵은 모래(coarse sand)층으로 되어 있음을 짐작할 수 있다.

그림 4.6과 같이 어떤 피압대수층에 지하수 함양(recharge)이 되고 있다. 대수층의 투수계수 $k = 50$ m/day, 토양의 공극률 $n = 0.2$이며, 간격 1,000 m 떨어진 두 개의 관측점에서 측정한 기준면으로부터의 압력수두는 각각 55 m와 50 m이다. 이 대수층의 평균 두께는 30 m이고 평균폭이 5 km일 때 다음을 구하라.

(1) 대수층을 통해 흐르는 유량
(2) 대수층의 유입부에서 4 km 아래 지점까지의 지하수 유동시간(time of travel)

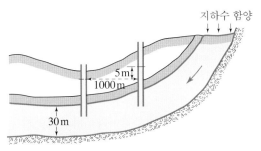

그림 4.6 피압대수층 내 지하수 흐름

풀이 (1) 대수층을 통해 흐르는 지하수 유량

- 지하수 흐름 단면적 : $A = 30 \text{ m} \times 5 \text{ km} = 15 \times 10^4 \text{ m}^2$

- 수리경사 : $i = \dfrac{55 - 50}{1,000} = 5 \times 10^{-3}$

- 유량 : $Q = 50 \text{ m/day} \times (5 \times 10^{-3}) \times 15 \times 10^4 = 37,500 \text{ m}^3/\text{day}$

(2) 지하수 유동시간

- 지하수 누수유속 : $\overline{V} = \dfrac{Q}{An} = \dfrac{37,500 \text{ m}^3/\text{day}}{(15 \times 10^4 \text{ m}^2) \times 0.2} = 1.25 \text{ m/day}$

- 유동시간 : $t = \dfrac{4 \times 1,000 \text{ m}}{1.25 \text{ m/day}} = 3,200 \text{ days} = 8.77 \text{ years}$

4.3.2 피압대수층 내의 정상 흐름 해석

그림 4.7과 같이 두께가 b로 일정한 피압대수층 내에 유속 V의 지하수가 x방향으로 흐른다고 가정하자. 대수층의 투수계수가 k로 일정하다면 대수층의 단위폭당 유량 q는 식 (4.10)을 사용하면

$$q = b V_x = -kb \frac{\partial h}{\partial x} = -kb \frac{dh}{dx} \tag{4.13}$$

식 (4.13)을 x에 관해 미분하면

$$\frac{dq}{dx} = -kb \frac{d^2 h}{dx^2} \tag{4.14}$$

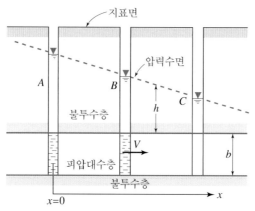

그림 4.7 피압대수층 내의 일방향 정상류

흐름이 정상류라고 가정하였으므로 $\dfrac{dq}{dx} = 0$이다. 따라서, 식 (4.14)로부터

$$\frac{d^2h}{dx^2} = 0 \qquad\qquad (4.15)$$

식 (4.13)과 (4.15)는 피압대수층 내 정상류의 기본 미분방정식이며 여러 가지 경계조건(boundary conditions)에 따라 특수해를 구할 수 있다.

식 (4.15)의 일반해는

$$h = C_1 x_1 + C_2 \qquad\qquad (4.16)$$

여기서, h는 일정 기준면으로부터의 수두이며, C_1, C_2는 경계조건으로부터 결정되는 적분상수이다. $x = 0$일 때 $h = h_0$라 가정하면 $C_2 = h_0$가 되며

$$h = C_1 x + h_0 \qquad\qquad (4.17)$$

식 (4.17)을 x에 관하여 미분하고 Darcy의 공식을 사용하면

$$\frac{dh}{dx} = C_1 = -\frac{V}{k} \qquad\qquad (4.18)$$

식 (4.18)을 (4.17)에 대입하면

$$h = -\frac{V}{k}x + h_0 \qquad\qquad (4.19)$$

식 (4.19)는 수두가 그림 4.7에 표시한 바와 같이 흐름 방향으로 직선적으로 변함을 표시한다.

그림 4.7과 같이 피압대수층 내에 세 개의 폭이 좁은 수로를 500 m 간격으로 굴착했더니 A, B, C 수로 내의 피압대수층 바닥으로부터 각각 5 m, 4 m, 3 m의 깊이로 물이 흘렀다. 대수층의 두께가 10 m이고 투수계수가 10 m/day일 때 대수층 단위폭당 유량을 계산하라.

풀이 식 (4.15)를 두 번 적분하면

$$h = C_1 x + C_2$$

$x = 0$ 일 때 $h = 5\,\mathrm{m}$, $x = 500\,\mathrm{m}$ 일 때 $h = 4\,\mathrm{m}$, $x = 1{,}000\,\mathrm{m}$ 일 때 $h = 3\,\mathrm{m}$ 이므로

$$C_2 = 5, \quad C_1 = -0.002$$

피압대수층의 단위폭당 유량은

$$q = -kb\frac{dh}{dx} = -10 \times 10 \times (-0.002) = 0.2\ \mathrm{m^3/day/m}$$

4.3.3 비 피압대수층 내의 정상 흐름 해석

비 피압대수층 내의 흐름은 피압대수층의 경우처럼 간단하게 해석할 수 없다. 그 이유는 피압대수층의 경우에는 대수층 내 임의 단면에 있어서의 통수 단면적이 수두에 관계없이 일정하나 비 피압대수층의 경우에는 그림 4.8의 흙 댐을 통한 흐름에서와 같이 지하수면이 한 개의 유선역할을 하며 지하수면의 모양이 대수층 내의 흐름 분포를 결정할 뿐 아니라, 거꾸로 흐름의 분포에 따라 지하수면의 모양이 변하여 통수 단면적이 변하기 때문이다.

이 경우에 대한 해를 구하기 위하여 Dupuit는 다음과 같이 가정하였다. 첫째 가정은 지하수의 유속이 동수경사선의 정현 $\left(\mathrm{sine},\ \dfrac{dh}{ds}\right)$ 대신에 정접 $\left(\tan \geq \mathrm{nt},\ \dfrac{dh}{dx}\right)$에 비례한다는 것이고, 두 번째 가정은 유속의 방향은 수평이며 한 연직면 내의 모든 곳에서 그 크기가 동일하다는 것이다(그림 4.8 참조).

그림 4.8의 지하수 흐름에 있어서 대수층 내 임의 연직면의 단위폭당 유량 q는 식 (4.20)으로 표시된다.

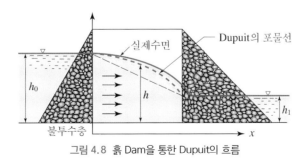

그림 4.8 흙 Dam을 통한 Dupuit의 흐름

$$q = -kh\frac{dh}{dx} = 일정(\text{constant}) \qquad (4.20)$$

여기서, h는 불투수면으로부터 지하수면까지의 높이이며, 총 수두에 해당하고, x는 수평 방향을 가리킨다. 식 (4.20)을 x에 관하여 미분하고 정상류조건을 사용하면

$$\frac{dq}{dx} = -\frac{k}{2}\frac{d^2(h^2)}{dx^2} = 0 \qquad (4.21)$$

따라서,

$$\frac{d^2(h^2)}{dx^2} = 0 \qquad (4.22)$$

식 (4.20)과 (4.22)는 비 피압대수층 내의 정상류 해석을 위한 기본 방정식이다.

식 (4.20)을 적분하면

$$qx = -\frac{1}{2}kh^2 + C \qquad (4.23)$$

만약, $x = 0$일 때 $h = h_0$(그림 4.9 참조)라면, $C = \frac{k}{2}h_0{}^2$이므로 식 (4.23)은 식 (4.24) 와 같아진다.

$$q = \frac{k}{2x}(h_0{}^2 - h^2) \qquad (4.24)$$

식 (4.24)는 q와 h 사이의 2차 방정식이므로 지하수면이 포물선형임을 알 수 있으며, 이를 Dupuit 포물선이라 부른다.

그림 4.9와 같이 강우로 인하여 대수층 내의 지하수가 증가한다고 가정하자. 이때 내린 우량을 N(임의의 단위를 가진다고 가정)이라 하면 그림 4.8로부터

$$dq = Ndx \qquad (4.25)$$

식 (4.20)을 x에 관하여 미분한 것과 식 (4.25)를 사용하면

$$\frac{dq}{dx} = -\frac{1}{2}k\frac{d^2(h^2)}{dx^2} = N \qquad \therefore \; \frac{d^2(h^2)}{dx^2} = -\frac{2N}{k} \qquad (4.26)$$

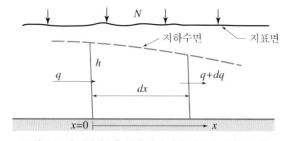

그림 4.9 비 피압대수층 위에 비가 내릴 경우의 지하수 흐름

식 (4.26)은 강우로 인하여 대수층 내의 지하수가 상승할 때의 지하수면에 관한 미분방정식이다.

예제 4-04

1,000 m 간격으로 떨어져 있는 그림 4.10과 같은 관개수로 내에 물이 흐르고 있다. 두 수로 사이에 있는 토층의 투수계수 $k=12$ m/day이며 A수로 내의 수위는 B수로 내의 수위보다 2 m가 낮으며 대수층의 두께는 A수로의 수면으로부터 불투수층까지 20 m에 달하고 있다. 수로 A, B의 단위 길이당 유입 및 유출률을 구하라. 연 강수량은 1,200 mm로 가정하고 이 중 60%가 침투에 의하여 대수층에 도달한다고 가정하라.

풀이 그림 4.10으로부터 경계조건은 다음과 같다는 것을 알 수 있다.

$$x = 0 \text{ 일 때} \qquad h = 20 \text{ m}$$
$$x = 1,000 \text{ m 일 때} \qquad h = 22 \text{ m}$$
$$N = 1.2 \times 0.6 = 0.72 \text{ m/year} = 0.000197 \text{ m/day}$$

식 (4.26)을 두 번 적분하면 다음과 같아진다.

$$h^2 = -\frac{N}{k}x^2 + C_1 x + C_2 \tag{a}$$

$x = 0$, $h = 20$ m를 식 (a)에 대입하면

$$C_2 = 400$$

$x = 1,000$ m, $h = 22$ m를 식 (a)에 대입하면

$$484 = -\frac{0.72 \times 10^6}{365 \times 12} + 1,000 C_1 + 400, \quad C_1 = 0.084 + 0.164 = 0.248$$

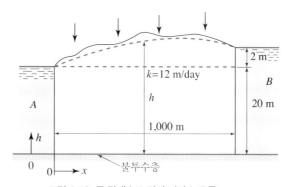

그림 4.10 두 관개수로 간의 지하수 흐름

따라서, 식 (a)는

$$h^2 = -1.64 \times 10^{-4} x^2 + 0.248 x + 400 \tag{b}$$

따라서,

$$h = (-1.64 \times 10^{-4} x^2 + 0.248 x + 400)^{\frac{1}{2}} = u^{\frac{1}{2}} \tag{c}$$

식 (c)를 x에 관하여 미분하면

$$\frac{dh}{dx} = \frac{1}{2} u^{-\frac{1}{2}} (-3.28 \times 10^{-4} x + 0.248) \tag{d}$$

식 (4.20)에 식 (c)와 (d)를 대입하면

$$q = -6(-3.28 \times 10^{-4}x + 0.248) \tag{e}$$

따라서, $x = 0$ 일 때는 $q = -1.49 \text{ m}^3/\text{day/m}$ 이고, $x = 1,000$ 일 때에는 $q = 0.48 \text{ m}^3/\text{day/m}$ 이다. 따라서, 대수층으로부터 A수로로는 평균 $1.49 \text{ m}^3/\text{day/m}$의 지하수가 유입하며 B수로로부터 대수층 내부로 평균 $0.48 \text{ m}^3/\text{day/m}$의 지하수가 유출된다.

■

4.3.4 피압대수층 내 양수정으로의 방사상 정상류 해석

우물로부터 일정한 율로 지하수를 양수하면 양수정(pumping well) 주위의 대수층으로부터 우물방향으로 방사상 정상류(radial steady flow) 상태로 지하수가 흘러나오게 되고, 지하수면(비 피압대수층의 경우)이나 수압면(piezometric surface, 피압대수층의 경우)은 강하하게 된다. 어떤 지점에 있어서의 지하수면 강하량(groundwater drawdown)은 지하수면이 양수 이전의 원래 위치로부터 낮아진 깊이를 의미한다.

그림 4.11과 같이 피압대수층 내에 완전히 뿌리박고 있는 양수정을 통해 일정한 유량 Q를 양수할 때 지하수의 흐름 방정식은 다음과 같이 유도된다. 경계조건으로서 양수에 의한 임의 단면에서의 수두 h의 강하량은 우물축을 통하는 모든 연직면 내에 있어서 동일한 분포를 가진다고 가정하자. 이 가정은 흐름이 방사상으로 완전히 대칭(극좌표에 있어서 θ방향에 무관함을 의미한다)이라는 것과 같다. 따라서 우물을 중심으로 하는 임의의 동심원상에서의 수두는 일정함을 뜻한다. 이러한 가정은 균질의 대수층을 가진 원통형 섬의 중앙에 위치한 양수정의 경우에만 성립한다. 만약, 우물이 대수층의 바닥까지 뚫려 있다면 지하수의 흐름은 대수층 내 어디서나 불투수성 바닥면에 평행할 것이며 그림 4.11의 s'방향, 즉 우물 중심으로부터 나오는 방향 r의 반대방향으로 흐르게 된다. 우물의 중심을 평면극좌표의 원점으로 잡으면 우물로부터의 양수율 Q는 반지름 r, 높이 b인 원통둘레를 통해 흐르는 유량이다. 따라서, $s' = r_0 - r$이고 $ds' = -dr$이므로

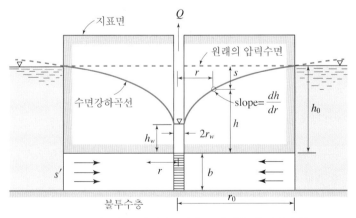

그림 4.11 양수정으로의 방사상 정상류 흐름(원통형 섬의 경우)

$$Q = A\,V = 2\pi rb\left(-k\frac{\partial h}{\partial s'}\right) = 2\pi rbk\frac{dh}{dr} \qquad (4.27)$$

식 (4.27)을 적분하면

$$h = \frac{Q}{2\pi bk}\ln r + C \qquad (4.28)$$

경계조건 $r = r_0$일 때 $h = h_0$를 사용하면

$$C = h_0 - \frac{Q}{2\pi bk}\ln r_0 \qquad (4.29)$$

식 (4.29)를 (4.28)에 대입하면

$$h_0 - h = \frac{Q}{2\pi bk}\ln\left(\frac{r_0}{r}\right) \qquad (4.30)$$

식 (4.30)의 $(h_0 - h)$는 우물 중심으로부터 r의 거리에 있는 점에 있어서의 수압면 강하량(drawdown)이다. 식 (4.30)에 경계조건 $r = r_w$일 때 $h = h_w$를 대입하면

$$h_0 - h_w = \frac{Q}{2\pi bk}\ln\left(\frac{r_0}{r_w}\right) \qquad (4.31)$$

따라서,

$$Q = 2\pi bk\frac{h_0 - h_w}{\ln(r_0/r_w)} \qquad (4.32)$$

여기서, h_w는 반지름 r_w인 양수정의 수두이다. 그러므로, 대수층의 특성변수 $(k,\ b)$ 및 원통형 섬을 둘러싸고 있는 바다 및 우물 내의 수면을 알면 양수율 Q를 구할 수 있다.

피압대수층 내에 굴착되는 양수정의 보다 일반적인 경우는 그림 4.12와 같이 대수층이 그림 4.11에서와 같이 원통형 섬으로 제한되지($r \to r_0$) 않고 무한히 연장되는($r \to \infty$) 경우이다. 이 경우의 수두는

$$h - h_w = \frac{Q}{2\pi bk}\ln\frac{r}{r_w} \qquad (4.33)$$

식 (4.33)은 r이 무한히 커짐에 따라 h가 무한대로 커짐을 표시한다.

그러나, 실제로 h가 가질 수 있는 최대값은 양수 전의 원래수두 h_0로 유한하므로 식 (4.33)은 무한히 연장되는 피압대수층에는 적용할 수 없으며 이론적으로 볼 때 이러한 대수층 내에 방사상 정상류는 있을 수 없다. 그러나, 실제에 있어서 h는 우물로부터의 거리 r이 커짐에 따라 h_0에 가까워지며, $r = r_0$라는 가정은 가능하다. 따라서, 식 (4.31)과 (4.33)으로부터 Q를 소거하면

$$h - h_w = (h_0 - h_w)\frac{\ln(r/r_w)}{\ln(r_0/r_w)} \qquad (4.34)$$

식 (4.34)는 수두 h가 양수율 Q에 관계없이 우물로부터의 거리 r의 대수값(logarithm)에 비례함을 표시하고 있다.

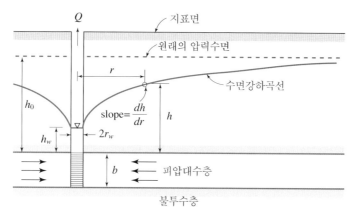

그림 4.12 무한 피압대수층 내 양수정으로의 방사상 정상류

식 (4.33)은 지하수 흐름의 평형 방정식 혹은 Thiem 방정식으로 알려져 있으며, 대수층의 투수계수를 양수시험으로부터 결정하는 데 사용된다. 즉, 양수율 Q로 양수할 때 양수정으로부터 거리 r_1, r_2에 있는 관측정(observation well)에서 관측된 수두를 각각 h_1, h_2라 하고 식 (4.33)을 사용하면

$$k = \frac{Q}{2\pi b(h_2 - h_1)} \ln \frac{r_2}{r_1} \tag{4.35}$$

식 (4.35)를 투수계수 결정에 사용하기 위해서는 대수층 내의 지하수 흐름이 정상상태 (steady state)에 도달할 수 있는 충분한 시간에 걸쳐 일정한 율로 양수해야 하며, 관측정은 가능한 한 양수정 가까이에 굴착하여 수두강하량을 쉽게 측정할 수 있도록 해야 한다. 물론 식 (4.35)는 대수층이 무한대로 연장되어 있으며, 균질의 재료로 구성되어 있고 흐름이 층류라는 등의 몇 가지 가정에 근거를 두고 있으나 투수계수 결정을 위해 많이 사용되고 있다.

예제 4-05

그림 4.13과 같이 큰 호수 가운데 지름이 1 km인 원통형 섬의 중앙에 지름이 1 m의 양수정을 굴착했다고 가정하자. 이 섬의 대수층은 두께 20 m의 사암층으로서 투수계수는 20 m/day로 추정되었으며 사암층의 상하부는 불투수층으로 되어 있다. 양수정에서의 수압면강하량(drawdown)을 4 m로 유지하기 위해서는 얼마만한 일정 양수율로 지하수를 양수해야 할 것인가?

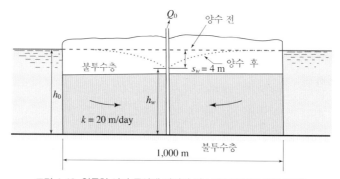

그림 4.13 원통형 섬의 중앙에 위치한 양수정(피압대수층의 경우)

풀이 원통형 섬의 중앙에 위치한 양수정의 경계조건은

$$r = r_w = 0.5 \text{ m} \text{ 일 때} \quad s_w = h_0 - h_w = 4 \text{ m}$$

$$r = r_0 = 500 \text{ m} \text{ 일 때} \quad s_0 = 0$$

피압대수층 내의 방사상 정상류이므로 식 (4.32)에 의해 양수율을 구하면

$$Q = 2\pi b k \frac{h_0 - h_w}{\ln\left(\dfrac{r_0}{r_w}\right)} = 2 \times 3.14 \times 20 \times 20 \times \frac{4}{\ln(1,000)} = 1,455.3 \text{ m}^3/\text{day}$$

4.3.5 비 피압대수층 내 양수정으로의 방사상 정상류 해석

비 피압대수층 내에 굴착된 양수정으로 향해 흐르는 방사상 정상류의 흐름 방정식은 일방향 정상류의 경우와 같이 Dupuit의 가정을 사용하여 유도될 수 있다. 그림 4.14와 같이 대수층의 불투수성 바닥까지 굴착된 양수정이 일정한 수두를 가진 동심원 모양의 경계면으로 둘러싸여 있다면 양수율 Q는 식 (4.36)과 같다.

$$Q = 2\pi r k h \frac{dh}{dr} \tag{4.36}$$

식 (4.36)을 적분하면

$$h^2 = \frac{Q}{\pi k} \ln r + C \tag{4.37}$$

경계조건 $r = r_0$일 때 $h = h_0$를 식 (4.37)에 대입하면

$$C = {h_0}^2 - \frac{Q}{\pi k} \ln r_0 \tag{4.38}$$

식 (4.38)을 (4.37)에 대입하면

$${h_0}^2 - h^2 = \frac{Q}{\pi k} \ln\left(\frac{r_0}{r}\right) \tag{4.39}$$

식 (4.39)에 경계조건 $r = r_w$일 때 $h = h_w$를 대입하고 Q에 관하여 풀면

$$Q = \pi k \frac{{h_0}^2 - {h_w}^2}{\ln(r_0/r_w)} \tag{4.40}$$

일반적으로 양수정 부근에서는 지하수면곡선이 급하게 강하하므로 Dupuit의 평행흐름 (pararell flow)의 가정이 성립하지 않으나 수두 h를 정확히 측정하면 식 (4.40)에 의한 Q는 대체로 정확하다.

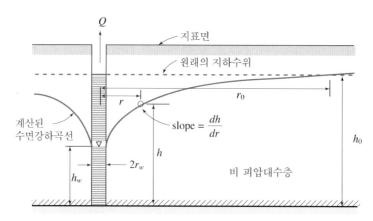

그림 4.14 비 피압대수층 내 양수정으로의 방사상 정상류

실제에 있어서 식 (4.40)의 영향권 반경(radius of influence) r_0의 측정은 대단히 어려우므로 대체로 150~300 m의 값을 사용하는 것이 통상이다.

피압대수층의 투수계수를 결정하기 위한 식 (4.35)와 비슷한 공식을 식 (4.40)으로부터 구할 수 있다. 즉, 양수율이 Q인 우물로부터 거리 r_1, r_2 떨어진 관측정에 있어서의 수두가 h_1, h_2라면 비 피압대수층의 투수계수 k는

$$k = \frac{Q}{\pi(h_2{}^2 - h_1{}^2)} \ln\left(\frac{r_2}{r_1}\right) \qquad (4.41)$$

식 (4.41)을 사용하여 투수계수를 결정하는 데 주의해야 할 사항들은 피압대수층의 경우와 비슷하다.

예제 4-06

비 피압대수층으로부터 지름 20 m, 깊이 30 m인 우물을 통해 0.1 m³/sec의 지하수를 장시간 동안 양수하여 평형상태에 도달하였다. 양수정의 중립축으로부터 20 m 및 50 m 떨어진 관측정에서의 수면강하량이 각각 4 m 및 2.5 m였다면 대수층의 투수계수는 얼마인가? 또한 양수정에서의 수압면 강하량은 얼마인가?

풀이 주어진 조건인 $Q = 0.1\,\mathrm{m^3/sec}$, $r_1 = 20\,\mathrm{m}$, $r_2 = 50\,\mathrm{m}$, $h_1 = 30 - 4 = 26\,\mathrm{m}$, $h_2 = 30 - 2.5 = 27.5\,\mathrm{m}$를 식 (4.41)에 대입하여 투수계수를 계산하면

$$k = \frac{0.1}{\pi(27.5^2 - 26^2)} \ln\left(\frac{50}{20}\right) = 0.000363\,\mathrm{m/sec}$$

양수정의 벽면에서는 $r_w = d_w/2 = 0.2/2 = 0.1\,\mathrm{m}$이며 수두 h_w는 역시 식 (4.41)을 사용하여 구한다. $r_1 = 20\,\mathrm{m}$일 때 $h_1 = 26\,\mathrm{m}$인 조건과 위에서 구한 $k = 0.000363\,\mathrm{m/sec}$를 식 (4.41)에 대입하면

$$0.000363 = \frac{0.1}{\pi(26^2 - h_w{}^2)} \ln\left(\frac{20}{0.1}\right)$$

이를 풀면

$$h_w = 14.54 \text{ m}$$

따라서, 양수정에서의 수압면 강하량은

$$s_w = 30.0 - 14.54 = 15.46 \text{ m}$$

4.4 해수의 침입에 의한 지하수 오염

해수(salt water)는 비중이 약 1.025로 담수 지하수(fresh groundwater)보다 약간 무거우므로 해안지방의 대수층이 평형상태에 있을 경우 해수와 담수의 존재상태는 대략 그림 4.15(a)와 같으며 담수는 바다 쪽으로 흐른다. 그러나 해안지역의 발달로 인한 지하수의 이용도가 커짐에 따라 담수의 수두는 감소하며 그림 4.15(b)와 같이 흐름의 방향이 역전되어 해수가 대수층 내로 흘러들어와 담수를 오염시키는 경우가 번번히 발생한다. 이 현상을 해수침입현상(seewater intrusion)이라 한다. 일단 해수의 침입에 의하여 순수한 지하수가 오염되면 염분을 제거하는 데 오랜 시간과 비용이 든다. 따라서, 이러한 지하수의 오염을 방지하여 지하수를 다양하게 이용할 수 있도록 보존한다는 것은 대단히 중요한 일이다. 지하수의 염수화를 방지하는 방법에는 다음과 같은 5가지가 있다.

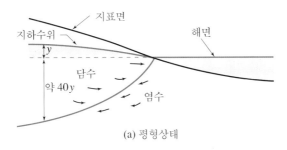

(a) 평형상태

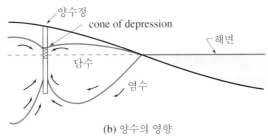

(b) 양수의 영향

그림 4.15 해안에서의 담수와 염수관계

(1) 양수량의 제한

이 방법은 양수율을 제한하여 지하수위가 해수위보다 항상 높게 유지되도록 함으로써 지하수가 계속 바다 쪽으로 흐르게 하는 방법이다. 이 방법의 성공을 위해서는 지하수 이용에 관한 법률을 강력하게 시행함으로써 사용자의 과도한 양수를 제한해야 한다.

(2) 대수층 내로의 인공주입

과도한 양수로 인한 지하수위의 강하를 방지하기 위해 대수층을 통해 인공적으로 다량의 물을 주입하는 방법이다. 비 피압대수층 지역에는 인공호수나 웅덩이를 파서 우수를 받아 자연스럽게 지하로 침투하도록 함으로써 지하수위를 상승시키며, 피압대수층 지역에는 인공주입정(artificial recharge well)을 굴착하여 위로부터 다량의 물을 주입하게 된다. 이 방법은 기술적으로는 가능하나 경제적인 면에서 여러 가지 문제점이 많다. 미국 캘리포니아 지역에서는 인공주입을 위해 사용하고 난 물(waste water)을 바다로 직접 버리지 않고 지하로 침투시키도록 법률로 규정하고 있다. 지층은 자연적인 여과장치의 역할을 하므로 버린 물은 결국 지하수원을 함양하게 된다.

(3) 대상 양수정의 운용

해안에 평행하게 일련의 대상양수정을 운용하여 그림 4.16과 같이 지하수위 요부(trough)를 형성시킴으로써 내륙지방으로 염수가 침입하는 것을 방지하는 방법이다. 이 방법은 대상양수정의 건설 및 운용비가 많이 들 뿐만 아니라 대수층 내 담수의 일부분도 염수와 함께 양수되어 낭비되는 결점이 있다.

(4) 대상 주입정의 운용

이것은 대상 양수정과 정반대되는 방법으로서 그림 4.17과 같이 해안에 평행하게 일련의 대상주입정을 운용함으로써 지하수위 도출부(ridge)를 형성시켜 주입정으로 부터의 물이 바다 및 내륙방향으로 흐르게 하는 방법이다. 이 방법은 지하담수의 낭비는 없으나 대상 양수정의 경우와 마찬가지로 건설운용비가 많이 드는 결함이 있다.

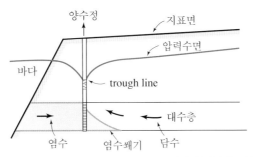

그림 4.16 대상 양수정에 의한 해수침입의 방지(피압대수층)

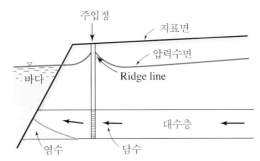

그림 4.17 대상 주입정에 의한 해수침입에 방지(피압대수층)

(5) 인공장벽의 설치

해안부근을 따라 지하에 쉬트파일(sheet pile), 아스팔트, 콘크리트, 점토 등으로 일련의 인공장벽을 쌓는 방법이다. 운용 및 유지비는 적게 드나 초기 건설비가 너무 많이 들기 때문에 경제적으로 가능한 방법이라고 할 수는 없다.

이상과 같은 5가지 방법에서 알 수 있는 바와 같이 해안지역의 해수침입은 경제적으로 타산이 맞지 않는 것이 실정이다. 따라서, 현재에 실용화되고 있는 해수담수화 기법(seawater desalinization method)이 경제성을 가지게 되면 해안지역에서의 지하수 이용은 크게 감소할 것이고 따라서 해안에서의 염수 침입의 방지를 위한 필요성이 점차 줄어들 것이다.

4.1 자연상태의 암석시료를 건조시켜서 그 무게를 측정한 결과 652.47 g이었으며 이를 등유로 포화시켜 측정한 무게는 731.51 g이었다. 이것을 다시 등유 속에 넣었을 때의 배수용량에 해당하는 등유의 무게가 300.66 g이었다면 시료의 공극률은 얼마인가?

4.2 어떤 대수층의 투수계수 결정을 위해 한 관측정에 추적자(tracer)를 주입한 후 25 m 떨어진 다른 한 관측정까지 추적자가 도달하는 시간을 측정하였더니 4시간이 소요되었다. 두 관측정 내의 수위차는 50 cm였고 대수층 시료의 시험결과에 의하면 공극률은 14%로 밝혀졌다. 동질 대수층이라 가정하여 투수계수를 계산하라.

4.3 지름 4 cm, 길이 20 cm인 실린더에 모래를 채우고 24 cm의 일정한 수두하에 물을 흘려서 실린더 단부에서 5분 동안 물을 받았더니 100 cm³가 되었다. 이 모래 표본을 통한 평균유속과 표본의 투수계수를 구하라.

4.4 균질 대수층에 대한 현장 조사결과 대수층의 단면적은 1,000 m²로 밝혀졌다. 흐름방향으로 간격 25 m인 두 우물을 굴착하여 수면표고차를 측정했더니 0.35 cm였으며 소금 추적자를 상류정에 유입하여 하류정에서 채취하는 데 42시간이 걸렸다. 이 대수층의 투수계수를 구하라.

4.5 다음 그림과 같은 모래필터의 길이는 1 m, 표면적은 4 m²이다. 만약, 모래층의 투수계수가 0.65 cm/sec이고 수두차가 그림에서와 같이 0.8 m라면 모래층을 통해 흐르는 유량은 얼마인가?

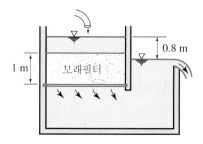

4.6 그림 4.7과 같은 피압대수층에 굴착한 수로의 간격이 1,000 m이고 수로 A, B, C에서의 수두가 각각 10 m, 8 m, 6 m였으며 대수층의 두께가 15 m, 투수계수가 20 m/day일 때 대수층 단위폭당 유량을 계산하라.

4.7 두께가 40 m인 피압대수층 바닥까지 지름 30 cm인 양수정을 팠다. 대수층의 투수계수는 1,440 m/day였으며 이 양수정으로부터 각각 12 m 및 36 m 떨어진 두 관측정 내의 수위차는 3 m였다. 양수정으로 흘러들어오는 유량을 계산하라.

4.8 지름이 50 cm인 우물을 두께 30 m인 비 피압대수층의 바닥까지 팠다. 양수정으로부터 각각 30 m 및 70 m 떨어져서 위치하고 있는 두 관측정에서의 수면 강하량은 각각 6.77 m 및 6.41 m였다. 흐름이 정상상태에 도달했으며 투수계수가 3,010 m/day라고 가정하고 양수율을 구하라.

4.9 굵은 모래층으로 된 두께 30 m의 대수층의 투수계수를 결정하고자 한다. 정상상태에서의 양수율은 3 m³/sec이며 양수정으로부터 각각 15 m 및 150 m 떨어진 관측정에서의 수위강하량은 각각 30 cm 및 3 cm였다. 이 대수층의 투수계수를 결정하라.

4.10 두께가 24 m되는 피압대수층으로부터 2.7 m³/sec의 양수율로 양수했을 때 평형상태에 도달하였다. 이 양수정으로부터 각각 45 m 및 70 m 떨어진 관측정에서 관측된 지하수위가 각각 29.3 m 및 29.9 m였다면, 이 대수층의 투수계수는 얼마인가?

4.11 두께 18 m인 균질의 피압대수층에 완전한 양수정을 굴착하였다. 0.3 m³/sec의 양수율로 장시간 동안 양수했더니 $r_1 = 20$ m 및 $r_2 = 65$ m인 관측정에서의 수위가 평형상태에 도달했으며 이때 측정된 수압면강하량은 각각 16.25 m 및 3.42였다. 이 대수층의 투수계수를 계산하라.

4.12 다음 그림과 같은 지름이 800 m인 원형 섬의 투수계수는 0.000142 m/sec이며 이 섬의 중앙에 지름이 30 cm인 우물을 파서 0.2 m³/sec의 물을 양수하고자 한다. 이 우물을 호수의 수면으로부터 최소한 얼마나 깊게 굴착해야 할 것인가?

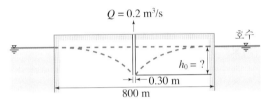

4.13 다음 그림에서 호수의 수면으로부터 우물까지의 지하수면곡선을 구하라. 양수정으로부터의 양수율이 1.5 m³/hr였다면 대수층의 투수계수는 얼마인가?

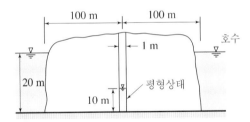

4.14 연습문제 4.13에서 양수율이 1.85 m³/hr라면 불투수층으로부터 양수정 내 수면까지의 수위는 얼마인가?

05 하천유량과 유출

5.1 하천수위와 유량의 측정

하천유량(streamflow)이란 하천수로상의 어떤 단면을 통과하는 단위시간당의 물의 부피를 말하며 수자원기술자에 의해 자료가 수집되어 수자원 분야뿐만 아니라 건설환경공학의 여러 분야에서 각종 목적을 위해 사용되는 소중한 자료이다. 공학으로서의 수문학 분야에서는 이수, 치수 및 하천환경문제가 주된 관심사항이며, 이·치수 및 하천환경문제의 해결을 위한 목적변수는 결국 하천유량이므로 하천유량자료의 정확한 획득은 모든 수문분석에 있어서 출발점이며 대단히 중요하다. 하천의 임의 단면을 흐르고 있는 유량(discharge)을 직접 연속적으로 측정한다는 것은 기술적인 면뿐만 아니라 경제적인 면에서도 대단히 어려운 일이므로 비교적 측정이 용이한 하천수위를 연속적으로 측정하여 이를 기수립된 수위-유량관계를 사용하여 유량으로 환산하여 사용하게 된다.

5.1.1 하천수위의 측정

어떤 관측지점에서의 하천수위(river stage)라 함은 임의의 기준면으로부터 측정한 하천수 표면의 표고를 뜻한다. 기준면으로는 평균해수면을 택할 경우도 있으나 하천수로 바닥보다 조금 낮은 곳에 설정하는 영점표고를 택하는 경우가 보통이다.

하천의 수위를 측정하는 계기를 수위계(stage gauge)라 하면 보통수위표(manual gauge) 와 자기수위계(recording stage gauge)가 있다. 보통수위표는 가장 간단한 것은 준척수위표 (staff gauge)로서 이는 그림 5.1(a)에서 보는 것처럼 눈금이 든 자로 되어 있다. 이 자를 교량의 교각이나 제방 및 기타 하천구조물에 고정시켜 자의 눈금을 사람의 눈으로 측정하게 된다. 한편, 그림 5.1(b)는 조선 성종 때 청계천에 세웠던 수표를 기념물로 보관하고 있는 광경이다. 사각돌기둥에는 1척(약 21.5 cm)에서 10척까지 매 1척마다 눈금이 새겨져 있고, 3, 6, 9척에는 각각 0표시를 하여 갈수(渴水), 평수(平水), 대수(大水)라고 표시하였으며, 수위가 9척을 넘으면 위험수위로 보아 하천의 범람을 미리 예고하였다고 한다.

(a) 준척수위표

(b) 청계천 수표

그림 5.1 준척수위표 및 청계천 수표

(a) 부자식 자기수위계

(b) 부자식 자기수위 기록지

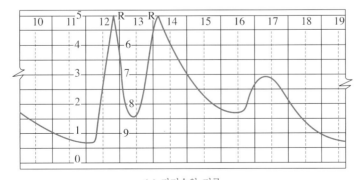

(c) 자기수위 기록

그림 5.2 부자식 자기수위계 및 기록지

자기수위계에는 여러 가지가 있으나 현재 가장 많이 사용되고 있는 것은 그림 5.2(a)에 표시되어 있는 부자식 자기수위계(float-type stage gauge)이다. 그림 5.2(a)에서처럼 부자가 쇠줄에 의해 도르레 주위를 돌아 기록기에 연결되어 있어 수위 변동에 따라 부자가 연직 상하로 움직이게 되고, 도르레가 돌게 됨에 따라 펜을 움직여 일정한 속도로 진행하는 그림 5.2(b)와 같은 기록지 위에 수위를 기록하게 된다. 펜이 기록지의 상단까지 도달하면 자동적으로 방향을 바꿀 수 있도록 장치가 되어 있어 그림 5.2(c)에 표시한 바와 같이 연속적인 수위 기록을 얻을 수 있다.

부자식 자기수위계는 감세용 우물(stilling well) 위에 설치된다. 감세용 우물은 쇠줄에 매달린 부자와 추가 하천의 유수로 인한 표면와류에 의하여 움직이는 것을 방지하기 위한 것이다. 그림 5.3은 감세용 우물을 대신하여 하천 구조물에 연결하여 설치된 자기수위계의 모습이다.

우리나라에서 보통수위표에 의한 일 평균수위(daily mean stage)는 매일 08 : 00시와 20 : 00시에 읽은 수위를 평균하여 얻는다. 반면에 자기수위계에 의한 일평균수위는 하루 동안 1시에서 24시까지의 매시 수위를 평균하여 얻는다. 치수목적의 수문분석에서는 자기수위계에 의한 일평균수위 혹은 시간 단위의 수위를 사용하며 보통수위표에 의한 자료는 자기수위계로 측정한 자료에 이상이 있는지를 검사하는 데 사용된다.

우리나라에서 수위관측소는 환경부와 한국수자원공사, 한국농촌공사가 운영하고 있다. 환경부 한강, 낙동강, 금강 및 영산섬진강 홍수통제소에서 하천 및 수자원관리 목적으로 하천유역별로 주요지점의 수위기록을 자기수위계(자기기록지형 혹은 T/M형) 및 보통수위표로 관측하여 관리하고 있다. 하천수위 관련자료는 국가수자원종합정보시스템인 WAMIS(Water Resources Management Information System)를 통해 인터넷으로 일반인에게 제공되고 있다.

그림 5.3 하천 구조물에 연결 설치된 부자식 자기수위계

5.1.2 하천유량의 산정

하천유량을 산정하는 방법은 직접유량산정법과 간접유량산정법이 있다. 직접유량산정법이란 하천흐름의 횡단면적(A)을 측량으로 결정한 후, 유속계 측정에 의한 단면 평균유속(V)을 곱하는 연속방정식($Q = AV$)에 의해 하천유량을 산정하는 방법이다. 하천의 흐름단면에서 연직방향으로 점유속을 측정하거나 표면유속을 측정하여 단면의 평균유속을 결정하고 이를 하천 횡단면적과 곱함으로써 하천유량을 산정하는 방법이 사용되고 있다. 한편, 간접유량산정법은 유량을 측정하고자 하는 단면에 유량측정구조물을 설치하여 구조물상의 흐름수심(혹은 수위)을 측정함으로써 유량을 수위로부터 간접적으로 산정하거나, 혹은 홍수흔적 수위와 하천횡단면의 조도 특성 등을 이용하여 수리학적 원리에 의해 유량을 산정하는 방법이다.

(1) 점유속 측정 및 유량 산정

점유속은 통상 회전식 유속계에 의하여 측정된다. 프라이스 유속계는 그림 5.4와 같이 6개의 원추형 컵이 연직축 주위로 회전하게 되어 있다. 흐르는 물이 가지는 유속, 즉 운동에너지에 의하여 컵을 회전시키게 되고 컵이 회전할 때마다 전기회로를 통해 수신기에 소리가 나도록 되어 있으며, 관측자는 수신기를 사용하여 일정한 시간 동안에 소리가 나는 횟수를 사용하여 컵의 초당 회전수를 얻게 된다. 컵의 초당 회전수 N과 유속 V(m/sec) 사이에는 식 (5.1)과 같은 일반식이 성립한다.

$$V = A + BN \qquad (5.1)$$

여기서, A, B는 유속계의 검정상수(calibration constant)로서 각 계기에 따라 상수 A, B의 값은 조금씩 다르게 되며 사용하는 계기마다 검정 절차를 걸쳐 결정하게 된다.

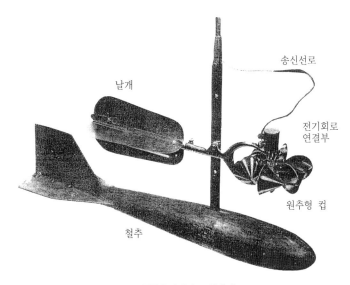

그림 5.4 Price 유속계

하천의 어떤 횡단면에 있어서의 유량산정을 위해 회전식 유속계를 사용할 경우에는 그 관측점에 있어서의 평균유속 결정을 위해 충분한 수의 점유속을 측정해야 하며, 결정된 평균유속을 통수단면적에 곱하면, 그 단면을 통과하는 총 유량을 얻을 수 있다.

실제로 유속측정을 하는 절차는 다음과 같다. 우선 그림 5.5와 같이 관측점의 통수단면 모양을 하천 횡단측량에 의해 결정한 후 여러 개의 등간격 소 연직단면으로 나눈다. 이때 한 소단면이 총 유량의 10% 이상을 포함하지 않도록 하는 것이 좋다. 한 연직면에서의 유속분포는 그림 5.6에서 보는 바와 같이 하천바닥에서는 0이 되고, 바닥에서 멀어짐에 따라 점차로 증가하여 대략 포물선의 유속분포를 가지게 되며, 수표면 부근에서 유속은 최대가 된다. 따라서 포물선의 유속분포를 고려하여 표 5.1과 같이 소단면의 평균유속을 결정할 수 있다.

표 5.1에서 V_m은 소단면의 평균유속이며 V0.2, V0.6, V0.8은 수면으로부터 각각 수심의 20%, 60%, 80%만큼 아래에 있는 지점의 점유속을 말한다.

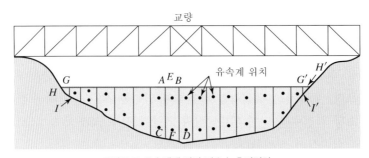

그림 5.5 유속계에 의한 점유속 측정절차

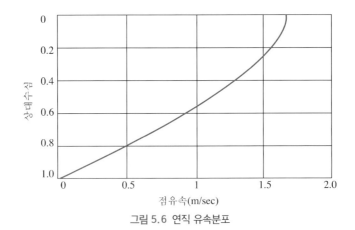

그림 5.6 연직 유속분포

표 5.1 수심에 따른 유속 산정

수심범위(m)	평균유속(V_m)
0.3~0.6	$V_m = V_{0.6}$
0.6~3.0	$V_m = 0.5(V_{0.2} + V_{0.8})$
3.0~6.0	$V_m = 0.25(V_{0.2} + 2V_{0.6} + V_{0.8})$

이와 같이 각 연직단면에서의 점유속 및 수심의 측정이 끝나면 단면 전체를 통과하는 총 유량을 계산하게 되며 그 절차는 다음과 같다.

① 그림 5.5와 같은 소 연직단면에서 측정한 V0.2, V0.6, V0.8를 이용하여(표 5.1) 평균유속을 구한다.
② ①에서 구한 평균유속에 소 연직단면의 면적($ABDC = EF \times AB$)을 곱하는 연속방정식에 의해 소 연직단면적별 유량을 계산한다.
③ 소 연직단면별 유량을 전체 하천 폭에 걸쳐 합산하여 총 유량을 얻는다.

$$Q = \sum_{i=1}^{N} A_i V_{mi} \tag{5.2}$$

여기서, A_i, V_{mi}는 소 연직단면별 면적 및 평균유속이며, N은 소단면의 수이다. 또한 그림 5.5의 하천양안에 접해 있는 소 연직단면(GHI 및 G'H'I')에 대한 유량은 없는 것으로 한다.

예제 5-01

하폭이 20 m인 그림 5.7과 같은 하천단면에서의 유량을 측정하기 위하여 우선 하천횡단측량을 실시한 결과 총 하폭을 10등분했을 때의 각 소단면에서의 평균수심은 표 5.2와 같다. 회전식 유속계에 의하여 측정한 컵의 분당 회전수(rpm)가 표 5.3과 같을 때 평균 유속 $V = 0.8 \times$ (rps) m/sec라 가정하고 하천단면을 통과하는 총 유량을 결정하라.

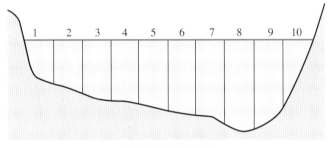

그림 5.7 하천 횡단면도

표 5.2 소단면별 평균수심

소단면	1	2	3	4	5	6	7	8	9	10
평균수심(m)	1.0	1.2	1.5	1.6	1.7	1.9	2.0	2.4	2.2	1.0

표 5.3 소단면별 유속계의 분당회전수

유속계 위치	유속계의 분당회전수 (rpm)									
	1	2	3	4	5	6	7	8	9	10
0.2 d	40.0	53.5	58.6	63.0	66.7	61.5	56.3	54.0	52.6	50.0
0.8 d	30.7	42.8	50.0	54.2	58.8	53.3	49.4	46.5	43.2	40.1

주 : d는 하천횡단면도의 각 소단면 평균수심

풀이 이 하천단면을 통과하는 총 유량은 각 소단면을 통과하는 유량을 연속방정식에 의해 구한 후 전 횡단면에 걸쳐 합산함으로써 구할 수 있으며 그 계산과정은 표 5.4에 표시되어 있다. 계산된 총 유량은 22.951 m³/sec이다.

표 5.4 하천단면에서의 총 유량 산정

소단면	폭 (m)	평균수심 (m)	유속계 위치	rpm 회(분)	rps (회/초)	유속 (m/sec) 점유속	유속 (m/sec) 평균유속	소단면 면적 (m²)	유량 (m³/sec)
(1)	(2)	(3)	(4)	(5)	(6)	(7)	(8)	(9) = (2) × (3)	(10) = (8) × (9)
1	2	1.0	0.2 d	40.0	0.67	0.536	0.472	2.0	0.944
			0.8 d	30.7	0.51	0.408			
2	2	1.2	0.2 d	53.5	0.89	0.712	0.640	2.4	1.536
			0.8 d	42.8	0.71	0.568			
3	2	1.5	0.2 d	58.6	0.98	0.784	0.724	3.0	2.172
			0.8 d	50.0	0.83	0.664			
4	2	1.6	0.2 d	63.0	1.05	0.840	0.780	3.2	2.496
			0.8 d	54.2	0.90	0.720			
5	2	1.7	0.2 d	66.7	1.11	0.888	0.836	3.4	2.842
			0.8 d	58.8	0.98	0.784			
6	2	1.9	0.2 d	61.5	1.02	0.816	0.764	3.8	2.903
			0.8 d	53.3	0.89	0.712			
7	2	2.0	0.2 d	56.3	0.94	0.752	0.704	4.0	2.816
			0.8 d	49.4	0.82	0.656			
8	2	2.4	0.2 d	54.0	0.90	0.720	0.672	4.8	3.226
			0.8 d	46.5	0.78	0.624			
9	2	2.2	0.2 d	52.6	0.88	0.704	0.640	4.4	2.816
			0.8 d	43.2	0.72	0.576			
10	2	1.0	0.2 d	50.0	0.83	0.664	0.600	2.0	1.200
			0.8 d	40.1	0.67	0.536			
총 유량(m³/sec)									22.951

(2) 표면유속 측정 및 유량 산정

표면유속은 초음파 유속분포측정기(Accoustic Doppler Current Profiler, ADCP)와 같은 전자파 표면유속계에 의해서 측정된다. 전자파 표면유속계에 의한 유속측정은 하천의 횡단방향으로 일정간격의 소구간으로 분할하여 유속계를 이동설치하면서 그림 5.8(a)에서처럼 상류방향으로 전자파를 발사한 후 물 표면에서 반사되는 전자파의 도플러 효과(doppler effects)를 이용하여 표면유속을 측정하는 것이다. 이 유속계는 도플러 효과를 이용하여 물과 접촉하지 않고서도 표면유속을 측정할 수 있어 기존의 다른 유속계로는 측정하기 어려운 홍수류의 유속을 측정할 수 있으며 야간측정도 가능한 장점이 있다.

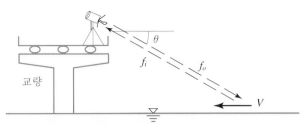

(a) 측정 모식도

(b) 현장 측정 광경

그림 5.8 휴대형 전자파 표면유속계에 의한 측정

운동하는 물체(하천유량의 경우는 흐르는 물)에 의해 산란된 전자파의 주파수가 변하는 현상을 도플러 효과라 하며, 이때의 주파수의 변화량을 도플러 주파수(f_d)라 하고, 그림 5.8(a)과 같이 측정할 경우, 식 (5.3)과 같은 관계가 성립한다.

$$f_d = \frac{2V}{\lambda}\cos\theta \qquad\qquad (5.3)$$

여기서, V는 표면유속(m/sec)이고, λ는 전자파의 파장(m)이며, θ는 흐름의 속도방향과 전자파의 진행방향이 이루는 각도로서 $20 \sim 45°$ 사이의 각이다.

따라서, 식 (5.3)을 표면유속(V)에 관해 풀면

$$V = \frac{f_d\,\lambda}{2\cos\theta} \qquad\qquad (5.4)$$

즉, 송신신호의 주파수(f_o)와 수신신호의 주파수(f_i)의 차($f_o - f_i$)인 도플러 주파수(f_d)와 전자파의 파장 λ, 입사각 θ를 측정하면 표면유속을 결정할 수 있다.

위와 같은 방법으로 전자파 표면유속계에 의해 하천횡단의 소구간별로 하천흐름의 표면유속 V_i를 측정하고, 여기에 수심평균유속환산계수 f를 곱하여 수심평균유속($\overline{V_i}$)을 얻게 되며 하천횡단면에 걸친 총 유량은 식 (5.5)로 산정할 수 있다.

$$Q = \sum \overline{V}_i A_i = \sum (f V_i) A_i = f \sum V_i A_i \qquad (5.5)$$

여기서, $\overline{V}_i$와 A_i는 하천횡단의 소구간별 수심평균유속과 단면적을 표시하며, V_i는 소구간별 표면유속, f는 수심평균유속환산계수로 외국의 연구사례에 의하면 $f = 0.85 \sim 0.95$이나, 국내에서 수행된 실험결과에 따라 $f = 0.85$가 추천되고 있다.

(3) 부자에 의한 유량 산정

홍수시에는 유속이 빠르기 때문에 큰 하천에서는 회전식 유속계로 유속을 측정하는 것은 거의 불가능하므로 부자(float)를 하천에 띄워서 일정한 거리만큼 이동하는데 걸린 시간을 측정하여 흐름의 유속을 결정하기도 한다.

부자에 의한 흐름의 평균유속 측정을 위해서는 그림 5.9에서 보는 바와 같이 기존 교량단면을 부자투하 단면으로 하고 하류로 약 30 m 이상 되는 지점에 제1 측정단면을 설정하여 투하된 봉부자가 흘수심을 유지하면서 균형을 잡도록 한다. 평균유속의 측정은 제1 측정단면에서 약 50 m 이상 하류의 제2 측정단면 사이에서 이루어지도록 한다. 따라서, 봉부자의 실측유속은 제1 및 제2 측정단면 간의 거리를 통과하는 데 소요된 시간을 측정하여 나눔으로써 얻어지나 표 5.5와 같은 하천의 수심에 따른 유속보정계수를 곱하여 최종의 평균유속을 구하게 된다.

한편, 부자에 의한 평균유속 측정으로 하천유량을 산정하기 위한 유속관측 측선의 수는 부자투하단면에서의 기왕 최대홍수위 혹은 계획홍수위에 해당하는 하천폭을 표 5.6의 기준에 따라 등간격으로 분할하도록 추천되고 있다.

표 5.6의 기준에 따라 봉부자에 의한 유속관측 측선의 수가 결정되면 측선별로 봉부자에 의한 유속측정값에 표 5.5의 유속보정계수를 곱하여 유속측정구간(제1 및 제2 측정단면 간 거리)의 평균유속을 결정하게 되고, 이 평균유속에 측선별 평균횡단면적을 곱하면 측선별 유량을 얻게 된다. 측선별 평균횡단면적은 제1 및 제2 측정단면에서의 횡단면적을 평균한 값을 사용한다. 이와 같이 측선별 유량이 산정되면 이를 모든 측선에 걸쳐 합산함으로써 총 하천유량을 산정하게 된다.

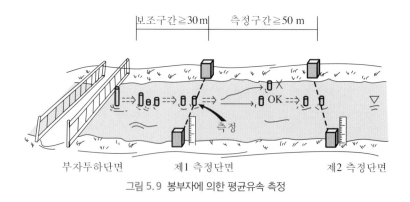

그림 5.9 봉부자에 의한 평균유속 측정

표 5.5 수심에 따른 봉부자의 유속보정계수

부자번호	1	2	3	4	5
수심(m)	0.7 이하	0.7~1.3	1.3~2.6	2.6~5.2	5.2 이상
흘수(m)	표면부자	0.5	1.0	2.0	4.0
보정계수	0.85	0.88	0.91	0.94	0.96

자료 : 건설교통부(2004)

표 5.6 평상시 및 홍수시의 하폭에 따른 봉부자에 의한 유속관측 측선의 수

평상시	수면폭(m)	20 미만	20~100	100~200	200 이상		
	관측선 수	5	10	15	20		
홍수시	수면폭(m)	50 이하	50~100	100~200	200~400	400~800	800 이상
	관측선 수	3	4	5	6	7	8

자료 : 건설교통부(2004)

(4) 간접 유량산정

하천유량의 간접측정방법은 유속계에 의한 유속의 직접측정 결과를 사용하여 유량을 산정하는 것이 아니라, 홍수흔적수위(flood marks)와 하천의 하도특성 자료로부터 수리학적 이론에 의해 유량을 추정하거나, 혹은 하천유량과 수위 사이에 특정관계를 가지는 유량측정용 구조물을 하천에 설치하여 수위측정만으로 유량을 산정해 내는 방법을 말한다.

홍수흔적수위와 하도 특성자료를 사용하여 수리계산에 의해 유량을 추정하는 방법은 수면 경사-단면적법(slope-area method)으로 알려져 있으며, 유량측정용 구조물을 사용하는 방법에서는 각종 위어(weir)를 사용하거나 파샬플룸(Parshall flume)을 사용하여 위어나 플룸 위의 수두(head)를 측정하여 유량을 계산하여 추정할 수 있다.

5.2 수위-유량 관계곡선과 하천유량의 표현방법

어떤 수위관측단면에서의 하천수위와 그에 상응하는 하천유량을 동시에 측정하여 상당한 기간의 자료를 수집하면 수위와 유량 간의 관계를 표시하는 검정곡선(rating curve)을 얻을 수 있으며 이를 수위-유량 관계곡선(stage-discharge relation curve)이라 한다.

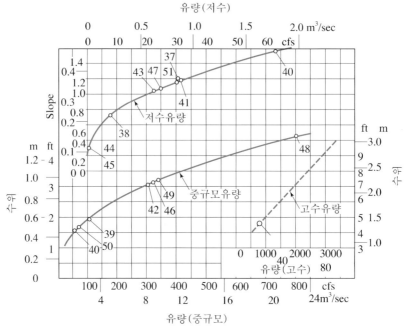

그림 5.10 단순 수위-유량 관계곡선

5.2.1 수위-유량 관계곡선의 일반형

대부분의 수위관측점에 있어서의 수위-유량 관계곡선은 그림 5.10에서와 같이 단순관계로 나타나는 것이 보통이다. 또한, 자연하천의 불규칙한 단면 특성 때문에 저수유량(low flow), 중규모유량(intermediate flow) 및 고수유량(high flow)에 대한 수위-유량곡선을 별도로 작성하는 것이 바람직하다. 이들 곡선은 대체로 선형 방안지상에 포물선형 혹은 멱함수형으로 나타나며 유량측정 오차나 흐름의 지배단면이 유량이 커짐에 따라 이동하게 되기 때문에 자료점들은 상당한 분산을 보이는 것이 보통이다.

5.2.2 수위-유량 관계곡선식의 유도

자연하천에서의 흐름은 일반적으로 수면경사가 일정하지 않을 뿐 아니라 횡단면의 횡방향 변화가 심하여 수위가 낮은 저수시에는 단면통제(section control)를 받을 수 있으나 수위가 높은 고수시에는 주로 하로통제(channel control)를 받게 되어 수리계산에 의해 하천수위로부터 유량을 산정하는 것은 어렵다. 따라서, 신뢰도 높은 수위-유량 관계식을 유도하려면 갈수 및 저수시의 수위별 유량측정자료와 고수시의 수위별 유량측정자료를 적절한 방안지에 도시하여 내삽 혹은 외삽에 의해 특정수위에 대한 유량을 읽거나, 수위-유량자료의 회귀분석에 의해 수위-유량 관계곡선식을 유도하여 사용한다.

수위-유량 관계곡선식의 형태로는 일반적으로 멱함수형(power fuction type)과 포물선형 (parabolic type)의 두 가지를 사용하고 있으며, 부득이한 경우를 제외하고는 멱함수형으로 표시하는 것이 보통이다.

$$\text{멱함수형} : Q = a(H + b)^c \tag{5.6}$$

$$\text{포물선형} : Q = a'H^2 + b'H + c' \tag{5.7}$$

여기서, Q는 유량(m³/sec), H는 수위계의 영점표고 기준으로 측정한 하천수위(m)이며, a, b, c와 a', b', c'은 각각 회귀분석으로 결정되는 회귀상수이다.

수위-유량 관계곡선식의 적용시 주의할 사항은 유량관측소의 하천단면이 홍수에 의한 세굴 혹은 퇴적으로 수시로 변동하므로 곡선식의 개발에 이용된 자료의 측정연도에 대해서만 정확성을 가진다는 사실이다. 따라서, 유량관측소별로 누적되는 수위-유량자료를 도시하여 수위-유량 관계곡선의 경년적 변화가 얼마나 심한지를 수시로 확인해야 하며, 변화가 심할 경우에는 수위-유량 관계곡선식을 보정하여 사용해야 한다.

5.2.3 하천유량의 표현방법

미터단위제에서의 하천유량 단위는 m³/sec(혹은 cms)로서 관측단면을 단위시간(1초)에 통과하는 물의 부피로 표시한다. 하천의 임의 단면을 어떤 시간 동안 통과한 물의 부피는 하천유량에 시간을 곱한 것으로서 m³로 표시하나 이 단위는 일반적으로 너무 작으므로 10^6 m³를 부피단위로 사용할 경우가 많다.

하천유량의 측정단위로서 m³/sec/km²를 쓸 경우도 있는데 이는 유량측정단면에서의 유량(m³/sec)을 측정단면 상류 유역의 배수면적(km²)으로 나눈 것으로서 비유량(specific discharge) 혹은 홍수량의 경우에는 비홍수량이라 하며 유역면적의 크기가 다른 유역의 유출률을 비교하는 데 편리하게 사용된다.

유출심(runoff depth) 혹은 유출고란 유역의 출구를 통해 유출된 물의 총 부피를 유역면적으로 나눈 평균깊이를 말하며 단위로는 mm 혹은 cm를 사용한다.

하천의 임의 단면에서의 수위 혹은 유량은 유역상에 발생하는 강수상황에 따라 시간적으로 변화한다. 하천수위의 시간에 따른 변화를 표시하는 곡선을 수위수문곡선(stage hydrograph)이라 하고, 하천유량의 시간에 따른 변화를 표시하는 곡선은 유량수문곡선(discharge hydrograph)이라 부르나, 일반적인 경우 수문곡선이라 하면 유량수문곡선을 의미한다. 유량의 시간적 변동성을 표시하는 시간장경에는 시간, 일, 월 혹은 연 등이 있다. 일 단위 이상의 시간장경에 대한 유량의 변동성을 표시할 경우에는 시간장경별 평균유량을 주상도의 형태로 표시하며, 보통 이수목적으로 하천유량을 분석할 때 사용한다. 반면에, 홍수시와 같이 하천유량이 시간에 따라 급변하는 경우에는 자기수위계에 의해 관측되는 순간수위를 수위-유량 관계곡선에 의해 순간유량으로 환산하여 순간유량의 시간적 변화를 연속적으로 표시하는 홍수수문곡선(flood hydrograph)을 작성하여 치수목적의 분석에 사용한다.

한편, 유량관측소별 일 유량자료를 사용하여 하천의 유황을 표시하는 유량을 다음과 같이 설정하고 있다.

- 최대유량 : 일정기간(연)을 통한 최대 일 유량
- 평수량 : 연중 185일 동안 초과하지 않는 일 유량
- 저수량 : 연중 275일 동안 초과하지 않는 일 유량
- 갈수량 : 연중 355일 동안 초과하지 않는 일 유량
- 최소 일 유량 : 일정기간(연)을 통한 최소 일 유량
- 연 평균 일 유량 : 일 평균유량의 1년 통계값을 당해연도의 일수로 나눈 일 유량
- 연 평균 유출 총량 : 연 평균 일 유량에 당해연도 일수를 곱해서 m^3 단위로 표시한 물의 부피

5.3 유출의 구성

유출(runoff)이란 일반적으로 지표면을 따라 물이 흐르는 현상을 말하며, 하천유량 혹은 하천흐름(stream flow)은 자연적으로 형성된 유로를 따라 물이 배수되는 현상이라 할 수 있다. 유역에 내린 강수가 토양과 식생피복의 침투능을 충족시킨 후에는 지표면 유출이 생기게 되며, 지하로 침투된 물의 일부도 결국 하천으로 되돌아와 유역으로부터 전체적인 배수가 이루어진다. 이와 같은 유출현상은 인간이 물을 이용하고 홍수를 관리하는 입장에서 보면 인간과 가장 밀접하고 직접적인 관계를 가지는 물의 순환과정 중의 하나라 할 수 있다.

따라서, 공학의 한 분야인 수문학에서의 주된 관심사는 유출현상으로 생기는 하천유량의 세가지 특성을 정량적으로 분석하여 올바른 예측을 통해 수자원의 최적이용 및 관리를 도모하는 것이다. 즉, 첫째는 각종 이수목적을 위해 저류 가능한 월 및 연 유출용적이고, 둘째는 하천수의 이용에 제약조건이 되는 갈수유량이며, 마지막으로는 인간에게 막대한 피해를 주는 홍수의 크기이다.

그림 5.11은 강수량과 연관시켜 유출고의 항으로 유출의 구성을 요약하고 있다. 유출은 지표면 유출(surface runoff), 지표하 유출 혹은 중간유출(subsurface runoff or interflow) 및 지하수 유출(groundwater runoff)로 나눌 수 있다. 지표면 유출수는 지표면 및 지상의 각종 수로를 통해 흘러 유역의 출구에 도달하는 유출의 한 부분을 말한다. 하천에 도달하기 전에 지표면 위로 흐르는 흐름을 표면류(overland flow)라 부르며 하천에 도달한 후 다른 성분의 흐름과 합친 흐름을 총 유출(total flow)이라 한다. 표면류와 구별하기 위해 하천수로 내에서 흐르는 흐름을 하천유출(stream flow)이라 부른다.

지표하 유출수는 지표토양 속으로 침투하여 지표에 가까운 상부토층을 통해 하천을 향해 횡적으로 흐르는 강수의 한 부분으로서 지하수위보다는 높은 층을 흐르는 물을 말한다. 지표하유출의 일부는 곧 하천으로 흘러들어갈 수도 있는 반면에 잔여 부분은 상당한 기간이 지난 후 하천수와 합류하거나 혹은 지하수에 합류하기도 한다.

지하수유출수는 지표토층을 통해 침투한 물이 더 깊이 침루하여 지하수를 형성하는 총유출의 한 부분으로서 비교적 장기간 동안 지하심층수로 존재하게 되며 지하수도 중력 및 압력에 의해 수두가 낮은 곳으로 흘러 결국에는 바다로 흘러들어가게 된다.

실용적인 유출해석을 하기 위해서는 하천수로를 통한 총 유출을 통상 직접유출(direct runoff)과 기저유출(base flow)로 분류한다. 직접유출은 강수 후 비교적 단시간 내에 하천으로 흘러들어가는 지표면 유출수와 단시간 내에 하천으로 방출되는 지표하 유출수 및 하천 또는 호수 등의 수표면에 직접 떨어지는 수로상 강수로 구성된다.

수로상 강수는 다른 유출수에 비하면 상대적으로 적기 때문에 통상 지표면 유출의 일부로 취급하며 또한 실제로 유출해석을 할 때에는 중간유출수의 전부를 직접유출수에 포함시키는 것이 일반적이다.

기저유출은 비가 오기 전의 건천후시 유출(dry-weather flow)을 말하며 지하수 유출과 시간적으로 지연된 지표하 유출에 의해 형성된다.

유출현상을 일으키는 호우 기간의 총 강수량은 초과강수량(precipitation excess)과 손실우량(rainfall losses or abstractions)으로 구성된다고 볼 수 있다. 초과강수량은 지표면 유출수의 형성에 직접적인 공헌을 하는 총 강수량의 한 부분을 말하며, 손실우량은 궁극적으로 지표면 유출수가 되지 않는 총 강수량의 잔여 부분을 뜻한다. 이러한 강수량의 손실은 차단, 증발산, 지면저류, 침투 등에 의해 생기게 되는 것이며 수문순환과정의 전반적인 입장에서 볼 때에는 물의 손실이 아니지만 이수면에서는 손실이라고 볼 수도 있다.

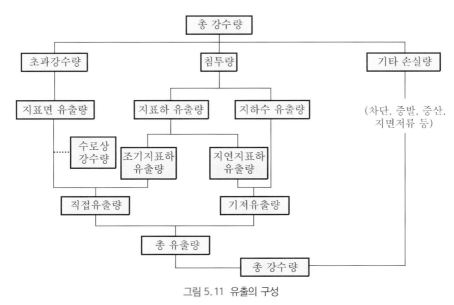

그림 5.11 유출의 구성

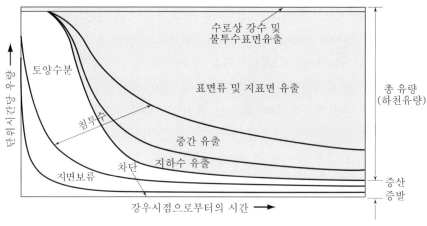

그림 5.12 일정강도 강우로부터의 유출 및 손실

　직접유출수의 근원이 되는 강수의 부분을 유효강수량(effective precipitation)이라 하며 강수가 비인 경우 이를 유효우량이라 부른다. 따라서 유효강수량은 초과강수량과 단시간 내에 하천으로 유입하는 지표하 유출수의 합이며 만약 지표하 유출수를 직접유출수에서 완전히 제외한다면 유효강수량은 초과강수량과 같다.

　그림 5.12는 거의 일정한 강도로 내리는 호우로부터 유출에 이르기까지의 과정을 개략적으로 도시하고 있다. 강우 초기에 있어서는 거의 대부분의 강우는 차단, 요면저류 및 증발의 합인 지면보류의 형태로 지면에 머무르게 되며 시간이 경과함에 따라 지면보류는 점점 충족되며 침투는 가속되어 토양의 침투능에 도달하게 된다.

　지면보류가 완전히 충족되면 표면류가 생기며 이는 하천에 도달하여 지표면 유출이 되는 것이다. 충분한 시간이 경과하여 지면보류가 평형상태에 도달하면 증발만이 계속되며 토양의 함유수분은 증발산에 의하여 대폭 감소되고 지하수위도 점점 떨어져 거의 일정한 값에 도달하게 된다.

5.4 유출에 영향을 미치는 인자

한 유역으로부터의 유출은 유역이라는 물 순환시스템의 출력(output)으로서 시스템의 입력(input)인 강수와 차단, 증발, 증산 등을 포함하는 기후학적 인자(climatic factor)와 유역면적과 같은 유역특성인자, 그리고 하천경사 등과 같은 하천유로 특성인자에 의해 영향을 받는다.

5.4.1 기후학적 인자

유출의 원천은 강수이며 유역에 내린 강수는 차단, 증발산 및 침투에 의해 그의 일부가 손실되고 나머지 부분만이 유출된다. 따라서 강수와 차단, 증발산은 유출의 크기 및 시간적 분포에 절대적인 영향을 미치게 되며 이들 인자는 하나같이 유역의 기후에 의해 지배된다.

(1) 강수

강수는 유출에 가장 큰 영향을 미치는 기후인자로서 강수의 종류(비, 눈, 서리 등) 및 유형, 강우강도, 지속시간, 시간적 및 공간적 분포, 발생빈도, 이동방향 등은 모두 유출에 크게 영향을 미친다.

(2) 차단

차단은 지상에 떨어지는 비가 식생피복 등에 의해 일단 보류되는 현상을 말한다. 유출의 입장에서 볼 때 차단은 우수를 식물의 엽면이나 불특수면에 보류시켜 유출을 감소시키는 역할을 하지만, 홍수의 경우와 같이 짧은 시간에 걸친 차단량은 홍수유출에 그다지 큰 영향을 미치지는 않는다.

(3) 증발산

한 유역의 증발산 현상은 기온, 바람, 상대습도 및 대기압 등의 기후인자에 의해 영향을 받는다. 이러한 증발산도 차단의 경우처럼 일반적으로 유출을 감소시키는 역할을 한다. 이수측면에서 보면 장기간 동안의 증발산량을 무시할 수 없으나, 치수측면에서 보면 단시간 동안의 증발산량은 강우량에 비교가 되지 않을 정도로 작으므로 홍수량 해석에서는 무시할 수 있다.

5.4.2 유역특성인자

유역(watershed, catchment, river basin 등)이란 하천의 임의 횡단면을 통과하는 하천유량에 직접적인 공헌을 하는 지역의 범위를 말한다. 따라서, 하천상의 어떤 지점에 있어서든 그 지점 고유의 유역을 정의할 수 있으며, 유역의 크기는 하류로 내려갈수록 커져서 바다에 이를 때 최대가 된다. 유출에 영향을 미치는 유역의 특성인자에는 여러 가지가 있으나 중요한 인자별 영향을 살펴보면 다음과 같다.

(1) 유역면적

유역면적(watershed area 혹은 drainage area)은 지형적인 분수계로 둘러싸이는 지역의 수평투영면적을 의미하며, 수치지도(DEM)를 사용하거나 지형도상에서 구적기를 이용하여 결정할 수 있다.

유역면적은 유역으로부터의 유출량과 직접적인 관계가 있으므로 오랫동안 강우-유출관계를 표시하는 경험공식의 중요한 변수로 사용되어 왔으며 일반식의 형태는 식 (5.8)과 같다.

$$Q = cA^m \tag{5.8}$$

여기서, Q는 연 평균유출량 등의 유량(m³/sec)이고, A는 유역면적(km²)이며, c, m은 회귀분석에 의해 결정되는 회귀상수이다.

식 (5.8)의 단순유출량 공식을 보면 유출량은 유역면적의 멱승에 비례하므로 유역면적이 커지면 유출량도 비례하여 커짐을 알 수 있다. 동일 빈도의 호우규모로 인한 유역으로부터의 첨두유출량을 유역면적으로 나누어 단위유역면적당 유량, 즉 비유량(specific discharge)으로 표시해 보면, 다른 조건이 동일한 경우 비유량(홍수의 경우는 비홍수량)은 유역면적이 클수록 작은 값을 가지는 것으로 알려져 있다. 이는 유역면적이 클수록 유수가 유역의 가장 먼 지점으로부터 유역출구까지 흐르는 데 소요되는 시간, 즉 도달시간(time of concentration)이 길어질 뿐 아니라, 유수가 흐르는 과정에서 저류되고 지체되는 효과가 더 크기 때문이다.

(2) 유역길이

유역길이(watershed length)는 유역의 출구로부터 유역의 주유로(principal flow path)를 따라 유역분수계까지 측정한 길이로 정의된다. 일반적으로 주유로는 유역분수계까지 연장되어 있지 않으므로 주유로가 끝나는 지점으로부터 지형도상의 계곡부를 고려하여 분수계까지 연장하여 유역출구점으로부터 분수계 지점까지 거리를 측정하여 유역길이를 결정한다. 이는 수문학적 계산에 사용되는 유역길이이므로 수문학적 유역길이(hydrologic watershed length)라 한다.

유역길이와 유역면적 사이의 일반적인 관계는 식 (5.9)와 같다.

$$L = aA^b \tag{5.9}$$

여기서, L은 유역길이(mi)이며, A는 유역면적(mi²)이다.

우리나라 한강유역에 대한 연구결과(윤용남, 1973)는 식 (5.10)과 같다.

$$L = 2.0905A^{0.5337} \tag{5.10}$$

식 (5.10)으로부터 유역길이는 유역면적의 멱승에 비례하여 커짐을 알 수 있으며 유역의 도달시간을 결정하는 데 사용될 수 있을 뿐 아니라 하천유로의 연장과도 밀접한 상관성을 가진다. 따라서, 유역길이가 유출에 미치는 영향은 식 (5.8)의 관계에서 유추할 수 있는 바와 같이 유역면적이 미치는 영향과 거의 비슷하다.

(3) 유역의 평균경사

유역평균경사(watershed mean slope) S는 유역의 주유로를 따른 유역표고의 변화율을 대표하는 것으로 식 (5.11)로 구할 수 있다.

$$S = \frac{\Delta E}{L} \tag{5.11}$$

여기서, ΔE는 유역의 최대표고차(m)이며, L은 표고차이가 설정된 두 지점 간의 수평거리(m)이다. 같은 유역 내에서도 지점에 따라 지표면의 경사가 크게 변화한다. 식 (5.11)에 의해 산정되는 유역평균경사는 유역 지표면의 경사를 유역면적 전체에 걸쳐 평균한 실제의 유역평균경사보다 대체로 큰 값을 나타내므로 이를 보완하는 몇 가지 방법을 사용하기도 한다.

유역평균경사가 클수록 지표면 유출의 속도가 빨라지므로 유역의 도달시간이 짧아지고 첨두유량도 커지게 된다. 뿐만 아니라, 유역평균경사가 급할수록 사면의 식생밀도는 조밀하게 되고 토양은 침식이 용이하므로 침투능이 저하되어 유출을 가속시키는 결과를 초래한다.

(4) 유역의 상대고도-상대면적 관계곡선

한 유역의 상대고도-상대면적 관계곡선(hypsometric curve)은 유역도로부터 각 고도(h)별로 면적(a)을 구한 후 전체 유역면적(A)으로 나눈 상대면적(a/A)을 횡축에, 그리고 각 고도(h)를 유역 전체의 최대고저차(H)로 나눈 상대고도(h/H)를 종축에 표시하여 그림 5.13과 같은 곡선의 형태로 표시한 것이다.

그림 5.13은 서로 다른 상대고도-상대면적 곡선의 형태를 보여주고 있다. 곡선 A는 원래의 지표면이 크게 침식되지 않은 유년기 유역(young basin)으로 하천은 대체로 V자형을 나타낸다. 곡선 B는 지표면이 상당히 침식된 장년기 유역(mature basin)으로 하천은 U자형으로 나타나며, 곡선 C는 지표면의 침식이 더욱더 진행되어, 준 평원에 가까워진 노년기 유역(old basin)으로 하천은 더 넓은 U자형을 이루게 된다.

유역의 상대고도-상대면적 곡선은 분석대상 하천 유역의 장기적인 형성과정에 대한 정보를 제공하지만 구체적으로 유역의 유출특성과 상관시키기는 어렵다. 그러나, 기본적으로는 유년기 유역이 노년기 유역의 경우보다는 유출의 도달시간이 짧아 첨두유량의 발생시간은 빠르고 크기 또한 상대적으로 클 것으로 예상된다.

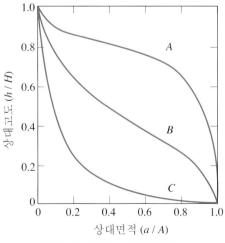

그림 5.13 상대고도-상대면적 곡선

(5) 유역의 형상

유역형상(watershed shape)에는 여러 가지가 있으며, 동일한 강우 조건에서도 유역출구에서의 유출량의 크기 및 시간적 변화는 유역형상에 따라 큰 차이를 보인다. 만약 각 유역을 그림 5.14(a)와 같이 동일간격을 가진 동심원 모양으로 구분하고 유수의 유속이 일정하다고 가정하면 A, B, C 유역의 도달시간은 각각 10, 5, 8.5의 시간단위(hrs로 가정하자)를 가질 것으로 가정할 수 있다. 이들 유역상에 내린 등강도의 강우로부터 결과되는 유량의 시간적 변화는 대략 그림 5.14(b)와 같을 것이다. 유역 B의 도달시간은 A나 C보다 짧으므로 가장 빨리 첨두유량에 도달할 것이고 유출률은 강우강도와 같아져서 평형상태에 도달하게 되며, 강우가 끝나면 가장 빨리 감수하게 될 것이다.

유역형상의 영향은 강우가 유역전반에 걸쳐 일시에 발생하지 않고 유역의 한쪽 끝에서 다른 쪽 끝으로 이동할 때에는 더 현저하게 나타난다. 예로서 유역 A상에 상류방향으로 5시간에 걸쳐 이동하는 호우로 인한 유출량을 생각해 보자. 유역 A의 마지막 구역(10번)에 내리는 호우가 이 유역의 출구에 도달하는 데는 강우 시작시간으로부터 15시간이 필요하다. 따라서 첨두유량에 도달하는 시간은 그림 5.14(b)의 A_1곡선과 같이 길어지게 된다. 반대로 호우가 유역의 하류방향으로 이동한다면 마지막 구역에 내린 우수는 다른 구역에 내린 우수와 거의 같은 시각에 출구를 통과하게 될 것이므로 그림 5.14(b)의 A_2곡선과 같이 유량은 10시 부근에서 급상승하게 될 것이다. 강우전선의 이동방향이 B 및 C유역으로부터의 유출에 미치는 영향은 A의 경우보다는 작겠지만 상당할 것임을 짐작할 수 있다.

(6) 유역의 방향성

유역의 방향성(orientation)이라 함은 전선성 강우의 경우 호우의 이동방향과 유역의 하천수계 구성방향의 관계를 말하며 이는 유역의 유출특성에 큰 영향을 미친다.

그림 5.14(a)의 사각형 모양의 유역 A상에 내리는 강우가 하천수계의 상류방향으로 이동할 경우와 하류방향으로 이동할 경우 유역출구에서의 유출량의 시간적 변화는 그림 5.14(b)에서 설명하였듯이 A_1곡선과 A_2곡선으로 큰 차이를 보인다. 만약 유역 A상에 강

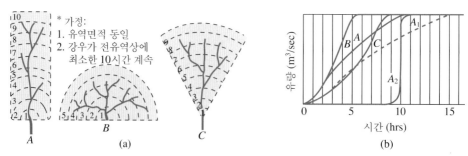

그림 5.14 유역형상이 유출에 미치는 영향

우가 서쪽에서 동쪽방향으로 이동했다면 유역의 폭이 크지 않을 경우 유역출구에서의 유출
수문곡선은 *A*곡선에 가까울 것이다.

위에서 설명한 전선성 강우의 이동방향과 유역의 수계조직 구성방향의 관계는 우리나라
의 경우처럼 여름 우기에 남동방향으로 형성되는 계절성 호우전선의 이동방향에 대하여 유
역이 어떤 방향으로 놓여 있느냐에 따라 같은 크기의 호우더라도 유역으로부터의 유출은
큰 차이를 보이게 된다.

(7) 기타 유역특성인자

위에서 언급한 지형학적 유역특성인자 이외에도 한 유역으로부터 발생하는 유출의 크기나
시간적 분포에 영향을 주는 인자에는 여러 가지가 있다. 특히 유역 내에 대규모 저수지나
자연호수, 홍수터(flood plains), 늪지대(wet lands) 등이 존재할 경우에는 유역의 유출에
큰 영향을 미친다. 또한, 유역의 토양 종류 및 토지이용상태, 유역의 침투능 및 지하수 함양
능력 등 지형학적 특성이 아닌 유역특성인자도 유출에 큰 영향을 미친다.

5.4.3 하천유로 특성인자

한 유역의 유출에 영향을 미치는 하천유로특성에는 여러 가지가 있으나 중요한 인자로는 하
천길이, 하천경사, 하천밀도, 하천의 횡단면 특성 및 조도특성 등을 들 수 있다.

(1) 하천연장

하천연장(stream length)은 여러 가지 수문학적 계산에서 매개변수로 사용되는 경우가 많
다. 하천연장은 그림 5.15에서와 같이 하천의 주유로를 따라 유역출구지점(outlet)으로부

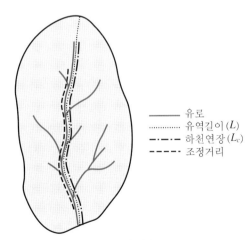

유로
유역길이 (L)
하천연장 (L_c)
조정거리

그림 5.15 유역길이와 하천연장의 정의

터 지형도상에 나타난 유로의 종점까지의 거리(L_c)로 정의하는 것이 일반적이나, 때로는 유역출구지점으로부터의 총 유로거리의 10% 및 85%되는 지점 간의 거리(L_{10-85})를 하천연장으로 정의하는 경우도 있다.

하천연장은 유역길이와 큰 차이가 나지 않는 인자이므로 유출에 미치는 영향은 유역길이 혹은 유역면적이 미치는 영향과 비슷하다.

(2) 하천경사

하천종단도(longitudinal river profile)는 유역경계선으로부터 하천의 출구지점까지 하천의 수평거리에 대한 하천바닥 표고를 나타낸 곡선이며, 하천경사(stream slope)는 하천종단도 상에서 임의의 두 지점 간의 표고차와 수평거리의 비로 정의된다.

일반적으로 하천경사는 유역경사와 비례관계가 있는 것으로 볼 수 있으며, 유역경사는 유역의 지표면 흐름속도를 지배하는 반면, 하천경사는 하도 내 흐름속도를 지배하므로 하천 경사가 크면 유출속도가 빨라져서 하도의 도달시간이 짧아지고, 첨두유출량은 커지며, 첨두 유출량에 도달하는 시간은 짧아진다.

(3) 하천밀도

하천밀도(stream density) 혹은 배수밀도(drainage density)는 하천유역 내 모든 하천의 길이를 총 유역면적으로 나눈 값으로 유역의 단위면적당 평균하천길이를 말한다.

하천밀도가 높다는 것은 유역의 단위면적당 평균하천길이가 길다는 것을 의미하므로 유역에 내리는 호우에 대한 유출응답이 빨라서 배수가 양호함을 의미하며 이는 토양의 투수성이 낮고 경사가 급하며 식생피복이 빈약한 지역의 경우이다. 반대로 하천밀도가 낮으면 유출응답은 느려서 배수가 불량해짐을 의미하며, 이는 토양의 투수성이 높고 기복이 심한 지역의 경우이다.

(4) 하천횡단면

유역 내에 흐르는 하천의 횡단면 특성은 하도의 유출능력에 큰 영향을 미치며 각종 수문분석 및 수리설계에 대단히 중요한 자료가 된다.

일반적으로 유역의 상류부에 있는 소하천의 경우 하천횡단면은 단순한 V-자형을 가지나, 하류부로 내려오면서 유역면적이 커지면 U-자형의 사각형 혹은 사다리꼴 단면으로 변화하며, 유역면적이 더 커지면 반복되는 홍수로 인해 홍수터(flood plain)가 생성되고, U-자형 저수로는 홍수터 사이에 위치하게 된다.

하천횡단면은 홍수로 인한 침식 및 퇴적현상으로 인해 끊임없이 변하며, 때로는 교량이나 보 건설 등 홍수터의 인위적인 개발로 인해 하천횡단면적이 감소되어 하천의 홍수소통능력에 지장을 초래하기도 한다. 따라서, 하천의 횡단면은 하도 내의 유출능력을 크게 지배한다는 측면에서 보면 횡단면적의 축소를 피하고 가급적 통수능력을 크게 확보하는 것이 중요하다.

(5) 하천유로의 조도

하천유로의 거칠은 정도를 표시하는 조도(roughness)는 유출특성에 큰 영향을 미친다. 지표면의 조도는 표면류의 흐름속도를 완만하게 하여 침투능을 증가시키는 반면에 토양침식을 완화시킨다. 또한, 하천의 하도 내 조도도 지표면 유출의 경우와 비슷한 영향을 미친다.

5.5 강우-유출 관계 분석방법

이수목적을 위해서는 평상시에 간헐적으로 내린 강우사상으로 인한 수위관측소에서의 일평균수위를 측정하여 일 평균유량으로 환산한 자료를 사용하거나, 혹은 장기 강우-유출 수문모형을 사용하여 일유량의 모의에 의해 하천유량자료를 획득한다. 이와 같은 이수목적의 유량자료를 이용해서 각종 수문설계량을 결정하게 된다.

한편, 치수목적의 수공구조물의 설계를 위해서는 홍수를 소통시키거나 저류시켜야 할 구조물의 크기를 결정하기 위해 설계홍수량(design flood)을 결정해야 한다. 이를 위해서는 강우와 유출 간의 관계를 분석하여 설계 대상 호우가 발생했을 때 유역 출구에서의 홍수량의 시간적 분포가 어떠하고, 첨두홍수량은 얼마이며, 발생시각은 언제인지 등을 결정해야 하며 이러한 분석이 바로 유역의 강우-유출관계 분석(rainfall-runoff analysis)이다.

5.5.1 유역의 크기 분류

이수목적의 유량자료분석은 연중 계속되는 하천유량자료 계열을 갈수에 대비하여 연속적으로 분석하는 반면, 치수목적의 홍수량 자료는 주요 호우사상별로 강우-유출 관계를 분석하게 된다. 홍수시의 한 유역의 강우-유출 관계는 유역면적의 크기에 따라 분석방법에 있어서 상당한 차이가 있다. 수문학적으로 소유역(small catchment)이라 함은 유역에 내리는 강우의 분포가 시간적 및 공간적으로 크게 변하지 않고 일정하며, 강우지속시간이 유역의 도달시간보다 길며, 유출의 대부분이 지표면을 따라 흐르는 표면류이기 때문에 하도의 저류효과는 무시할 수 있다고 가정할 수 있는 크기의 유역이다. 일반적으로 유역면적이 $2.5 \, \text{km}^2$ 보다 작거나 유역의 도달시간이 1시간 이내인 유역을 소유역으로 분류하고 있다.

한편, 수문학적으로 중규모 유역(midsize catchment)은 유역에 내리는 강우의 강도가 호우지속시간 동안 시간적으로는 변한다고 보나, 공간적으로는 변하지 않고 일정한 분포를 가지며, 유출은 표류수뿐만 아니라 하도유출(stream channel flow)로 구성되지만, 하도 내 유출로 인한 저류효과는 무시할 수 있을 정도로 작다고 가정할 수 있는 크기의 유역이다. 중규모 유역의 경우 호우지속기간의 강우강도가 시간적으로는 변하나 공간적으로는 일정하다고 가정하므로 단위유량도(unit hydrograph)의 적용에 의한 강우-유출 관계분석이 가능하다.

유역면적이 상당히 큰 대하천 유역(large catchment)의 경우는 호우지속기간이 공간적으로 다를 뿐 아니라 강우강도의 시간적 분포 또한 공간적으로 달라지며, 유출은 하도유출이 대부분을 차지하게 되어 하도저류효과가 큰 역할을 하게 된다. 또한, 유역면적이 큰 하천유역을 한 덩어리의 유역으로 취급할 경우에는 단위유량도의 여러 가정이 적용될 수 없으므로 대하천유역을 단위유량도의 적용이 가능한 수준의 소유역으로 나누고 하천을 여러 개의 하도구간으로 분할하여 유역추적 및 하도추적을 조합적용하여 산정지점별 홍수량을 계산하게 된다.

5.5.2 합리식에 의한 소유역의 첨두홍수량 산정

치수목적의 수공시설물 중 홍수량의 안전한 소통으로 침수를 방지하기 위한 시설에는 비행장의 배수로, 도시우수관거, 도로암거, 주차장 배수시설 등이 있으며, 이들의 크기를 결정하기 위한 첨두홍수량의 산정방법들이 많이 개발되어 왔다. 이들 방법에서는 설계호우로 인한 유역출구에서의 완전한 홍수수문곡선을 계산하는 것이 아니라 첨두홍수량의 크기만을 결정하는 것이며, 대표적인 방법으로는 합리식이 있다.

(1) 합리식 및 기본 가정

만약 일정한 강도의 강우가 불투수면에 내리면 그 불투수면으로부터의 단위면적당 유출률은 그림 5.16에서 보는 바와 같이 차차 증가하여 결국 강우강도와 동일하게 되어 평형상태(equilibrium condition)에 도달하게 된다. 이러한 평형상태의 도달에 소요되는 시간은 강우로 인한 유수가 그 유역 내의 가장 먼 지점으로부터 주유로를 따라 유역출구까지 도달하는 데 소요되는 시간과 같으며 이를 유역의 도달시간(time of concentration) t_c라 부른다.

만약 작은 면적의 불투수 지역 내에 일정한 강도의 강우가 그림 5.16에서처럼 t_c보다 긴 시간 동안 계속되면 첨두유량은 t_c시간부터 강우강도 I에 유역면적 A를 곱한 값과 같아질 것이다. 한편, 자연상태의 유역에 있어서는 침투현상에 의한 강우량의 손실이 필연적으로 발생하므로 감소계수(C)를 곱하여 첨두유량을 산정하게 된다. 즉

$$Q = CIA \tag{5.12}$$

여기서, Q는 유역출구에서의 첨두유량(ft^3/sec)이며, I는 지속기간이 t_c인 강우강도(in/hr), A는 유역면적(acre)을 표시하며, C는 배수유역의 특성에 따라 결정되는 감소계수인 유출계수

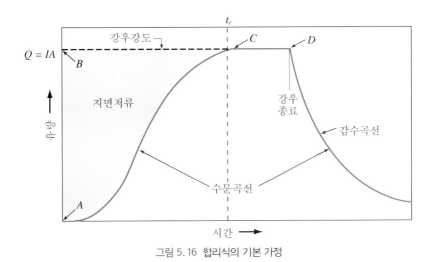

그림 5.16 합리식의 기본 가정

(runoff coefficient)이다. 식 (5.12)를 합리식(rational formula)이라 부르게 된 이유는 식의 좌우변의 단위가 서로 일치하기 때문이다. 즉 $1.008\,\text{ft}^3/\text{sec}=1\,\text{in.acre}/\text{hr}$이므로 I를 in./hr, A를 acre 단위로 표시하면 Q는 ft^3/sec가 된다.

식 (5.12)를 SI 단위제로 표시하기 위하여 I를 mm/hr, A를 km^2 단위로 사용할 때 m^3/sec로 표시되는 유량은 단위환산계수를 곱하여 식 (5.13)과 같이 표시할 수 있다.

$$Q = 0.2778\,CIA = \frac{1}{360}\,CIA' \tag{5.13}$$

여기서, A'은 유역면적을 헥타르(ha) 단위로 표시한 것이다.

합리식의 유도에는 다음과 같은 가정이 전제된다.

① 강우강도 I는 도달시간 내에는 변하지 않고 일정하다.
② 도달시간 t_c는 유역 내의 가장 먼 지점에서 유역출구까지 물이 유하하는데 소요되는 시간이다.
③ 유역의 유출계수 C는 강우지속 기간 동안 일정하다.
④ 첨두유량의 재현기간은 일정한 강우강도의 재현기간과 같다.

(2) 합리식의 매개변수 결정방법

① 유역면적(A)

유역면적은 축척이 표시되어 있는 지형도상에서 구적기로 측정하거나 수치지도에서 산출하며, 필요한 경우 토지이용 및 식생피복형별로 구분된 면적을 각각 결정한다.

② 유출계수(C)

일반적으로 유출계수는 유역의 피복특성에 따라 표 5.7~표 5.8을 참고로 하여 결정할 수 있다.

표 5.7 합리식의 유출계수(도시유역)

토지이용상태		유출계수	표면상태		유출계수
상업 지역	도심지역	0.70~0.95	포장 지역	아스팔트	0.70~0.95
	근린지역	0.50~0.70		콘크리트	0.70~095
주거 지역	단독주택	0.30~0.50		벽돌	0.70~0.85
	독립주택단지	0.40~0.60	지붕		0.75~0.95
	연립주택단지	0.60~0.75	잔디	사질토 (sandy soil)	평탄 (2% 이하)	0.05~0.10
	교외지역	0.25~0.40			보통 (2~7%)	0.10~0.15
	아파트	0.50~0.70			급경사 (7% 이상)	0.15~0.20
공업 지역	산재지역	0.50~0.80		중토 (heavy soil)	평탄 (2% 이하)	0.13~0.17
	밀집지역	0.60~0.90			보통 (2~7%)	0.18~0.22
공원, 묘역		0.10~0.25				
운동장		0.20~0.35			급경사 (7% 이상)	0.25~0.35
철도지역		0.20~0.35				
미개발지역		0.10~0.30				

표 5.8 합리식의 유출계수(자연유역)

유역상태		토양구조별 유출계수		
		성긴 사양토 (open sandy loam)	점토 및 양토 (clay and loam)	조밀한 점토 (tight clay)
산지 (woodland)	0~5% 경사	0.10	0.30	0.40
	5~10% 경사	0.25	0.35	0.50
	10~30% 경사	0.30	0.50	0.60
초지 (pasture)	0~5% 경사	0.10	0.30	0.40
	5~10% 경사	0.16	0.36	0.55
	10~30% 경사	0.22	0.42	0.60
경작지 (cultivated land)	0~5% 경사	0.30	0.50	0.60
	5~10% 경사	0.40	0.60	0.70
	10~30% 경사	0.52	0.72	0.82

표 5.7~표 5.8의 유출계수 C값은 재현기간이 5~10년인 강수에 대해 추천된 값이므로 재현기간이 더 긴(30년, 50년 등) 강수의 경우에는 침투량 등 손실강우량이 유출에 미치는 영향이 작아지므로 유출계수는 더 큰 값을 가지게 된다.

③ 강우강도(I)

식 (5.13)의 강우강도 I는 유역의 도달시간 t_c를 강우의 지속기간 t로 가정하고 설계하고자 하는 소규모 수공구조물의 목적과 중요도에 따라 강우의 허용 재현기간을 선택하여

그림 2.26과 같은 강우강도−지속기간−재현기간 관계곡선으로부터 결정하게 된다. 따라서, 식 (5.13)에 의해 계산되는 홍수량 Q는 설계 강우강도 I와 동일한 재현기간(혹은 생기빈도)을 가진다는 가정을 전제로 하고 있다.

5.5.3 유역의 도달시간 결정방법

합리식에서 설계강우강도(I)의 지속시간으로 사용되는 도달시간(t_c)은 '해당유역 내의 가장 먼 지점으로부터 주유로를 따라 유역출구점까지 도달하는 데 소요되는 시간'이라 정의한다. 즉, 유역 내 가장 먼 지점으로부터 주유로의 시작점까지 흐르는 표면류(overland flow)의 유입시간(inlet time)과 주유로 시작점으로부터 유역출구점까지 흐르는 하도 내 흐름(channel flow)의 유하시간(travel time)의 합으로 볼 수 있다.

유역면적이 작은 소규모 유역의 경우는 짧은 유하시간에 비해 유입시간도 무시할 수 없으므로 도달시간은 유입시간(t_s)과 유하시간(t_t)의 합으로 산정해야 한다. 한편, 중규모 이상의 큰 유역의 경우는 유입시간이 유하시간에 비해 상대적으로 짧으므로 유입시간은 무시할 수도 있으며, 유하시간을 도달시간으로 취급하기도 한다.

(1) 유입시간의 산정공식

유역의 유입시간을 산정하기 위해 개발된 경험공식에는 여러 가지가 있으나 이들 공식들은 특정한 지역에서 한정된 측정 자료를 사용하여 개발되었으므로 개발과정에서 전제된 가정이나 여건에 맞게 적용해야 한다.

소규모 자연하천유역은 유역면적 $2.5 \ km^2$ 이내의 유역을 말하며, 이들 유역의 경우 유입시간은 산지유역의 경우 약 30분, 급경사 유역의 경우는 약 20분 정도로 추천되고 있으나, 지금까지 개발된 경험공식은 다음과 같다.

① Kerby 공식

자연 및 도시하천유역에 적용되는 Kerby 공식은 식 (5.14)와 같다.

$$t_s = 36.264 \frac{(Ln)^{0.467}}{S^{0.2335}} \tag{5.14}$$

여기서, t_s는 유입시간(min.), L은 표면류의 길이(km), S는 표류수의 시점과 종점 간 표고차(H)를 거리(L)로 나눈 무차원 경사이며, n은 Manning의 표면조도계수로서 포장지역은 0.02, 나지의 비포장 표면은 0.10, 식생이 없는 나지의 거친 표면은 0.20, 식생으로 피복된 표면은 0.40, 낙엽으로 덮힌 수목지역은 0.60, 초지와 산림이 우거진 표면은 0.80을 사용한다.

② 미국 연방항공청 공식

표면류의 유입시간을 산정하기 위한 미국 연방항공청(Federal Aviation Agency)의 공식은 식 (5.15)와 같다.

$$t_s = \frac{0.994(1.1 - C)L^{0.5}}{S^{1/3}} \tag{5.15}$$

여기서, t_s는 유입시간(min.)이며, C는 합리식의 유출계수, L은 표면류의 길이(m), S는 지표면의 경사(%)이다. 식 (5.15)는 미국 육군공병단(U.S. Corps of Engineers)이 비행장 배수시설에 대한 자료를 사용하여 개발한 식이며 도시유역의 표면류의 유입시간 산정에 흔히 사용되고 있다.

③ NRCS의 평균유속 방법

미국의 NRCS는 지표면과 하도 내 흐름의 평균유속을 각각 결정하여 각각의 흐름연장을 평균유속으로 나누어 유입시간과 유하시간을 산정함으로써 도달시간을 산정할 것을 제안하였다.

$$t_c = t_s + t_t \tag{5.16}$$

여기서, t_s는 표면류의 유입시간으로서 그림 5.17로부터 지표면의 토지이용상태와 평균경사에 따라 평균흐름유속을 결정하여 표면류의 연장 L을 평균유속 V로 나눔으로써 산정할 수 있다.

$$t_s = \frac{1}{60}\left(\frac{L}{V}\right) \tag{5.17}$$

한편, 식 (5.16)의 t_t는 하도를 통한 유하시간으로서 하도 내 흐름연장을 여러 개의 소구간으로 나누고 하도구간별 길이(L_i)와 평균경사(S_i)를 측정한 후 평균단면적(A_i)과

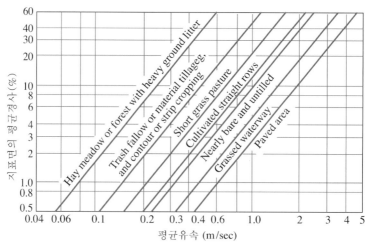

그림 5.17 지표면에서의 평균유속(NRCS 방법)

Manning의 조도계수(n_i)를 추정하여 Manning 공식으로 구간평균유속(V_i)을 구하고, 구간길이를 나누어 계산한 소구간별 유하시간을 합하여 구한다.

$$t_t = \sum_{i=1}^{N} t_{ti} = \sum_{i=1}^{N} \frac{L_i}{V_i} = \sum_{i=1}^{N} \frac{n_i L_i}{R_i^{2/3} S_i^{1/2}} \tag{5.18}$$

여기서, R_i는 소구간별 평균흐름단면의 동수반경(hydraulic radius)이다.

예제 5-02

배수용 구형단면수로($n=0.014$)로 배수되는 소유역의 도달시간을 구하고자 한다. 유역출구점에서 상류로 3 km되는 지점까지의 수로경사는 1/5,000이고 폭은 6 m, 설계수심은 1.5 m이며, 다시 상류로 4 km 더 뻗어 있는 수로의 경사는 1/2,000, 폭은 4 m, 수심은 1.0 m이다. 수로의 시점부터 유역경계까지의 지표면 연장은 200 m이고 평균경사는 2%이며 울창한 삼림지역이다. NRCS 방법으로 이 배수유역의 도달시간을 구하라.

풀이 NRCS의 유입시간 산정방법에 의하면, 그림 5.17에서 Forest 지역의 경사 2%일 때 평균유속 $V = 0.11 \text{ m/sec}$이다. 따라서

$$t_s = \frac{200}{0.11 \times 60} = 30.3 \text{ min.}$$

한편, Kerby의 유입시간 산정공식[식 (5.14)]을 사용하면($n = 0.80$ 채택)

$$t_s = 36.264 \times \frac{(0.2 \times 0.8)^{0.467}}{(0.02)^{0.2335}} = 38.42 \text{ min.}$$

두 방법에 의해 산정한 t_s는 비슷하므로 NRCS 방법을 채택하기로 한다.

수로의 시점에서 4 km까지의 구간에 대하여 식 (5.18)을 사용하면

$$t_{t1} = \frac{0.014 \times 4,000}{\left(\dfrac{4}{6}\right)^{2/3} (0.0005)^{1/2}} = 3,281.7 \text{ sec} = 54.7 \text{ min.}$$

4 km 지점에서 유역출구까지의 구간에 대한 유하시간은

$$t_{t2} = \frac{0.014 \times 3,000}{\left(\dfrac{6 \times 1.5}{6+3}\right)^{2/3} (0.0002)^{1/2}} = 2,969.8 \text{ sec} = 49.5 \text{ min.}$$

따라서 유역의 도달시간은

$$t_c = t_s + t_{t1} + t_{t2} = 30.3 + 54.7 + 49.5 = 134.5 \text{ min.}$$

(2) 유하시간의 산정공식

자연하천이나 도시하천 유역의 유하시간을 산정하기 위한 경험공식들도 여러 가지가 있으나 각 공식들은 특정목적을 가지고 제한된 실측자료로부터 개발되었기 때문에 개발된 대상유역의 특성과 공식에 들어 있는 매개변수의 정의 및 단위 등에 부합되도록 적용해야 한다.

① Kirpich 공식

미국에서 하천경사가 3~10%되는 테네시주의 7개 농경지 소하천 유역에서 계측한 자료를 사용하여 개발한 공식이다.

$$t_c = t_t = 3.976 \frac{L^{0.77}}{S^{0.385}}$$ (5.19)

여기서, t_c는 도달시간(min.)이고, L은 유역의 주유로를 따라 측정한 하천연장(km)이며, S는 유역출구점과 주유로를 따른 유역의 최원점 간의 표고차(ΔH)를 하천연장(L)으로 나눈 하천의 무차원 평균경사이다.

② Rziha 공식

자연하천의 상류부에 하천평균경사 $S \geq 1/200$인 경우에 적용하는 공식으로 매개변수들의 단위는 식 (5.19)에서와 같다.

$$t_c = 0.833 \frac{L}{S^{0.6}}$$ (5.20)

③ Kraven(I) 공식

자연하천의 중하류부에 하천평균경사 $S < 1/200$인 경우에 적용하는 공식으로 매개변수들의 단위는 식 (5.19)에서와 같다.

$$t_c = 0.444 \frac{L}{S^{0.515}}$$ (5.21)

④ Kraven(II) 공식

자연하천의 평균경사별 평균유속을 개략적으로 정하여 하천의 연장을 평균유속으로 나누어 유하시간을 산정하는 방법이다.

$$t_c = 16.667 \frac{L}{V}$$ (5.22)

여기서, 매개변수들의 단위는 식 (5.19)에서와 같으며, $S \leq 1/200$일 때의 $V = 2.1 \, \mathrm{m/sec}$, $1/200 < S < 1/100$일 때에는 $V = 3.0 \, \mathrm{m/sec}$, $S \geq 1/100$일 때에는 $V = 3.5 \, \mathrm{m/sec}$를 사용한다.

⑤ 서경대 공식

$$t_c = 0.214 \, L H^{-0.144}$$ (5.23)

여기서, 매개변수들의 단위는 식 (5.19)에서와 같으며, H는 고도차(m, 유역 최원점 표고와 홍수량 산정지점 표고의 고도차)이다.

⑥ NRCS의 유출곡선지수법

미국에서 유역면적이 2000 acres(약 $8 \, km^2$) 이하인 농경지 유역에서 계측한 자료를 이용하여 개발한 유역 지체시간(basin lag time)을 산정하는 공식을 사용하는 방법이다.

$$t_p = \frac{L^{0.8}(S+1)^{0.7}}{1900 \, Y^{0.5}} \qquad (5.24)$$

여기서, t_p는 유역의 지체시간(hr)이고, L은 하천유역의 총 연장(ft), Y는 유역 지표면의 평균경사(%)이며, 지표토층의 최대잠재보류수량인 $S = (1000/CN') - 10(\text{in.})$으로 CN'은 지표흐름에 대한 유역의 조도 정도를 표시하는 매개변수로 유역의 토지이용과 식생피복형 및 처리상태에 따라 결정되는 NRCS의 유출곡선지수(CN)와 거의 같은 값을 가지며 $CN' = 50 \sim 95$가 추천되고 있다.

NRCS에 의하면 한 유역의 지체시간(t_p)은 초과우량주상도의 중심시간으로부터 첨두유량 발생시간까지의 시간간격으로 정의되며, $t_p = 0.6 t_c$의 경험적 관계를 추천하고 있으므로 도달시간 t_c는 식 (5.24)로 계산되는 값을 0.6으로 나누어(1.67을 곱해서) 산정한다.

⑦ 도시우수관거를 통한 유하시간 산정

도시우수관거를 통한 흐름의 유하시간은 관로시스템의 상류에서 하류로 다양한 관로직경별 구간으로 나누어 구간거리를 평균유속으로 나누어 얻는 구간별 유하시간을 합산하여 구한다.

$$t_c = \frac{1}{60} \sum_{i=1}^{N} \frac{L_i}{V_i} \qquad (5.25)$$

여기서, t_c는 유하시간(min.)(또는 통과시간, travel time)이며, L_i와 V_i는 각각 관로직경별 관의 길이(m) 및 관 내 평균유속(m/sec)이고, V_i는 Manning의 평균유속 공식으로 결정할 수 있다.

5.5.4 합리식에 의한 첨두홍수량 산정 예

예제 5-03

그림 5.18과 같은 자연하천유역에서 소유역 A, B의 특성인자는 표 5.9와 같다.

(1) 소유역 A, B의 도달시간을 각각 구하여 이 유역 전체의 도달시간을 구하라. 단, 유입시간은 Kerby 공식을 사용하고 유하시간은 여러 가지 공식을 사용하여 산정한 후 한 가지를 택하라.

(2) 이 유역의 10년 빈도 강우강도식이 다음과 같을 때 10년 빈도의 설계홍수량을 산정하라.

$$I_T = \frac{1000 \, T^{0.2}}{(t+20)^{0.7}}$$

여기서, T = 설계재현기간(연), t는 설계강우지속기간(분)이고, I_T는 T년 빈도의 강우강도(mm/hr)이다.

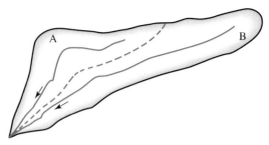

그림 5.18 자연하천 유역도

표 5.9 소유역별 유역특성인자

특성인자	소유역 A	소유역 B
유역면적 A (km^2)	0.4	0.6
하천연장 L (km)	1.0	1.8
하천평균경사 S (m/m)	0.086	0.122
수원부 표면류의 길이 (km)	0.1	0.2
조도계수 n	0.06	0.08
유출계수 C	0.6	0.3
고도차 H (m)	69	218

풀이 (1) $t_c = t_s + t_v$ 라 하고 Kerby 공식[식 (5.14)]을 사용하면, 유입시간(t_s)은 다음과 같이 계산된다.

$$\text{소유역 } A : t_s = 36.264 \frac{(0.1 \times 0.06)^{0.467}}{(0.086)^{0.2335}} = 5.90 \text{분}$$

$$\text{소유역 } B : t_s = 36.264 \frac{(0.2 \times 0.08)^{0.467}}{(0.122)^{0.2335}} = 8.59 \text{분}$$

한편, 유하시간(도달시간) 계산공식에 의해 소유역 A, B의 유하시간을 계산하면 표 5.10과 같다.

표 5.10 경험공식별 A, B 소유역의 유하시간 산정결과[단위: 분(min.)]

공식	Kirpich	Rziha	Kraven (I)	Kraven (II)	서경대
소유역 A	10.23	3.63	1.57	4.76	6.99
평균유속 V_A(m/sec)	1.63	4.59	10.62	3.50	2.38
소유역 B	14.05	5.30	2.36	8.57	10.64
평균유속 V_B(m/sec)	2.14	5.66	12.71	3.50	2.82

주: 평균유속 V_A, V_B는 각각 A, B유역의 하천연장을 공식별로 산정한 유하시간으로 나눈 값

표 5.10으로부터 알 수 있는 바와 같이 하천을 따른 흐름의 평균유속 측면에서 보면 Rziha 공식과 Kraven(I) 공식을 사용시 평균유속이 지나치게 크게 나와 유하시간이 너무 짧게 산정되는 반면, Kirpich 공식에 의한 평균유속은 지나치게 작아서 유하시간이 과도하게 산정되는 것으로 판단된다. 반면에, Kraven(II) 공식은 홍수시에 수용 가능한 평균유속 3.50 m/sec의 값을 주므로 Kraven(II) 공식에 의한 유하시간을 택하기로 한다. 따라서, 두 유역의 도달시간은 표 5.11과 같이 정리할 수 있다.

표 5.11 소유역별 도달시간

소유역	유입시간 t_s(분)	유하시간 t_f(분)	도달시간 t_c(분)
A	5.90	4.76	10.66
B	8.59	8.57	17.16

합리식에서 필요한 도달시간은 B유역의 도달시간이 A유역보다 크므로 A, B를 합한 전체 유역의 도달시간 $t_c = 17.16$분이 된다.

(2) 주어진 10년 빈도 강우강도식의 설계강우지속시간 $t = t_c = 17.16$분으로 놓으면,

$$I_{10} = \frac{1000 \times (10)^{0.2}}{(17.16 + 20)^{0.7}} = 126.17 \,\text{mm/hr}$$

한편, 유역의 평균유출계수는

$$\overline{C} = \frac{(0.6 \times 0.4) + (0.3 \times 0.6)}{(0.4 + 0.6)} = 0.42$$

따라서,

$$Q_{10} = 0.2778 \times 0.42 \times 126.18 \times 1.0 = 14.72 \,\text{m}^3/\text{sec}$$

예제 5-04

그림 5.19와 같이 서울시내에 위치한 주차장으로부터의 우수를 배제하기 위해 우수관거를 설계하고자 한다. 재현기간 10년인 호우에 대하여 설계하기로 결정했다면 우수관거 ab, bc, cd의 설계유량은 얼마나 되겠는가? 재현기간 10년에 해당하는 서울지역의 강우강도식은 $I = \dfrac{6630}{t + 37}$ mm/hr이며 각 주차장의 배수 면적, 유출계수 및 유입시간은 그림에 표시되어 있다. 우수관거 내의 유속은 2 m/sec로 가정하라.

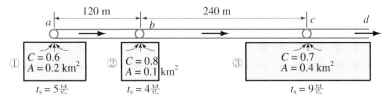

그림 5.19 주차장을 위한 배수망의 설계유량계산

풀이 (1) 우수관거 ab의 설계유량

a지점까지의 도달시간 $t_c = 5$ min.이므로 $I = \dfrac{6{,}630}{5 + 37} = 158$ mm/hr

따라서, 식 (5.13)으로부터

$$Q = 0.2778 \times 0.6 \times 158 \times 0.2 = 5.27 \,\text{m}^3/\text{sec}$$

(2) 우수관거 bc의 설계유량

b지점까지의 도달시간 $t_c = 5 + \dfrac{120}{2 \times 60} = 6$ min. 따라서 $I = \dfrac{6{,}630}{6 + 37} = 154$ mm/hr

평균 유출계수를 ①, ②번 주차장의 면적을 가중인자로 하여 계산하면

$$C_{1 \sim 2} = \frac{0.6 \times 0.2 + 0.8 \times 0.1}{(0.2 + 0.1)} = 0.67$$

식 (5.13)을 사용하면

$$Q = 0.2778 \times 0.67 \times 154 \times 0.3 = 8.60 \, \text{m}^3/\text{sec}$$

(3) 우수관거 cd의 설계유량

c지점까지의 도달시간 $t_c = 9 \, \text{min.}$

따라서 $I = \dfrac{6,630}{9 + 37} = 144 \, \text{mm/hr}$

평균 유출계수를 ①, ②, ③번 주차장의 면적을 가중인자로 하여 계산하면

$$C_{1 \sim 2 \sim 3} = \frac{0.6 \times 0.2 + 0.8 \times 0.1 + 0.7 \times 0.4}{(0.2 + 0.1 + 0.4)} = 0.68$$

식 (5.13)을 사용하면

$$Q = 0.2778 \times 0.68 \times 144 \times 0.7 = 19.0 \, \text{m}^3/\text{sec}$$

5.5.5 월 강우량과 월 유출고 간의 관계

수문실무에서는 흔히 저수지의 소요용량 결정이라든지 저수지 운영조작분석 등을 위해 월별, 계절별 혹은 연별 유출용적에 관한 자료를 필요로 할 경우가 많다. 이와 같이 시간장경이 비교적 긴 유출량을 강우–유출 상관관계에 의해 획득한다는 것은 쉽지 않다. 왜냐하면 유출에 영향을 미치는 여러 인자들이 호우기간별로 너무나 다양하게 변화하기 때문이다.

그러나 온대지방이나 열대성 기후를 가지는 지역에서의 이들 관계는 그림 5.20과 같이 양호한 상관성을 보일 경우도 있다. 즉, 그림 5.20의 관계곡선은 어떤 유역의 연 강우량과 연 유출고 간의 관계를 표시하고 있으며, 이를 사용하여 연 강수량으로부터 연 유출고를 추정할 수 있다.

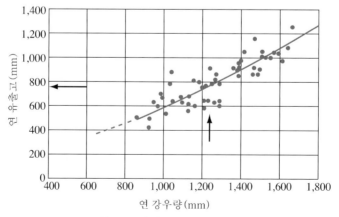

그림 5.20 연 강우량–연 유출고 관계

우리나라와 같이 유출기록이 충분하지 않고 측정지점의 수가 한정되어 있을 경우 유역의 어떤 지점에 수자원개발 혹은 관리를 위한 수공구조물을 설계하고자 할 때에는 수계상의 어떤 지점에서의 수자원 부존량을 계산하기 위한 방법이 필요하다. 이때 강우량과 유출고 간의 관계가 적절히 수립되어 있다면 측정이 용이한 월별 혹은 연별 강우량을 유출고로 환산 사용할 수 있다. 현재 우리나라의 수문실무에서 미계측지점의 월 유출고를 산정하기 위해 가끔 사용되고 있는 방법인 가지야마(梶山, Kajiyama)의 월 유출고 공식은 식 (5.26)과 같다.

$$R = \sqrt{P^2 + (138.6f + 10.2)^2} - 138.6f + E \qquad (5.26)$$

여기서, P는 월별 강우량(mm)이고, f는 유역의 유출특성에 관계되는 계수로서 표 5.12와 같은 값이 추천되어 있으며, E는 월별 강우량의 크기에 따른 갱정계수(mm)로서 3, 7, 8, 11, 12월의 경우는 영(zero)이고 기타 월의 경우는 표 5.13을 사용하여 결정한다. 식 (5.26)의 적합성에 대한 검토는 아직까지 실시된 바 없으나 유출자료가 전혀 없는 지점에 대한 유하량의 추정을 가능하게 하는 방법이 현재로서는 없으므로 이를 가끔 사용하고 있는 실정이다.

표 5.12 유역의 유출특성상수 (가지야마 월 유출고 공식)

유역특성	f
경작지 및 임야가 많고, 경사가 완만하여 손실우량 과대	1.4
경작지 및 임야가 많고, 경사가 완만하여 손실우량 대	1.2
경작지 및 임야가 많고, 경사가 완만하여 손실우량 중	1.0
경작지 및 임야가 적고, 경사가 급하여 손실우량 소	0.8
경작지 및 임야가 적고, 경사가 급하여 손실우량 최소	0.6

표 5.13 월별 갱정계수 E값

월 강우량 (mm/mon)	1	2	4	5	6	9	10	비고
0	-2.5	-2.5	5.0	–	-2.0	6.0	7.0	3, 7, 8, 11, 12월에 대한 갱정계수 $E = 0$
10	-2.0	-2.0	5.5	–	-3.0	6.4	6.3	
20	-1.5	-1.5	6.0	–	-4.0	6.8	5.6	
30	-1.0	-1.0	7.5	–	-6.0	7.2	4.9	
50	–	–	8.5	-2.4	-9.0	8.0	3.5	
70	–	–	9.0	-3.6	-12.0	8.8	2.1	
80	–	–	10.5	-6.0	-17.0	9.2	1.4	
100	–	–	5.0	-12.0	-20.0	10.0	–	
150	–	–	–	-6.0	-26.0	11.0	–	
200	–	–	–	–	-30.0	12.0	–	
250	–	–	–	–	-22.5	9.0	–	
300	–	–	–	–	-15.0	6.0	–	

5.1 다음 표에 수록된 자료를 사용하여 하천유량을 계산하라.
유속계의 검정상수 A 및 B[식 (5.1)]의 값은 각각 0.1 및 0.7로 결정되었다.

좌안으로부터의 거리 (m)	총 수심 (m)	수면으로부터 유속계까지의 수심 (m)	회전수 (rev)	측정시간 (sec)
0.8	0.4	0.24	10	40
1.6	1.4	1.12	22	45
		0.28	35	42
2.4	2.1	1.68	28	43
		0.42	40	48
3.6	2.5	2.00	32	48
		0.50	45	50
4.4	1.7	1.36	28	35
		0.34	33	36
5.2	0.9	0.54	22	40
6.0	0.3	0.18	12	39
6.8	0			

5.2 어떤 하천 단면에서의 수위와 유속 관측자료가 다음과 같을 때 하천유량을 계산하라.

좌안으로부터의 거리(m)	수심(m)	평균유속 (m/sec)
0	0.0	0.00
12	0.1	0.37
32	4.4	0.87
52	4.6	1.09
72	5.7	1.34
92	4.3	0.71
100	0.0	0.00

5.3 정릉천 용두인도교 수위표지점에서의 2002년 수위(H)와 유량(Q)의 고수위관계를 관측한 결과로부터 Rating-Curve를 작성하였더니 아래 그림과 같이 직선관계로 나타났다. 수위-유량 관계곡선을 구하고 수위 EL. 18 m일 때의 유량을 추정하라.

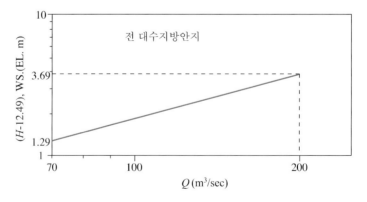

5.4 유역면적이 3500 km²인 유역에 내린 집중호우로 인한 일 평균유량은 다음 표와 같다.

일자	1	2	3	4	5	6
일 평균유량 (m3/sec)	96.0	313.5	197.4	96.9	46.8	20.1

이 호우로 인한 유역의 총 유출용적을 mm 및 m³ 단위로 계산하라.

5.5 어떤 소하천유역의 지형특성자료가 다음과 같을 때 이 유역의 유입시간과 유하시간을 산정하여 도달시간을 결정하라.

- 하천연장(L): 1.5 km
- 표면류연장(L_0): 0.2 km
- 하천평균경사(S): 0.02
- 조도계수(n): 0.05

5.6 어떤 유역에 대한 강우강도(I)-지속기간(t)-재현기간(T)의 관계식은 $I = \dfrac{2T^2}{t}$ 으로 표시된다. 배수면적이 15 ha인 운동장의 출구지점에 대한 재현기간 20년인 설계배수량을 구하라. 이 배수구역의 도달시간은 10분으로 추정되었으며 운동장의 유출계수로서는 최대값을 사용하라.

5.7 경주시에 위치한 소황천 상류부의 면적 0.8 km²인 소유역에 적용할 수 있는 50년 빈도의 강우강도식은 $I = \dfrac{307}{t_c^{0.3304}}$ 로 표시될 수 있다. 유역의 평균경사는 0.120이며 유로연장은 약 1.5 km이다. 기존 유역의 토지 이용상태 및 식생피복상태로 보아 유출계수는 0.30이 적합할 것으로 판단되었으며 이 지역을 관광목적으로 개발한 후의 유출계수는 0.45로 증대될 것으로 판단하였다. 개발 전후의 계획홍수량을 계산하여 홍수량이 몇 % 정도 증가할 것인가를 검사하고 개발 후에 계획 홍수량이 증가하는 이유를 설명하라.

5.8 예제 5-04에서 유역 1, 2, 3의 유출계수가 각각 0.4, 0.5 및 0.9이고 도달시간이 7분, 3분, 5분이며, 유역면적이 각각 0.4 km², 0.1 km² 및 0.3 km²라면 우수관거 ab, bc, cd를 위한 계획배수량은 각각 얼마나 되겠는가?

5.9 폭이 120 m이고 길이가 240 m인 직사각형 주차장의 도달시간은 20분으로 추정되었다. 이 도달시간 20분 중 15분은 지표면 유하(overland flow)에 소요되는 시간이며 주차장의 중앙에 위치한 배수구의 도달시간이 나머지 5분이다. 이 주차장에 10 mm/hr의 강도로 5분간만 비가 내렸다면 주차장 출구에서의 첨두홍수량은 얼마가 되겠는가? 유출계수는 0.85로 가정하라.

5.10 유역면적이 0.25 km², 유출률이 0.6인 유역의 6시간 확률강우량 300 mm를 배제할 수 있는 배수관의 최소 단면적은 얼마인가? 단, 배수관내 유속은 2 m/s로 가정하라.

5.11 유역면적이 200 km²인 어떤 유역의 월 평균강우량은 아래 표와 같다. 가지야마 월 유출고 공식을 사용하여 월 유출고를 산정한 후 연간유출 용적을 계산하라. 이 유역으로부터의 연간수자원 손실량은 얼마인가? 이 유역의 유출특성상수 $f=0.8$로 가정하라.

월별	1	2	3	4	5	6	7	8	9	10	11	12	계
평균우량(mm)	22	31	47	70	72	170	275	242	130	43	36	17	1155

Chapter

06 수문곡선 해석 및 합성

6.1 수문곡선 해석과 합성의 개념

유역이나 하도의 저류효과가 크지 않은 소하천 유역의 경우 각종 수공구조물의 설계를 위해서는 첨두홍수량(peak flood discharge)만 결정하면 되는 경우가 대부분이다. 예를 들면, 도로의 암거나 공항의 배수시설, 도시우수관거시스템, 소하천의 교량단면설계 등이 이에 속한다. 그러나, 하천에 설치되는 댐이나 저류지 등의 인공수리구조물이나 하천제방 등으로 형성되는 하도 등의 저류효과가 큰 중규모 이상의 하천유역에서는 첨두홍수량뿐만 아니라 유출의 총 부피 및 시간적 분포를 표시하는 완전한 수문곡선(hydrograph)을 하천의 해당 단면에 대하여 결정해야 하며, 이를 위해서는 수문곡선해석 및 합성기법을 적용해야 한다.

수문곡선 해석 및 합성의 개념을 설명하기 위해서는 물의 순환과정을 그림 6.1(a)에 표시한 것처럼 하나의 시스템으로 보는 것이 편리하다. 즉, 그림 6.1(b)의 우량주상도는 물의 순환시스템인 하천유역의 입력함수이고, 유출수문곡선은 출력함수이며, 뒤에서 소개할 단위유량도(unit hydrograph)는 일종의 강우−유출관계 수립을 위한 변환함수(transfer function)이다.

수문곡선해석의 근본적인 목적은 한 유역에 내린 강우와 그로 인한 유출 사이의 관계를 분석함으로써 변환함수를 구하는 것이다. 일단 변환함수를 구하고 나면 임의의 설계강우가 대상유역에 발생할 경우에 예상되는 유출수문곡선을 계산할 수 있다.

수문곡선 해석에 있어서 시스템의 입력함수인 우량주상도(rainfall hyetograph)는 초기손실(initial abstraction)과 침투손실(infiltration loss), 그리고 유효우량(rainfall excess or effective rainfall)으로 구분할 수 있다. 초기손실은 강우로 인한 직접유출(direct runoff)이 시작되기 이전에 발생하는 손실우량이며, 침투손실은 직접유출이 시작되어 계속되는 동안 침투로 인해 발생하는 손실우량이고, 유효우량은 직접유출로 나타나는 강우의 성분을

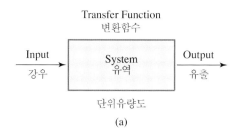

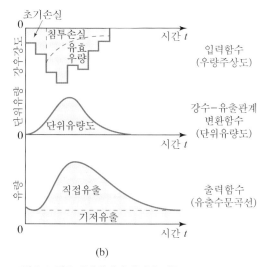

그림 6.1 강우-유출관계의 개념적 모형

의미한다. 그러나, 이들 강우의 3개 구성성분의 분류에서 초기손실우량은 침투손실에 포함시키는 경우가 많아 손실우량과 유효우량의 두 가지로 분류하여 해석하는 것이 보통이다.

한편, 그림 6.1(b)의 유출수문곡선은 직접유출(direct runoff)과 기저유출(base runoff)로 구분한다. 직접유출은 유효우량으로 인한 유출의 시간적 변화를 표시하며, 강우-유출관계 변환함수인 단위유량도는 유효우량을 직접유출로 변환시키며, 기저유출은 해당유역에 발생한 과거 호우사상으로 인해 누적된 지하수가 하천유량으로 나타나는 유출의 성분을 의미한다.

수문곡선의 해석에 의해 유역의 강우-유출관계 변환함수인 단위유량도가 얻어지면 동일유역에 특정 설계강우가 발생할 경우 설계우량주상도를 단위유량도에 적용함으로써 유출수문곡선을 계산할 수 있으며, 이를 수문곡선합성(hydrograph synthesis)이라 한다.

강우-유출관계 자료가 있는 계측유역의 경우는 변환함수인 단위유량도의 유도가 가능하므로 설계우량주상도에 대한 설계유출수문곡선을 계산할 수 있으나, 미계측유역의 경우는 강우-유출관계 자료로부터 단위유량도 유도가 불가능하므로 단위유량도를 유역의 유출특성인자를 고려하여 합성하는 방법을 사용한다. 이를 합성단위유량도법(synthetic unit hydrograph)이라 한다. 따라서, 미계측 유역에 대해서는 단위유량도를 우선 합성한 후에 설계우량주상도에 대한 설계유출수문곡선을 합성하게 된다.

요약하면, 수문곡선의 해석은 우량주상도와 유출수문곡선 자료를 가지고 단위유량도를 유도하는 것이며, 수문곡선의 합성은 유도되거나 합성된 단위유량도를 사용하여 우량주상도를 유출수문곡선으로 변환시키는 것이라 할 수 있다.

6.2 수문곡선의 구성 및 변화

6.2.1 수문곡선의 구성

독립 호우사상으로 인한 임의 하천단면에서의 총 하천유량의 시간적 분포를 표시하는 수문곡선은 그림 6.2에 표시된 바와 같이 여러 가지 요소로 구성된다.

강우가 시작되면 차단, 침투 등에 의한 초기손실이 있게 되고 손실률이 점점 작아져서 강우강도보다 작아지면 지표면 유출에 의해 크고 작은 수로를 통해 흐르게 된다. 강우가 계속되는 동안 손실은 계속되나 그 율은 점점 감소되며, 우량주상도는 손실과 유효우량으로 구분할 수 있다. 초기손실이 만족되면 직접유출(direct runoff)은 상승부곡선(rising limb)을 그리며 계속 증가하여 결국 첨두유량(peak flow)에 이르게 된다. 유효우량주상도의 중심선으로부터 첨두유량이 발생하는 시각(혹은 직접유출수문곡선의 중심시각)까지의 시간차를 유역 지체시간(basin lag time)이라 한다. 첨두유량에 일단 도달하고 나면 다음 호우발생시까지 유출은 하강부곡선(falling limb) 혹은 감수곡선(recession curve)을 따라 점차 감소하게 된다. 이 동안 침투와 침루는 계속되어 지하수위를 상승시킴으로써 하천유량에 더 많은 보탬을 주게 되며 시간이 지남에 따라 지하수 감수곡선(groundwater depletion curve)을 따라 더욱더 감소하게 된다.

그림 6.2의 수문곡선의 일반적인 구성에서 상승부의 모양은 대체로 강우의 특성에 의해 좌우되고, 하강부의 변곡점(inflection point)은 유역으로부터의 직접유출이 끝나는 시각을

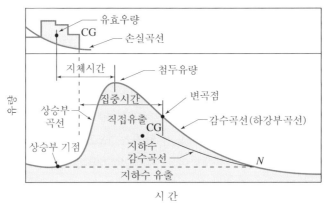

그림 6.2 수문곡선의 구성

표시하는 것으로 풀이된다. 유효강우가 끝나는 시각부터 변곡점까지의 시간은 유역의 도달시간 (혹은 집중시간, time of concentration)과 같은 것으로 해석된다. 변곡점 이후의 시간에 따른 유량변화를 나타내는 감수곡선은 유역 내의 저류수가 하천으로 방출되는 것으로 보며 감수곡선 의 모양은 강우특성과는 거의 무관하고 오히려 지하토층 혹은 대수층의 특성에 따라 좌우된다.

6.2.2 호우 및 토양수분조건에 따른 수문곡선의 변화

그림 6.3은 건기에 하천으로 흘러들어오는 유출구성성분을 나타낸 것이다. 하천이 위치한 배수 유역에 호우가 발생하면 수문곡선의 모양은 여러 가지 조건에 따라 각각 변하게 된다. 특히, 강우강도(rainfall intensity), 침투율(rate of infiltration), 침투수량(volume of infiltrated water), 토양수분미흡량(soil moisture deficiency), 강우지속기간(rainfall duration)이 유출의 4가지 중요 구성성분인 지표면 유출, 중간 유출, 지하수 유출 및 수로상 강수에 미치는 영향을 살펴 보면 다음과 같다.

첫째 경우는 강우강도(I)가 침투율(f_i)보다 작고 침투수량(F_i)이 토양수분 미흡량(M_d)보 다 작을 경우, 즉 $I < f_i$이고, $F_i < M_d$인 경우이다. 호우로 인한 중간유출이나 지하수 유출 이 하천유량을 증가시키려면 침투수량이 토양수분 미흡량보다 커야 한다. 여기서 토양수분 미흡량이란 토양이 수분으로 완전히 포화되는 데 필요한 물의 양과 토양이 함유하고 있는 실제 수분량의 차를 뜻한다. 지표면 유출은 $I > f_i$일 때에만 생기게 되므로 이 경우에 하천 유량을 증가시키는 유일한 인자는 수로상 강수이며 이때의 수문곡선은 그림 6.4(a)에 표시 된 것처럼 수로상 강수로 인해 시간에 따라 유량이 조금씩 증가하게 된다.

두 번째 경우는 $I < f_i$이고, $F_i > M_d$인 경우로서 호우로 인한 지표면 유출은 없고 토양이 수분으로 포화상태에 도달하여 중간유출과 지하수 유출(그림 6.4(b)에 Δ로 표시)이 시작되 며 이로 인해 수로상 강수와 함께 그림 6.4(b)와 같은 수문곡선이 된다.

세 번째 경우는 $I > f_i$이고, $F_i < M_d$인 경우로서 이 상태에서는 지표면 유출과 수로상 강수로 인하여 하천유량이 증가하나 호우로 인한 지하수위의 상승은 없게 된다. 이때의 수 문곡선은 그림 6.4(c)와 같이 변하게 된다.

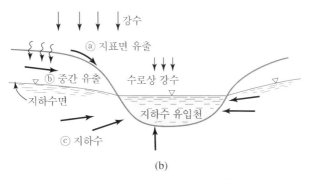

(b)

그림 6.3 건기 하천으로의 유출구성성분

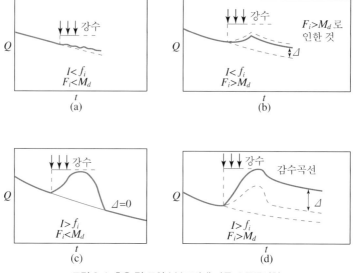

그림 6.4 호우 및 토양수분조건에 따른 수문곡선형

마지막 경우는 $I > f_i$이고, $F_i > M_d$인 경우로서 이는 통상 대규모 호우로 인한 홍수시에 발생한다. 하천유량은 수로상 강수, 지표면 유출, 중간유출 및 지하수 유출(그림 6.4(d)에 Δ로 표시)에 의하여 증가하게 되며 수문곡선은 그림 6.4(d)와 같아진다. 이 경우엔 대체로 하천수위가 그 부근 지역의 지하수위보다 높아져서 그림 6.4와 같이 하천유량의 일부가 제방을 침투하여 지하수위를 상승시키게 된다.

6.3 수문곡선의 분리

비교적 큰 호우로 인한 수문곡선은 그림 6.4(d)의 경우에 발생하며, 이는 전술한 바와 같이 지표면 유출, 중간유출, 지하수 유출 및 수로상 강수의 네 가지 성분에 의한 것이다. 그림 6.5는 그림 6.4(d)를 확대한 것으로 어떤 호우로 인한 해당유역 출구에서의 하천유량의 시간적 변화를 나타낸다. 각 시각에 있어서의 유량은 호우 이전의 하천유량에다 호우로 인하여 생긴 유량을 합한 것이므로 특정 호우와 그로 인한 유출 간의 관계를 분석하기 위해서는 우선 총 유량으로부터 특정 호우로 인해 발생된 유량을 분리시키지 않으면 안된다.

총 유출량은 직접유출량과 기저유출량(혹은 지하수 유출량)으로 구분되며 직접유출량은 유효우량에 해당하는 유출분으로서 지표면 유출(그림 6.5의 ⓐ)과 수로상 강수(그림 6.5의 ⓓ), 그리고 중간유출(그림 6.5의 ⓑ)을 포함시켜 취급한다. 따라서 독립호우(isolated rainfall)로 인한 단순 수문곡선 해석의 첫 단계는 그림 6.5의 ACB와 같은 곡선으로 기저유출분(그림 6.5의 ⓒ)을 직접유출분과 분리시키는 일이다.

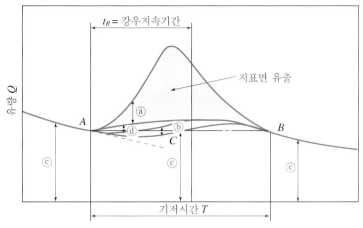

그림 6.5 수문곡선을 구성하는 각종 유량

(1) 주 지하수 감수곡선법

이 방법은 해당 관측점에 대한 주 지하수 감수곡선(master groundwater depletion curve)을 과거 수문곡선으로부터 작성하여 사용하는 방법으로서 주 지하수 감수곡선을 작성하는 절차는 다음과 같다. 우선 수년간의 연속적인 유량기록을 그림 6.6(a)와 같이 일련의 수문곡선으로 표시한 후 각 수문곡선의 감수곡선(recession curve) 부분을 택하여 그림 6.6(b)와 같이 유량 Q의 대수값($\log Q$)을 시간에 따라 표시한다($a \sim b$, $c \sim d$, … 등). 그 다음에는 그림 6.6(b)에 표시된 각 감수곡선의 최저 $\log Q$값에 대략적으로 접선을 긋는다. 이 곡선의 종축좌표를 다시 선형좌표로 바꾸어 그림 6.6(c)와 같이 표시함으로써 주 지하수 감수곡선을 얻는다. 이와 같이 얻은 곡선은 해당 관측점에 있어서의 지하수의 장기 감소특성을

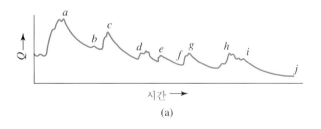

(a)

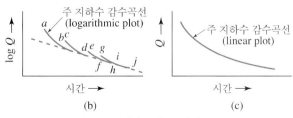

(b)   (c)

그림 6.6 주 지하수 감수곡선의 유도

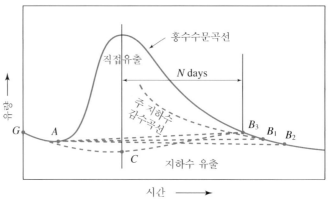

그림 6.7 단순 수문곡선의 분리

나타내므로 이를 그림 6.7과 같이 실제로 관측된 수문곡선의 지하수 감수곡선부분에 겹쳐서 두 곡선이 분리되는 점 B_1을 결정하게 된다. 점 B_1이 결정되면 이 점과 상승부 기점 A를 직선으로 연결하여 직접유출과 기저유출을 분리하는 것이다.

(2) 수평직선 분리법

그림 6.7에서 수문곡선의 상승부 기점 A로부터 수평선을 그어 감수곡선과의 교점을 B_2라 하고 직선 AB_2에 의해 분리하는 방법으로 호우가 계속되는 짧은 시간 동안의 기저유량의 시간적 변화는 크지 않을 것이라는 가정을 근거로 하며 이론적 근거는 약하나 수문곡선 분리의 간편성 때문에 실무에 많이 사용된다.

(3) N-day법

그림 6.7에서 수문곡선의 상승부 기점 A로부터 점 B_3에 의해 분리하는 방법이다. 점 B_3는 첨두유량이 발생하는 시간으로부터 N일 후의 유량을 표시하는 점이며 N값은 식 (6.1)로 결정한다.

$$N = A_1^{0.2} = 0.827 A_2^{0.2} \tag{6.1}$$

여기서, N은 일(day), A_1과 A_2는 각각 mi^2과 km^2 단위로 표시되는 유역면적을 뜻한다.

(4) 수정 N-day법

강우로 인한 지하수위의 상승은 지표면 유출에 비해 그 상승속도가 완만하므로 특정 강우가 발생하기 바로 전의 지하수 감수곡선은 강우가 계속되더라도 어느 정도 기간 동안은 감소하게 된다. 이 효과를 고려하기 위하여 그림 6.7의 강우발생 이전의 감수곡선 GA를 첨두유량의 발생시간 C점까지 연장한 후 C로부터 점 B_3에 직선을 그어 직접유출과 기저유출을 분리하는 방법이다.

이상에서 살펴본 4가지 수문곡선의 분리법은 단순 호우로 인한 직접유출이 끝날 때까지 연속되는 호우가 없어서 수문곡선이 한 개의 첨두유량을 가지는 경우에 대한 것이었다. 여러 개의 호우사상이 연속될 경우에 생기는 복합 수문곡선(complex hydrographs)의 경우에는 각 호우사상별로 대응하는 수문곡선으로 분리해야 한다.

6.4 단위유량도 이론

6.4.1 단위유량도의 기본가정

한 유역으로부터의 유출수문곡선은 유역을 구성하는 여러 개의 소유역으로부터의 유역의 지체효과와 하도의 저류효과를 복합적으로 받은 결과로 나타나는 유역출구점에서의 유량의 시간적 변화를 표시하는 것이다. 일반적으로 한 유역의 물리적 특성은 크게 변하지 않고 일정하므로 유사한 특성을 가지는 호우로 인한 수문곡선의 모양은 비슷할 것이다.

한 유역의 단위유량도(unit hydrograph or unit graph 혹은 단위도)는 '특정 단위시간 동안 균일한 강도로 유역전반에 걸쳐 균등하게 내리는 단위 유효우량(unit effective rainfall)으로 인하여 발생하는 직접유출 수문곡선'이라고 정의할 수 있다.

여기서 '특정단위시간'이라 함은 강우의 지속기간이 특정길이의 시간으로 표시된다는 것을 뜻하며, '균일한 강도로 유역전반에 걸쳐 균등하게 내린다'는 것은 강우지속기간의 강우강도가 시간 및 공간적으로 변하지 않고 일정하다는 것을 의미한다. 강우가 계속되는 기간에 강우강도가 일정하다는 가정을 만족시키기 위해서는 지속기간이 비교적 짧은 호우사상을 택하는 것이 좋으며 유역전반에 걸쳐 강우강도가 일정해야 한다는 가정을 만족시키기 위해서는 가능한 한 배수면적이 작은 유역에 대하여 단위도법을 적용하는 것이 정확한 결과를 준다.

단위도의 적용에 있어서 세 가지 중요한 가정은 다음과 같다.

(1) 일정 기저시간 가정(principle of equal base time)

동일한 유역에 균일한 강도로 비가 내릴 경우 지속기간은 같으나 강도가 다른 각종 강우로 인한 유출량은 그 크기는 다를지라도 유하기간, 즉 기저시간은 동일하다.

예를 들면, i mm/hr와 ni mm/hr의 강도로 t시간 동안 내린 강우로 인한 유출은 그림 6.8에서와 같이 그 크기는 시간에 따라 각각 다르지만 직접유출의 시간적 분포를 표시하는 수문곡선의 기저시간(base time) T는 동일하다는 것이 일정 기저시간 가정이다.

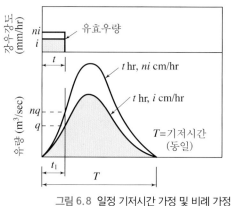

그림 6.8 일정 기저시간 가정 및 비례 가정

(2) 비례가정(principle of proportionality)

동일한 유역에 균일한 강도의 비가 내릴 경우 동일 지속기간을 가진 각종 강도의 강우로부터 발생되는 직접유출 수문곡선의 종거는 임의 시간에 있어서 강우강도에 직접 비례한다는 것이 비례가정이다. 다시 말하면 일정기간에 n배만큼 큰 강도로 비가 내리면 이로 인한 수문곡선의 종거는 n배만큼 커진다는 것이다. 그림 6.8을 보면 시간 t_1에 있어서 강우강도 i와 ni로 인한 수문곡선은 각각 q와 nq이다.

(3) 중첩가정(principle of superposition)

중첩가정은 일정 기간 균일한 강도를 가진 일련의 유효우량에 의한 총 유량은 각 기간 동안의 유효우량에 의한 매 시간별 개개 유출량을 산술적으로 합한 것과 같다는 가정이다. 그림 6.9에서 볼 수 있는 바와 같이 3개의 호우로 인한 총 유출수문곡선은 각각의 유효우량에 의한 3개의 수문곡선의 종거를 매 시간에 따라 합함으로써 얻어진다.

한편, 단위도법의 완전한 적용을 위해서는 단위 유효우량(unit effective rainfall)에 대한 개념에 대한 이해가 필요하다. 단위 유효우량이란 유역 전 면적에 대하여 등가우량 깊이로

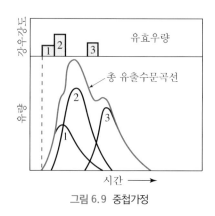

그림 6.9 중첩가정

측정되는 특정량의 우량을 뜻하는 것으로서, 통상 1 cm 또는 1 in.를 사용한다. 다시 말하면, 단위 유효우량은 유출량의 형태인 단위도로 표시되며 단위도 아래의 면적은 유량에 시간을 곱한 차원, 즉 부피의 차원을 가진다.

$$[Q] \times [T] = [L^3 T^{-1}][T] = [L^3] \tag{6.2}$$

단위 유효우량이 1 cm란 뜻은 1 cm의 유효우량으로 인해 어떤 유역의 출구를 통과하게 되는 총 유출량은 1 cm에다 유역면적을 곱한 부피가 된다는 것을 의미하며, 단위도는 이러한 총 유출부피의 시간적 분포상태를 나타내는 것이다. 따라서 어떠한 유역에 적합한 단위도와 그 단위도의 작성에 사용된 강우의 지속기간만 알면 동일한 지속기간을 가진 어떠한 우량에 대한 수문곡선도 비례가정에 의해 예측할 수 있다. 만약 강우의 지속기간이 단위유량도의 지속기간과 다르다면, 단위도는 강우의 지속기간에 맞도록 변환되어야 한다.

6.4.2 계측유역의 단위유량도 유도

한 유역의 단위유량도를 유도하기 위해서는 대상유역에 내린 과거 호우에 대한 강우자료를 가급적 많이 확보하여 단위유량도 유도에 적합한 호우사상을 택하는 것이 중요하며 다음 사항이 고려되어야 한다.

- 개별적으로 발생하는 단순 호우사상을 선택하는 것이 좋다.
- 강우 발생 기간에 강우강도가 대체로 균일한 호우사상을 택하는 것이 좋다.
- 전체 유역에 걸쳐 강우의 공간분포도 균일한 호우사상을 택하는 것이 좋다.

이와 같이 단위도 유도를 위한 대상 호우와 유출수문곡선이 선택되면 단위도 유도를 위한 첫 단계는 기저유출과 직접유출량을 분리하여 직접유출량의 시간적 변화를 나타내는 직접유출수문곡선과 강우량의 시간적 변화를 나타내는 우량주상도를 동일한 시간축을 사용하여 표시하는 것이다. 다음에는 직접유출수문곡선 아래의 면적을 적분하여 총 직접유출용적(m^3)을 구한 후 유역면적으로 나눔으로써 cm로 표시되는 총 직접유출고를 얻는다. 이와 같이 구한 총 직접유출량(cm)의 크기는 우량주상도상에서 손실우량을 뺀 유효우량과 같아야 하므로 침투능 곡선법, Φ-index법 혹은 NRCS 방법 등에 의해 유효우량이 직접유출량과 같도록 우량손실곡선을 그림으로써 유효우량의 지속기간을 결정한다. 다음 단계는 직접유출 수문곡선의 종거를 cm로 표시한 유효우량으로 나누어 단위유효우량(1 cm)에 대한 단위도의 종거를 구하는 것이다. 이들 종거로 이루어지는 수문곡선이 곧 유효우량의 지속기간과 동일한 지속기간을 가지는 단위도가 된다.

한 유역을 대표하는 단위도를 작성하기 위해서는 비교적 일정한 강도로 내린 지속기간이 서로 다른 여러 개의 단순 호우사상으로부터 같은 지속기간에 대한 여러 개의 단위도를 유

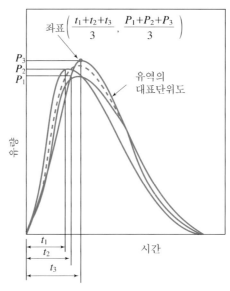

그림 6.10 유역의 대표단위도 작성방법

도한 후에 그림 6.10과 같이 유역의 대표단위도를 얻게 된다. 이 대표단위도는 각 종거를 평균하여 얻는 것이 아니라 각 단위도의 첨두유량의 평균값과 첨두유량의 발생시간의 평균 값을 구하여 대표단위도의 첨두유량점의 좌표를 결정한 후, 다른 단위도들의 모양과 비슷하 게 스케치하여 얻게 된다. 물론 스케치를 할 때에 대표단위도 아래의 면적이 1 cm의 유출용 적과 같아야 한다는 단위도의 기본정의를 잊어서는 안된다.

예제 6-01

유역면적이 900 km²인 어떤 유역의 출구에서 관측한 홍수량과 이에 대한 강우강도가 표 6.1의 (1), (2), (3)란에 수록되어 있다. 수평직선 분리법에 의해 기저유량을 분리하고 단위유량도를 유도하라. 유도된 단 위도의 지속기간은 얼마인가?

풀이 표 6.1의 시간별 총 유량 및 강우강도 자료를 그림 6.11에 수문곡선 및 우량주상도의 형태로 표시하였다. 기저유량을 수평직선 분리법으로 분리하면 상승부의 기점유량 40 m³/sec를 뺌으로 써 직접유출 수문곡선을 얻게 된다[표 6.1의 (5)란]. 기간 중의 직접유출량은 곡선 아래의 면적 을 유역면적으로 나눔으로써 cm 단위로 표시할 수 있으며 이것이 곧 유효우량이다. 즉, 단위도 는 1 cm의 유효우량에 의한 수문곡선을 의미하므로 직접유출 수문곡선의 종거를 7.9 cm로 나 눔으로써 단위도를 얻게 된다[표 6.1의 (6)란 참조].

단위도의 지속기간은 유효우량의 지속기간과 같다. 표 6.1의 (2)란으로부터 기간 중의 총 우량은

$$R = 30.0 \times 3 = 90 \, \mathrm{mm} = 9.0 \, \mathrm{cm}$$

따라서, 손실우량=3.0−2.6=0.4 cm이므로 우량주상도로부터 이 손실우량을 제외한 부분이 곧 유효우량(음영 부분)이며, 그의 지속기간은 4시간임을 알 수 있다(Φ-index법 적용).

$$R = \frac{6590 \, \mathrm{m^3/sec} \times 3 \, \mathrm{hr}}{900 \, \mathrm{km^2}} = 7.9 \, \mathrm{cm}$$

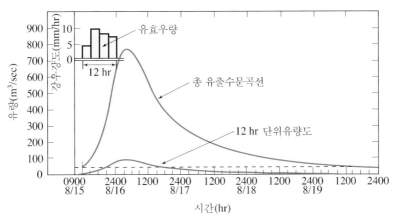

그림 6.11 단위도의 유도

표 6.1 단위유량도의 유도

(1) 일시	(2) 강우강도 (mm/hr)	(3) 총 유량 (m³/sec)	(4) 기저유량 (m³/sec)	(5) 직접유출량 (m³/sec)	(6) 단위도의 종거 (5)/7.9(m³/sec)
8/15 09 : 00	0.50	40	40	–	–
12 : 00	4.25	40	40	0	0
15 : 00	9.50	110	40	70	8.9
18 : 00	8.00	200	40	160	20.3
21 : 00	7.25	350	40	310	39.3
24 : 00	0.50	635	40	595	75.5
8/16 03 : 00		768	40	728	92.2
06 : 00		750	40	710	90.0
09 : 00		665	40	625	79.2
12 : 00		550	40	510	64.5
15 : 00		470	40	430	54.5
18 : 00		400	40	360	45.6
21 : 00		342	40	302	38.2
24 : 00		287	40	247	31.3
8/17 03 : 00		242	40	202	25.6
06 : 00		230	40	190	24.1
09 : 00		202	40	162	20.5
12 : 00		185	40	145	18.4
15 : 00		167	40	127	16.1
18 : 00		150	40	110	14.0
21 : 00		140	40	100	12.7
24 : 00		127	40	87	11.0
8/18 03 : 00		117	40	77	9.8
06 : 00		107	40	67	8.5
09 : 00		98	40	58	7.4
12 : 00		87	40	47	6.0
15 : 00		81	40	41	5.2

(계속)

(1) 일시	(2) 강우강도 (mm/hr)	(3) 총 유량 (m³/sec)	(4) 기저유량 (m³/sec)	(5) 직접유출량 (m³/sec)	(6) 단위도의 종거 (5)/7.9(m³/sec)
18 : 00		74	40	34	4.3
21 : 00		69	40	29	3.7
24 : 00		60	40	20	2.5
8/19 03 : 00		57	40	17	2.2
06 : 00		54	40	14	1.8
09 : 00		50	40	10	1.3
12 : 00		44	40	4	0.5
15 : 00		42	40	2	0.3
18 : 00		40	40	0	0
21 : 00		38	40	–	–
24 : 00		35	40	–	–

6.4.3 단위유량도의 지속기간 변환

어떤 유역에 발생하는 모든 호우에 적용할 수 있는 단위도를 강우-유출 자료로부터 유도할 수는 없다. 단위도는 반드시 그것이 유도된 유효우량의 지속기간과 동일한 지속기간을 갖게 되므로 어떤 유역에 대하여 유도된 임의 지속기간의 단위도로부터 다른 지속기간을 가진 단위도로 변환해야 할 경우가 많으며 이를 위한 방법에는 다음의 두 가지가 있다.

(1) 정수배 방법

정수배 방법은 짧은 지속기간을 가진 단위도로부터 정수배(2, 3, 4, … n배)로 긴 지속기간을 가진 단위도를 유도하는 가장 간단한 방법이다. 지속기간이 2시간인 단위도로부터 4시간인 단위도를 구하고자 한다고 가정하자. 이 단위도는 2시간 동안의 유효우량 1 cm에 바로 연속해서 2시간 동안 1 cm 유효우량이 더 추가된다고 가정함으로써 쉽게 얻을 수 있다. 추가된 2시간 동안의 유효우량 1 cm로 인한 단위도는 처음의 단위도와 모양과 크기는 꼭 같으나 2시간만큼 오른쪽으로 이동되어 표시될 뿐이다. 중첩의 원리에 의해 이 두 단위도의 종거를 합한 총 수문곡선은 0.5 cm/hr의 강도로 4시간 동안 계속된 유효우량 2 cm로 인한 유출량의 시간적 변화를 나타낸다. 단위도란 임의의 지속기간을 가진 1 cm의 유효우량으로 인한 유출수문곡선이므로 위에서 얻은 종거를 2로 나눔으로써 4시간 단위도를 얻게 된다. 이와 같이 구한 4시간 단위도는 그림 6.12에 표시되어 있다.

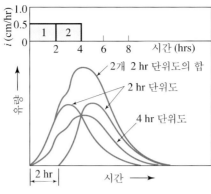

그림 6.12 정수배 지속기간으로의 변환

표 6.2의 (1), (2)란에 어떤 유역에 대한 3시간 대표단위도의 시간별 종거가 주어져 있다. 정수배 방법에 의하여 9시간 단위도를 유도하라.

풀이 $i = 1 \text{ cm}/3\text{hr}$인 유효우량 3개가 발생한다고 가정하면 이로 인한 총 수문곡선은 표 6.2의 (3), (4)란과 같이 3시간 단위도 2개를 각각 3시간 및 6시간씩 지체시킨 후 중첩가정에 의해 종거를 합함으로써 얻어진다[표 6.2의 (5)란]. 이 총 수문곡선은 3 cm/9 hr의 등강도강우로 인한 것이므로 1 cm/9 hr에 해당하는 9시간 단위도는 총 수문곡선의 종거를 3으로 나눔으로써 얻어진다[표 6.2의 (6)란].

표 6.2   정수배 방법에 의한 단위도의 지속시간 변환

(1) 시간(hr)	(2) 3 hr 단위도 종거(m^3/sec)	(3) 3시간 지체 3 hr 단위도	(4) 6시간 지체 3 hr 단위도	(5) (2)+(3)+(4)	(6) 9 hr 단위도 (5)×1/3
–	0	–	–	0	0
3	5	0	–	5	1.7
6	14	5	0	19	6.3
9	30	14	5	49	16.3
12	40	30	14	84	28.0
15	36	40	30	106	35.3
18	29	36	40	105	35.0
21	21	29	36	86	28.7
24	13	21	29	63	21.0
27	8	13	21	42	14.0
30	5	8	13	26	8.7
33	3	5	8	16	5.3
36	0	3	5	8	2.7
39	–	0	3	3	1.0
42	–	–	0	0	0

(2) S-곡선법

긴 지속기간을 가진 단위도로부터 짧은 지속기간을 가진 단위도를 유도하기 위해서는 S-곡선법(Sumation-curve method)이라고 불리는 방법을 사용한다. 이 방법은 짧은 지속기간 단위도를 긴 지속기간 단위도로 변환하는 데도 사용될 수 있다. S-곡선이란 어떤 유역에 균일한 강도로 t_1시간 동안 1 cm의 강우가 연속적으로 내릴 때 유역출구에서의 수문곡선을 의미한다. 다시 말하면 S-곡선이란 $1/t_1$ cm/hr의 강도로 계속되는 유효우량에 의한 직접유출수문곡선이다(그림 6.13). 유역으로부터 유출되는 유량은 일정한 시간 이후에는 강우강도와 같아져서 일정하게 유지되므로 평형상태에 도달한다고 볼 수 있다. 따라서, 유역마다 지속기간에 따라 각각 고유의 S-곡선을 가진다.

S-곡선을 t_1시간만큼 오른쪽으로 이동시켜 두 S-곡선 간의 종거차를 수문곡선의 형태로 표시하면 지속기간 t_1인 단위도를 얻을 수 있다.

예를 들어, 지속기간이 t_1보다 짧은 t_2시간에 대한 단위도를 구해 보기로 하자. S-곡선을 원위치로부터 t_2시간만큼 오른쪽으로 이동시켜 두 S-곡선의 종거차로 구성되는 수문곡선을 얻는다(그림 6.13의 S-curve difference). 이 수문곡선은 $1/t_1$ cm/hr의 강도로 t_2시간 동안 내린 유효우량으로 인한 직접유출수문곡선이다. 따라서 이 수문곡선으로 표시되는 총 유출량과 크기가 동일한 유효우량은 t_2/t_1 cm가 될 것이며 유효우량 1 cm로 인한 수문곡선, 즉 단위도를 얻기 위해서는 수문곡선의 종거를 t_1/t_2으로 곱해 주어야 한다. 이와 같이 얻은 지속기간 t_2시간의 단위도가 그림 6.13에 점선으로 표시되어 있다.

S-곡선법은 지속기간이 긴 단위도로부터 지속기간이 짧은 단위도를 유도하고자 할 경우뿐만 아니라 짧은 지속기간으로부터 임의의 긴 지속기간을 가진 단위도를 얻고자 할 때에는 사용될 수 있다. 예를 들어 2 hr 단위도로부터 3 hr 단위도를 얻으려 할 때 S-곡선법의 적용순서는 우선 2 hr S-곡선을 얻은 후 이를 3시간만큼 오른쪽으로 이동시켜 두 S-곡선 간의 종거차로서(1 cm/2 hr)×3 hr=1.5 cm에 해당하는 수문곡선을 얻은 다음

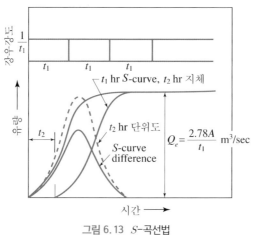

그림 6.13 S-곡선법

1.5 cm에 해당하는 수문곡선의 종거를 1.5로 나눔으로써 1 cm에 해당하는 수문곡선, 즉 단위도를 얻게 된다. 이것이 곧 3시간의 지속기간을 가진 단위도이다.

예제 6-03

예제 6-01에서 유도된 어떤 유역의 12 hr 단위도로부터 지속시간이 6시간 및 18시간인 단위도를 S-곡선법에 의하여 구하라.

풀이 표 6.3의 (1), (2)란에 주어진 12 hr 단위도로부터 12 hr S-곡선을 (4)란에 구하여 그려본 결과 그림 6.14에서와 같이 유량이 커짐에 따라 비교적 큰 분산을 보이고 있다. 이 점들을 통하여 smoothed curve를 그려 12 hr S-곡선으로 정하였으며, (5)란에 시간별 유량을 기입하였다. 6 hr 단위도는 smoothed 12 hr S-곡선을 6시간 지체시켜[(6)란], 그 종거차[(7)란]를 각각 12/6 배함으로써 얻어졌으며[(8)란], 18 hr 단위도는 smoothed 12 hr S-곡선을 18시간 지체시켜[(9)란], 그 종거차[(10)란]를 12/18배함으로써 얻었다[(11)란]. 그림 6.15는 표 6.3에서 얻은 6시간 및 18시간 단위도와 주어진 12시간 단위도를 표시하고 있다.

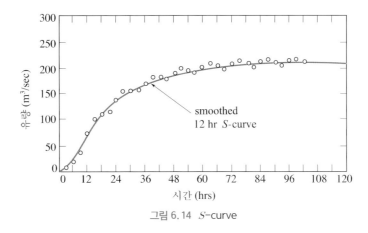

그림 6.14 S-curve

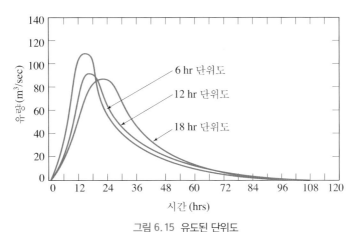

그림 6.15 유도된 단위도

표 6.3 S-곡선법에 의한 단위도 지속시간 변환(단위: m³/sec)

(1) 시간 (hr)	(2) 12 hr 단위도 (m³/sec)	(3) S-곡선 가산값	(4) 12 hr S-곡선 (2)+(3)	(5) smoothed 12 hr S-곡선	(6) 6 hr 지체된 12 hr S-곡선	(7) S-곡선 종거차 (5)-(6)	(8) 6 hr 단위도 (7)×$\frac{12}{6}$	(9) 18 hr 지체된 12 hr S-곡선	(10) S-곡선 종거차 (5)-(9)	(11) 18 hr 단위도 (10)×$\frac{12}{18}$
0	0		0	0		0	0		0	0
3	8.9		8.9	10.0		10.0	20.0		10.0	7.5
6	20.3		20.3	22.0	0	22.0	44.0		22.0	16.5
9	39.3		29.3	41.5	10.0	31.5	63.0		41.5	31.1
12	75.5	0	75.5	75.0	22.0	53.0	106.0		75.0	56.3
15	92.2	8.9	101.1	97.0	41.5	55.5	111.0		97.0	72.8
18	90.0	20.3	110.3	112.0	75.0	37.0	74.0	0	112.0	84.0
21	79.2	39.3	118.5	127.0	97.0	30.0	60.0	10.0	117.0	87.8
24	64.5	75.5	140.0	139.0	112.0	27.0	54.0	22.0	117.0	87.8
27	54.5	101.1	155.6	149.0	127.0	22.0	44.0	41.5	107.5	80.6
30	45.6	110.3	155.9	157.0	139.0	18.0	36.0	75.0	82.0	61.5
33	38.2	118.5	156.7	164.5	149.0	15.5	31.0	97.0	67.5	50.6
36	31.3	140.0	171.3	171.0	157.0	14.0	28.0	112.0	59.0	44.3
39	25.6	155.6	181.2	176.0	164.5	11.5	23.0	127.0	49.0	36.8
42	24.1	155.9	180.0	180.0	171.0	9.0	18.0	139.0	41.0	30.8
45	20.5	156.7	177.2	184.2	176.0	8.2	16.4	149.0	35.2	26.4
48	18.4	171.3	189.7	188.0	180.0	8.0	16.0	157.0	31.0	23.3
51	16.1	181.2	197.3	191.5	184.2	7.3	14.6	164.5	27.0	20.3
54	14.0	180.0	194.0	194.0	188.0	6.0	12.0	171.0	23.0	17.3
57	12.7	177.2	189.9	196.0	191.5	4.5	9.0	176.0	20.0	15.0
60	11.0	189.7	200.7	199.0	194.0	5.0	10.0	180.0	19.0	14.3
63	9.8	197.3	207.1	200.5	196.0	4.5	9.0	184.2	16.3	12.2
66	8.5	194.0	202.5	202.2	199.0	3.2	6.4	188.0	14.2	10.7
69	7.4	189.9	197.3	204.0	200.5	3.5	7.0	191.5	12.5	9.4
72	6.0	200.7	206.7	205.0	202.2	2.8	5.6	194.0	11.0	8.3
75	5.2	207.1	212.3	206.2	204.0	2.2	4.4	196.0	10.2	7.7
78	4.3	202.5	206.8	207.8	205.0	2.8	5.6	199.0	8.8	6.6
81	3.7	197.3	201.0	208.0	206.2	1.8	3.6	200.5	7.5	5.6
84	2.5	206.7	209.2	208.2	207.8	0.4	0.8	202.2	6.0	4.5
87	2.2	212.3	214.5	208.5	208.0	0.5	1.0	204.0	4.5	3.4
90	1.8	206.8	208.6	209.0	208.2	0.8	1.6	205.0	4.0	3.0
93	1.3	201.0	202.3	209.2	208.5	0.7	1.4	206.2	3.0	2.3
96	0.5	209.2	214.2	209.7	209.0	0.7	1.4	207.8	1.9	1.4
99	0.3	214.5	214.8	210.0	209.2	0.8	1.6	208.0	2.0	1.5
102	0	208.6	208.6	210.3	209.7	0.6	1.2	208.2	2.1	1.6
105		202.3	202.3	210.3	210.0	0.3	0.6	208.5	1.8	1.4
108		209.7	209.7	210.3	210.3	0	0	209.0	1.3	1.0
111		214.8	214.8	210.3				209.2	1.1	0.8
114		208.6	208.6	210.3				209.7	0.6	0.5
117		202.3	202.3	210.3				210.0	0.3	0.2
120				210.3				210.3	0	0

(3) S-곡선법에 의한 순간단위유량도의 유도

순간단위유량도(instantaneous unit hydrograph, IUH)란 어떤 유역에 단위 유효우량이 순간적으로 내릴 때 유역출구를 통과하는 유량의 시간적 변화를 나타내는 수문곡선을 의미

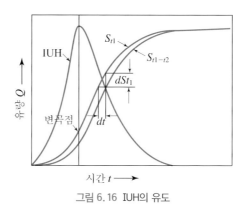

그림 6.16 IUH의 유도

한다. 앞에서 살펴본 단위도는 반드시 단위 유효우량의 지속기간과 동일한 지속기간을 가지지만 IUH는 지속기간이 영(zero)에 가까운 단위 유효우량에 의한 것이기 때문에 지속기간을 갖지 않는다. 물론 이러한 가정은 실제로 있을 수는 없지만 수문곡선해석에 사용되고 있는 가상의 개념이다.

그림 6.16을 참조하면 S-곡선법에 의해 임의의 지속기간 t_1의 단위도로부터 지속기간 t_2인 단위도를 쉽게 유도할 수 있다. S-곡선법을 방정식으로 표시해 보면 식 (6.3)과 같다.

$$u(t_2, t_1) = \frac{t_1}{t_2}[S_{t1} - S_{t1-t2}] \qquad (6.3)$$

여기서, $u(t_2, t_1)$은 t_1 hr 단위도로부터 유도된 t_2 hr 단위도의 종거이며 S_{t1}은 t_1 hr S-곡선이며 S_{t1-t2}는 t_1 hr S-곡선을 t_2시간만큼 지체시킨 S-곡선이다. 만약 t_2가 아주 작아져서 거의 영(zero)에 가까워지면 그림 6.17의 두 S-곡선은 거의 겹치게 되므로 식 (6.3)의 t_2는 미소시간 dt로 표시할 수 있고, $(S_{t1} - S_{t1-t2})$는 S-곡선의 미소종거 dS_{t1}으로 표시할 수 있으므로 식 (6.3)은 식 (6.4)와 같이 표시할 수 있다.

$$u(0, t_1) = t_1 \frac{dS_{t1}}{dt} \qquad (6.4)$$

따라서, 식 (6.4)로부터 임의시각 t에 있어서의 IUH의 종거는 시각 t에 있어서의 S-곡선의 접선경사에 S-곡선을 유도한 단위도의 지속시간 t_1을 곱하여 구할 수 있다. S-곡선의 경사는 변곡점에서 최대가 되므로 그림 6.16에서와 같이 IUH의 첨두유량은 변곡점과 같은 시각에 발생하게 된다.

만약 어떤 유역에 대한 순간단위도가 획득되었다면 이것으로부터 임의 지속기간(n시간이라 하자)을 가진 단위도를 유도하는 것은 대단히 간단하다. 순간단위도의 지속기간은 거의 영(zero)에 가깝다고 정의되었으므로 IUH를 n시간만큼 오른쪽으로 지체시켜 두 개의 IUH의 n시간 간격 종거를 매 시간에 평균하는 정수배 방법에 의한 단위도의 지속기간 변환법을 사용하면 된다. 따라서 유도하고자 하는 n시간 단위도의 임의 시간 t_x에 있어서의 종거

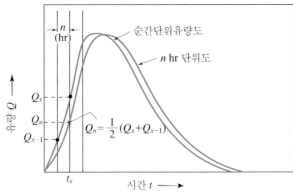

그림 6.17 IUH로부터 n hr-단위도의 유도

는 t_x 및 t_x보다 n시간 전의 IUH 종거를 평균하여 얻을 수 있다. 즉, 그림 6.17과 같이 IUH의 시간축을 n시간 간격으로 등분하여 각 구간의 시점 및 종점의 IUH 종거를 평균한 값을 종점시간에 표시하여 n시간 단위도의 종거로 취하면 된다.

예제 6-04

표 6.4의 (1), (2)란에 있는 4 hr 단위도로부터 S-곡선법에 의해 순간단위유량도를 유도하라.

풀이 4 hr 단위도로부터 IUH를 유도하는 것이므로 식 (6.4)에서 $t_1 = 4$ hr이고, 표 6.4에서 계산된 S-곡선((3)란)의 매시간(1, 2, 3 hr, …)의 중간점 시간(0.5, 1.5, 2.5 hr, …)에서의 S-곡선경사 (dS_{t1}/dt)는 표 6.4의 계산[(4)란]에서 볼 수 있는 것처럼 S-곡선의 종거차가 된다. 따라서 IUH의 종거는 표 6.4의 (4)란의 값에 $t_1 = 4$ hr[식 (6.4)]를 곱하여 (5)란에 구하였다. 이상의 계산으로부터 그림 6.18에 smoothed IUH를 스케치하였다.

원래 S-곡선법에 의해 순간단위도를 유도하기 위해서는 S-곡선의 매시간 접선경사를 사용해야 하나 여기서는 $dt = 1$ hr로 잡았으므로 간략해라 할 수 있다.

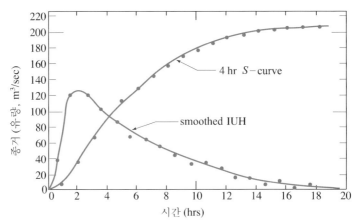

그림 6.18 S-곡선법에 의한 IUH의 유도

표 6.4 S-곡선으로부터의 IUH 유도

(1) 시간 (hrs)	(2) 4 hr 단위도 (m^3/sec)	(3) S-곡선 (m3/sec)	(4) $\dfrac{dS_{t_1}}{dt}$	(5) $U(0, t_1 = 4\,\mathrm{hr})$	(6) smoothed IUH
0	0	0	0	0	0
0.5			6	24	
1	6	6			78
1.5			30	120	
2	36	36			128
2.5			30	120	
3	66	66			112
3.5			25	100	
4	91	91			92
4.5			21	84	
5	106	112			80
5.5			17	68	
6	93	129			68
6.5			16	64	
7	79	145			57
7.5			14	56	
8	68	159			50
8.5			11	44	
9	58	170			42
9.5			8	32	
10	49	178			36
10.5			8	32	
11	41	186			30
11.5			7	28	
12	34	193			23
12.5			4	16	
13	27	197			17
13.5			4	16	
14	23	201			12
14.5			2	8	
15	17	203			9
15.5			3	12	
16	13	206			6
16.5			0	0	
17	9	206			3
17.5			1	4	
18	6	207			0
18.5					

6.5 단위유량도의 합성방법

지금까지는 우량계로 측정한 어떤 하천유역의 우량자료와 유역출구 지점에서의 유량자료가 확보되어 있는 계측된 유역에 대하여 호우별 자료를 사용하여 유역의 단위유량도를 유도하는 절차에 대하여 살펴보았다. 그러나, 유역의 각종 치수사업을 계획·설계하고자 할 때 대상 유역에 대한 강우 및 유출자료가 없는 경우가 있는 경우보다는 더 많아 수문자료로부터 직접 단위유량도를 유도하여 사용하는 것은 실질적으로 불가능한 경우가 대부분이다.

따라서, 미계측된 유역에 대한 단위도는 계측된 유역의 강우 및 유출자료로부터 유도된 단위도의 특성인자와 유역의 지형특성인자 간의 상관관계식을 이용하여 유도할 수 있다. 이러한 단위유량도를 합성단위유량도(synthetic unit hydrograph)라 한다.

6.5.1 Snyder 합성단위도법

이 방법은 가장 널리 알려져 있는 단위도 합성 방법 중의 하나로 유역의 지체시간, 단위도의 지속시간 및 기저시간, 첨두유량, 첨두유량의 50% 및 75%에 해당하는 유량에 해당하는 단위도의 시간폭(W_{50} 및 W_{75})을 계산하는 경험식들을 활용한다. 단위도는 그림 6.19에 표시된 7개 점을 연결하는 매끈한 수문곡선을 스케치하여 얻게 되는데, 이때 곡선 아래의 면적이 1 inch의 직접유출량(유효우량)이 되어야 한다.

(1) 유역의 지체시간

유역 지체시간(basin lag time)은 그림 6.19에서처럼 지속기간이 t_r 시간인 단위유효우량 주상도의 중심시각과 첨두유량 발생시각 간의 시간차(hr)로서, 한 유역의 강우−유출 관계특성을 대표하는 유역특성 변수이며 식 (6.5)와 같이 산정된다.

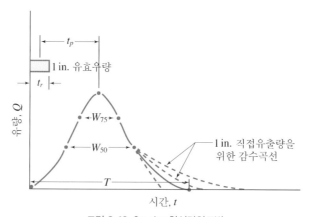

그림 6.19 Snyder 합성단위도법

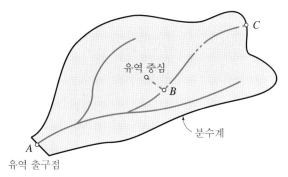

그림 6.20 하천유역도

$$t_p = C_t(L_{ca} \cdot L)^{0.3} \tag{6.5}$$

여기서, t_p는 유역의 지체시간(hr), L_{ca}는 유역출구로부터 주유로를 따라 유역의 중심(重心)에 가장 가까운 주 유로상의 점까지 측정한 거리(mi)(그림 6.20의 AB)로서 유역의 형상을 고려하기 위한 특성인자이며, L은 유역출구로부터 본류를 따라 유역경계선까지 측정한 거리(mi)(그림 6.20의 ABC), C_t는 사용되는 단위와 유역특성에 관계되는 계수로서 유역경사가 커지면 C_t값은 작아지는 경향을 가진다.

식 (6.5)의 L_{ca}와 L을 mi. 단위일 때에는 $C_t = 1.8 \sim 2.2$이나 km 단위를 사용할 때에는 단위환산에 의해 $C_t = 1.35 \sim 1.65$(평균값$=1.5$)가 된다.

(2) 첨두유량

유효강우의 지속시간이 t_r시간인 단위도의 첨두유량 $Q_p(\text{ft}^3/\text{sec})$는 $A \text{ mi}^2$ 유역 위에 1 in의 단위유효우량이 내릴 경우이므로

$$Q_p = C_p\frac{A \text{ mi}^2 \times 1 \text{ in}}{t_p \text{ hr}} = C_p\frac{645.33A}{t_p} \tag{6.6}$$

여기서, t_p는 유역 지체시간(hr)이고, C_p는 유역의 저류능력을 대표하는 특성계수로서 표 6.5에서 보는 바와 같이 대체로 C_t값과는 반비례의 관계가 있는 것으로 알려져 있다.

한편, 식 (6.6)을 SI 단위제로 표시하면 단위도의 첨두유량 $Q_p(\text{m}^3/\text{sec})$는 $A \text{ km}^2$ 유역 위에 1 cm의 단위유효우량이 내릴 경우이므로

$$Q_p = C_p\frac{A \text{ km}^2 \times 1 \text{ cm}}{t_p \text{ hr}} = C_p\frac{2.778A}{t_p} \tag{6.7}$$

여기서, t_p는 유역 지체시간(hr)이다.

표 6.5 Snyder 합성단위도법에서의 매개변수값

지역	C_t의 범위	평균 C_t	C_p의 범위	평균 C_p
Appalachian Highlands	1.8~2.2	2.0	0.4~0.8	0.6
Western Iowa	0.2~0.6	0.4	0.7~1.0	0.8
Southern California	–	0.4	–	0.9
Ohio	0.6~0.8	0.7	0.6~0.7	0.6
Eastern Gulf of Mexico	–	8.0	–	0.6
Central Texas	0.4~2.3	1.1	0.3~1.2	0.8
Sewered urban areas	0.2~0.5	0.3	0.1~0.6	0.3
Mountainous watersheds	–	1.2	–	–
Foothills areas	–	0.7	–	–
Valley areas	–	0.4	–	–
Eastern Nebraska	0.4~1.0	0.8	0.5~1.0	0.8
Corps of Engineers training course	0.4~8.0	0.3~0.9	–	–
Great Plains	0.8~2.0	1.3	–	–
Rocky Mountains	1.5~8.8	5.4	–	–
SW desert	0.7~1.9	1.4	–	–
NW coast and Cascades	2.0~4.4	3.1	–	–
21 urban basins	0.3~0.9	0.6	–	–
Storm-sewered areas	0.2~0.3	0.2	–	–

주: L, L_{ca}를 각각 mi., A를 mi^{2}로 했을 때의 C_t 및 C_p값

직접유출의 지속기간, 즉 단위도의 기저시간 T는

$$T = 3 + 3\left(\frac{t_p}{24}\right) \tag{6.8}$$

여기서, T는 일(day) 단위이고, t_p는 시간(hr) 단위이다.

식 (6.8)에 의하면 최소기저시간은 $t_p = 0$일 때 $T = 3$일이며 이는 아주 작은 배수면적을 가진 유역의 경우 너무 긴 기저시간으로 생각되지만 지하로 일단 침투했다가 결국 직접유출에 기여하는 중간유출분을 고려하면 이해가 가능하기도 하다.

Ponce(1989)에 의하면 식 (6.8)에 의해 단위도의 기저시간을 결정하되 지나치게 큰 값이 계산될 경우에는 다음의 관계를 취할 것을 제안하였다.

$$T = 5.45 t_p \tag{6.9}$$

식 (6.5)~(6.9)는 지속기간이 t_r시간인 단위유효우량으로 인한 단위도의 매개변수들을 표시하는 식이며 단위도의 지속기간 t_r은 유역 지체시간 t_p와 다음과 같은 선형관계를 가진다.

$$t_r = \frac{t_p}{5.5} \tag{6.10}$$

그런데, 만일 실제 강우의 지속기간 t_r과 다른 t_R시간 단위도를 유도하고자 할 경우의 첨두유량 $Q_{PR}(\text{ft}^3/\text{sec})$은

$$Q_{PR} = C_p \frac{645.33A}{t_{PR}} \qquad (6.11)$$

여기서, t_{PR}은 지속기간이 t_R인 유효강우에 대한 유역 지체시간(hr)을 나타내며 다음 식으로 표시된다.

$$t_{PR} = t_p + \frac{1}{4}(t_R - t_r) \qquad (6.12)$$

식 (6.11)을 SI 단위계로 표시하면

$$Q_{PR} = C_p \frac{2.778A}{t_{PR}} \qquad (6.13)$$

여기서, Q_{PR}은 $\mathrm{m^3/sec}$, A는 $\mathrm{km^2}$, t_p는 시간(hr) 단위이다.

한편, 단위도의 기저시간은 식 (6.5)의 t_p 대신 식 (6.12)로 표시되는 t_{PR}을 대입하면 다음과 같아진다.

$$T_R = 3 + 3\left(\frac{t_{PR}}{24}\right) \qquad (6.14)$$

여기서, T_R은 지속기간 t_R인 단위도의 기저시간(day)이다.

지금까지 설명한 Snyder의 합성단위도법은 결국 t_{PR}, Q_{PR}, T_R을 구하여 좌표계의 원점 $(0, 0)$과, 첨두유량점 (t_{PR}, Q_{PR}), 기저시간점 $(T_R, 0)$ 등 3개의 점을 연결하여 단위도를 스케치하는 방법이나 이들 3개점만으로 단위도를 스케치하기에는 주관성이 너무 많이 개입될 수밖에 없다. 이러한 문제점의 해결을 위해 미육군공병단(1959)에서는 다음과 같은 식을 제안하여 4개점을 추가하여 7개점을 통과하는 단위도를 스케치할 수 있도록 하였다.

$$W_{50} = \frac{770}{(Q_{PR}/A)^{1.08}} \qquad (6.15)$$

$$W_{75} = \frac{440}{(Q_{PR}/A)^{1.08}} \qquad (6.16)$$

여기서, W_{50}와 W_{75}는 각각 첨두유량 $Q_{PR}(\mathrm{ft^3/sec})$의 50% 및 75% 크기유량일 때의 단위도의 시간폭(hr)으로서 첨두유량 발생시각의 전과 후에 각각 1 : 2의 비율로 배분하여 시간폭을 정할 것을 제안하고 있다.

식 (6.15)와 (6.16)을 SI 단위제로 표시하면 각각 다음과 같다(Ponce, 1989).

$$W_{50} = \frac{5.87}{(Q_{PR}/A)^{1.08}} \qquad (6.17)$$

$$W_{75} = \frac{3.35}{(Q_{PR}/A)^{1.08}} \qquad (6.18)$$

여기서, W_{50} 및 W_{75}는 시간(hr) 단위이고 Q_{PR}은 $\mathrm{m^3/sec}$, A는 $\mathrm{km^2}$ 단위이다.

식 (6.15)~(6.18)을 사용하면 그림 6.19에서와 같이 4개의 점을 추가로 표시할 수 있으므로 7개점을 통하는 단위도의 스케치는 3개점을 사용하는 경우보다 쉬워진다. 7개점을 통과하는 t_R시간 단위도를 스케치할 때 주의해야 할 사항은 그림 6.19에 표시한 바와 같이 단위도 아래의 면적이 1 inch의 직접유출량과 같아지도록 시행착오적으로 단위도의 꼬리부분을 조정해야 한다는 것이다. 이를 위해 그림 6.19의 꼬리부분에 점선으로 표시한 바와 같이 여러 개의 감수곡선을 그려 단위도 아래의 면적을 구적기로 구하여 직접유출고로 환산한 값이 1 inch가 되는지를 검사하여야 한다.

Snyder의 합성단위법의 적용에 있어서 표 6.5에서 보는 바와 같이 C_t와 C_p의 값은 미국 내에서도 유역의 위치에 따라 크게 변하므로 그 값의 설정에 주의를 요한다. 단위도를 합성하고자 하는 미계측유역 부근 혹은 유역특성이 비슷한 계측유역으로부터 유도된 단위도를 사용하여 식 (6.5)와 (6.6)에 의해 C_t와 C_p를 결정하여 대상유역에 대한 단위도를 합성할 수 있다.

예제 6-05

어떤 유역에 대한 단위도를 Snyder의 방법에 의하여 합성하고자 한다. 계수 C_t와 C_p의 값이 각각 2.0 및 0.6으로 결정되었을 때 지속기간이 6시간인 단위도를 합성하는 데 필요한 특성계수들을 구하고 단위도의 작도법을 설명하라. 유역면적 $A = 29$ mi^{2}이고 유로연장 $L = 9$ mi이며, $L_{ca} = 5.2$ mi이다.

풀이 식 (6.5)로부터 $t_p = 2.0 \times (5.2 \times 9)^{0.3} = 6.34$ hr

식 (6.10)으로부터 $t_r = \dfrac{6.34}{5.5} = 1.15$ hr이다. 따라서, 지속기간 $t_R = 6$ hr에 대한 단위도의 지체시간 t_{PR}은 식 (6.12)로부터

$$t_{PR} = 6.34 + \frac{1}{4}(6 - 1.15) = 7.75 \text{ hr}$$

단위도의 첨두유량 Q_{PR}을 식 (6.11)으로 계산하면

$$Q_{PR} = 0.6 \times \frac{645.33 \times 29}{7.75} = 1,448.1 \text{ ft}^3/\text{sec}$$

단위도의 기저시간 T_R은 식 (6.14)를 사용하면

$$T_R = 3 + \left(3 \times \frac{7.75}{24}\right) = 3.97 \text{ day} = 95.3 \text{ hr}$$

식 (6.9)의 관계를 고려하면

$$T_R = 95.3 \text{ hr} \gg 5.45 \times 7.75 = 42.24 \text{ hr}$$

그러므로 단위도의 기저시간이 과대한 것으로 판단할 수 있으므로 $T_R = 42$ hr를 택하기로 한다.

한편, 단위도의 W_{50}, W_{75}를 식 (6.15)와 (6.16)을 사용하여 계산하면,

$Q = 1,448.1 \times 0.5 = 724.1$ ft^3/sec 일 때

$$W_{50} = \frac{770}{\left(\dfrac{1,448.1}{29}\right)^{1.08}} = 11.28 \text{ hr}$$

$Q = 1{,}448.1 \times 0.75 = 1{,}086.1 \ \text{ft}^3/\text{sec}$일 때

$$W_{75} = \frac{440}{\left(\dfrac{1{,}448.1}{29}\right)^{1.08}} = 6.44 \ \text{hr}$$

따라서, 이 유역의 6시간 단위도는 산술방안지상에서 다음의 7개 좌표점(t hr, Q ft^3/sec)을 통과하는 수문곡선을 그리되 곡선 아래의 면적이 1 in의 직접유출량이 되도록 하면 된다. 즉,

- 원점 : $(0, 0)$
- W_{50}(상승부) : $\left(\dfrac{1}{2}t_R + t_{PR} - \dfrac{1}{3}W_{50}, \ 0.5Q_{PR}\right) = (6.99 \ \text{hr}, \ 724.1 \ \text{ft}^3/\text{sec})$
- W_{75}(상승부) : $\left(T_p - \dfrac{1}{3}W_{75}, \ 0.75Q_{PR}\right) = (8.60 \ \text{hr}, \ 1{,}086.1 \ \text{ft}^3/\text{sec})$
- 첨두유량점 : $\left(\dfrac{1}{2}t_R + t_{PR}, \ Q_{PR}\right) = (10.75 \ \text{hr}, \ 1{,}448.1 \ \text{ft}^3/\text{sec})$
- W_{75}(하강부) : $\left(\dfrac{1}{2}t_R + t_{PR} + \dfrac{2}{3}W_{75}, \ 0.75Q_{PR}\right) = (15.04 \ \text{hr}, \ 1{,}086.1 \ \text{ft}^3/\text{sec})$
- W_{50}(하강부) : $\left(\dfrac{1}{2}t_R + t_{PR} + \dfrac{2}{3}W_{50}, \ 0.5Q_{PR}\right) = (18.27 \ \text{hr}, \ 724.1 \ \text{ft}^3/\text{sec})$
- 기저시간점 : (조정된 T_R, 0) = (42 hr, 0)

예제 6-06

아래와 같은 제원을 가진 유역에 대하여 Snyder 합성단위도의 특성값을 계산하라.

$$A = 400 \ \text{km}^2, \ L = 25 \ \text{km}, \ L_{ca} = 10 \ \text{km}, \ C_t = 1.5, \ C_p = 0.61$$

풀이 식 (6.5)로부터

$$t_p = 1.5(25 \times 10)^{0.3} = 7.86 \ \text{hr}$$

식 (6.7)으로부터

$$Q_p = 0.61 \times \frac{2.778 \times 400}{7.86} = 86.24 \ \text{m}^3/\text{sec}$$

식 (6.10)으로부터

$$t_r = \frac{7.86}{5.5} = 1.43 \ \text{hr}$$

첨두유량점까지의 시간은

$$T_p = \frac{1}{2}t_r + t_p = \frac{1.43}{2} + 7.86 = 8.58 \ \text{hr}$$

식 (6.8)로부터

$$T = 3 + 3\left(\frac{7.86}{24}\right) = 3.98 \ \text{day} = 95.58 \ \text{hr}$$

$T = 95.58 \ \text{hr}$ 는 너무 긴 기저시간이므로 식 (6.9)의 제약조건을 따르면

$$T = 5.45 \times 7.86 = 42.84 \ \text{hr}$$

한편, 식 (6.17)과 (6.18)에 의하면

$$W_{50} = \frac{5.87}{\left(\dfrac{86.24}{400}\right)^{1.08}} = 30.78 \text{ hr}$$

$$W_{75} = \frac{3.35}{\left(\dfrac{86.24}{400}\right)^{1.08}} = 17.54 \text{ hr}$$

6.5.2 NRCS 무차원 합성단위도법

이 방법은 그림 6.21과 같은 무차원 단위도(dimensionless unit hydrograph)를 바탕으로 유도되었다. 이 무차원 수문곡선은 유역의 지역적 위치에 별 관계없이 적용할 수 있는 장점이 있다.

이 방법에 의한 단위도의 합성을 위해서는 단위도의 첨두유량 Q_p와 그의 발생시간 T_p를 결정해야 하며, 일단 Q_p, T_p가 결정되면 그림 6.21의 무차원 단위유량도(혹은 표 6.6)를 사용하여 단위도를 합성하게 된다.

NRCS에 의하면 점선으로 표시된 삼각형의 면적과 같고, 무차원 단위도의 상승부 아래의 면적은 단위도 아래 전체 면적의 37.5%를 차지하는 것으로 밝혔다. 즉, 그림 6.21에서

$$\frac{T_b}{1} = \frac{T_p}{0.375} \qquad \therefore \ T_b = 2.67 \, T_p \tag{6.19}$$

따라서,

$$T_r = T_b - T_p = 1.67 \, T_p \tag{6.20}$$

한편, 삼각형 무차원 단위도 아래의 총 면적은 총 유출부피(inch)를 표시하며 그림 6.21로부터

$$Q = \frac{q_p T_p}{2} + \frac{q_p T_r}{2} = \frac{q_p}{2}(T_p + T_r) \tag{6.21}$$

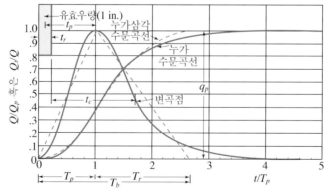

그림 6.21 NRCS 무차원 단위유량도 및 삼각형 단위도

표 6.6 NRCS 무차원 단위도의 시간별 종거

t/T_p	Q/Q_p	t/T_p	Q/Q_p	t/T_p	Q/Q_p	t/T_p	Q/Q_p
0	0	0.9	0.990	1.8	0.390	3.4	0.029
0.1	0.030	1.0	1.000	1.9	0.330	3.6	0.021
0.2	0.100	1.1	0.990	2.0	0.280	3.8	0.015
0.3	0.190	1.2	0.930	2.2	0.207	4.0	0.011
0.4	0.310	1.3	0.860	2.4	0.147	4.5	0.005
0.5	0.470	1.4	0.780	2.6	0.107	5.0	0
0.6	0.660	1.5	0.680	2.8	0.077		
0.7	0.820	1.6	0.560	3.0	0.055		
0.8	0.930	1.7	0.460	3.2	0.040		

식 (6.21)로부터 q_p(in./hr)를 구하면

$$q_p = \frac{2Q}{T_p + T_r} \tag{6.22}$$

따라서, 무차원 단위도의 대상유역면적을 A(mi^2)라면 유역출구점에서의 단위도의 총 첨두유량의 크기(Q_p)는 식 (6.24)와 같다.

$$Q_p = q_p A = \frac{KQA}{T_p} \tag{6.23}$$

여기서, Q는 직접유출부피 혹은 유효우량(inch)이고, $K = \dfrac{2}{1 + \dfrac{T_r}{T_p}} = 0.75$ 이다.

식 (6.23)에서 Q는 직접유출부피(inch)를 표시하며 단위도의 경우는 $Q = 1$ inch이므로 유역면적이 A(mi^2)이고 첨두유량 발생시간이 T_p(hr)인 유역의 첨두유량(ft^3/sec)은 식 (6.24)와 같이 표시된다.

$$Q_p = \frac{484A}{T_p} \tag{6.24}$$

한편, 식 (6.24)를 미터 단위제에서의 유역면적 A km^{2}에 내린 $Q = 1$ cm의 유효우량으로 인한 단위도의 첨두유량 Q_p(m^3/sec)로 표시하면 식 (6.25)와 같아진다.

$$Q_p = \frac{0.75 \times 1 \text{ cm} \times A \text{ km}^2}{T_p \text{ hr}} = \frac{2.08A}{T_p} \tag{6.25}$$

그림 6.21을 보면

$$T_p = \frac{1}{2}t_r + t_p \tag{6.26}$$

여기서, t_r은 유효우량의 지속기간(hr)이고 t_p는 유역의 지체시간(lag time)(hr)이다.

따라서, 한 유역의 지체시간 t_p를 구하면 임의의 강우지속시간 t_r에 대한 Q_p와 T_p를 구할 수 있으므로 그림 6.21 혹은 표 6.6을 사용하면 t_r hr−단위도를 작성할 수 있다.

유역의 지체시간 t_p은 식 (5.24)를 이용해서 산정할 수 있다.

$$t_p = \frac{L^{0.8}(S+1)^{0.7}}{1900\,Y^{0.5}} = \frac{L^{0.8}(1000-9\,CN)^{0.7}}{1900\,CN^{0.7}\,Y^{0.5}} \qquad (5.24)$$

한편, 식 (5.24)를 SI 단위제로 표시하면 식 (6.27)과 같다.

$$t_p = \frac{L^{0.8}(2540-22.86\,CN)^{0.7}}{14{,}104\,CN^{0.7}\,Y^{0.5}} \qquad (6.27)$$

여기서, t_p는 지체시간(hr)이고, L은 하천유역의 연장(m), Y는 유역평균경사(m/m)이다. 또한, 유역의 지체시간(t_p)과 도달시간(t_c) 사이에는 식 (6.28)과 같은 관계가 있어, 이를 사용하여 t_p를 결정할 수도 있다.

$$t_p = 0.6t_c \qquad (6.28)$$

여기서, 수문곡선 해석에 있어서의 도달시간 t_c는 그림 6.2 및 그림 6.21에서 보는 바와 같이 유효강우가 끝나는 시간으로부터 감수곡선상의 변곡점 발생시간까지의 시간간격으로 풀이되며, 강우시작시간부터 변곡점까지의 시간은 약 $1.7t_p$인 것으로 알려져 있다. 따라서, 그림 6.21로부터

$$t_c = 1.7\,T_p - t_r \qquad (6.29)$$

식 (6.26), (6.28) 및 (6.29)를 연립하여 풀면

$$t_r = 0.2\,T_p \qquad (6.30)$$

혹은

$$t_r = 0.133t_c \qquad (6.31)$$

예제 6-07

면적이 70 mi^{2}인 어떤 유역의 도달시간 $t_c = 16$시간이다. NRCS 무차원 단위도법을 이용하여 이 유역의 2시간 단위도를 합성하라.

풀이 식 (6.28)을 사용하면 유역 지체시간 $t_p = 0.6 \times 16 = 9.6$ hr, $t_r = 2$ hr이므로 식 (6.26)으로부터

$$T_p = \frac{1}{2}(2) + 9.6 = 10.6 \text{ hr}$$

식 (6.30)의 단위도 지속시간에 대한 제약조건을 검토하면

$$t_r = 2 \text{ hr} \le 0.2\,T_p = 2.12 \text{ hr}$$

따라서, 제약조건은 만족된다.

식 (6.24)를 사용하여 유효우량 1 inch=2.54 cm일 때의 단위도의 첨두유량을 산정하면

$$Q_p = \frac{484 \times 70}{10.6} = 3{,}196.23 \text{ ft}^3/\text{sec}$$

따라서, 유효우량 1 cm에 대해서는

$$Q_p = \frac{3196.23}{2.54} = 1{,}258.36 \text{ ft}^3/\text{sec} = 35.63 \text{ m}^3/\text{sec}$$

한편, 식 (6.25)를 사용하면 유효우량 1 cm에 대한 첨두유량은 ($70 \, \text{mi}^2 = 181.54 \, \text{km}^2$)이므로

$$Q_p = \frac{2.08 \times 181.45}{10.6} = 35.61 \, \text{m}^3/\text{sec}$$

따라서, 영국 단위제와 SI 단위제로 계산한 유효우량 1 cm에 대한 2시간 단위도의 첨두유량은 거의 같음을 알 수 있으며 이하의 계산에서 $Q_p = 35.6 \, \text{m}^3/\text{sec}$를 채택하기로 한다.

표 6.6의 무차원 시간별 단위도의 종거를 사용하여 2시간 단위도를 유도하면 표 6.7과 같다.

표 6.7 NRCS 합성단위도법에 의한 2시간 단위도의 합성

SCS 종거		단위도의 시간별 종거		SCS 종거		단위도의 시간별 종거	
t/T_p	Q/Q_p	$t = 10.6 \times$ $(t/T_p)(\text{hr})$	$Q = 35.6 \times$ $(Q/Q_p)(\text{m}^3/\text{sec})$	t/T_p	Q/Q_p	$t = 10.6 \times$ $(t/T_p)(\text{hr})$	$Q = 35.6 \times$ $(Q/Q_p)(\text{m}^3/\text{sec})$
0	0	0	0	2.4	0.147	25.44	5.23
0.2	0.10	2.12	3.56	2.6	0.107	27.56	3.81
0.4	0.31	4.24	11.04	2.8	0.077	29.68	2.74
0.6	0.66	6.36	23.50	3.0	0.055	31.80	1.96
0.8	0.93	8.48	33.11	3.2	0.040	33.92	1.42
1.0	1.00	10.60	35.60	3.4	0.029	36.02	1.03
1.2	0.93	12.72	33.11	3.6	0.021	38.16	0.75
1.4	0.78	14.84	27.77	3.8	0.015	40.28	0.53
1.6	0.56	16.96	19.94	4.0	0.011	42.40	0.39
1.8	0.39	19.08	13.88	4.5	0.005	47.70	0.18
2.0	0.28	21.20	9.97	5.0	0	53.00	0
2.2	0.207	23.32	7.37				

예제 6-08

유역면적이 $6.42 \, \text{km}^2$인 유역의 연장 $L = 2204 \, \text{m}$, 유역지표면의 평균경사 $Y = 0.02$, 유출곡선지수 $CN = 62$이다. 이 유역의 단위도를 NRCS 합성단위도법으로 합성하라. 합성된 단위도의 지속시간은 얼마인가?

풀이 식 (6.27)을 사용하면

$$t_p = \frac{(2204)^{0.8}(2540 - 22.86 \times 62)^{0.7}}{14104(62)^{0.7} \times 0.02^{0.5}} = 1.8 \, \text{hr}$$

한편, 식 (6.28)로부터 $t_c = \dfrac{1.8}{0.6} = 3 \, \text{hr}$이고 식 (6.31)로부터 $t_r = 0.133 \times 3 = 0.4 \, \text{hr}$. 따라서, 식 (6.26)으로부터 첨두유량 발생시각은

$$T_p = \frac{1}{2}t_r + t_p = \frac{1}{2}(0.4) + 1.8 = 2.0 \, \text{hr}$$

식 (6.25)를 사용하여 첨두유량을 산정하면

$$Q_p = \frac{2.08 \times 6.42}{2.0} = 6.68 \, \text{m}^3/\text{sec}$$

따라서 표 6.6의 SCS 무차원 단위도 종거를 사용하면 표 6.8과 같은 단위도를 얻게 되며 단위도의 지속시간은 0.4 hr이다.

표 6.8 NRCS 합성단위도법에 의한 0.4시간 단위도의 유도

$T_p = 2\,\mathrm{hr}, \quad Q_p = 6.68\,\mathrm{m^3/sec}$

t/T_p	Q/Q_p	$t(\mathrm{h})$	$Q(\mathrm{m^3/s})$
0.0	0.00	0.0	0.000
0.2	0.10	0.4	0.668
0.4	0.31	0.8	2.071
0.6	0.66	1.2	4.410
0.8	0.93	1.6	6.212
1.0	1.00	2.0	6.680
1.2	0.93	2.4	6.212
1.4	0.78	2.8	5.210
1.6	0.56	3.2	3.740
1.8	0.39	3.6	2.605
2.0	0.28	4.0	1.870
2.2	0.207	4.4	1.382
2.4	0.147	4.8	0.982
2.6	0.107	5.2	0.714
2.8	0.077	5.6	0.514
3.0	0.055	6.0	0.367
3.2	0.040	6.4	0.267
3.4	0.029	6.8	0.194
3.6	0.021	7.2	0.140
3.8	0.015	7.6	0.100
4.0	0.011	8.0	0.073
4.2	0.010	8.4	0.067
4.4	0.007	8.8	0.047
4.6	0.003	9.2	0.020
4.8	0.0015	9.6	0.010
5.0	0.0000	10.0	0.000

6.6 단위도의 적용에 의한 홍수수문곡선의 합성

6.6.1 유역의 형상이 단위도에 미치는 영향

지금까지 살펴본 계측유역에서의 강우-유출자료로부터의 단위도 유도방법과 미계측유역에서의 단위도의 합성방법에 의해 얻어지는 단위도의 특성, 즉 첨두유량의 크기와 발생시각, 단위도 종거의 시간적 분포 등은 유역의 형상에 따라 큰 영향을 받는다.

그림 6.22의 A유역과 같이 장방형에 가까운 유역의 경우는 강우 후 유역출구로의 유출이 신속하게 이루어지기 때문에 도달시간(t_c)이 짧아 단위도의 첨두홍수량이 크고 발생시각

이 빠른 반면, B유역의 경우는 유역의 길이가 폭에 비해 길어서 도달시간(t_c)이 길고 단위도의 첨두유량의 크기도 상대적으로 작을 뿐 아니라 발생시각도 늦어진다. 한편, 그림 6.22의 C유역의 경우는 소유역 C_1과 C_2로 구성되는 복합유역으로서 유역출구에서의 홍수수문곡선은 그림 6.22(c)에서처럼 유효강우에 각각의 단위도를 적용하여 계산한 후 유역출구에서 합성할 수도 있고 그림 6.22(d)에서처럼 두 소유역의 단위도를 미리 합성하여 단일 단위도로 만든 후 유효강우에 적용하여 홍수수문곡선을 합성할 수도 있다.

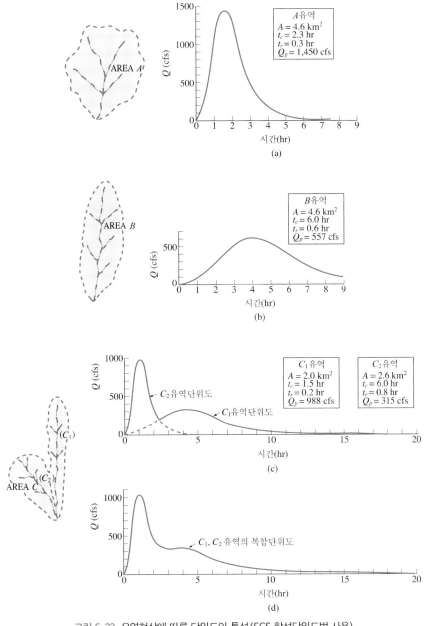

그림 6.22 유역형상에 따른 단위도의 특성(SCS 합성단위도법 사용)

6.6.2 홍수수문곡선의 합성

한 유역에 대한 어떤 지속기간의 단위도가 얻어지면 이를 이용해서 임의 호우로 인한 유역 출구에서의 총 유출수문곡선을 획득할 수 있으므로 각종 수자원계획을 위해 유효하게 사용될 수 있다. 단위도의 적용순서는, 첫째, 유역에 내린 총 강우량을 유효우량과 손실우량으로 분리하고, 둘째, 우량주상도상의 강우강도가 일정한 각 부분 유효우량과 그와 동일한 지속기간을 가진 단위도를 사용하여 비례가정에 의해 각 부분 유효우량에 대한 수문곡선을 얻고, 셋째로는 이들 수문곡선을 중첩가정에 의하여 합함으로써 직접유출수문곡선을 얻게 된다. 이와 같이 획득된 직접유출수문곡선은 유효우량만에 의한 것이므로 관측점에서 예상되는 기저유량을 이에 합하여 총 유출수문곡선을 얻는다.

예제 6-09

예제 6-01의 유역에 표 6.8과 같은 호우가 발생했을 경우 이 호우로 인한 유역출구에서의 계획홍수량을 결정하라. 기저유량은 40 m³/sec로 가정하라.

풀이 총 강우량에 유출계수를 곱함으로써 유효우량을 각각 23.00, 42.78 및 36.00 mm로 계산하였다 (표 6.9).

이들 부분 유효유량의 지속기간은 각각 12시간이므로 예제 6.3에서 유도한 유역의 12 hr-단위도에 비례가정과 중첩가정을 적용함으로써 유역출구에서의 설계홍수량을 결정할 수 있다. 표 6.10은 3개의 12시간 강우로 인한 직접유출 수문곡선을 계산하여 기저유량(40 m³/sec)을 더함으로써 총 유출수문곡선을 얻는 계산과정을 나타내고 있으며, 이는 그림 6.23에도 표시되어 있다. 표 6.10과 그림 6.23으로부터 최대유량은 강우시작 시간으로부터 39시간에서의 663.9 m³/sec임을 알 수 있으며 이것이 곧 계획홍수량이다.

표 6.9 유출수문곡선의 합성

일시		총 강우량(mm)	유출계수	유효우량(mm)
5/1	12 : 00			
	14 : 00	57.50	0.40	23.00
5/2	16 : 00	71.30	0.60	42.78
	18 : 00	48.00	0.75	36.00

표 6.10 유출수문곡선의 합성

(1) 강우시작 후 시간(hr)	(2) 12 hr 단위도 종거(m³/sec)	(3) (2)×2.300	(4) (2)×4.278	(5) (2)×3.600	(6) 기저유량 (m³/sec)	(7) 총 수문곡선종거 (3)+(4)+(5)+(6)
0	0	0			40	40
3	8.9	20.5			40	60.5
6	20.3	46.7			40	86.7
9	39.3	90.5			40	130.5
12	75.5	173.7	0		40	213.7
15	92.2	212.0	38.1		40	290.1

(계속)

(1) 강우시작 후 시간(hr)	(2) 12 hr 단위도 종거(m³/sec)	(3) (2)×2.300	(4) (2)×4.278	(5) (2)×3.600	(6) 기저유량 (m³/sec)	(7) 총 수문곡선종거 (3)+(4)+(5)+(6)
18	90.0	207.0	86.9		40	333.9
21	79.2	182.0	168.1		40	390.1
24	64.5	148.2	323.0	0	40	511.2
27	54.5	125.2	394.6	32.0	40	591.8
30	45.6	105.0	385.0	73.1	40	603.1
33	38.2	88.0	338.5	141.5	40	608.0
36	31.3	72.0	276.0	272.0	40	660.0
39	25.6	58.9	233.0	332.0	40	663.9
42	24.1	55.5	195.4	324.0	40	614.9
45	20.5	47.2	163.3	285.0	40	535.5
48	18.4	42.4	134.0	232.0	40	448.4
51	16.1	37.0	109.6	196.2	40	342.8
54	14.0	32.2	103.0	164.4	40	339.6
57	12.7	29.2	87.8	137.4	40	294.4
60	11.0	25.3	78.8	112.8	40	256.9
63	9.8	22.6	69.0	92.2	40	223.8
66	8.5	19.5	60.0	86.9	40	206.4
69	7.4	17.0	54.4	73.8	40	185.2
72	6.0	13.8	47.1	66.3	40	167.2
75	5.2	12.0	42.0	58.0	40	152.0
78	4.3	9.9	36.4	50.5	40	136.8
81	3.7	8.5	31.7	45.8	40	126.0
84	2.5	5.8	25.7	39.6	40	111.1
87	2.2	5.1	22.2	35.3	40	102.6
90	1.8	4.1	18.4	30.6	40	93.1
93	1.3	3.0	15.8	26.6	40	85.4
96	0.5	1.2	10.7	21.6	40	73.5
99	0.3	0.7	9.4	18.7	40	68.8
102	0	0	7.7	15.5	40	63.2
105			5.6	13.3	40	58.9
108			2.1	9.0	40	51.1
111			1.3	7.9	40	49.2
114			0	6.5	40	46.5
117				4.7	40	44.7
120				1.8	40	41.8
123				1.1	40	41.1
126				0	40	40.0

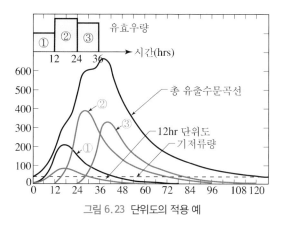

그림 6.23 단위도의 적용 예

6.1 다음 표는 24시간 간격의 수문곡선종거를 표시하고 있다. 이 수문곡선을 반대수지에 표시하여 지표면 유출, 중간 유출 및 지하수 각 유출성분의 용적을 구하라.

시간 (days)	유량 (m³/sec)	시간 (days)	유량 (m³/sec)
1	2,340	8	3,230
2	34,300	9	2,760
3	25,000	10	2,390
4	14,000	11	2,060
5	8,960	12	1,770
6	5,740	13	1,520
7	4,300	14	1,320

6.2 연습문제 6.1의 대상유역의 면적이 30,000 km²라 가정하고 N-Day법 및 수정 N-Day법으로 기저유량을 분리하여 직접유출용적을 각각 구하라. 이전의 유량을 2,500 m³/sec로 가정하고 계산하여라.

6.3 다음 표의 자료는 면적이 380 km²인 유역의 출구에서 관측된 홍수량을 표시하고 있다. 기저유량을 분리한 후 직접유출량을 cm 단위로 계산하라.

시간	유량 (m³/sec)	시간	유량 (m³/sec)
0	45	14	255
1	45	15	210
2	48	16	171
3	60	17	141
4	93	18	117
5	156	19	96
6	222	20	84
7	288	21	72
8	360	22	66
9	375	23	60
10	363	24	57
11	333	25	51
12	306	26	45
13	279	27	42

6.4 연습문제 6.3의 홍수수문곡선으로부터 단위유량도를 유도하라.

6.5 다음 표는 유역면적이 320 km²인 어떤 수위표 지점에서 관측된 홍수량을 표시하고 있다. 강우의 지속기간이 3시간이었다고 가정하고 단위유량도를 유도하라. 기저유량은 15 m³/sec로 일정하다고 가정하라.

시간 \ 일자	1일	2일	3일
03 : 00	18	138	51
06 : 00	17	120	45
09 : 00	180	105	39
12 : 00	285	93	33
15 : 00	240	81	27
18 : 00	210	72	24
21 : 00	183	63	21
24 : 00	159	57	18

6.6 다음 표는 유역면적이 320 km²인 소유역에 내린 3개 호우로부터 유도된 3개 단위유량도의 종거를 표시하고 있으며 이들 3개 호우의 지속기간은 모두 4시간이었다. 이 유역의 대표단위유량도를 그린 후 1시간 간격으로 단위도의 종거를 표로 작성하라.

(단위: m³/sec)

시간 \ 호우번호	①	②	③
0	0	0	0
1	3.30	0.75	0.48
2	10.95	3.75	1.74
3	15.00	10.74	5.19
4	11.70	13.95	10.11
5	9.30	12.15	13.20
6	7.05	9.15	12.00
7	5.25	6.60	8.55
8	3.90	5.10	6.45
9	2.85	3.90	4.95
10	1.95	2.70	3.66
11	1.20	1.80	2.70
12	0.66	1.05	1.80
13	0.30	0.60	1.05
14	0.15	0.24	0.48
15	0	0	0

6.7 유역면적이 190 km²인 유역에 3시간 동안 내린 강우로 인한 유역출구에서의 유량은 다음 표와 같다.

시간 (hr)	0	3	6	9	12	15	18	21	24
유량 (m³/sec)	15	20	55	80	60	48	32	20	15

이 유역의 3시간 단위도를 유도하라. 기저유량은 15 m³/sec로 가정하라.

6.8 유역면적 283 km²인 유역에 내린 강우와 유출 자료가 다음 표에 주어져 있고 기저유량은 150 m³/sec이다.

(가) 이 유역의 ϕ-index를 구하라.

(나) 이 유역의 단위도를 유도하라. 기저유량은 수평직선 분리법으로 분리하라.

(다) 유도된 단위도의 지속기간은 얼마인가?

시간	강우강도(cm/hr)	유량(m3/sec)
0	0.25	160
1	3.00	150
2	3.00	350
3	0.25	800
4		1,200
5		900
6		750
7		550
8		350
9		225
10		150

6.9 유역의 2시간 단위도의 종거가 다음 표와 같다.

시간(hrs)	0	1	2	3	4	5	6	7	8	9
유량(m³/sec)	0	40	130	210	150	120	80	40	15	0

(가) 다음 표와 같은 유효우량이 발생했을 때, 유역출구에서의 총 유출수문곡선을 계산하라. 기저유량은 150 m³/sec이다.

시간(hrs)	0~2	2~4	4~6
유효우량(cm)	2.0	5.0	1.0

(나) 이 유역의 면적은 얼마인가?

6.10 다음 표는 어떤 하천유역의 4시간 단위도이다.

시간 (hr)	유량 (m³/sec)	시간 (hr)	유량 (m³/sec)
0	0	11	81
1	12	12	66
2	75	13	54
3	132	14	42
4	180	15	33
5	210	16	24
6	183	17	18
7	156	18	12
8	135	19	6
9	114	20	3
10	96	21	0

(가) 이 유역의 면적을 구하라.

(나) S-곡선법을 사용하여 1시간 단위도를 유도하라.

(다) S-곡선법에 의해 순간단위도를 유도하라.

6.11 연습문제 6.6의 호우 ①에 대한 단위유량도로부터 단위유량분포도를, 그리고 S-곡선으로부터 순간단위 유량도를 그려라. 순간단위유량도 아래의 면적이 몇 mm의 유효우량에 해당하는지를 검사하라.

6.12 유역면적이 100 mi^2, 유로연장이 20 mi, 유역중심까지의 주 유로상 거리가 8 mi인 유역에 대한 3시간 단위유량도를 합성하라. Snyder의 계수는 $C_t = 1.90$, $C_p = 0.63$ 으로 가정하라.

6.13 다음과 같은 유역특성인자가 주어졌을 때 Snyder의 합성 단위유량도를 스케치하기 위해 필요한 단위도의 특성인자들을 계산하라.

$$A = 380 \, \text{mi}^2, \quad L = 30 \, \text{km}, \quad L_{ca} = 13 \, \text{km}$$
$$C_t = 1.65, \quad C_p = 0.57$$

6.14 다음과 같은 유역의 유출특성자료가 주어졌을 때 SCS 무차원 단위도법에 의해 3시간 단위도를 유도하라.

$$A = 48 \, \text{km}^2, \quad L = 9 \, \text{km}, \quad CN = 80, \quad Y = 0.012$$

6.15 연습문제 6.6의 호우 ②에 대한 단위유량도를 이용하여 연속되는 4시간 간격으로 유효우량 75 mm, 22 mm, 35 mm 및 27 mm로 인한 홍수수문곡선을 합성하고 유역의 지체시간, 유출지속기간, 상승시간 및 첨두유량을 결정하라. 기저유량은 무시하라.

6.16 4시간 동안 계속된 20 mm의 유효우량으로 인한 유역출구에서의 첨두홍수량이 60 m^3/sec였다면 8시간 동안 계속된 20 mm의 유효우량으로 인한 첨두홍수량은 얼마나 되겠는가? 기저유량은 무시할 수 있을 정도로 작으며 강우강도는 일정하다고 가정하라.

6.17 어떤 유역에 4시간 동안 계속된 50 mm의 유효우량으로 인한 유출량의 시간적 변화는 다음 표와 같다.

시간(hr)	0	2	4	6	8	10	12	14
유량(m^3/sec)	0	2.7	9.0	15.0	12.6	7.5	3.0	0

이 유역에 처음 4시간 동안 25 mm, 다음 4시간 동안은 38 mm의 유효우량이 균일강도로 내린다면 이로 인한 첨두홍수량의 크기와 발생 시간은 어떠할 것인가? 기저유량은 무시하라.

6.18 다음 표의 3시간 단위도가 어떤 유역에 대해 유도되었다.

시간(hr)	0	3	6	9	12	15	18	21	24
유량(m^3/sec)	0	10	20	30	25	20	15	10	0

다음 표의 12시간 강우가 전 유역에 걸쳐 균등하게 내렸을 경우 유효우량으로 인한 직접유출 수문곡선을 계산하라. 유역의 유출곡선지수 $CN = 80$ 으로 가정하라.

시간(hr)	0	3	6	9	12
총 우량(mm/hr)		6	10	18	2

6.19 어떤 유역의 배수면적은 810 km^{2}이다. 유역 내에 내린 한 호우와 그로 인한 유량자료가 다음 표에 수록되어 있다.

시간	시간당 우량(mm)	유량(m^3/sec)
1	0.50	36
2	2.25	36
3	8.50	80
4	7.25	180
5	7.00	365
6	0.50	570
7		690
8		675
9		395
10		360
11		258
12		204
13		165
14		135
15		114
16		96
17		78
18		66
19		54
20		48
21		39

(가) 수문곡선과 우량주상도를 작성하라.

(나) 단위유량도를 유도하라.

(다) S-곡선법에 의하여 1시간 단위유량도를 유도하라.

(라) 이 유역에 다음과 같은 호우가 발생했을 때 홍수수문곡선을 합성하여 계획 홍수량을 결정하라. 기저유량은 40 m^3/sec로 가정하라.

시간 (hr)	0~2	2~4	4~6
총 우량 (mm)	58	71	48
유출률 (%)	40	60	75

Chapter

07 수문학적 홍수추적

7.1 홍수추적의 개념

홍수추적(flood routing)이란 상류의 한 지점에서 이미 결정된 홍수수문곡선으로부터 하류의 어떤 지점에서의 홍수수문곡선을 결정하는 절차이다. 바꾸어 말하면, 홍수추적이란 홍수파가 하천의 임의구간을 통과하는 동안에 그 구간의 저류량에 의하여 그 크기가 얼마나 감소되며 통과시간이 얼마나 걸리는가를 밝혀내는 과정이라고 할 수 있다. 홍수추적의 방법론에는 수문학적 홍수추적(hydrologic flood routing)과 수리학적 홍수추적(hydraulic flood routing)의 두 가지가 있다.

수문학적 홍수추적방법은 홍수파의 연속방정식에 기초를 둔 저류방정식(storage equation)을 사용하는 근사해법이며, 실제문제의 해결면에서 보면 저수지추적(reservoir routing)과 하도추적(channel routing) 및 유역추적(watershed routing)의 세 가지로 구분된다.

저수지추적은 저수지를 통과하는 홍수파에 미치는 저수지의 홍수조절 효과를 평가하는 수단을 제공하는 것으로 저수지의 홍수조절용량의 결정이라든지 댐 높이 및 댐 부속구조물의 수리설계를 위한 기준수문량을 제공한다. 하도추적은 자연하천의 하도가 홍수파에 미치는 저류효과를 평가하기 위한 수단이며 홍수가 하류로 진행함에 따라 그 크기가 어떻게 변화하는가를 계산함으로써 하천기본계획 수립을 위한 기준수문량을 제공한다. 또한 유역추적은 자연하천유역의 홍수 저류효과를 고려하여 유역출구지점에서의 홍수량의 시간적 변화를 추정함으로써 각종 수공구조물의 기준수문량을 제공한다.

수리학적 홍수추적방법은 홍수파의 흐름을 수리학적으로 표시하는 부정부등류(unsteady nonuniform flow)의 지배방정식인 편미분 연속방정식 및 운동방정식을 초기조건과 경계조건에 맞추어 풀이하는 방법으로 주로 수리학에서 다룬다.

7.2 저류량의 결정

7.2.1 저류방정식

수문학적 홍수추적방법은 식 (7.1)로 표시되는 저류방정식(storage equation)에 기초를 두고 있다.

$$I - O = \frac{dS}{dt} \tag{7.1}$$

여기서, I, O는 하도의 임의 구간이나 혹은 저수지를 통해 흘러들어가는 유입량(inflow)과 흘러나가는 유출량(outflow)을 각각 표시하며 S는 저류량(storage)을 나타낸다. 따라서 식 (7.1)은 임의 하도구간 내 저류량(channel storage)이나 저수지 저류량(reservoir storage)의 시간적 변화율이 구간의 상류단에서의 유입량과 하류단에서의 유출량의 차로서 표시된다는 것을 뜻한다.

식 (7.1)을 미분의 항으로 표시하면

$$(\overline{I} - \overline{O})\Delta t = \Delta S \tag{7.2}$$

여기서, $\overline{I}$, $\overline{O}$, ΔS는 각각 Δt 동안의 평균유입량, 평균유출량 및 저류량의 변화량을 표시한다. 따라서, 그림 7.1의 Δt에 있어서 저류방정식은 식 (7.3)과 같이 표시할 수 있다.

$$\frac{I_1 + I_2}{2}\Delta t - \frac{O_1 + O_2}{2}\Delta t = S_2 - S_1 \tag{7.3}$$

여기서, I_1, O_1, S_1은 임의기간 Δt의 시점시각(t_1)에 있어서의 유입량, 유출량 및 저류량이며, I_2, O_2, S_2는 Δt의 종점시각(t_2)에 있어서의 값들을 나타내고, Δt를 추적기간(routing period)이라 한다.

식 (7.3)과 같은 수문학적 저류방정식을 사용하여 홍수추적을 하는 입장은 하천의 하도이건 저수지이건 간에 유입부(상류단)에서의 유입홍수수문곡선이 주어진(알려진) 상태에서 유

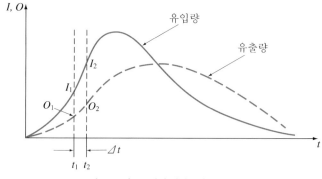

그림 7.1 하도구간의 상하류단 수문곡선

출부(하류단)에서의 유출수문곡선을 구하고자 하는 것이다. 즉, 그림 7.1에서 어떤 추적기간 $\Delta t = t_2 - t_1$에 대한 홍수추적계산은 유입량 I_1, I_2를 알고, 초기유출량 O_1을 가정(혹은 측정)하여 식 (7.3)을 사용함으로써 O_2를 계산하는 것이다.

식 (7.3)은 하나의 방정식에 계산하고자 하는 미지수 O_2뿐만 아니라 S_2와 S_1도 미지수로 포함되어 있어서 O_2를 계산하기 위해서는 저류량 S와 유출량 O 간의 관계식이 추가로 필요하다.

그런데, 하천의 하도구간이나 저수지의 경우 저류량(S)과 유출량(O)은 수면표고에 비례하여 그 크기가 결정되며 저류량과 유출량도 비례관계를 가지므로 식 (7.3) 우변의 S_1, S_2는 각각 O_2, O_1의 항으로 표시할 수 있다. 이와 같은 관계를 사용하면 식 (7.3)의 유일한 미지수는 O_2뿐이므로 O_2를 계산할 수 있다.

7.2.2 저수지의 저류량 결정

저수지의 어떤 수면표고까지의 저류량은 그림 7.2와 같은 댐지점에서의 지형도로부터 결정할 수 있다. 우선 각 등고선 간의 면적을 구한 다음, 등고선 간의 저류 가능한 용적을 결정한다.

등고선 간격이 h로 일정(그림 7.2에서는 2 m)하고 등고선 간 면적이 $a_0, a_1, a_2, \cdots, a_n$이라면 n번째 등고선까지 저류될 저류량 S는 식 (7.4)와 같다.

$$S = \frac{1}{2}h[(a_0 + a_1) + (a_1 + a_2) + \cdots\cdots + (a_{n-1} + a_n)]$$
$$= \frac{1}{2}h\left(a_0 + a_n + 2\sum_{i=1}^{n-1} a_i\right) \tag{7.4}$$

식 (7.4)로 표시되는 저류량은 특정 수면표고까지의 저류량이며, 수면표고별 저류량과 저수면적은 그림 7.3과 같이 표시될 수 있다.

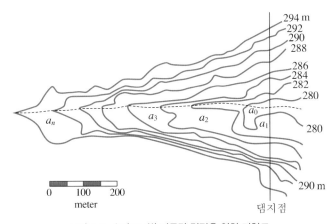

그림 7.2 수면표고별 저류량 결정을 위한 지형도

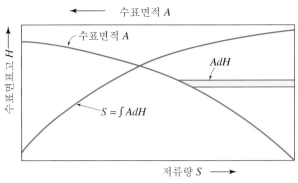

그림 7.3 저수지의 저류량과 수표면적

7.2.3 자연하도구간의 저류량 결정

자연하천구간의 저류량은 실측된 유량자료를 이용하여 식 (7.2) 혹은 (7.3)에 의해 하도의 저류량을 결정하는 방법이다. 그림 7.4는 하천의 임의구간에 유입수문곡선(inflow hydrograph)과 유출수문곡선(outflow hydrograph)을 표시하고 있다. 유입량이 유출량보다 크면 ΔS는 (+)이고, 유출량이 유입량보다 크면 ΔS는 (−)가 된다. 식 (7.2)로부터 알 수 있는 바와 같이 ΔS가 추적계산에 필요한 변량이므로 저류량이 영(zero)이 되는(유입량과 유출량이 동일하게 되는) 시각이 결정되면 어떤 시각에 있어서의 저류량은 저류량이 0이 되는 시각으로부터 (+) 혹은 (−) 저류량 증감분의 합으로 구할 수 있다. 이 방법에 의한 저류량의 계산 예는 표 7.1에 표시되어 있다.

표 7.1의 (1), (2), (3)란은 그림 7.4의 관측된 유입 및 유출수문곡선을 표시하며, (4)란은 (2)란에서 (3)란을 뺀 각 시간구간의 저류량의 증감률이고, (5)란은 3/M과 4/6A시간에 있어서의 저류량을 영(zero)으로 잡아 누가값을 계산한 것이며, (6)란은 (5)란의 저류량 누가값을 저류량으로 환산하기 위하여 (5)란의 값에 추적기간인 $\Delta t = 1/4$ days (6hrs)를 곱

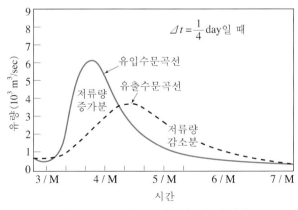

그림 7.4 수문곡선으로부터의 하도저류량 계산

한 값이다. (6)란의 저류량 S의 단위는 m^3로 표시할 수 있으나 그 값이 크고 복잡한 숫자로 표시되기 때문에 $(m^3/sec)\cdot day$의 체적단위로 나타내고 있다.

표 7.1 하도저류량의 계산 예

(1) 시간	(2) $\overline{I}\,(m^3/sec)$	(3) $\overline{O}(m^3/sec)$	(4) $\Delta S/\Delta t\,(m^3/sec)$	(5) $\sum \dfrac{\Delta S}{\Delta t}$ (m^3/sec)	(6) $S=\left(\sum \dfrac{\Delta S}{\Delta t}\Delta t\right)$ $(10^3 m^3)$
3/6P	560	700	-140	$-$	$-$
3/M	660	660	0	0	0
4/6A	2,500	1,020	1,480	1,480	31,968
4/N	5,500	1,850	3,650	5,130	110,851
4/6P	5,950	2,650	3,300	8,430	182,045
4/M	4,200	3,350	850	9,280	200,448
5/6A	2,950	3,700	-750	8,530	184,291
5/N	2,100	3,680	$-1,580$	6,950	150,077
5/6P	1,470	3,100	$-1,630$	5,320	114,912
5/M	1,000	2,450	$-1,450$	3,870	83,549
6/6A	740	2,000	$-1,260$	2,610	56,419
6/N	600	1,650	$-1,050$	1,560	33,696
6/6P	530	1,300	-770	790	17,021
6/M					

7.3 저수지 홍수추적

댐의 여수로(spillway)나 방수로(outlet works)에 설치되어 있는 수문이 완전히 개방되어 있거나 부분적으로 열려 있을 경우 저수지로부터의 유출량 O와 저수지 내 저류량 S는 수면표고에 따라 결정되므로 홍수추적이 비교적 간단하며 이를 저수지 홍수추적(reservoir flood routing)이라 한다. 저수지 홍수추적은 식 (7.3)과 $S\sim O$관계곡선을 사용하여 수행될 수 있다.

7.3.1 저수지의 저류량-유출량 관계곡선의 작성

수문학적 저수지 홍수추적에 필요한 저류량-유출량 관계곡선의 작성을 위해 필요한 자료는 그림 7.5와 같은 저수지의 수면표고-저류량곡선(stage-storage curve)과 수면표고-유출량곡선(stage-discharge)이다. 수면표고-저류량 곡선은 7.1절의 방법에 의해 작성할 수 있고, 수면표고-유출량곡선은 위어(weir) 공식 혹은 오리피스(orifice) 공식을 사용하여 작성할 수 있다.

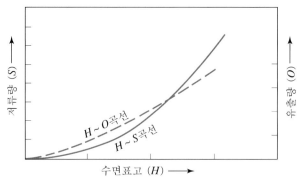

그림 7.5 저수지 수면표고-저류량 및 수면표고-유출량 관계곡선

여수로를 통한 유출량은 위어 공식에 의해 계산된다. 그림 7.6(a)의 경우는 여수로 수문이 완전히 개방되거나 수문이 없는 여수로의 경우로서 식 (7.5)로 표시된다.

$$O = C_s L H_s^{3/2} \tag{7.5}$$

여기서, O는 유출량($\mathrm{m^3/sec}$), L은 여수로 폭(m), H_s는 여수로 위의 전 수두(m), C_s는 위어의 유량계수이다.

한편, 그림 7.6(b)의 경우는 여수로 수문이 부분 개방되어 있는 경우로서 유출량은 식 (7.6)으로 표시된다.

$$O = \frac{2}{3}\sqrt{2g}\, C_s L\left(H_1^{3/2} - H_2^{3/2}\right) \tag{7.6}$$

여기서, O는 유출량($\mathrm{m^3/sec}$), L은 여수로 폭(m), H_1은 여수로 위의 전 수두(m), H_2는 수문 하단부에서의 전 수두(m), C_s는 위어의 유량계수이며, g는 중력가속도($9.8\,\mathrm{m/sec^2}$)이다.

그림 7.6(c)의 방수로를 통한 유출량은 식 (7.7)과 같은 오리피스 공식으로 표시된다.

$$O = C_0 A \sqrt{2gH_0} \tag{7.7}$$

여기서, O는 유출량($\mathrm{m^3/sec}$), A는 방수로의 단면적($\mathrm{m^2}$), H_0는 방수로의 중심선으로부터의 전 수두(m)이고, C_0는 오리피스의 유량계수이다.

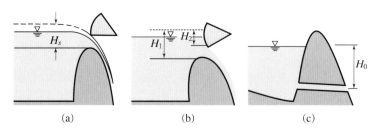

그림 7.6 여수로와 방수로를 통한 유출량

7.3.2 저수지 홍수추적 방법

그림 7.5에서 임의 수면표고(H)에 대한 유출량(O)과 저류량(S)을 읽어 그림 7.7과 같은 저류량-유출량 관계곡선을 작성하면 이를 이용하여 식 (7.3)을 풀어서 저수지 홍수추적을 할 수 있다.

실제에 있어서 저수지 내의 저류량과 여수로를 통한 유출량 사이에는 그림 7.7과 같은 단일관계(invariable discharge-storage relationship)가 항상 성립하는 것은 아니나 저수지 수면이 수평(level pool)이라는 가정하에서는 대체로 성립한다. 식 (7.3)을 재정리하여 기지항을 좌변에, 미지항을 우변에 모아서 표시하면

$$\frac{1}{2}(I_1 + I_2)\Delta t + \left(S_1 - \frac{1}{2}O_1\Delta t\right) = \left(S_2 + \frac{1}{2}O_2\Delta t\right) \qquad (7.8)$$

저수지의 고유한 저류량-유출량 관계를 고려하면 O와 $\left(S + \frac{1}{2}O\Delta t\right)$ 그리고 O와 $\left(S - \frac{1}{2}O\Delta t\right)$도 저수지별로 고유한 관계를 가진다는 것을 알 수 있다. 이러한 관계곡선을 저류량 지시곡선(storage-indication curve, SI curve)이라 하며(그림 7.7), 식 (7.8)을 이용하여 저수지 홍수추적을 실시하는 방법을 Puls 방법 혹은 저류량 지시 추적방법이라 한다.

식 (7.8)을 $\Delta t/2$로 나누면 식 (7.9)와 같은 수정 Puls 저수지 홍수추적 방법의 기본방정식이 된다.

$$(I_1 + I_2) + \left(\frac{2S_1}{\Delta t} - O_1\right) = \left(\frac{2S_2}{\Delta t} + O_2\right) \qquad (7.9)$$

Puls 방법의 기본식인 식 (7.8)의 모든 항은 저류량(m^3)으로 표시되나 수정 Puls 방법의 기본식인 식 (7.9)의 모든 항은 유량($\mathrm{m}^3/\mathrm{sec}$)으로 표시된다.

수정 Puls 방법을 적용하기 위해서는 적정 Δt를 설정해야 하며 저수지의 수면표고(H)-저류량(S)-유출량(O) 관계를 이용하여 $O \sim \left(\frac{2S}{\Delta t} + O\right)$ 관계를 그림 7.8과 같은 곡선 혹은 수치파일로 작성하되 선형보간에 오차가 발생하지 않도록 아주 조밀한 수면표고 간격으로 관계곡선을 작성할 필요가 있다.

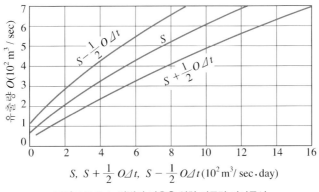

그림 7.7 Puls 방법의 적용을 위한 저류량 지시곡선

첫 번째 추적기간의 시작시각 t_1에서의 I_1, I_2는 기지값이고 O_1 또한 기지값(가정하거나 실측)이므로 O_1에 상응하는 $\left(\dfrac{2S_1}{\Delta t} + O_1\right)$을 그림 7.8의 $O \sim \left(\dfrac{2S}{\Delta t} + O\right)$ 관계곡선으로부터 결정한 후 $2O_1$을 빼면 식 (7.9)의 $\left(\dfrac{2S_1}{\Delta t} - O_1\right)$항을 산정할 수 있어서 식 (7.9)의 좌변값이 결정되므로 우변의 $\left(\dfrac{2S_2}{\Delta t} + O_2\right)$값이 결정된다. 따라서 $O \sim \left(\dfrac{2S}{\Delta t} + O\right)$ 관계곡선으로부터 O_2가 결정되며 다음 추적기간들에 대해 동일한 방법으로 추적계산을 반복하면 완전한 유출수문곡선을 계산할 수 있다.

이상의 홍수추적계산에서 저수지 유입량과 유출량 수문곡선은 연속형 곡선이 아닌 이산형 점들로 표시되므로 추적기간 Δt의 설정에 주의가 필요하다. Δt 동안의 평균유입량 $(I_1 + I_2)/2$는 유입수문곡선의 선형성을 가정하는 것이므로 Δt를 크게 잡으면 오차가 발생하게 된다.

예제 7-01

어떤 댐의 비상여수로 설계를 위해 표 7.2와 같이 저수지로의 설계유입수문곡선[(1)란 및 (2)란]이 결정되었을 때 추적기간 $\Delta t = 1$ hr 로 하여 유출수문곡선을 수정 Puls 방법으로 추적하라. 여수로의 정점 표고는 EL. 1070 m이고 이 표고보다 높은 표고에서의 저수지 측벽은 연직에 가깝다. 저수지의 수표면적은 $1\ \mathrm{km}^2$, 댐 천단고는 EL. 1076 m이고 저수지 내 초기수위는 EL. 1071 m이며 이때의 초기 방류량은 17 m³/sec이다. 여수로 수문은 없는 것으로 가정하라. 여수로는 Ogee형이며, 폭 $L = 10$ m, 유량계수 $C_s = 1.70$이고 사각위어 공식 $O = CLH^{3/2}$이 적용된다. 이 유입홍수로 인해 도달하게 될 최고 저수위는 얼마인가?

풀이 표 7.2에는 주어진 저수지 특성제원을 사용하여 저류량 지시곡선인 $O \sim \left(\dfrac{2S}{\Delta t} + O\right)$ 관계곡선의 작성에 필요한 계산결과를 수록하고 있으며 계산절차는 다음과 같고 저류량 지시곡선은 그림 7.8에 표시되어 있다.

표 7.2 저류량 지시곡선 작성을 위한 계산

(1) 수면표고 EL. (m)	(2) 수두 H(m)	(3) 유출량 $O(\mathrm{m}^3/\mathrm{sec})$	(4) 저류량 $S(\mathrm{m}^3)$	(5) 저류량 $(\mathrm{m}^3/\mathrm{sec}) \cdot \mathrm{hr}$	(6) $[(2S/\Delta t) + O]$ $(\mathrm{m}^3/\mathrm{sec})$
1,070	0	0	0	0	0
1,071	1	17.00	1,000,000	277.78	572.56
1,072	2	48.08	2,000,000	555.55	1159.18
1,073	3	88.33	3,000,000	833.33	1754.99
1,074	4	136.00	4,000,000	1111.11	2358.22
1,075	5	190.07	5,000,000	1388.89	2967.85
1,076	6	249.85	6,000,000	1666.66	3583.17

(1) 저류량 지시곡선의 계산절차

(1)란 : 1 m 단위의 수면표고 EL.(m)

(2)란 : 여수로 위의 수두(H m)

(3)란 : 여수로를 통한 유출량 $O = 1.7 \times 10 \times (H)^{3/2} (\text{m}^3/\text{sec})$

(4)란 : 수표면적 1 km^{2}에 수두 H를 곱하여 계산한 여수로 정점표고 위의 저류량(m^3)

(5)란 : (4)란의 저류량(m^3)을 (m^3/sec)·hr 단위로 표시한 저류량

(6)란 : $\Delta t = 1$ hr로 하고 (3)란과 (4)란의 값을 사용하여 계산한 $\left(\dfrac{2S}{\Delta t} + O\right)(\text{m}^3/\text{sec})$

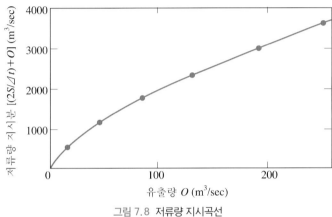

그림 7.8 저류량 지시곡선

한편, 표 7.3에는 (1), (2)란에 주어진 저수지 유입수문곡선을 수정 Puls 방법으로 추적 계산하는 절차를 수록하고 있으며, 계산절차는 다음과 같다.

표 7.3 수정 Puls 방법에 의한 저수지 홍수추적 계산

(1) 시간(hr)	(2) 유입량(m^3/sec)	(3) $[(2S/\Delta t) - O]$ (m^3/sec)	(4) $[(2S/\Delta t) + O]$ (m^3/sec)	(5) 유출량(m^3/sec)
0	17	538.56	572.56	17.0
1	20	541.36	575.56	17.1
2	50	573.96	611.36	18.7
3	100	675.96	723.96	24.0
4	130	839.16	905.96	33.4
5	150	1027.96	1119.16	45.6
6	140	1201.96	1317.96	58.0
7	110	1318.36	1451.96	66.8
8	90	1375.76	1518.36	71.3
9	70	1390.76	1535.76	72.5
10	50	1369.16	1510.76	70.8
11	30	1315.96	1449.16	66.6
12	20	1243.96	1365.96	61.0

(계속)

(1) 시간 (hr)	(2) 유입량 (m³/sec)	(3) $[(2S/\Delta t) - O]$ (m³/sec)	(4) $[(2S/\Delta t) + O]$ (m³/sec)	(5) 유출량 (m³/sec)
13	17	1169.76	1280.96	55.6
14	17	1102.36	1203.76	50.7
15	17	1043.16	1136.36	46.6
16	17	990.96	1077.16	43.1
17	17	944.96	1024.16	40.0
18	17	904.96	978.96	37.4
19	17	867.76	938.16	35.2
20	17	835.56	901.76	33.1
21	17	806.96	869.56	31.3
22	17	781.16	840.96	29.9
23	17	757.96	815.16	28.6
24	17	737.56	791.96	27.4

(2) 저수지 홍수추적계산 절차

① 첫 번째 추적기간의 경우 $I_1 = 17 \, \text{m}^3/\text{sec}$, $I_2 = 20 \, \text{m}^3/\text{sec}$이며 초기유출량 $O_1 = 17 \, \text{m}^3/\text{sec}$로 주어졌으므로 그림 7.8의 저류량 지시곡선으로부터 $\left(\dfrac{2S_1}{\Delta t} + O_1\right) = 572.56 \, \text{m}^3/\text{sec}$[(4)란]를 결정한다.

② $\left(\dfrac{2S_1}{\Delta t} - O_1\right) = \left(\dfrac{2S_1}{\Delta t} + O_1\right) - 2O_1 = 572.56 - (2 \times 17) = 538.56$을 구한다[(3)란].

③ 첫 번째 추적기간의 경우 $I_1 = 17 \, \text{m}^3/\text{sec}$, $I_2 = 20 \, \text{m}^3/\text{sec}$이므로 식 (7.9)의 좌변값은 $(17 + 20) + 538.56 = 575.56 \, \text{m}^3/\text{sec}$[표 7.3의 $t = 1 \, \text{hr}$일 때의 (4)란 값]이고 이 값이 식 (7.9)의 우변값 $\left(\dfrac{2S_2}{\Delta t} + O_2\right)$이다.

④ 따라서, 그림 7.8로부터 $O_2 = 17.1 \, \text{m}^3/\text{sec}$를 구함으로써 첫 번째 추적이 끝난다.

⑤ 다음 추적기간으로 넘어가면 $O_1 = 17.1 \, \text{m}^3/\text{sec}$이고 $\left(\dfrac{2S_1}{\Delta t} + O_1\right) = 575.56 \, \text{m}^3/\text{sec}$이므로 $\left(\dfrac{2S_1}{\Delta t} - O_1\right) = 541.36 \, \text{m}^3/\text{sec}$로 계산되며, $I_1 = 20 \, \text{m}^3/\text{sec}$, $I_2 = 50 \, \text{m}^3/\text{sec}$이므로 식 (7.9)에 의해 $\left(\dfrac{2S_2}{\Delta t} + O_2\right) = 611.36 \, \text{m}^3/\text{sec}$가 되고 이를 사용하면 그림 7.8부터 $O_2 = 18.7 \, \text{m}^3/\text{sec}$로 결정된다.

⑥ 이상의 계산을 반복하면 표 7.3과 같은 저수지로부터의 유출수문곡선이 (5)란과 같이 계산된다.

(3) 최고 저수위의 계산

표 7.3의 저수지 홍수추적 결과를 보면 최대유출량은 9 hr의 72.5 m³/sec이므로 위어 공식으로부터 상응하는 수두 H를 구하면

$$H = \left(\frac{O}{C_s L}\right)^{2/3} = \left(\frac{72.5}{1.7 \times 10}\right)^{2/3} = 2.63 \text{ m}$$

따라서, 최고 저수위 $(\text{EL})_{\max} = 1070 + 2.63 = 1072.63 \text{ m}$

7.4 하도 홍수추적

하도 홍수추적(channel flood routing)이란 자연하천의 어떤 하도구간 상류단에 유입하는 유입수문곡선을 추적하여 하류단의 유출수문곡선을 계산하는 절차를 말한다.

자연하천의 어떤 구간에 있어서의 저류량(S)은 저수지의 경우처럼 그 구간으로부터 흘러나오는 유출량(O)만의 함수로 표시할 수 없기 때문에 비교적 복합하다. 자연하도에 있어서의 저류량과 유출량 간의 관계는 그림 7.7(저수지의 경우)과 같은 단일관계가 성립되지 않고 통상 그림 7.9와 같이 한 개의 폐합(loop)형으로 나타난다. 즉, 동일유량일지라도 홍수위 상승시의 저류량은 홍수위 하강시의 저류량보다 크다. 그림 7.10에 표시한 바와 같은 하상에 평행한 선의 아래에 있는 저류량을 대형저류(prism storage)라 부르고 위에 있는 저류량을 쐐기저류(wedge storage)라 부른다. 그림 7.10에서 보는 바와 같이 홍수위 상승기간 동안에는 유출량의 큰 증가가 있기 이전에 많은 양의 쐐기저류가 생기게 되나 홍수위 하강기간 동안에는 하도구간의 유출량보다 유입량의 감소가 현저하여 쐐기저류량은 $(-)$가된다. 따라서 동일 유출량에 대한 저류량은 홍수위 하강시보다 상승시에 더 크게 되며 쐐기저류량이 유출량에 미치는 영향을 저류량−유출량 관계의 수립에 포함시킴으로써 자연하천에서의 홍수를 해석적으로 추적할 수 있다.

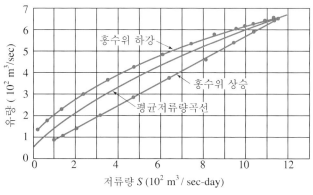

그림 7.9 자연하도에 있어서의 저류량−유출량 관계곡선

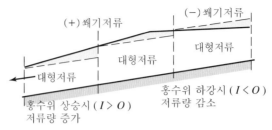

그림 7.10 홍수파 통과시 하도구간의 수면곡선

따라서, 저류량을 유출량만의 함수로 보는 저수지의 경우와는 달리 자연하도의 경우 하도 저류량은 유출량과 유입량의 함수로 표시하여 저류방정식을 풀어서 홍수추적계산을 하게 된다.

7.4.1 Muskingum 하도홍수추적 방정식

자연하천의 어떤 구간 내에 저류되는 하도저류량(S)은 구간의 유입량(I)과 유출량(O)에 의해 주로 결정되며 하도단면의 수리특성에도 관계가 있는 것으로 알려져 있다.

하천구간 내 저류량에 미치는 홍수유입량의 영향을 고려하기 위하여 구간 내의 총 저류량은 그림 7.11과 같이 대형저류량과 쐐기저류량으로 구분할 수 있으며, 대형저류량은 유출량에만 비례하나 쐐기저류량은 유입량과 유출량의 차에 비례한다고 가정할 수 있다. 즉, 총 저류량은 대형저류량과 쐐기저류량의 합이다.

$$S = KO + Kx(I - O) \qquad (7.10)$$

혹은

$$S = K[xI + (1-x)O] \qquad (7.11)$$

여기서, K는 구간 내 저류량의 유출량에 대한 비를 나타내는 하도 저류상수(channel storage constant)로서 시간의 차원을 가진다.

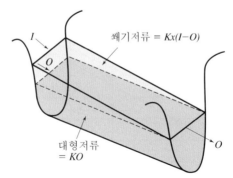

그림 7.11 자연하도에 있어서의 대형저류와 쐐기저류

식 (7.11)의 관계를 저류방정식[식 (7.3)]에 대입하여 얻은 식으로 추적구간 상류단의 유입수문곡선으로부터 하류단의 유출수문곡선을 축차적으로 계산하는 방법을 Muskingum 하도홍수추적방법이라 한다.

식 (7.11)을 임의 추적기간 $\Delta t = t_2 - t_1$에 대해 쓰면

$$S_2 - S_1 = K[x(I_2 - I_1) + (1 - x)(O_2 - O_1)] \tag{7.12}$$

여기서, 첨자 1, 2는 한 추적기간의 시점과 종점을 의미한다.

식 (7.12)를 식 (7.3)에 대입하면

$$\frac{1}{2}(I_1 + I_2)\Delta t - \frac{1}{2}(O_1 + O_2)\Delta t = K[x(I_2 - I_1) + (1 - x)(O_2 - O_1)] \tag{7.13}$$

식 (7.13)을 정리하여 O_2에 관하여 풀면

$$O_2 = C_0 I_2 + C_1 I_1 + C_2 O_1 \tag{7.14}$$

여기서,

$$C_0 = \frac{-(Kx - 0.5\Delta t)}{K - Kx + 0.5\Delta t}, \quad C_1 = \frac{Kx + 0.5\Delta t}{K - Kx + 0.5\Delta t}, \quad C_2 = \frac{K - Kx - 0.5\Delta t}{K - Kx + 0.5\Delta t} \tag{7.15}$$

또한, 식 (7.15)로부터 다음의 관계가 성립함을 증명할 수 있다.

$$C_0 + C_1 + C_2 = 1 \tag{7.16}$$

운동파 이론(kinematic wave theory)에 의하면 식 (7.15)의 계수 C_0, C_1, C_2는 모두 양(+)의 값을 가지도록 Δt를 선정해야 한다. 즉, $\Delta t \leq 2Kx$이면 $C_0 \leq 0$이 되므로 $\Delta t > 2Kx$가 되도록 Δt를 선정해야 한다.

7.4.2 Muskingum 방법에 의한 하도홍수추적

표 7.4는 가상의 한 하천구간에서 관측된 유입 및 유출수문곡선으로부터 $x = 0.13$, $K = 11$ hr의 값을 얻었다고 가정할 때 임의의 유입 홍수수문곡선을 Muskingum 방법에 의해 추적하여 구간의 하류단에서의 유출수문곡선을 계산하는 절차이다.

표 7.4의 계산과정을 살펴보면 우선 추적기간 $\Delta t = 6$시간으로 잡아 식 (7.15)로부터 $C_0 = 0.125$, $C_1 = 0.352$, $C_2 = 0.523$을 계산한 후 $t = 0$일 때의 구간 하류단에서의 유출량 O를 유입량 I와 같다고 가정하여 $O = I = 10\,\mathrm{m}^3/\mathrm{sec}$로 잡았다. 첫 번째 추적기간(0~6 hr)에 대한 $I_1 = 10\,\mathrm{m}^3/\mathrm{sec}$이고, $I_2 = 30\,\mathrm{m}^3/\mathrm{sec}$이며, $O_1 = 10\,\mathrm{m}^3/\mathrm{sec}$이므로 표 7.4의 (3), (4), (5)란에 $C_0 I_2 = 3.8$, $C_1 I_1 = 3.5$, $C_2 O_1 = 5.2$를 각각 계산하여 합산함으로써 (6)란의 $O_2 = 3.8 + 3.5 + 5.2 = 12.5\,\mathrm{m}^3/\mathrm{sec}$를 얻었다. 이것이 곧 제1 추적기간의 종점인 6시에 구간 하류단을 통과하는 유출량이며 다음 추적기간의 O_1이 된다. 마찬가지 방법으로 계

표 7.4 자연하도에서의 홍수추적 계산

$C_0 = 0.125$, $C_1 = 0.352$, $C_2 = 0.523$, $\Delta t = 6$ hr

(1) 시각(hr)	(2) 유입량 I (m³/sec)	(3) $C_0 I_2$	(4) $C_1 I_1$	(5) $C_2 O_1$	(6) 유출량 O(m³/sec)
0	10	–	–	–	10*
6	30	3.8	3.5	5.2	12.5
12	68	8.5	10.6	6.5	25.6
18	50	6.3	23.9	13.4	43.6
24	40	5.0	17.6	22.8	45.4
30	31	3.9	14.1	23.7	41.7
36	23	2.9	10.9	21.8	35.6

* 가정값임
**색으로 표시한 숫자는 기지값임

산을 반복하면 표 7.4를 완성할 수 있다.

Muskingum 방법에 의한 하도 홍수추적을 위해서는 식 (7.14)의 C_0, C_1, C_2를 식 (7.15)에 의해 계산해야 하므로 저류상수 K와 가중인자 x의 값을 결정해야 하는데 추적구간 상하류단에서의 홍수수문곡선 자료가 있을 경우에는 다음과 같은 절차를 따른다.

어떤 하천구간에 대한 유입 및 유출수문곡선이 그림 7.12(a)와 같다고 가정하자. 유입량 I가 유출량 O보다 크면 그 구간 내의 저류량은 증가할 것이고 반대로 유출량이 유입량보다 크면 저류량은 감소할 것이다. 그림 7.12(a)로부터 시간에 따른 $(I-O)$값을 계산하면 그림 7.12(b)를 얻을 수 있고 $(I-O)$값을 시간에 따라 누가함으로써 그림 7.12(c)와 같은 저류량의 누가곡선을 얻을 수 있다.

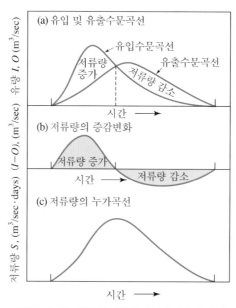

그림 7.12 하도구간의 저류량–유입량–유출량 관계

만약 $x=0.1$이라 가정하고 시간별로 $[0.1I+(1-0.1)O]$의 값을 계산하여 그림 7.12(c)의 해당 누가 저류량에 표시해 보면 그림 7.13(a)와 같은 폐합(loop)형 곡선을 얻게 된다. 이와 같은 loop형 곡선이 한 개의 직선에 가까워질 때까지 x값을 변화시켜 그림 7.13(c)와 같은 결과를 얻을 때의 값을 그 구간에 대한 값으로 취한다. K의 값은 그림 7.13(c)의 직선 경사를 측정함으로써 얻을 수 있다.

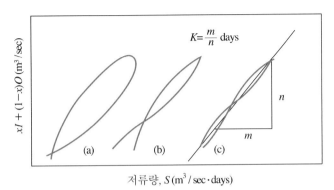

그림 7.13 자연하도에 있어서의 저류량과 유입·유출량 관계

예제 7-02

어떤 하천 구간에 대한 유입 및 유출수문곡선이 그림 7.14와 같을 때 상수 x와 K를 구하라.

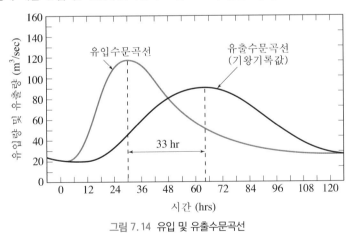

그림 7.14 유입 및 유출수문곡선

풀이 필요한 자료와 계산표가 표 7.5에 수록되어 있다. 제 (1)란~(3)란에는 과거에 관측된 홍수의 유입 및 유출수문곡선이 추적기간(6시간) 단위로 표시되어 있다. 제 (4), (5), (6)란은 그림 7.12(b)와 7.12(c)에서 도시한 것을 표로 나타낸 것이다. 특히 (5)란의 평균저류량이란 인접 추적시간 동안에 구간 내에 생기는 저류량의 평균값을 의미하고 있다. 예를 들면 $t=6$ hr일 때의 $(I-O)=2\,m^3/sec$이고 $t=12$ hr일 때의 $(I-O)=14\,m^3/sec$이므로 $t=6\sim12$ hr 동안의 평균저류량은 $1/2(2+14)\times6\,m^3/sec\cdot hr=8(1/4\,m^3/sec\cdot day)$이다.

추적기간을 6시간(1/4 day)으로 잡았으므로 (5), (6)란의 단위를 편의상 $1/4\,m^3/sec\cdot days$로 취하였다.

다음 단계에서는 x의 값을 임의로 선택한다. 우선 $x = 0.2$에 대하여 식 (7.11)의 $[xI+(I-x)O]$ 값을 계산한 과정이 (7), (8), (9)란에 표시되어 있다. $x = 0.25$, $x = 0.30$에 대해서도 마찬가지 방법으로 계산하여 (10)~(15)란에 기입하였다. (6)란과 (9)란, (6)란과 (12)란, 그리고 (6)란과 (15)란이 각각 그림 7.15에 표시되어 있다. 그림 7.15를 관찰해 보면 $x = 0.25$일 때의 loop가 직선에 가장 가까움을 알 수 있으므로 $x = 0.25$를 채택하였다.

표 7.5 상수 x와 K값의 도식적 결정을 위한 계산

(1) 시각	(2) 유입량 $I(\text{m}^3/\text{sec})$	(3) 유출량 $O(\text{m}^3/\text{sec})$	(4) $I-O$ (m^3/sec)	(5) 평균저류량 $(\frac{1}{4}\text{m}^3/\text{sec}\cdot\text{days})$	(6) 누가저류량 $S, (\frac{1}{4}\text{m}^3/\text{sec}\cdot\text{days})$	(7) $0.20I$	(8) $0.80O$	(9) 계	(10) $0.25I$	(11) $0.75O$	(12) 계	(13) $0.30I$	(14) $0.70O$	(15) 계
						$x=0.2$			$x=0.25$			$x=0.3$		
0	22	22	0	0	0	4	17	21	5	16	21	7	15	22
6	23	21	2	1	1	5	17	22	6	16	22	7	15	22
12	35	21	14	8	9	7	17	24	9	16	25	10	15	25
18	71	26	45	29	38	14	21	35	18	19	37	21	18	39
24	103	34	69	57	95	20	27	47	26	25	51	31	24	55
30	111	44	67	68	163	22	35	57	28	33	61	33	31	64
36	109	55	54	60	223	22	44	66	27	41	68	33	38	68
42	100	66	34	44	267	20	53	73	25	49	74	30	46	76
48	86	75	11	42	289	17	60	77	21	56	77	26	52	78
54	71	82	−11	0	289	14	66	80	18	61	79	21	57	78
60	59	85	−26	−18	271	12	68	80	15	64	79	18	59	77
66	47	84	−37	−31	240	9	67	76	12	63	75	14	59	73
72	39	80	−41	−39	201	8	64	72	10	60	70	11	56	67
78	32	73	−41	−41	160	6	58	64	8	55	63	10	51	61
84	28	64	−36	−38	122	6	51	57	7	48	55	8	45	53
90	24	54	−30	−33	89	5	43	48	6	40	46	7	38	45
96	22	44	−22	−26	63	4	35	39	5	33	38	7	31	38
102	21	36	−15	−18	45	4	29	33	5	27	32	6	25	31
108	20	30	−10	−12	33	4	24	28	5	22	27	6	21	27
114	19	25	−6	−8	25	4	20	24	5	19	24	6	17	23
120	19	22	−3	−4	21	4	18	22	5	16	21	6	15	21
126	18	19	−1	−2	19	4	15	19	4	14	18	5	13	18

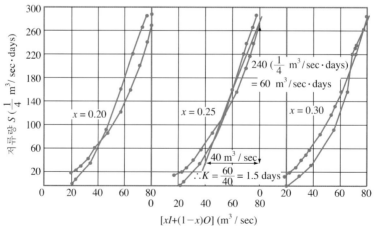

그림 7.15 x 및 K값의 결정

K의 값은 그림 7.15에 표시된 $x=0.25$일 때의 loop를 지나 그은 직선의 경사를 측정함으로써 결정된다. 결정된 K의 값은 그림 7.15에서 보는 바와 같이 1.5 days이다. 한 가지 흥미있는 것은 그림 7.14의 유입 및 유출수문곡선에 있어서 첨두유량의 발생시간차(홍수파의 통과시간과 비슷함)가 약 33시간으로서 $K=1.5$ days(36시간)와 비슷하다는 점이다.

예제 7-03

예제 7-02에서와 같이 관측된 수문곡선으로부터 결정된 $x=0.25$, $K=1.5$ days를 사용하여 표 7.6의 (1)~(2)란에 표시된 유입수문곡선을 Muskingum 방법으로 추적하여 유출수문곡선을 구하라.

풀이 $\Delta t > 2Kx = 2 \times 1.5 \times 0.25 = 0.75 \, \text{day} = 18 \, \text{hr}$이어야 하므로 $\Delta t = 24 \, \text{hr} = 1 \, \text{day}$로 선정하고 C_0, C_1, C_2를 식 (7.15)로부터 계산한다.

$$C_0 = -\frac{(1.5 \times 0.25) - (0.5 \times 1)}{1.5 - 1.5 \times 0.25 + 0.5 \times 1} = 0.077$$

$$C_1 = \frac{1.5 \times 0.25 + 0.5 \times 1}{1.5 - 1.5 \times 0.25 + 0.5 \times 1} = 0.538$$

$$C_2 = \frac{1.5 - 1.5 \times 0.25 - 0.5 \times 1}{1.5 - 1.5 \times 0.25 + 0.5 \times 1} = 0.385$$

$$\therefore \, C_0 + C_1 + C_2 = 0.077 + 0.538 + 0.385 = 1$$

따라서, 식 (7.14)는 다음과 같이 표시된다.

$$O_2 = 0.077 I_2 + 0.538 I_1 + 0.385 O_1$$

I_1, I_2는 표 7.6의 (2)란에 주어진 유입수문곡선의 시간별 유량으로부터 얻을 수 있으나 O_1은 미지수이다. 홍수 이전의 평상시 유량은 작은 유량이므로 정상류로 가정하여도 큰 오차는 없기 때문에 $O_1 = I_1 = 31 \, \text{m}^3/\text{sec}$로 가정한다.

첫 번째 추적기간에 대한 계산은

$$O_2 = 0.077 \times 50 + 0.538 \times 31 + 0.385 \times 31 = 32.463 \, \text{m}^3/\text{sec}$$

$O_2 = 32.463 \, \text{m}^3/\text{sec}$는 다음 추적기간에 대한 계산에 있어서 O_1이 되며 이러한 계산을 반복함으로써 표 7.10을 완성하게 된다.

표 7.6의 (2)란의 유입수문곡선과 (6)란에 계산된 유출수문곡선은 그림 7.16에 표시하였다.

표 7.6 Muskingum 방법에 의한 하도홍수추적 계산

(1) 시간 (days)	(2) 유입량 I (m^3/sec)	(3) $0.077 I_2$ (m^3/sec)	(4) $0.538 I_1$ (m^3/sec)	(5) $0.385 O_1$ (m^3/sec)	(6) 유출량 O (m^3/sec)
0	31				31.0
1	50	3.850	16.678	11.935	32.463
2	86	6.622	26.900	12.498	46.020
3	123	9.471	46.268	17.718	73.457
4	145	11.165	66.174	28.281	105.620

(계속)

(1) 시간 (days)	(2) 유입량 I (m³/sec)	(3) $0.077I_2$ (m³/sec)	(4) $0.538I_1$ (m³/sec)	(5) $0.385O_1$ (m³/sec)	(6) 유출량 O (m³/sec)
5	150	11.550	78.010	40.664	130.224
6	144	11.088	80.700	50.136	141.924
7	128	9.856	77.472	54.641	141.969
8	113	8.701	66.864	54.658	130.223
9	95	7.315	60.794	50.136	118.245
10	79	6.083	51.111	45.542	102.718
11	65	5.005	42.502	39.546	87.053
12	55	4.235	34.970	33.515	72.720
13	46	3.542	29.590	27.997	61.129
14	40	3.080	24.748	23.535	51.363
15	35	2.695	21.520	19.775	43.990
16	31	2.387	18.830	16.936	38.153
17	27	2.079	16.678	14.689	33.446

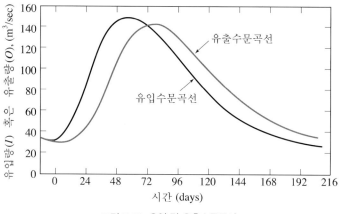

그림 7.16 유입 및 유출수문곡선

7.5 유역 홍수추적

한 유역으로부터의 유출은 유역의 저류기능을 대표하는 일련의 가상 저수지와 하도의 저류
작용을 받아 유역출구에서의 유출량으로 나타난다고 볼 수 있다. 유역 전체가 일련의 저수
지와 하도로 구성되어 있다는 가정하에 유역으로부터의 유출량을 홍수추적방법에 의해 산
정하는 것을 유역 홍수추적(watershed flood routing)이라 한다.

7.5.1 시간-면적관계 곡선에 의한 유역 홍수추적 방법

이 방법은 유역의 출구지점까지의 도달시간-누가면적관계 곡선(time-area curve)을 사용하여 주로 도시지역과 같은 불투수성의 소유역에 내리는 집중호우로 인한 유역출구지점에서의 유출량의 시간적 변화(수문곡선)를 계산하는 방법이다

이 방법의 적용을 위해서는 그림 7.17(a)에서 보는 바와 같이 유역출구까지 도달하는 데 소요되는 시간이 동일한 점들을 연결하는 등 시간선(isochrones)을 그려 유역을 여러 개의 소유역으로 구분한다. 그 후, 유역출구까지의 도달시간(travel time)별 출구지점의 유출량에 기여하는 누가면적관계인 면적주상도를 결정하여 그림 7.17(b)와 같은 시간-면적관계곡선을 작성한다. 이때 등시간선 간의 간격은 동일하게 잡는 것이 보통이다.

이와 같이 결정된 도달시간-누가면적곡선(혹은 면적주상도)에 그림 7.18과 같은 강우강도분포를 적용하여 각 소유역의 시간별 유출량을 지체 및 합산함으로써 식 (7.17)과 같이 유역출구에 대한 유출수문곡선을 계산하게 된다.

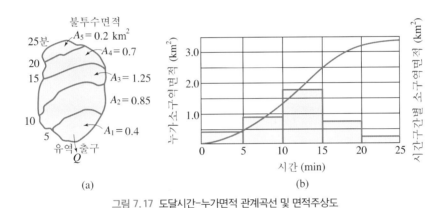

그림 7.17 도달시간-누가면적 관계곡선 및 면적주상도

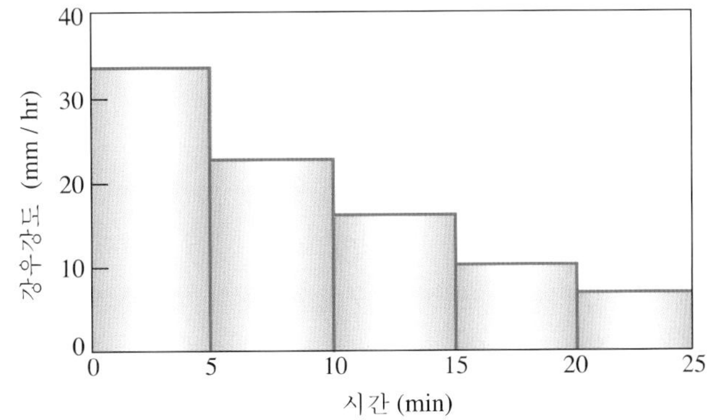

그림 7.18 설계우량주상도

$$Q_i = 0.2778 \sum_{j=1}^{i} A_{i+1-j} R_j \qquad (7.17)$$

여기서, Q_i는 계산하고자 하는 유출수문곡선의 종거(m^3/sec)이며, R_j는 우량주상도의 시간구간별 종거로 강우강도(mm/hr)이고, A_{i+1-j}는 소구역 내의 배수관망에 직접 연결된 불투수표면의 면적(directly connected impervious area, km^2)이다.

만약 도시지역의 불투수지역에 떨어진 우수가 흘러서 배수관망의 유입구(집수면적의 유출구)에 도달한다면, 식 (7.17)로 계산된 유출수문곡선은 배수관망의 유입수문곡선(inlet hydrograph)이 된다. 이를 배수관망을 통해 홍수추적하면 배수관망의 출구점에서의 유출구 수문곡선(outlet hydrograph)를 얻게 된다.

예제 7-04

어떤 도시의 배수구역이 그림 7.17(a)와 같다. 그림 7.18과 같은 설계강우에 안전하도록 유역출구에 우수거 (storm sewer)를 설계하고자 할 때 유입수문곡선을 시간-면적 관계곡선 방법에 의하여 작성하라. 그림 7.17(b)는 그림 7.17(a)에 그은 등시간선에 의해 나눈 소구역 A_1, A_2, $\cdots$, A_5 내의 배수관망에 직접 연결된 불투수면적과 도달시간과의 관계곡선을 표시하고 있다.

풀이 유입수문곡선의 계산절차는 표 7.7에 표시되어 있다. 그림 7.17(a)와 7.18을 참조하면 등우선 간의 간격과 우량주상도의 단위시간이 5분으로 동일하기 때문에 식 (7.17)의 관계는 다음과 같아진다.

$t = 0$분일 때 $\qquad I_0 = 0$

$t = 5$분일 때 $\qquad I_1 = 0.2778(R_1 A_1)$

$t = 10$분일 때 $\qquad I_2 = 0.2778(R_1 A_2 + R_2 A_1)$

$t = 15$분일 때 $\qquad I_3 = 0.2778(R_1 A_3 + R_2 A_2 + R_3 A_1)$

$t = 20$분일 때 $\qquad I_4 = 0.2778(R_1 A_4 + R_2 A_3 + R_3 A_2 + R_4 A_1)$

$$\vdots$$

$$I_n = 0.2778(R_1 A_n + R_2 A_{n-1} + \cdots + R_n A_1)$$
$$= 0.2778 \sum_{j=1}^{i} R_j A_{i+1-j}$$

위의 관계를 $t = 15$분일 때를 예로 들어 설명하면

$t = 0 \sim 5$분에 A_3에 내린 우량이 출구에 도달하는 데 15분이 소요되며

$t = 5 \sim 10$분에 A_2에 내린 우량이 출구에 도달하는 데 10분이 소요되며

$t = 10 \sim 15$분에 A_1에 내린 우량이 출구에 도달하는 데는 5분이 소요되므로

$t = 15$분일 때 출구를 통과하는 유량은 이들 우량으로 인한 유출량을 합한 것이다. 즉

$t = 15$분일 때 $I_3 = 0.2778(33 \times 1.25 + 22 \times 0.85 + 16 \times 0.4) = 18.4 \, m^3/sec$

표 7.7의 매트릭스 연산표는 식 (7.17)에 의한 유입량 계산과정을 표시하고 있으며, 유도된 유입수문곡선은 그림 7.19에 도시되어 있다.

표 7.7 시간-면적 관계곡선 방법에 의한 유입수문곡선의 계산

| (1) 시간 (min) | (2) 강우강도 (mm/hr) | (3) 소구역면적(5분 간격, km^2)별 R_iA_i | | | | | (4) $\sum R_iA_i$ (mm/hr·km^2) | (5) 유입수문곡선 I_i(m^3/sec) (4)× 0.2778 |
		A_1 (0.4)	A_2 (0.85)	A_3 (1.25)	A_4 (0.7)	A_5 (0.2)		
0	$R_0 = 0$	0	–	–	–	–	0	0
5	$R_1 = 33$	13.2	0	–	–	–	13.2	3.7
10	$R_2 = 22$	8.8	28.1	0	–	–	36.9	10.2
15	$R_3 = 16$	6.4	18.7	41.3	0	–	66.4	18.4
20	$R_4 = 10$	4.0	13.6	27.5	23.1	0	68.2	18.9
25	$R_5 = 7$	2.8	8.5	20.0	15.4	6.6	53.3	14.8
30			6.0	12.5	11.2	4.4	34.1	9.5
35			–	8.8	7.0	3.2	19.0	5.3
40		–	–	–	4.9	2.0	6.9	1.9
45		–	–	–	–	1.4	1.4	0.4
50		–	–	–	–	–	0	0

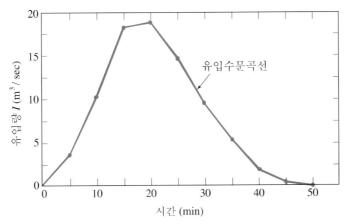

그림 7.19 시간-면적 관계곡선 방법에 의해 계산된 유입수문곡선

7.5.2 Clark의 유역 홍수추적 방정식

Clark의 유역 홍수추적 방법은 유역의 시간-면적관계를 사용하여 자연하천유역에 내리는 순간단위유효우량(instantaneous unit effective rainfall)으로 인한 유역출구에서의 직접유출수문곡선인 순간단위유량도(IUH)를 유도하는 방법이다. 이는 강우로 인한 유수의 전이(translation)뿐만 아니라 유역의 저류효과에 의한 유출량의 크기 저감(attenuation)도 고려하므로 자연유역에의 적용에 적합하다.

Clark는 유역의 출구에 한 개의 선형저수지가 존재한다고 가정하였으며 이 저수지로의 매 시간 구간별 유입량은 도달시간구간별 면적상에 내린 유효우량을 유량으로 환산한 값으로 보았다. 만약 1 cm의 유효우량이 유역 전반에 걸쳐 순간적으로 내린다면 저수지로 등시간 구간 $\Delta t - \mathrm{hr}$ 동안 유입하는 유량은 식 (7.18)과 같다.

$$I_i = \frac{A_i \times 10^6}{\Delta t \times 3,600 \times 100} = 2.778\frac{A_i}{\Delta t} \qquad (7.18)$$

여기서, I_i는 시간구간 i에 있어서 선형저수지로의 유입량($\mathrm{m^3/sec}$)이며 A_i는 i번째 등시 간구간에 포함되는 유역면적($\mathrm{km^2}$)이다.

유역출구에 위치하는 선형저수지의 저류량-유출량 관계는 선형성(linearity) 가정에 의해 $S = KO$와 같으므로 이를 식 (7.3)에 대입하면

$$\frac{I_1 + I_2}{2}\Delta t - \frac{O_1 + O_2}{2}\Delta t = K(O_2 - O_1) \qquad (7.19)$$

식 (7.19)를 O_2에 관해 풀면

$$O_2 = m_0 I_2 + m_1 I_1 + m_2 O_1 \qquad (7.20)$$

여기서,

$$m_0 = \frac{0.5\Delta t}{K + 0.5\Delta t} \qquad (7.21)$$

$$m_1 = \frac{0.5\Delta t}{K + 0.5\Delta t} \qquad (7.22)$$

$$m_2 = \frac{K - 0.5\Delta t}{K + 0.5\Delta t} \qquad (7.23)$$

그런데 도달시간-누가면적곡선 혹은 면적주상도[그림 7.17(b)]의 경우에는 추적기간 Δt 의 시점 및 종점 유입량이 동일하므로 식 (7.20)의 $I_1 = I_2$이다. 따라서 식 (7.20)은

$$O_2 = (m_0 + m_1)I + m_2 O_1 \qquad (7.24)$$

만약, 유역 저류상수 K 및 Δt를 결정하는 m_0, m_1, m_2를 식 (7.21)~(7.23)으로 계산할 수 있으며 식 (7.24)를 사용하여 Muskingum 추적법에서와 동일한 방법으로 유입수문곡선 을 추적기간별로 축차 추적함으로써 유역출구점에서의 순간단위유량도를 얻을 수 있다.

7.5.3 Clark의 저류상수 결정

Clark 유역 홍수추적방법에서 저류상수 K는 유역 지체시간이나 도달시간처럼 시간의 차원 을 가지는 유역의 유출특성변수로서 유출에 영향을 미치는 유역의 유로연장, 하천유로의 평균경사, 유역면적, 유역형상 등의 영향을 받는 것으로 알려져 있다. 따라서, 미계측유역

의 저류상수결정을 위한 대부분의 경험공식들은 이들 인자들의 항으로 표시되나 개개 공식이 유도된 유역의 기후나 지형, 기타 제약조건 등의 차이로 인해 공식에 의해 계산되는 저류상수값에도 큰 차이가 나타나는 것이 보통이다.

(1) Clark 공식

$$K = \frac{cL}{\sqrt{S}} \qquad (7.25)$$

여기서, K는 유역의 저류상수(hr), L은 주 유로의 연장(km), S는 하천의 평균경사(%)이고, $c = 0.5 \sim 1.4$ 범위의 상수이다.

(2) Linsley 공식

$$K = \frac{bL\sqrt{A}}{\sqrt{S}} \qquad (7.26)$$

여기서, A는 유역면적(km^2), $b = 0.01 \sim 0.03$ 범위의 상수이다.

(3) Russel 공식

$$K = \alpha t_c \qquad (7.27)$$

여기서, t_c는 유역의 도달시간(hr)이고, α는 도시지역의 경우 $1.1 \sim 2.1$, 자연하천유역의 경우 $1.5 \sim 2.8$, 산림지역은 $8.0 \sim 12.0$ 범위의 값을 가지는 상수이다. 유역의 도달시간 t_c의 결정방법에 대해서는 제5장에서 상세하게 살펴본 바 있다.

(4) Sabol 공식

$$K = \frac{t_c}{1.46 - 0.0867\dfrac{L^2}{A}} \qquad (7.28)$$

(5) Peters 공식

$$\frac{K}{t_c + K} = M \qquad (7.29)$$

여기서, M은 유역의 평균경사에 따라 결정되는 상수로서 하천경사가 가파르고 저류능력이 크지 않은 하천상류지역의 자연유역은 0.4, 하천경사가 보통이고 저류능력도 보통인 유역은 0.5 내외, 하천경사가 완만하며 저류능력이 큰 유역은 0.6 이상의 값이 추천되고 있다.

(6) 정성원 공식

$$K = 1.521 \frac{L^{0.263}}{S^{0.120}} \tag{7.30}$$

(7) 서경대 공식

$$K = \alpha \left(\frac{A}{L^2} \right)^{0.02} t_c \tag{7.31}$$

여기서, α는 일반적인 하천유역은 1.45(기준값), 산지 등 하천경사가 급하고 저류능력이 적은 유역면적이 지배적인 유역은 1.20, 평지 등 하천경사가 완만하고 저류능력이 큰 유역면적이 지배적인 유역은 1.7을 적용한다.

예제 7-05

다음과 같은 지형학적 특성을 가지는 유역에 대하여 Clark 유역 홍수추적방법에 사용할 유역 저류상수를 각종 경험공식으로 산정하고 비교 검토하라.

유역면적$(A) = 15 \text{ km}^2$, 　　　　　　　유로연장$(L) = 5.5 \text{ km}$
유역의 최대 표고차$(\Delta H) = 5.5 \text{ m}$, 　　　하천평균경사$(S) = 0.001(0.1\%)$

풀이 (1) Clark 공식

　　$c = 0.95$(중간값)를 택하고 식 (7.25)를 사용하면,

$$K = \frac{0.95 \times 5.5}{\sqrt{0.1}} = 16.52 \text{ hr}$$

(2) Linsley 공식

　　$b = 0.02$를 택하고 식 (7.26)을 사용하면,

$$K = \frac{0.02 \times 5.5 \sqrt{15}}{\sqrt{0.1}} = 1.35 \text{ hr}$$

(3) Russel 공식

　　Kraven-II 공식으로 도달시간을 산정하면[식 (5.22)]

$$t_c = \frac{16.667 \times 5.5}{2.1} = 43.65 \text{ min} = 0.728 \text{ hr}$$

　　$\alpha = 2.15$ 를 택하고 식 (7.27)을 사용하면,

$$K = 2.15 \times 0.728 = 1.57 \text{ hr}$$

(4) Sabol 공식

　　Sabol 공식[식 (7.28)]을 사용하면,

$$K = \frac{0.728}{1.46 - 0.0867 \times \dfrac{(5.5)^2}{15}} = 0.57 \text{ hr}$$

(5) Peters 공식

식 (7.29)에서 $M = 0.5$를 택하면,

$$K = t_c = 0.728 \text{ hr}$$

(6) 정성원 공식

식 (7.30)을 사용하면,

$$K = 1.521 \times \frac{(5.5)^{0.263}}{(0.001)^{0.120}} = 5.46 \text{ hr}$$

(7) 서경대 공식

식 (7.31)을 사용하면,

$$K = 1.45 \times \left(\frac{15}{55^2}\right)^{0.02} \times 0.728 = 0.95 \text{ hr}$$

본 예제의 풀이 결과로부터 알 수 있는 바와 같이 유역의 저류상수 산정을 위한 7개의 경험공식 중 Clark 공식과 정성원 공식에 의한 K값은 지나치게 큰 것으로 보이며, 나머지 공식의 경우는 $K = 0.57 \sim 1.56 \text{ hr}$의 값으로 대체로 큰 차이를 보이지는 않는 것으로 나타났다. 따라서, 한 유역의 저류상수 K는 여러 가지 경험공식으로 산정한 후 비교 검토하여 적절한 판단에 의해 최종값을 택할 수밖에 없다.

예제 7-06

그림 7.20과 같은 배수면적 250 km²인 유역의 순간단위도를 Clark의 유역추적법으로 유도하여 1 hr 단위도를 작성하고자 한다. 그림에서처럼 전 유역을 1시간 간격의 등시간선으로 분할하여 소구역의 면적을 측정한 결과는 표 7.8과 같다. 본 유역에 대한 순간단위도를 유도하여 1 hr 단위도를 작성하라. 단, 이 유역의 저류상수 K값은 7.5 hrs로 가정하라.

표 7.8 소구역별 면적

소구역	1	2	3	4	5	6	7	8
면적(km²)	10	23	39	43	42	40	35	18

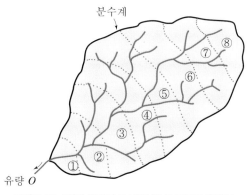

그림 7.20 1시간 간격의 등시간선으로 구분된 유역도

풀이 $K = 7.5\,\text{hrs}$ 이므로 유역의 지체시간 T_L도 이와 유사하다고 생각할 수 있으며 그림 7.20에 등시간선 간격 $\Delta t = 1\,\text{hr}$로 하여 8개 소구역으로 나눈 것은 타당하다.

식 (7.21)~(7.23)을 사용하면

$$m_0 = m_1 = \frac{0.5\Delta t}{K + 0.5\Delta t} = \frac{0.5 \times 1}{7.5 + 0.5 \times 1} = 0.0625$$

$$m_2 = \frac{K - 0.5\Delta t}{K + 0.5\Delta t} = \frac{7.5 - 0.5 \times 1}{7.5 + 0.5 \times 1} = 0.875$$

따라서 식 (7.24)는

$$O_2 = 0.125I + 0.875O_1 \tag{a}$$

식 (a)에 의한 O_2의 계산은 표 7.9에 표시되어 있다. 표 7.9의 (3)란을 위한 계산은 식 (7.18)의 환산관계를 사용하였으며, (5)란이 순간단위도의 종거이고, 1 hr 단위도는 정수배 방법으로 지속기간이 영(zero)인 IUH를 지속기간 1 hr인 단위도로 변경시키는 방법에 의해 종거를 계산하여 (6)란에 수록하였다.

그림 7.21은 위와 같이 계산된 이 유역의 IUH와 1 hr 단위도를 표시하고 있다.

표 7.9 순간단위 유량도의 유도 및 1시간–단위도로의 변환

(1) 시각 (hr)	(2) 시간-면적 주상도(km^2)	(3) $0.125I =$ $(2) \times 2.78 \times 0.125$ (m^3/sec)	(4) $0.875O_1 =$ $(5) \times 0.875$ (m^3/sec)	(5) IUH 종거 $O_2 = (3) + (4)$ (m^3/sec)	(6) 1 hr 단위도 종거 (m^3/sec)
0	0	0	0	0	0
1	10	3.5	0	3.5	1.75
2	23	8.0	3.1	11.1	7.30
3	39	13.5	9.7	23.2	17.15
4	43	14.9	20.3	35.2	29.20
5	42	14.6	30.8	45.4	40.30
6	40	13.9	39.6	53.5	49.45
7	35	12.1	46.8	58.9	56.20
8	18	6.2	51.4	57.6	58.25
9	0	0	50.5	50.5	54.05
10	0	0	44.1	44.1	47.30
11	0	0	39.6	39.6	41.85
12	0	0	34.6	34.6	37.10
13	0	0	30.2	30.2	32.40
14	0	0	26.4	26.4	28.30
15	0	0	23.1	23.1	24.75

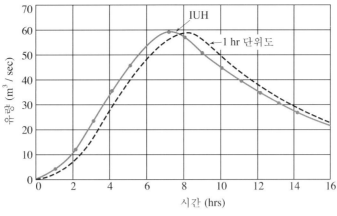

그림 7.21 유도된 IUH와 1 hr 단위도

예제 7-06의 등시간선으로 구분된 8개 소유역 전체에 걸쳐 표 7.10과 같은 유효우량이 발생하였다. Clark 유역추적방법으로 이 유역으로부터의 직접유출수문곡선을 다음의 방법으로 합성한 후 그 결과를 비교하라.

(1) Clark 방법으로 유도된 유역의 1시간 단위도(표 7.9)를 적용하여 계산하라.

(2) 단위도의 사용 없이 유역추적법에 의해 직접 계산하라.

표 7.10 시간구간별 유효우량

시간(hr)	0~1	1~2	2~3
유효우량(mm)	10	40	20

풀이 (1) 예제 7-06의 표 7.9에 유도된 1시간 단위도에 표 7.10의 유효우량을 적용하여 직접유출수문 곡선을 계산한 결과는 표 7.11에 수록되어 있으며, 그림 7.22에 단위도의 유도 없이 Clark 의 유역추적법으로 직접 계산한 유출수문곡선과 비교되어 있다.

(2) 단위도의 유도 없이 표 7.10의 유효우량주상도를 시간-면적주상도에 적용하여 표 7.11에서 와 같이 선형저수지로의 유출전이를 계산하여 유입수문곡선(I_i)을 결정한 후 이를 선형저수 지를 통해 추적함으로써 직접유출수문곡선을 계산하였다.

유역출구의 선형저수지로의 유출의 전이만을 고려하면 저수지 유입량은 다음 식으로 산정 된다.

$$I_i = \sum 0.2778 R_i A_i \tag{a}$$

표 7.11 1시간 단위도를 적용한 유출수문곡선의 계산

① 시각	② 1 hr 단위도 종거 (m³/sec)	③ ②×1	④ ②×4	⑤ ②×2	⑥ 수문곡선종거 ③+④+⑤ (m³/sec)
0	0	0			0.00
1	1.75	1.75	0		1.75
2	7.30	7.30	7.00	0	14.30
3	17.15	17.15	29.20	3.50	49.85
4	29.20	29.20	68.60	14.60	112.40
5	40.30	40.30	116.80	34.30	191.40
6	49.45	49.45	161.20	58.40	269.05
7	56.20	56.20	197.80	80.60	334.60
8	58.25	58.25	224.80	98.90	381.95
9	54.05	54.05	233.00	112.40	399.45
10	47.30	47.30	216.20	116.50	380.00
11	41.85	41.85	189.20	108.10	339.15
12	37.10	37.10	167.40	99.60	304.10
13	32.40	32.40	148.40	83.70	264.50
14	28.30	28.30	129.60	74.20	232.10
15	24.75	24.75	113.20	64.80	202.75

선형저수지를 통한 홍수추적방정식을 구하기 위한 홍수추적계수를 식 (7.21)~(7.23)으로 산정하면($\Delta t = 1$ hr, $K = 7.5$ hr 이므로)

$$m_0 = m_1 = \frac{0.5 \times 1}{7.5 + 0.5 \times 1} = 0.0625$$

$$m_2 = \frac{7.5 - 0.5 \times 1}{7.5 + 0.5 \times 1} = 0.875$$

따라서, 홍수추적방정식은 다음과 같다.

$$O_2 = 0.125I + 0.778O_1 \tag{b}$$

표 7.12는 위의 추적방정식 (b)를 사용하여 직접유출수문곡선을 계산한 결과를 수록하고 있으며, 그림 7.22에 단위도의 적용으로 산정한 유출수문곡선과 비교되어 있다.

그림 7.22에서 보는 바와 같이 두 결과는 계산절차의 차이 때문에 유출발생시간에 약간의 차이를 보이나 첨두홍수량의 크기나 총 홍수체적에는 큰 편차가 없음을 알 수 있다.

표 7.12 Clark 유역 홍수추적법에 의한 유출수문곡선의 직접계산

(1) 시간 (hr)	(2) 유효강우강도 R_i (mm/hr)	(3) 소구역면적(1시간 간격, km²)별 $R_i A_i$ (km²·mm/hr)								(4) $\sum R_i A_i$	(5) 유입량 I_i (m³/sec)	(6) $0.125I$ (m³/sec)	(7) $0.875O$ (m³/sec)	(8) 유출량 O_i (m³/sec)
		A1	A2	A3	A4	A5	A6	A7	A8					
		10	23	39	43	42	40	35	18					
0	0	0								0	0			0
1	10	100	0							100	27.80	3.48	0	3.48
2	40	400	230	0						630	175.00	21.88	3.05	24.93
3	20	200	920	390	0					1510	419.50	52.44	21.81	74.25
4			460	156	430	0				2450	680.60	85.08	64.97	150.05
5				0	172	420	0			2920	811.20	101.40	131.29	232.69
6				780	0	168	400	0		2940	816.70	102.07	203.60	305.69
7					860	0	160	350	0	2790	775.10	96.89	267.48	364.37
8						840	0	140	180	2380	661.20	82.65	318.82	401.47
9							800	0	720	1520	422.30	52.79	351.29	404.07
10								800	360	360	100.00	12.50	353.57	366.07
11										0	0	0	320.31	320.31
12													280.27	280.27
13													245.24	245.24
14													214.58	214.58
15													187.76	187.76
													162.29	162.29

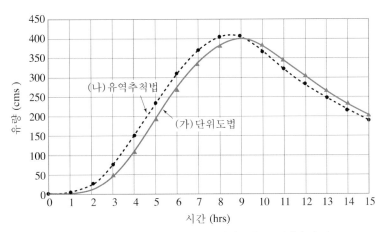

그림 7.22 단위도 적용과 유역추적에 의한 유출수문곡선의 비교

7.1 다음 표는 어떤 저수지의 수면표고-저류량-유출량 관계를 표시한다. 저류량(S)~유출량(O)곡선을 그리고 홍수추적기간 $\Delta t = 2\,\text{hr}$로 하여 저류량 지시곡선 $(2S/\Delta t + O) \sim O$ 및 $(S + \frac{1}{2}O\Delta t) \sim O$ 관계곡선을 $S \sim O$관계곡선과 함께 그림에 표시하라.

수면표고 H(El. m)	360	365	370	375	380	381	382	383	384	385	386	387	388	389	390
저류량 $S(10^5\,\text{m}^3)$	0	2.9	17	40	69	80	92	115	126	155	172	230	264	322	345
유출량 $O(\text{m}^3/\text{sec})$	0	0	0	0	0	12	35	69	92	138	161	207	230	310	345

7.2 다음 표와 같은 홍수유입 및 유출수문곡선이 하천의 어떤 구간에 작성되었을 때 이 하천구간 내의 하도저류량을 계산하고 저류량과 유출량 간의 관계를 표시하는 곡선을 그려라. 구간 내를 유입하는 지류는 없다고 가정하라.

일시	유입량(m³/sec)	유출량(m³/sec)
1/24 : 00	1.20	1.20
2/12 : 00	1.05	1.17
24 : 00	1.11	1.11
3/12 : 00	3.75	1.56
24 : 00	7.20	3.90
4/12 : 00	17.55	8.61
24 : 00	21.66	14.16
5/12 : 00	22.20	18.72
24 : 00	20.19	20.28
6/12 : 00	13.68	18.84
24 : 00	9.60	17.22

7.3 어떤 소규모 저수지의 여수로 마루(spillway crest)표고에 대한 수표면적은 $1.2\,\text{km}^2$이며, 여수로의 마루표고보다 높은 표고의 댐 제방은 거의 연직을 이루고 있고 여수로의 길이는 12.5 m이고 유량계수는 1.5이다. 문제 7.2의 유입홍수 수문곡선을 이 저수지로의 유입홍수량으로 가정하여 홍수추적을 실시하라. 저수지 내 최대수위와 여수로를 월류하는 최대홍수량을 계산하라. 저수지 내 수위는 1일 24 : 00시 현재로 여수로의 마루표고와 같다고 가정하라.

7.4 연습문제 7.1의 저수지 초기수위를 EL. 380 m로 가정하고 다음 유입수문곡선을 저수지를 통해 홍수추적하라. 최대저수위와 최대유출량은 얼마인가?

시간(hr)	0	2	4	6	8	10	12	14	16	18	20	22	24	26	28	30
유량(m³/sec)	46	75	92	126	138	195	230	218	184	172	148	126	115	92	69	46

7.5 어떤 저수지에 대한 수면표고별 저수면적 및 유출량은 다음 표와 같다.

수면표고(EL. m)	18.0	17.4	16.8
저수면적(10^3 m^2)	2100	1820	1620
유출량(m^3/sec)	4.68	4.59	4.50

저수지로의 유입량이 3 m^3/sec로 일정하고 저수지 내 수면표고가 EL. 18.0 m에서 EL. 16.8 m로 저하하는 데 소요되는 시간을 계산하라. 증발량 및 투수량은 없는 것으로 가정하라.

7.6 다음 표는 어떤 저수지에 대한 수면표고-저류량 및 수면표고-유출량 간의 관계를 표시하고 있다. 연습문제 7.2의 유입수문곡선을 수정 Puls 방법으로 추적하여 저수지 내 최대수위와 여수로의 최대 월류 유량을 결정하라. 홍수 이전의 저수지 내 원수위는 EL. 262.5 m(1일 24 : 00시 현재)였다고 가정하라.

수면표고(EL. m)	저류량(m^3)	유출량(m^3/sec)
258.6	0	0
259.5	50	0
261.0	245	0
262.5	615	0
264.0	1230	0
264.6	1500	3.0
265.2	2000	6.9
265.8	2790	11.8
266.4	3870	18.0

7.7 어떤 저수지의 저류량-유출량 자료가 다음과 같다.

저류량(10^6 m^3)	70	76	81.5	95	105.2
유출량(m^3/sec)	56	225	515	1320	2250

추적기간 $\Delta t = 2$ hr 로 저류량 지시곡선을 작성하고, 수정 Puls 방법으로 다음의 유입수문곡선을 저수지를 통해 추적하라. 초기 저류량은 70×10^6 m^{3}로 가정하라.

시간(hr)	0	2	4	6	8	10	12	14	16	18
유출량(m^3/sec)	50	90	190	250	430	1050	1600	1250	770	540

7.8 연습문제 7.7에서 저수지의 초기 저류량을 81.5×10^6 m^{3}로 가정하여 문제를 풀어라.

7.9 어떤 하도구간의 유입 및 유출수문곡선의 종거가 다음 표에 주어져 있다. 시간구간별 평균저류량 및 누가저류량을 계산하여 그림으로 표시하라.

시간 (hr)	0	1	2	3	4	5	6	7	8	9	10	11
유입량 (m^3/sec)	10	17	49	52	41	28	18	13	10	9	8	7
유출량 (m^3/sec)	10	10	16	26	36	40	38	30	21	14	10	9

7.10 연습문제 7.9의 자료를 이용하여 Muskingum 하도추적에 필요한 K와 x를 결정하라.

7.11 연습문제 7.2에 수록된 홍수로부터 Muskingum의 K 및 x값을 결정하라.

7.12 어떤 하천의 한 구간에 대한 유입 및 유출홍수 수문곡선이 다음 표와 같을 때 Muskingum의 K 및 x값을 결정하라.

시간 (hr)	유입량 (m³/sec)	유출량 (m³/sec)	시간 (hr)	유입량 (m³/sec)	유출량 (m³/sec)
0	30	30	8	165	246
1	120	39	9	141	225
2	288	45	10	123	204
3	411	93	11	108	186
4	375	180	12	93	174
5	306	237	13	81	153
6	246	264	14	72	135
7	195	261	15	63	117

7.13 다음 표는 $K = 10$ hrs, $x = 0$ 인 어떤 하천구간에 유입하는 유입홍수 수문곡선을 표시하고 있다. 도식적으로 첨두유출량의 발생시각과 크기를 결정하라. $x > 0$라면 유출수문곡선에 어떠한 영향을 미칠 것인가? 유출량은 $t = 11$ hr 에서 28.3 m³/sec로 상승하기 시작하는 것으로 가정하라.

시간 (hr)	유입량 I (m³/sec)	시간 (hr)	유입량 I (m³/sec)
0	28.3	40	90.6
5	29.9	45	70.8
10	24.1	50	53.8
15	62.3	55	42.5
20	133.1	60	34.0
25	172.7	65	28.3
30	152.9	70	24.1
35	121.8		

7.14 유역의 지체시간이 10시간인 어떤 유역을 1시간 간격의 등시간선으로 분할한 결과는 다음 표와 같다. 과거의 홍수기록으로부터 결정한 유역의 저류상수 $K = 8$ hrs 라 하고 이 유역의 1hr 단위도를 Clark의 유역홍수 추적법으로 유도하라.

시간 (hr)	1	2	3	4	5	6	7	8	9	10
면적 (km²)	14	30	84	107	121	95	70	55	35	20

7.15 어떤 도시배수구역에 대한 포장지역의 등시간-면적관계를 작성한 결과가 다음 표와 같다. 설계우량주상도의 시간별 종거가 표에 수록된 바와 같을 때 시간-면적 관계곡선 방법으로 유입구 수문곡선을 합성하라.

시간 (hr)	1	2	3	4	5	6	7
면적 (km²)	0.5	0.8	1.2	1.5	1.1	0.7	0.4
설계우량 (mm)	10	25	32	40	22	11	5

7.16 배수면적이 400 km^{2}인 유역의 등시간-면적관계가 다음 표와 같다. 과거에 발생한 단일호우기록으로부터 구한 $t_P = 9$ hr, $K = 5.5$ hr일 때 이 유역의 1시간 단위도를 Clark 방법으로 유도하라.

시간 (hr)	1	2	3	4	5	6	7	8	9
면적 (km^2)	15	30	50	75	80	60	45	25	20

7.17 어떤 유역에 일정한 강우강도로 1시간 동안 내린 호우로 인한 유역출구에서의 직접유출 수문곡선이 다음 표와 같이 작성되었다.

시간 (hr)	유량 (m^3/sec)	시간 (hr)	유량 (m^3/sec)
0	0	8	603
1	40	9	582
2	120	10	540
3	265	11	467
4	405	12	385
5	515	13	306
6	580	14	232
7	607	15	167

이 유역을 등시간선으로 분할하여 작성한 등시간-면적관계가 다음 표와 같을 때 1 hr 단위도를 작성하고 위의 표에 수록된 홍수를 유발시킨 유효우량의 크기를 구하라.

시간 (hr)	1	2	3	4	5	6	7	8	9	10	11
면적 (km^2)	25	40	80	200	340	300	220	170	110	50	20

7.18 연습문제 7.16의 유역 전체에 걸쳐 다음 표와 같은 유효우량이 내렸다고 가정하고 Clark 방법으로 유출 수문곡선을 다음의 방법으로 계산하라. 기저유량은 무시하라.

시간 (hr)	1	2	3	4
유효우량 (mm)	10	15	40	70

(가) 1 hr 단위도를 유도 적용하여 유출수문곡선을 계산하라.
(나) 단위도를 적용하지 말고 유출수문곡선을 직접 합성하여 (가)의 결과와 비교하라.

08 Chapter
수공구조물의 수문학적 설계

8.1 수문학적 설계의 기본 개념

지금까지 살펴본 각종 수문학적 해석기법은 결국 치수 및 이수목적을 가지는 수공구조물의 수문학적 설계(hydrologic design)에 적용된다. 수공구조물의 수문학적 설계란 특정목적으로 건설하고자 하는 크고 작은 수공구조물의 크기 혹은 규모를 결정하는 데 기준이 되는 설계홍수량(design flood)을 결정하는 것이라 할 수 있다. 이는 구조물의 수문학적 특성에 따라 첨두홍수량(peak discharge)이 될 수도 있고, 또는 완전한 형태의 홍수수문곡선(flood hydrograph)이 될 수도 있다. 즉, 홍수의 소통을 목적으로 하는 하천 제방과 같은 구조물의 경우는 첨두홍수량 형태의 설계홍수량이 필요하나 댐, 저류지 등과 같은 이수 및 치수기능을 가지는 저류시설의 경우는 완전한 형태의 유출수문곡선이 필요하다.

설계홍수량은 수공구조물의 건설을 계획하는 데 기준이 되는 홍수량이라는 뜻에서 계획홍수량이라고도 부른다. 댐의 경우 특정 발생빈도 혹은 재현기간(recurrence interval or return period)을 가지는 홍수량이 계획홍수량이 되며, 하천제방이나 기타 하천시설물의 경우는 상류에 위치한 댐 등 저류시설의 홍수조절효과가 고려된 홍수량이 계획홍수량이 된다. 한편, 시설물의 홍수조절효과가 고려되지 않은 자연상태에서의 유출로 인한 홍수량을 기본홍수량이라 하여 계획홍수량과 구별하고 있다.

수문분석이 동반되는 대부분의 수문설계는 장래에 발생할 것으로 예상되는 수문사상(hydrologic event)의 재현기간(recurrence interval or return period)에 해당하는 설계수문량, 즉 설계홍수량 혹은 설계갈수유량을 대상으로 한다. 만약, 설계대상유역에 대한 유량자료가 없을 경우에는 강우-유출관계 분석기법을 이용하여 강우자료로부터 설계홍수수문곡선(design flood hydrograph)을 합성할 수 있다. 또한, 설계대상 유역에 대한 유량자료 계열이 충분할 경우에는 수문자료의 빈도해석기법을 적용하여 설계수문량을 결정할 수도 있다.

8.2 수공구조물의 규모 분류

수공구조물은 구조물의 설치지점 상류의 하천유역 면적의 크기라든지 구조물 자체의 크기, 그리고 홍수로 인해 구조물이 파괴될 경우 하류에 예상되는 피해의 정도 등에 따라 소규모 수공구조물(minor hydraulic structure), 중규모 수공구조물(medium-size hydraulic structure) 및 대규모 수공구조물(major hydraulic structure)로 분류된다.

소규모 수공구조물은 수문학적으로 소규모 유역의 특성을 가지는 유역의 출구에 설치되는 소형구조물로 홍수로 인한 파괴가 발생할 경우 인명손실이 거의 없고 피해액 또한 크지 않은 도로암거라든지, 소하천의 제방, 도시 우수배제시스템, 비행장 배수시설, 관개용수로, 방재용 홍수저류지 등이 이에 속한다. 소규모 수공구조물의 설계홍수량 결정에는 합리식 등 경험적인 단순홍수량 공식이 사용된다.

중규모 수공구조물은 수문학적으로 중규모 유역의 특성을 가지는 유역에 설치되는 중간 규모의 구조물로 대대적인 파괴가 발생할 경우 약간의 인명손실도 있을 수 있으며, 피해액은 소규모 구조물의 파괴 때보다는 크나 대체로 구조물 소유주의 재정 능력으로 해결이 가능한 경우이다. 소규모 소류지댐의 본체와 자유월류식 여수로라든지, 중규모 하천제방, 수력발전시설, 도시 유수지시설, 배수면적이 상당히 큰 철도암거 등이 이에 속한다. 중규모 유역의 경우는 호우기간 동안의 강우강도가 시간적으로는 변하나 공간적으로는 일정하다고 가정할 수 있으므로 단위유량도를 활용하는 강우-유출관계 분석으로 설계홍수량을 산정할 수 있으며 하도의 저류효과를 크게 고려할 필요는 없으므로 홍수추적은 필요없다.

한편, 대규모 수공구조물은 수문학적으로 대규모 유역의 특성을 가지는 유역에 설치되는 큰 규모의 구조물로서 구조물의 대대적인 파괴가 발생할 경우에는 막대한 인명손실과 재앙에 가까운 재산피해가 예상되므로 고도의 안전도가 요구되는 구조물이다. 중규모 이상의 댐 본체와 여수로, 대하천의 하구언 시설, 원자력 발전소 관련시설 등이 이에 해당한다. 대규모 수공구조물의 경우 홍수로 인한 구조물의 파괴는 절대로 허용될 수 없으므로 가능최대홍수량(Probable Maximum Flood, PMF)에도 안전할 수 있도록 설계홍수량이 결정되어야 하며, 단위도 기반의 유출계산뿐만 아니라 하도홍수추적의 적용도 고려되어야 한다.

8.3 수공구조물의 수문학적 설계방법

수공구조물의 설계홍수량을 결정하기 위해서는 과거에 발생한 홍수량 기록을 기초로 하여 적정 크기의 홍수량을 선택하거나, 혹은 과거에 발생한 호우기록을 기초로 하여 적정 크기의 강우량을 선택하여 강우-유출관계 분석에 의해 홍수량을 결정하는 두 가지 방법이 있다. 전자를 홍수량 기준방법(flow-based method), 후자를 강수량 기준방법(precipitation-based method)이라 한다. 이들 두 가지 방법 모두 설계홍수량의 결정을 위해서는 적정설계빈도의 설정이 필요하므로, 우선 설계빈도별(혹은 재현기간별)로 홍수량을 결정하게 되며, 이를 발생빈도 기준방법(frequency-based method)이라 한다.

이와 같은 빈도 기준방법에 의해 산정된 설계빈도별 홍수량 중 어느 빈도의 홍수량을 설계홍수량으로 선택할 것인가는 설계하고자 하는 수공구조물의 수명연한 동안의 비용-편익분석(benefit-cost analysis)에 의하며, 이를 위험도 기준방법(risk-based method)이라 한다.

가능최대 강수량(혹은 가능최대 홍수량)이 발생하더라도 안전이 보장되는 수공구조물을 설계하고자 할 경우에는 빈도기준방법이나 위험도 기준방법을 뛰어넘어 수공구조물의 가상파괴로 인한 인명 및 재산피해를 원천적으로 봉쇄할 수 있는 안전도가 보장될 수 있도록 설계되어야 하며, 이를 극한사상 기준방법(critical-event method)이라 한다.

8.3.1 홍수량 기준방법

설계대상유역에 대한 하천유량자료가 있을 경우에는 다음과 같이 홍수량 기준방법에 의해 설계홍수량을 결정할 수 있다.

- 대상유역의 연 최대홍수량 자료계열의 빈도해석
- 점빈도해석 결과와 계측지점에서의 유역특성인자 간의 회귀분석결과로 얻은 경험공식 사용
- 역사적인 홍수흔적 자료가 있을 경우 수리학적 계산에 의한 극대 홍수량의 산정

8.3.2 강수량 기준방법

하천유량자료가 계측되지 못한 유역의 경우에는 빈도분석방법에 의해 설계강우량을 결정한 후 강우-유출관계분석방법에 의해 설계강우량으로부터 설계홍수량을 산정하는 강우량 기준방법을 사용하며, 일반적인 절차를 요약하면 다음과 같다.

- 대상유역에 대한 강수량 자료의 빈도분석으로 확률강우량 산정
- 산정된 확률강우량을 강우-유출관계 분석방법에 의해 확률홍수량으로 변환
- 피해위험도가 높은 대규모 수공구조물의 경우는 가능최대강수량(Probable Maximum Precipitation, PMP)을 산정한 후 이를 가능최대홍수량(PMF)으로 변환하여 채택

수공구조물의 수문설계는 구조물의 크기를 결정하는 것이므로 강수량보다는 홍수량이 기준이 된다. 따라서, 자료가 충분할 경우에는 홍수량 기준 방법이 선호되어야 할 방법이나 이 방법에 의해서는 특정 빈도의 첨두홍수량은 결정되나 저수지의 홍수조절효과 검토 등에

필요한 완전한 수문곡선의 결정은 가능하지 않다. 또한, 강우량 자료의 측정지점수와 자료 연수는 유출량 자료보다는 일반적으로 풍부하며, 강우−유출관계분석에 의하는 강수량 기준 방법은 첨두홍수량뿐만 아니라 홍수량의 시간적 변화를 표시하는 완전한 홍수수문곡선의 계산이 가능하므로 대부분의 수공구조물 설계에서는 강수량 기준방법이 사용되고 있으며, 장기간 홍수량 자료계열의 구축이 가능할 경우에는 홍수량 기준방법으로 결정되는 설계홍 수량과 비교검토하게 된다.

8.3.3 발생빈도 기준방법과 위험도 기준방법

홍수량 자료를 분석하든지 혹은 강수량 자료를 분석한 후 홍수량 자료로 변환하든지 간에 수문설계에서는 구조물에 대한 최소 재현기간을 설정하게 되며 위에서 설명한 발생빈도 기준 방법으로 설계홍수량을 결정하게 된다. 홍수량이나 강수량 자료의 빈도분석 결과로 얻는 재 현기간별 수문량은 자료연수의 범위 내에서는 신뢰도가 높으나 자료연수를 초과하는 재현 기간에 대한 외삽추정 홍수량의 신뢰도는 떨어질 수밖에 없다.

수공구조물의 설계를 위한 최소 재현기간의 설정은 일반적으로 경제성 분석에 의하지 않 으나 최적 재현기간은 구조물 건설사업의 경제적 위험도 분석(economic risk analysis)을 바 탕으로 결정되는데 이를 위험도 기준방법이라 한다. 이 방법에서는 그림 8.1에서 보는 바와 같이 사업에 들어가는 총 예상비용을 최소화할 수 있도록 구조물의 크기를 결정하는 것이며, 총 예상비용은 구조물의 건설비용과 잔여 잠재홍수피해액을 합산한 금액이 된다. 건설하고 자 하는 수공구조물의 규모(S)가 커짐에 따라 구조물 비용은 증가하게 되나 홍수피해(위험 비용)는 점점 감소하게 되며 총 예상비용은 이들 두 비용을 합한 비용으로 구조물의 규모가 커짐에 따라 점점 감소하다가 어떤 규모보다 커지면 다시 증가한다. 따라서, 총 예상비용이 최소가 되는 최적 규모(optimum size, S^*)에 상응하는 설계빈도가 대상 구조물의 최적 설 계빈도가 된다.

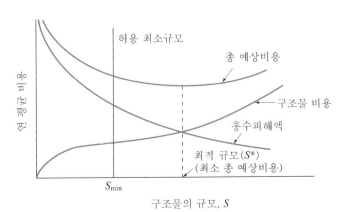

그림 8.1 구조물의 최적 규모결정을 위한 경제적 위험도 분석 원리

8.3.4 극한사상 기준방법

다목적댐과 같은 대규모 수공구조물 하류의 인명과 재산은 댐의 파괴가 발생할 경우 홍수로 인해 상상할 수 없는 규모의 피해를 입게 된다. 따라서 이들 구조물의 수문학적 설계에 있어서는 전술한 바 있는 빈도기준방법이나 위험도 기준방법 등에 의해서 설계홍수량을 결정하는 것이 아니라 최악의 기상학적 및 수문학적 조건을 고려하여 발생 가능한 가능최대강수량(PMP)으로 인한 가능최대홍수량(PMF)을 설계홍수량으로 취하게 되며, 이를 극한사상 기준방법이라고 한다.

8.4 수공구조물의 수문설계빈도

수공구조물의 설계빈도(design frequency)는 일반적으로 구조물의 파괴에 따른 잠재적인 재산피해액이나 인명피해, 그리고 산업활동 중단으로 인한 간접적인 경제적 피해 등을 모두 고려하여 결정하게 된다. 어떠한 수공구조물이든 간에 홍수로 인한 재산 및 인명피해의 위험성은 있기 마련이나, 인명피해의 우려가 없는 경우 수문설계는 수용할만한 설계빈도를 채택하여 최소비용으로 구조물을 설계하게 된다(그림 8.1의 $S_{\min}$). 이와 같은 최소비용 구조물설계의 한 대안으로 그림 8.1에 표시된 바와 같이 경제적 위험도 분석을 구조물에 들어가는 비용과 홍수피해액의 합인 총 예상비용이 제일 작은 규모로 구조물을 설계하는 경우를 생각할 수 있으며, 이 경우가 경제적으로 가장 유리하다. 따라서, 몇 개의 설계빈도를 선택하여 그 빈도홍수량에 안전할 수 있는 구조물의 설치비용과 잔여 홍수피해액을 각각 구하여 합한 액수를 설계빈도별로 그림 8.1과 같이 표시해보면 총 예상비용이 최소가 되는 구조물의 규모를 결정할 수 있게 된다.

그림 8.1로부터 구조물의 규모를 크게 하면 구조물 비용은 증가하게 되나 잔여홍수피해는 감소하는 것을 알 수 있으며, 이는 경제적 비용(economic cost)이 많이 들어갈수록 홍수피해는 감소하여 구조물의 안전도(safety)는 높아진다는 것을 뜻하나 구조물의 설계측면에서는 비용과 안전도를 절충하기 위해 최소 총 예상비용에 해당하는 구조물의 규모, 즉 설계빈도를 채택하는 것이다.

8.4.1 중소규모 구조물의 설계빈도

경제적 위험도 분석방법에 의한 수공구조물의 최적 설계빈도를 결정하는 것이 원칙이나 분석에 포함되는 홍수피해액의 정확한 산정이 어렵기 때문에 중소규모 구조물의 경우는 관습적으로 사용되고 있는 기준을 적용하는 것이 보통이다. 표 8.1은 몇몇 중소규모 구조물에 대해 추천되고 있는 설계빈도(혹은 홍수재현기간)를 제시하고 있다.

표 8.1 중·소규모 구조물의 설계빈도 (US/SCS, 1965)

구조물의 종류	재현기간, T(년)	초과확률($1/T$)
고속도로 배수암거 (하루 통과차량 대수) 　0~400 　400~1700 　1700~5000 　> 5000	 10 10~25 25 50	 0.10 0.10~0.04 0.04 0.02
비행장 배수시설	5	0.20
철도 배수시설	20~50	0.04~0.02
도시 배수시설	2~10	0.5~0.10
하천제방	2~50	0.50~0.02
배수구(drainage ditch)	5~50	0.20~0.02

한편, 표 8.2는 우리나라 건설기준 코드 체계 전환에 따라 기존의 하천 설계에 적용되었던 설계기준을 통합 제정한 「KDS 51 10 05(국토교통부, 2018)」에 제시된 주요 수공구조물의 설계 재현기간(년)을 제시하고 있다.

표 8.2 주요 중·소규모 수공구조물의 설계빈도

구조물 종류		설계빈도(재현기간)
배수시설	배수로*	30년 이상
	방수로	30년 이상
	배수제	30년 이상
	배수문	30년 이상
	배수펌프	30년 이상
	유수지 및 저류지	30년 이상
하천제방	인구밀집지역, 자산밀집지역, 산업단지, 주요국가시설 등 (홍수방어등급 A급)**	200~500년
	상업시설, 공업시설, 공공시설 등 (홍수방어등급 B급)**	100~200년
	농경지 등(홍수방어등급 C급)**	50~80년
	습지, 나지 등(홍수방어등급 D급)**	50년 미만
	국가 하천**	100~200년
	지방 하천**	50~200년
홍수방어(조절)용	저수지	50년
	여수로	PMF(가능최대홍수량)
	제방	10년 이상

* 배수로의 설계빈도는 30년 이상을 적용하되, 지역별 방재성능목표를 참고하여 조정할 수 있다.
**하천제방의 설계빈도는 하천 등급에 따라 결정하되 제내지의 이용 상황을 고려하여 하천관리청이 설계빈도를 조정할 수 있다.
자료 : 하천설계기준(국토교통부, 2018)

8.4.2 소규모 댐의 설계기준

소규모 댐의 경우도 일반적인 중·소규모 구조물의 경우처럼 댐의 위치라든가 파괴에 따르는 댐 하류의 피해 정도 등을 고려하여 설계빈도를 결정하게 된다. 예를 들어, 댐이 인구가 많은 어떤 도시의 바로 상류지점에 위치하여 그의 파괴로 인한 막대한 재산피해 및 인명피해가 예상된다면 이러한 파괴 가능성을 사전에 배제하기 위하여 댐의 어떤 부속구조물은 가능최대강수량에 대하여 설계해야 된다. 가능최대강수량(PMP)이란 어떤 지역에 최악의 기상조건이 형성되었을 때 그 지역에 예상되는 최대우량을 말한다. PMP는 수분의 양을 고려하여 유역 내에 존재 가능한 최악의 기상조건을 전제로 하여 수문기상학적 방법(hydro-meteorological method)에 의해 산정되며 우리나라 전역에 대해서는 지속기간 1~72시간, 유역면적 25~20,000 km²에 해당하는 PMP값이 등우선도의 형태로 작성되어 있다(제2장 참고).

댐의 수문학적 설계는 댐에 부속되는 여러 가지 구조물 각각의 설계를 포함하므로 두 가지 혹은 그 이상의 설계빈도를 사용하는 것이 보통이다. 예를 들면, 비상 여수로(emergency spillway)의 설계빈도와 댐의 여유고(free board)의 설계빈도는 각각 다르게 취하게 된다. 그림 8.2는 전형적인 대·소 규모 댐의 여유고를 표시하고 있다.

8.4.3 대규모 수공구조물의 설계기준

대규모 수공구조물의 수문학적 설계를 위한 고려사항은 소규모 댐이나 도로암거, 도시배수 시스템 등의 경우보다 훨씬 더 복잡하다. 대규모 수공구조물의 대표적인 예인 대댐의 여수로 규모를 경제적으로 결정하기 위해서는 댐 하류의 인명 및 재산에 대한 보호수준이라든

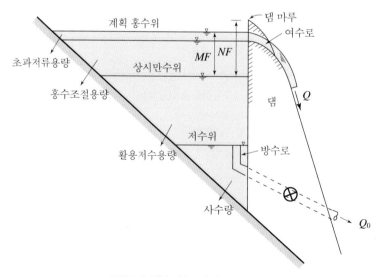

그림 8.2 댐의 여유고와 각종 저수용량

지, 여수로 건설사업비, 저수지 운영조건 등 여러 가지를 면밀히 조사하여 수립되는 최종설계에 따라야 한다. 따라서, 대규모 수공구조물의 설계는 단순한 발생빈도기준방법(frequency-based method)에 의한 설계강우량으로는 안전도가 부족하므로 대부분의 경우 극한사상기준방법(critical-event method)을 채택하게 된다.

대규모 수공구조물의 설계호우로는 가능최대강수량(PMP)과 표준설계강우량(Standard Project Storm, SPS)과 역사적 기록호우(paleostorm)의 세 가지가 있다.

(1) 가능최대강수량

인구가 밀집되어 있는 도시 혹은 농촌지역의 상류에 대규모 댐을 건설할 경우에는 있을 수도 있는 댐 붕괴로 인한 막대한 인명과 재산피해를 원천적으로 방지하기 위해 가능최대 강수량(PMP)을 설계호우(design storm)로 채택한다.

PMP를 산정하는 방법에는 수문기상학적 방법(hydrometeorological method)과 전 세계 기록적인 강우자료를 이용한 포락곡선 방법(envelope-curve method), 그리고 통계학적 방법(statistical method) 등이 있다(제2장 참고).

우리나라에서 가장 최근에 작성된 PMP도는 전국에서 발생했던 주요 기록적인 호우를 수문기상학적 방법으로 분석하여 지속지간 1, 2, 6, 12, 24, 48, 72시간과 유역면적 25, 100, 200, 1000, 2000, 10000 및 20000 km^2에 대하여 축척 1 : 1,500,000 지도로 작성하였으며, 대규모 유역의 설계강우량 및 홍수량 산정에 널리 사용되고 있다.

(2) 표준설계강우량

표준설계강우량(SPS)은 가능최대강우량(PMP)과는 달리 해당지역에 가장 극심한 강우량-유역면적-지속기간(Depth-Area-Duration) 관계를 가지는 이미 발생한 호우기록을 분석하여 결정하게 되며 통상 PMP의 약 50% 정도인 것으로 알려져 있다. 일반적으로 해당지역에 기록된 4~5개의 기록적인 호우사상을 선택하여 SPS를 산정한다.

(3) 역사적 기록호우 혹은 홍수

역사적 기록호우(paleostorms) 혹은 역사적 기록홍수(paleofloods) 자료는 세계 각 지역에서 오랜기간 동안에 걸쳐 발생한 기록적인 강우 혹은 홍수자료를 말하며, 그림 2.30과 같이 포락곡선(envelope curve)을 작성함으로써 강우지속 시간별 가능최대강수량(PMP)이나 유역면적 크기별 비홍수량(specific flood)의 추정에 의한 가능최대홍수량(PMF)의 결정이 가능하다.

8.4.4 대규모 댐의 설계기준

대댐(large dams)의 신규 건설과 건설 후의 주기적인 댐 안전도 평가를 위해서는 각종 수문학적 분석이 필요하며, 댐의 가상 파괴로 인한 막대한 인명피해와 경제적인 피해를 고려하여 대댐의 설계기준을 설정해야 한다.

댐이 파괴되는 경우 저수지에 저류되어 있는 물의 저수위는 댐 하류보다 엄청나게 높으므로 댐이 파괴되기 시작하면 치명적인 홍수파가 댐 하류로 상당한 거리까지 전파되면서 재앙에 가까운 홍수피해를 입히게 된다. 따라서, 미국토목학회(American Society of Civil Engineers, ASCE)의 여수로 설계홍수량 T/F팀은 표 8.3에서와 같이 댐의 크기 유형별로 댐의 규모(저수량과 높이)와 댐 파괴시 예상 피해 정도에 따른 여수로 설계홍수량(spillway design flood)의 크기 결정에 대한 기준을 마련하여 제안하였다.

표 8.3으로부터 다목적 댐 등의 대규모댐의 여수로 설계홍수량으로는 PMF를 채택해야 하며, 중규모 댐의 경우에는 PMF의 약 50% 크기인 표준설계홍수량(Standard Project Flood, SPF)을 채택해야 한다.

한편, 댐 여수로의 설계홍수량 결정을 위한 국내 실무에서는 콘크리트 댐의 경우는 100년 빈도의 저수지 유입홍수량, 필댐의 경우는 200년 빈도의 저수지 유입홍수량의 120%(약 500∼1,000년 빈도)를 채택하는 등 빈도홍수량을 최근까지 사용해 왔으나 지구온난화로 인한 이상기상으로 홍수 규모가 점점 커지고 있어서 근래에 와서는 다목적 댐 및 생·공용수 댐 등 주요 댐의 여수로나 댐 마루 표고의 결정은 가능최대홍수량(PMF)을 기준으로 하도록 댐 설계기준과 하천설계기준·해설에서 정하고 있다.

표 8.3 댐 여수로의 설계홍수량 결정기준

댐 유형별	댐의 크기 조건		댐 파괴시 예상피해		댐 여수로 설계홍수량
	저수량 (ac-ft)	댐 높이 (ft)	인명피해	재산피해	
대규모 댐 (댐 파괴허용불가)	> 50,000	> 60	다수	막대함 (치명적)	PMF
중규모 댐	1,000∼50,000	40∼100	가능하지만 소수	댐 소유권자의 재정능력한도 내	SPF
소규모 댐	< 1,000	< 50	무	댐 건설비용 정도	발생빈도 기준 홍수량: 50∼100년 빈도

주 : 1 ac-ft = 1,233 m^3, 1 ft = 0.3048 m

8.5 설계호우의 합성

수공구조물의 수문학적 설계빈도가 선택되고 나면 다음 수문설계 단계는 설계호우의 각종 특성변수를 결정하는 것이다. 즉, 설계대상유역 내 우량관측소의 강우지속기간별 연 최대치 우량계열의 빈도분석에 의한 지점확률강우량의 산정과 이로부터 유역의 평균면적 확률강우량의 산정이 필요하며, 지속기간별 면적확률강우량의 시간분포를 결정하여 총 우량주상도(total rainfall hyetograph)를 작성해야 한다. 한편, 설계호우의 지속기간으로는 총 우량주상도로부터 손실우량을 제외시킨 유효우량주상도에 유역의 대표 단위유량도를 적용하여 구한 홍수수문곡선의 첨두 홍수량이 최대가 되거나(홍수소통 구조물의 경우), 저류용량 혹은 저수위가 최대가 되는(홍수저류용 구조물의 경우) 강우계속기간, 즉 임계지속기간(critical duration)을 선택해야 한다.

8.5.1 우량관측소별 강우량자료의 수집, 변환 및 검정

(1) 우량관측소의 선정기준

설계대상유역 내 혹은 인근에 위치한 기상청 및 환경부/국토교통부 관할 우량관측소를 대상으로 선정하며, 대상관측소 중에서 해당유역과의 거리, 관측년수, 관측소 표고 등을 검토하여 선정하며, 대규모 유역의 경우는 관측소의 밀도 및 분포상태를 추가로 고려한다.

일반적으로 대·중·소규모 구조물의 수문설계에 사용되는 강우량 자료는 통상적인 수문데이터베이스(D/B)로부터 제공되는 고정시간 강우량자료를 임의시간 강우량자료로 환산하여 사용하고 있기 때문에 시간우량 자료의 관측년수가 최소한 30년 이상인 우량관측소를 선정하는 것이 바람직하다. 설계대상 유역 내에 우량관측소가 많이 분포되어 있는 대규모 유역의 경우에는 관측소의 밀도 및 분포상태를 추가적으로 고려하여 가급적 많은 관측소를 선정하는 것이 좋으며, 중규모 이하 유역의 경우는 유역 내에 관측소가 없는 경우가 많으므로 대표성을 가지는 유역 내 혹은 유역 바깥의 인근 관측소 한 개 혹은 여러 개를 채택한다.

(2) 임의시간 강우량 자료로의 변환

수문학적 지속기간은 고정시간이 아닌 임의시간을 의미하므로 수집된 고정시간 강우량자료를 임의시간 강우량 자료로 변환하여 사용해야 하며, 변환을 위한 환산계수는 표 8.4와 같고 회귀곡선은 그림 8.3과 같다.

표 8.4의 임의지속기간 환산계수는 강우관측소별로 고정시간과 임의시간의 연 최대치 계열을 구축하고 이를 점 빈도해석하여 각 계열별 확률강우량을 산정한 후 관측소별로 고정시간 확률강우량과 임의시간 확률강우량을 선형방안지에 도시하여 선형회귀분석에 의해 산정된 것이다.

표 8.4 고정시간-임의시간 자료환산계수

고정시간	1시간	3시간	6시간	24시간	1일
임의시간	60분	180분	360분	1440분	1440분
환산계수	1.129	1.033	1.013	1.005	1.161

자료 : 건설교통부(2000)

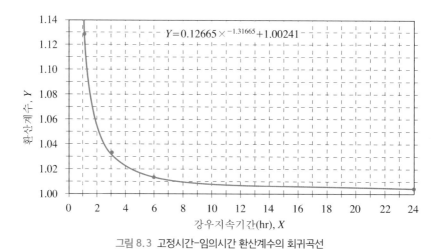

그림 8.3 고정시간-임의시간 환산계수의 회귀곡선

따라서, 이 환산계수의 적용은 고정시간 확률강우량을 빈도해석으로 산정한 후 환산계수를 곱함으로써 임의시간 확률강우량으로 변환하는 것이 타당하다.

(3) 강우량 자료의 검정

이상과 같이 수집·변환된 임의시간 강우량 자료를 강우지속기간별로 연 최대치 계열을 작성하여 점빈도해석을 실행하기 전에 몇 가지 검정이 필요하다. 강우량 자료의 검정에서는 이상치(outlier) 검정과 자료계열의 무작위성(randomness) 검정, 그리고 자료의 평균이나 분산(표준편차) 등의 크기가 증가하거나 감소하는 등의 경향성(trend)을 가지는지 등을 검정하게 된다. 보다 자세한 내용은 통계학과 관련된 문헌이나 「수문학−기초와 응용」을 참고하기 바란다.

8.5.2 빈도해석에 의한 지점 확률강우량의 산정

설계하고자 하는 수공구조물의 대상유역 내 혹은 인근에 설치되어 있는 우량관측소의 지속기간별 연 최대치 우량자료계열이 임의시간 우량으로 구축되면 빈도해석(frequency analysis)을 실행함으로써 지점 확률강우량을 산정할 수 있다. 즉, 각종 확률분포형의 적용, 확률분포의 매개변수 추정, 최적 확률분포형의 선정, 그리고 빈도계수법이나 역함수법에 의한 확률강우량의 산정 등과 관련된 보다 자세한 내용은 통계학과 관련된 문헌이나 「수문학−기초와 응용」을 참고하기 바란다. 수자원 실무에서는 국립재난안전연구원이 개발 보급한 FARD(Frequency Analysis of Rainfall Data) 프로그램 등을 활용하여 우량관측소별로 강우지속기간별 확률강우량(재현기간별 강우량)을 결정한다.

(1) 확률도시법

수집된 수문자료를 이론적 확률분포형에 맞추어서 그 자료가 대표하는 수문사상의 발생빈도를 분석하게 된다. 이러한 목적을 위해서는 개개 자료의 누가발생확률을 계산하여 자료의 크기와 누가발생확률 간의 관계가 직선에 가장 가깝게 나타나는 확률지에 도시하게 된다. 확률지가 대표하는 이론적인 확률분포의 누가확률분포함수를 사용하면 자료점을 통과하는 이론적 직선을 작성함으로써 장래에 발생할 특정빈도의 수문사상을 추정할 수 있게 되며 이와 같은 빈도해석 방법은 확률도시법(probability plotting technique)이라 한다.

적절한 확률지상에 수문자료를 도시하기 위해서는 각 자료값의 누가발생확률을 결정해야 하며 이는 도시위치공식(plotting position formula)에 의해 산정된다. 만약 분석되는 수문자료가 모집단이라면 가장 작은 값과 가장 큰 값이 자료에 포함되어 있을 것이므로 발생확률이 $0 \leq P(X \leq x) \leq 1$의 모든 값을 가질 수 있으나 표본수문자료의 경우는 최대치 혹은 최소치를 항상 포함한다고 볼 수 없으므로 0과 1의 확률을 포함시킬 수는 없다. 따라서 도시위치를 결정하기 위해서는 보통 경험공식이 사용되고 있다. 예를 들어, 홍수량의 빈도해석에 가장 적합하고 널리 사용되는 공식은 Weibull 공식을 적용할 경우, 변량 X가 특정값 x를 초과할 확률은 식 (8.1)과 같다.

$$P(X > x) = \frac{m}{n+1} = \frac{1}{T} = 1 - P(X \leq x) \tag{8.1}$$

여기서, T는 평균재현기간으로 초과확률의 역수이고 $P(X \leq x)$는 비초과확률(nonexceedance probability) 혹은 누가발생확률 $F(x)$를 뜻한다.

(2) 빈도계수법

수문자료의 변량 x는 일반적으로 그의 평균값 $\overline{x}$에 평균값으로부터의 편차 Δx를 더한 것으로 표시할 수 있다. 즉,

$$x = \overline{x} + \Delta x \tag{8.2}$$

여기서, 편차 Δx는 변량 x의 확률분포가 가지는 분산특성과 변량의 재현기간(혹은 발생확률) 및 확률분포형의 매개변수 등에 관계가 있는 것으로 알려져 있으며, 변량 x의 표준편차 s에 빈도계수(frequency factor) K를 곱한 것으로 표시된다. 즉, $\Delta x = sK$이다. 따라서

$$x_T = \overline{x} + sK_T \tag{8.3}$$

여기서, 빈도계수 K_T는 재현기간 T와 확률분포형의 함수이다.

식 (8.3)은 수문자료의 빈도해석을 위한 일반식으로 알려져 있으며 빈도해석을 위해 추천되고 있는 각종 분포형에 적용함으로써 특정 재현기간을 가지는 수문량을 결정하는 데 사용된다. 식 (8.3)을 적용하기 위해서는 우선 표본자료로부터 적용하고자 하는 분포형의 매개변수를 계산하고 특정 재현기간에 상응하는 빈도계수를 $K_T \sim T$ 관계로부터 구하여 식 (8.3)으로 x_T의 크기를 결정한다. 보다 자세한 내용은 「수문학-기초와 응용」을 참고하기 바란다.

위와 같은 절차로 빈도해석에 의해 결정된 우량관측소별, 강우지속기간별 확률강우량은 비교의 목적으로 「한국확률강우량도」상에서 해당지점의 강우지속기간별 확률강우량의 크기를 읽은 후 서로 비교함으로써 빈도해석의 신뢰도를 입증할 수도 있다. 참고로 「한국확률강우량도」는 강우지속기간 30분, 1, 2, 3, 6, 12, 24시간 및 재현기간 2, 5, 10, 20, 50, 100, 200년에 대한 확률강우량도 49매를 작성한 1 : 1,500,000 축척의 지도책자로 되어 있다.

위에서 설명한 우량관측소 지점의 강우지속기간별 확률강우량은 확률강우량을 강우지속기간으로 나눔으로써 확률강우강도로 표시할 수 있으므로 강우강도-지속기간-발생빈도(IDF) 관계로 표시할 수 있으며 이를 관계식으로 표시한 것을 강우강도식이다. 강우강도식은 우량관측소 지점의 우량자료를 빈도해석하여 유도되므로 소규모 유역의 강우특성을 대표하는 관계식으로 해석할 수 있으므로 빈도해석에 의해 산정되는 지점 확률강우량의 경우와 마찬가지로 소규모 수공구조물의 설계홍수량 산정에 바로 사용될 수 있다.

8.5.3 면적확률강우량의 산정

하천유역의 면적이 커지면 유역전반에 걸쳐 균일한 강도로 강우가 발생하는 경우는 거의 없으며 일정한 강우지속기간 동안의 강우량은 호우중심으로부터 멀어질수록 감소하며, 면적 평균강우량은 유역에 내린 총 강우량을 유역면적으로 나눈 등가우량 깊이를 의미하므로 호우중심으로부터 비가 내린 면적을 크게 잡을수록 면적 강우량은 점점 작아진다(그림 2.28 참조). 따라서, 중규모 혹은 대규모 유역을 대상으로 하는 중·대규모 수공구조물의 설계홍수량을 구하기 위해서는 지점 확률강우량이 아닌 면적확률강우량을 산정하여 사용해야 한다. 즉, 유역 내 각 지점별 확률강우량을 Thiessen 가중법이나 등우선법에 의해 평균한 강우량을 산정하여 면적확률강우량으로 사용할 수 있다.

8.5.4 확률강우량의 시간분포결정

설계대상유역에 대한 면적확률강우량을 산정하고 나면 설계하고자 하는 수공구조물의 설계빈도(재현기간)를 설정하여 면적설계강우량을 결정하게 되며 이를 적절하게 시간분포시켜 설계우량주상도(design hyetograph)를 결정하게 된다. 이와 같은 설계강우량의 시간분포는 단위유량도를 적용하여 계산하게 되는 설계홍수수문곡선의 모양뿐만 아니라 첨두홍수량의 크기에 큰 영향을 미치게 되므로 유출계산 측면에서 보면 설계호우의 대단히 중요한 특성인 자 중의 하나이다.

  강우의 시간분포는 원칙적으로 해당지역의 과거 강우자료로부터 강우지속기간 동안에 총 강우량이 시간에 따라 어떻게 분포되었는지를 통계학적으로 분석하여 그 지역에 적합한 시간분포모형을 개발하여 사용해야 하나, 경험적으로 Huff 방법과 Yen-Chow 방법 그리고 교호블록 방법 등을 사용하고 있다.

(1) Huff 방법

수공구조물의 설계홍수량 산정에 필요한 설계우량주상도를 결정하기 위한 Huff의 총 강우량의 시간분포방법은 미국 Illinois주에 위치한 유역면적 400 mi^2까지의 다양한 하천유역에서 발생한 호우에 대해 호우기간 중에 내린 총 우량의 시간분포 양상을 분석하여 개발된 것이다. Huff는 실제로 발생한 호우기간 중의 누가우량곡선을 관찰하여 총 강우지속기간을 4개의 등시간 구간으로 나누었을 때 가장 큰 강우량이 어느 구간에서 발생하느냐에 따라 강우의 시간분포 특성을 4가지로 구분하였다. 즉, 총 강우지속기간 중 처음 1/4 구간에서 가장 큰 강우량이 발생하면 1분위 호우(first quartile storm), 2/4 구간에서 발생하면 2분위 호우(second quartile storm), 3/4 구간에서 발생하면 3분위 호우(third quartile storm), 그리고 4/4 구간에서 발생하면 4분위 호우(fourth quartile storm)로 분류하였다.

  이와 같이 강우의 시간분포형을 4개 분위로 분류한 후 각 분위에 속하는 개개 호우의 시간별 누가우량기록을 호우별 총 지속기간과 총 우량을 사용하여 식 (8.4)와 식 (8.5)와 같이 무차원화하였다.

$$PT(i) = \frac{T(i)}{TO} \times 100\% \qquad\qquad (8.4)$$

$$PR(i) = \frac{R(i)}{RO} \times 100\% \qquad\qquad (8.5)$$

  여기서, $PT(i)$는 총 강우지속기간 TO(분)에 대한 임의시간 $T(i)$에서의 강우지속기간 백분율(%)이며, i는 단위시간 구간 수이며 통상 $i=10$을 택하며, $PR(i)$는 총 지속기간 TO 동안의 총 우량(mm)에 대한 임의시간 $T(i)$까지의 누가우량 백분율(%)이다. 따라서 식 (8.4)의 $PT(i)$와 식 (8.5)의 $PR(i)$로 그려지는 곡선은 무차원 강우시간분포곡선(dimensionless curve for rainfall time distribution)이 된다.

  Huff는 우량관측소별로 각 분위에 속해 있는 무차원화된 강우자료들을 무차원 지속기간 (%)별로 무차원 강우량(%)을 Weibull의 확률도시위치공식을 사용하여 초과확률 10%, 20%, …, 90%에 해당하는 무차원 강우량(%)을 결정하여 강우의 무차원 시간분포를 제시하였다.

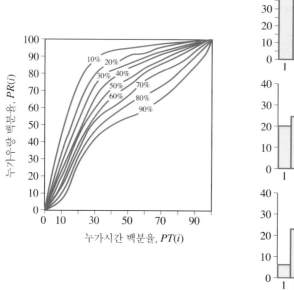

(a) 무차원 강우시간 분포곡선

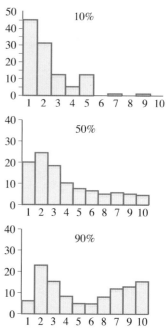

(b) 초과발생확률별 우량주상도

그림 8.4 무차원 강우시간 분포곡선 및 우량주상도
(서울 우량관측소, 1분위 호우)

그림 8.4(a)는 서울 우량관측소에 대한 무차원 강우시간분포곡선으로 총 강우지속시간을 100%로 하고 10개 구간으로 나누어 총 강우량의 각 10%에 해당하는 시간구간에서의 강우량을 총 강우량에 대한 %로 표시하고 있다. 그림 8.4(b)는 서울 우량관측소의 1분위 호우에 대해 초과발생확률 10%, 50%, 90%되는 우량주상도를 나타내고 있으며, 이들 우량주상도 중에서 설계강우의 우량주상도를 선택하게 된다. 그림 8.4(a)의 초과확률 50%의 우량주상도는 해당분위에서 총 강우량의 절반을 초과하는 누가강우량의 시간적 분포양상을 표시하며, 90%의 우량주상도는 호우의 10% 또는 그 이하가 발생할 분포를 의미한다. 그림 8.4(a)에서 볼 수 있는 바와 같이 1분위 호우의 10%에 해당하는 분포에서는 총 강우량의 약 90%가 처음 30% 기간 동안 내린다.

각 분위별로 초과발생확률 10%~90%의 9가지 분포형태가 존재하지만 첨두강우량이 해당분위의 중심에 위치하는 초과발생확률 50%를 주로 선택하여 적용하게 된다. 표 8.5는 서울 우량관측소의 각 분위별 초과발생확률 50%에 해당하는 무차원 강우지속기간(%)별 무차원 누가강우량(%)을 표시하고 있으며, 그림 8.5는 이를 곡선들로 표시하고 있다.

표 8.5 분위별 초과발생확률 50%에 해당하는 무차원 누가우량백분율(서울 우량관측소)

구분	무차원 강우지속기간(%)										
	0	10	20	30	40	50	60	70	80	90	100
1분위	0.0	21.0	45.2	62.5	72.4	77.8	83.6	88.0	92.9	96.9	100
2분위	0.0	4.5	12.6	26.8	50.0	69.8	82.0	90.1	94.6	97.9	100
3분위	0.0	3.8	7.9	14.3	21.6	34.2	54.3	75.7	91.1	96.9	100
4분위	0.0	3.8	7.9	11.4	16.4	22.4	28.6	37.5	56.9	83.9	100

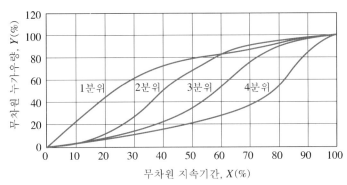

그림 8.5 분위별 초과발생확률 50%에 해당하는 무차원 누가우량곡선(서울 우량관측소)

예제 8-01

한강수계의 어떤 유역에서서 계산된 100년 빈도의 24시간 면적확률강우량이 334.5 mm이다. Huff 방법으로 시간분포시켜 설계우량주상도를 작성하라. 이 유역 내 대표 우량관측소는 홍천이며, 호우의 최빈분위는 2분위이다. 초과발생확률 50%의 무차원 누가우량곡선을 사용하고, 강우지속기간은 10개 구간으로 나누어 적용하라.

풀이 홍천 우량관측소의 2분위, 초과발생확률 50%에 해당하는 무차원 지속기간별 무차원 누가우량은 건설교통부(2000)로부터 획득하여 표 8.6에 수록하였으며, 무차원 시간구간별 무차원 우량(%)을 산정한 후 설계면적강우량인 334.5 mm와 강우지속기간 24시간을 사용하여 실제강우지속시간(hr)별 구간강우량(mm)을 표 8.6에서와 같이 계산하였다. 그림 8.6은 설계우량주상도를 표시하고 있다.

표 8.6 Huff 방법에 의한 설계우량주상도 계산

지속기간(%)	0	10	20	30	40	50	60	70	80	90	100
누가우량(%)	0.0	4.6	12.2	29.1	47.7	65.4	80.0	89.2	93.4	96.9	100.0
구간우량(%)	0.0	4.6	7.6	16.9	18.6	17.7	14.6	9.2	4.2	3.5	3.1
지속기간(hr)	0.0	2.4	4.8	7.2	9.6	12.0	14.4	16.8	19.2	21.6	24.0
구간우량(mm)	0.0	15.4	25.4	56.5	62.2	59.2	48.8	30.8	14.1	11.7	10.4

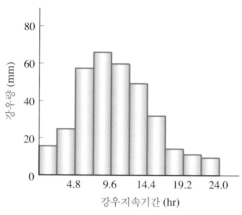

그림 8.6 Huff 방법에 의한 설계우량주상도

(2) Yen-Chow 방법

이 방법은 Yen and Chow (1980)가 설계강우의 시간분포를 위해 개발한 방법으로 삼각형 우량주상도 방법(triangular hyetograph method)이라고도 부른다. 어떤 지점의 설계강우량이 R(mm)이고 강우지속기간이 t_d(hr)이면 그림 8.7의 삼각형의 면적이 R(mm)이고 밑변의 길이가 t_d(hr)인 것이므로 삼각형의 높이 h(mm/hr)는 식 (8.6)과 같아진다.

$$h = \frac{2R}{t_d} \qquad (8.6)$$

호우전진계수(storm advanced coefficient) r을 식 (8.7)과 같이 총 강우지속기간 t_d에 대한 첨두강우강도의 발생시각(삼각형의 꼭지점 시각)까지의 시간 t_a의 비로 정의한다. 즉,

$$r = \frac{t_a}{t_d} \qquad (8.7)$$

따라서, 첨두강우강도 발생시각부터 강우종료시까지의 감소시간(recession time) t_b는 식 (8.8)과 같다.

$$t_b = t_d - t_a = (1 - r)t_d \qquad (8.8)$$

식 (8.8)과 그림 8.7로부터 $r = 0.5$이면 첨두강우강도는 지속기간의 중앙시간에 발생하므로 중앙집중형이 되고, $r < 0.5$이면 전진형, $r > 0.5$이면 지연형이 된다. 우량관측소 지점의 r값은 많은 호우기록으로부터 첨두강우강도 발생시간과 강우지속기간의 비를 계산하여 결정하며 표 8.7은 건설교통부(2000)가 결정한 우리나라 주요 우량관측소 지점에 대한 호우전진계수의 일부를 수록하고 있다. 우리나라 주요 우량관측소의 경우는 r값이 0.5 부근의 값을 가지므로 중앙집중형에 가깝다고 할 수 있다.

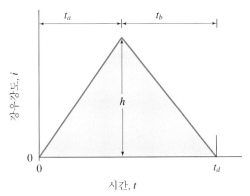

그림 8.7 삼각형 설계우량주상도(Yen-Chow 방법)

표 8.7 우리나라 주요 우량관측소의 호우전진계수(r)

관측소	강릉	서울	수원	대전	포항	전주	광주	부산	목포	여수
호우전진계수 (r)	0.522	0.472	0.501	0.456	0.490	0.449	0.482	0.509	0.457	0.524

예제 8-02

서울 우량관측소 지점의 강우강도식[식 (2.26)]을 사용하여 재현기간 10년, 강우지속시간 30분인 설계강우량을 산정하고 Yen-Chow의 삼각형 우량주상도 방법을 사용하여 설계우량주상도를 작성하라.

풀이 식 (2.26)에 표시되는 강우강도식을 다시 쓰면,

$$I(T,\ t) = \frac{a + b \ln\left(\dfrac{T}{t^n}\right)}{c + d \ln\left(\dfrac{\sqrt{T}}{t}\right) + \sqrt{t}} \tag{2.26}$$

식 (2.26)에 T=10년, t=30분, 표 2.10으로부터 구한 서울지역의 단기간 호우에 대한 식 (2.26)의 회귀상수값 a=153.0746, b=144.5254, c=0.6011, d=0.1562, n=-0.1488을 대입하면

$$I(10,\ 30) = \frac{153.0746 + 144.5254 \ln\left(\dfrac{10}{30^{-0.1488}}\right)}{0.6011 + 0.1562 \ln\left(\dfrac{\sqrt{10}}{30}\right) + \sqrt{30}} = 97.6\,\mathrm{mm/hr}$$

따라서, 10년 빈도 30분 설계강우량은

$$R = 97.6 \times 0.5 = 48.8\,\mathrm{mm}$$

한편, t_d=30분=0.5 hr이고 표 8.7로부터 서울지역의 r=0.472이므로 식 (8.6)을 사용하면

$$h = \frac{2R}{t_d} = \frac{2 \times 48.8}{0.5} = 195.2\,\mathrm{mm/hr}$$

식 (8.7)을 사용하면 $t_a = rt_d = 0.472 \times 0.5 = 0.236\,\mathrm{hr} = 14.16\,\mathrm{min}.$

식 (8.8)을 사용하면 $t_b = (1 - 0.472) \times 0.5 = 0.264\,\mathrm{hr} = 15.8\,\mathrm{min}.$

그림 8.8은 위에서 계산된 서울지역의 10년 빈도, 30분 설계강우의 삼각형 설계우량주상도를 표시하고 있다.

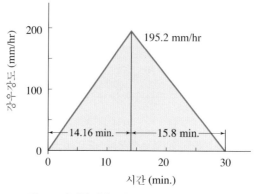

그림 8.8 삼각형 설계우량주상도(서울, 10년, 30분)

(3) 교호블록 방법

교호블록 방법(alternating block method)은 강우강도−지속기간−발생빈도(IDF) 곡선 혹은 강우강도식을 이용하여 설계우량주상도를 작성하는 간단한 방법으로 적용절차를 요약하면 다음과 같다.

① 총 강우지속기간 t_d를 n개의 Δt 시간구간으로 나눈다.
② 설계재현기간 T를 선택한 후 강우강도식에 의해 각 지속시간 Δt, $2\Delta t$, $3\Delta t$, $\cdots$ 에 대한 강우강도를 계산한다(혹은 IDF 곡선으로부터 읽음).
③ ②에서 구한 강우강도에 지속시간을 곱하여 지속시간별 누가우량을 계산한다.
④ 임의지속 시간에 대한 누가우량으로부터 전 시간단계의 지속시간에 대한 누가우량을 빼어 각 시간구간 Δt에 대한 강우량을 결정한다.
⑤ 이와 같이 결정된 Δt별 강우량을 지속기간 t_d의 중앙에 최대 강우량이 위치하도록 재배치하고 그 다음 큰 강우량을 그 오른쪽에, 그 다음 크기는 왼쪽에 위치시킨다.

교호블록 방법에 의한 설계호우의 시간분포 방법은 연속되는 모든 지속시간에 대하여 특정 재현기간의 최대 우량조건으로 시간분포시키므로 첨두홍수량을 과다하게 산정하는 단점이 있는 것으로 알려져 있어서 소규모 유역에서의 확률강우량보다는 PMP에 적용성이 더 높은 것으로 알려져 있다.

예제 8-03

예제 8-02를 교호블록 방법에 의해 풀어라.

풀이 식 (2.26)에 $T=10$년과 서울지역 강우강도식의 회귀상수 a, b, c, d 및 n값을 대입하면

$$I(10, t) = \frac{153.0746 + 144.5254 \ln\left(\dfrac{10}{t^{-0.1488}}\right)}{0.6011 + 0.1562 \ln\left(\dfrac{\sqrt{10}}{t}\right) + \sqrt{t}} \tag{2.26}$$

여기서, t는 지속시간(min.)이다.

전술한 바 교호블록 방법의 적용절차에 의한 계산결과는 표 8.8에 정리하였으며 계산란별 설명은 다음과 같다.

표 8.8 교호블록 방법에 의한 설계우량주상도 계산

(1) 지속시간 t (min.)	(2) 강우강도 (mm/hr)	(3) 누가우량 (mm)	(4) 시간구간별 우량(mm)	(5) 재배치 시간 구간(min.)	(6) 재배치 시간구간별 우량(mm)
5	188.2	15.7	15.7	0-5	5.5
10	149.4	24.9	9.2	5-10	7.3
15	128.6	32.2	7.3	10-15	15.7
20	115.0	38.3	6.1	15-20	9.2
25	105.2	43.8	5.5	20-25	6.1
30	97.6	48.8	5.0	25-30	5.0

(1)란 : 총 강우지속기간 t_d를 6개의 5분 시간간격($\Delta t = 5$ min.)으로 나누었음

(2)란 : 식 (a)에 지속시간 t를 대입하여 강우강도(mm/hr)를 계산

(3)란 : (2)란의 강우강도에 (1)란의 지속시간을 곱하여 누가우량을 계산

(4)란 : 임의지속 시간에 대한 누가우량으로부터 전 시간단계의 지속시간에 대한 누가우량을 빼어 각 시간구간에 대한 강우량을 계산

(5)란 : 시간구간별 우량의 재배치를 위한 시간구간 설정

(6)란 : 설계우량주상도의 종거값[(4)란 값의 중앙집중형 배치]

그림 8.9는 표 8.8의 (5)란과 (6)란의 값으로 설계우량주상도를 작도한 것이며, 예제 8.2에서 계산된 삼각형 설계우량주상도를 중첩시켜 표시하였으며, 두 시간분포가 상당히 비슷함을 알 수 있다.

8.5 설계호우의 합성 259

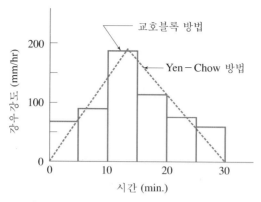

그림 8.9 설계우량주상도(서울, 10년-30분 설계우량)

8.6 수공구조물의 설계홍수량 산정방법

8.6.1 소규모 수공구조물의 설계홍수량 산정방법

소규모 수공구조물은 유역면적이 비교적 작은 소규모 유역으로부터의 홍수를 배제하기 위한 구조물이다. 소규모 유역에서는 강우가 시간적 및 공간적으로 균일하게 내리는 것으로 볼 수 있으며, 일반적으로 강우지속기간이 유역의 집중시간보다 길고 표면류의 영향을 많이 받으며, 유역의 토지이용상태가 유출에 지배적인 영향을 미친다. 이와 같은 특성을 가지는 소규모 유역에 설치되는 도로 및 철도의 배수암거라든지, 비행장 배수시설, 도시배수시설, 방재용 홍수저류지 등의 소규모 수공구조물의 설계홍수량을 산정하는 방법에는 자연하천유역에서 경험적으로 유도된 단순홍수량 산정공식과 도시지역의 첨두홍수량 산정에 사용되는 합리식, 그리고 단위유량도법 등이 있다. 소규모 유역의 경우는 대부분 첨두홍수량 자료계열의 획득이 거의 불가능하므로 빈도해석방법에 의해 설계홍수량을 산정하는 경우는 드물다.

표 8.9 유역규모의 분류기준

구분	소규모 유역	중규모 유역	대규모 유역
유역면적	$25 \ km^2$ 이하	$25 \sim 250 \ km^2$	$250 \ km^2$ 이상
강우강도	일정	변화	변화
강우분포	균일	균일	변화
유출형태	지표면유출 하도저류무시	지표면, 하도유출 하도저류무시	지표면, 하도유출 하도저류효과 감안
유출계산방법	합리식, 단위도법	단위도법	단위도법 (홍수추적 및 합성)

NRCC(1989)는 유역의 규모에 따른 강우특성과 유출특성을 고려하여 설계홍수수문곡선의 결정을 위한 유출계산방법을 표 8.9와 같이 요약하였다.

소규모 유역은 유역면적이 약 25 km^2(약 10 mi^2) 이하인 유역으로 강우강도는 강우지속기간 동안 일정하며 강우의 시간분포 또한 균일하다고 볼 수 있으며, 유출형태는 지표면 유출이 지배적이고 하도저류는 무시할 수 있어서 단순홍수량 공식, 합리식 혹은 단위유량도법 등을 사용할 수 있다.

중규모 유역은 유역면적 25~250 km^{2}의 유역으로 강우강도는 공간적으로 변화하나 강우의 시간분포는 균일하다고 보며 유출의 형태는 지표면 및 하도유출로 구성되나 하도저류효과는 무시할 수 있어서 홍수추적 계산 없이 단위유량도법으로 설계홍수수문곡선을 계산할 수 있다.

한편, 대규모 유역은 유역면적이 250 km^2 이상의 유역으로 강우강도가 공간적으로 변화하며, 강우분포도 시간적으로 변화하는 것으로 볼 수 있고, 유출의 형태는 지표 및 하도유출로 구성되며 하도의 저류효과도 고려해야 한다. 따라서, 유출계산은 전체 유역을 적절한 개수의 소유역과 하도구간으로 분할하여 소유역에 단위유량도를 적용하고 하도구간에서는 홍수추적을 축차적으로 행하여 수문곡선을 합성해야 한다.

소규모 수공구조물의 설계홍수량 산정을 위한 단위유량도법은 설계대상유역을 한 개의 단일유역으로 취급하여 유역을 대표하는 단위유량도를 적용하게 된다. 즉, 선택된 설계재현기간에 해당하는 설계강우량을 결정하고 이를 시간분포시킨 후 유효우량을 산정하여 단위유량도를 적용함으로써 완전한 홍수수문곡선을 계산하는 방법으로 계산절차를 간략하게 다시 요약정리하면 다음과 같다.

① 수공구조물의 중요도에 따라 설계재현기간을 선택한다.
② I-D-F 관계곡선 혹은 강우강도식 등을 이용하거나 연 최대치 우량자료 계열을 빈도해석하여 설계강우량을 결정한다.
③ 설계강우량의 시간분포를 결정하여 설계우량주상도를 작성한다.
④ NRCS의 유효우량산정법에 의해 시간구간별 유효우량을 산정하여 설계유효우량주상도를 작성한다.
⑤ 유역의 단위유량도 혹은 합성단위유량도를 유도한다.
⑥ ④의 설계유효우량주상도에 ⑤의 단위유량도를 적용하여 직접 홍수수문곡선을 계산한다.
⑦ 직접 홍수수문곡선에 기저유량을 더하여 설계홍수수문곡선을 계산한다.

8.6.2 중·대규모 수공구조물의 설계홍수량 산정방법

표 8.9에서의 유역면적과 강우 및 홍수유출특성에 따른 유역의 수문학적 규모 분류는 유역의 크기에 따른 홍수유출특성을 고려하여 적절한 홍수유출계산방법을 선택할 수 있도록 하기 위한 것이다.

중규모 및 대규모 유역의 경우는 유역의 규모가 커서 소규모 유역의 홍수량 산정에 사용되는 단순홍수량 공식이나 합리식 등의 경험공식을 사용할 수는 없고, 단위유량도법을 적용하여 유역으로부터의 유출을 계산하고 하도의 저류능력의 대소에 따라 하도홍수추적을 행하는 절차를 밟게 되는 것이 일반적이다.

중규모 유역의 경우에는 유역의 크기와 하도의 특성에 따라 하도의 저류효과를 완전히 무시하여 소규모 유역의 경우처럼 한 개의 단일유역으로 취급하여 단위유량도법을 적용할 수도 있다. 한편, 하도의 저류효과가 커서 이를 고려해 주어야 할 경우에는 몇 개의 소유역과 하도구간으로 나누어 단위유량도법 및 하도추적법을 차례로 적용하여 홍수유출을 계산할 수도 있다.

그러나, 대규모 유역의 경우는 강우의 공간적 및 시간적 분포가 변화하며 하도의 저류효과가 커서 유출계산에 고려해야 하므로 단위유량도법의 전제가 되는 가정에 맞도록 전체 유역을 적정한 개수의 소유역과 하도구간으로 구분하여 단위유량도의 적용에 의한 지표면 유출계산과 하도의 저류효과를 고려하기 위한 하도홍수추적계산에 의해 홍수유출수문곡선을 합성하게 된다.

(1) 홍수량 산정지점의 선정과 소유역 분할

중·대규모 유역의 홍수량 산정지점은 대상하천 상·하류의 홍수량 변화를 파악할 수 있을 정도의 간격을 두고 하천상의 지점을 선정하게 되며, 지류하천의 분류 합류점과 주요 하천구조물이 설치되어 있는 지점 등도 포함하는 것이 좋으며, 다음 사항을 고려할 필요가 있다.

- 과거 계획에서 선정되었던 홍수량 산정지점, 주요 지류의 본류 합류점, 본류상의 주요지류 합류점의 상·하류지점, 수위관측소 지점, 댐 등 기존의 주요 하천구조물 설치지점 등
- 유역의 홍수조절지, 방수로, 천변저류지 등 홍수방어 대안에 포함되어 있거나 홍수조절 효과의 평가가 필요한 지점 등

한편, 소유역으로의 분할은 단위유량도법의 기본 가정인 강우-유출관계의 선형성과 유역의 동질성(homogeneity), 강우강도 및 시간분포의 균일성(uniformity) 등을 확보할 수 있도록 함과 동시에 필요한 홍수량 산정지점을 분할하는 소유역의 출구가 되도록 분할하는 것이 바람직하다.

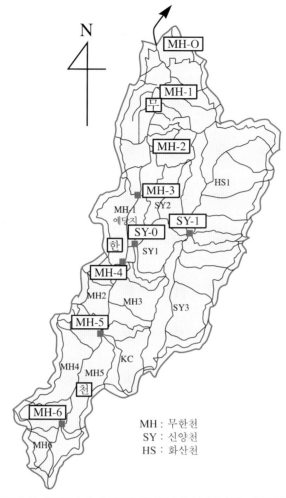

그림 8.10 삽교천 수계 내 무한천 유역 (홍수량 산정지점 및 소유역 분할)

그림 8.10은 유역의 총 면적이 471.8 km²인 삽교천 수계 내 무한천 유역의 유역종합치수 계획수립(건설교통부, 2007)에서 선정된 홍수량 산정지점과 소유역 및 하도구간 분할현황을 표시하고 있다.

(2) 설계강우의 설정

중·대규모 수공구조물의 수문학적 설계빈도 혹은 재현기간이 선택되면 대상유역의 면적설계강우량의 크기를 결정한 후 그의 시간분포를 결정함으로써 설계강우(design storm)를 설정하게 된다. 즉, 설계홍수량의 산정에 적용할 설계우량 주상도(design rainfall hyetograph)를 작성하게 되며, 자세한 절차를 간단히 요약하면 다음과 같다.

- 대상유역 내 우량관측소별 강우량 자료수집, 변환 및 검정
- 빈도분석에 의한 지점확률강우량의 산정(극한 강우의 경우는 가능최대 강수량의 추정)

- 면적확률 강우량의 산정
- 확률강우량의 시간분포 결정(확률우량주상도 혹은 PMP 주상도의 작성)

(3) 유효우량 산정에 의한 설계 유효우량주상도의 작성

설계우량주상도를 사용하여 단위유량도법으로 설계홍수수문곡선을 계산하기 위해서는 강우-유출모형의 입력이 되는 유효우량의 시간적 분포를 표시하는 설계 유효우량주상도를 작성해야 하며, 주로 NRCS 유출곡선지수법이 사용된다.

최근에는 지형공간정보시스템(Geographic Information System, GIS) 기법과 수치지도화된 토양도와 토지이용도(혹은 토지피복도) 자료를 활용하며, ArcView GIS 프로그램과 WMS(Water Modeling System) 등의 소프트웨어를 사용하여 유출곡선지수를 산정하는 절차를 요약하면 다음과 같다.

- 유역범위에 해당하는 토양도와 토지이용도를 ArcView에서 추출한다.
- 토양도는 다시 수문학적 토양군 A, B, C, D로 재분류한다. 이때 토양도와 토지이용도의 두 자료가 같은 유형의 자료(벡터 혹은 레스터)가 아닐 때에는 같은 유형으로 변환하여야 한다.
- NRCS의 유출곡선표에 나타나 있는 기준값을 적용하여 격자별 연산에 의해 CN값을 산정한다.
- 각 소유역별로 평균 CN값을 산정한다. 이때 소유역을 나타내는 다각형을 이용하여 그리드(grid) 연산에 의해 다각형 내에 포함된 격자들의 평균 CN값을 구할 수 있다.

이상과 같은 방법으로 소유역별로 토지이용상태별, 토양형별 CN값이 결정되면 분할된 소유역별 평균 CN값이 결정되므로 NRCS의 유효우량산정식[식 (3.49)]을 사용하여 시간구간별 유효우량을 산정함으로써 설계유효우량주상도를 작성하게 된다.

(4) 강우-유출모형의 선정 및 모형 매개변수의 초기치 산정

단위유량도법을 사용하여 설계우량주상도로부터 자연하천유역의 설계홍수수문곡선을 계산하는 단일사상 강우-유출모형 중 우리나라 수자원 실무에서 가장 많이 사용되어온 모형은 HEC-HMS이다.

HEC-HMS에서 이용하는 합성단위유량도 방법에는 Clark, SCS, Snyder 단위도법 등이 있으나 Clark 단위도법이 단위도의 특성에 대한 제어가 가장 우수한 것으로 알려져 있어서 국내에서 가장 널리 사용되고 있다.

강우-유출모형에 의한 성공적인 홍수량계산은 모형의 매개변수 결정의 신뢰도가 전제되어야 가능하다. HEC-HMS 모형의 주요매개변수로는 집중시간(혹은 도달시간), 지체시간 및 유역 저류상수 등이며 분할된 소유역별로 각종 경험공식에 의해 산정하여 강우-유출모형의 매개변수의 초기치로 사용하게 되며 모형의 검정과정을 통해 최종치가 결정된다.

소유역별 집중시간(time of concentration)에 대한 경험공식에는 Kirpich, Rziha, Kerby, Kraven(I), Kraven(II), SCS 평균유속공식 등 여러 가지 경험공식이 있으나 공식별로 결과치의 차이가 대단히 크므로 최적 공식의 선택에 주의를 요하며, 홍수시 적정한 범위의 유속인 2.0~3.5 m/sec를 고려하여 선택하는 것이 바람직하다.

유역의 지체시간(basin lag time)은 HEC-HMS 모형에서 Snyder 단위도법의 2가지 매개변수 중의 하나이고, SCS 단위도법의 유일한 매개변수이다. SCS의 유역 지체시간 공식인 $T_l = 0.6t_c$[식 (6.24)]는 자연하천유역에서 발생한 여러 강우-유출사상을 분석하여 도출한 관계식으로 집중시간이 산정된 경우 지체시간을 평가하는 유용한 관계식이라 할 수 있다.

몇 가지 공식을 적용하여 유역의 지체시간을 산정한 후 비교검토하여 공식의 적용성과 유역의 수문특성을 고려하여 지체시간을 결정하는 것이 바람직하며, 이때 SCS 단위도법에서 사용하고 있는 $T_l = 0.6t_c$ 관계식에 의해 계산되는 값과의 비교도 도움이 된다.

한편, 유역 저류상수(storage coefficient)는 Clark 단위도법의 2가지 매개변수 중의 하나로서 계산되는 첨두홍수량의 크기와 수문곡선의 전반적인 모양에 직접적인 영향을 미치는 매개변수로 분할된 소유역별로 적절한 초기값을 결정해 준 후 모형의 검정과정에서 매개변수의 보정을 수행하게 된다.

유역 저류상수는 유역특성과 연관시키기가 어려워서 집중시간보다 더욱 결정이 어려운 인자이나 Clark 공식이나 Linsley 공식처럼 하천유로의 길이, 경사, 그리고 유역면적 등의 함수로 표시되기도 하고 Sabol 공식이나 Russel 공식, 그리고 Peters 공식처럼 집중시간과의 회귀식을 사용하여 결정하기도 한다. 따라서, 유역 저류상수의 경우도 몇 가지 경험공식을 적용하여 산정한 후 서로 비교검토하여 공식의 적용성과 유역의 수문특성 등을 고려하여 결정하는 것이 바람직하다.

(5) 강우-유출모형의 검정 및 검증

설계대상유역의 상류 혹은 하류에 수위관측소가 위치하고 있어서 주요 호우사상별로 실측 홍수유출수문곡선을 획득할 수 있을 경우에는 이를 재현할 수 있도록 강우-유출모형의 각종 매개변수를 조정하는 모형검정(model calibration) 과정을 거치게 된다. 이를 위해서는 우선 소유역별로 경험공식 등에 의해 결정된 매개변수들의 초기값을 부여한 후 실측강우에 모형을 적용하여 계산한 홍수수문곡선을 실측 홍수수문곡선과 비교하여 첨두홍수량이라든지, 총 홍수체적, 그리고 홍수수문곡선의 전반적인 모양 등이 어떤 정확도 기준에 들어올 때까지 매개변수값을 보정해 나가게 되며, 정확도 기준 내에 들어올 때의 매개변수값을 최종치로 받아들여서 모형이 해당유역의 홍수수문곡선 계산을 위해 검정된 것으로 보고 모형의 검정에 사용되지 않은 강우-유출사상 자료에 모형을 적용하여 계산되는 홍수수문곡선과 실측수문곡선을 비교하는 모형검증(model verification) 절차를 거쳐서 설계홍수수문곡선 계산을 위한 최종적인 모형을 준비한다.

이와 같이 실측 강우 및 유출자료를 사용한 모형의 검정은 모형이 포함하고 있는 매개변수의 수가 여러 개이고 특히 전체 유역을 여러 개의 소유역으로 분할하여 유출계산을 할 경우에는 소유역별 매개변수 세트를 경험공식에 의한 초기치에서부터 시작하여 보정해나가야 하므로 모형에 의해 모의되는 수문곡선과 실측된 수문곡선이 일치되기를 기대할 수는 없으며, 최적의 매개변수 보정으로도 두 수문곡선의 편차가 상당히 크게 나타나는 것이 보통이다. 따라서, 전반적으로 관측 및 계산 홍수수문곡선이 적당한 범위 내에서 근접하는 홍수량으로 표시되는 수준에서 모형의 검정결과를 받아들이는 수밖에 없다.

위에서 설명한 모형의 만족할 만한 검정을 위한 절차를 HEC-HMS 모형의 경우에 대하여 요약하면 다음과 같다.

① 검정 대상 호우사상으로 인한 총 유출체적이 실측치와 모의치(계산치) 간에 대체로 큰 차이가 없도록 NRCS의 유출곡선지수(CN) 등 관련인자들의 값을 보정한다.
② 첨두홍수량의 발생시간이 대체로 일치하도록 유역의 집중시간(t_c)이나 지체시간(t_l) 등 첨두발생시간과 직접적인 관계가 있는 매개변수를 보정한다.
③ 홍수수문곡선의 모양을 결정하는 유역 저류상수(R) 등을 조정하여 모의수문곡선의 전체적인 모양과 첨두홍수량의 크기가 실측 수문곡선에 가급적 근접하도록 하는 것이 바람직하다.

그러나, 실제로는 유역 저류상수를 조정할 경우는 ②에서의 첨두홍수량의 발생시간이 변화하게 되므로 ②와 ③의 조정과정을 반복하여 최적의 결과를 얻도록 해야 한다.

(6) 하도 홍수추적방법 및 하도추적 매개변수의 결정

하도 홍수추적방법에는 Muskingum 하도추적법과 Muskingum-Cunge 하도추적법, 그리고 동역학파 모형(dynamic wave model)에 속하는 하도추적법 등이 있으나 HEC-HMS 모형에서는 Muskingum 혹은 Muskingum-Cunge 하도추적법을 사용한다. 자연하천의 하도단면에 대해서는 Muskingum 방법을 적용하는 것이 일반적이며, 하도단면의 모양, 에너지 경사, 조도계수 등 하도 제원의 결정이 용이한 개수된 하도구간의 경우에는 Muskingum-Cunge 방법이 일반적으로 적합하다.

Muskingum 방법의 매개변수인 하도저류상수 K와 하도저류량에 기여하는 하도구간의 유입량과 유출량의 가중인자 x는 저류량-유입량-유출량 자료가 있을 경우에는 해석적 결정이 가능하다. 자료가 없을 경우 K는 홍수파의 하도구간 통과시간으로 보아 하도구간 거리를 구간 평균유속을 1.5배한 홍수파의 전파속도로 나누어 산정하기도 한다. x값의 이론적인 범위는 0~0.5이나 실제로는 0.05~0.25의 값을 가지는 것으로 알려져 있으며 통상 0.2 정도의 값을 많이 사용한다.

(7) 유역 및 하도 홍수추적의 조합에 의한 설계홍수수문곡선의 합성

소유역의 강우-유출 모형의 매개변수가 결정되고 하도구간의 홍수추적을 위한 매개변수가 결정되어 모형의 검정이 끝나면 HEC-HMS에 의한 유출계산을 위해서 그림 8.11(a)와 같이 분할된 소유역과 하도구간을 통해 그림 8.11(b)의 유출계산 흐름도에서 보는 바와 같이 유역의 상류에서부터 하류방향으로 유출계산을 차례로 진행하게 된다. 즉, 설계강우량의 시간적 분포를 표시하는 설계우량주상도를 유역에 적용하여 최상류의 10번 소유역 출구점에서의 홍수수문곡선을 계산한 후, 하도구간 1020을 통해 20번 소유역의 출구까지 홍수추적하는 한편, 30번 소유역 출구점에서의 홍수수문곡선을 계산한 후 하도구간 3040을 통해 20번 소유역의 출구까지 홍수추적한다. 또한, 40번 소유역에 대한 설계유효우량으로 인한 홍수수문곡선을 계산하고 이를 20번 소유역의 출구지점에서 10번 및 30번 소유역으로부터 추적되어 내려온 홍수수문곡선과 합성하여 하도구간 2050을 통해 하도추적할 수문곡선을 작성하게 된다. 이하 유역출구까지의 유출계산도 그림 8.11(b)의 흐름도에 표시된 순서에 따라 유역추적과 하도추적 및 홍수량 산정지점에서의 합성과정을 계속하게 된다. 그림 8.11(b)의 유출계산 흐름도에서 10, 20, 30, 50번 소유역과 전체 유역의 출구지점(댐 지점)은 홍수량 산정지점이며 유역출구에 위치한 저수지는 홍수시 저수지 운영률에 따라 저수지 홍수추적을 하게 된다.

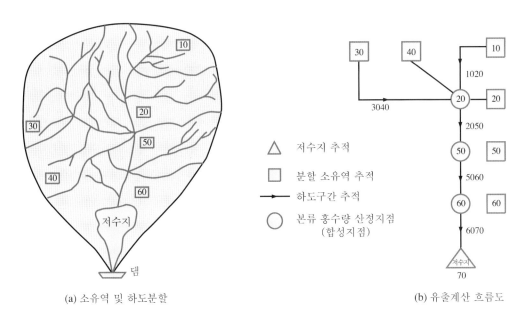

(a) 소유역 및 하도분할　　　　　　　　　(b) 유출계산 흐름도

그림 8.11 유역추적 및 하도추적과 합성에 의한 유출계산 모식도

8.1 안성천 유역의 지속기간별 가능최대 강수량(PMP)을 「한국가능최대강수량도」 혹은 「전국 PMP도 재작성」을 이용하여 추정하고 포락곡선방법에 의한 결과와 비교하라.

8.2 서울 지역의 지속기간 1시간, 재현기간 20년인 강우량의 시간분포를 Huff, Yen-Chow(삼각형 분포) 및 교호블록 방법으로 계산하여 우량주상도를 그리고 서로 비교하라.

8.3 아래 그림과 같은 상가지역과 주거지역의 분계선을 따라 주 우수관거를 매설하고자 한다. 우수관거의 10년 빈도 홍수량을 계산하라. 이 지역의 설계 강우강도식은 $I_{10} = 5,661/(t+36.3)$ mm/hr이다(t는 강우 지속기간, min.). 우수관거 내의 최대유속은 1.5 m/sec로 제한하라.

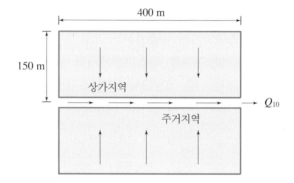

8.4 남한강의 지류인 달천강 상류에 위치한 괴산댐 유역에 대한 24시간 PMP를 한국가능최대강수량도를 사용하여 결정하고 SCS 단위도법으로 단위유량도를 유도하여 PMF 유입수문곡선을 작성하라. SCS 방법에 의해 유효우량을 산정할 수 있도록 토양도와 토지이용도를 사용하여 토양-피복형별 면적과 대표 CN을 구하여 댐 유역 전체에 대한 CN값을 결정하라. 또한 Huff의 강우시간 분포방법을 사용하여 PMP를 분포시켜라.

8.5 의정부시에서 발원하여 서울특별시를 관류하여 한강 하류부에 유입하는 국가 하천인 중랑천 유역의 종합치수계획수립을 위한 주요지점별 200년 빈도 설계홍수량을 산정하고자 한다. 다음 절차를 따라 수문분석을 실시하라.

(가) 적절한 개수의 소유역과 하도구간으로 분할
(나) 서울 우량관측소의 강우지속기간별 200년 빈도 강우량[서울 지역 강우강도공식, 식 (2.26) 사용]을 산정하고 Huff 3분위로 시간분포
(다) AMC-III 조건 아래의 유역평균 CN=84로 하여 SCS 방법으로 설계유효우량주상도 작성
(라) 강우-유출모형으로는 HEC-HMS를 채택하고 중랑교 지점의 과거 호우-유출자료를 사용하여 모형의 매개변수 최적화 결정으로 모형의 검정 실시
(마) 홍수량 산정지점별로 강우지속기간별 200년 빈도 홍수수문곡선을 HEC-HMS 모형으로 계산하고, 최대 첨두홍수량이 발생하는 강우지속기간, 즉 임계지속기간에 해당하는 200년 빈도 홍수수문곡선을 설계홍수문곡선으로 채택

참 고 문 헌

- 건설교통부 (2000). 한국확률강우량도의 작성.
- 건설교통부 (2004). 수문관측매뉴얼.
- 건설교통부 (2005a). 하천설계기준·해설.
- 건설교통부 (2005b). 한국수문조사연보(우량편).
- 건설교통부 (2007). 삽교천 유역종합치수계획보고서.
- 국토교통부 (2018). 하천설계기준.
- 국토교통부, K-water (2018). 물과 미래.
- 윤용남 (1973). 한강수계의 하천형태학적 특성과 빈도유량의 상관성. 대한토목학회지, 제21권 제1호.
- 윤용남 (2007). 수문학 -기초와 응용-. 청문각.
- 임상준과 박승우 (1997). 논의 유출곡선번호 추정. 한국수자원학회논문집 제30권, 제4호.
- Marsh, W.M. and Dogier, J. (1986). Landscape : An Introduction to Physical Geography, Wiley, New York.
- National Research Council of Canada(NRCC) (1989). Hydrology of Floods in Canada: A Guide to Planning and Design, Edited by Watt, W. E.
- Ponce, V.M. (1989). Engineering Hydrology, Principles and Practices, Prentice-Hall, New Jersey.
- Shihklomanov, I.A. and Sokolov, A.A. (1983). Methodological Basis of World Water Balance Investigation and Computation, IAHS, Publication No. 148.
- Todd (1980). Groundwater Hydrology, 2nd Ed., John Wiley & Sons, New York.
- U.S. Soil Conservation Service (1972). Hydrology, Section 4, National Engineering Handbook.
- Yen, B.C. and Chow, V.T. (1980). "Design Hyetographs for Small Drainge Structures", Proceedings, ASCE, J. Hydr. Div., Vol. 106, HY 6.

2편

수리학

Chapter

01 물의 기본성질

1.1 서론

수리학(hydraulics)은 정지 또는 운동하고 있는 물의 성질을 다루는 응용역학의 한 분야로서 물의 운동이나 물과 물체 상호 간에 작용하는 힘의 관계를 일반역학의 원리를 이용하여 풀이하는 학문이라 말할 수 있다. 수리학의 발전은 정지 또는 운동하고 있는 유체의 성질을 다루는 유체역학의 발전과정과 불가분의 관계를 맺어 왔으며, 유체역학의 발전초기에는 **고전 유체역학**(classical hydrodynamics)과 **수리학**(hydraulics)의 두 분야로 나누어져 발전되어 왔다. 고전유체역학은 1750년경부터 발전되기 시작했으며 수리적인 해석에 너무 치중한 나머지 적절하지 못한 무리한 가정으로 인해 실제와 일치하지 않는 해를 얻는 경우가 많았다. 반면에 수리학은 많은 실험결과를 토대로 하여 실험적인 공식이나 방법을 개발해 내는 것이 특징이며, 개개 문제에 대해서는 독립된 해답을 주는 데 성공하였으나 모든 현상에 대하여 통일된 법칙을 제공하는 데는 미흡하였다. 그러나 이들 두 학문체계는 1900년대에 와서 이론과 실험의 양면에 대한 꾸준한 연구의 결과로 근대 유체역학(modern fluid dynamics)의 학문체계로 발전하게 되었으며, 유체 중에서도 물만을 다루는 수리학의 학문체계도 대체로 정립단계에 이르렀던 것이다.

수리시스템(hydraulic systems)은 정지 또는 운동하고 있는 물을 인간에게 유리하게 다루기 위해 만들어지는 구조물로서 이 책에서 살펴보게 될 각종 공학적 원리와 방법을 구사하여 물을 이용하고 통제·조절하며 송수, 보존하도록 계획함으로써 시설물의 효율을 극대화하는 방향으로 설계·운영되어야 하는 것이다. 수리학에서 취급하는 각종 공학적 원리는 양적으로 다루어져야 하므로 차원과 단위의 문제가 등장하며, 또한 물의 여러 가지 물리적 성질은 각종 수리학적 문제를 적절히 해결하는 데 매우 중요한 요소가 되므로 이 장에서는 이들에 관해 살펴보기로 한다.

1.2 유체의 정의

모든 물체는 두 개의 상태, 즉 고체와 유체의 상태로 분류할 수 있으며, 유체는 다시 액체와 기체로 구분된다. 고체는 상온과 상압 하에서 일정한 형태를 가지고 있는 데 반해 액체와 기체는 고유의 형태가 없이 담겨진 용기의 모양에 따라 어떤 형태로든지 임의로 변하게 된다. 그리고 대기권이나 바다와 같이 넓은 공간에서는 유체의 대부분은 서로 자유스럽게 연속적으로 변형을 하고 있다. 이와 같이 변형을 수반하는 운동을 유체의 흐름이라 하며, 이 흐름을 역학적으로 해석하고자 하는 학문의 분야가 바로 유체역학(fluid mechanics)인 것이다.

유체가 일정한 형태 없이 자유로이 그 모양을 바꾼다는 것은 유체가 흐른다는 것을 의미하며, 유체가 흐를 때에는 유체의 점성 때문에 유체분자 간 혹은 유체와 경계면 사이에서 전단응력이 발생하게 되며, 이러한 유체를 점성유체(viscous fluid)라고 한다. 유체가 흐를 때 점성이 전혀 없어서 전단응력이 발생하지 않는 유체를 비점성 유체(inviscid fluid)라고 한다. 유체를 점성(viscosity)의 유무에 따라 점성유체 혹은 비점성 유체로 나누듯이 유체의 성질 중의 하나인 압축성(compressibility)의 유무에 따라 압축성 유체(compressible fluid) 및 비압축성 유체(incompressible fluid)로 분류할 수도 있다. 일반적으로 유체 중 기체는 일정한 온도 하에서 압력을 변화시키면 그 체적은 쉽게 증감하므로 압축성 유체로 분류할 수 있고, 액체의 경우는 체적의 증감률이 매우 작으므로 비압축성 유체로 간주할 수 있다.

또한 유체의 운동을 수학적으로 쉽게 취급하기 위해 점성이나 압축성을 완전히 무시한 이상적인 유체를 고려하는 경우도 많으며, 이러한 유체를 이상유체(ideal fluid) 혹은 완전유체(perfect fluid)라고 한다.

역학적인 해석의 편의상 유체를 위와 같이 분류해 보았으나 자연계의 모든 유체는 엄밀한 의미에서는 압축성 점성유체라고 할 수 있다. 수리학에서 다루는 매체인 물도 압축성과 점성을 가지는 유체이나 압축성이 매우 작으므로 거의 비압축성으로 가정하며, 물의 점성은 크지는 않으나 무시할 수는 없다. 그러나 해석의 간편화를 위해 우선 물의 점성도 무시하는 전술한 바의 비압축성 이상유체로 가정하여 물의 흐름에 대한 기본방정식을 정립하고, 다음으로 물의 점성을 고려해 주기 위해 기본방정식을 보정하여 비압축성 실제유체의 해석절차를 정립하는 순으로 해석하는 것이 보통이다.

1.3 물의 세 가지 상태

물 분자는 산소 및 수소 원자로 구성되는 안정된 화합물로서 물 분자의 유지에 필요한 에너지는 온도와 압력에 의존되며, 이 에너지의 크기에 따라 물은 고체상태 혹은 액체 및 기체상태에 있게 된다. 즉, 눈이나 얼음은 고체상태이고 대기 중의 습기나 수증기는 기체상태, 물은 액체상태인 것이며, 이를 물의 세 가지 상태(three phases)라고 한다. 물 분자에 에너지를 증감시키면 한 상태에서 다른 상태로 바뀌게 되며 이러한 상태변화를 위해 소요되는 에너지를 잠재에너지(latent energy)라고 하며, 열이나 혹은 압력의 형태를 취한다. 열에너지는 칼로리(calories, cal) 단위로 표시된다. 1 cal는 액체상태에 있는 물 1 g의 온도를 1℃ 높이는 데 필요한 에너지이고, 어떤 물질을 1℃만큼 온도를 올리는 데 필요한 열에너지를 그 물질의 비열(specific heat)이라고 한다.

표준대기압 하에서 물과 얼음의 비열은 각각 1.0 및 0.465 cal/g/℃이고, 수증기의 경우는 압력이 일정할 때 0.432 cal/g/℃, 체적이 일정할 때 0.322 cal/g/℃이다. 1 g의 얼음을 녹이는데 소요되는 잠재열량(latent heat)은 79.71 cal/g이며, 반대로 1 g의 물을 얼음으로 얼리기 위해서는 같은 크기의 잠재열량을 물로부터 빼앗아야 한다. 또한 1 g의 물을 증발(evaporation)시켜 수증기로 만드는 데는 597 cal/g이 필요하다. 증발현상은 물 표면을 통한 물 분자의 이동으로 설명될 수 있다. 즉, 액체와 기체의 경계면에서는 물 분자의 교환이 계속적으로 이루어지는데 만약 액체상태로부터 이탈하는 분자가 액체상태로 들어오는 분자보다 많으면 증발현상이 발생하게 되고, 이와 반대인 경우에는 응축현상(condensation)이 발생하게 된다. 연속적으로 증발하는 수증기가 물 표면에 미치는 부분압을 증기압(vapor pressure)이라 하며 물 표면에 미치는 타 기체의 부분압과 더불어 대기압을 형성하게 된다. 단위시간당 물 표면을 이탈하는 물 분자의 수와 물속으로 들어오는 물 분자의 수가 같아지면 평형상태에 도달하게 되며 이때의 증기압을 포화증기압(saturation vapor pressure)이

표 1.1 물의 포화증기압

온도(℃)	증기압(kg/m^2)	온도(℃)	증기압(kg/m^2)
-5	43	55	1,605
0	62	60	2,031
5	89	65	2,550
10	129	70	3,177
15	174	75	3,931
20	238	80	4,829
25	323	85	5,894
30	432	90	7,149
35	573	95	8,619
40	752	100	10,332
45	977	105	12,318
50	1,257	110	14,069

라 한다. 물 분자의 운동은 온도에 따른 운동에너지의 크기에 의해 좌우되므로 포화증기압은 온도상승에 따라 커지며 표 1.1에서와 같이 특정온도에서 특정값을 가진다.

표 1.1에서 보는 바와 같이 물의 온도가 상승함에 따라 포화증기압은 점점 커지게 되며, 어떤 온도에 도달하면 포화증기압의 크기가 국지대기압과 같아지게 되어 증발현상이 급속도로 활발해져서 물이 끓게 된다. 이 온도를 비등점(boiling temperature)이라 하며 평균해면 수준에서는 약 100℃이다.

물이 대기와 접촉해 있지 않고 관로나 펌프에서처럼 폐합상태에 있을 때에 국부적으로 압력이 물의 어떤 온도에서의 포화증기압보다 낮아지면 물의 증발현상이 가속되어 기포가 생기게 되는데 이 현상을 공동현상(空洞現象, cavitation)이라 한다. 폐합시스템 내에서 공동현상이 발생하면 다량의 기포가 시스템 내의 고압부로 이동되어 터지면서 시스템에 충격을 주어 큰 손상을 끼치게 되므로, 이를 방지할 수 있도록 시스템의 어느 부분에서나 압력이 포화증기압보다 낮지 않도록 설계·운영해야 한다.

1.4 차원과 단위

1.4.1 차원

일반적으로 물리적인 관계를 나타내는 데는 물리학의 정의나 법칙에 따라서 질량, 길이, 시간, 온도, 가속도 등의 사이에 어떤 관계가 있는가를 나타내는 방정식의 형이 사용된다. 일반역학에서는 이들 물리량 중에서 서로 독립된 기본 양으로서 질량, 길이, 시간의 세 가지를 택한다. 이와 같이 독립된 기본량 3개를 고르면 그 밖의 물리량은 기본량을 적당히 조합해서 지수의 곱의 꼴로 나타낼 수가 있다. 이와 같은 물리량이 기본 양의 어떤 조합으로 이루어지는가를 나타내기 위하여 기본량의 요소를 하나의 문자로 나타내어 질량을 $[M]$, 길이를 $[L]$, 시간을 $[T]$로 표시하고, 이것을 각각 질량, 길이, 시간의 차원(dimension)이라고 한다. 기본량으로 선정된 양을 일반적으로 1차량이라 하고, 그 밖의 양을 2차량이라고도 한다. 물리학에서 취급하는 일반역학에서는 질량$[M]$, 길이$[L]$, 시간$[T]$를 1차원으로 하는 $[MLT]$계가 사용되고 있다. 이것은 절대단위에 대응한다. 공학적 문제에 대해서는 질량$[M]$ 대신에 단위질량에 작용하는 중력, 즉 힘$[F]$을 1차량으로 한 $[FLT]$계가 사용되고 있다. 이것은 중력단위에 대응한다. 예컨대 면적은 $[L^2]$, 속도 = (길이)/(시간)은 $[LT^{-1}]$, 가속도 = (속도)/(시간)은 $[LT^{-2}]$과 같이 표시된다. Newton의 운동법칙에서 $F = ma$ 이므로 힘의 차원은

$$[F] = [M][LT^{-2}] = [MLT^{-2}] \quad \therefore \quad [M] = [FL^{-1}T^2] \qquad (1.1)$$

로 된다. 이 관계를 이용하면 임의로 물리량이 $[MLT]$계로 표시되어 있을 때 쉽게 $[FLT]$

표 1.2 수리학에서 취급하는 주요 물리량의 차원

물리량	MLT 계	FLT 계	물리량	MLT 계	FLT 계
길이	$[L]$	$[L]$	질량	$[M]$	$[FL^{-1}T^2]$
면적	$[L^2]$	$[L^2]$	힘	$[MLT^{-2}]$	$[F]$
체적	$[L^3]$	$[L^3]$	밀도	$[ML^{-3}]$	$[FL^{-4}T^2]$
시간	$[T]$	$[T]$	운동량, 역적	$[MLT^{-1}]$	$[FT]$
속도	$[LT^{-1}]$	$[LT^{-1}]$	비중량	$[ML^{-2}T^{-2}]$	$[FL^{-3}]$
각속도	$[T^{-1}]$	$[T^{-1}]$	점성계수	$[ML^{-1}T^{-1}]$	$[FL^{-2}T]$
가속도	$[LT^{-2}]$	$[LT^{-2}]$	표면장력	$[MT^{-2}]$	$[FL^{-1}]$
각가속도	$[T^{-2}]$	$[T^{-2}]$	압력강도	$[ML^{-1}T^{-2}]$	$[FL^{-2}]$
유량	$[L^3T^{-1}]$	$[L^3T^{-1}]$	일, 에너지	$[ML^2T^{-2}]$	$[FL]$
동점성계수	$[L^2T^{-1}]$	$[L^2T^{-1}]$	동력	$[ML^2T^{-3}]$	$[FLT^{-1}]$

계로 변환할 수가 있다. 이 반대의 변환도 쉽다. 표 1.2는 수리학에서 흔히 취급되는 물리량의 차원을 표시하고 있다.

예제 1-01

밀도의 차원을 $[MLT]$계로 표시하라.

풀이 밀도 $\rho =$ (질량) / (체적)이므로

$[MLT]$계에서는

$$[\rho] = [M] / [L^3] = [ML^{-3}]$$

$[FLT]$ 계에서는

$$[\rho] = [FL^{-1}T^2][L^{-3}] = [FL^{-4}T^2]$$

1.4.2 단위

물리량의 크기는 일정한 기준이 되는 크기를 정하여 두고 그 기준량과의 비, 즉 기준치에 대한 상대적 크기로서 나타내며, 이 기준치가 바로 **단위**(unit)인 것이다.

단위계는 크게 **미터제**(metric unit system)와 **영국단위제**(British unit system)로 구분되며, 이들은 다시 각각 **절대단위계**(absolute unit system)와 **공학단위계**(technical unit system)로 분류된다. 절대단위계에서는 질량, 길이, 시간의 3개 기본차원을 기준단위로 표시하여 사용하는 데 반하여 공학단위계에서는 질량 대신 힘을 기본차원으로 채택하고 있다.

영국단위제는 영국에서 처음으로 사용되어 현재까지 많은 나라에서 사용되어 온 단위제로서 힘(혹은 질량), 길이, 시간의 기본단위로서 lb, ft, sec를 사용하는 것으로, 우리나라에서는 이 단위를 사용하지 않고 미터단위제를 사용하고 있다.

미터단위제에서 절대단위계는 CGS단위계라고도 불리며 질량을 g, 길이를 cm, 시간을

sec로 표시하는 MLT계의 단위이다. 따라서 힘의 기본단위를 Newton의 제 2 법칙에 의하면

$$F = ma = 1\,\mathrm{g} \times 1\,\mathrm{cm/sec^2} = 1\,\mathrm{g \cdot cm/sec^2} \equiv 1\,\mathrm{dyne}$$

우리나라에서 수리학을 포함한 대부분의 공학에서 사용되고 있는 단위계는 미터단위제의 공학단위계로서 힘을 kg중(重), 길이를 m, 시간을 sec로 표시하고 있다. 따라서 이 단위계에서의 힘의 기본단위는 1 kg중이며 절대단위계의 힘의 기본단위인 dyne과는 다음과 같은 관계가 있다. 즉, Newton의 제 2 법칙을 적용하면 1 kg중은 1 kg의 질량에 중력가속도가 작용하는 것이므로

$$1\,\mathrm{kg}\,\mathrm{중} = 1{,}000\,\mathrm{g} \times 980\,\mathrm{cm/sec^2}$$
$$= 0.98 \times 10^6\,\mathrm{g \cdot cm/sec^2} = 0.98 \times 10^6\,\mathrm{dyne}$$

위에서는 질량(kg)과 힘 (kg중)을 구분하기 위해 힘을 kg중으로 표시했으나 미터제 공학단위계에서는 힘을 통상 kg 단위로 표시한다.

최근에 와서 각국에서 사용되고 있는 각 양의 단위제도를 통일하기 위해 국제도량형총회에서 SI 단위제(Systéme International d'Unités)를 채택하여 미국, 일본 등의 많은 나라에서 이 제도로 단위를 통일시켜 나가고 있고 한국공업규격(Korea Standards, KS)도 이 제도를 채택하고 있다.

SI 단위는 미터단위제에 속하나 질량을 kg, 길이를 m, 시간을 sec로 표시하는 이른바 MLT계의 단위를 사용하는 것이다. 이 단위계에서의 힘의 기본단위는 Newton(N)으로서 1 kg의 질량에 단위가속도(1 m/sec^2)가 작용하는 힘으로 정의된다. 즉,

$$1\,\mathrm{N} = 1\,\mathrm{kg} \times 1\,\mathrm{m/sec^2} = 1\,\mathrm{kg \cdot m/sec^2}$$

미터제 공학단위계에서 사용하는 힘의 기본 단위 kg중과는 다음의 관계가 있다.

$$1\,\mathrm{kg}\,\mathrm{중} = 1\,\mathrm{kg} \times 9.8\,\mathrm{m/sec^2} = 9.8\,\mathrm{kg \cdot m/sec^2} = 9.8\,\mathrm{N}$$

대부분의 수리학 문제에 있어서 미터제 공학단위와 SI 단위의 차이점은 위와 같이 표시되는 힘 이외의 물리량에서는 문제가 되지 않으므로 큰 차이는 없으며, 세계적 추세가 SI 단위제로 전환해 가고 있으나 현재까지의 관습과 우리나라의 실무현장에서 사용되고 있는 단위제도는 역시 미터제 공학단위(M.K.S 단위)이므로 이 책에서는 이 단위제를 사용하였다.

예제 1-02

4℃에서의 물의 단위중량은 1,000 kg/m^{3}이다. 영국단위제(ft-lb-sec)로 표시한다면 얼마인가?

풀이 1 kg = 2.205 lb, 1 m = 3.2808 ft이므로

$$\gamma = 1{,}000\,\mathrm{kg/m^3} = \frac{1{,}000\,\mathrm{kg} \times 2.205\,\mathrm{lb} \times (1\,\mathrm{m})^3}{\mathrm{m^3} \times 1\,\mathrm{kg} \times (3.2808\,\mathrm{ft})^3} = 62.44\,\mathrm{lb/ft^3}$$

1.5 물의 밀도, 단위중량 및 비중

밀도(density)란 단위체적당의 질량으로서 비질량(specific mass)이라고도 한다. 지금 어떤 물체의 무게를 W, 그 질량을 m, 중력가속도를 g라 하면 $W = mg$가 되며 그 체적을 V라 할 때 밀도 ρ는 다음과 같다.

$$\rho = \frac{m}{V} \tag{1.2}$$

이때 밀도 ρ의 차원은 질량 $-$ 길이 $-$ 시간 $[MLT]$계로 표시할 수 있으며, 그 단위는 g/cm^3, kg/m^3, lb/ft^3 또는 $Slugs/ft^3$로서 표시된다. 이중 Slug의 단위는 영국에서 많이 사용하는 것으로서 1 pound의 힘으로 $1\ ft/sec^2$의 가속도가 생기도록 할 수 있는 물체의 질량, 즉 $1\ Slug = 1\ lb \cdot sec^2/ft$를 말한다.

표준대기압(1 기압) 하의 물의 밀도는 3.98℃에서 최대이며 그 값은 CGS 단위로 1 g/cm^3(공학단위로 $102\ kg \cdot sec^2/m^4$, Slug의 단위로 $62.4/32.2 = 1.94\ Slugs/ft^3$에 해당) 이다. 그러나 온도의 증가나 감소에 따라 그 값이 감소되며 압력이 증가할 때는 그 값이 크게 된다.

단위중량(specific weight)이란 단위체적당의 유체의 무게로서 비중량이라고도 한다. 즉, 단위중량 γ는 다음과 같이 표시할 수 있다.

$$\gamma = \frac{W}{V} = \frac{mg}{V} \qquad \therefore \gamma = \rho g$$

여기서 단위중량 γ의 차원은 힘 $-$ 길이 $-$ 시간 $[FLT]$계로 표시할 수 있으며 그 단위는 g/cm^3, kg/m^3, lb/ft^3인 공학단위를 갖는다.

순수한 물일 경우 역시 표준대기압 하에서 그 단위중량은 $1\ g/cm^3$($= 1\ kg/L = 1$ ton/m^3) 또는 $62.4\ lb/ft^3$이며 온도의 변화와 함께 다소 무게가 변화하므로 공학적으로 취급할 때는 보통 연평균기온을 15~18℃로 하여 앞에서 말한 무게를 그대로 사용한다. 한편 해수는 염분의 다소에 따라 단위중량이 다르며 평균해서 $1.025\ g/cm^3$($= 1.025\ kg/L =$ $1.025\ ton/m^3$) 또는 $64.0\ lb/ft^3$으로 하고 있다. 또한 수은의 단위중량은 $13.596\ g/cm^3$ (0℃)이다. 표 1.3은 온도에 따른 물의 밀도와 단위중량의 변화를 표시하고 있다.

일반적으로 중력가속도가 동일한 위치에서 단위중량의 값과 밀도의 값은 동일한 수치로 표시되며, 단위중량은 지역적인 중력가속도에 좌우되므로 엄격히 말해서 유체의 진성질이 아니다. 그러나 유체에 의한 정압은 중력에 좌우되며 그 계산에 있어서 일반적으로 단위중량을 사용하고 있다.

표 1.3 온도에 따른 물의 밀도와 단위중량

온도(℃)		-10	0	4	10	15	20	30
밀도	(g/cm^3)	0.9183	0.9999	1.0000	0.9997	0.9991	0.9982	0.9957
	$(kg \cdot sec^2/m^4)$	93.70	102.03	102.04	102.01	101.95	101.86	101.60
단위중량(kg/m^3)		918.3	999.9	1000.0	999.7	999.1	998.2	995.7

어떤 물체의 비중(specific gravity) S는 4℃에서의 물의 체적과 동일한 체적의 무게비를 말한다. 따라서 S는 물의 밀도 혹은 단위중량에 대한 어떤 물체의 밀도 혹은 단위중량의 비로 표시할 수 있다.

$$S = \frac{W}{W_w} = \frac{\rho}{\rho_w} = \frac{\gamma}{\gamma_w} \qquad (1.3)$$

여기서 첨자 w는 물에 대한 것을 표시하며 첨자가 없는 변수는 임의 물체에 대한 것이다.

예제 1-03

체적이 $0.1 \, m^3$인 어떤 유체의 비중이 13.6일 때 이 유체의 단위중량, 총무게, 밀도를 구하라.

풀이 $S = \dfrac{\gamma}{\gamma_w}$ 에서 $\gamma = S\gamma_w = 13.6 \times 1,000 = 13,600 \, kg/m^3$

$\gamma = \dfrac{W}{V}$ 에서 $W = \gamma V = 13,600 \times 0.1 = 1,360 \, kg$

$\gamma = \rho g$ 에서 $\rho = \dfrac{\gamma}{g} = \dfrac{13,600}{9.8} = 1,387.8 \, kg \cdot sec^2/m^4$

예제 1-04

직경 2 m인 원통에 1 m 수심으로 물이 차 있을 때 원통의 바닥면이 받는 힘을 계산하라. 수온은 30℃로 가정하라.

풀이 표 1.3에서 30℃일 때 물의 밀도 $\rho = 101.60 \, kg \cdot sec^2/m^4$, $F = W = mg = (\rho V)g$ 이므로

$$F = 101.60 \times \left(\frac{\pi \times 2^2}{4} \times 1 \right) \times 9.8 = 3,128.02 \, kg$$

1.6 물의 점성

물의 점성(viscosity)이란 물 분자가 상대적인 운동을 할 때 물 분자간, 혹은 물 분자와 고체 경계면 사이에 마찰력을 유발시키는 물의 성질을 말하며, 이는 물 분자의 응집력 및 물 분자간의 상호작용 때문에 생긴다.

그림 1.1과 같이 간격이 y인 평행한 두 개의 평판 사이에 물을 채우고 아래 평판은 고정시킨 채 위 평판에 일정한 힘 F를 가하여 평판을 일정한 속도 U로 움직인다고 가정하자. 이때 위 평판에 접해 있는 물의 흐름 속도는 평판의 속도 U와 같을 것이고 고정평판에서의 흐름 속도는 영이므로 그림 1.1에서와 같은 직선형 유속분포가 되며, 전단력 F에 저항하는 물의 마찰력의 크기는 F와 같고 방향은 반대가 된다. 위 평판의 면적을 A라 하면 평판의 단위면적당 마찰력, 즉 전단응력(shear stress) τ는 물의 각 변형률(angular deformation rate) $d\theta/dt$에 비례하는 것으로 알려져 있다. 즉,

$$\tau = \frac{F}{A} \propto \frac{d\theta}{dt} = \frac{\dfrac{dx}{dy}}{dt} = \frac{\dfrac{dx}{dt}}{dy} = \frac{du}{dy} \qquad (1.4)$$

여기서 dx/dt는 거리 dy에 해당하는 속도변화량 du이다. 식 (1.4)의 전단응력과 각 변형률(혹은 속도구배라고도 함) 간의 비례상수를 μ라 하면

$$\tau = \mu \frac{du}{dy} \qquad (1.5)$$

식 (1.5)의 관계는 Newton의 마찰법칙(law of friction)으로 알려져 있으며 μ는 점성계수 (viscosity)라 한다. 식 (1.5)로부터 전단응력 τ와 각 변형률 du/dy 사이에 원점을 지나는 직선관계가 성립함을 알 수 있으며, 이 관계에 따르는 유체는 뉴턴 유체(Newtonian fluids)라 하고 그렇지 못한 유체를 비 뉴턴 유체(non-Newtonian fluids)라 부른다.

점성계수 μ의 차원을 식 (1.5)로부터 따져보면

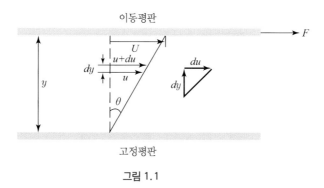

그림 1.1

$$[\mu] = \frac{\tau}{\dfrac{du}{dy}} = \frac{[FL^{-2}]}{[T^{-1}]} = [FTL^{-2}] = [ML^{-1}T^{-1}] \tag{1.6}$$

즉, FLT계에서는 $[FTL^{-2}]$이므로 μ의 단위는 kg·sec/m²(미터제 공학단위계), dyne·sec/cm²(미터제 절대단위계), lb·sec/ft²(영국단위제) 등으로 표시되며, MLT계에서는 $[ML^{-1}T^{-1}]$의 차원을 μ의 단위는 kg/m·sec, g/cm·sec, slug/ft·sec 등으로 표시한다. 점성계수 μ의 특수단위로서 포아즈(poise) 혹은 센티포아즈(centipoise)를 사용하기도 하는 데, 식 (1.6)에서 $\tau = 1\,\mathrm{dyne/cm^2}, du/dy = 1/\mathrm{sec}$일 때의 μ로서 다음과 같이 표시된다.

$$1\,\mathrm{poise} = 1\,\mathrm{dyne \cdot sec/cm^2} = 0.00102\,\mathrm{g \cdot sec/cm^2}$$
$$= 0.0102\,\mathrm{kg \cdot sec/m^2} = 1\,\mathrm{g/sec \cdot cm}$$
$$= 100\,\mathrm{centipoise}$$

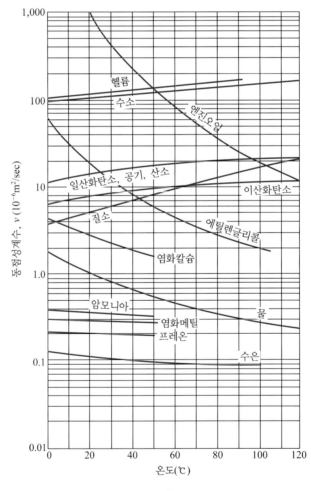

그림 1.2

실무에의 응용을 위해서 점성계수 μ 대신 다음과 같이 표시되는 **동점성계수**(kinematic viscosity) ν를 사용하는 경우가 매우 많다.

$$\nu = \frac{\mu}{\rho} \tag{1.7}$$

여기서 ρ는 어떤 온도에서의 μ에 대응하는 물의 밀도이다. 동점성계수의 차원 $[\nu] = [L^2 T^{-1}]$로 표시되며 따라서 단위는 m^2/sec, cm^2/sec 혹은 ft^2/sec로 표시된다. ν의 특수 단위로는 **스토크**(stoke) 혹은 **센티스토크**(centistoke)가 사용되며

$$1\,stoke = 1\,cm^2/sec = 10^{-4}\,m^2/sec = 100 \text{ centistoke}$$

일반적으로 유체의 점성계수는 온도에 따라서 크게 변화하며 액체와 기체의 경우 점성계수와 온도 간의 관계는 서로 상반되는 관계를 가진다. 즉, 액체가 흐를 때에 생기는 마찰력의 원인이 되는 점성은 액체분자 간의 응집력에 의한 것이며, 온도가 상승하면 응집력은 약해지므로 점성이 떨어져서 점성계수가 작아진다. 반면에 기체가 흐를 때 생기는 마찰력은 분자간의 응집력 때문에 생기는 것이 아니라 분자간의 충돌로 인한 충격력 때문에 생기는 것이므로 온도가 상승하면 분자간의 충돌은 더욱 더 활발해지므로 점성은 높아져서 점성계수가 커진다. 그림 1.2는 몇 가지 액체와 기체의 동점성계수가 온도에 따라 어떻게 변하는지를 표시하고 있다. 그림으로부터 액체의 경우는 온도상승에 따라 동점성계수가 작아지나 기체의 경우는 커짐을 알 수 있다. 또한 표 1.4에는 물과 공기의 온도에 따른 점성계수 및 동점성계수를 수록하였다.

표 1.4 물과 공기의 점성계수

온도 (℃)	물		공기	
	점성계수, μ (10^{-4} kg·sec/m²)	동점성계수, ν (10^{-6} m²/sec)	점성계수, μ (10^{-6} kg·sec/m²)	동점성계수, ν (10^{-5} m²/sec)
0	1.816	1.785	1.750	1.329
5	1.547	1.519	1.775	1.317
10	1.332	1.306	1.801	1.417
15	1.161	1.139	1.828	1.463
20	1.021	1.003	1.852	1.509
25	0.907	0.893	1.876	1.555
30	0.814	0.800	1.900	1.601
40	0.666	0.658	1.947	1.695
50	0.558	0.553	1.992	1.794
60	0.475	0.474	2.040	1.886
70	0.412	0.413	2.084	1.986
80	0.361	0.364	2.128	2.087
90	0.321	0.326	2.172	2.193
100	0.288	0.294	2.216	2.302

수온이 22℃일 때의 물의 점성계수 및 동점성계수를 구하고, 이를 각각 poise 및 stoke 단위로 환산하라.

풀이 (1) 표 1.4로부터 보간법을 사용하면

$$\mu = \left[1.021 + \frac{2}{5}(0.907 - 1.021)\right] \times 10^{-4} = 0.9754 \times 10^{-4} \, \text{kg} \cdot \text{sec/m}^2$$

$1\,\text{poise} = 1\,\text{dyne} \cdot \text{sec/cm}^2$, $1\,\text{kg} = 0.98 \times 10^6\,\text{dyne}$ 이므로 단위를 환산해 보면

$$\mu = 0.9754 \times 10^{-4} \, \text{kg} \cdot \text{sec/m}^2$$

$$= \frac{0.9754 \times 10^{-4} \, \text{kg} \cdot \text{sec} \times 0.98 \times 10^6\,\text{dyne} \times 1\,\text{m}^2}{\text{m}^2 \times 1\,\text{kg} \times (100\,\text{cm})^2}$$

$$= 0.956 \times 10^{-2} \, \text{dyne} \cdot \text{sec/cm}^2$$

$$= 0.00956 \, \text{poise}$$

$$= 0.956 \, \text{centipoise}$$

(2) 표 1.3으로부터 22℃일 때의 물의 밀도를 보간법으로 구하면

$$\rho = 101.86 + \frac{2}{10}(101.60 - 101.86) = 101.81 \, \text{kg} \cdot \text{sec}^2/\text{m}^4$$

따라서,

$$\nu = \frac{\mu}{\rho} = \frac{0.9754 \times 10^{-4}}{101.81} = 0.958 \times 10^{-6} \, \text{m}^2/\text{sec}$$

혹은 표 1.4로부터 직접 보간법을 사용하면

$$\nu = \left[1.003 + \frac{2}{5}(0.893 - 1.003)\right] \times 10^{-6} = 0.959 \times 10^{-6} \, \text{m}^2/\text{sec}$$

$\nu = \mu / \rho$ 로 계산한 값은 μ와 ρ를 각각 보간법으로 결정한 후 γ를 계산했으므로 오차가 누적되었다고 본다. 따라서 표 1.4로부터 직접 보간법으로 계산한 $\nu = 0.959 \times 10^{-6}$ m²/sec를 취한다.

1 stoke = 1 cm²/sec이므로 단위를 환산해 보면

$$\nu = 0.959 \times 10^{-6} \, \text{m}^2/\text{sec}$$

$$= \frac{0.959 \times 10^{-6} \, \text{m}^2 \times (100\,\text{cm})^2}{\text{sec} \times 1\,\text{m}^2}$$

$$= 0.959 \times 10^{-2} \, \text{cm}^2/\text{sec}$$

$$= 0.00959 \, \text{stoke}$$

$$= 0.959 \, \text{centistoke}$$

1.7 물의 표면장력과 모세관현상

액체표면의 아래에 있는 분자 사이에는 모든 방향으로 동일한 크기의 응집력, 즉 인력이 작용하여 평형상태를 유지하나 액체의 표면에 있는 분자는 액체내부에 있는 분자와의 인력에 비해 표면외부, 즉 공기분자와의 인력이 너무 작아서 인력의 평형을 이루지 못하게 된다. 따라서 액체표면에 있는 분자는 표면에 접선인 방향으로 끌어당기는 힘을 받게 되며, 이를 **표면장력**(surface tension)이라 한다. 가느다란 관내로 액체가 올라가거나 내려가는 현상 등은 모두 이 표면장력 때문에 일어나는 것이다.

표면장력의 크기는 단위길이당 힘(dyne/cm)으로 표시하며, 액체의 종류와 온도에 따라 변하고 온도가 상승하면 분자간의 인력이 작아지므로 표면장력 또한 작아진다. 표 1.5는 물의 표면장력이 온도에 따라 어떻게 변하는지를 표시하고 있다.

표 1.5 물의 표면장력

온도(℃)	0	10	20	30	40	50	60	70	80	90
σ(dyne/cm)	74.16	72.79	71.32	69.75	68.18	67.86	66.11	64.36	62.60	60.71

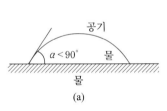

(a)   (b)

그림 1.3

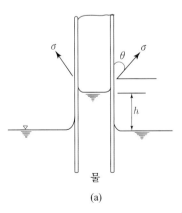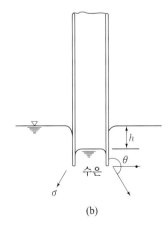

(a)   (b)

그림 1.4

표 1.5에서 볼 수 있는 바와 같이 물의 표면장력은 각종 수리현상에 관련되는 정수압이나 동수압 및 기타의 힘의 크기에 비해 상대적으로 매우 작으므로 대부분의 수리문제에서 거의 무시하는 것이 보통이다. 그러나 흐름의 영역이 아주 작으면서 자유표면을 가질 경우에 표면장력을 무시하지 못할 경우도 없지 않다. 예를 들면, 수리모형실험의 경우 원형에서는 표면장력을 무시할 수 있으나 이를 크게 축소하여 만든 모형에서는 표면장력이 상대적으로 무시할 수 없는 힘이 되어 실험에서의 흐름현상을 지배하는 경우도 생기므로 이를 감안하여 실험결과를 해석하지 않으면 안된다.

대부분의 액체는 고체면에 접하면 부착하려는 성질을 가지고 있으며, 부착력의 크기는 액체 및 고체면의 성질에 따라 변한다. 만약 액체와 고체면 사이의 부착력이 액체분자간의 응집력보다 크면 그림 1.3 (a)에서와 같이 액체는 고체면 위에 퍼지면서 적시게 되나, 응집력이 부착력보다 크면 그림 1.3 (b)에서와 같이 액체방울을 형성하게 된다. 예를 들면, 유리판에 물방울을 떨어뜨리면 물은 유리를 적시나 수은방울을 떨어뜨리면 수은은 방울을 형성하게 된다. 만약 가느다란 관(세관)을 그림 1.4 (a)와 같이 물표면에 걸쳐 연직으로 세우면 표면장력 때문에 물은 세관 속으로 올라가고, 그림 1.4 (b)와 같이 수은 속에 세우면 수은은 세관 아래로 내려가며 이와 같은 현상을 **모세관현상**(capillary action)이라 한다. 모세관현상은 액체와 고체벽 사이의 부착력과 액체분자간의 응집력이 상대적인 크기에 의해 영향을 받는다. 즉, 물에서와 같이 부착력이 응집력보다 클 경우에는 세관 위로 올라가고 수은에서처럼 응집력이 부착력보다 크면 세관 내의 수은은 수은표면보다 아래로 내려간다.

모세관 내 상승고(capillary rise) 혹은 하강고(capillary depression) h는 세관 내 액체표면에 작용하는 표면장력으로 인한 부착력의 연직분력과 액체표면 위로 올라간(혹은 아래로 내려간) 액체의 무게를 같게 놓으면 계산할 수 있다. 여기서 그림 1.4의 액체와 고체벽면이 이루는 각 θ를 **접촉각**(angle of contact)이라 하며, 접촉물질이 물과 유리일 경우는 $8 \sim 9°$, 물과 깨끗한 유리일 경우는 $0°$, 수은과 유리일 경우는 약 $140°$가 된다. 직경이 d인 세관 내의 상승고(혹은 하강고) h를 구하기 위해 세관 내의 액체표면에 작용하는 표면장력의 연직분력과 상승(혹은 하강)된 액체의 무게를 같게 놓으면

$$(\sigma \pi d) \cos \theta = \gamma \left(\frac{\pi d^2}{4} h \right) \tag{1.8}$$

따라서

$$h = \frac{4 \sigma \cos \theta}{\gamma d}$$

여기서 σ는 액체의 표면장력이고 γ는 단위중량이다.

위에서 설명한 모세관현상은 2장에서 설명하게 될 액주계라든지 기타 세관을 사용하여 액체를 계측하는 기구에 의한 측정에 오차를 초래할 우려가 있으며, 이를 방지하기 위해서는 통상 직경 1 cm보다 작지 않은 관을 사용해야 하는 것으로 알려져 있다.

예제 1-06

직경 5 mm인 깨끗한 유리관을 물표면에 걸쳐 연직으로 세웠을 때 모세관 내 상승고를 계산하라. 수온은 20℃라 가정하라.

풀이 수온이 20℃일 때의 $\sigma = 71.32 \ \mathrm{dyne/cm}$ (표 1.5)이고 $d = 5\,\mathrm{mm} = 0.5\,\mathrm{cm}, \theta = 0°$,

$\gamma = 0.998 \ \mathrm{g/cm^3}$ (표 1.3).

1 g중 = 980 dyne이므로

$$\sigma = 71.32 \ \mathrm{dyne/cm}$$
$$= 0.0728 \ \mathrm{g/cm}$$

식 (1.8)을 사용하면

$$h = \frac{4 \times 0.0728 \times \cos 0°}{0.998 \times 0.5}$$
$$= 0.584 \ \mathrm{cm}$$

예제 1-07

비누풍선 속의 압력을 표면장력(σ)과 비누풍선의 직경 d의 항으로 표시하라.

풀이 그림 1.5에서 비누풍선의 표면에 작용하는 힘, 즉 표면장력 σ에 의해 유발된 힘은 비누풍선 내부와 외부의 압력차 p에 의해서 이루어지는 힘과 서로 평형을 이루어야 하므로

총장력 = 총압력

$$\sigma \pi d = p \frac{\pi d^2}{4}$$
$$\therefore p = \frac{4\sigma}{d}$$

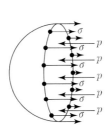
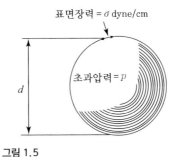

그림 1.5

1.8 물의 압축성과 탄성

모든 유체는 압축하면 체적이 감소하며 에너지가 완전히 보존된다면 탄성에너지로 축적되어 있다가 압력을 제거하면 최초의 체적으로 팽창하게 된다. 이와 같은 물의 성질을 탄성(elasticity)이라 한다. 정상적인 조건 하에서는 물의 압축성은 매우 작으므로 물을 비압축성 유체로 가정하여 해석하는 것이 보통이나 관수로 내에서의 수격작용(water hammer)과 같이 물의 압축성을 무시하지 못할 경우도 있다.

탄성을 가지는 고체물질에서는 탄성의 척도로서 강체에 작용된 응력과 길이의 변형률 간의 비례상수인 탄성계수(modulus of elasticity)를 사용하나 유체는 강성이 없으므로 작용한 압력과 체적변화율 간의 관계를 표시하기 위해 체적탄성계수(bulk modulus of elasticity)를 사용한다. 즉, 체적탄성계수 E_b 는 다음과 같이 정의된다.

$$\Delta p = - E_b \frac{\Delta \text{V}}{\text{V}} \tag{1.9}$$

여기서 Δp 와 ΔV 는 각각 압력과 체적의 변화량이고 V 는 초기체적이다. 표 1.6은 압력과 온도에 따라 변하는 물의 체적탄성계수를 표시하고 있다.

표 1.6 물의 체적탄성계수, $E_b(10^8 \, \text{kg/m}^2)$

압력 (bar*)	온도(℃)			
	0	10	20	50
1~25	1.967	2.069	2.110	
25~50	1.998	2.100	2.171	
50~75	2.029	2.181	2.273	
75~100	2.059	2.202	2.283	
100~500	2.171	2.314	2.385	2.477
500~1,000	2.477	2.620	2.722	2.824
1,000~1,500	2.895	2.966	3.058	3.170

주 : * 1기압 = 1.013 bar, 1 bar = 10^5 Newton/m^2

예제 1-08

해수의 비중은 1.026이다. 수심이 2,000 m 되는 해저에서의 해수의 밀도를 계산하라. 수온은 10℃라 가정하라.

풀이 해면으로부터 2,000 m 깊이에서의 압력은 해면에서의 압력(대기압 = 1 기압)보다 단위면적을 갖는 수주의 무게만큼 크다. 즉,

$$\Delta p = \text{해수의 단위중량} \times \text{수주의 체적}$$
$$= (1.026 \times 1,000) \times (2,000 \times 1 \times 1) = 2.052 \times 10^6 \ \text{kg/m}^2$$
$$= 201.1 \times 10^5 \ \text{N/m}^2 = 201.1 \ \text{bar}$$

표 1.6으로부터 압력이 100~500 bar, 수온이 10℃일 때의 $E_b = 2.314 \times 10^8 \, \text{kg/m}^2$

따라서 식 (1.9)를 사용하면

$$\frac{\Delta \text{V}}{\text{V}} = \frac{-\Delta p}{E_b} = \frac{-2.052 \times 10^6}{2.314 \times 10^8} = -0.00887$$

해면에서의 체적 및 밀도를 각각 V, ρ 라 하고 2,000 m 깊이에서의 체적과 밀도를 V′, ρ′ 이라 하면

$$\Delta \text{V} = \text{V}' - \text{V} = \frac{m}{\rho'} - \frac{m}{\rho}$$

따라서,

$$\frac{\Delta \text{V}}{\text{V}} = \frac{1}{\rho'}\left(\frac{m}{\text{V}}\right) - \frac{1}{\rho}\left(\frac{m}{\text{V}}\right) = \frac{\rho}{\rho'} - 1$$

$$\therefore \rho' = \frac{\rho}{1 + \dfrac{\Delta \text{V}}{\text{V}}} = \frac{1.026}{1 - 0.00887} = 1.0352 \, \text{g/cm}^3$$

1.1 수온이 80℃인 500L의 물을 얼게 하기 위해서는 얼마만큼 열을 빼앗아야 하는가?

1.2 수심이 아주 얕은 증발접시에 45℃의 물이 1,200 g 들어 있다. 대기압이 0.9 bar일 때 증발이 시작되는 데 필요한 열에너지(calories)를 계산하라.

1.3 다음 물리량들의 차원을 *FLT*계와 *MLT*계로 각각 표시하라.

    (a) 체적   (b) 유량   (c) 동점성계수

    (d) 밀도   (e) 단위중량   (f) 표면장력

    (g) 전단응력   (h) 체적탄성계수   (i) 모멘트

1.4 20℃에서의 물의 점성계수는 1.021×10^{-4} kg·sec/m^{2}이다. 영국단위계 단위로 환산하라.

1.5 30℃인 물의 점성계수를 poise 단위로 표시하고, 동점성계수를 stoke 단위로 표시하라. 또한 각각을 영국 단위계 단위로 표시하라.

1.6 약 15.5℃에서 수은과 물의 점성계수는 비슷해진다. 이때의 동점성계수를 계산하라.

1.7 600 m^3/min의 유량을 ft^3/sec 단위로 환산하라.

1.8 100 lb/ft^{3}는 몇 kg/cm^{3}인가?

1.9 체적이 5.8 m^{3}이고 무게가 6.35 ton인 액체가 있다. 이 액체의 단위중량, 밀도 및 비중을 구하라.

1.10 체적이 4.6 m^{3}인 액체의 단위중량이 1.025 ton/m^{3}일 때 이 액체의 무게, 밀도 및 비중을 구하라.

1.11 어떤 용기의 체적은 5 m^{3}이고 무게는 160 kg이다. 이 용기에 어떤 액체를 채웠더니 무게가 4,800 kg이 되었다. 이 액체의 밀도를 구하라.

1.12 고정되어 있는 용기 속에 점성을 알 수 없는 기름이 들어 있다. 용기의 바닥으로부터 0.1 cm 간격으로 면적이 100 cm^{2}인 평판을 75 cm/sec의 일정한 속도로 이동시키는 데 5.3 kg의 힘이 필요하였다. 이 기름 의 점성계수를 계산하라.

1.13 어떤 액체의 점성계수가 3 centipoise이다. SI 단위로 환산하라.

1.14 내경이 5 mm인 유리관을 정수 중에 연직으로 세웠을 때 모세관 내 수면상승고를 계산하라. 수온은 15℃ 이며 물과 유리의 접촉각은 8°라 가정하라.

1.15 정지하고 있는 물속에 직경 2 mm인 유리관을 연직으로 세웠을 때 모세관 내 상승고는 15 mm이었다. 접촉각이 0°일 때 표면장력을 구하라.

1.16 직경 1 mm인 수직 유리관에서 20℃의 수은은 표면으로부터 얼마나 밑으로 내려갈 것인가? 20℃에서의 수은의 표면장력은 514 dyne/cm이다.

1.17 직경이 0.5 mm인 모세관 내로 올라간 어떤 액체의 상승고가 18 mm, 접촉각이 47°였다. 이 액체의 비중이 0.998, 온도가 20℃였다면 표면장력은 얼마이겠는가?

1.18 5 cm 직경의 비눗방울의 내부압력은 대기압보다 2.1 kg/m²만큼 높다. 이 비누막의 표면장력을 계산하라.

1.19 0.4 m³의 물이 70 bar의 압력을 받고 있을 때 물의 체적을 구하라.

1.20 어떤 액체에 7 bar의 압력을 가했더니 체적이 0.035%만큼 감소되었다. 이 액체의 체적탄성계수를 구하라.

1.21 압력이 25 bar에서 $4.5×10^6$ dyne/cm²로 갑자기 상승되었을 때 20℃의 물의 밀도변화를 계산하라.

1.22 어떤 액체에 작용하는 압력을 500 kg/cm²에서 1,000 kg/cm²로 증가시켰더니 체적이 0.8% 감소하였다. 이 액체의 체적탄성계수를 구하라.

1.23 표준대기압 하 4℃에서 물의 체적이 120 m³이었다. 이때의 물의 무게를 구하고, 압력이 10 bar 및 100 bar로 증가할 경우의 무게와 비교하라.

Chapter
정수역학

2.1 서론

흐르지 않고 정지상태에 있는 물이 어떤 점 혹은 면에 작용하는 힘의 관계를 다루는 분야를 정수역학(hydrostatics)이라 하며, 이 장에서는 물속에서의 위치변화에 따르는 압력의 변화 양상과 물의 무게에 의해 유발되는 단위면적당의 힘인 정수압강도의 측정단위 및 방법, 각종 면에 작용하는 정수압의 크기와 작용점 등의 문제를 다루게 된다. 정지하고 있는 유체에서는 분자 상호간에 상대적인 운동이 없으므로 유체의 점성은 역할을 못한다. 따라서 마찰의 원인이 되는 점성효과를 무시할 수 있으므로 실험할 필요 없이 순수이론적 해석에 의해 정수역학 문제의 해결이 가능한 것이다.

또한 이 장에서는 부력의 원리와 부체의 안정에 관한 문제도 다루고 있으며, 정수역학의 원리가 그대로 적용되는 특별한 경우인 상대적 평형문제도 취급하였다. 상대적 평형문제는 등가속도운동을 받고 있는 용기에 담겨진 물은 용기의 운동에 동반하여 운동하지만, 유체층 사이에는 상대적인 운동이 있을 수 없게 되므로 역시 점성의 효과를 무시하고 정수역학의 제반원리를 적용할 수 있게 되는 것이다.

2.2 정수압의 크기와 작용방향

위에서 언급한 바와 같이 분자간에 상대적 운동이 없는 유체 내에서는 전단응력이 발생하지 않으며, 다만 면에 수직한 응력만이 상호간에 반대방향으로 작용하게 된다. 이와 같은 종류의 응력을 압력(pressure)이라 하며 취급하는 유체가 물인 경우 이를 정수압(hydrostatic pressure)이라 한다. 정수압은 물을 넣은 용기벽 내면 혹은 수중의 가상면에 항상 직각인 방향으로 작용한다. 이것은 면을 따르는 방향의 힘, 즉 전단응력이 정수 중에는 존재하지 않음을 생각하면 당연한 일이다. 정수압의 강도(pressure intensity)는 단위면적당 힘으로 표시되는데 kg/cm^2, ton/m^2 또는 lb/in^2 등의 단위를 사용하여 표시한다.

물속의 임의의 단면을 생각하여 그 평면의 단면적 A 에 균일한 압력이 작용할 경우 그 평면상에 작용하는 전압력(힘)을 P, 단위면적당의 압력강도를 p 라 하면

$$p = \frac{P}{A} \tag{2.1}$$

압력강도가 평면상에서 균일하지 않을 경우에는 미소면적 ΔA 에 작용하는 힘을 ΔP 라고 할 때 압력강도 p 는 다음과 같이 정의된다.

$$p = \lim_{\Delta A \to 0} \frac{\Delta P}{\Delta A} = \frac{dP}{dA} \tag{2.2}$$

정수압이 가지는 또 하나의 중요한 성질은 수중의 한 점에서 정수압은 모든 방향으로 똑같은 크기를 가진다는 것이다. 그림 2.1의 2차원 자유물체도로부터 이 성질을 증명해 보기로 한다. 그림 2.1의 미소삼각형 수체는 지면에 수직인 방향으로 단위두께를 갖는다고 가정하고 p_x, p_z, p_s 는 각 면에 작용하는 평균압력강도, γ 를 물의 단위중량이라 하면 정역학적 평형방정식은 다음과 같다.

$$\sum = p_x\, dz - p_s\, d_s \sin\theta = 0 \tag{2.3}$$

$$\sum F_x = p_z\, dx - \frac{1}{2}\gamma\, dx\, dz - p_s\, d_s \cos\theta = 0 \tag{2.4}$$

그런데

$$dz = ds \sin\theta \tag{2.5}$$

$$dx = ds \cos\theta \tag{2.6}$$

식 (2.5)를 식 (2.3)에 대입하면

$$p_x = p_s$$

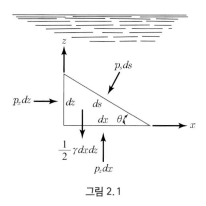

그림 2.1

식 (2.6)을 식 (2.4)에 대입하고 미소삼각형 수체 내의 물의 무게를 무시하면

$$p_z = p_s$$

따라서

$$p_x = p_z = p_s \tag{2.7}$$

즉, 정수 중의 한 점에 작용하는 정수압의 크기는 모든 방향으로 똑같은 값을 가진다.

2.3 정수압의 연직방향 변화

정지하고 있는 유체 중에서는 수평방향으로의 압력의 변화는 전혀 없다. 즉, 연속되어 있는 정지유체에서는 동일 수평면상의 임의의 두 점에서 압력은 동일하다는 것이며 이는 그림 2.2로부터 증명될 수 있다. 그림 2.2의 xy평면은 수면을 표시하고 있으며 수면으로부터 z의 깊이에 있는 미소입방체의 수체를 생각하고 x, y 방향의 정역학적 평형방정식을 세우면

x 방향 : $p\,dy\,dz - \left(p + \dfrac{\partial p}{\partial x}\,dx \right) dy\,dz = 0$

$$\therefore \frac{\partial p}{\partial x} = 0 \quad p = 일정 \tag{2.8}$$

y 방향 : $p\,dx\,dz - \left(p + \dfrac{\partial p}{\partial y}\,dy \right) dx\,dz = 0$

$$\therefore \frac{\partial p}{\partial y} = 0 \quad p = 일정 \tag{2.9}$$

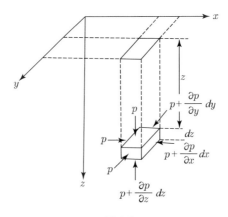

그림 2.2

식 (2.8), (2.9)로부터 정수 중에서는 수평방향으로의 압력은 항상 일정하여 변화가 없음을 알 수 있다.

다음으로 수심방향, 즉 z방향으로의 정역학적 평형방정식을 수립해 보면

$$\sum F_z = p\,dx\,dy + \gamma\,dx\,dy\,dz - \left(p + \frac{\partial p}{\partial z}dz\right)dx\,dy = 0$$

$$\therefore \frac{\partial p}{\partial z} = \gamma \tag{2.10}$$

식 (2.10)은 연직방향으로의 압력의 변화율은 유체의 단위중량과 같음을 표시하고 있으며, 물과 같은 비압축성 유체에 대해서는 단위중량 γ를 상수로 간주할 수 있으므로 미분방정식 (2.10)을 쉽게 적분할 수 있다. 즉,

$$p = \gamma z + C \tag{2.11}$$

식 (2.11)의 적분상수 C는 수표면에서의 압력이 대기압이라는 조건을 사용하면 결정된다. 즉, $z = 0$일 때 $p = p_a$이므로

$$C = p_a = 대기압$$

따라서 식 (2.11)은 다음과 같아진다.

$$p = p_a + \gamma z \tag{2.12}$$

그런데 수면에서의 압력 p_a를 계기압력으로 표시하면 $p_a = 0$이므로 식 (2.12)는 다음과 같아진다.

$$p = \gamma z \tag{2.13}$$

따라서 수표면으로부터의 깊이가 z인 점에 작용하는 단위면적당 힘으로 표시되는 압력강도는 물의 단위중량 γ에 깊이 z를 곱함으로써 쉽게 계산할 수 있으며, 동일한 유체의 동일 수평면상에 있는 모든 점에 있어서의 압력은 동일함을 알 수 있다. 수면으로부터 깊이 z_1과 z_2에 있는 두 점($z_2 > z_1$) 간의 정수압 강도차는 $z_2 - z_1 = h$라 놓으면

$$\Delta p = \gamma z_2 - \gamma z_1 = \gamma(z_2 - z_1) = \gamma h$$

따라서

$$h = \frac{\Delta p}{\gamma} \tag{2.14}$$

여기서 두 점 간의 정수압차는 수주의 높이 h로 표시되었으며, 이를 **압력수두**(pressure head)라 한다.

예제 2-01

개방된 물통 속에 물이 담겨져 있는데 깊이가 2 m이다. 이 물 위에는 비중이 0.8인 기름이 1 m의 깊이로 떠 있다. 기름과 물의 접촉면에서의 압력과 물통 밑바닥에서의 압력을 계산하라.

풀이 접촉면에서는 $z = 1\,\mathrm{m}$

$$p = \gamma z = 0.8 \times 1{,}000 \times 1 = 800\,\mathrm{kg/m^2}$$

물통 바닥에서의 정수압에 물과 기름에 의한 압력을 더하면 된다. 즉,

$$p = 800 + 1{,}000 \times 2 = 2{,}800\,\mathrm{kg/m^2}$$

예제 2-02

수심 3,000 m의 해저에 있어서의 정수압을 구하라. 단, 해수의 비중은 1.025이다.

풀이 식 (2.13)을 사용하면

$$\gamma = 1{,}025\,\mathrm{kg/m^3} = 1.025\,\mathrm{ton/m^3}$$이므로

$$p = 1{,}025 \times 3{,}000 = 3{,}075{,}000\,\mathrm{kg/m^2} = 3{,}075\,\mathrm{ton/m^2}$$

2.4 정수압의 전달

그림 2.3과 같이 입구가 좁은 용기에 물을 가득 넣어 단면적이 a인 마개로 꼭 막고, 마개 위에서 P인 힘을 가할 경우 마개의 무게와 마개 주위의 마찰력을 무시하면 그 아래쪽 면 A에 작용하는 압력강도는

$$p_A = \frac{P}{a}$$

면 A보다 z만큼 낮은 곳에 있는 점 B에 있어서의 압력강도는 식 (2.13)에 의하여 $p_A + \gamma z$로 표시된다. 힘 P를 $P + \Delta P$로 증가시킬 때 p_A가 $p_A + \Delta p_A$로 증가되었다고 하면 점 B에 있어서의 압력강도는

$$p_B = p_A + \Delta p_A + \gamma z$$

즉, 여기서도 압력의 증가는 Δp_A, 즉 $\Delta P/a$로 된다.

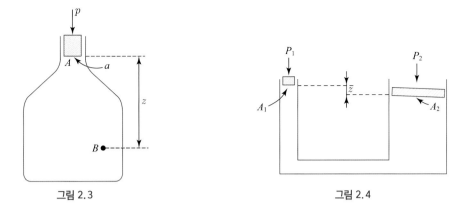

그림 2.3   그림 2.4

점 B의 위치는 임의이므로 압력의 증가량은 용기 속의 어디에서나 동일하다는 것을 알 수 있다. 즉, 압력은 용기전체에 고르게 전달된다. 이것을 Pascal의 원리(Pascal's law)라고 한다.

압력의 전파속도 C는 용기가 완전한 강체일 때 액체의 체적탄성계수를 E_b라 하면 다음과 같이 표시할 수 있다.

$$C = \sqrt{\frac{E_b}{\rho}} \tag{2.15}$$

표준대기압 하에서 수온이 20℃이면 $E_b = 2.11 \times 10^8 \text{kg/m}^2$(표 1.6), $\rho = 101.86 \text{kg} \cdot \sec^2/\text{m}^4$(표 1.3)이므로 $C ≒ 1{,}440 \text{m/sec}$의 속도로 전파하므로 용기가 매우 크더라도 압력은 용기전체를 통해서 순간적으로 전파된다.

다음에 그림 2.4와 같은 U자관을 마개로 밀폐하고 외부에서 힘 P_1 및 P_2를 가하여 평형시킨다. 두 마개의 면적을 각각 A_1 및 A_2라 하고 마개의 무게에 의한 마찰을 무시하면 마개의 아래쪽 면의 정수압강도는 각각 P_1/A_1, P_2/A_2가 되며, 양자 사이에는 다음 관계가 성립한다.

$$\frac{P_1}{A_1} + \gamma z = \frac{P_2}{A_2}$$

외부로부터 가하는 힘을 충분히 크게 하면 γz는 외력 P에 비하여 미소하므로 이를 무시할 수 있다. 즉,

$$\frac{P_1}{A_1} = \frac{P_2}{A_2} \tag{2.16}$$

따라서 A_2와 A_1의 비를 매우 크게 하면 적은 힘 P_1을 매우 큰 힘 P_2와 평행시킬 수 있다. 수압기(hydraulic press)는 이 원리를 이용해서 작은 힘으로 큰 힘을 얻는 데 사용된다.

그림 2.5의 피스톤 A와 B의 직경은 각각 3 cm 및 20 cm이다. 두 피스톤의 아랫면은 같은 높이에 있고 피스톤 아래의 수압기에는 기름이 차 있다. 그림의 지렛대의 C점에 10 kg의 힘을 작용했을 때 평형을 이루었다. 이 수압기는 얼마만한 무게 W를 지지하고 있는 것인가?

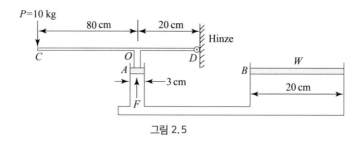

그림 2.5

풀이 C점에 작용하는 $P = 10\,\text{kg}$ 으로 인해 평형상태에 도달했을 때 피스톤 A가 받는 반작용력 F 의 크기를 모멘트의 원리로 계산해 보면

$$P \times (80 + 20) = F \times 20 \qquad \therefore F = 50\,\text{kg}$$

피스톤 A, B에 파스칼의 원리를 적용하기 위해 식 (2.16)을 사용하면

$$\frac{50}{\left(\dfrac{\pi \times 3^2}{4} \right)} = \frac{W}{\left(\dfrac{\pi \times 20^2}{4} \right)}$$

$$\therefore W = 50 \times \left(\frac{20}{3} \right)^2 = 2{,}222.2\,\text{kg}$$

즉, C점에 10 kg을 작용하면 $W = 2{,}222.2\,\text{kg}$ 일 때 평형상태를 유지하게 되며 $P > 10\,\text{kg}$ 이 되면 2,222.2 kg의 물체를 위 방향으로 움직일 수 있게 된다.

2.5 압력의 측정기준과 단위

압력의 크기는 특정압력을 기준으로 하여 측정되며 흔히 사용되는 기준압력은 절대영압 (absolute zero pressure)과 대기압(atmospheric pressure)이다. 압력을 절대영압, 즉 완전 진공을 기준으로 하여 측정할 때에는 절대압력(absolute pressure)이라 하고, 국지대기압을 기준으로 측정할 때는 계기압력(gauge pressure)이라 한다. 그림 2.6은 압력측정의 기준과 각종 압력의 예를 표시하고 있다. 그림에서 표준대기압은 평균해면에서 대기가 지구표면을 누르는 평균압력을 말하며, 이는 지구표면을 둘러싸고 있는 약 1,500 km 두께의 공기층(질소 78%, 산소 21%, 아르곤 등 기타 기체 1%)의 무게가 지구표면에 작용하기 때문에 생기

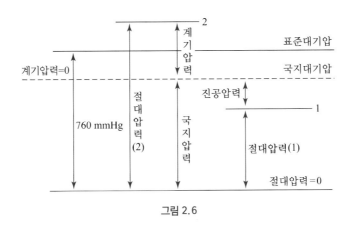

그림 2.6

는 압력이다. 표준대기압은 여러 가지 단위로 표시할 수 있으며 그 크기는 다음과 같다.

$$1기압 = 760\,\mathrm{mm\,Hg} = 10.33\,\mathrm{m\,H_2O}$$
$$= 1.013 \times 10^5\,\mathrm{N/m^2} = 1.013\,\mathrm{bar} = 1,013\,\mathrm{milibar}$$
$$= 1.033\,\mathrm{kg/cm^2} = 14.7\,\mathrm{lb/in^2}$$

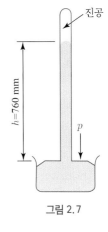

그림 2.7

국지대기압이란 어떤 고도나 기준조건 하에서의 대기압을 말하는 것으로서 수은압력계(mercury barometer)로 측정함이 보통이다. 수은압력계는 그림 2.7과 같이 수은으로 가득 채워진 유리관을 수은이 담겨있는 용기 속에 거꾸로 세웠을 때 생기는 유리관 내의 수은주 h에 의해 대기압을 측정하는 계기이다. 그림 2.7의 거꾸로 세운 유리관의 꼭대기 부분에는 수은의 온도에서의 증기압이 작용하겠으나 거의 무시할 수 있을 정도로 작으므로 진공으로 간주할 수 있으며, 수은주의 평형은 대기압 p에 의해 유지되는 것이다. 따라서 식 (2.13)을 사용하면 국지대기압의 크기는 다음과 같이 표시할 수 있다.

$$p = \gamma_m h \tag{2.17}$$

여기서 γ_m은 수은의 단위중량이다.

그림 2.6에서 알 수 있는 바와 같이 어떤 크기의 압력은 절대영압(완전진공)을 기준으로 하거나 혹은 국지대기압을 기준으로 하여 표시된다. 그림의 (1)의 압력은 국지대기압보다 낮으므로 계기압력으로는 부압력(負壓力)혹은 진공압력이라 하며, (2)의 경우는 국지대기압보다 크므로 양의 계기압력이 된다. 또한 절대압력 p_{abs}은 국지대기압력 p_a에 계기압력 p_g를 더한 것으로 표시된다. 즉,

$$p_{abs} = p_a + p_g \tag{2.18}$$

대부분의 공학문제에서는 절대압력을 쓰지 않고 계기압력을 사용하므로 이 책에서는 별도의 설명이 없는 한 압력이라 하면 계기압력을 뜻하는 것으로 하며, 전술한 바와 같이 압력의 단위로는 kg/cm^2, ton/m^2, lb/in^2 등을 사용하기로 한다.

예제 2-04

계기압력 $5\,kg/cm^2$를 절대압력으로 표시하라. 국지대기압은 768 mm의 수은주와 같다. 또한 이 절대압력을 bar 단위로 환산하라. 수은의 비중은 13.6이다.

풀이 국지대기압 $p_a = 13.6 \times 1,000 \times 0.768 = 10,444.8\,kg/m^2 = 1.045\,kg/cm^2$

따라서

$$\text{절대압력} \quad p_{abs} = p_a + p_g = 1.045 + 5.0 = 6.045\,kg/cm^2$$

$1\,kg = 9.8\,N$이고 $1\,bar = 10^5\,N/m^2$이므로

$$p_{abs} = 6.045 \times 9.8 \times 10^4 = 5.924 \times 10^5\,N/m^2 = 5.924\,bar$$

2.6 압력측정 계기

자유표면을 가지는 물의 경우 수면 아래의 임의점에 있어서의 정수압은 수면으로부터의 깊이에 의해 결정(식 (2.13))되나 관로와 같이 폐합된 수로에 물이 흐를 경우 압력의 측정을 위해서는 별도의 계기가 필요하다. 흔히 사용되는 계기는 수압관(piezometer), 버어돈 압력계(Bourdon pressure gauge) 및 액주계(manometer)의 세 가지로 분류할 수 있다.

2.6.1 수압관

그림 2.8에서처럼 관로의 벽을 뚫어 짧은 꼭지(tap)를 달고 여기에 충분히 긴 가느다란 관(tube)을 끼워 연결한 장치를 수압관(piezometer)이라 한다. 관 내의 수압 때문에 물은 수압관 위로 올라가게 되며 마침내는 대기압과 평형을 이루게 된다. 따라서 관의 중립축상의 점 A에서의 압력, p_A는 수압관 내의 물의 높이 h로 표시된다. 즉, $p_A = \gamma h$이다. 수압관은 관로 내의 압력이 비교적 작을 때 효과적으로 사용될 수 있으며, 만약 압력이 커지면 수압관의 길이도 커져야 하기 때문에 큰 압력의 측정에는 불편하다. 관의 벽을 뚫어 장치하는 꼭지의 내경은 약 3.2 mm 이내로 하는 것이 좋으며 관로내벽의 곡면과 일치하도록 제작되어야 한다.

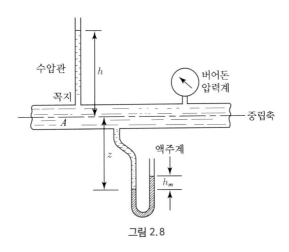

그림 2.8

2.6.2 버어돈 압력계

버어돈(Bourdon) 압력계는 관로벽에 직접, 혹은 수압관의 단부에 연결하여 사용하는 상용 압력계로서 속이 빈 구부러진 금속 튜브로 구성되어 있고, 튜브의 한쪽 끝은 막혀 있는 반면에 다른 쪽 끝은 압력을 측정하고자 하는 점에 연결되어 있다. 만약 압력이 커지면 구부러져 있던 튜브는 직선적으로 펴지고 튜브 끝에 달려 있는 압력표시계(pointer)는 압력의 크기에 비례하여 움직이도록 되어 있다. 튜브의 외부는 국지대기압이 작용하고 있으므로 표시침이 가리키는 압력은 계기압력이 된다. 압력계의 계기판(dial)은 원하는 압력단위로 제작할 수 있으며 그림 2.9는 $dyne/cm^2$ 및 물기둥(수주)의 높이(m)로 표시한 계기판을 예시하고 있다. 버어돈 압력계는 큰 압력의 측정에는 많이 사용되나 정밀도가 대체로 낮아서 미소한 압력의 측정에는 부적당한 것으로 알려져 있다.

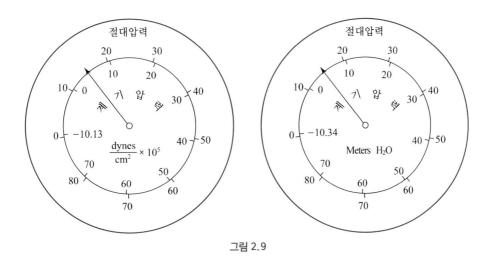

그림 2.9

2.6.3 액주계

액주계(manometer)는 비중을 알고 있는 유체(액주계 유체)가 들어 있는 U자형의 가느다란 유리관으로서, 관로나 용기의 한 단면에서의 압력 혹은 두 단면 간의 압력차를 측정하는 데 사용된다. 액주계의 종류는 크게 개구식과 시차식의 두 가지로 나눌 수 있으며, 전자는 그림 2.10(그림 2.8의 액주계 경우)과 같이 액주계의 일단이 대기에 접촉하고 있어서 타단에서의 계기압력을 측정하는 데 사용되는 반면, 후자는 그림 2.11과 같이 액주계의 양단이 각각 다른 압력을 받고 있는 점에 연결되어 있어 두 점 간의 압력차를 측정하는 데 사용된다.

액주계 유체(manometer fluid)는 측정하고자 하는 유체보다 무거운 유체를 사용하는 것이 보통이며 측정유체와 섞이지 않아야 한다. 가장 흔히 사용되는 액주계 유체와 그 비중은 표 2.1과 같다.

그림 2.10과 같은 개구식 액주계에서 관로단면의 중심점 A에서의 압력을 구하는 절차를 살펴보면 다음과 같다.

① 평형상태에서 액주계 유체의 낮은 표면에 맞추어 수평선을 긋는다. 그러면 점 1, 2는 동일 유체의 동일 수평면상의 점이므로 압력은 같아야 한다. 즉, $p_1 = p_2$

② 점 1에서의 압력을 A점의 압력과 연관시키고 점 2에서의 압력을 계산한다. 즉, 점 1에서의 압력은 A점의 압력에 수주 y에 의한 압력을 더한 것과 같고, 점 2에서의 압력은 수은표면이 대기와 접하고 있으므로 수은주 h에 의한 압력과 같다.

③ $p_1 = p_2$라 놓고 A점에서의 압력을 계산한다.

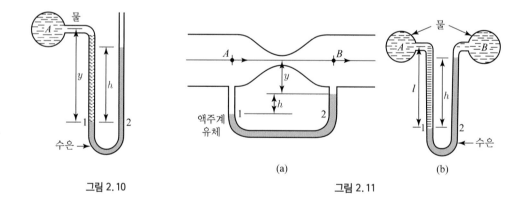

그림 2.10

(a)

(b)

그림 2.11

표 2.1 액주계 유체

액주계 유체	수은	물	알코올	Merian* Unit oil	Merian* No. 3 oil	사염화탄소 (CCl₄)
비중	13.6	1.0	0.9	1.0	2.95	1.6

주 : * Merian Instruments, Division of Scott & Fetzer Co., Cleveland, Ohio, USA

그림 2.11 (b)와 같은 시차식 액주계의 경우도 계산절차는 비슷하며, 단지 위의 절차 ②에서 점 2에서의 압력을 B점의 압력과 연관시키고 절차 ③에서 등식 $p_1 = p_2$를 점 A, B에서의 압력차에 관해 풀면 된다.

이상의 절차에 따라 그림 2.10의 A점에서의 압력 p_A을 표시해 보면

$$p_1 = p_A + \gamma y, \qquad p_2 = \gamma_m h$$

여기서 γ와 γ_m은 각각 물과 수은의 단위중량이다. $p_1 = p_2$로 놓으면

$$p_A = \gamma_m h - \gamma y \tag{2.19}$$

한편, 그림 2.11 (b)의 점 A, B에서의 압력 p_A, p_B 간의 차는

$$p_1 = p_A + \gamma l, \qquad p_2 = p_B + \gamma(l-h) + \gamma_m h$$

따라서 $p_1 = p_2$라 놓고 압력차$(p_A - p_B)$를 구하면

$$p_A - p_B = (\gamma_m - \gamma) h \tag{2.20}$$

예제 2-05

그림 2.12와 같은 경사수압관에서 $\theta = 30°$, $l = 10\,\mathrm{cm}$, $\gamma_0 = 1{,}200\,\mathrm{kg/m^3}$일 때의 압력 p_A를 계산하라.

풀이 $h = l \sin\theta = 10\,\mathrm{cm} \times \sin 30° = 5\,\mathrm{cm}$

$\gamma_0 = 1{,}200\,\mathrm{kg/m^3} = 1.2\,\mathrm{g/cm^3}$

$\therefore p_A = \gamma_0 h = 1.2 \times 5 = 6\,\mathrm{g/cm^2}$

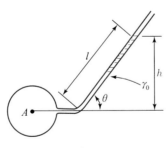

그림 2.12

그림 2.13과 같은 액주계에서 A 점에서의 수압을 계산하라. 액주계 유체는 수은이며 측정단위는 cm이다.

풀이 평형상태에 있으므로 $p_1 = p_2,$ $p_3 = p_A$

$\gamma = 1 \, \text{g/cm}^3$ 이므로 $p_1 = p_3 + 1.0 \times 10 = (p_A + 10) \, \text{g/cm}^2$

$$p_2 = 13.6 \times 1.0 \times 24 = 326.4 \, \text{g/cm}^2$$

$p_1 = p_2$ 로 놓으면 $p_A = 316.4 \, \text{g/cm}^2$

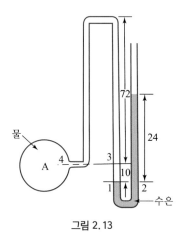

그림 2.13

그림 2.14와 같은 시차식 액주계에서 점 A, B 간의 압력차를 구하라. 측정단위는 cm이다.

풀이 그림에서 $p_1 = p_2$ $p_1 = p_A - \gamma(4 + y) + 3.2\gamma$

$$p_2 = p_B - \gamma y + 13.6\gamma \times 3.2$$

$p_1 = p_2$ 라 놓고 풀면 $p_A - p_B = \gamma(4 + y) - 3.2\gamma - \gamma y + 13.6 \times 3.2\gamma$

$$= 44.32\gamma = 44.32 \times 1.0 = 44.32 \, \text{g/cm}^2$$

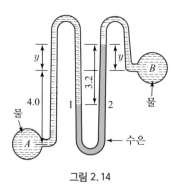

그림 2.14

2.7 수중의 평면에 작용하는 힘

수중의 평면에 작용하는 정수압으로 인한 힘의 크기와 작용방향 및 작용점을 결정하는 문제는 댐, 수문, 수조 및 선박의 설계에 있어서 매우 중요한 위치를 차지한다.

수중의 평면이 자유표면과 평행할 경우에 작용하는 힘은 압력분포가 그 평면을 따라 일정하므로 아주 쉽게 구할 수 있다. 그러나 자유표면과 평행하지 않은 평면, 즉 연직면 혹은 경사면에 작용하는 힘은 압력분포의 깊이에 따른 변화 때문에 까다로워지지만 식 (2.13)으로부터 알 수 있는 바와 같이 정수압은 깊이에 따라 직선적으로 변하므로 정도 이상으로 복잡한 것은 아니다.

2.7.1 수면과 평행한 평면의 경우

그림 2.15와 같이 수면과 평행한 평면에 작용하는 정수압의 분포는 평면상의 모든 점에서의 압력강도가 동일하므로 직사각형 모양을 가지며, 직사각형의 면적은 평면 위의 물의 실제 체적을 표시하며 이를 압력프리즘(pressure prism)이라 부른다.

기초역학의 원리에 의하면 작용하는 힘 P는 압력프리즘의 체적과 같으며, 압력프리즘의 도심(centroid)을 통과함이 증명되어 있다. 즉, 힘의 크기 P는

$$P = \gamma h A \tag{2.21}$$

2.7.2 수면에 경사진 평면의 경우

그림 2.16과 같이 수면에 경사져 있고 총면적이 A인 수중의 평면에 작용하는 힘의 크기와 작용점을 구해 보기로 하자. 이 평면의 도심은 자유표면으로부터 h_G의 깊이에 있고 자유표면과 평면의 연장선과의 교차점 O로부터는 l_G의 거리에 있다고 가정하면 미소면적 dA에 작용하는 정수압 dP는 다음과 같이 표시된다.

$$dP = \gamma h\, dA = \gamma l \sin \alpha\, dA \tag{2.22}$$

평면의 총면적 A에 작용하는 힘은 평면적 전체에 걸친 식 (2.22)의 적분으로 표시된다. 즉,

$$P = \gamma \sin \alpha \int_A l\, dA \tag{2.23}$$

식 (2.23)의 $\int_A l\, dA$는 평면적 A의 $O-O$선에 대한 1차 모멘트이며 총면적 A와 $O-O$선으로부터 도심까지의 거리 l_G의 곱으로 표시될 수 있다. 즉,

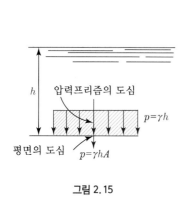

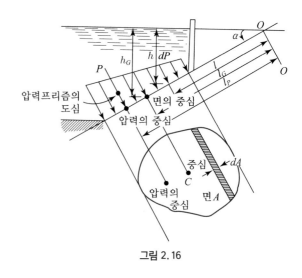

그림 2.15

그림 2.16

$$\int_A l\, dA = l_G A \tag{2.24}$$

식 (2.24)를 식 (2.23)에 대입하면

$$P = \gamma A l_G \sin\alpha \tag{2.25}$$

그런데 그림 2.16으로부터 $l_G \sin\alpha = h_G$이므로

$$P = \gamma h_G A \tag{2.26}$$

즉, 수중의 임의 평면에 작용하는 힘의 크기는 그 평면적 A에 평면의 도심에 작용하는 정수압 강도 γh_G를 곱함으로써 얻어진다.

다음은 크기가 결정된 힘의 방향과 작용점을 결정하는 문제이다. 힘의 작용방향은 해당 평면에 항상 수직임을 전술한 바 있다. 힘의 작용선과 $O-O$선 간의 거리 l_p는 $O-O$선에 대한 미소면적 dA에 작용하는 힘의 모멘트의 적분치를 총 힘의 크기로 나누면 얻어진다. 즉,

$$l_P = \frac{\int_A l\, dP}{P} \tag{2.27}$$

따라서 식 (2.22)와 식 (2.23)을 식 (2.27)의 분자와 분모에 대입하여 정리하면

$$l_P = \frac{\int_A l^2\, dA}{l_G A} = \frac{I_{O-O}}{l_G A} \tag{2.28}$$

여기서 $\int_A l^2\, dA$는 총면적 A의 $O-O$선에 대한 단면 2차모멘트(I_{O-O})이다. 그런데 $O-O$선에 대한 단면 2차모멘트를 평면의 도심을 지나면서 $O-O$선에 평행한 선에 대한

표 2.2 각종 도형의 면적, 도심 및 단면 2차모멘트

도형	면적	도심	x 축에 관한 단면 2차모멘트 I_G
사각형	bh	$\bar{x} = \dfrac{1}{2}\,b$ $\bar{y} = \dfrac{1}{2}\,h$	$\dfrac{1}{12}\,bh^3$
삼각형	$\dfrac{1}{2}\,bh$	$\bar{x} = \dfrac{b+c}{3}$ $\bar{y} = h\,/\,3$	$\dfrac{1}{36}\,bh^3$
원형	$\dfrac{1}{4}\,\pi d^2$	$\bar{x} = \dfrac{1}{2}\,d$ $\bar{y} = \dfrac{1}{2}\,d$	$\dfrac{1}{64}\,\pi d^4$
사다리꼴형	$\dfrac{h(a+b)}{2}$	$\bar{y} = \dfrac{h(2a+b)}{3(a+b)}$	$\dfrac{h^3(a^2+4ab+b^2)}{36(a+b)}$
반원형	$\dfrac{1}{2}\,\pi r^2$	$\bar{y} = \dfrac{4r}{3\pi}$	$\dfrac{(9\pi^2-64)\,r^4}{72\pi}$
타원형	πbh	$\bar{x} = b$ $\bar{y} = h$	$\dfrac{\pi}{4}\,bh^3$
반타원형	$\dfrac{\pi}{2}\,bh$	$\bar{x} = b$ $\bar{y} = \dfrac{4h}{3\pi}$	$\dfrac{(9\pi^2-64)}{72\pi}\,bh^3$
포물선형	$\dfrac{2}{3}\,bh$ $y = h\left(1-\dfrac{x^2}{b^2}\right)$	$\bar{y} = \dfrac{2}{5}\,h$ $\bar{x} = \dfrac{3}{8}\,b$	$\dfrac{16}{105}\,bh^3$

A의 2차모멘트, I_G와 거리 l_G로 표시하면

$$I_{O-O} = I_G + l_G^2 A \qquad (2.29)$$

식 (2.28)에 이를 대입하면

$$l_P = l_G + \frac{I_G}{l_G A} = l_G + \frac{k^2}{l_G} \qquad (2.30)$$

여기서 $k = \sqrt{I_G/A}$ 로서 단면 2차회전반경이다. 식 (2.30)으로부터 평면에 작용하는 정수압으로 인한 힘의 작용점은 수평한 평면의 경우를 제외하고는 항상 도심보다 아래에 있음을 알 수 있다. 정수압으로 인해 수중의 평면에 작용하는 힘의 크기와 작용점을 구하는 데 필요한 각종 도형의 면적, 도심의 위치 $C.G(\overline{x}, \overline{y})$, 도심을 지나는 x축에 대한 단면 2차모멘트 (I_G) 등을 표 2−2에 수록하였다.

2.7.3 수면에 연직인 평면의 경우

그림 2.17과 같이 수면에 연직인 평면의 경우는 그림 2.16의 경사각 $\alpha = 90°$인 경우이며 경사평면의 경우와 비교하면 $l_G = h_G, l_P = h_P$임을 알 수 있다. 따라서 작용하는 힘의 크기와 작용점은 식 (2.25), (2.30)으로 부터 다음과 같아진다.

$$P = \gamma A l_G \sin\alpha = \gamma A h_G \sin 90° = \gamma h_G A \qquad (2.31)$$

$$h_P = h_G + \frac{I_G}{h_G A} \qquad (2.32)$$

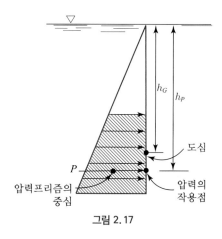

그림 2.17

예제 2-08

그림 2.18과 같은 수문의 폭이 3 m일 때 수문에 작용하는 힘과 작용점을 구하라.

풀이 좌측으로부터 작용하는 힘

$$P_1 = \gamma h_{G1} A_1 = 1 \times 2\,(4 \times 3) = 24\,\text{ton}$$

작용점은

$$h_{p1} = 2 + \frac{\dfrac{3 \times 4^3}{12}}{2 \times (4 \times 3)} = 2.67\,\text{m}$$

우측으로부터 수문에 작용하는 힘

$$P_2 = \gamma h_{G2} A_2$$
$$= 1 \times 1.25 \times (3 \times 2.5) = 9.38\,\text{ton}$$

$$h_{p2} = 1.25 + \frac{\dfrac{3 \times (2.5)^3}{12}}{1.25 \times (3 \times 2.5)} = 1.67\,\text{m}$$

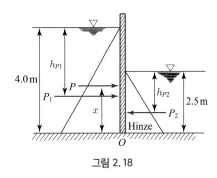

그림 2.18

수문에 작용하는 순 힘은

$$P = P_1 - P_2 = 24 - 9.38 = 14.62\,\text{ton}(\rightarrow)$$

이 순 힘의 작용점을 구하기 위해 그림 2.18의 점 O에 대한 힘 P_1, P_2의 모멘트를 취한 것을 합력 P로 인한 모멘트와 같게 놓으면

$$Px = P_1(4 - h_{p1}) - P_2(2.5 - h_{p2})$$
$$14.62\,x = 24 \times (4 - 2.67) - 9.38 \times (2.5 - 1.67)$$
$$\therefore x = 1.65\,\text{m}$$

예제 2-09

그림 2.19와 같이 제형단면의 수문이 연직으로 설치되어 있을 때 수문에 작용하는 힘의 크기와 작용점의 위치를 결정하라.

풀이 표 2.2의 사다리꼴형의 도심을 고려하면

$$h_G = 5 + \frac{2(2+3)}{3(1+3)} = 5.833\,\text{m}$$

$$A = \frac{1}{2} \times 2 \times (1+3) = 4\,\text{m}^2$$

$$\therefore P = 1 \times 5.833 \times 4 = 23.33\,\text{ton/m}^2$$

$$I_G = \frac{2^3(1 + 4 \times 1 \times 3 + 3^2)}{36 \times (1+3)} = 1.222\,\text{m}^4$$

따라서 작용점은

$$h_p = 5.833 + \frac{1.222}{5.833 \times 4} = 5.885\,\text{m}$$

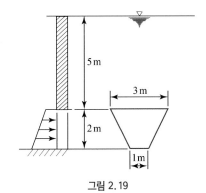

그림 2.19

그림 2.20에서와 같이 수심 H에 대하여 수문을 설계하고자 한다. 각 구간에 작용하는 수압으로 인한 힘이 동일하게 H를 n개 구간으로 분할하는 공식을 유도하라.

풀이 그림과 같이 $P = P_2 = \cdots = P_n$이 되게 n개 구간으로 분할했다고 하자. 수문의 단위폭당 작용하는 총 힘은

$$P = \frac{1}{2}\gamma H^2$$

각 구간에 작용하는 힘을 같게 하고자 하므로

$$P_1 = P_2 = \cdots = P_n = \frac{P}{n} = \frac{\gamma H^2}{2n}$$

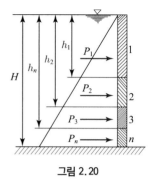

그림 2.20

따라서 임의의 분할점 m까지의 구간에 작용하는 힘의 합계는

$$P_1 + P_2 + \cdots + P_m = m\frac{\gamma H^2}{2n}$$

또한 m점의 수두를 h_m이라 하면 수면에서 m점까지의 전수압은 $\dfrac{\gamma h_m^2}{2}$이므로

$$\frac{\gamma h_m^2}{2} = m\frac{\gamma H^2}{2n}$$

$$h_m^2 = \frac{m}{n}H^2$$

$$\therefore h_m = \sqrt{\frac{m}{n}} \cdot H$$

그림 2.21에 표시한 바와 같은 폭 4 m의 직사각형 통관의 문짝에 작용하는 힘과 그 작용점을 구하라.

풀이 작용하는 힘의 크기는

$$h_G = 3 + 1 \times \sin 60° = 3 + \sqrt{3}/2 = 3.866\,\mathrm{m}$$

$$A = 2 \times 4 = 8\,\mathrm{m}^2$$

$$P = 1 \times 3.866 \times 8 = 30.9\,\mathrm{ton}$$

힘의 작용점은

$$l_G = h_G/\sin 60° = 3.866/0.866 = 4.46\,\mathrm{m}$$

$$l_P = 4.46 + \frac{\dfrac{4 \times 2^3}{12}}{4.46 \times 8} = 4.53\,\mathrm{m}$$

$$\therefore h_P = l_P \sin 60° = 4.53 \times 0.866 = 3.92\,\mathrm{m}$$

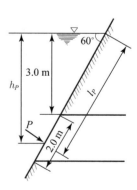

그림 2.21

2.8 수중의 곡면에 작용하는 힘

수중의 곡면에 작용하는 정수압으로 인한 힘은 평면의 경우에 사용한 방법으로는 직접 계산할 수는 없으나 전수압의 수평 및 수직분력을 각각 결정함으로써 힘의 합성에 의해 계산할 수 있다.

그림 2.22와 같은 정수 중의 단위두께의 곡면 AB에 작용하는 힘을 계산하는 원리를 살펴보기로 하자. 곡면의 각 미소요소에 작용하는 수압의 크기, 방향 및 작용점을 평면에서나 마찬가지 방법으로 결정할 수 있으므로 그림 2.22 (a)에 표시된 바와 같은 압력분포를

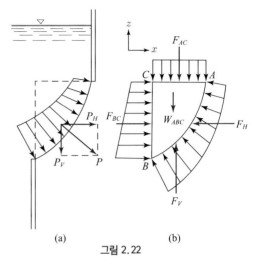

(a)　　　(b)
그림 2.22

얻을 수 있으며, 이를 다시 수평분력 P_H와 수직분력 P_V를 가진 한 개의 힘 P로 표시할 수 있다. 그림 2.22 (b)의 자유물체도 ABC에 대한 정역학적 평형조건을 적용하면 P_H와 P_V의 반력인 F_H와 F_V를 아래와 같이 얻을 수 있으며, Newton의 작용-반작용법칙에 의하면 P_H, P_V와 같음을 알 수 있다. 즉,

$$\sum F_x = F_{BC} - F_H = 0$$
$$\therefore F_H = F_{BC} = P_H \tag{2.33}$$

$$\sum F_y = F_V - W_{ABC} - F_{AC} = 0 \tag{2.34}$$
$$\therefore F_V = W_{ABC} + F_{AC} = P_V$$

따라서 곡면 AB에 작용하는 힘의 결정은 F_{BC}와 F_{AC}의 크기와 작용점을 구하는 문제가 되며, W_{ABC}는 단순히 자유물체도 ABC 내의 물의 무게이고 작용점은 ABC의 중심(重心)을 통하여 연직방향으로 작용한다.

따라서 수중의 곡선에 작용하는 힘의 수평 및 연직분력의 크기와 작용점은 다음과 같은 방법으로 구할 수 있다.

① 수중의 곡면에 작용하는 정수압으로 인한 힘의 수평분력은 그 곡면을 연직면상에 투영했을 때 생기는 투영면적에 작용하는 정수압으로 인한 힘의 크기와 같고, 작용점은 수중의 연직면에 작용하는 힘의 작용점(식 (2.32))과 같다.

② 수중의 곡면에 작용하는 힘의 연직분력은 그 곡면이 밑면이 되는 물기둥(水柱)의 무게와 같고 그 작용점은 수주의 중심을 통과한다.

작용하는 힘의 연직분력을 계산할 때 한 가지 주의해야 할 사항은 곡면의 상부가 물로 채워져 있지 않을지라도 그 곡면을 밑면으로 하는 수면까지의 체적에 해당하는 물의 무게와 같은 상향력을 받게 되며 그 작용점은 체적의 중심이라는 점이다.

예제 2-12

그림 2.23과 같은 부채꼴 수문의 폭을 6 m라 할 때 이 수문의 AC에 작용하는 정수압으로 인한 힘의 크기와 작용점의 위치를 구하라.

풀이 작용하는 힘의 수평 및 연직분력을 $P_H,\ P_V$라 하면 $AB = DC = 5\sin 45° = 3.536\,\mathrm{m}$ 이므로

$$P_H = \gamma h_G A$$
$$= 1 \times \left(\frac{1}{2} \times 3.536 \right) \times (3.536 \times 6)$$
$$= 37.5\,\mathrm{ton}$$

작용점은

$$h_H = \left(\frac{1}{2} \times 3.536 \right) + \frac{\dfrac{6 \times (3.536)^3}{12}}{1.768 \times (3.536 \times 6)}$$
$$= 2.36\,\mathrm{m}$$

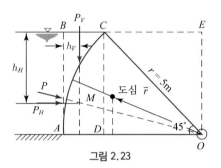

그림 2.23

곡면 AC 위의 면적 = 직사각형 $ABEO$ − 삼각형 CEO − 부채꼴 OAC

$$= 3.536 \times 5 - \frac{1}{2} \times 3.536 \times 3.536 - \frac{1}{8} \times \pi \times 5^2$$
$$= 17.68 - 6.25 - 9.82 = 1.61\,\mathrm{m}^2$$

곡면 AC 위에 작용하는 수압의 연직분력은 AC 위의 물의 무게와 같으므로

$$P_V = 1.61 \times 6 = 9.66\,\mathrm{ton}$$

따라서 전수압의 크기는

$$P = \sqrt{P_H^2 + P_V^2} = \sqrt{37.5^2 + 9.66^2} = 38.7\,\mathrm{ton}$$

P_V의 작용점은 ABC 단면의 도심과 동일 연직선상에 있으며, 그 위치 h_V를 구하는 방법에는 다음과 같은 두 가지 방법이 있다.

첫째 방법은 AB에 관한 ABC 단면의 면적 모멘트의 총합 $\sum M_{AB}$를 구하고, 그 면적 모멘트의 총합을 면적으로 나누는 일반적인 해법이다. 반경 r인 부채꼴의 도심위치는 $\theta = 45°$ $= \dfrac{\pi}{4}\,\mathrm{rad}$ 이므로

$$\bar{r} = \frac{2}{3} \frac{r\sin\left(\dfrac{\theta}{2} \right)}{\dfrac{\theta}{2}} = \frac{2}{3} r \frac{\sin\left(\dfrac{\pi}{8} \right)}{\dfrac{\pi}{8}} = 0.650\,r$$

따라서

$$\sum M_{AB} = 직사각형\ ABEO \times \frac{r}{2} - 삼각형\ CEO \times \left(r - \frac{1}{3} \times 3.536\right)$$

$$- 부채꼴\ OAC \times \left(r - 0.650\,r \times \cos\frac{45°}{2}\right) = 3.536 \times 5 \times \frac{5}{2}$$

$$- \frac{1}{2} \times 3.536 \times 3.536 \times \left(5 - \frac{1}{3} \times 3.536\right) - \frac{\pi}{8} \times 5^2$$

$$\times (5 - 0.650 \times 5 \cos 22.5°) = 0.70\,\mathrm{m}^3$$

$$\therefore h_V = \frac{\sum M_{AB}}{면적\ ABC} = \frac{0.70}{1.61} = 0.43\,\mathrm{m}$$

둘째 방법은 AC면이 원호인 것을 이용하는 방법인데, 만일 원호가 아닐 때에는 이 방법은 이용할 수 없다. 이러한 경우에 P_H와 P_V의 합력 P는 원호면에 직각으로 작용해야 하므로 그 작용선은 중심 O를 통과하지 않을 수 없다. 따라서,

$$P_H(3.536 - h_H) = P_V(r - h_V)$$

$$37.5\,(3.536 - 2.36) = 9.66\,(5 - h_V) \qquad \therefore h_V = 0.43\,\mathrm{m}$$

예제 2-13

그림 2.24와 같은 직경 2 m, 길이 1 m인 원통식 수문에 작용하는 정수압으로 인한 힘의 크기와 작용점을 구하라.

풀이 작용하는 힘의 수평분력은

$$P_H = 1 \times 1 \times (2 \times 1) = 2\,\mathrm{ton}$$

작용점은

$$h_H = 1 + \frac{\dfrac{1 \times 2^3}{12}}{1 \times 2} = 1.33\,\mathrm{m}$$

연직분력은 수문의 아랫곡면 FE에 작용하는 상향력과 윗곡면 FB에 작용하는 하향력의 차이므로

$$P_V = \gamma(면적\ BEFG - 면적\ BFG) \times 1$$
$$= \gamma(반원\ BEFB의\ 면적) \times 1$$
$$= 1 \times \left(\frac{1}{2} \times \frac{\pi}{4} \times 2^2\right) \times 1 = 1.57\,\mathrm{ton}$$

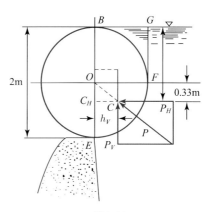

그림 2.24

연직분력 P_V의 작용점은 합력이 원의 중심 O를 통과하므로 다음 식을 만족시켜야 한다.

$$\overset{+}{\sum} M_O = P_V h_V - P_H (h_H - \overline{BO}) = 0$$

따라서
$$h_V = \frac{2 \times (1.33 - 1)}{1.57} = 0.42\,\mathrm{m}$$

합력의 크기는
$$P = \sqrt{2^2 + 1.57^2} = 2.54\,\mathrm{ton}$$

2.9 원관의 벽에 작용하는 동수압

원형관 내에 물이 흐르면 관의 벽에는 흐르는 물로 인해 압력이 작용하며 관의 벽은 인장력을 받게 된다. 이와 같은 동수압으로 인해 관의 벽이 받는 힘은 곡면에 작용하는 정수압의 수평분력을 계산하는 원리를 그대로 적용하면 계산이 가능하며, 관재료의 인장력이 이 힘에 저항하는 힘이 된다. 그림 2.25에서와 같이 관의 내경을 D, 길이를 l, 관 내의 동수압 강도를 p, 동수압이 관의

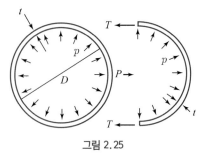

그림 2.25

절반단면에 미치는 힘을 P라 하고, 관벽면이 발휘하는 인장력을 T라 하면 원관은 모든 방향으로 대칭이므로 그림 2.25와 같고, 반원관에 대해서만 고려하면 된다. 따라서 그림의 자유물체도로부터

$$2\,T = P = p\,Dl \tag{2.35}$$

관의 인장응력을 σ, 관의 두께를 t라 하면

$$T = \sigma t l \tag{2.36}$$

식 (2.35)와 (2.36)으로부터

$$\sigma t = \frac{pD}{2}$$

관의 설계에 있어서는 σ 대신에 관재료의 허용응력 σ_{ta}를 사용하며

$$t = \frac{pD}{2\sigma_{ta}} \tag{2.37}$$

식 (2.37)을 주장력공식(周張力公式)이라고 하며, 관의 직경과 동수압이 결정되면 그때의 관의 두께를 구할 수 있다. 만일 압축응력이 작용할 때에는 허용인장응력 대신에 허용압축응력 σ_{ca}를 사용한다.

예제 2-14

수두 50 m의 수압을 받는 수압관의 내경이 800 mm라 하면 강관의 두께는 얼마로 설계해야 할 것인가? 단, $\sigma_{ta} = 1{,}400\,\text{kg/cm}^2$이다.

풀이 $\gamma = 1{,}000\,\text{kg/m}^3$, $h = 50\,\text{m}$, $D = 800\,\text{mm} = 80\,\text{cm}$

$p = \gamma h = 1{,}000 \times 50 = 50{,}000\,\text{kg/m}^2 = 5\,\text{kg/cm}^2$

식 (2.37)을 사용하면

$$t = \frac{5 \times 80}{2 \times 1{,}400} = 0.143\,\text{cm}$$

2.10 부력

기원전 250년경에 아르키메데스(Archimedes)는 "액체 속에 잠겨 있는 물체의 무게는 공기 중에서의 무게에 비해 그의 체적에 해당하는 액체의 무게만큼 가벼워진다"는 사실을 밝혔으며, 이는 아르키메데스의 원리(Archimedes' Principle)로 알려져 있다. 아르키메데스의 원리는 근본적으로 수중에 잠겨 있거나 떠 있는 물체가 부력을 받게 됨을 말하며, 이는 수중의 곡면에 작용하는 정수압으로 인한 힘의 계산방법으로 증명할 수 있다.

그림 2.26과 같이 고형물체 $ANBMA$가 수중에 잠겨 평형상태에 있다고 가정하자. 이 물체에 작용하는 수평력은 곡면 MAN에 오른쪽 방향으로 작용하는 힘 P_H와 곡면 MBN에 왼쪽 방향으로 작용하는 힘 P_H'의 합이다. 그런데 곡면 MAN 및 MBN에 작용하는 힘은 각각 이 곡면을 연직으로 투명한 평면, 즉 MN을 통과하는 연직평면에 작용하는 힘과 같으며 방향은 서로 반대이므로

$$P_H + P_H' = 0$$

즉, 물체는 수평방향으로는 전혀 힘을 받지 않는다.

그림 2.26의 고형물체에 작용하는 연직방향의 힘은 미소단면적 ΔA를 가지는 프리즘 ab에 작용하는 연직력을 고려하고 이를 물체의 전 체적에 걸쳐 적분함으로써 구할 수 있다. 그림에서 프리즘 ab에 작용하는 연직방향의 순힘은 ab의 하면에서 위로 작용하는 힘과 상면에서 아래로 작용하는 힘의 차이다. 즉,

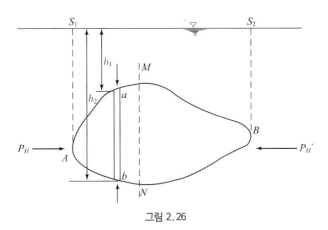

그림 2.26

$$P_V = \gamma h_2 \Delta A - \gamma h_1 \Delta A = \gamma (h_2 - h_1) \Delta A \, (\text{상향})$$

여기서 P_V는 프리즘 ab로 대체된 물의 무게와 같다(즉, 프리즘 ab의 체적과 같은 물의 무게와 같다). 다시 말하면 수중의 프리즘 ab의 무게는 프리즘의 체적에 해당하는 물의 무게 만큼 가벼워진다. 따라서 물체 전체에 걸쳐 작용하는 연직력은 물체를 구성하는 수많은 프리즘 각각에 작용하는 연직력을 합성함으로써 얻을 수 있으며, 그 크기는 물체 $ANBMA$의 체적으로 대체된 물의 무게와 같다.

아르키메데스(Archimedes)의 부력에 관한 원리는 수중의 곡면에 작용하는 정수압의 원리를 이용해서도 설명될 수 있다. 그림 2.26의 곡면 ANB와 AMB에 작용하는 연직력은

$$P_{ANB} = \gamma \times (\text{곡면 } ANB \text{를 밑면으로 하는 수주 } S_1 ANBS_2 \text{의 체적})$$
$$P_{AMB} = \gamma \times (\text{곡면 } AMB \text{를 밑면으로 하는 수주 } S_1 AMBS_2 \text{의 체적})$$

따라서 물체에 작용하는 순연직력은

$$F_B = P_{ANB} - P_{AMB} = \gamma \times (\text{물체 } ANBMA \text{의 체적}) \qquad (2.38)$$
$$\therefore F_B = \gamma \mathrm{V}$$

여기서 V는 물체의 체적이며 물체가 배제한 물의 용적, 즉 배수용적과 같고 F_B는 배제된 물의 무게와 같으며 이를 부력(buoyancy)이라 한다.

그림 2.26과 같이 물체가 수중에 잠겨 떠 있기 위해서는 그림 2-27에서와 같이 물체 $ABCDA$에 끈을 매달아 힘 F를 상향으로 작용시켜 주지 않으면 안 되며, 이때 물체에 작용하는 힘의 정역학적 평형방정식은

$$F + (F_2 - F_1) - W = 0$$

혹은

$$F + F_B - W = 0 \qquad (2.39)$$

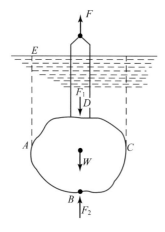

그림 2.27 물속에 잠겨 있는 물체

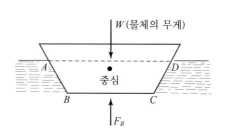

그림 2.28 물 위에 떠 있는 물체

여기서 W는 공기 중에서의 물체의 무게이다.

만약 힘 F를 작용하지 않았을 때에도 물체가 수중에 떠 있기 위해서는 $F_B = W$이어야 하고, $F_B = \gamma V$, $W = \gamma_s V$이므로 $\gamma_s = \gamma$, 즉 물체의 단위중량이 물의 단위중량과 같아야만 한다. 또한 식 (2.39)에서 $F = W - F_B$는 공기 중에서의 물체의 무게 W에서 부력을 뺀 것이므로 수중에서의 물체의 무게임을 알 수 있다.

지금까지는 물체가 물속에 완전히 잠겨 있는 경우에 대해서는 살펴보았으나 그림 $2-28$과 같이 물체가 물 표면에 떠 있을 경우에 물체에 작용하는 부력을 살펴보기로 한다. 그림의 사다리꼴 물체가 받은 부력의 크기는 수면 아래로 잠긴 체적 $ABCD$에 해당하는 물의 무게와 같아야 하므로

$$F_B = \gamma \,(체적\ ABCD)$$

한편, 물체에 작용하는 힘의 정역학적 평형방정식은

$$F_B - W = 0 \quad \therefore F_B = W \qquad (2.40)$$

따라서

$$W = F_B = \gamma \,(체적\ ABCD) \qquad (2.41)$$

식 (2.40)으로부터 물의 표면에 떠 있는 물체는 그 물체의 무게와 동일한 부력을 받는다고 말할 수 있다.

부력의 작용점은 물체가 배제한 물 체적의 중심과 같으며 이를 부심(浮心, center of buoyancy)이라 한다. 물체가 물 표면에 걸쳐 떠 있거나 수중에 잠겨서 평형상태(정지상태)에 있을 때에는 물체의 중심과 부심은 동일 연직선상에 있고, 무게와 부력의 크기는 같으나 작용방향은 서로 반대이다. 물 표면에 떠 있는 부체가 수면에 의해 절단되는 면을 부양면(浮揚面, plane of floatation)이라 하고, 부양면으로부터 물체의 최하단까지의 깊이를 흘수(吃水, draft)라 한다.

예제 2-15

어떤 물체의 대기 중에서의 무게와 물속에서의 무게가 각각 6 kg 및 1 kg이었다. 이 물체의 체적과 비중을 구하라.

풀이 물체의 체적을 V라 하고 식 (2.39)를 사용하면

$$F_B = W - F$$
$$1,000 \times V = 6 - 1$$
$$\therefore V = 0.005\,\mathrm{m}^3$$

따라서 비중은

$$S = \frac{6}{1,000 \times 0.005} = 1.2$$

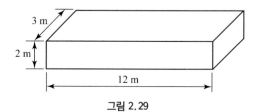

예제 2-16

그림 2.29와 같은 뗏목배의 무게가 36 ton이다. 뗏목배가 운행하는 데 필요한 수로의 최소수심을 계산하라.

풀이 최소수심을 y라 하고 식 (2.41)을 사용하면

$$36,000 = 1,000 \times (3 \times 12 \times y)$$

$$\therefore y = 1\,\mathrm{m}$$

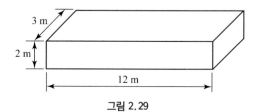

3 m

2 m

12 m

그림 2.29

2.1 원통형 용기의 바닥에 수심 1.2 m까지는 비중 1.4인 액체를 넣고 그 위에 1.5 m 깊이로 비중 0.95인 액체를 넣었을 때 바닥면이 받는 정수압으로 인한 힘을 구하라. 또한 벽면에 작용하는 압력분포를 그려라.

2.2 어떤 산의 정상에서의 대기압이 996 milibar로 측정되었으며 해면에서의 대기압은 1,015 milibar였다. 공기의 밀도가 1.125×10^{-3} g₀/cm³로 일정하다면 정상의 해발표고는 몇 m일까?

2.3 2.56×10^5 N/m²를 수주, 수은주, kg/cm² 및 bar 단위로 환산하라.

2.4 그림 2.30과 같은 밀폐된 탱크 속에 들어 있는 비중 0.8인 액체가 압력을 받고 있다. 압력계의 읽음이 3.2×10^5 dyne/cm²이었다면 탱크의 바닥면에서 받는 압력강도는 얼마인가? 또 수압관 내로의 상승고 h 를 계산하라.

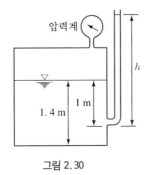

그림 2.30

2.5 어떤 어족은 정수압이 표준대기압의 5배 이상이 되면 살 수 없다고 한다. 이 어족은 몇 m 깊이까지 생존 가능한가?

2.6 밀폐된 기름탱크 내에 비중 0.85인 기름이 차 있고 기름표면의 대기압은 표준대기압의 1.2배이다. 기름 표면으로부터 5 m 깊이에 있는 점에서의 계기압력과 절대압력을 kg/cm²로 계산하라.

2.7 그림 2.4에서 $A_1 = 10 \, \text{cm}^2$, $A_2 = 1,000 \, \text{cm}^2$, $z = 30 \, \text{cm}$, $P_1 = 2 \, \text{kg}$일 때 수압기가 들어 올릴 수 있는 무게 P_2를 계산하라.

2.8 예제 2–03에서 피스톤 A와 B의 직경이 각각 5 cm, 3 cm일 때 무게 $W=3$ ton을 들어올리기 위해서 점 C에 가해 주어야 할 힘을 계산하라.

2.9 양단이 개방되어 대기와 접하고 있는 U자관의 아랫부분에 수은이 들어 있다. U자관의 한쪽에 물을 부어 수은–물 경계면으로부터 1 m 깊이가 되도록 하면 U자관 내 수은의 수면차는 얼마가 되겠는가?

2.10 연습문제 2.9의 경우에서 물이 들어 있는 관의 반대쪽 관에 비중 0.79인 기름을 60 cm 부었을 때 수은의 수면차를 계산하라.

2.11 도시 상수도관의 어떤 단면에 그림 2.31과 같이 액주계를 연결하였더니 수은주가 1 m로 나타났다. 관단면에서의 평균압력을 구하라.

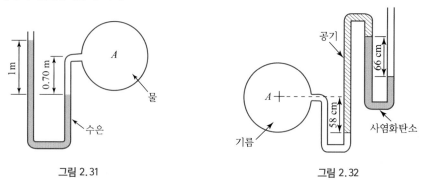

그림 2.31   그림 2.32

2.12 그림 2.32와 같은 개구식 액주계로 비중 0.82인 기름이 흐르고 있는 관내의 압력을 측정하고자 한다. 액주계 유체가 사염화탄소(비중 1.60)이고 측정값이 그림에 표시된 바와 같을 때 관내의 압력을 수주(m)로 표시하라.

2.13 그림 2.33에서 관 A에서의 압력 p를 구하라. 기름의 비중은 0.95이다.

2.14 그림 2.34에서 $h_1 = 20\,\mathrm{cm}$, $h_2 = 67\,\mathrm{cm}$이고 액주계 유체는 수은이며 관속에는 물이 흐르고 있다. 관내의 평균압력을 구하라.

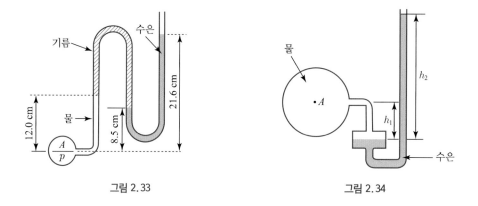

그림 2.33   그림 2.34

2.15 그림 2.35에서 비중 $S_1 = S_3 = 0.82$, $S_2 = 13.6$이고 $h_1 = 38\,\mathrm{cm}$, $h_2 = 20\,\mathrm{cm}$, $h_3 = 15\,\mathrm{cm}$이다. 다음을 각각 구하라.

(a) $p_B = 0.8\,\mathrm{bar}$일 때 p_A

(b) $p_A = 1.5\,\mathrm{bar}$이고 대기압이 1,013 milibar일 때 p_B

2.16 그림 2.36에서 비중 $S_1 = S_3 = 1.0$, $S_2 = 0.94$이고 $h_1 = h_2 = 30\,\mathrm{cm}$, $h_3 = 90\,\mathrm{cm}$이다.

(a) $(p_A - p_B)$를 수주로 계산하라.

(b) $(p_A - p_B)$의 값이 $-30\,\mathrm{cm}$의 수주이면 h_2는 얼마나 되겠는가?

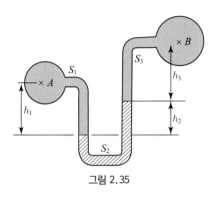

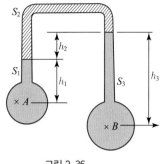

그림 2.35   그림 2.36

2.17 그림 2.37에서 관 A, B에 흐르는 유체의 비중은 각각 0.75 및 1.0이다. 액주계 유체가 수은이라면 두 관내 압력의 차는 얼마인가?

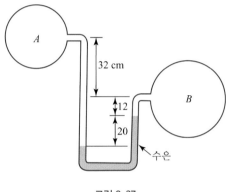

그림 2.37

2.18 그림 2.38의 구형수문 AB의 폭은 1.5 m이다. 수문의 자중을 무시하고 A점에 걸리는 힘을 계산하라.

2.19 그림 2.39와 같은 수문 CD의 폭은 2 m이며 수문의 중심 A에서 사재 AB로 저지되어 있다. AB가 수문 CD에 작용하는 반력을 구하라.

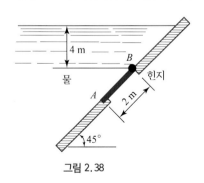

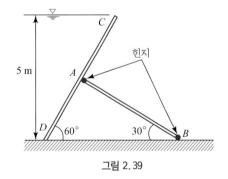

그림 2.38   그림 2.39

2.20 그림 2.40과 같이 저수지로부터 도수터널로 들어가는 입구에 2 m × 3 m의 철제 수문(자중 2 ton)이 설치되어 있다. A점은 힌지로 되어 있고 B점은 홈에 들어가 있다. 수문이 열리지 않도록 하기 위한 저수지 내 최대수심 h를 구하라.

2.21 그림 2.41과 같은 직경 50 cm인 원형 밸브 CD가 완전히 닫혀져 있을 때 받는 힘의 크기와 작용점을 구하라.

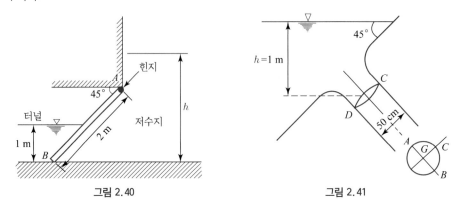

그림 2.40 　　　　　　　　　　　　　　그림 2.41

2.22 그림 2.42에서 수문 AB가 열리지 않게 하기 위해 B점에 가해 주어야 할 힘 F를 구하라. 수문의 폭은 1.2 m이다.

2.23 그림 2.43에서 2 m 평방의 정사각형 수문의 상단이 힌지로 연결되어 있을 때 A점에 걸리는 힘을 계산하라.

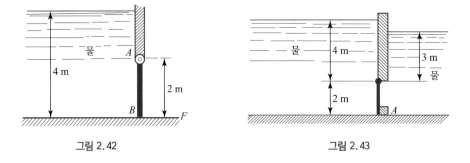

그림 2.42 　　　　　　　　　　　　　　그림 2.43

2.24 그림 2.44와 같이 연직으로 놓여 있는 삼각형 수문판에 작용하는 힘의 크기와 작용점을 구하라.

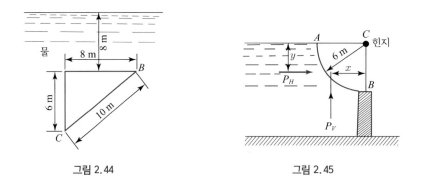

그림 2.44 　　　　　　　　　　　　　　그림 2.45

2.25 그림 2.45에서 수문 AB에 작용하는 힘의 크기와 작용점을 구하라. 수문 AB의 폭은 5 m이다.

2.26 그림 2.46과 같은 곡면의 수문에 작용하는 힘의 크기와 작용점을 구하라.

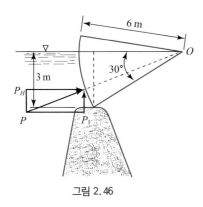

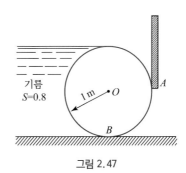

그림 2.46   그림 2.47

2.27 그림 2.47에서와 같이 반경 1 m인 실린더가 기름의 흐름을 막고 있다. 실린더의 길이는 1.5 m이고 무게는 2,300 kg이다. 마찰을 무시할 때 점 A, B에서의 반력을 구하라.

2.28 그림 2.48의 곡면 AB의 단위폭당 작용하는 힘의 크기와 작용점을 구하라.

2.29 그림 2.49와 같은 콘크리트 댐(비중 1.67)의 단위폭당 작용하는 힘으로 인한 점 A에서의 모멘트의 크기와 방향을 구하라.

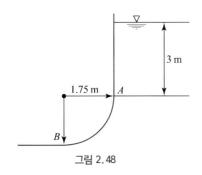

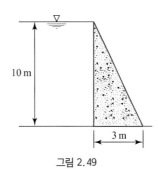

그림 2.48   그림 2.49

2.30 그림 2.50과 같은 방사상 수문 ABC에 작용하는 힘의 크기와 작용점을 구한 후 수문을 열기 위해 점 A에 가해 주어야 할 힘 F를 구하라. 수문의 폭은 1.8 m이며 자중은 무시하라.

2.31 그림 2.51과 같은 실린더형 수문이 강판 AB로 댐에 힌지되어 있고 수문의 위치는 실린더 내로 물을 양수하여 조절하도록 되어 있다. 실린더 내부가 비어 있을 때 수문의 중심은 힌지로부터 1.2 m의 위치에 있고 그림의 위치에서 수문이 평형상태에 있다. 수위가 현수위보다 1 m만큼 상승할 때 수문의 위치가 그림의 위치를 유지하기 위해서 얼마만큼의 물을 실린더 내부로 양수해 넣어야 하겠는가?

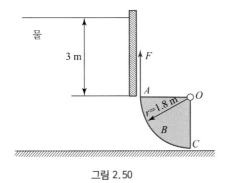

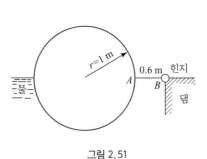

그림 2.50   그림 2.51

2.32 20 cm × 20 cm × 40 cm인 육면체의 수중무게가 5 kg이었다면 이 물체의 공기 중 무게와 비중은 얼마이겠는가?

2.33 비중이 7.25인 물체가 수은표면에 떠 있다. 표면 위로 나온 부분은 전체적의 몇 %인가?

2.34 폭이 3 m, 길이가 7.5 m, 길이가 4 m인 상자의 무게는 40 ton이고, 속은 비어 있다.

    (a) 상자를 물 위에 띄웠을 때 수면 밑으로 얼마나 내려가겠는가?

    (b) 수심이 4 m일 때 상자를 바닥면에 완전히 가라앉게 하려면 상자 속에 얼마의 무게를 넣어야 하는가?

2.35 그림 2.52와 같이 직경 50 cm인 원통형 부표에 직경 30 cm의 금속구(비중 $s=14$)가 매달려서 앵커(anchor)의 역할을 하고 있다. 부표의 높이는 2 m, 비중은 0.5이다. 금속구가 바닥으로부터 뜨기 위해서는 해수(비중 $S=1.025$)의 수위(h)가 얼마나 더 증가해야 하는가?

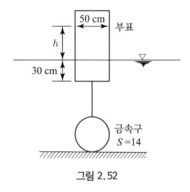

그림 2.52

Chapter

03 동수역학

$\underline{3.1}$ 서론

제2장에서는 정지하고 있는 물의 역학적인 문제에 관하여 취급하였으나, 물이 흐를 경우의 운동학(kinematics)에 관해서는 이 장에서 다룬다. 고체역학(solid mechanics)에서처럼 운동학에서는 유체입자의 변위(displacement)와 속도(velocity) 및 가속도(acceleration)로서 유체의 운동을 서술하게 되는 것이며, 이들 성질과 힘(force) 간의 관계를 다루는 동수역학(hydrodynamics)과 구별된다. 흐르는 물을 구성하고 있는 개개 입자는 고체와는 달리 각각 상이한 속도나 가속도를 가지게 되며, 이들 운동학적 성질을 표현하는 방법과 연속적인 흐름이 가지는 질량보존법칙(law of mass conservation)의 유도 및 의의 등 제반 운동학적 문제에 대하여 살펴보기로 한다.

유체 흐름의 기본원리에 대한 지식은 가상적인 이상유체의 흐름(flow of ideal fluid)에 관한 원리를 이해함으로써 가장 쉽게 터득될 수 있다. 이상유체란 점성(viscosity)이 없는 유체를 말한다. 따라서 이상유체에서는 유체입자 간 혹은 유체입자와 경계면 사이에 점성으로 인한 마찰효과가 있을 수 없으며, 따라서 와류의 형성이나 에너지의 손실도 있을 수 없다. 물론 실제유체(real fluid) 혹은 점성유체(viscous fluid)의 경우에는 정도의 차이는 있지만 반드시 점성으로 인한 에너지의 손실이 수반되나 이상유체로 가정함으로써 유체 흐름의 기본방정식들을 단순화할 수 있으며, 이들 방정식을 쉽게 풀이함으로써 여러 가지 실질적인 문제의 해결이 가능하게 된다.

이상유체의 가정에 부가해서 유체가 비압축성이라 가정하면 유체밀도의 압력 및 온도에 따른 변화를 무시할 수 있으므로 흐름에 주는 열역학적 영향(thermodynamic effects)을 제거할 수 있어서 흐름의 문제는 한층 더 간단해진다. 물론 유체밀도가 압력이나 온도에 따라 크게 변화하는 기체의 흐름에 대해서는 비압축성 유체 가정이 합당하지 않으나 전술한 바와 같이 주로 토목에서 다루는 물은 실질적인 목적을 위해 비압축성으로 가정해도 무방하다고 보겠다.

본 장에서는 위에서 언급한 가정 하에서 유체동역학(fluid dynamics)에 관하여 살펴보고자 한다. 유체의 흐름의 원리와 응용을 다루는 동역학의 기본이 되는 방정식인 Euler 방정식, Bernoulli 방정식 및 역적-운동량 방정식 등의 유도와 물리적 의미 그리고 이들 식의 응용에 관하여 논하기로 한다.

실제유체(real fluid) 혹은 점성유체(viscous fluid)의 흐름은 유체의 점성(viscosity)에 의한 여러 가지 현상 때문에 이상유체의 흐름보다 대체로 복잡하며, 점성의 영향을 고려해 주기 위해서는 이상유체의 흐름의 원리를 표시하는 각종 방정식에 조정을 가하지 않으면 안 된다. 물의 점성은 타 유체의 점성에 비하면 비교적 작은 편이나 실제 문제의 해결을 위해서는 점성을 무시할 수 없으므로 실제유체로 다루어야 한다.

실제유체가 가지는 점성은 유체층 간 혹은 유체입자와 경계면 사이에 마찰력(혹은 전단력)을 일으킴으로써 흐름에 저항력을 유발시키게 된다. 따라서 유체가 이 저항력을 이기고 흐르기 위해서는 일(work)을 해야 하며 이 과정에서 유체가 가지는 에너지의 일부는 열에너지로 변환된다.

실제유체의 이러한 성질 때문에 이상유체 흐름에 있어서의 유관 내의 균일유속분포(uniform velocity distribution) 가정은 허용되지 않으며 실제의 유속분포는 관의 양쪽 벽에서는 영이 되고 관의 중립축으로 갈수록 유속이 커지는 곡선형이 되는 것이다.

물론 Euler 방정식에 실제유체의 흐름에 의한 전단력(shear force)의 항을 포함시킬 수도 있으나 그 결과식은 편미분방정식이 되며 현재까지 이 방정식의 일반해를 해석적으로 얻을 수 없는 것이 사실이다. 따라서 실제유체의 흐름 문제를 해결하기 위해 현재까지 많은 실험적 혹은 반실험적 방법이 강구되어 왔고 이들 방법에 의존하여 문제를 해결해 왔다. 이러한 관점에서 볼 때 실제 흐름의 여러 가지 물리적 현상을 근본적으로 이해하는 것은 매우 중요하므로 실제유체의 점성이 흐름에 미치는 마찰효과에 관련된 부분에 관하여 고찰하기로 한다.

3.2 흐름의 분류

유체의 흐름은 여러 가지 관점에서 다양하게 분류할 수 있으나 여기서는 운동학의 전개에 우선적으로 필요한 정상류(定常流, steady flow) 및 부정류(不定流, unsteady flow), 1차원 및 2차원, 3차원 흐름(one-, two-, and three-dimensional flows)에 대한 개념만 소개하기로 한다.

3.2.1 정상류와 부정류

유체의 흐름 특성이 시간에 따라 변하느냐 혹은 변하지 않느냐는 정상류(steady flow)와 부정류(unsteady flow)를 구분하는 기준이 된다. 즉 흐름의 임의의 단면에서 밀도, 유속, 압력, 온도 등의 모든 흐름 특성이 전혀 변하지 않으면 그 흐름은 정상류이나 어느 한 가지 특성이라도 변한다면 부정류로 분류된다. 예를 들면 그림 3.1과 같은 무한히 큰 저수지에 연결된 관로에 부착된 밸브 A를 개방하는 순간의 사출수는 부정류이나 밸브의 개구를 일정하게 고정했을 때의 흐름은 정상류에 속한다. 정상류의 경우에는 흐름의 특성이 시간의 함수가 아니므로 부정류에 비하여 그 해석이 매우 간단하다. 실제 자연계의 흐름은 엄밀한 의미에서는 대부분 부정류에 속하는 것이 통상이나 정상류의 이론은 실제문제의 해결에 매우 널리 적용된다. 물론 정상류로 가정하는 데서 생기는 오차가 없지는 않지만 많은 흐름 문제에서 이 오차는 거의 무시할 수 있을 정도로 심각하지 않은 것이 보통이며, 부정류 해석의 복잡성을 피하기 위한 현명한 가정이라고 볼 수 있다. 따라서 여기서는 정상류에 국한하여 각종 해석의 기본이 되는 원리를 전개하고자 한다.

운동하고 있는 물 혹은 다른 유체 중에서 개개 유체입자가 흐르는 경로를 유적선(流跡線, stream path line)이라 하며 어느 순간에 각 점에 있어서의 속도벡터를 그릴 때 이에 접하는 곡선을 그을 수 있다. 이 곡선을 연결하는 선을 유선(流線, streamline)이라 하며 그림 3.2는 이를 도식적으로 표시하고 있다.

따라서 이렇게 정의된 유선에 수직한 방향으로서 속도성분은 항상 영이 되며 유선을 가로지르는 흐름은 존재할 수 없게 된다. 이러한 유선은 흐름의 역학적 문제를 정성적 혹은 정량적으로 해석하는 데 매우 편리한 도구가 된다. 그림 3.3은 비행기 날개와 원통형 실린더 단면의 주위에서 일어나는 유체흐름의 양상을 표시하고 있으며 유선을 관찰함으로써 유속이 빠른 부분과 느린 부분, 혹은 압력이 높고 낮은 구역 등을 판별할 수 있다.

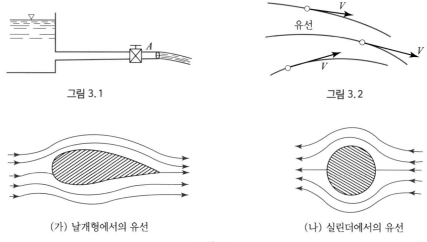

그림 3.1

그림 3.2

(가) 날개형에서의 유선　　　　(나) 실린더에서의 유선

그림 3.3

흐름이 정상류이면 유선의 모양이 시간에 따라 변화하지 않으므로 유선은 유체입자의 운동경로인 유적선과 일치하나 부정류의 경우에는 서로 상이하다.

공간좌표상에 유선상의 한 점(x, y, z)에 있어서의 속도벡터 V의 세 직각성분을 u, v, w라 하고 방향여현(directional cosine)을 l, m, n이라 하면

$$u = Vl, \quad v = Vm, \quad w = Vn \qquad (3.1)$$

또한 유선의 미소변위 ds의 세 직각성분을 각각 dx, dy, dz라 하면

$$dx = lds, \quad dy = mds, \quad dz = nds \qquad (3.2)$$

식 (3.1)과 (3.2)로부터 유선상을 따라 이동하는 유체입자의 변위와 속도성분 간의 관계를 표시하는 다음과 같은 식을 얻을 수 있다.

$$\frac{dx}{u} = \frac{dy}{v} = \frac{dz}{w} \qquad (3.3)$$

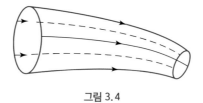

그림 3.4

식 (3.3)은 유선방정식이라 불리우며 이 관계를 만족하는 공간좌표상의 선이 바로 유선이다. 정상류의 경우 그림 3.4에서처럼 폐곡선을 통하여 유선들을 그리면 유선은 일종의 경계면을 형성하게 되며 유선의 정의에 의하면 유체입자는 이 경계면을 통과할 수 없게 된다. 따라서 유선으로 둘러싸인 공간은 일종의 관이 되며 이를 유관(streamtube)이라 부른다.

유관의 개념을 적용하면 유체흐름의 여러 가지 기본원리의 응용범위를 넓힐 수 있을 뿐 아니라 어떤 크기를 가지는 유관은 극한에 가서는 본질적으로 한 개의 유선과 같이 취급할 수 있으므로 아주 작은 유관으로부터 유도되는 여러 가지 방정식들은 유선에도 그대로 적용할 수 있게 된다.

예제 3-01

평면상의 x, y 방향의 속도성분이 각각 $u = -r\omega\sin\theta$, $v = r\omega\cos\theta$ 이고 $\tan\theta = \dfrac{y}{x}$ 이면 흐름은 어떤 운동을 하는 것인가? ω 는 각속도를 표시한다.

풀이 유선방정식(식 (3.3))을 적용하면

$$\frac{dx}{-r\omega\sin\theta} = \frac{dy}{r\omega\cos\theta}$$

따라서

$$\frac{dy}{dx} = -\frac{\cos\theta}{\sin\theta} = -\frac{1}{\tan\theta} = -\frac{x}{y}$$

$$x\,dx + y\,dy = 0$$

적분하면

$$x^2 + y^2 = \text{Constant} = r^2$$

따라서 흐름은 반경 r인 원운동을 하고 있다.

3.2.2 1차원, 2차원 및 3차원 흐름

한 개의 유선은 수학적으로 정의된 개념적인 가상의 선으로서 단지 한 개의 차원(dimension)만을 가진다고 볼 수 있다. 따라서 개개 유선을 따라 흐르는 흐름은 1차원 흐름(one dimensional flow)이라 부르며 이러한 흐름에서는 압력이나 유속, 밀도 등의 변화는 오로지 유선을 따라서만 생각할 수 있는 것이다. 실제의 흐름이 1차원이 아니더라도 유동장(flow field) 내의 유선이 거의 직선에 가깝고 서로 평행할 경우에는 1차원 흐름으로 간단하게 해석하는 경우가 매우 많다.

2차원 흐름은 한 개의 유선으로는 정의될 수 없고, 여러 개의 상이한 유선으로 정의될 수 있는 유동장을 말한다. 따라서 2차원의 흐름의 유동장을 표시하기 위해서는 여러 개의 유선으로 이루어지는 개개 평면이 필요하며 그 예가 그림 3.5에 표시되어 있다. 그림 3.5 (a)는 예연위어(sharp-crested weir) 위로 월류하는 흐름을 2차원적으로 표시하고 있으며, 그림 3.5 (b)는 비행기 날개 주위의 2차원 흐름을 표시하고 있다. 이들 흐름에 있어서는 유속, 압력 혹은 밀도 등의 흐름 특성은 유동장 내에서 공간적으로 변화하게 되며, 위어나 날개가 지면에 수직으로 무한히 길 경우에만 실제 흐름을 대변하게 되나 단효과(end effect)를 고려하면 실제 흐름의 개략적인 표현에 지나지 않는다.

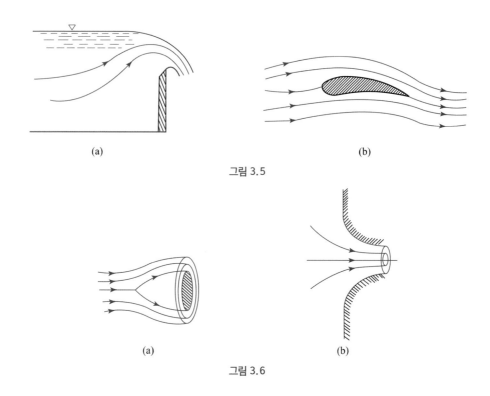

(a)   (b)

그림 3.5

(a)   (b)

그림 3.6

그림 3.6은 축 대칭 3차원 흐름의 두 경우를 도시하고 있다. 이들 흐름에 있어서의 유선은 곡면을 형성하며 유관의 동심원 단면(annular cross section)을 가지고 있고 유동장은 3차원 공간에서만 완전히 표시될 수 있다. 3차원 흐름에 있어서 흐름이 축대칭이 아닐 경우의 흐름 해석은 매우 복잡하므로 여기서는 실제의 흐름 문제에 많이 적용되는 1차원, 2차원 및 축 대칭 3차원 흐름에 대한 이론에 관해서만 살펴보기로 하겠다.

3.3 1차원 연속방정식

연속방정식(continuity equation)은 "질량은 창조되지도 않고 소멸되지도 않는다"는 질량보존의 법칙(law of mass conservation)을 설명해 주는 방정식을 말하며, 한 단면에서 다른 단면으로 흐르는 유체흐름의 연속성을 표시해 준다.

그림 3.7에서와 같이 압축성 유체의 정상류가 흐르는 한 개의 유관요소를 생각해 보자. 단면 1에서의 단면적과 유체의 평균밀도를 각각 A_1, ρ_1 단면 2에서의 값들을 A_2, ρ_2라 하고 그림 3.7의 단면 BB' 사이의 유체질량이 미소시간 dt 동안에 단면 CC'으로 이동한다고 가정하면 질량보존의 법칙에 의하여 다음과 같은 관계를 얻게 된다.

$$\rho_1 A_1 ds_1 = \rho_2 A_2 ds_2 \tag{3.4}$$

식 (3.4)의 양변을 dt로 나누면

$$\rho_1 A_1 \frac{ds_1}{dt} = \rho_2 A_2 \frac{ds_2}{dt} \qquad (3.5)$$

여기서 ds_1/dt와 ds_2/dt는 각각 단면 1과 2에서의 흐름의 평균유속 V_1과 V_2를 표시한다. 따라서

$$\rho_1 A_1 V_1 = \rho_2 A_2 V_2 \qquad (3.6)$$

식 (3.6)이 곧 1차원 정상류의 연속방정식이다. 이 식이 가지는 의미를 풀이해 보면 정상류에 있어서는 유관의 모든 단면을 지나는 질량유량(mass flow rate)은 항상 일정하다는 것이다. 즉, 다른 형태의 식으로 표시하면

$$\rho A V = 일정, \ d(\rho A V) = 0, \ 혹은 \ \frac{d\rho}{\rho} + \frac{dA}{A} + \frac{dV}{V} = 0 \qquad (3.7)$$

식 (3.6)의 양변에 중력가속도 g를 곱하면

$$G = \gamma_1 A_1 V_1 = \gamma_2 A_2 V_2 \qquad (3.8)$$

여기서 G는 ton/sec의 단위를 가지는 중량유량(weight flow rate)을 표시한다.

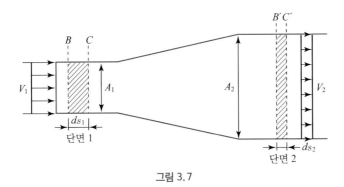

그림 3.7

만약 유동장 내에서 유체의 밀도변화가 무시할 정도로 작아서 밀도가 일정하다고 가정할 수 있으면 이 유체는 비압축성 유체(incompressible fluid)로 간주되며 식 (3.8)은 다음과 같이 표시된다.

$$A_1 V_1 = A_2 V_2 = Q \qquad (3.9)$$

여기서 Q는 체적유량(volume flow rate)으로서 통상 유량(flow rate 혹은 discharge)이라 약칭하며 m^3/sec의 단위를 가진다. 주로 토목에서 다루는 유체인 물은 압력이나 온도에 따라 그 밀도변화가 거의 무시될 수 있으므로 대부분의 경우 비압축성으로 가정한다. 따라서 수리학에서 주로 사용하는 정상류에 대한 연속방정식은 식 (3.9)의 형태이다.

2차원 흐름에 대한 유량은 흐름 방향에 수직한 단위폭당의 유량으로 표시하는 경우가 많

다. 두 개의 상이한 흐름 평면(flow plane)간의 간격 혹은 폭을 b 라 하고 유선간의 간격을 h 라 하면 개개 유관을 통한 2차원적 유량은 다음과 같다.

$$Q/b = q = h_1 V_1 = h_2 V_2 \tag{3.10}$$

여기서 q 는 2차원적 체적유량을 의미하며 $m^3/sec/m$의 단위를 가진다. 물론 식 (3.10)은 비압축성 유체에 관한 것이며 첨자 1 및 2는 서로 떨어져 있는 두 단면을 표시한다.

실제 유체의 흐름에 있어서는 그림 3.8에서 볼 수 있는 바와 같이 임의 단면의 각 점에 있어서의 점유속은 각각 상이한 것으로 알려져 있다. 이는 유체가 가지는 점성 때문에 유체입자 간 혹은 유체입자와 경계면 사이의 마찰력에 의한 것이며, 연속방정식의 타당성에는 아무런 영향도 미치지 않는다.

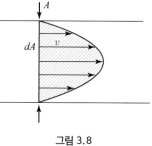

그러나 식 (3.7) 및 (3.9)의 유속 V 는 $V = Q/A$ 로 정의되는 특정단면에서의 **평균유속**(mean velocity)이며, 단면을 통과하는 총유량 Q 는 미소면적 dA 를 통과하는 미소유량 dQ 를 전 단면적에 걸쳐 적분함으로써 얻을 수 있다. 따라서

그림 3.8

$$V = \frac{Q}{A} = \frac{1}{A} \int_A v\,dA \tag{3.11}$$

여기서 v 는 점유속을 표시하며 유속분포가 알려지면 식 (3.11)을 수학적 혹은 도식적으로 적분함으로써 평균유속을 구할 수 있게 된다.

정상류에 대한 1차원 연속방정식이 가지는 물리적 의미를 고찰해 보면 유동장 내의 유선의 양상을 간접적으로 풀이할 수 있다. 즉, 비압축성 유체의 경우 어떤 유관을 따른 단면적 (A) 에 평균유속 (V) 을 곱한 값은 항상 일정해야 하므로, 유관의 단면적이 커지면 평균유속은 작아지고 반대로 단면적이 작아지면 평균유속은 커진다. 따라서 유선 간의 간격이 큰 곳에서는 간격이 작은 곳에서보다 유속이 완만할 것임을 짐작할 수 있다.

예제 3-02

직경 20 cm인 관이 직경 10 cm인 단면으로 줄었다가 다시 직경 15 cm의 단면으로부터 확대되었다(그림 3.9 참조). 10 cm관 속의 평균유속이 3 m/sec일 때 유량은 얼마이며 15 cm 및 20 cm 관속에서의 평균유속은 얼마인가? 유체는 비압축성으로 가정하라.

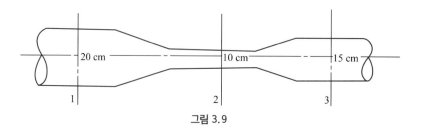

그림 3.9

풀이

$$Q = A_2 \, V_2 = \frac{\pi}{4} (0.1)^2 (3) = 0.0236 \, \mathrm{m^3/sec}$$

$$V_1 = \frac{Q}{A_1} = \frac{0.0236}{\dfrac{\pi (0.2)^2}{4}} = 0.75 \, \mathrm{m/sec}$$

$$V_3 = \frac{Q}{A_3} = \frac{0.0236}{\dfrac{\pi (0.15)^2}{4}} = 1.33 \, \mathrm{m/sec}$$

혹은 $Q = A_1 \, V_1 = A_2 \, V_2 = A_3 \, V_3$ 이므로

$$V_1 = \frac{A_2 \, V_2}{A_1} = \frac{\dfrac{\pi (0.1)^2}{4}}{\dfrac{\pi (0.2)^2}{4}} \times 3 = 0.75 \, \mathrm{m/sec}$$

$$V_3 = \frac{A_2 \, V_2}{A_3} = \frac{\dfrac{\pi (0.1)^2}{4}}{\dfrac{\pi (0.15)^2}{4}} \times 3 = 1.33 \, \mathrm{m/sec}$$

예제 3-03

그림 3.10과 같이 $d_1 = 1 \, \mathrm{m}$인 원통형 수조의 측벽에 내경 $d_2 = 10 \, \mathrm{cm}$의 철관으로 송수할 때 관내의 평균유속이 $2 \, \mathrm{m/sec}$였다. 유량 Q와 수조 내의 유속 V_1을 구하라.

풀이 $Q = A_2 \, V_2 = \dfrac{\pi (0.1)^2}{4} \times 2$

$$= 0.0157 \, \mathrm{m^3/sec}$$

$$V_1 = \frac{Q}{A_1} = \frac{0.0157}{\dfrac{\pi (1)^2}{4}} = 0.02 \, \mathrm{m/sec}$$

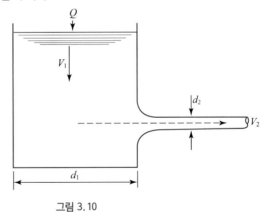

그림 3.10

3.4 1차원 Euler 방정식

Leonard Euler는 1750년에 유체입자의 운동을 서술하기 위하여 Newton의 제2법칙을 적용하여 이른바 Euler의 방정식을 유도함으로써 유체의 운동학적 문제를 해결하기 위한 해석적 방법(analytical method)의 기초를 마련하였다. 이 Euler 방정식은 후술할 Bernoulli 방정식의 모체가 되었으며 근대 유체역학의 이론적 체계를 정립하는 데 큰 역할을 했다고 볼 수 있다.

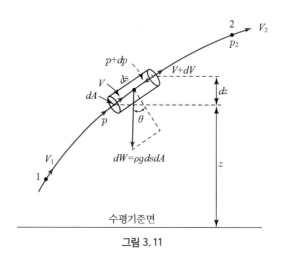

그림 3.11

그림 3.11에서와 같이 한 개의 유선을 따라 운동하는 흐름을 생각해 보자. 유체상의 원통형 미소유체의 질량을 가속하는 힘은 미소 유관의 양단에 작용하는 압력차와 유체중량의 운동방향 성분뿐이다. 즉, 두 단면 사이의 압력차는

$$p\,dA - (p+dp)\,dA = -dp\,dA \tag{3.12}$$

유체중량의 운동방향 성분은

$$-dW\sin\theta = -\rho g\,ds\,dA\sin\theta$$
$$= -\rho g\,ds\,dA\left(\frac{dz}{ds}\right) = -\rho g\,dA\,dz \tag{3.13}$$

한편, 미소유관 내의 유체의 질량은

$$dM = \rho\,ds\,dA \tag{3.14}$$

유선방향의 가속도는

$$a = \frac{d^2 s}{dt^2} = \frac{d}{dt}\left(\frac{ds}{dt}\right) = \frac{dV}{dt} = \frac{dV}{ds}\frac{ds}{dt} = V\frac{dV}{ds} \tag{3.15}$$

Newton의 제2법칙 $dF = (dM)a$를 적용하려면 dF는 식 (3.12)과 식 (3.13)의 합으로 표시된다. 즉

$$dF = -dp\,dA - \rho g\,dA\,dz \qquad (3.16)$$

식 (3.16)과 식 (3.14) 및 식 (3.15)를 사용하여 Newton의 제2법칙을 표시하면

$$-dp\,dA - \rho g\,dA\,dz = (\rho\,ds\,dA)\,V\frac{dV}{ds} \qquad (3.17)$$

양변을 $\rho\,dA$로 나누고 정리하면

$$\frac{dp}{\rho} + V\,dV + g\,dz = 0 \qquad (3.18)$$

식 (3.18)이 1차원 흐름에 대한 Euler 방정식이다. 비압축성 유체의 흐름에 대해서는 식 (3.18)을 중력가속도 g로 나누고 약간 변형하여 다음과 같이 표시함이 통상이다.

$$\frac{dp}{\gamma} + d\left(\frac{V^2}{2g}\right) + dz = 0 \qquad (3.19)$$

3.5 1차원 Bernoulli 방정식

비압축성 유체의 경우에는 유체의 단위중량 γ를 상수로 취급할 수 있으므로 1차원 흐름의 운동을 표시하는 Euler 방정식(식 (3.19))는 쉽게 적분될 수 있다. 즉

$$\int \frac{dp}{\gamma} + \int d\left(\frac{V^2}{2g}\right) + \int dz = \text{Constant} \qquad (3.20)$$

따라서 식 (3.20)은 다음과 같이 표시된다.

$$\frac{p}{\gamma} + \frac{V^2}{2g} + z = H = \ \text{일정} \qquad (3.21)$$

식 (3.21)이 곧 1차원 Bernoulli의 에너지 방정식이며 p/γ를 압력수두(pressure head), $V^2/2g$를 속도수두(velocity head), z를 위치수두(potential head)라 하며 H를 전수두 (total head)라 한다. 이들 수두는 길이의 단위(m)를 가지나 실질적으로는 유체 단위중량당 에너지(kg-m/kg)를 의미하는 것이다. 따라서 식 (3.21)은 유선(혹은 미소유관)상의 각 점(혹은 각 단면)에 있어서의 압력에너지와 속도에너지 및 위치에너지의 합이 항상 일정함을 뜻한다.

Pitot는 상단이 개방된 세관(Pitot관이라 부름)을 유체 흐름 속에 넣어 속도수두와 압력수두의 합을 측정하였으며 이는 그림 3.12에 잘 표시되어 있다. 그림 3.12의 유관상의 한 단면에서 운동하는 1 kg의 유체가 가지는 에너지는 표시된 바와 같이 위치에너지 z와 압력에너지 p/γ 및 속도에너지 $V^2/2g$이며 이의 합인 전수두 H는 모든 단면에서 일정한 것으로

표시되어 있다. 이와 같이 각 단면에서의 전수두를 연결하는 선은 수평기준면과 평행한 수평선이며, 이를 **에너지선**(energy line, E.L.)이라 하고, 압력수두를 연결하는 선을 **동수경사선**(hydraulic grade line, H.G.L.)이라 부른다. 그림 3.12에 표시된 바와 같이 한 단면에 있어서의 압력수두는 관의 벽에 세운 세관(피에조메타, piezometer)에 의해 측정할 수 있다.

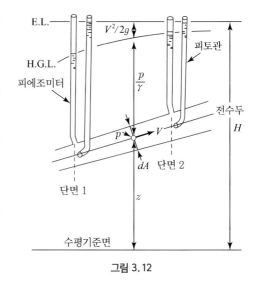

그림 3.12

한편, 그림 3.12의 단면 1과 2사이에 Bernoulli 방정식을 적용하면

$$\frac{p_1}{\gamma} + \frac{V_1^2}{2g} + z_1 = \frac{p_2}{\gamma} + \frac{V_2^2}{2g} + z_2 \qquad (3.22)$$

식 (3.22)의 각 항을 압력으로 표시하기 위하여 식의 양변에 γ를 곱하면

$$p_1 + \frac{\rho V_1^2}{2} + \gamma z_1 = p_2 + \frac{\rho V_2^2}{2} + \gamma z_2 \qquad (3.23)$$

여기서 p는 **정압력**, $\rho V^2/2$는 **동압력**, 그리고 γz는 **위치압력**이라 부른다.

이상에서 유도된 Bernoulli 방정식은 몇 가지 가정을 전제하고 있으므로 이들 가정이 허용되는 흐름에만 그 적용이 가능하다고 보겠다. 이들 가정을 요약해 보면 흐름은 정상류이어야 하며 마찰에 의한 에너지손실이 없는 이상유체인 동시에 비압축성 유체의 흐름이어야 한다. 뿐만 아니라 Euler 방정식이 한 개의 유선을 따라 유도되었으므로 Bernoulli 방정식을 적용하고자 하는 임의의 두 점은 같은 유선상에 있어야 한다는 것이다.

예제 3-04

그림 3.13과 같은 복합관이 수평으로 놓여 있다. 직경 15 cm인 관 속의 평균유속은 4.8 m/sec이며 압력은 350 kg/m²이다. 30 cm 및 20 cm 관 내의 평균유속과 압력을 구하라.

풀이 그림 3-13에서 $V_2 = 4.8\,\mathrm{m/sec}$이므로

$$V_1 = \frac{A_2}{A_1} V_2 = \left(\frac{15}{30}\right)^2 \times 4.8 = 1.2\,\mathrm{m/sec}$$

$$V_3 = \frac{A_2}{A_3} V_2 = \left(\frac{15}{20}\right)^2 \times 4.8 = 2.7\,\mathrm{m/sec}$$

$z_1 = z_2 = z_3$이므로 Bernoulli 방정식은

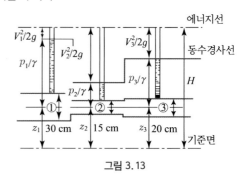

그림 3.13

$$\frac{p_1}{\gamma}+\frac{V_1^2}{2g}=\frac{p_2}{\gamma}+\frac{V_2^2}{2g}=\frac{p_3}{\gamma}+\frac{V_3^2}{2g}$$

여기서 $p_2 = 350\,\mathrm{kg/m^2}$ 이므로

$$\frac{p_1}{\gamma}=\frac{p_2}{\gamma}+\frac{1}{2g}\,(V_2^2-V_1^2)=\frac{0.35}{1}+\frac{4.8^2-1.2^2}{2\times9.8}=1.453\,\mathrm{m}$$

$$\therefore\ p_1 = 1.453\,\mathrm{ton/m^2}$$

$$\frac{p_3}{\gamma}=\frac{p_2}{\gamma}+\frac{1}{2g}\,(V_2^2-V_3^2)=\frac{0.35}{1}+\frac{4.8^2-2.7^2}{2\times9.8}=1.153\,\mathrm{m}$$

$$\therefore\ p_3 = 1.153\,\mathrm{ton/m^2}$$

예제 3-05

그림 3.14와 같이 밀폐된 수조 내의 물이 단면 1에서 2의 방향으로 흐른다. 단면 1에 있어서의 유속이 3 m/sec, 압력이 2 kg/cm²라면 단면 2에 있어서의 유속과 압력은 얼마나 되겠는가? 물의 점성은 무시하라.

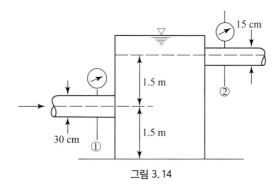

그림 3.14

풀이 연속방정식 $Q=A_1 V_1 = A_2 V_2$ 로부터

$$V_2=\frac{A_1}{A_2}\,V_1=\left(\frac{0.30}{0.15}\right)^2\times3=12\,\mathrm{m/sec}$$

Bernoulli 방정식으로부터

$$p_1+\frac{\gamma}{2g}\,V_1^2+\gamma z_1 = p_2+\frac{\gamma}{2g}\,V_2^2+\gamma z_2$$

따라서

$$p_2 = p_1+\frac{\gamma}{2g}\,(V_1^2-V_2^2)+\gamma(z_1-z_2)$$

$$=2\times10^4+\frac{1000}{2\times9.8}\,(3^2-12^2)+1000\,(1.5-3)$$

$$=11{,}612\,\mathrm{kg/m^2}=1.161\,\mathrm{kg/cm^2}$$

그림 3.15에서 보는 바와 같이 내경이 일정한 배관 내에 물이 흐를 경우 A, B, C 및 D점에서의 압력수두를 구하라(단, 관의 마찰은 무시한다.).

풀이 수조 내의 수면을 수평기준면으로 정하면 수면에서의 전수두 H는

$$H = \frac{p}{\gamma} + \frac{V^2}{2g} + z = 0$$

따라서 임의점에 있어서의 압력수두는

$$\frac{p}{\gamma} = -\frac{V^2}{2g} - z$$

E점은 대기와 접하고 있으므로 $\frac{p}{\gamma} = 0$이며 $z = -1\,\mathrm{m}$ 이므로 위의 식에서

$$\frac{V^2}{2g} = -z = 1\,\mathrm{m}$$

배관의 내경은 일정하므로 흐름이 정상류인 한 유량은 일정하며 유속 또한 일정하다. 따라서 속도수두 $V^2/2g = 1\,\mathrm{m}$로 항상 일정하다. 이로부터 각 점에 있어서의 압력수두는 다음과 같이 계산된다.

$$A점 : \frac{p_A}{\gamma} = -1 + 2 = 1\,\mathrm{m}$$

$$B점 : \frac{p_B}{\gamma} = -1 - 0 = -1\,\mathrm{m}$$

$$C점 : \frac{p_C}{\gamma} = -1 - 1 = -2\,\mathrm{m}$$

$$D점 : \frac{p_D}{\gamma} = -1 + 4 = 3\,\mathrm{m}$$

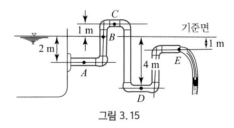

그림 3.15

예제 3-07

그림 3.16과 같이 수심 3 m의 수조에 직경 15 cm인 사이폰이 장치되어 있다. 관의 최하단은 수조의 바닥과 동일한 높이이다. 유출구 B로부터 사이폰의 정점까지의 높이가 5 m일 때 사이폰내의 유속과 정점 E에서의 압력을 구하라.

풀이 수조 내 수면과 유출 구간에 Bernoulli 방정식을 적용하면

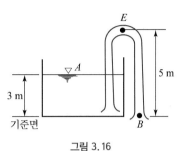

$$0 + 0 + z_A = 0 + \frac{V_B^2}{2g} + 0$$

$$\therefore V_B = \sqrt{2g z_A} = \sqrt{2 \times 9.8 \times 3} = 7.668 \, \text{m/sec}$$

따라서 사이폰을 통해 흐르는 유량은

$$Q = \frac{\pi}{4} \times (0.15)^2 \times 7.668 = 0.136 \, \text{m}^3/\text{sec}$$

그림 3.16

사이폰의 정점 E와 유출구 B 간에 Bernoulli 방정식을 적용하면

$$\frac{P_E}{\gamma} + \frac{V_E^2}{2g} + z_E = 0 + \frac{V_B^2}{2g} + 0$$

그런데 $V_E = V_B$이므로

$$\frac{P_E}{\gamma} = -z_E = -5 \, \text{m}$$

$$\therefore P_E = -5 \, \text{ton/m}^2 (\text{부압력})$$

예제 3-08

그림 3.17과 같이 길이 3 m, 직경 15 cm인 원관을 붙인 직경 1 m의 원형 수조 내에 매초당 0.15 m³의 물을 공급한다. 평형상태에 도달했을 때(수조 내의 물의 공급이 상당한 시간 동안 계속된 후) 수조 내의 수심은 얼마가 되겠는가? 또한 이때의 관내 압력분포를 그려라.

풀이 B점을 통과하는 수평선을 기준면으로 잡고 수면 A와 B 사이에 Bernoulli 방정식을 적용하면

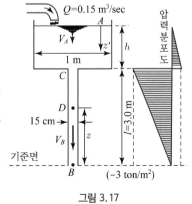

$$0 + \frac{V_A^2}{2g} + (l + h) = 0 + \frac{V_B^2}{2g} + 0$$

유량 Q가 일정할 때 유속 V_A와 V_B의 비를 수조 직경 (D_A)과 관 직경(D_B)의 비로 표시하면 다음과 같아진다.

$$\frac{V_A}{V_B} = \frac{Q \Big/ \left(\frac{\pi}{4}\right) D_A^2}{Q \Big/ \left(\frac{\pi}{4}\right) D_B^2} \equiv \left(\frac{D_B}{D_A}\right)^2$$

그림 3.17

따라서

$$\left(\frac{V_A}{V_B}\right)^2 = \left(\frac{D_B}{D_A}\right)^4 = \left(\frac{0.15}{1}\right)^4 \fallingdotseq 5 \times 10^{-4}$$

즉, $(V_A)^2 = 5 \times 10^{-4}(V_B)^2$ 이므로 $V_A^2/2g$ 은 $V_B^2/2g$ 에 비하여 매우 작으며 이는 무시할 수 있다. 따라서

$$(l+h) = \frac{V_B^2}{2g} = \frac{1}{2g}\left(\frac{Q}{A_B}\right)^2 = \frac{1}{2 \times 9.8}\left(\frac{0.15}{\pi \times 0.15^2/4}\right)^2 = 3.68\,\mathrm{m}$$

$$\therefore h = 3.68 - 3.0 = 0.68\,\mathrm{m}$$

즉, 평형상태 하에서 수조 내의 수심은 0.68 m로 유지될 것이다.

점 B 로부터 높이 z 에 있는 점 D 와 B 간에 Bernoulli 방정식을 적용하면

$$0 + \frac{V_B^2}{2\mathrm{g}} + 0 = \frac{p_D}{\gamma} + \frac{V_D^2}{2\mathrm{g}} + z_D$$

여기서 $V_B = V_D$ 이므로

$$\frac{p_D}{\gamma} = -z_D \quad \therefore p_D = -r z_D$$

따라서 B 점으로부터의 높이 z 가 0에서 3 m까지 변함에 따라 관내의 부압력은 직선적으로 커지며 압력분포도에 표시한 바와 같다.

반면에 수조 내의 압력분포는 정수압 분포를 보일 것이며 $p = \gamma z'$ 으로 표시되고 도시한 바와 같아진다. 압력분포도에서 볼 수 있는 바와 같이 수조바닥에서는 정수압을 받게 되나 관 입구에서의 압력은 불연속이 된다.

3.6 1차원 Bernoulli 방정식의 응용

전 절까지 논의한 Bernoulli 방정식은 수리학적 문제의 해결에 가장 많이 적용되는 방정식이므로 여러 가지 경우에 이 식을 적절하게 응용하는 방법을 익혀둘 필요가 있다.

본 절에서는 Bernoulli 방정식으로 설명될 수 있는 몇 가지 흐름과 유체계기에 대해서 살펴보기로 한다.

3.6.1 Torricelli의 정리

1643년 Torricelli는 정수두(static head) 하에 있는 작은 오리피스를 통한 이상유체의 흐름의 평균유속 V 는 정수두 h 의 평방근에 비례함을 밝힌 바 있다. 즉

$$V = \sqrt{2gh} \qquad\qquad (3.24)$$

식 (3.24)는 Torricelli의 정리(Torricelli's theorem)로 알려져 있으며 이는 Bernoulli 방정식의 한 특수한 경우로 풀이될 수 있다.

그림 3.18의 큰 수조 측면에 위치한 한 개의 작은 오리피스를 통한 흐름을 생각해 보자. 수조가 오리피스에 비하여 매우 크다고 가정하면 수조 내 물의 흐름 속도는 오리피스 말단부를 제외하고는 거의 무시할 수 있다. 오리피스 중심을 지나는 수평선을 기준면으로 취하면 수조 내 임의의 점에 있어서의 $(p/\gamma + z)$는 h로 일정하다. 수조의 임의의 단면 1과 오리피스 단면 2 사이에 Bernoulli 방정식을 적용하면

$$\frac{p_1}{\gamma} + \frac{V_1^2}{2g} + z_1 = \frac{p_2}{\gamma} + \frac{V_2^2}{2g} + z_2 \qquad\qquad (3.25)$$

여기서 $V_1^2/2g \fallingdotseq 0$이고 $p_1/\gamma + z_1 = h$로 일정하며 $z_2 = 0$이므로 $p_2 = 0$이면 식 (3.25)는 식 (3.24)와 같아지며 Torricelli의 정리가 Bernoulli 방정식의 한 경우임이 증명된다. 이를 해석적으로 증명하기 위해 그림 3.18의 오리피스 말단부(단면 2-2)를 통한 유선이 모두 직선적이고 서로 평행하다고 가정하자. 오리피스 주변은 대기와 접하고 있으므로 계기압력은 영이며 미소 유체요소 $\rho dAdz$에 작용하는 연직방향의 가속도는 중력가속도 g이다. 이 가속도를 유발시키는 힘은 유체요소의 상하단의 압력차와 미소 유체요소 자체의 무게이므로 Newton의 제2법칙을 적용하면

$$\sum F = -(p + dp)dA + pdA - \gamma dAdz = -(\rho dAdz)g \qquad (3.26)$$

식 (3.26)을 정리하면 $dp = 0$이 된다. 따라서 오리피스 출구단면에 있어서의 압력변화는 없으며 오리피스 주변에서의 압력이 영이므로 오리피스 단면 전체에 걸친 압력은 영임을 알 수 있다. 뿐만 아니라 관습적으로 오리피스 말단하류의 자유수맥(free jet) 내의 모든 점에 있어서의 압력도 영으로 가정하여 실제 문제를 풀이하는 것이 보통이다.

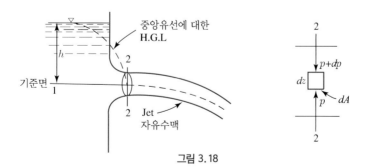

그림 3.18

그림 3.19와 같은 수조의 측벽에 직경 10 cm의 구멍을 뚫어 물을 분출시킬 때 구멍을 통해 분출되는 유량을 계산하라. 수조 내의 물은 5 m 수심으로 일정하게 유지되는 것으로 가정하라.

풀이 $V = \sqrt{2gh} = \sqrt{2 \times 9.8 \times 5} = 9.9\,\text{m/sec}$

구멍의 단면적 $A = \dfrac{\pi}{4}(0.1)^2 = 0.00785\,\text{m}^2$

$Q = AV = 0.00785 \times 9.9 = 0.078\,\text{m}^3/\text{sec}$

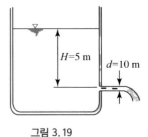

그림 3.19

3.6.2 피토관(Pitot tube)

피토관은 1732년 Henry Pitot가 정체압력(stagnation pressure) 혹은 총압력(total pressure)을 측정하기 위하여 처음으로 사용하였으며, 그 원리는 그림 3.20에 표시되어 있다. 정체압력을 피토관에 의하여 측정하면 Bernoulli 방정식을 사용하여 흐름의 유속을 계산할 수 있으므로 관수로나 개수로 흐름의 속도측정계기로 흔히 사용된다.

그림 3.20의 A, B 점에 Bernoulli 방정식을 사용하면

$$\frac{p_0}{\gamma} + \frac{V_0^2}{2g} = \frac{p_s}{\gamma} + 0 \tag{3.27}$$

여기서 p_s 가 바로 정체압력이며 정체점(stagnation point) B 에 있어서의 유속은 평형상태에 도달한 정상류상태에 있으므로 영이 된다. 식 (3.27)을 유속에 관하여 풀이하면

$$V_0 = \sqrt{2g\left(\frac{p_s}{\gamma} - \frac{p_0}{\gamma}\right)} = \sqrt{2g\,\Delta h} \tag{3.28}$$

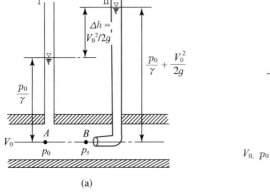

(a)

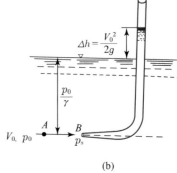

(b)

그림 3.20

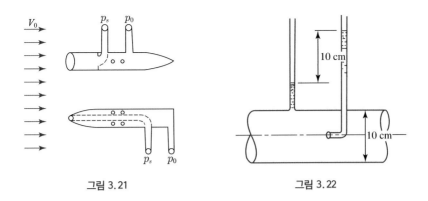

그림 3.21   그림 3.22

여기서 Δh는 정체압력수두(p_s / γ)와 정압력수두(p_0 / γ)의 차이며 관수로의 경우에는 그림 3.20 (a)에서와 같이 정체압력수두는 피토관(pitot tube)으로, 정압력수두는 관의 벽에 세운 세관, 즉 정압관(static tube)으로 측정하며 개수로의 경우에는 그림 3.20 (b)에서와 같이 측정함으로써 평균유속의 계산이 가능하게 된다. 실제의 유속측정에 있어서는 압력차 ($p_s - p_0$)를 직접 읽을 수 있도록 하기 위하여 그림 3.21과 같은 복합형 피토관을 많이 사용하고 있다.

예제 3-10

그림 3.22와 같이 직경 10 cm인 원관에 물이 흐를 때 정압관과 피토관내의 수면차가 10 cm로 측정되었다. 관의 단면에 있어서의 평균유속이 중립축에서의 최대유속의 70%라면 관을 통한 유량은 얼마이겠는가?

풀이 식 (3.28)에 $\Delta h = 10\,\mathrm{cm} = 0.1\,\mathrm{m}$를 대입하여 관 중립축에서의 유속 $V_{\max}$를 구하면

$$V_{\max} = \sqrt{2 \times 9.8 \times 0.1} = 1.4\,\mathrm{m/sec}$$

$$V_{\mathrm{mean}} / V_{\max} = 0.7 \ \text{이므로} \ \ V_{\mathrm{mean}} = 0.7 \times 1.4 = 0.98\,\mathrm{m/sec}$$

따라서

$$Q = A\,V_{\mathrm{mean}} = \frac{\pi}{4}\,(0.1)^2 \times 0.98 = 0.00769\,\mathrm{m^3/sec}$$

3.6.3 벤츄리미터

벤츄리미터(Venturi meter)도 관내 유속 혹은 유량을 결정하기 위해 Bernoulli 방정식을 응용하는 유체계기이다.

벤츄리미터는 그림 3.23과 같이 계측하고자 하는 관의 직경과 동일한 상류측 단면으로 관에 연결되고 축소원추부로 목(throat)을 형성하며 다시 확대원추부로서 단면적을 회복하여 하류측 관에 연결된다. 입구부와 목 부분에는 그림 3.23에서와 같은 시차액주계(differential manometer)를 연결하여 두 단면 간의 압력차를 측정하도록 되어 있다. 보다

정확한 계측을 위하여 벤츄리미터는 관직경의 약 30배가 되는 직선관을 상류부에 가져야 하며 목 부분의 직경은 보통 입구부 약 $\frac{1}{2} \sim \frac{1}{4}$ 정도로 한다. 단면의 축소각은 21° 정도가 좋고 확대각은 5~9° 정도가 가장 좋은 것으로 알려져 있다.

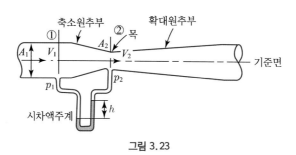

그림 3.23

벤츄리미터의 중립축을 기준면으로 하여 단면 1, 2 사이에 Bernoulli 방정식을 적용하면,

$$\frac{p_1}{\gamma} + \frac{V_1^2}{2g} = \frac{p_2}{\gamma} + \frac{V_2^2}{2g} \tag{3.29}$$

연속방정식에 의하면 $Q = A_1 V_1 = A_2 V_2$ 이므로 V_1 을 V_2 의 항으로 표시하여 이를 식 (3.29)에 대입한 후 V_2 에 관하여 풀면

$$V_2 = \frac{1}{\sqrt{1 - \left(\frac{A_2}{A_1}\right)^2}} \sqrt{2g\left(\frac{p_1 - p_2}{\gamma}\right)} \tag{3.30}$$

여기서 $(p_1 - p_2)/\gamma = \Delta h$는 단면 1과 2에 있어서의 압력수두차이므로 시차액주계로부터 구할 수 있고 A_1, A_2 는 벤츄리미터의 크기에 따라 결정되므로 식 (3.30)에 의해 V_2를 계산할 수 있으며, 따라서 유량 Q를 산정할 수 있다. 즉

$$Q = A_2 V_2 = \frac{A_2}{\sqrt{1 - \left(\frac{A_2}{A_1}\right)^2}} \sqrt{2g\Delta h} = \frac{A_1 A_2}{\sqrt{A_1^2 - A_2^2}} \sqrt{2g\Delta h} \tag{3.31}$$

그러나 실제 유체의 흐름에 있어서는 마찰 및 와류에 의한 에너지 손실이 있으므로 식 (3.30)에는 유속계수를, 그리고 식 (3.31)에는 유량계수를 각각 곱해서 유속과 유량을 계산하며 이들 계수는 통상 실험적으로 결정된다.

그림 3.24와 같이 연직관로 내의 유량을 측정하기 위하여 벤츄리미터를 설치하였다. 시차액주계의 수은주
차가 25.2 cm였다면 관로 내의 유량은 얼마이겠는가?

풀이 점 A, B 간에 연속방정식을 적용하면

$$V_A A_A = V_B A_B$$

$$\therefore V_A = \frac{A_B}{A_A} V_B = \frac{\frac{\pi}{4}(15)^2}{\frac{\pi}{4}(30)^2} V_B = \frac{1}{4} V_B$$

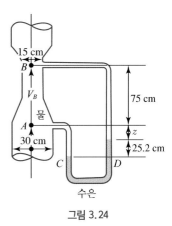

그림 3.24

점 A를 지나는 수평면을 기준면으로 잡고 A, B 간
에 Bernoulli 방정식을 적용하면

$$\frac{p_A}{\gamma} + \frac{V_A^2}{2g} + 0 = \frac{p_B}{\gamma} + \frac{V_B^2}{2g} + z_B \qquad \text{(a)}$$

$V_A = \frac{1}{4} V_B$ 와 $z_B = 0.75\,\mathrm{m}$ 를 식 (a)에 대입하고 식 (a)를 정리하면

$$\frac{p_A - p_B}{\gamma} = \frac{15}{16} \frac{V_B^2}{2g} + 0.75 \qquad \text{(b)}$$

그런데 액주계상의 점 C 및 D에 있어서의 압력은 같으므로 $p_C = p_D$이며 액주계의 원리에 의
하면

$$p_C = p_A + \gamma(0.252 + z)$$
$$p_D = p_B + \gamma(0.75 + z) + 13.6\gamma(0.252)$$

따라서 p_C와 p_D를 같게 놓고 정리하면

$$\frac{p_A - p_B}{\gamma} = 0.75 + (0.252 \times 12.6) \qquad \text{(c)}$$

식 (b), (c)의 좌변은 동일하므로

$$\frac{15}{16} \frac{V_B^2}{2g} + 0.75 = 0.75 + (0.252 \times 12.6)$$

$$\therefore V_B = 8.15\,\mathrm{m/sec}$$

$$Q = \frac{\pi}{4}(0.15)^2 \times 8.15 = 0.144\,\mathrm{m^3/sec}$$

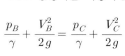예제 3-12

그림 3.25와 같이 수조로부터 관로 ABC를 통해 물이 방류된다. 관로의 단면은 입구 A의 30 cm 직경에서 축소되어 B단면에서는 10 cm가 되었다가 C단면에서 다시 30 cm로 확대되었다. 관로 내의 유량이 35 ℓ/sec로 일정하도록 수조 내의 수두 H를 조절한다면 용기 E에 있는 세관의 물은 얼마만한 높이(h)까지 상승할 것인가?

풀이 $Q = 35 \, \ell/\sec = 35,000 \, \text{cm}^3/\sec$로 일정하므로 연속방정식에 의한 B점에서의 유속은

$$V_B = \frac{Q}{A_B} = \frac{35,000}{\frac{\pi}{4}(10)^2} = \frac{35,000}{78.54} = 446 \, \text{cm/sec}$$

$$V_C = \frac{Q}{A_C} = \frac{35,000}{\frac{\pi}{4}(30)^2} = \frac{35,000}{706.86} = 49.5 \, \text{cm/sec}$$

단면 B 및 C 사이에 Bernoulli 방정식을 적용하면

$$\frac{p_B}{\gamma} + \frac{V_B^2}{2g} = \frac{p_C}{\gamma} + \frac{V_C^2}{2g}$$

따라서

$$\frac{p_c - p_B}{\gamma} = \frac{V_B^2 - V_C^2}{2g}$$

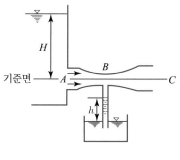

그림 3.25

그런데 단면 C는 방류단이므로 대기와 접촉하고 있어서 $p_C = 0$이다.
따라서

$$h = \frac{-p_B}{\gamma} = \frac{(446)^2 - (49.5)^2}{2 \times 980} \fallingdotseq 100 \, \text{cm}$$

3.6.4 개수로 흐름에의 응용

Bernoulli 방정식은 지금까지 예를 든 관수로의 흐름뿐만 아니라 개수로내의 여러 가지 흐름 문제를 해결하는 데도 반드시 필요한 식이다. 여러 가지 예를 들 수 있겠으나 여기에서는 가장 간단한 한 가지 경우에 대해서만 살펴보기로 한다. 그림 3.26과 같이 수문 아래로 2차원 오리피스 흐름이 발생할 때 단위폭당 유량 q는 수문의 상류 및 하류부 수심 y_1, y_2만 측정하면 Bernoulli 방정식으로부터 계산될 수 있다. 그림 3.26의 단면 1, 2에 대한 Bernoulli 방정식은

$$y_1 + \frac{V_1^2}{2g} = y_2 + \frac{V_2^2}{2g} \tag{3.32}$$

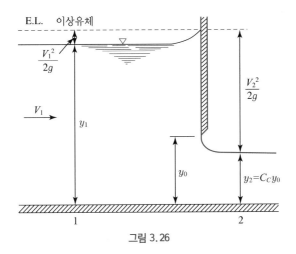

E.L. 이상유체

$\dfrac{V_1^2}{2g}$

V_1

y_1

$\dfrac{V_2^2}{2g}$

y_0

$y_2 = C_C y_0$

1   2

그림 3.26

흐름의 연속방정식은

$$y_1\,V_1 = y_2\,V_2 \quad \therefore\ V_1 = \frac{y_2}{y_1}\,V_2 \tag{3.33}$$

식 (3.33)을 식 (3.32)에 대입하고 V_2에 관하여 풀면

$$V_2 = \frac{1}{\sqrt{1 - \left(\dfrac{y_2}{y_1}\right)^2}}\,\sqrt{2\,g\,(y_1 - y_2)} \tag{3.34}$$

따라서 수로의 단위폭당 유량 q는

$$q = y_2\,V_2 = \frac{C_c\,y_0}{\sqrt{1 - (y_2/y_1)^2}}\,\sqrt{2\,g\,(y_1 - y_2)} \tag{3.35}$$

여기서 y_0는 수문의 개구(開口, opening)이며 C_c는 단면수축계수(coefficient of contraction)이다. 실제 유체의 흐름에 있어서는 마찰에 의한 에너지 손실을 고려해 주기 위하여 식 (3.35)에 유속계수를 곱해 주어야 한다.

예제 3-13

그림 3.27과 같이 댐 여수로 위로 월류하는 수맥상의 단면 2에서의 수면표고는 34 m이며, 60° 경사각을 가지는 여수로면의 표고는 33.5 m이다. 단면 2에서의 수면유속 $V_{S2} = 6$ m/sec일 때 여수로면에서의 압력과 유속을 계산하라. 또한 저수지 바닥면의 표고가 33.05 m일 때 접근수로(approach channel)의 단면 1에서의 수심과 유속을 구하라. 단, 비압축성 이상유체로 가정하라.

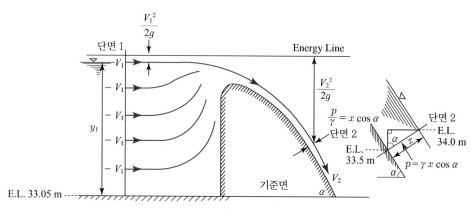

그림 3.27

풀이 단면 2에서의 경사면에 직각인 수심 $x = \dfrac{34 - 33.5}{\cos 60°} = 1.0 \, \text{m}$

단면 2에서의 수심에 의한 여수로면상에서의 압력성분은

$$1.0 \times 1 \times \cos 60° = 0.5 \, \text{ton/m}^2 = 500 \, \text{kg/m}^2$$

단면 2의 에너지선의 표고 $= 34 + \dfrac{6^2}{2 \times 9.8} = 35.84 \, \text{m}$

$$35.84 = \frac{500}{1,000} + \frac{V_{F2}^2}{2g} + 33.5$$

$$\therefore \; V_{F2} = \sqrt{2 \times 9.8 \times 1.84} = 6 \, \text{m/sec} \; (\text{단면 2의 여수로면상에서의 유속})$$

즉, $V_{S2} = V_{F2}$ 이며 이는 1차원 흐름의 가정을 생각하면 당연하다.

여수로 단위길이당의 유량은

$$q = 1 \times 1 \times 6 = 6 \, \text{m}^3/\text{sec/m}$$

기준면으로부터 단면 2의 에너지선까지의 높이는 $35.84 - 33.05 = 2.79 \, \text{m}$

따라서, 단면 1과 단면 2에 대하여 Bernoulli 방정식을 적용하면

$$2.79 = y_1 + \frac{V_1^2}{2g} = y_1 + \frac{(6/y_1)^2}{2g}$$

$$y_1^3 - 2.79 \, y_1^2 + 1.835 = 0$$

시행착오법으로 해를 구하면 $y_1 = 2.5 \, \text{m}$

따라서 접근수로에서의 유속은

$$\frac{V_1^2}{2g} = 2.79 - 2.50 = 0.29 \, \text{m}$$

$$\therefore \; V_1 = 2.39 \, \text{m/sec}$$

혹은 $\quad V_1 = \dfrac{q}{y_1} = \dfrac{6}{2.5} = 2.40 \, \text{m/sec}$

3.7 기계적 에너지를 포함하는 1차원 Bernoulli 방정식

유체의 흐름에 기계적 에너지(mechanical energy)가 포함될 경우에는 이 에너지항을 Bernoulli 방정식에 추가해 주지 않으면 안 된다.

만약 펌프(pump)에 의하여 유체 흐름에 에너지가 가해질 경우에는 Bernoulli 방정식은 다음과 같이 표시된다.

$$\frac{p_1}{\gamma} + \frac{V_1^2}{2g} + z_1 + E_P = \frac{p_2}{\gamma} + \frac{V_2^2}{2g} + z_2 \qquad (3.36)$$

여기서 E_P는 펌프에 의하여 단면 1, 2 사이의 유체에 가해지는 단위무게당의 에너지를 표시하며 E_P가 가해진 지점에서의 에너지선은 E_P만큼 급상승하게 된다.

펌프의 경우와는 반대로 흐르는 유체의 에너지를 이용하여 터빈(turbine)을 돌릴 경우에는

$$\frac{p_1}{\gamma} + \frac{V_1^2}{2g} + z_1 = \frac{p_2}{\gamma} + \frac{V_2^2}{2g} + z_2 + E_T \qquad (3.37)$$

여기서 E_T는 유체의 단위무게로부터 얻어지는 기계적 에너지이며 유체의 입장에서 볼 때에는 에너지의 손실이며 에너지선은 E_T만큼 급강하게 된다.

흐름계에 펌프와 터빈이 동시에 포함될 경우의 Bernoulli 방정식은 다음과 같다.

$$\frac{p_1}{\gamma} + \frac{V_1^2}{2g} + z_1 + E_P = \frac{p_2}{\gamma} + \frac{V_2^2}{2g} + z_2 + E_T \qquad (3.38)$$

펌프나 터빈과 같은 기계에 의한 에너지의 가감은 통상 동력(power)으로 표시되며, 이는 중량유량(weight flow rate, kg/sec)과 유체 단위중량당의 에너지(kg-m/kg)의 곱으로 표시되고 사용하는 단위에 따라 다음과 같은 식에 의하여 계산된다.

$$\text{M.K.S계 : 동력} = \frac{\gamma Q E}{102.04} = 9.8\, Q E(\text{kW}) \qquad (3.39)$$

$$= \frac{\gamma Q E}{75} = 13.33\, Q E(\text{HP}) \qquad (3.40)$$

$$\text{F.P.S계 : 동력} = \frac{\gamma Q E}{550}(\text{HP}) \qquad (3.41)$$

식 (3.39) 및 (3.40)은 M.K.S(meter-kilogram-second)계에서의 동력계산 공식으로 γ는 물의 단위중량(1,000 kg/m³), Q는 유량(m³/sec), E는 펌프 혹은 터빈에 의한 단위중량당 에너지 혹은 수두(m)를 표시하며 계산되는 값은 kW(kilowatt), 마력(horse power, HP) 단위를 갖게 된다. 식 (3.41)은 F.P.S(foot-pound-second)계에서의 동력계산식으로서 γ는 62.4 lb/ft³, Q는 ft³/sec, 그리고 E는 ft는 표시되며 계산되는 동력은 마력의

단위를 갖는다.

식 (3.39~3.41)로 계산되는 동력은 펌프의 효율과 터빈의 경우는 수차 및 발전기의 효율이 100%일 때의 동력이므로 실동력은 기계의 효율로 나누거나 곱하여 계산하게 된다. 뿐만 아니라 실제 유체의 경우에는 흐름계 내에서 마찰에 의한 에너지의 손실이 수반되므로 이를 고려하여 기계에 의한 수두(E_P 및 E_T)를 에너지 손실분만큼 감해 주게 된다.

예제 3-14

그림 3.28과 같이 하부 저수지로부터 20 m 위에 있는 수조로 0.3 m^3/sec의 물을 양수하는 데 필요한 펌프의 소요출력을 KW 및 마력으로 계산하라. 단, 펌프의 효율은 80%로 가정하며, 모든 손실을 무시한다.

풀이 저수지면을 기준면으로 잡고 저수지와 수조의 수면 1, 2 사이에 Bernoulli 방정식을 적용하면

$$0 + 0 + 0 + E_P = 0 + 0 + 20 \quad \therefore E_P = 20\,\text{m}$$

식 3.39를 사용하면

$$동력 = 9.8 \times 0.3 \times 20 = 58.8\,\text{kW}$$

펌프의 실 소요동력을 계산하기 위해서는 펌프효율로 나누어 주어야 하므로

$$실\ 소요동력 = \frac{58.8}{0.8} = 73.5\,\text{kW}$$

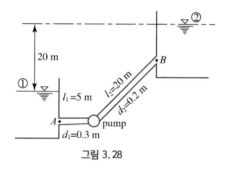

그림 3.28

식 (3.40)에 의하면

$$동력 = 13.33 \times 0.3 \times 20 = 79.98\,\text{HP}$$

$$실\ 소요동력 = \frac{79.98}{0.8} = 99.975\,\text{HP}$$

예제 3-15

그림 3.29와 같이 터빈을 통해 물이 흐르고 있다. 유량이 0.25 m^3/sec이고 점 A와 B에서의 압력이 각각 2 kg/cm^2 및 0.5 kg/cm^2로 측정되었다. 물에 의하여 터빈에 전달되는 동력을 계산하라.

풀이 A, B에서의 평균유속 V_A, V_B는

$$V_A = \frac{0.25}{\frac{\pi(0.3)^2}{4}} = 3.52 \, \text{m/sec}$$

$$V_B = \frac{0.25}{\frac{\pi(0.6)^2}{4}} = 0.88 \, \text{m/sec}$$

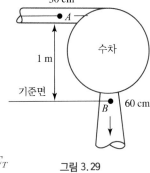

A와 B 사이에 Bernoulli 방정식을 적용하면

$$\frac{2 \times 10^4}{1{,}000} + \frac{3.52^2}{2 \times 9.8} + 1 = \frac{0.5 \times 10^4}{1{,}000} + \frac{0.88^2}{2 \times 9.8} + 0 + E_T$$

$$\therefore E_T = 16.59 \, \text{m}$$

그림 3.29

식 (3.39)에 의하면 전달동력은

$$9.8 \times 0.25 \times 16.59 = 40.65 \, \text{kW}$$

3.8 운동량 방정식

운동량 방정식(momentum equation)은 지금까지 취급한 연속방정식과 Bernoulli 방정식(혹은 에너지 방정식)과 함께 유체 흐름의 문제를 해결하기 위한 제3의 기본도구로 사용되는 중요한 방정식이다. 어떤 경우에 있어서는 연속방정식과 Bernoulli 방정식으로는 해석이 불가능한 문제가 운동량 방정식에 의해 쉽게 풀이될 수도 있으며 많은 경우 에너지 방정식과 함께 사용되기도 한다. 여기서는 실제 문제에의 응용을 위한 운동량 방정식의 기본원리를 전개하기 위하여 가장 간단한 경우인 1차원 정상류의 경우에 대해서만 생각해 보기로 한다.

짧은 시간 dt 사이에 흐름의 유속이 V_1 에서 V_2 로 변하였다고 하고 이 시간 동안에 유체에 작용한 외력의 합을 $\sum F$ 라 하자. dt 시간 동안에 유체에 생기는 가속도 a는

$$a = \frac{V_2 - V_1}{dt} = \frac{dV}{dt} \tag{3.42}$$

질량 m 인 유체를 생각하고 Newton의 제2법칙을 적용하면

$$\sum F = ma = m\frac{V_2 - V_1}{dt} \tag{3.43}$$

$$\therefore (\sum F)dt = m(V_2 - V_1) \tag{3.44}$$

식 (3.44)를 역적-운동량 방정식이라 부르며 좌변의 $(\sum F)\Delta t$ 를 역적(力積, impulse), 우변의 mV 를 운동량(運動量, momentum)이라 한다. 식 (3.44)를 다시 쓰면

$$\Sigma F = \frac{m}{dt}(V_2 - V_1) = \frac{m V_2 - m V_1}{dt} \qquad (3.45)$$

여기서 m/dt는 단위시간당 흐르는 유체질량 즉 질량유량(mass flow rate)이므로

$$m/dt = \rho_1 A_1 V_1 = \rho_2 A_2 V_2 = \rho Q$$

이다. 따라서 식 (3.45)는 다음과 같이 표시될 수 있으며, 운동량 방정식이라 한다.

$$\Sigma F = \rho Q(V_2 - V_1) \qquad (3.46)$$

지금까지 살펴본 식의 유도과정에서 알 수 있듯이 운동량 방정식의 적용을 위해서는 유동장의 내부에서 일어나는 복잡한 현상에 대해서는 전혀 알 필요가 없고, 다만 통제용적 (control volume)의 입구 및 출구에서의 조건만 알면 된다는 점이 에너지 방정식을 사용하는 것보다 편리한 점이라 하겠다.

3.9 운동량 방정식의 응용

전술한 바와 같이 운동량 방정식은 관수로나 개수로내의 여러 가지 유체 흐름 문제를 해결하는 데 편리하게 사용되고 있으며, 에너지 방정식으로서 해결이 불가능한 수리학적 문제도 해결할 수 있는 강점을 가지고 있다. 본 절에서는 운동량 방정식의 적용방법을 예시하기 위하여 몇 가지 전형적인 사용 예를 들어보기로 하겠다.

3.9.1 만곡관의 벽에 작용하는 힘

그림 3.30 (a)은 단면이 점차로 축소되는 만곡관 내의 흐름을 표시하고 있다. 이러한 관로에 있어서는 흐르는 유체에 의하여 관벽에 힘이 미치게 되며 이 힘은 운동량 방정식에 의해 계산될 수 있다. 그림 3.30 (b)의 만곡관은 통제용적 $ABCD$의 자유물체도와 속도벡터를 표시하고 있으며 p_1, p_2는 단면 1과 2에서의 평균압력이고 F는 유체가 관의 벽에 미치는 힘의 합력을 표시한다.

그림 3.30 (b)의 자유물체도에 식 (3.46)을 적용하면

$$\Sigma F_x = p_1 A_1 - p_2 A_2 \cos\theta - F_x = \rho Q(V_2 \cos\theta - V_1) \qquad (3.47)$$

$$\Sigma F_y = F_y - W - p_2 A_2 \sin\theta = \rho Q(V_2 \sin\theta - 0) \qquad (3.48)$$

따라서 관속에 흐르는 유량 Q와 입구와 출구의 직경을 알고 압력 p_1, p_2를 측정하면 식 (3.47) 및 (3.48)로부터 F_x 및 F_y를 계산할 수 있으며 이를 벡터합성함으로써 F의 크기와 방향을 알 수 있다.

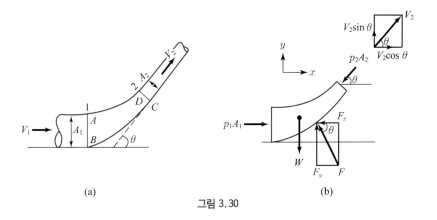

(a)

(b)

그림 3.30

그림 3.30의 원형단면을 가진 만곡관 내에 물이 흐른다. 단면 1과 2에서의 직경이 각각 40 cm 및 30 cm이고 유량은 0.35 m³/sec이다. 단면 1에서의 압력이 15 ton/m²으로 측정되었을 때 곡관의 벽에 작용하는 힘을 구하라. $ABCD$의 체적은 0.1 m³이며 만곡각 $\theta = 60°$이고 단면 1, 2의 중립축 표고차는 1 m이다.

풀이 식 (3.47) 및 (3.48)을 적용하기 위하여 필요한 변량을 계산하면

$$A_1 = \frac{\pi}{4}(0.4)^2 = 0.126\,\mathrm{m}^2, \ A_2 = \frac{\pi}{4}(0.3)^2 = 0.0707\,\mathrm{m}^2$$

$$V_1 = \frac{Q}{A_1} = \frac{0.35}{0.126} = 2.78\,\mathrm{m/sec}, \ V_2 = \frac{Q}{A_2} = \frac{0.35}{0.0707} = 4.95\,\mathrm{m/sec}$$

연직평면 내의 흐름이므로 $z_2 - z_1 = 1$ m이며 Bernoulli 방정식은

$$\frac{p_1}{\gamma} + \frac{V_1^2}{2g} + z_1 = \frac{p_2}{\gamma} + \frac{V_2^2}{2g} + z_2$$

따라서

$$\frac{p_2}{\gamma} = \frac{15}{1} + \frac{1}{2 \times 9.8}(2.78^2 - 4.95^2) - 1.0 = 13.14\,\mathrm{m}$$

$$\therefore p_2 = 13.14\,\mathrm{ton/m}^2$$

또한

$$W = 0.1 \times 1 = 0.1\,\mathrm{ton}$$

식 (3.47)과 (3.48)에 이들 값을 대입하여 F_x와 F_y에 관하여 풀면

$$F_x = 15 \times 0.126 - 13.14 \times 0.0707 \cos 60° \ - \frac{1}{9.8} \times 0.35 \times (4.95 \cos 60° - 2.78) = 1.44\,\mathrm{ton}$$

$$F_y = 0.1 + 13.14 \times 0.0707 \sin 60° \ + \frac{1}{9.8} \times 0.35 \times (4.95 \sin 60°) = 1.06\,\mathrm{ton}$$

따라서, 합력은

$$F = \sqrt{F_x^2 + F_y^2} = \sqrt{(1.44)^2 + (1.06)^2} = 1.79\,\mathrm{ton}$$

작용방향은

$$\theta = \tan^{-1}\frac{F_y}{F_x} = \tan^{-1}\left(\frac{1.06}{1.44}\right) = \tan^{-1}(0.736) = 36.35°$$

3.9.2 개수로내 수리구조물에 작용하는 힘

개수로내의 흐름이 댐이나 수문 등의 수리구조물(hydraulic structure)에 미치는 힘은 역적—운동량의 원리를 적용하여 계산할 수 있으며, 이는 해당 구조물의 설계를 위한 해석에 매우 중요하다.

그림 3.31의 경사진 수문에 흐름이 가하는 힘을 구해 보기로 하자. 수문 상하류의 수심 y_1, y_2 를 알면 연속방정식과 Bernoulli 방정식을 연립하여 풀어서 유속 V_1과 V_2를 계산할 수 있다. 단면 ①, ②에 포함되는 용적을 통제용적으로 취하여 작용하는 외력을 그림에서와 같이 표시한 후 x 방향의 역적—운동량 방정식을 적용하면

$$\sum F_x = F_1 - F_2 - F_x = \frac{1}{2}\gamma y_1^2 - \frac{1}{2}\gamma y_2^2 - F_x = \rho q(V_2 - V_1) \qquad (3.49)$$

여기서 F_1, F_2 는 각각 단면 1과 2에 작용하는 수로의 단위폭당 정수압으로 인한 힘이며 q는 단위폭당 유량, 즉, Q/b (b는 수로의 총폭)을 표시한다. 수문에 작용하는 힘은 수문에 수직한 힘 F이며 식 (3.49)의 F_x 는 힘 F의 수평성분이다. 따라서 $F = F_x / \cos\theta$ 로부터 구할 수 있고 $F_y = F_x \tan\theta$에 의해 구할 수 있다. 힘 F의 y 방향 분력 F_y 는 y 방향의 운동량 방정식으로부터도 구할 수 있다. 즉,

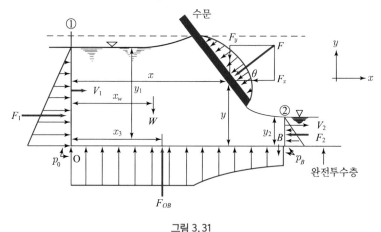

그림 3.31

$$\sum F_y = F_{OB} - W - F_y = 0 \qquad \therefore F_y = F_{OB} - W \qquad (3.50)$$

여기서 W는 단면 ①과 ② 사이에 포함된 유체의 무게이고 F_{OB}는 OB면에서 유체에 가하는 반작용력이며 통제용적의 기하학적 모양에 따라 결정된다.

그림 3.32와 같이 댐 여수로 위로 물이 월류할 때 물이 댐에 가하는 힘의 수평성분을 구하라.

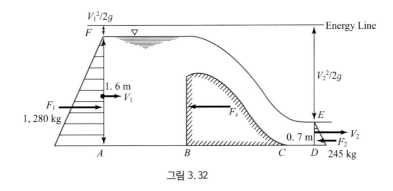

그림 3.32

풀이 이상유체라 가정하고 에너지선은 그림에 그은 바와 같다. 단면 A, D에 Bernoulli 방정식을 적용하면

$$\frac{V_1^2}{2g} + 1.6 = \frac{V_2^2}{2g} + 0.7 \qquad (a)$$

연속방정식은

$$q = 1.6\, V_1 = 0.7\, V_2 \qquad (b)$$

식 (a), (b)를 연립해서 풀면

$$V_1 = 2.04\,\mathrm{m/sec}, \quad V_2 = 4.67\,\mathrm{m/sec}$$

$$\therefore q = 3.27\,\mathrm{m^3/sec/m}$$

단면 A, D에 작용하는 수로의 단위폭당 작용하는 힘(정수압)은

$$F_1 = 1{,}000 \times \frac{1.6^2}{2} = 1{,}280\,\mathrm{kg/m}$$

$$F_2 = 1{,}000 \times \frac{0.7^2}{2} = 245\,\mathrm{kg/m}$$

통제용적 $ABCDEF$에 운동량 방정식을 적용하면

$$\sum F_x = 1{,}280 - F_x - 245 = \frac{1{,}000}{9.8} \times 3.27 \times (4.67 - 2.04) = 878$$

$$\therefore F_x = 157\,\mathrm{kg/m}$$

3.10 Reynolds의 실험

실제유체가 가지는 점성효과는 흐름의 두 가지의 서로 전혀 다른 흐름형태로 만든다. 즉, 실제유체의 흐름은 층류(層流, laminar flow)와 난류(亂流, turbulent flow)로 구분된다. 층류에서는 유체입자가 서로 층을 이루면서 직선적으로 미끄러지게 되며 이들 층과 층 사이에는 유체의 분자에 의한 운동량의 변화만이 있을 뿐이다. 반면에 난류는 유체입자가 심한 불규칙 운동을 하면서 상호 간에 격렬한 운동량의 교환을 하면서 흐르는 상태를 말한다.

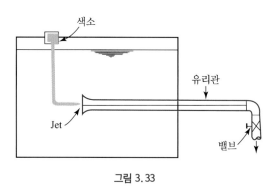

그림 3.33

실제유체의 흐름을 층류와 난류로 구분한 것은 Reynolds의 실험결과로부터 비롯된다. 그림 3.33은 Reynolds의 실험장치를 도식적으로 표시하고 있다. 그림 3.33에서와 같이 물탱크 내에 나팔형 입구를 가진 긴 유리관을 설치하고 이 유리관의 끝부분에는 관내의 유속을 조절할 수 있는 밸브를 장치하였다. 그리고 아주 가느다란 관을 그림 3.33에서와 같이 유리관의 중심에 위치시키고 착색액을 공급할 수 있도록 하였다. 색소를 유리관 내로 주입시키면서 밸브를 약간 열었을 때 물은 유리관 속으로 느린 속도로 흘렀으며 색소는 가는 실과 같이 흐트러지지 않고 직선을 그리는 것을 관찰했으며 Reynolds는 이러한 상태의 흐름을 층류라고 정의하였다. 밸브를 서서히 더 열었을 때 유리관 내의 유속도 더 빨라졌으며 유속이 어느 정도의 크기에 달했을 때 색소의 직선적인 유동은 밸브 부근에서부터 흐트러졌으며 결국에는 유리관의 입구부까지 혼탁한 상태가 파급되었다. 이러한 상태의 흐름을 난류라고 정의하였다.

이상과 같은 실험으로부터 Reynolds는 색소가 흐트러지기 시작하는 순간의 유리관 내 평균유속의 크기는 물탱크 내 물의 정체(quiescence) 정도에 비례하여 커짐을 발견하였다. 이 유속을 한계유속(限界流速, critical velocity)이라 부르며 이는 상한계유속(upper critical velocity)과 하한계유속(lower critical velocity)으로 나눈다. 즉, 전자는 층류상태로부터 난류상태로 변화시킬 때의 한계유속을 의미하며 후자는 난류상태로부터 유속을 줄여서 층류상태로 변화시킬 때의 한계유속을 뜻한다.

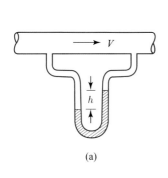

(a)

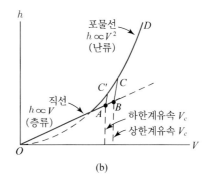

(b)

그림 3.34

그림 3.34와 같은 실험에 의해서도 흐름을 층류와 난류로 구분할 수 있다. 그림 3.34 (a)에 표시한 관내의 평균유속 V와 두 단면 간의 압력차 h간의 관계를 표시해 보면 그림 3.34 (b)와 같아진다. 즉, 유속 V가 작을 경우에 $h \sim V$관계는 거의 직선($h \propto V$)에 가까우나 유속 V가 커지면 포물선($h \propto V^2$)에 가까워짐이 알려져 있다. 전자의 경우가 바로 층류이며 후자의 경우가 난류이다. 엄밀히 말하면 층류에서 난류로의 변이는 순식간에 일어나는 것이 아니라 층류와 난류가 공존하는 흐름의 상태가 존재하며 이 영역을 천이영역 (transition region)이라 부른다. Reynolds 실험에서는 유리관 내 흐름이 부분적으로 층류와 난류가 섞여 흐를 경우가 천이영역에 속하는 흐름이 된다. 그림 3.34 (b)는 유속의 증가에 따른 압력강하량 h의 변화를 보이고 있다. 관내의 유속이 증가함에 따라 $h \sim V$관계는 $OABCD$를 따르게 되며, 반대로 유속이 감소하게 되면 $DC'AO$를 따라 변화하게 된다. Reynolds 실험과 연관시켜 생각하면 점 A와 B는 각각 하한계유속 및 상한계유속에 해당하는 점임을 알 수 있다.

Reynolds는 Reynolds 수(Reynolds Number)라는 무차원량(dimensionless parameter)을 다음과 같이 정의함으로써 그의 실험결과를 종합하였다. 즉

$$R_e = \frac{\rho V d}{\mu} \quad \text{혹은} \quad \frac{V d}{\nu} \tag{3.51}$$

여기서 V는 관내의 평균유속이며 d는 관경, ρ는 유체밀도, μ는 점성계수이고 ν는 동점성계수이다. Reynolds는 전술한 바 있는 상·하한계유속에 해당하는 Reynolds 수 R_{ec}를 여러 가지 크기의 관로에 흐르는 각종 유체에 대하여 정의할 수 있음을 발견하였으며 이 수에 의하여 층류와 난류를 구분할 수 있었다. Reynolds에 의하면 층류의 상한은 12,000 $< R_{ec} <$ 14,000으로 알려져 있으나 이 한계 Reynolds 수는 유체의 초기 정체정도와 관입구의 모양 및 관의 조도 등에 따라 크게 달라질 수 있으며, 실질적인 상한계 Reynolds 수는 2,700~4,000으로 보고 있다.

하한계 Reynolds 수로 정의되는 난류의 하한은 공학적 문제해결의 입장에서 볼 때 상한치보다 중요하며 하한계 Reynolds 수보다 낮은 흐름의 경우에는 난류성분은 유체의 점성에

의해서 모두 소멸되게 된다. 지금까지의 여러 실험결과에 의하면 관수로에서의 하한계 Reynolds 수는 약 2,100으로 알려져 있다. 즉, 흐름의 Reynolds 수가 2,100보다 작으면 그 흐름은 층류임을 의미한다. Reynolds 수가 2,100에서 4,000 사이일 때에는 층류와 난류는 공존하게 되며 전술한 바와 같이 흐름은 천이영역에 있다고 말하며 흐름의 상태가 안정되어 있지 않으므로 불안정 층류라고도 부른다. Reynolds 수가 4,000 이상일 때의 흐름은 난류이며 자연계의 흐름은 대부분 이 부류에 속한다. 여기서 한 가지 주의를 환기시킬 것은 한계 Reynolds 수의 크기는 유동장의 기하학적 모양에 따라 달라진다는 것이다. 즉, 두 평행평판 사이의 흐름에 대한 $R_{ec} \cong 1,000$(평균유속 V, 평판간 간격 d)이며 광폭개수로 (wide open channel) 내 흐름의 경우는 $R_{ec} \cong 500$(평균유속 V, 수심 d), 구 주위의 흐름인 경우에는 $R_{ec} \cong 1$(접근유속 V, 구의 직경 d)이다.

예제 3-18

직경 10 cm인 원관에 0℃의 물이 흐르고 있다. 평균유속이 1.2 m/sec라면 흐름의 Reynolds 수는 얼마인가? 이 흐름의 상태는? 단, 0℃에서의 물의 동점성계수는 $\nu = 1.788 \times 10^{-6}$ m²/sec이다.

풀이 $R_e = \dfrac{Vd}{\nu} = \dfrac{1.2 \times 0.1}{1.788 \times 10^{-6}} = 67,114 > 4,000$

따라서 흐름은 난류이다.

예제 3-19

20℃의 물이 직경 1 cm인 원관 속을 흐르고 있다. 층류상태로 흐를 수 있는 최대 평균유속과 이때의 유량을 계산하라. 단, $\nu = 1.006 \times 10^{-6}$ m²/sec이다.

풀이 층류의 하한계 Reynolds 수 $R_{ec} = 2,100$이므로

$$R_{ec} = 2,100 = \frac{V \times 0.01}{1.006 \times 10^{-6}}$$

$$\therefore V = 0.2112 \, \text{m/sec}$$

$$Q = 0.2112 \times \frac{\pi \times (0.01)^2}{4} = 1.659 \times 10^{-5} \, \text{m}^3/\text{sec}$$

3.11 실제유체 흐름의 유속분포와 그 의의

전술한 바와 같이 층류와 난류에서 실제로 발생하는 전단응력 때문에 실제 흐름의 유속분포는 이상유체의 흐름에서 가정한 것처럼 균일분포(uniform distribution)를 이루는 것이 아니라, 그림 3.35에서 볼 수 있는 바와 같이 경계면 부근에서는 유속이 작아지고 경계면에서 멀어질수록 유속이 커지는 곡선형을 이룬다. 3장에서의 Bernoulli 방정식이나 운동량 방정식의 유도에서는 균일 유속분포를 가정하였으므로 실제유체 흐름에 적용하기 위해서는 유속 V가 변수가 되는 속도수두항과 운동량의 항을 보정해 주지 않으면 안 된다.

그림 3.35의 미소유관을 통해 흐르는 유체가 가지는 운동에너지 플럭스(kinetic energy flux)는 속도수두 $u^2/2g$에 γdQ를 곱한 것이므로

$$(\gamma dQ)\frac{u^2}{2g} = \frac{\rho u^3 dA}{2} \tag{3.52}$$

한편, 운동량 플럭스(momentum flux)는 $(\rho dQ)u$이므로

$$(\rho dQ)u = \rho u^2 dA \tag{3.53}$$

따라서 그림 3.35의 단면 전체에 걸친 운동에너지 플럭스(kg·m/sec)와 운동량 플럭스(kg)는 식 (3.52)와 식 (3.53)을 단면 전체에 걸쳐 적분한 것일 것이므로

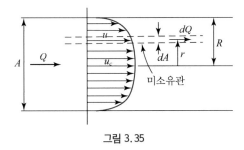

그림 3.35

$$총\ 운동에너지 = \frac{\rho}{2}\int_A u^3 dA \tag{3.54}$$

$$총\ 운동량\ 플럭스 = \rho\int_A u^2 dA \tag{3.55}$$

식 (3.54)와 식 (3.55)의 값을 평균유속 V와 총유량 Q의 항으로 표시하기 위하여 상수 α와 β를 도입하면

$$총\ 운동에너지 = \alpha\left(\gamma Q\frac{V^2}{2g}\right) = \gamma Q\left(\alpha\frac{V^2}{2g}\right) \tag{3.56}$$

$$총\ 운동량\ 플럭스 = \beta\rho QV \tag{3.57}$$

여기서 α 는 이상유체에서의 속도수두 $V^2/2g$ 를 보정하기 위한 무차원상수로서 에너지 보정계수(energy correction factor)라 부르며, β 는 운동량 플럭스 ρQV 를 보정하기 위한 무차원상수로서 운동량보정계수(momentum correction factor)라고 부른다. 이상유체의 흐름에서처럼 균일 유속분포를 가질 경우에는 $\alpha = \beta = 1$ 이지만 실제유체의 경우에는 불균일 유속분포(nonuniform velocity distribution)를 가지므로 α, β 는 1보다 큰 값을 가지며 $\alpha > \beta > 1$ 이 된다. 실제유체의 흐름에 대한 α 와 β 의 값은 식 (3.54)와 식 (3.56), 그리고 식 (3.55)와 식 (3.57)을 같게 놓고 $Q = AV$ 의 관계를 사용하면 구할 수 있다. 즉

$$\alpha = \frac{1}{V^2} \frac{\int_A u^3 \, dA}{Q} = \frac{1}{V^2} \frac{\int_A u^3 \, dA}{AV} = \frac{1}{A} \int_A \left(\frac{u}{V}\right)^3 dA \qquad (3.58)$$

$$\beta = \frac{1}{V} \frac{\int_A u^2 \, dA}{Q} = \frac{1}{V} \frac{\int_A u^2 \, dA}{AV} = \frac{1}{A} \int_A \left(\frac{u}{V}\right)^2 dA \qquad (3.59)$$

이론적으로는 유속분포를 고려한 보정을 실시해 주어야 하나 α 와 β 값의 크기는 실제에 있어서 각각 1.03~1.36 및 1.01~1.12의 범위 내에 있으므로 $\alpha = \beta = 1$ 의 가정하에 실질적인 문제를 풀이하는 것이 일반적이다.

예제 3-20

그림 3.35에 표시한 2개의 무한대 평판 사이의 흐름이 포물선형 유속분포를 가진다고 가정할 때 단위폭당 유량 q 와 α, β 를 구하라. 단, 평판간 간격을 $2R$, 중립축에서의 최대유속을 u_c 로 표시하여 사용하라.

풀이 그림 3.35의 유로의 중심선으로부터 r 의 거리에 있는 점에서의 유속을 u 라 하면 포물선형 유속분포식은

$$u = u_c \left(1 - \frac{r^2}{R^2}\right)$$

따라서

$$q = \int_A u \, dA = 2 \int_0^R u_c \left(1 - \frac{r^2}{R^2}\right) dr = \frac{2}{3} (2Ru_c) = \frac{4}{3} Ru_c$$

$q = 2RV$ 이므로 $V = \dfrac{2}{3} u_c$

따라서, 식 (3.58)과 (3.59)를 사용하면

$$\alpha = \frac{1}{2R} \int_{-R}^{R} \left[\frac{u_c\left(1 - \dfrac{r^2}{R^2}\right)}{\dfrac{2}{3} u_c}\right]^3 dr = \frac{54}{35} = 1.543$$

$$\beta = \frac{1}{2R} \int_{-R}^{R} \left[\frac{u_c \left(1 - \dfrac{r^2}{R^2}\right)}{\dfrac{2}{3} u_c} \right]^2 dr = \frac{6}{5} = 1.200$$

3.5절에서 살펴본 바와 같이 유관의 한 단면에서 모든 점에 있어서의 압력수두와 위치수두의 합$(p/\gamma + z)$는 항상 일정하다. 그러나 한 단면의 각 점에 있어서의 점유속은 실제유체 흐름의 경우 서로 상이하므로 속도수두 $u^2/2g$의 값이 각각 달라지며, 따라서 전수두 $(p/\gamma + u^2/2g + z)$의 값이 각각 달라지므로 여러 개의 에너지선이 존재하게 된다. 예를 들어 그림 3.36에 표시한 유관의 한 단면상에 위치한 점 A와 C를 통과하는 두 개의 유선을 생각하면 동수경사선은 동일하나 속도수두가 상이하므로 두 개의 에너지선을 그을 수 있다. 더 나아가서 단면상의 수많은 유선을 고려하면 에너지선은 무수히 많을 것이며 한 개체를 형성할 것이다. 그러나 실질적인 공학적 문제에 있어서의 관심사는 개개 유선에 있는 것이 아니라 흐름 전체에 있으므로 동수경사선 위로 $\alpha V^2/2g$만큼 떨어진 단일유효 에너지선을 사용하게 된다. 즉, 에너지 보정계수 α에 의해서 실제유체 흐름이 가지는 불균일 유속분포에 대한 보정을 함으로써 Bernoulli 방정식에 수정을 가하게 되는 것이다. 뿐만 아니라 그림 3.37에 표시된 바와 같이 실제유체가 단면 1에서 단면 2로 흐를 때에는 유체의 점성으로 인한 마찰력 때문에 유체가 가지는 에너지의 일부가 손실되게 되는데 이를 손실수두(head loss)라 부른다. 따라서 실제유체의 흐름에 대한 완전한 Bernoulli 방정식은 다음과 같다(그림 3.37 참조).

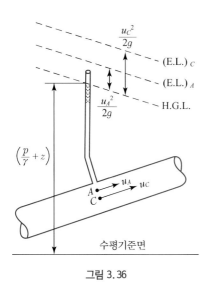

그림 3.36

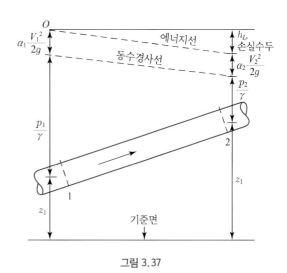

그림 3.37

$$\frac{p_1}{\gamma} + \alpha_1 \frac{V_1^2}{2g} + z_1 = \frac{p_2}{\gamma} + \alpha_2 \frac{V_2^2}{2g} + z_2 + h_L \qquad (3.60)$$

여기서 h_L은 손실수두로서 단위무게의 유체가 단면 1로부터 단면 2로 흐르는 동안 마찰로 인해 손실케 되는 에너지로서 단면 1과 2에서의 단위무게의 유체가 가지는 총에너지의 차임을 알 수 있다. 즉

$$h_{L_{1-2}} = \left(\frac{p_1}{\gamma} + \alpha_1 \frac{V_1^2}{2g} + z_1 \right) - \left(\frac{p_2}{\gamma} + \alpha_2 \frac{V_2^2}{2g} + z_2 \right) \qquad (3.61)$$

만약 유체흐름의 단면 1과 2 사이에 그림 3.38과 같이 펌프 혹은 터빈과 같은 동력장치나 열교환장치(heat exchanger)가 시스템에 에너지를 공급하거나 빼앗을 경우에는 에너지 방정식(혹은 Bernoulli 방정식)은 다음과 같이 표시된다.

$$\frac{p_1}{\gamma} + \alpha_1 \frac{V_1^2}{2g} + z_1 + E_{Hi} + E_P \qquad (3.62)$$

$$= \frac{p_2}{\gamma} + \alpha_2 \frac{V_2^2}{2g} + z_2 + E_{H_O} + E_T + h_{L_{1-2}}$$

여기서 E_{Hi}와 E_{H_O}는 각각 열교환장치에 의하여 공급되거나 혹은 빼앗기는 에너지를 표시하는 수두이다.

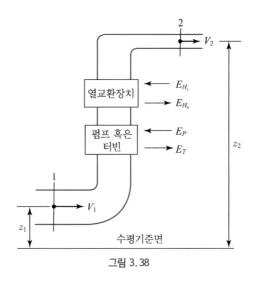

그림 3.38

그림 3.38에서 단면 1, 2 사이에 펌프만이 존재할 때 시스템을 통해 $1.6\,\mathrm{m^3/sec}$의 물이 흐르며 펌프는 400마력의 동력을 시스템에 공급하고 있다. 단면 1, 2에서의 면적 $A_1 = 0.4\,\mathrm{m^2}$, $A_2 = 0.2\,\mathrm{m^2}$이며 압력은 $p_1 = 1.5\,\mathrm{kg/cm^2}$, $p_2 = 0.8\,\mathrm{kg/cm^2}$, 기준면으로부터의 위치수두는 $z_1 = 10\,\mathrm{m}$, $z_2 = 25\,\mathrm{m}$이다. 단면 1과 2 사이의 손실수두를 구하라.

풀이 $1.6 = 0.4\,V_1 = 0.2\,V_2$ $\therefore\ V_1 = 4\,\mathrm{m/sec},\ V_2 = 8\,\mathrm{m/sec}$

$$E_P = \frac{75 \times 400}{1{,}000 \times 1.6} = 18.75\,\mathrm{m}$$

$\alpha_1 = \alpha_2 = 1$로 가정하고 Bernoulli 방정식(3.62)를 적용하면

$$\frac{p_1}{\gamma} + \frac{V_1^2}{2g} + z_1 + E_P = \frac{p_2}{\gamma} + \frac{V_2^2}{2g} + z_2 + h_{L_{1-2}}$$

$$\therefore\ h_{L_{1-2}} = \frac{p_1 - p_2}{\gamma} + \frac{V_1^2 - V_2^2}{2g} + (z_1 - z_2) + E_P$$

$$= \frac{(1.5 - 0.8) \times 10^4}{1{,}000} + \frac{4^2 - 8^2}{2 \times 9.8} + (10 - 25) + 18.75 = 8.3\,\mathrm{m}$$

3.1 직경 20 cm인 관 내의 평균유속이 2 m/sec일 때 유량을 m³/sec로 구하고 이를 ft³/sec, gallons/min, lb/sec로 환산하라.

3.2 분당 50 kg의 물이 15 cm 관을 흐를 때의 평균유속을 구하라.

3.3 직경 10 cm인 관이 20 cm관으로 확대된 관로에 물이 흐를 때 20 cm 관에서의 평균유속이 2 m/sec이면 10 cm 관에서의 평균유속은 얼마나 되겠는가? 직경비와 평균유속비 간의 관계는 어떠한가?

3.4 직경 15 cm인 관로에 직경 3 cm의 노즐이 부착되어 있다. 관로 내의 유량이 0.02 m³/sec라면 노즐로부터 분출되는 흐름의 평균유속은 얼마나 되겠는가?

3.5 한 시가지에서의 각종 용수공급을 위해 25 mgd(million gallons per day)의 물이 필요하다. 관로 내의 평균유속 1 m/sec 및 3 m/sec로 할 경우의 관로의 소요직경을 계산하라.

3.6 직경 30 cm인 관이 Y자 모양으로 분기된다. 분기된 두 관의 직경은 20 cm 및 15 cm 이며 주관(30 cm 관) 내의 유량은 0.3 m³/sec, 20 cm관 내에서의 평균유속은 2.5 m/sec이다. 15 cm관 속을 흐르는 유량을 계산하라.

3.7 말단이 막힌 10 cm관의 벽에 4개의 작은 구멍이 등간격으로 뚫려 있다. 이들 각 구멍으로부터의 유출량이 0.02 m³/sec라면 10 cm관에서의 평균유속은 얼마나 되겠는가?

3.8 하폭이 넓은 자연하천의 한 단면에서의 수심이 2 m이고 단면에서의 평균유속이 1.5 m/sec라면 단위폭당 하천유량은 얼마나 되겠는가? 준설작업에 의해 수심이 3.2 m 되는 단면에 있어서의 평균유속을 구하라.

3.9 그림 3.39와 같은 수조 내의 물이 수조바닥에 위치한 직경 2.5 cm인 구멍을 통해 흐른다. 흐름의 속도가 4 m/sec일 때의 유량을 구하라. 수조의 폭이 25 cm라면 수면의 강하속도는 얼마나 되겠는가?

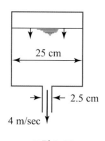

그림 3.39

3.10 관로에 물이 흐르고 있다. 관로상의 한 점에서의 직경은 18 cm, 유속은 4 m/sec, 압력은 4 kg/cm²이며 이 점으로부터 12 m 떨어진 점에서 직경은 8 cm로 축소되었다. 관로가 수평일 경우와 수직일 경우(물은 수직 하향으로 흐름)에 8 cm 단면에서의 압력을 구하라.

3.11 단면적이 0.1 m²인 수로가 서서히 축소되어 0.03 m²의 단면이 되었다. 두 단면 사이의 압력강하량을 측정하기 위하여 수은이 든 시차액주계를 사용하였더니 38 cm의 변위(deflection)가 생겼다. 이 수로를 통한 유량을 계산하라.

3.12 그림 3.40과 같은 관로에 0.8 m³/sec의 물이 흐른다. 직경이 1 m인 단면에서의 압력이 0.12 kg/cm²였다면 0.7 m 단면에서의 압력은 얼마가 될 것인가?

3.13 댐 여수로의 하류부 경사가 50°이며 이 위로 월류하는 수맥의 수심(경사면에 직각으로 측정)이 1 m이다. 여수로면에서의 압력을 구하라.

3.14 그림 3.41과 같이 저수지로부터 직경 30 cm인 관을 통해 0.3 m³/sec의 물이 흐른다. 점 A에서의 압력을 구하라.

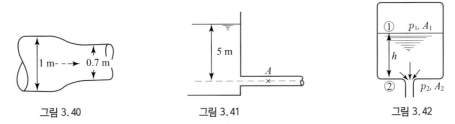

그림 3.40   그림 3.41   그림 3.42

3.15 그림 3.42에서 물이 들어 있는 탱크의 밑바닥에 구멍이 뚫여져 있다. 자유표면 1과 출구 2에서의 압력을 각각 p_1 및 p_2, 단면적을 A_1 및 A_2, 구멍으로부터의 수두를 h라 하고 구멍을 통한 흐름의 유속을 구하라.

3.16 그림 3.43과 같이 수직원추관을 통해 낙하하는 수류가 있다. 단면 1, 2에서의 계기압력이 각각 2.0 kg/cm² 및 1.8 kg/cm²일 때 유량을 구하라.

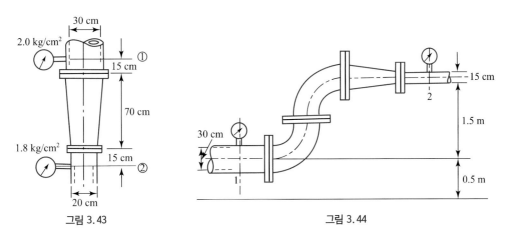

그림 3.43   그림 3.44

3.17 그림 3.44의 곡관을 지나서 물이 단면 1에서 2의 방향으로 흐른다. 단면 1에서의 유속과 압력이 각각 1 m/sec 및 1 kg/cm²일 때 단면 2에서의 유속과 압력을 구하라. 또한 관로를 통한 유량은 얼마나 되겠는가?

3.18 직경 30 cm인 관을 통하여 저수지로부터 0.3 m³/sec의 유량으로 물을 양수하여 수조로 송수한다. 수조로 유입하는 지점에 있어서의 관경은 20 cm이며 흡입관상의 표고 24 m 지점에서의 압력이 8 kg/cm²로 측정되었다면 배출관상의 표고 52 m에서의 압력은 얼마나 되겠는가?

3.19 그림 3.45의 관로를 통한 유량이 0.035 m³/sec이고 이때의 압력계 A, B의 읽은 값이 동일하였다면 축소부 C에서의 직경은 얼마이겠는가?

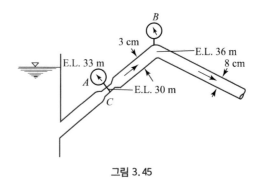

그림 3.45

3.20 그림 3.46과 같은 벤츄리미터에 물이 흐르고 있다. 유량을 계산하라.

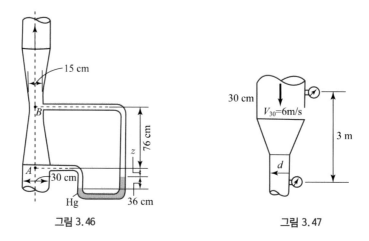

그림 3.46   그림 3.47

3.21 그림 3.47과 같은 관로에 물이 흐르고 있다. 두 압력계의 읽은 값이 동일하다면 작은 관의 직경 d 는 얼마가 되겠는가?

3.22 직경 5 cm인 노즐 출구에서의 수두가 4 m라면 유량은 얼마이겠는가?

3.23 직경 5 cm인 노즐을 통해 수조로부터 압력 0.4 kg/cm²인 공기탱크로 물이 분출된다. 수조의 수면과 노즐 단면의 표고차가 5 m라면 노즐을 통한 유량은 얼마나 되겠는가?

3.24 밀폐된 탱크 내에 자유표면을 가진 물이 들어 있다. 탱크 내의 공기압력은 1 kg/cm²로 일정하며 탱크 내 수면으로부터 3.5 m 아랫부분에 노즐이 달려 있다. 노즐이 대기 중으로 물을 분출할 때 유속을 구하라.

3.25 유속계수 $C_v = 0.98$인 피토관을 벤젠(비중 0.88)이 흐르는 관로의 중심선상에 위치시켰다. 정압력과 동압력의 차를 측정하기 위한 수은 시차액주계의 읽은 값이 8 cm일 때 관중심선에서의 유속을 계산하라.

3.26 그림 3.48의 관로를 통한 유량을 계산하고 점 A, B, C 및 D에서의 압력을 계산하라.

3.27 그림 3.49에서 A점에 있어서의 압력과 B점에서의 유속을 계산하라.

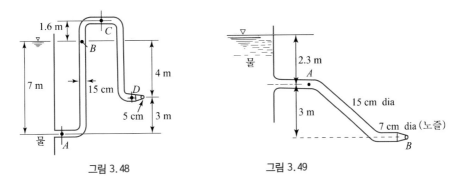

그림 3.48

그림 3.49

3.28 한 수조의 수면으로부터 1.7 m 아래에 있는 측벽에 직경 8 cm의 수평관이 연결되어 있다. 이 관은 점차적으로 확대되어 10 cm의 관과 연결되어 있고 10 cm관을 통해 대기 중으로 물을 방출한다. 관로를 통한 유량과 8 cm 관내의 압력을 구하라.

3.29 그림 3.50의 관을 통한 유량을 계산하라.

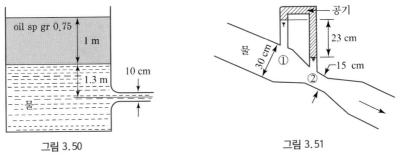

그림 3.50

그림 3.51

3.30 그림 3.51의 벤츄리미터를 통해 흐르는 유량을 계산하라.

3.31 그림 3.52의 벤츄리미터를 통해 흐르는 유량을 시차액주계의 측정값 R의 함수로 표시하라.

3.32 그림 3.53에서 $R = 30$ cm일 때 관의 중심선에서의 유속 V를 계산하라.

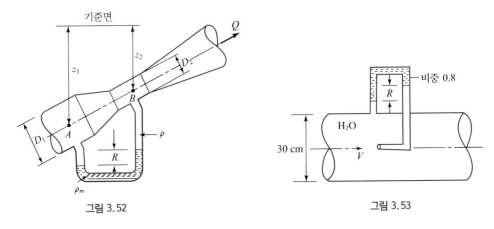

그림 3.52

그림 3.53

3.33 그림 3.54의 노즐을 통한 분류가 점 A를 통과한다면 유량은 얼마나 되겠는가?

3.34 직경 5 cm인 노즐을 통해 0.015 m³/sec의 유량이 연직 하향으로 분사될 때 노즐로부터 3 m 아래 지점에서의 유속은 얼마나 되겠는가?

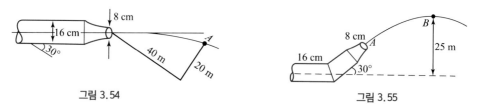

그림 3.54   그림 3.55

3.35 그림 3.55에서 B점에서의 유속이 15 m/sec였다. 점 A에서의 압력을 계산하라.

3.36 그림 3.56은 수조 측벽의 두 오리피스로부터 분출되는 분류의 경로를 표시하고 있다. 이때 $h_1 y_1 = h_2 y_2$ 임을 증명하라.

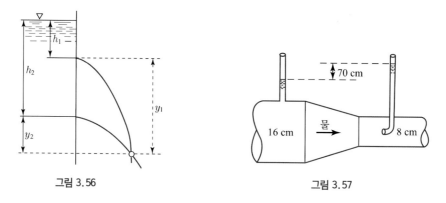

그림 3.56   그림 3.57

3.37 그림 3.57의 관로를 통해 흐르는 유량을 계산하라.

3.38 그림 3.58의 곡관을 통해 흐르는 유량을 계산하라.

3.39 그림 3.59의 관에 물이 흐를 때 압력계 A에서의 측정값을 계산하라.

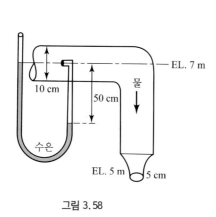

그림 3.58

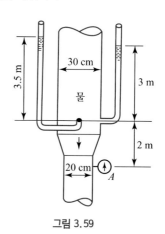

그림 3.59

3.40 그림 3.60의 8 cm관에서의 속도수두를 계산하라.

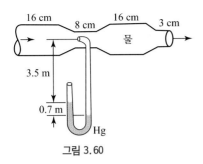

그림 3.60

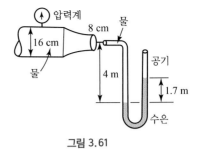

그림 3.61

3.41 그림 3.61의 경우 압력계의 측정값을 구하라.

3.42 그림 3.62의 노즐을 통한 유량을 계산하라.

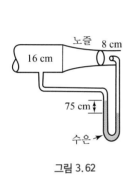

그림 3.62

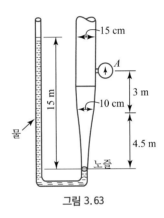

그림 3.63

3.43 그림 3.63의 노즐을 통한 유량과 압력계 A의 측정값을 구하라.

3.44 그림 3.64의 노즐로부터 분사되는 수맥의 정점에 피토관을 위치시켰더니 10 m의 수두가 측정되었다. 노즐을 통한 유량과 경사각 θ를 구하라.

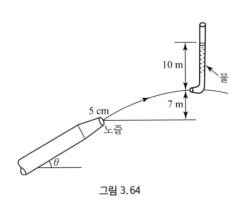

그림 3.64

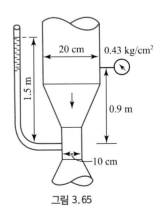

그림 3.65

3.45 직경 10 cm인 수직관을 통해 물이 위 방향으로 흐른다. 이 관의 말단부에 직경 5 cm인 노즐이 달려 있으며 노즐말단으로부터 2 m 아래에 있는 10 cm관의 단면에서 측정한 압력이 4 kg/cm²였다면 관을 통한 유량은 얼마이겠는가?

3.46 그림 3.65의 관을 통해 물이 흐른다. 유량을 계산하라.

3.47 그림 3.66의 만곡관에 단위중량 850 kg/m³인 액체가 0.3 m³/sec의 유량으로 흐른다. 수은 시차액주계의 차인 h값을 구하라.

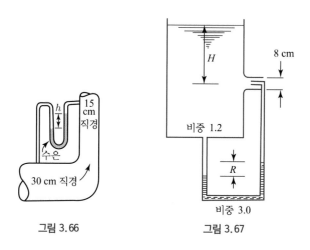

그림 3.66   그림 3.67

3.48 그림 3.67의 오리피스를 통해 물이 흐를 때 액주계의 측정값 R을 H의 항으로 표시하라.

3.49 폭 3 m인 구형단면을 가진 개수로가 4 m 폭으로 확대된다. 폭 3 m인 단면에서의 수심이 1.5 m였다면 4 m 폭을 가진 단면에서의 수심은 얼마나 될까?

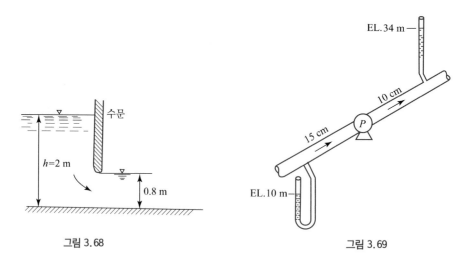

그림 3.68   그림 3.69

3.50 그림 3.68에서와 같이 수문 아래로 물이 흐른다. $h = 2$ m이면 단위폭당 유량은 얼마나 될까? 만약 수로의 단위폭당 유량이 1 m³/sec/m라면 h는 얼마일까?

3.51 직경 10 cm인 흡입관과 직경 8 cm인 방출관을 가진 펌프가 0.04 m³/sec의 유량으로 양수하고 있다. 흡입관의 한 단면에서의 진공 계기압력은 수은주로 15 cm이었다. 이 단면보다 5 m 높은 위치에 있는 방출관상의 한 단면에 있어서의 압력이 4 kg/cm²이었다면 펌프에 의하여 공급된 동력은 몇 마력이나 될 것인가?

3.52 수면표고 100 m인 저수지로부터 수면표고가 150 m인 저수지로 0.016 m³/sec의 물을 양수하려면 소요마력수는 얼마나 될 것인가?

3.53 흡입관과 방출관의 직경이 각각 20 cm 및 15 cm인 펌프로 0.16 m³/sec의 물을 양수한다. 펌프 위치에서 동수경사선을 20 m 높이기 위해 필요한 펌프의 마력을 계산하라. 60 마력을 가진 펌프를 사용한다면 동일한 수두증가에 대하여 얼마만큼의 유량을 양수할 수 있을 것인가?

3.54 그림 3.69와 같이 펌프에 의하여 0.03 m³/sec의 유량으로 물을 양수하는 데 소요되는 마력을 계산하라.

3.55 그림 3.70의 펌프용량은 7마력이다. 0.07 m³/sec의 물을 양수할 때 방출관에 위치한 계기의 측정값은 얼마나 되겠는가?

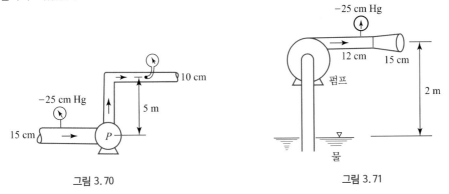

그림 3.70   그림 3.71

3.56 그림 3.71에서 15 cm관에 물이 꽉 차서 흐르도록 하기 위해서는 몇 마력 용량의 펌프를 사용해야 할 것인가?

3.57 그림 3.72에서 노즐로부터 분사되는 분류가 벽을 넘도록 하기 위해서는 펌프 마력을 최소 얼마 이상으로 해야 할 것인가?

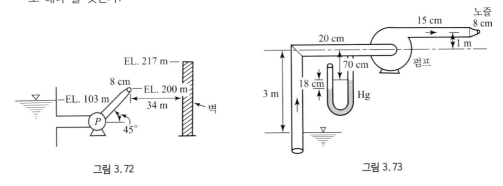

그림 3.72   그림 3.73

3.58 그림 3.73에서와 같이 펌프로 물을 양수할 때 펌프의 소요 마력을 계산하라.

3.59 그림 3.74와 같이 저수지의 물을 사용하여 터빈을 돌리고자 한다. 터빈에 유입하는 유량을 0.1 m³/sec로 하고 20마력의 동력을 얻기 위해 필요한 h 를 구하라.

3.60 한 수력발전소의 터빈이 수면표고 EL. 80 m인 저수지로부터 3.5 m³/sec의 유량으로 물을 취한 후 수면 표고 EL. 25 m인 하류의 하천으로 방류한다. 이때 터빈이 얻게 되는 동력을 구하라.

3.61 그림 3.75의 관로에 물이 흐를 때 터빈이 얻는 동력을 마력과 kW로 계산하라.

3.62 그림 3.76에 표시된 터빈의 출력을 계산하라.

3.63 그림 3.77의 A 점에서 대기로 방출되는 분류가 가지는 동력을 계산하라.

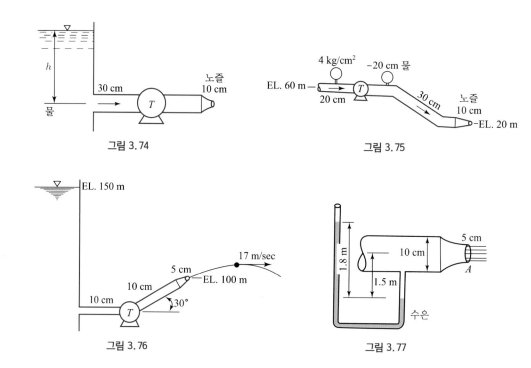

그림 3.74

그림 3.75

그림 3.76

그림 3.77

3.64 그림 3.78과 같이 60° 만곡되는 축소관을 통해 0.3 m³/sec의 물이 흐를 때 만곡부에 작용하는 힘의 크기와 방향을 구하라. 단, 관은 수평면 내에 있다.

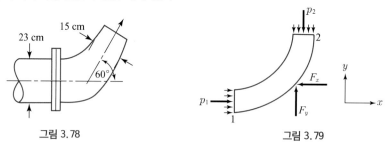

그림 3.78

그림 3.79

3.65 그림 3.79와 같은 90° 만곡관의 직경은 60 cm이다. 비중이 0.85인 기름이 1 m³/sec의 유량으로 흐를 때 단면 1에서의 압력이 3 kg/cm²였다면 만곡관에 작용하는 힘의 크기는 얼마나 되겠는가? 단, 관은 수평면 내에 놓여 있다고 가정하라.

3.66 직경 10 cm인 수평관이 180° 만곡되면서 직경 5 cm로 축소된다. 10 cm 및 5 cm 관에서의 압력이 각각 1 kg/cm² 및 4 kg/cm²일 때 만곡부에 작용하는 힘을 구하라.

3.67 그림 3.80에 표시한 예연위어를 월류하는 단위폭당 유량은 8 m³/sec/m이다. 위어정점으로부터 1 m 아래 지점에 있어서 수맥의 두께를 계산하라.

3.68 그림 3.80의 예연위어 위로 월류하는 단위폭당 유량은 0.1 m³/sec이다. 위어에 작용하는 힘의 크기와 방향을 구하라.

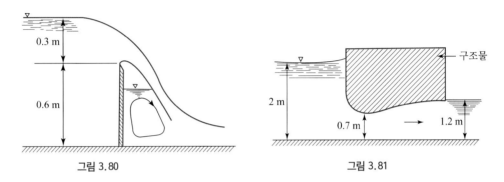

그림 3.80   그림 3.81

3.69 그림 3.81의 수로폭이 1 m일 때 구조물에 작용하는 수평력을 구하라.

3.70 그림 3.82에 표시한 수리구조물 위로 물이 흐를 때 구조물 AB에 미치는 수평력의 크기와 방향을 구하라. 수로폭은 1 m라고 가정하라.

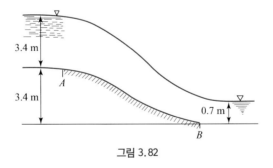

그림 3.82

3.71 직경 8 cm인 원관 속에 2×10^{-6} m³/sec의 물이 흐른다. 온도가 20℃일 때 관 속의 흐름은 층류인가 난류인가?

3.72 2.5 cm의 관 속에 글리세린(glycerin)이 0.3 m/sec의 속도로 흐르고 있다. 글리세린의 온도가 25℃라면 이 흐름은 층류인가 난류인가?

3.73 직경 7 cm인 관이 14 cm로 확대되어 있다. 7 cm관의 흐름의 Reynolds 수가 20,000이었다면 14 cm관에서의 흐름의 Reynolds 수는 얼마이겠는가?

3.74 광폭 구형단면을 가진 개수로에 물이 흐를 때 흐름이 층류이기 위해서는 단위폭당 유량은 얼마 이상이어야 하나? 수로 내 수심은 일정하며 수온은 20℃라고 가정하라.

3.75 관로 내 흐름의 Reynolds 수를 유량 Q, 직경 D 및 평균유속 V의 항으로 표시하라.

3.76 그림 3.83과 같은 유속분포를 가진 수류에 있어서 에너지 보정계수 및 운동량 보정계수를 구하라. 단, 유로는 높이가 1 m이고 폭이 0.5 m라고 가정하라.

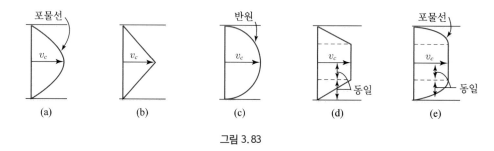

그림 3.83

3.77 그림 3.83의 유로가 직경 8 cm인 원관이라 가정하고 각 유속분포에 대한 보정계수 α 및 β를 계산하라.

Chapter

04 관수로내의 정상류

4.1 서론

관수로내의 정상류 문제는 상수도관이나 송유관, 수압터널 등 각종 공학적 문제의 해결에 매우 중요하며 지금까지 전개해 온 유체 흐름의 여러 가지 원리를 실제 문제에 적용하여 풀이하게 된다. 관수로흐름(pipe flow)은 유로에 유체가 가득 차서 압력차 때문에 흐르는 흐름으로서 하수관이나 암거(culvert)와 같이 유로의 단면 자체는 폐단면이지만 자유표면을 가지고도 흐를 수 있는 유로와는 구별된다.

실질적인 관수로내의 정상류 문제는 연속방정식과 에너지 방정식, 운동량방정식 및 유체 마찰에 관한 방정식 등을 적용함으로써 해석될 수 있으며, 실질적인 문제에서는 실제유체만이 관심사이므로 점성으로 인한 마찰효과를 방정식에서 고려해야 함은 말할 것도 없다. 또한 관수로내 흐름에 대한 마찰은 긴 연장의 관로 벽면에서만 일어나는 것이 아니라 흐름 단면의 변화나 만곡부 및 밸브, 엘보우(elbow) 등의 부속물에 의해서도 와류의 생성과 함께 흐름이 가지는 에너지의 일부가 소모된다.

관수로의 단면에는 여러 가지 형태가 있을 수 있으나 그중에서 가장 많이 사용되는 형태는 원형관(cylindrical pipe)이므로 본 장에서는 주로 원형관에서의 정상류의 에너지 관계, 유속분포, 유량, 마찰손실 및 기타 손실수두 등의 제반문제를 살펴봄으로써 실무에서 접하게 되는 단순 및 복합관수로 시스템과 관망의 수리학적 해석 및 설계를 위한 기초를 제공하고자 한다.

관수로내의 정상류에 관련되는 여러 가지 공학적 문제는 관수로의 기본이론 및 경험적 방법에 의해 해석될 수 있다. 따라서 관수로내 정상류의 해석원리를 이용하여 실무에서 자주 접하게 되는 관로시스템(pipeline system)과 관망(pipe network) 내 흐름을 해석하는 방법을 알아보기로 한다. 관로시스템에는 단일등단면 및 부등단면 관수로라든지 병렬관수로, 다지관수로 등의 복합관수로와 가장 복잡한 시스템인 관망 등이 있으며 이들의 수리학적 해석은 관수로내 정상류 해석방법에 기초를 두고 있는 것이다.

관로시스템에서의 대부분의 흐름 문제는 시간에 따라 흐름의 특성이 변화하지 않는 정상류 문제이며 또한 물의 압축성을 무시할 수 있는 문제이나 몇몇 수리현상에서는 물을 압축성유체로 생각해야 할 뿐 아니라 관로시스템 내의 흐름을 시간에 따라 특성이 변하는 부정류로 취급하지 않으면 안 될 경우가 있다. 즉, 갑작스런 관의 밸브 조정이나 펌프의 시동 및 정지에 의한 과도수리현상(hydraulic transient)이 이에 속하며 가장 대표적인 수격작용과 이의 감소를 위해 설계되는 조압수조에 대해서도 본 장에서 살펴보기로 한다.

4.2 관수로내 실제유체 흐름의 기본방정식

관수로내의 비압축성 실제유체의 흐름이 가지는 에너지 관계는 3장에서 살펴본 바와 같이 다음 식으로 표시된다.

$$\frac{p_1}{\gamma} + \alpha_1 \frac{V_1^2}{2g} + z_1 = \frac{p_2}{\gamma} + \alpha_2 \frac{V_2^2}{2g} + z_2 + h_{L_{1-2}} \tag{4.1}$$

여기서 첨자 1, 2는 어떤 거리에 떨어진 두 단면을 표시한다. 대부분의 관수로내 흐름 문제에 있어서 식 (4.1)의 에너지 보정계수 α는 다음의 몇 가지 이유 때문에 생략하는 것이 보통이다. 첫째로 대부분의 관수로내 실제 흐름은 난류이므로 α 값은 거의 1에 가까우며, 둘째로 α의 값이 비교적 큰 층류의 경우에는 유속이 작으므로 속도수두도 작아져서 Bernoulli 방정식의 다른 항에 비해 거의 무시할 수 있으며, 셋째로 긴 관로의 실제 흐름 문제에 있어서 속도수두는 다른 항에 비해 작으므로 α의 영향은 거의 무시할 수 있고, 넷째로 α는 Bernoulli 방정식의 양변에 있으므로 그 효과가 서로 상쇄되는 경향이 있으며, 마지막으로 실질적인 문제의 해결에 있어서 α를 방정식 내에 포함시켜서 흐름을 해석해야 할 만큼 정도가 요구되는 것은 아니라는 점 등이다. 따라서 식 (4.1)을 실제 문제에 적용하기 위해서는 손실수두 h_L에 대한 깊은 이해와 이의 적절한 결정이 가장 큰 문제가 된다.

그림 4.1과 같은 곧고 긴 원관 내의 물의 흐름에 대한 여러 실험결과에 의하면 관로상의 두 단면 간에 생기는 손실수두(h_L)는 속도수두($V^2/2g$)와 관의 길이(l)에 비례하고 관경(d)에 반비례하는 것으로서 알려져 있으며 다음과 같은 Darcy-Weisbach 공식으로 표시된다.

$$h_L = f \frac{l}{d} \frac{V^2}{2g} \tag{4.2}$$

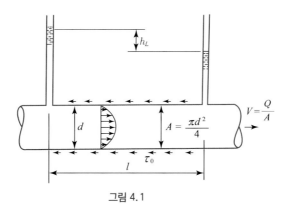

그림 4.1

여기서 f 는 마찰손실계수(friction factor)로서 손실수두와 속도수두, 관의 길이 및 관경 간의 관계를 표시하는 비례상수이며 주로 관의 조도에 관계되나 흐름의 유속, 점성계수 및 관의 직경 등에도 관계가 있으며 상세한 것은 다음 절에서 다루기로 한다.

마찰손실계수는 흐름과 경계면 사이에 일어나는 마찰전단응력의 τ_0 는 다음과 같이 구할 수 있다.

$$\tau_0 = \frac{f \rho V^2}{8} \tag{4.3}$$

식 (4.3)의 관계에서 f 는 무차원계수이며 마찰속도 u_* 는 다음과 같이 정의된다.

$$u_* = \sqrt{\tau_0 / \rho} = V \sqrt{\frac{f}{8}} \tag{4.4}$$

식 (4.4)의 마찰속도는 흐름의 상태(층류 혹은 난류)나 경계면의 상태(매끈하거나 혹은 거치른)에 무관하게 정의되므로 매우 편리하게 사용되는 개념적 유속이다.

예제 4-01

직경 15 cm인 관에 5 m/sec의 평균유속으로 물이 흐른다. 이 관로의 40 m 구간에서 생긴 손실수두를 실험적으로 측정한 결과 6 m이었다. 마찰손실계수 f 를 구한 후 마찰속도를 구하라.

풀이 Darcy – Weisbach 식을 사용하면

$$6 = f \frac{40}{0.15} \frac{5^2}{2 \times 9.8} \qquad \therefore f = 0.0176$$

$$\text{마찰속도} : u_* = 5 \sqrt{\frac{0.0176}{8}} = 0.235 \, \text{m/sec}$$

4.3 관마찰 실험결과

마찰손실계수 f는 흐름의 특성 및 관로의 특성과 실험적으로 상관시키기에 매우 편리한 관계를 제공한다. Stanton은 Nikuradse의 실험자료를 그림 4.2에서와 같이 전대수지에 표시하여 마찰손실계수와 Reynolds 수, 상대조도 간의 관계를 질서정연하게 얻었다. 그림 4.2와 같은 관계는 매끈한 관이든 거치른 관이든 간에 어떤 유체가 관 속을 층류 혹은 난류 상태로 흐를 때 생기는 관마찰응력을 마찰손실계수로 대표할 수 있으나 유일한 문제점은 관 벽의 조도를 어떻게 적당하게 결정하느냐는 것이다. 이 문제점을 없애기 위하여 Nikuradse 는 크기가 동일한 모래입자를 관벽에 피복하여 일정한 조도 ε(모래입자의 직경)를 얻은 후 에 실험을 실시하였다. Nikuradse가 사용한 모래입자의 조도는 상업용 관의 조도와는 판 이하나 모래입자의 조도는 입자의 직경을 정확하게 측정하여 표시할 수 있으므로 마찰손 실계수에 미치는 조도의 영향을 정확하게 평가할 수 있다. 그림 4.2의 관계로부터 흐름의 특성 및 관의 물리적 특성에 따른 마찰손실계수의 변화양상을 다음과 같이 요약할 수 있 겠다.

- 층류와 난류의 물리적 상이점은 $f - R_e$ 관계가 한계 Reynolds 수($R_e = 2,100$) 부근에서 갑자기 변한다.
- 층류영역에서는 $f = 64/R_e$인 단일직선(전대수지상에서)이 관의 조도에 관계없이 적용 된다. 따라서 층류에서의 손실수두는 관의 조도와 무관하다.
- 난류영역에서는 $f - R_e$ 곡선은 상대조도 ε/d에 따라 변하며 Reynolds 수보다도 관의 조도가 더 중요한 변수가 된다.

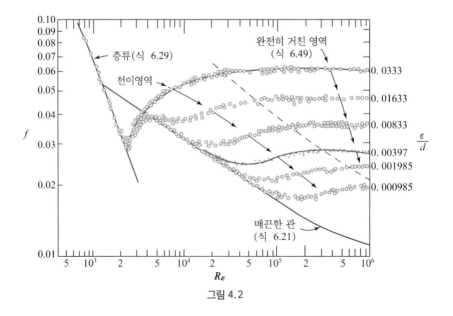

그림 4.2

- Reynolds 수가 매우 커지면 거치른 관의 마찰손실계수는 일정치에 도달하며 오직 관의 조도에만 관계가 있으며 이 영역을 완전히 거치른 영역(wholly rough zone)이라 부른다. Darcy–Weisbach 공식으로부터 이 영역 내에서의 손실수두(h_L)는 유속의 제곱(V^2)에 직접 비례한다는 것을 알 수 있다.

- 난류영역의 맨 아래에 있는 곡선은 수리학적으로 매끈한 관(hydraulically smooth pipe)의 실험으로부터 얻어졌지만 Nikuradse의 거치른 관 실험으로부터 얻은 결과와 $5,000 < R_e < 50,000$ 영역에서 잘 일치하고 있다. 이 경우에 있어서 조도성분은 층류저층 내에 완전히 잠겨 있어서 마찰손실계수에 아무런 영향도 미치지 못하며 점성효과에 의해서만 마찰손실이 일어나게 되는 것이다. Blasius는 이와 같은 매끈한 관내의 난류($3,000 < R_e < 100,000$)에 대하여 다음과 같은 식을 사용하였다.

$$f = \frac{0.316}{R_e^{1/4}} \tag{4.5}$$

식 (4.5)를 Darcy–Weisbach 공식(식 (4.2))에 대입하면 매끈한 관의 난류($R_e < 10^5$)에 있어서는 $h_L \propto V^{1.75}$임을 알 수 있다.

- Reynolds 수가 증가함에 따라서 거치른 관에 대한 $f - R_e$ 곡선은 매끈한 관에 대한 Blasius 곡선으로부터 발산한다. 즉 작은 Reynolds 수에서는 매끈한 관의 역할을 하는 관이 Reynolds 수가 커지면 거치른 관의 역할을 하게 된다. 이는 Reynolds 수가 증가함에 따라 층류저층(層流底層)의 두께가 얇아져서 조도입자가 층류저층 밖으로 튀어나와 거치른 관의 특성을 나타내는 효과를 주기 때문인 것으로 풀이된다.

예제 4-02

직경 8 cm인 원관에 20℃인 물이 $R_e = 80,000$으로 흐른다. 이 관의 벽이 0.015 cm의 모래알로 피복되어 있다면 300 m 관로를 흐르는 동안에 생긴 손실수두는 얼마나 되겠는가? 매끈한 관으로 가정했을 때의 손실수두는 얼마인가?

풀이 20℃에서의 물의 $\nu = 0.01007\,\mathrm{cm^2/sec} = 1.007 \times 10^{-6}\,\mathrm{m^2/sec}$

$$80,000 = \frac{V \times 0.08}{1.007 \times 10^{-6}} \qquad \therefore V = 1.01\,\mathrm{m/sec}$$

그림 4.2로부터 $R_e = 80,000$, $\varepsilon/d = 0.015/8 = 0.001875$ 일 때의 $f = 0.021$

따라서, Darcy-Weisbach 공식을 사용하면

$$h_L = 0.021 \times \frac{300}{0.08} \times \frac{1.01^2}{2 \times 9.8} = 4.10\,\mathrm{m}$$

매끈한 관으로 가정한다면 Blasius 공식에서

$$f = \frac{0.316}{(80,000)^{1/4}} = 0.0188$$

즉, $R_e = 80,000$, $f = 0.0188$인 점은 그림 4.2의 Blasius 곡선상에 있음을 알 수 있다. 이때의 손실수두는

$$h_L = 0.0188 \times \frac{300}{0.08} \times \frac{1.01^2}{2 \times 9.8} = 3.67 \, \text{m}$$

4.4 관수로내 층류의 유속분포와 마찰손실계수

유체 흐름의 특성은 통상 실험에 의하여 잘 파악될 수 있으나 해석적인 방법을 적용하면 유체 흐름의 역학에 대한 물리적인 이해에 큰 도움이 될 수 있다.

관로에 층류가 흐를 경우 그의 유속분포는 지금까지 살펴본 몇 가지 물리적인 법칙을 이용함으로써 쉽게 구할 수 있다. 즉, 관로 내의 마찰응력 및 유속분포는 관 중립축에 대하여 대칭이며 관벽에서의 유속은 0이고, 중립축에서는 최대이며 유체의 마찰응력은 Newton의 마찰법칙으로 표시될 수 있고 그 분포는 직선형이다. 따라서 층류에서의 마찰손실계수 f 는 다음 식으로 구할 수 있다.

$$f = \frac{64\,\mu}{\rho\,Vd} = \frac{64}{R_e} \tag{4.6}$$

예제 4-03

비중이 0.90이고 점성계수 $\mu = 0.008 \, \text{kg} \cdot \text{sec/m}^2$인 기름이 직경 8 cm인 원관에 0.0075 m³/sec의 유량으로 흐른다. 이 관로의 300 m 구간에 걸친 손실수두를 구하라.

풀이

$$V = \frac{Q}{A} = \frac{0.0075}{\dfrac{\pi(0.08)^2}{4}} = 1.49 \, \text{m/sec}$$

$$R_e = \frac{\rho\,Vd}{\mu} = \frac{\dfrac{900}{9.8} \times 1.49 \times 0.08}{0.008} = 1,368$$

$R_e = 1,368 < 2,100$ 이므로 층류이며, $f = \dfrac{64}{R_e} = \dfrac{64}{1,368} = 0.047$

$$h_L = 0.047 \times \frac{300}{0.08} \times \frac{1.49^2}{2 \times 9.8} = 19.96 \, \text{m}$$

4.5 관수로내 난류의 유속분포와 마찰손실계수

관수로내 층류의 경우에는 마찰전단응력을 Newton의 마찰법칙으로 완전히 표시할 수 있었으므로 유속분포와 마찰손실계수를 이로부터 유도할 수 있었으나, 난류의 경우에는 마찰전단응력을 완전히 표시할 수 있는 방법이 없으므로 주로 Prandtl-Kármán 방정식에 의존하고 있는 실정이다.

그림 4.3에 표시한 바와 같이 전단응력은 관의 중심선으로부터의 거리 r에 직접 비례하며 난류에 의하여 발생하는 전단응력은 Kármán식으로 표시될 수 있으므로

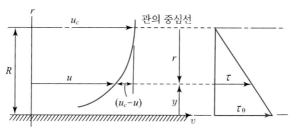

그림 4.3

$$\tau = \tau_0 \left(1 - \frac{y}{R} \right) = \rho \kappa^2 \frac{(du/dy)^4}{(d^2u/dy^2)^2} \tag{4.7}$$

식 (4.7)을 두 번 적분하면 다음과 같은 난류의 유속분포를 표시하는 식을 얻을 수 있다.

$$\frac{u_c - u}{u_*} = -\frac{1}{\kappa} \left[\sqrt{1 - \frac{y}{R}} + \ln \left(1 - \sqrt{1 - \frac{y}{R}} \right) \right] \tag{4.8}$$

식 (4.8)의 κ 이외의 값은 실험적으로 측정할 수 있다. 즉, 피토관에 의하여 유속분포를 얻을 수 있으므로 u_c 및 각 y에 해당하는 u를 측정할 수 있으며 손실수두 h_L을 측정하면 $\tau_0 = \gamma h_L R / 2l$ 로부터 관벽에서의 전단응력을 계산할 수 있으며, 마찰속도는 $u_* = \sqrt{\tau_0/\rho}$ 로부터 계산할 수 있다. 따라서 κ의 값을 실험적으로 결정할 수 있다.

Nikuradse가 $5 \times 10^3 < R_e < 3 \times 10^6$ 의 영역에 걸쳐 매끈한 관에서 측정한 유속분포 결과와 균등한 모래알을 관벽에 피복하여 완전히 거치른 영역에서 유속분포를 측정한 결과를 종합한 결과 모든 흐름의 유속분포는 다음과 같은 단일식으로 표시할 수 있었다.

$$\frac{u_c - u}{u_*} = -2.5 \ln \frac{y}{R} \tag{4.9}$$

식 (4.8)과 식 (4.9)를 비교해 보면 κ 값은 y/R에 따라 표 4.1과 같이 변화하며 관의 중심선에 가까워질수록 작아짐을 알 수 있다. 이와 같은 κ 값의 변화는 $y \to 0$ 일 때

표 4.1 kármán 우주상수의 변화

y/R	0.1	0.2	0.3	0.4	0.5	0.6	0.7	0.8	0.9
κ	0.352	0.336	0.325	0.313	0.301	0.288	0.276	0.261	0.242

$du/dy \rightarrow \infty$ 라는 가정(no-slip condition) 때문이며 $y \rightarrow 0$ 일 때 $du/dy \rightarrow \infty$ 라면 κ 의 값은 더 커지는 동시에 일정하게 된다. 흔히 사용되는 상수 κ 의 값은 0.4이다.

관수로내 난류에 있어서의 평균유속과 중심선유속의 비 V/u_c 는 유속 과부족(velocity defect) $(u_c - V)$ 및 $(u_c - u)$ 를 사용하면 층류의 경우와 동일한 방법으로 유도할 수 있다. 즉,

$$(u_c - V)\pi R^2 = \int_0^R (u_c - u)\, 2\pi r\, dr \qquad (4.10)$$

식 (4.10)의 $(u_c - u)$ 대신 식 (4.9)의 관계 $(u_c - u) = -2.5\, u_* \ln(y/R)$ 을, r 대신에 $(R-y)$ 를, 그리고 dr 대신에 $-dy$ 를 대입하면

$$(u_c - V)R^2 = 5u^* \int_R^0 (R-y)\ln \frac{y}{R}\, dy \qquad (4.11)$$

식 (4.11)의 우변을 적분하면

$$(u_c - V)R^2 = 5u_* \left[Ry\ln \frac{y}{R} - Ry - \frac{y^2}{4}\left(2\ln \frac{y}{R} - 1\right) \right]_R^0 \qquad (4.12)$$

식 (4.12)의 [ ] 안에 적분상한 0을 대입하면 [ ]는 부정(indeterminate)이 되며 0이 아닌 미소값 δ 를 넣으면 $\delta \rightarrow 0$ 에 따라 [ ] $\rightarrow 0$ 이 되고, [ ] 안에 적분하한 R 을 대입하면 [ ] $= -3R^2/4$ 가 된다. 따라서 식 (4.12)는 다음과 같아진다.

$$u_c - V = \frac{15}{4} u_* = 3.75\, u_* \qquad (4.13)$$

식 (4.13)에 식 (4.4)를 대입하고 정리하면

$$\frac{V}{u_c} = \frac{1}{1 + 3.75\sqrt{f/8}} \qquad (4.14)$$

식 (4.14)는 이론적으로 유도된 관계이나 실제에 있어서는 우변분모의 3.75 대신 4.07이 실험치에 보다 더 가까운 결과를 준다. 즉

$$\frac{V}{u_c} = \frac{1}{1 + 4.07\sqrt{f/8}} \qquad (4.15)$$

식 (4.15)와 식 (4.9)는 원관내의 난류의 유속분포를 표시하는 식으로서 관벽의 상태나 성

질에 관계하지 않고 순전히 난류구조의 성질을 표시하는 Kármán식으로부터 유도되었으므로 매끈한 관이나 거치른 관에 관계없이 적용될 수 있다. 그림 4.4는 전형적인 난류 유속분포를 층류의 유속분포와 비교하여 표시하고 있다.

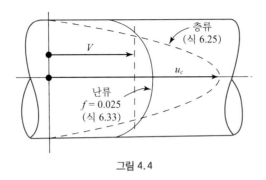

그림 4.4

4.5.1 매끈한 관내의 난류

관수로내의 흐름에 의한 마찰은 유체의 점성 때문이며 이는 통상 Reynolds 수로서 특성지어진다. 따라서 식 (4.9)의 난류의 유속분포를 표시하는 일반식은 Reynolds수의 함수로 표시될 수 있을 것이다. 식 (4.9)의 자연대수를 상용대수로 바꾸고 정리하면

$$\frac{u}{u_*} = \frac{u_c}{u_*} + 5.75 \log_{10} \frac{y}{R} \tag{4.16}$$

$$= \frac{u_c}{u_*} + 5.75 \log_{10} \frac{\nu}{u_* R} + 5.75 \log_{10} \frac{u_* y}{\nu}$$

Nikuradse가 매끈한 관을 사용하여 실험한 결과에 의하면 식 (4.16)의 우변에 있는 처음 두 항의 합은 5.50으로 일정하였으므로

$$\frac{u}{u_*} = 5.50 + 5.75 \log_{10} \frac{u_* y}{\nu} \tag{4.17}$$

여기서 $(u_* y)/\nu$는 Reynolds 수와 동일한 형임을 알 수 있으며, 식 (4.17)은 매끈한 관내의 난류 유속분포를 표시하는 일반식으로서 중심선에서의 유속에 관계없이 관벽에서의 마찰전단응력의 항으로 유속분포를 표시하고 있음을 알 수 있다.

　식 (4.17)을 사용하면 매끈한 관내의 난류에 대한 $f - R_e$ 관계를 유도할 수 있다. 즉, 식 (4.17)의 y를 $d/2$로, u를 u_c로 표시한 후 $u_* = V\sqrt{f/8}$, 및 $u_c = V(1 + 4.07\sqrt{f/8}\,)$ 을 대입하면 이론적인 $f - R_e$ 관계를 얻을 수 있으나 실험결과를 사용하여 수정한 관계식은 다음과 같다.

$$\frac{1}{\sqrt{f}} = 2.0 \log_{10} (\boldsymbol{R}_e \sqrt{f}\,) - 0.80 \qquad (4.18)$$

식 (4.18)의 관계는 Nikuradse의 $5,000 < \boldsymbol{R}_e < 3 \times 10^6$ 영역에서 실시한 실험결과와 잘 일치하며 Reynolds 수가 5,000보다 큰 매끈한 관내의 난류에 대해서는 언제든지 적용할 수 있는 것으로 알려져 있다.

난류가 흐를 때 매끈한 경계면을 덮게 되는 층류저층 내의 유속분포는 층류저층 내에서는 선형유속분포를 가진다고 가정하여 층류의 전단응력에 대한 Newton의 마찰법칙을 사용하여 쉽게 구할 수 있다. 즉,

$$\tau_0 = \tau = \mu \frac{du}{dy} = \mu \frac{u}{y} = \rho \nu \frac{u}{y} \qquad (4.19)$$

따라서

$$\frac{\tau_0}{\rho} = u_*^2 = \frac{\nu u}{y} \qquad \therefore \frac{u}{u_*} = \frac{u_* y}{\nu} \qquad (4.20)$$

식 (4.20)과 난류의 유속분포식(식 (4.17))을 연립해서 풀면 두 유속분포곡선이 만나는 점의 위치를 결정할 수 있으며 이는 층류저층의 두께 δ 를 결정하는 기준이 된다. 즉,

$$\frac{u_* \delta}{\nu} = 11.6 \qquad (4.21)$$

식 (4.21)의 양변을 관경 d 로 나누고 $u_* = V \sqrt{f/8}$ 을 대입한 후 정리해 보면

$$\frac{\delta}{d} = \frac{11.6 \nu}{u_* d} = \frac{11.6 \nu}{Vd \sqrt{f/8}} = \frac{11.6 \sqrt{8}}{\dfrac{Vd}{\nu} \sqrt{f}} = \frac{32.8}{\boldsymbol{R}_e \sqrt{f}} \qquad (4.22)$$

식 (4.22)로부터 층류저층의 두께는 Reynolds 수에 비례하여 작아짐을 알 수 있다. 따라서 동일한 조도를 가진 경계면일지라도 저유속에서는 매끈한 관의 역할을 하나 유속이 커지면 거치른 관과 같은 역할을 할 경우가 생긴다.

4.5.2 거치른 관내의 난류

거치른 관의 경우 흐름의 Reynolds 수가 상당히 큰 난류에서는 층류저층이 매우 얇고 점성효과가 무시할 수 있을 정도로 작으므로 조도의 크기와 모양이 유속분포에 가장 큰 영향을 미치게 된다. 따라서 유속분포나 마찰손실계수는 Reynolds 수보다는 주로 조도의 크기 ε 를 포함하는 변량에 좌우된다. 이 점을 고려하여 식 (4.9)를 고쳐 쓰면

$$\frac{u}{u_*} = \frac{u_C}{u_*} + 5.75 \log_{10} \frac{y}{R} = \frac{u_C}{u_*} + 5.75 \log_{10} \frac{\varepsilon}{R} + 5.75 \log_{10} \frac{y}{\varepsilon} \quad (4.23)$$

Nikuradse의 실험결과에 따르면 식 (4.23)의 우변의 처음 두 항의 합은 8.48로 일정하므로

$$\frac{u}{u_*} = 8.48 + 5.75 \log_{10} \frac{y}{\varepsilon} \qquad (4.24)$$

식 (4.24)는 관내의 난류가 완전히 거치른 영역(wholly rough region)에 있을 때의 유속분포를 표시하는 일반식이다.

매끈한 관에서의 경우와 마찬가지 요령으로 식 (4.24)를 사용하면 완전히 거치른 관에 대한 마찰손실계수와 상대조도 간의 관계를 얻을 수 있으며 실험치에 의하여 조정된 관계식은 다음과 같다.

$$\frac{1}{\sqrt{f}} = 2.0 \log_{10} \left(\frac{d}{\varepsilon} \right) + 1.14 \qquad (4.25)$$

식 (4.25)에서 f 는 Reynolds 수와는 무관하고 오직 상대조도에 따라서만 변화한다.

4.5.3 상업용관내 난류의 마찰손실계수

상업용관(commercial pipe)의 조도상태는 Nikuradse가 그의 실험에서 사용한 인공적인 모래알 조도와는 완전히 달라서 조도입자의 크기변화가 심하고 평균조도를 정의하기가 힘들므로 Stanton 도표(Stanton diagram)를 사용하여 상업용관의 마찰손실계수를 결정할 수가 없다. 그러나 Colebrook은 Nikuradse의 실험결과를 사용하여 상업용관의 조도를 양적으로 표시하는 방법을 고안하여 실험으로 증명하였으며 오늘날 상업용관의 마찰손실계수 결정에 사용되고 있다. 매끈한 관과 완전히 거치른 관내의 마찰손실계수에 대한 Nikuradse의 공식 (4.18)과 (4.25)로부터 $2 \log_{10}(d/\varepsilon)$ 를 각각 빼면

$$매끈한 \ 관 \ : \quad \frac{1}{\sqrt{f}} - 2 \log_{10} \left(\frac{d}{\varepsilon} \right) = 2 \log_{10} \boldsymbol{R}_e \left(\frac{\varepsilon}{d} \right) \sqrt{f} - 0.80 \qquad (4.26)$$

$$거치른 \ 관 \ : \quad \frac{1}{\sqrt{f}} - 2 \log_{10} \left(\frac{d}{\varepsilon} \right) = 1.14 \qquad (4.27)$$

식 (4.26)과 식 (4.27)은 그림 4.5에서 두 개의 단일직선으로 표시되며 이 두 직선은 천이영역에 해당하는 Nikuradse의 곡선으로 연결된다.

Colebrook은 Reynolds 수가 매우 큰 흐름에 있어서 상업용관의 마찰손실계수는 Reynolds 수의 변화에 무관하다는 것을 실험적으로 관찰하였으며, 실험에 의하여 결정한 f 값을 사용하여 식 (4.25)로부터 상업용관의 절대조도 ε를 계산하였다. 이와 같이 계산된 상업용관의 조도를 Nikuradse의 모래알 조도와 구별하기 위하여 상당조도(相當粗度, equivalent roughness)라고 부르며 Colebrook의 실험에 의한 ε값은 표 4.2와 같다.

표 4.2 관의 재료에 따른 상당조도

관의 재료	상당조도 ε (mm)	관의 재료	상당조도 ε (mm)
주철(cast iron) – uncoated	0.183	리벳 강철(riveted steel) – many rivets	9.150
asphalt dipped	0.122	콘크리트(concrete) – finished surfaces	0.305
cement lined	0.00244	rough surface	3.05
bituminous lined	0.0244	상업용 강철(commercial steel)	0.0457
아연철(galvanized iron)	0.152	나무(wood–stave) – smooth surface	0.183
단철(wrough iron)	0.0457	rough surface	0.915
리벳 강철(riveted steel) – few rivets	0.915	유리(glass), 청동(brass), 구리(copper)	0.000152

Colebrook과 White의 실험에 의하면 대부분의 상업용관내 난류의 마찰손실계수는 식 (4.26) 및 식 (4.27)로 표시되는 매끈한 관과 거치른 관에 대한 관계를 따르지 않고 이들 두 직선에 접근하는 한 개의 곡선적인 관계로 표시될 수 있음이 증명되어 있다. 이 곡선은 그림 4.5에 표시된 바와 같으며 다음의 관계식을 갖는다.

$$\frac{1}{\sqrt{f}} - 2\log_{10}\frac{d}{\varepsilon} = 1.14 - 2\log_{10}\left[1 + \frac{9.28}{\boldsymbol{R}_e\left(\dfrac{\varepsilon}{d}\right)\sqrt{f}}\right] \tag{4.28}$$

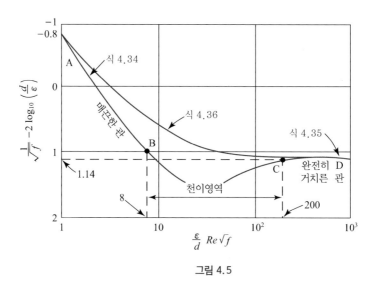

그림 4.5

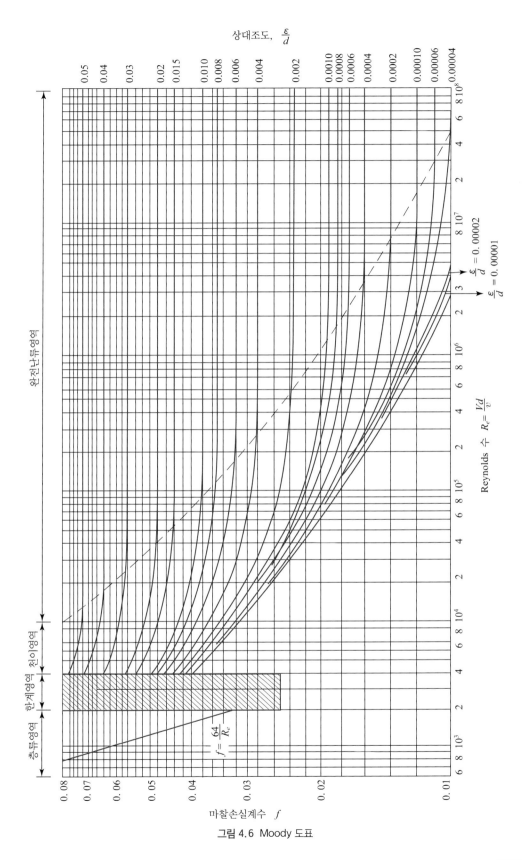

그림 4.6 Moody 도표

식 (4.28)은 Colebrook-White 공식으로 알려져 있으며 상업용관 내 난류의 마찰손실계수를 표시하는 단일식이나 실제 문제에 적용하기가 매우 불편하다. 이러한 약점을 제거하기 위하여 Moody는 그림 4.6과 같이 Stanton 도표와 비슷한 형의 도표를 만들었으며 이를 Moody 도표(Moody diagram)라 한다. Moody 도표는 상업용관 내의 흐름 해석을 위한 f 의 결정에 널리 사용되고 있다. 그러나 관이 신관이 아니고 상당한 기간 동안 사용되었을 때에는 관의 내벽에 녹이 슬고 찌꺼기가 축적되어 관의 조도를 증가시킬 뿐만 아니라 관의 유효단면도 감소되므로 f 의 상당한 증가를 초래하게 된다. 따라서 관로를 설계할 때에는 이와 같은 관의 통수연령을 적절히 고려하여 마찰손실계수의 값을 보정해 줄 필요가 있다.

4.5.4 매끈한 관과 거치른 관의 판별

식 (4.22)와 그림 4.5의 관계를 사용하면 매끈한 관과 거치른 관을 판별할 수 있는 기준을 얻을 수 있다. 식 (4.22)를 바꾸어 쓰면

$$\frac{\delta}{d} \boldsymbol{R}_e \sqrt{f} = 32.8 \qquad (4.29)$$

한편, 그림 4.5에서 Nikuradse의 매끈한 관에 해당하는 직선의 종점 B에서 횡축의 값은

$$\frac{\varepsilon}{d} \boldsymbol{R}_e \sqrt{f} \cong 8 \qquad (4.30)$$

식 (4.30)을 식 (4.29)로 나누면

$$\frac{\varepsilon}{\delta} \cong \frac{1}{4} \qquad (4.31)$$

식 (4.31)이 의미하는 바는 균등조도를 갖는 관의 경우 조도입자의 크기가 층류저층 두께의 1/4보다 작을 경우에는 조도입자가 완전히 층류저층 내에 잠기게 되어 마치 매끈한 관과 같은 역할을 한다는 것이다.

조도입자의 크기분포가 다양한 상업용관에 있어서는 식 (4.31)의 기준이 그대로 적용될 수는 없으나 그림 4.5의 완전히 거치른 영역에서는 상업용관과 균등조도관에 대한 곡선이 C점에서부터 거의 같아지므로 C점에서의 횡축의 값 $(\varepsilon/d) \boldsymbol{R}_e \sqrt{f} \cong 200$ 과 식 (4.29)의 관계로부터 완전히 거치른 영역의 하한기준을 다음과 같이 얻을 수 있다.

$$\frac{\varepsilon}{\delta} > 6 \qquad (4.32)$$

즉, 상업용관의 상당조도가 층류저층 두께의 약 6배보다 크면 흐름은 완전난류영역에 있으며 관은 완전히 거치른 관의 역할을 한다고 볼 수 있다.

요약하면, 어떤 관이 매끈한지 혹은 거치른 지는 관의 조도입자 크기만으로 정의되는 것이 아니라 층류저층의 두께에 대한 상대적인 크기에 의하여 판별되는 것이다.

예제 4-04

직경 30 cm인 긴 원관에 20℃의 물($\nu = 1.01 \times 10^{-6}$ m²/sec)이 흐른다. 이 관은 입경이 동일한 모래알($\varepsilon = 3$ mm)로 피복되었으며 관 중심선에서의 유속은 4 m/sec이었다. 관을 통해 흐르는 유량을 구하라.

풀이 식 (4.15)에서처럼 V/u_c는 f에 따라 변하며 f는 Reynolds수(평균유속의 함수)와 관계가 있으므로 시행착오법에 의하여 V를 계산한 후 $(Q = AV)$를 구해야 한다.

$\dfrac{V}{u_c} = 0.80$ 이라고 가정하면, $V = 0.80 \times 4 = 3.2$ m/sec, $R_e = \dfrac{3.2 \times 0.3}{1.01 \times 10^{-6}} = 9.5 \times 10^5$

그림 4.6에서 $R_e = 9.5 \times 10^5$, $\dfrac{\varepsilon}{d} = \dfrac{0.3}{30} = 0.01$ 일 때의 $f = 0.039$ 이므로 이 값을 식 (4.15)에 대입하면

$$\frac{V}{u_c} = \frac{1}{1 + 4.07 \sqrt{0.039/8}} = 0.78$$

V/u_c의 가정치와 계수치가 거의 일치하므로 $V = 3.2$ m/sec 로 결정한다. 따라서, 유량은

$$Q = 3.2 \times \frac{\pi (0.3)^2}{4} = 0.226 \, \text{m}^3/\text{sec}$$

예제 4-05

직경 8 cm인 놋쇠(brass)관에 20℃의 물이 0.0065 m³/sec의 유량으로 흐른다. 이 관로의 1 km의 구간에서 생긴 손실수두를 계산하라. 관벽에서의 전단응력(τ_0), 중심선 유속(u_c), 층류저층의 두께(δ)와 관 중심선에서 3 cm 떨어진 점에서의 유속과 전단응력을 구하라. 물의 $\nu = 1.01 \times 10^{-6}$ m²/sec이다.

풀이

$$V = \frac{Q}{A} = \frac{0.0065}{\dfrac{\pi}{4}(0.08)^2} = 1.29 \, \text{m/sec}$$

$$R_e = \frac{1.29 \times 0.08}{1.01 \times 10^{-6}} = 1.02 \times 10^5$$

놋쇠관의 $\dfrac{\varepsilon}{d} = \dfrac{0.000152}{80} = 0.0000019$ 이므로 그림 4.6으로부터 $f = 0.018$ 이다. Darcy-Weisbach 공식을 사용하면

$$h_L = 0.018 \times \frac{1,000}{0.08} \times \frac{1.29^2}{2 \times 9.8} = 19.1 \, \text{m}$$

식 (4.3)을 사용하면

$$\tau_0 = \frac{0.018 \times \dfrac{1,000}{9.8} \times 1.29^2}{8} = 0.382 \, \text{kg/m}^2$$

식 (4.15)를 사용하면

$$u_c = 1.29 \, (1 + 4.07 \sqrt{0.018/8}\,) = 1.54 \, \text{m/sec}$$

식 (4.22)를 사용하면

$$\delta = 8 \times \frac{32.8}{1.02 \times 10^5 \sqrt{0.018}} = 0.0192 \, \text{cm} = 0.192 \, \text{mm}$$

$\dfrac{\varepsilon}{\delta} = \dfrac{0.000152}{0.192} < \dfrac{1}{4}$ 이므로 이 관은 매끈한 관으로 간주할 수 있다. 따라서, 관의 중심선으로부터 3 cm 떨어진 점$(y = R - r = 4 - 3 = 1\,\mathrm{cm})$에 있어서의 유속은 식 (4.17)로부터

$$u = \sqrt{\dfrac{\tau_0}{\rho}} \left(5.50 + 5.75 \log_{10} \dfrac{\sqrt{\dfrac{\tau_0}{\rho}}\, y}{\nu} \right)$$

$$= \sqrt{\dfrac{0.382 \times 9.8}{1{,}000}} \left[5.50 + 5.75 \log_{10} \left(\dfrac{\sqrt{\dfrac{0.382 \times 9.8}{1{,}000} \times 0.01}}{1.01 \times 10^{-6}} \right) \right] = 1.667\,\mathrm{m/sec}$$

이 점에 있어서의 전단응력은

$$\tau = \dfrac{3}{4} \times (0.382) = 0.2865\,\mathrm{kg/m^2}$$

예제 4-06

직경 30 cm인 원관에 평균유속 10 m/sec로 물이 흐른다. 관의 상대조도는 0.002이며 물의 $\nu = 10^{-6}\,\mathrm{m^2/sec}$이다. 마찰손실계수$(f)$와 중심선 유속$(u_c)$, 300 m 연장에 걸친 손실수두 및 관벽으로부터 5 cm 떨어진 점에서의 유속을 구하라.

풀이
$$R_e = \dfrac{10 \times 0.3}{10^{-6}} = 3 \times 10^6$$

그림 4.6으로부터 $R_e = 3 \times 10^6$, $\varepsilon/d = 0.002$에 해당하는 f 값을 찾으면

$$f = 0.0235$$

혹은, 흐름이 완전난류라는 점을 감안하여 식 (4.25)를 사용하면

$$\dfrac{1}{\sqrt{f}} = 2.0 \log_{10} \left(\dfrac{1}{0.002} \right) + 1.14 \qquad \therefore\; f = 0.0234$$

$$u_c = V(1 + 4.07\sqrt{f/8}) = 10(1 + 4.07\sqrt{0.0235/8}) = 12.21\,\mathrm{m/sec}$$

$$h_L = 0.0235 \times \dfrac{300}{0.3} \times \dfrac{10^2}{2 \times 9.8} = 120\,\mathrm{m}$$

관벽으로부터 5 cm 떨어진 점$(y = 5\,\mathrm{cm})$에서의 유속은 식 (4.24)를 사용하면 된다. 우선

$$u_* = \sqrt{\dfrac{\tau_0}{\rho}} = V\sqrt{f/8} = 10\sqrt{\dfrac{0.0235}{8}} = 0.541\,\mathrm{m/sec}$$

따라서

$$\varepsilon = 0.002 \times 30 = 0.06\,\mathrm{cm}$$

$$u = 0.541 \left[8.48 + 5.75 \log_{10} \left(\dfrac{5}{0.06} \right) \right] = 10.6\,\mathrm{m/sec}$$

예제 4-07

직경 6 cm의 유리관에 $\nu = 10^{-6}\ \mathrm{m^2/sec}$의 물이 0.8 m/sec의 평균유속으로 흐르고 있다. 관의 길이가 1 m에 걸친 마찰손실수두를 구하라.

풀이

$$R_e = \frac{0.8 \times 0.06}{10^{-6}} = 4.8 \times 10^4$$

유리관은 매끈한 관으로 생각할 수 있으므로 Blasius 공식을 사용하면

$$f = \frac{0.316}{(48,000)^{1/4}} = \frac{0.316}{14.8} = 0.0214$$

$$h_L = 0.0214 \times \frac{1}{0.06} \times \frac{0.8^2}{2 \times 9.8} = 0.0116\ \mathrm{m}$$

4.6 비원형 단면을 가진 관수로에서의 마찰손실

실무에 사용되는 관수로는 통상 원형관이 대부분을 차지하나 경우에 따라서는 구형, 타원형 등의 비원형 단면을 가진 관로(non-circular pipe)가 사용될 때도 있다.

전 절까지 살펴본 관마찰손실은 원형관에 대한 것이므로 비원형관에 대해서는 약간의 수정을 가하지 않으면 안 된다. 그림 4.7과 같은 구형단면을 가진 관을 예로 들면 단면 내에서의 유속분포는 원형관의 경우와는 달리 관의 중심을 지나는 축에 대하여 비대칭이며, 따라서 관벽에서의 전단응력도 모든 점에서 상이할 것이다. 그러나 관벽에서의 평균전단응력 $(\tau_0)_m$은 식 (4.3)과 동일한 형으로 표시할 수 있을 것이다. 즉,

$$(\tau_0)_m = \frac{f \rho V^2}{8} \qquad (4.33)$$

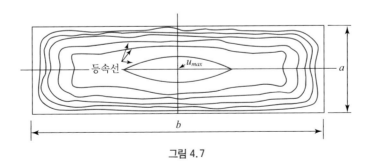

그림 4.7

여기서, f 는 원형관에 대한 값과는 다를 것이며 단면형의 영향을 내포하게 된다. 한편, 단면적 A, 윤변 P, 길이 l인 관벽에 생기는 총 마찰력은 압력강하량에 단면적을 곱한 것과 같아야 하므로

4.6 비원형 단면을 가진 관수로에서의 마찰손실 **391**

$$(\tau_0)_m \, P l = -\frac{dp}{dx} \, l A = \gamma h_L A \tag{4.34}$$

식 (4.33)과 식 (4.34)로부터

$$h_L = f \, \frac{l}{4 \, R_h} \, \frac{V^2}{2 \, g} \tag{4.35}$$

여기서 R_h는 동수반경(hydraulic radius)이라 부르며 통수단면적을 윤변으로 나눈 값 (A / P)으로 정의되며 f는 $d = 4 \, R_h$인 상당원관(equivalent circular pipe)에 해당하는 마찰손실계수로서 Moody 도표로부터 구할 수 있다.

식 (4.35)의 관계는 원형관의 직경 d와 동수반경 R_h 간의 관계를 Darcy-Weisbach 공식에 대입하여 쉽게 구할 수 있다. 즉, 원형관에 있어서는

$$R_h = \frac{A}{P} = \frac{\dfrac{\pi d^2}{4}}{\pi d} = \frac{d}{4} \quad \therefore \, d = 4 \, R_h \tag{4.36}$$

식 (4.36)의 관계를 Darcy-Weisbach식에 대입한 것이 바로 식 (4.35)이다.

식 (4.35)의 관계는 관수로내의 흐름이 난류일 경우에는 비교적 정확한 결과를 주나 층류에서는 큰 오차를 발생시키는 것으로 알려져 있다. 이는 층류에서의 마찰현상이 난류의 경우처럼 주로 관벽에 가까운 곳에서 일어나는 것이 아니라 흐름의 전 영역에서 유체의 점성 효과 때문에 일어나기 때문인 것으로 풀이된다. 따라서 관벽의 주변장의 항으로 표시되는 동수반경의 개념은 층류에는 적절하지 못하다는 것이 결론이다.

예제 4-08

40 cm × 40 cm 되는 구형관에 20℃의 물이 흐른다. 관내의 평균유속은 3 m/sec이며 관은 매끈한 관으로 취급할 수 있다. 이 관로의 300 m 구간에 생기는 손실수두와 압력강하량을 구하라. $\nu = 1.01 \times 10^{-6} \, \mathrm{m^2 / sec}$

풀이

$$R_h = \frac{0.4 \times 0.4}{(0.4 \times 2) + (0.4 \times 2)} = 0.1 \, \mathrm{m}$$

$$\boldsymbol{R_e} = \frac{3 \times (4 \times 0.1)}{1.01 \times 10^{-6}} = 1.2 \times 10^6$$

Moody 도표로부터

$$f = 0.0112$$

$$h_L = 0.0112 \times \frac{300}{(4 \times 0.1)} \times \frac{3^2}{2 \times 9.8} = 3.86 \, \mathrm{m}$$

따라서, 압력강하량은

$$\Delta p = \gamma h_L = 1,000 \times 3.86 = 3,860 \, \mathrm{kg/m^2} = 0.386 \, \mathrm{kg/cm^2}$$

4.7 관수로내 흐름 계산을 위한 경험공식

관수로내 흐름을 계산하기 위한 경험공식은 흐름의 평균유속을 계산하기 위해 특정조건 하에서 개발된 경험공식들로서 흐름의 마찰손실을 표시하는 여러 종류의 계수를 포함하고 있다. 이들 공식 중 대표적인 것은 Chezy 공식과 Hazen-Williams 공식 및 Manning 공식 등이다.

4.7.1 Chezy의 평균유속 공식

Chezy의 평균유속 공식은 Darcy-Weisbach 공식(식 (4.35))로부터 유도될 수 있다. 식 (4.35)를 평균유속 V에 관해 풀면

$$V = \sqrt{\frac{8g}{f}} \, \sqrt{R_h \frac{h_L}{l}} \tag{4.37}$$

식 (4.37)에서 $\sqrt{8g/f}$ 는 흐름의 상태가 일정하면 상수로 볼 수 있으며, h_L/l은 단위길이당 관내의 손실수두로서 에너지선의 경사 S와 같다. 따라서

$$V = C\sqrt{R_h S} \tag{4.38}$$

식 (4.38)은 Chezy의 평균유속 공식이며 C는 Chezy의 마찰손실계수로서 식 (4.37)과 (4.38)로부터 Darcy-Weisbach의 f 와 다음과 같은 관계가 있음을 알 수 있다.

$$C = \sqrt{\frac{8g}{f}} \quad \text{혹은} \quad f = \frac{8g}{C^2} \tag{4.39}$$

식 (4.39)의 C값은 관의 조도뿐만 아니라 흐름의 특성인 S와 관의 단면특성인 R_h와도 관계가 있으며 특히 관의 조도에 비례하여 작아지는 특성을 가진다.

4.7.2 Hazen-Williams의 평균유속 공식

Hazen-Williams 공식은 비교적 큰 관($d > 5\,\text{cm}$)에서 유속 $V \leqq 3\,\text{m/sec}$인 경우에 대하여 경험적으로 개발하여 미국에서 상수도 시스템의 설계에 많이 사용되어 온 공식으로서 다음과 같이 표시된다.

$$V = 0.849 \, C_{HW} \, R_h^{0.63} \, S^{0.54} \tag{4.40}$$

여기서 V는 평균유속(m/sec), R_h는 동수반경(m)이며 S는 에너지선의 경사(m/m)이고 C_{HW}는 Hazen-Williams 계수로서 가장 매끈한 관에서는 150, 매우 거치른 관에서는 80 정도의 값을 가지며 설계를 위한 평균치로서 $C_{HW}= 100$을 많이 사용하며 관의 재료에 따른 C_{HW}값은 표 4.3에 수록되어 있다.

표 4.3으로부터 Hazen-Williams의 조도계수도 Chezy의 C값과 같이 조도가 커지면 작은 값을 가지며 조도가 작아지면 커짐을 알 수 있다.

C_{HW}와 Darcy의 f 간의 관계를 유도하기 위하여 식 (4.40)에 R_h 대신 $d/4$, S 대신에 h_L/l을 대입한 후 h_L에 관하여 풀면

$$h_L = \frac{133.5}{C_{HW}^{1.85}\, d^{0.167}\, V^{0.15}} \frac{l}{d} \frac{V^2}{2g} \fallingdotseq \frac{133.5}{\nu^{0.15}\, C_{HW}^{1.85}\, \boldsymbol{R}_e^{\,0.15}} \frac{l}{d} \frac{V^2}{2g} \quad (4.41)$$

표 4.3 Hazen-Williams 계수

관의 재료	C_{HW}	관의 재료	C_{HW}
석면시멘트(Asbestos Cement)	140	아연철(Galvanized iron)	120
청동(Brass)	130~140	유리(Glass)	140
벽돌(Brick sewer)	100	납(Lead)	130~140
주철, 신품	130	플라스틱(Plastic)	140~150
(Cast iron) 10년	107~113	강철(Steel), 신품	140~150
20년	89~100	리벳 강철	110
30년	75~90	주석(Tin)	130
40년	64~83	나무관(Wood-stave)	120
콘크리트, 강철 거푸집	140	구리(Copper)	120
합판 거푸집	130	토관	110
		소방호스	110~140

물의 ν를 $10^{-6}\, \text{m}^2/\text{sec}(20^\circ\text{C})$라 가정하고 식 (4.41)을 Darcy-Weisbach 공식과 비교하면

$$f \fallingdotseq \frac{1060}{C_{HW}^{1.85}\, \boldsymbol{R}_e^{\,0.15}} \quad\quad (4.42)$$

식 (4.42)의 관계를 $C_{HW}= 80$ 및 $C_{HW}= 140$으로 놓고 Moody 도표형식으로 표시하면 그림 4.8과 같다.

그림 4.8로부터 관찰할 수 있는 바와 같이 식 (4.42)의 $f - \boldsymbol{R}_e$ 관계는 Moody 도표의 거치른 관에 대한 결과와 거의 유사하며 C_{HW}는 관의 절대조도를 표시하는 것이 아니라 상대조도의 한 지표임을 알 수 있다.

식 (4.40)으로 표시되는 Hazen-Williams 공식에 의한 관수로내 흐름의 계산은 식 (4.40)과 연속방정식을 사용하거나 혹은 그림 4.9의 차트를 사용하여 직접 할 수 있다.

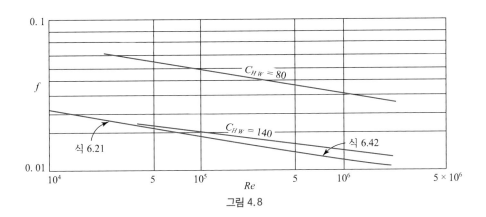

그림 4.8

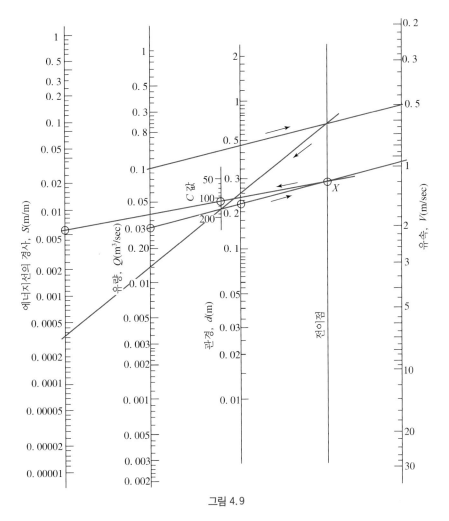

그림 4.9

직경 $d = 20\,\text{cm}$ 이고 길이 $100\,\text{m}$, $C_{HW} = 110$ 인 관에 $30\,\ell/\text{sec}$ 의 물이 흐르고 있다. 마찰손실수두를 구하라.

풀이 식 (4.40)을 사용하면

$$V = \frac{Q}{A} = \frac{0.03}{\dfrac{\pi \times 0.2^2}{4}} = 0.849 \times 110 \times \left(\frac{0.2}{4}\right)^{0.63} S^{0.54}$$

$$\therefore S = \frac{h_L}{l} = 0.0068$$

$$h_L = 0.0068 \times 100 = 0.68\,\text{m}$$

[도식해] 그림 4.9에서 $Q = 0.03\,\text{m}^3/\text{sec}$, $d = 0.2\,\text{m}$ 를 연결하여 전이점 X를 구하고 X점과 $C_{HW} = 110$ 을 연결하여 에너지선의 경사를 읽으면

$$S = 0.0061\,\text{m}/\text{m}$$

따라서

$$h_L = Sl = 0.0061 \times 100 = 0.61\,\text{m}$$

4.7.3 Manning의 평균유속 공식

Manning 공식은 개수로의 설계를 위해 개발되어 널리 사용되어 온 경험공식이나 관수로내 흐름의 해석에도 많이 사용되며 다음과 같이 표시된다.

$$V = \frac{1}{n} R_h^{2/3} S^{1/2} \tag{4.43}$$

여기서 n 는 Manning의 조도계수로서 관수로로 많이 사용되는 재료의 n 값은 표 4.4와 같다.

표 4.4 관의 재료에 따른 Manning의 조도계수

관재료	n	관재료	n
유리, 청동(Brass), 구리	0.009~0.013	시멘트 몰탈면	0.011~0.015
매끈한 시멘트면	0.010~0.013	타일(Tile)	0.011~0.017
나무(Wood-stave)	0.010~0.013	단철(Wrought iron)	0.012~0.017
매끈한 하수관	0.010~0.017	벽돌(몰탈 접착)	0.012~0.017
주철(Cast iron)	0.011~0.015	리벳 강관	0.014~0.017
콘크리트(Precast)	0.011~0.015	주름진 금속배수관	0.020~0.024
에나멜수지 코팅관(Enameled steel)	0.009~0.010	용접강관(Lockbar and Welded Pipe)	0.010~0.013

식 (4.43)을 식 (4.38)과 비교하면 Chezy의 C와 Manning의 n 사이에는 다음의 관계가 성립한다.

$$C = \frac{R_h^{1/6}}{n} \tag{4.44}$$

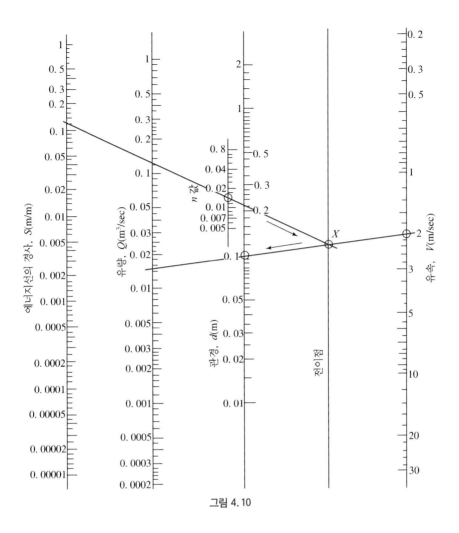

그림 4.10

따라서 식 (4.39)를 식 (4.44)에 대입한 후 f 에 관하여 풀면

$$f = \frac{8\,g\,n^2}{R_h^{1/3}} = \frac{124.5\,n^2}{d^{1/3}} \tag{4.45}$$

식 (4.45)는 Darcy의 f 와 Manning의 n 사이의 관계를 표시하는 식이며 f 가 Reynolds 수에 무관한 완전난류 영역에서만 적용이 가능한 식이라고 볼 수 있다. 실제의 관수로내 흐름 문제에서는 대부분의 경우 완전난류 가정이 통용되므로 식 (4.45)의 관계에 의해 f 값을 계산하여 사용할 경우가 있으나 정해가 되지는 못한다. 식 (4.45)의 $f \sim n \sim d$ 관계는 부록 4의 표에 수록되어 있다.

식 (4.43)으로 표시되는 Manning 공식에 의한 관수로내 흐름 문제의 해석은 식 (4.43)을 연속방정식과 함께 풀거나 혹은 그림 4.10을 사용하여 도식적으로 할 수도 있다.

직경이 10 cm이고 길이가 200 m인 관수로에서 측정된 손실수두가 24.6 m이었다. 이 관내의 유량을 계산하라. Manning의 $n = 0.015$ 이다.

풀이

$$S = \frac{h_L}{l} = \frac{24.6}{200} = 0.123, \quad R_h = \frac{\frac{\pi d^2}{4}}{\pi d} = \frac{d}{4} = 0.025\,\text{m}$$

식 (4.43)을 사용하면

$$V = \frac{1}{0.015} \times (0.025)^{2/3} \times (0.123)^{1/2} = 1.999\,\text{m/sec}$$

$$\therefore Q = A\,V = \frac{\pi \times (0.10)^2}{4} \times 1.999 = 0.0157\,\text{m}^3/\text{sec}$$

[도식해] 그림 4.10에서 $S = 0.123$, $n = 0.015$ 를 연결하여 전이점 X를 구하고 X점과 $d = 0.10\,\text{m}$ 를 연결하여 유량과 유속을 읽으면

$$Q = 0.0158\,\text{m}^3/\text{sec}, \quad V = 2\,\text{m/sec}$$

수면표고차가 3 m인 2개의 저수지를 연결하는 길이 1,500 m의 콘크리트관에 의하여 1.1 m³/sec의 물을 송수하려면 관경은 얼마로 해야 하겠는가? Hazen-Williams 및 Manning 공식에 의하여 각각 계산하라.

풀이 (a) Hazen-Williams 공식

콘크리트관의 $C_{HW} = 130$

$Q = A\,V$이므로

$$1.1 = \left(\frac{\pi}{4}d^2\right) \times 0.849 \times 130 \left(\frac{d}{4}\right)^{0.63} \left(\frac{3}{1,500}\right)^{0.54} \qquad \therefore d = 0.950\,\text{m}$$

(b) Manning 공식

콘크리트관의 $n = 0.014$

$$1.1 = \left(\frac{\pi}{4}d^2\right) \times \frac{1}{0.014} \left(\frac{d}{4}\right)^{2/3} \left(\frac{3}{1,500}\right)^{1/2} \qquad \therefore d = 1.038\,\text{m}$$

4.8 미소손실수두

관수로내 흐름의 손실수두에는 지금까지 살펴본 유체와 관벽의 마찰로 인한 관마찰손실 이외에 흐름의 단면에 갑작스러운 변화가 생기므로 인해서 발생하는 미소손실(minor losses)이 있다. 이 미소손실은 단면의 확대 혹은 축소, 만곡부(bend), 엘보우(elbow), 밸브(valve) 및 기타 관의 각종 부속물(fittings)에 의하여 흐름이 가속되거나 감속될 때 발생하는 와류(eddy)현상 때문에 생기는 것으로, 흐름이 감속될 경우에는 가속될 경우보다 더 큰 에너지의 손실이 생기게 된다.

관로가 비교적 길 경우에는 미소손실은 마찰손실에 비하여 상대적으로 작으므로 거의 무시할 수 있으나, 짧은 관로에 있어서는 마찰손실에 못지않게 총 손실의 중요한 부분을 차지하므로 이의 성질 및 산정방법에 대한 깊은 이해가 필요하다.

지금까지의 실험결과에 의하면 미소손실수두는 속도수두에 대략적으로 비례하는 것으로 알려져 있다. 즉,

$$h_m = K_L \frac{V^2}{2g} \tag{4.46}$$

여기서 K_L은 미소손실계수(minor loss coefficient)로서 관 조도의 증가나 Reynolds 수의 감소에 따라 커지는 경향이 있으나, 큰 Reynolds 수를 가지는 흐름에서는 실질적으로 상수로 취급하며 그 크기는 주로 흐름의 단면변화 양상에 따라 결정된다. 여러 가지 실험으로부터 얻어진 각종 단면변화 및 부속물로 인한 미소손실의 성질과 크기에 대한 결과를 종합하여 보기로 한다.

4.8.1 단면 급확대손실

흐름의 단면이 급확대(abrupt enlargement)되면 그림 4.11에서와 같이 급확대 부분에서 와류로 인한 큰 에너지 손실이 생기게 된다. 이때의 손실은 연속방정식, Bernoulli 방정식 및 운동량방정식을 동시에 적용함으로써 계산될 수 있다. 그림 4.11과 같은 급확대 관로에 정상류가 흐를 때 단면 1, 2 내에 포함되는 통제용적에 역적(力積)−운동량방정식을 적용하면

$$p_1 A_2 - p_2 A_2 = \rho Q(V_2 - V_1) \tag{4.47}$$

단면 1과 2 사이의 Bernoulli 방정식은

$$\frac{p_1}{\gamma} + \frac{V_1^2}{2g} = \frac{p_2}{\gamma} + \frac{V_2^2}{2g} + h_{L_c} \tag{4.48}$$

여기서 h_{Le}는 단면 급확대로 인한 손실수두이다. 식 (4.47)과 (4.48)을 $(p_2 - p_1)/\gamma$에 대해 풀고 서로 같게 놓으면

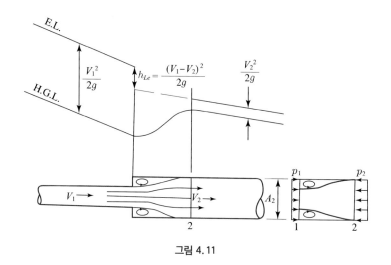

그림 4.11

$$\frac{Q}{gA_2}(V_2 - V_1) = \frac{V_2^2 - V_1^2}{2g} + h_{L_e} \tag{4.49}$$

식 (4.49)에 $V_2 = Q/A_2$, $A_1/A_2 = (d_1/d_2)^2$을 대입하여 정리하면

$$h_{Le} = \frac{(V_1 - V_2)^2}{2g} = \left[1 - \left(\frac{d_1}{d_2}\right)^2\right]^2 \frac{V_1^2}{2g} \tag{4.50}$$

식 (4.46)과 (4.50)을 비교하면 단면 급확대손실계수는

$$K_e = \left[1 - \left(\frac{d_1}{d_2}\right)^2\right]^2 \tag{4.51}$$

식 (4.51)로부터 d_1에 비해 d_2가 매우 크면 $d_1/d_2 \cong 0$이므로 $K_e \cong 1$이 되며, 식 (4.50)은 $h_{L_e} = V_1^2/2g$가 되어 흐름이 가지는 운동에너지가 완전히 손실되어 열에너지로 변하게 됨을 알 수 있다. 그림 4.12는 큰 수조나 저수지에 관이 연결되었을 때 관의 출구에서 생기는 출구손실(exit loss)을 표시하는 것으로서 이 경우가 바로 $K_e \cong 1$인 경우이다.

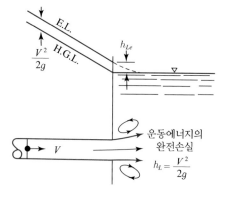

그림 4.12

예제 4-12

그림 4.11의 두 관경은 각각 10 cm 및 30 cm이며 유량은 0.15 m³/sec이다. 마찰손실을 무시할 때 단면 급확대로 인한 손실수두를 구하라.

풀이

$$V_1 = \frac{0.15}{\frac{\pi}{4}(0.1)^2} = 19.10 \, \text{m/sec}$$

$$K_e = \left[1 - \left(\frac{0.1}{0.3}\right)^2\right]^2 = 0.79$$

$$h_{Le} = 0.79 \times \frac{(19.10)^2}{2 \times 9.8} = 14.7 \, \text{m}$$

4.8.2 단면 점확대손실

단면이 점차적으로 확대(gradual enlargement)할 경우의 손실수두는 확대되는 모양에 크게 좌우된다. Gibson이 원추형 확대부를 사용하여 실험한 결과에 의하면 손실수두는 단면 급확대의 경우와 비슷하게 표시된다.

$$h_{Lg_e} = K_{g_e} \frac{(V_1 - V_2)^2}{2g} \tag{4.52}$$

여기서 K_{g_e}는 단면 점확대손실계수로서 그림 4.13에 표시한 바와 같이 단면의 확대각과 단면적비의 함수이다. 통상 확대부는 상당한 벽면 면적을 가지므로 미소손실계수 K_{g_e}는 확대부에서의 마찰손실도 포함하는 것이다. 그림 4.13으로부터 미소손실을 최소로 하는 확대각은 약 7° 부근이며 확대각이 60° 부근이 되면 손실계수의 값이 단면 급확대의 경우보다 커진다는 사실을 알 수 있다.

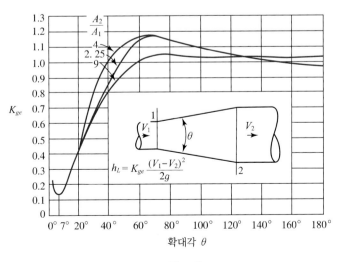

그림 4.13

따라서, 유체 흐름의 유속을 감소시키고 압력을 증가시켜 줄 목적으로 많이 사용되는 확대관(diffuser)을 설계할 때에는 단면변화로 인한 손실을 최소로 줄이기 위하여 확대원추각을 7° 근방으로 하는 것이 보통이다.

예제 4-13

직경 30 cm인 수평관이 확대각 20°인 원추형단면에 의해 직경 60 cm 관으로 확대되었으며 유량이 0.3 m³/sec일 때 30 cm 관의 말단에서의 압력은 1.5 kg/cm²이었다. 관마찰손실을 무시하고 60 cm 관에서의 압력을 구하라.

풀이

$$V_{30} = \frac{0.3}{\frac{\pi}{4}(0.3)^2} = 4.24\,\mathrm{m/sec}$$

$$V_{60} = \frac{0.3}{\frac{\pi}{4}(0.6)^2} = 1.06\,\mathrm{m/sec}$$

그림 4.13으로부터 $\theta = 20°$, $A_2/A_1 = 4$ 일 때의 $K_{ge} = 0.43$

Bernoulli 방정식을 적용하면

$$\frac{1.5 \times 10^4}{1{,}000} + \frac{4.24^2}{2 \times 9.8} = \frac{p_{60}}{1{,}000} + \frac{1.06^2}{2 \times 9.8} + 0.43 \times \frac{(4.24 - 1.06)^2}{2 \times 9.8}$$

$$\therefore\ p_{60} = (15 + 0.86 - 0.222) \times 1{,}000 = 15.638 \times 10^3\,\mathrm{kg/m^2} = 1.564\,\mathrm{kg/cm^2}$$

4.8.3 단면 급축소손실

단면이 급축소될 때의 손실수두는 그림 4.14에서와 같이 수축단면(vena contracta) 전방의 가속과 후방의 감속현상의 복합적인 원인 때문에 생기게 된다. 이 손실은 주로 수축단면의 크기 A_c에 의해 좌우되며, Weisbach는 실험에 의해 단면수축계수 C_c(A_2에 대한 A_c의 비)는 표 4.5에서와 같이 단면축소비 A_2/A_1에 따라 결정됨을 증명하였다.

단면 급축소로 인한 손실은 그림 4.14의 가속부분과 감속부분에서 생기는 손실의 합이므로

$$h_{Lc} = \frac{(V_c - V_2)^2}{2g} + K_a\,\frac{V_c^2}{2g} \tag{4.53}$$

연속방정식에 의하여 $V_c = V_2/C_c$를 식 (4.53)에 대입하면

$$h_{Lc} = \left(\frac{1}{C_c} - 1\right)^2 \frac{V_2^2}{2g} + \frac{K_a}{C_c^2}\,\frac{V_2^2}{2g} \tag{4.54}$$

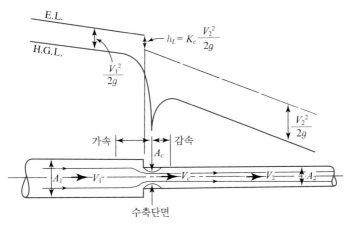

그림 4.14

표 4.5 단면 급축소손실계수

A_2/A_1	0	0.1	0.2	0.3	0.4	0.5	0.6	0.7	0.8	0.9	1.0
C_c	0.617	0.624	0.632	0.643	0.659	0.691	0.712	0.755	0.813	0.892	1.00
K_c	0.50	0.46	0.41	0.36	0.30	0.24	0.18	0.12	0.06	0.02	0.0

따라서 단면 급축소손실계수는

$$K_c = \left(\frac{1}{C_c} - 1\right)^2 + \frac{K_a}{C_c^2} \tag{4.55}$$

식 (4.55)로 표시되는 K_c값은 A_2/A_1에 따른 C_c값과 K_a/C_c^2값에 의해 표 4.5에 계산 수록되어 있다.

수조 또는 저수지로부터 관수로에 물이 유입할 경우는 단면 급축소로서 표 4.5의 $A_2/A_1 \approx 0$이 되는 경우로서 그림 4.15 (a)와 같은 유입구의 손실계수는 0.5이며 일반적으로 유입구의 기하학적 형상에 따라 상이한 값을 가진다. 이들 계수의 값은 통상 실험에 의해 결정되는데 그림 4.15 (b), (c)에 대한 손실계수는 실험으로부터 얻은 값이다.

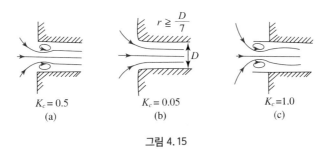

그림 4.15

직경 15 cm인 관로가 직경 10 cm로 급축소되었을 때 15 cm 관에서 측정된 유속은 2.3 m/sec이고 압력이 0.35 kg/cm²였다면 축소 후 10 cm 관에서의 압력은 얼마이겠는가? 단, 마찰손실은 무시하라.

풀이 축소 전후의 단면을 각각 1, 2라 하고 단면적비를 구하면

$$\frac{A_2}{A_1} = \left(\frac{0.1}{0.15}\right)^2 = 0.444$$

따라서, 표 4.5로부터 내삽법으로 미소손실계수를 구하면 $K_c = 0.27$이고 연속방정식을 사용하면 10 cm 관에서의 평균유속은

$$V_2 = \frac{A_1}{A_2} V_1 = \frac{1}{0.444} \times 2.3 = 5.18 \, \text{m/sec}$$

단면 1, 2 간에 Bernoulli 방정식을 적용하면

$$\frac{0.35 \times 10^4}{1,000} + \frac{(2.3)^2}{2 \times 9.8} = \frac{p_2}{1,000} + \frac{(5.18)^2}{2 \times 9.8} + 0.27 \times \frac{(5.18)^2}{2 \times 9.8}$$

$$p_2 = 2,031 \, \text{kg/m}^2 = 0.2031 \, \text{kg/cm}^2$$

4.8.4 단면 점축소손실

그림 4.16에서와 같이 단면이 점차적으로 축소되는 경우의 손실수두도 축소 후의 평균속도수두의 항으로 표시된다. 즉,

$$h_{Lg_c} = K_{g_c} \frac{V_2^2}{2g} \tag{4.56}$$

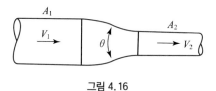

그림 4.16

여기서 K_{gc}는 단면 점축소손실계수로서 실험에 의해 결정되며 Weisbach는 그의 실험결과를 종합하여 단면축소비(A_2 / A_1)와 축소각 θ의 함수로 표시되는 다음과 같은 식을 제안하였다.

$$K_{gc} = \frac{0.025}{8\left(\sin \dfrac{\theta}{2}\right)} \left[1 - \left(\frac{A_2}{A_1}\right)\right]^2 \tag{4.57}$$

그러나 식 (4.57)로부터 알 수 있듯이 단면 점축소손실은 통상 타 미소손실에 비해 매우 작으므로 실제 문제에서는 무시하는 것이 보통이다.

4.8.5 만곡손실

완만한 만곡관에서의 손실수두는 만곡부에서 일어나는 **박리현상**(seperation)과 **관벽마찰** 및 **부차류**(secondary flow)의 복합적인 현상에 기인하는 것으로, 곡률반경이 비교적 큰 만곡부에서는 관벽마찰과 부차류가 손실의 주원인이 되나 곡률반경이 작은 경우에는 박리현상과 부차류가 주원인이 되며 식 (4.46)의 형태로 표시됨이 보통이다.

Ito의 실험에 의하면 만곡손실계수는 만곡부의 기하학적 형상과 흐름의 Reynolds 수와 관계되나 그림 4.17에 표시된 바와 같이 주로 관로의 기하학적 변수인 만곡각 θ 와 R/d 의 함수로 표시될 수 있다. 만곡부의 공학적인 설계입장에서 볼 때 그림 4.17에서의 손실계수 K_b 가 최소가 되도록 θ 와 R/d 을 선택 설계해야 한다는 점이 주된 관심사인 것이다.

그림 4.17에 표시된 만곡부의 특수한 두 경우가 그림 4.18에 표시되어 있으며 이를 마이터 곡관(miter bend)이라 부르고 손실계수는 그림에 표시된 바와 같다. 이들 마이터 곡관은 큰 곡률반경의 만곡부를 관로에 설치할 공간이 없을 때 풍동이나 수동과 같은 큰 관로의 부분으로 널리 사용되고 있다.

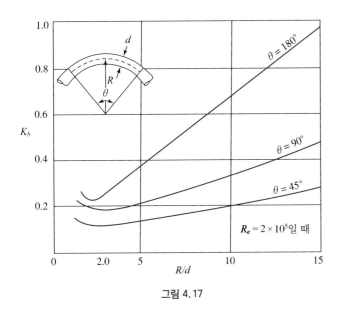

그림 4.17

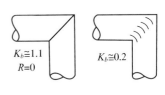

그림 4.18

4.8.6 밸브에 의한 손실

밸브(valve)는 관수로내의 유량의 크기를 조절하기 위해 설치되며 밸브의 설계가 어떻게 되어 있는가에 따라 흐름의 에너지 손실정도가 좌우된다. 밸브를 부분개방하면 밸브 하류부에 심한 와류가 생겨 손실이 매우 커지며 밸브를 완전개방하드라도 상당한 에너지의 손실이 수반된다. 밸브로 인한 에너지 손실수두도 타 미소손실의 경우처럼 관내 흐름의 속도 수두 항으로 표시된다. 즉,

$$h_{L_v} = K_v \frac{V^2}{2g} \tag{4.58}$$

여기서 K_v 는 밸브손실계수이며 표 4.6에는 각종 밸브의 손실계수가 수록되어 있고, 그림 4.19에는 흔히 사용되는 상용밸브의 구조도가 표시되어 있다.

표 4.6 상용밸브의 손실계수

밸브의 종류	개방정도	손실계수, K_v
Gate valve	완전개방	0.19
	3/4	1.15
	1/2	5.60
	1/4	24.00
Globe valve	완전개방	10
Check valve		
(Swing type)	완전개방	2.5
(Lift type)	완전개방	12
(Ball type)	완전개방	70
Rotary valve	완전개방	10
Foot valve	완전개방	15
Angle valve	완전개방	3.1
Blowoff valve	완전개방	2.9

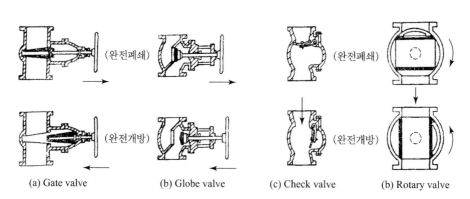

(a) Gate valve   (b) Globe valve   (c) Check valve   (b) Rotary valve

그림 4.19 밸브의 구조도

4.9 관수로내 정상류 문제의 유형

일반적으로 관수로내 정상류의 문제는 공학적인 해석절차에 따라 대략 다음 세 가지 유형으로 분류할 수 있다.

(1) 관로를 통한 유량(Q)이 주어지고 관의 특성제원(l, d, ε)이 주어졌을 때 관로의 임의 길이(l)에 걸친 손실수두(h_L) 혹은 압력강하량(Δp)를 구하는 문제

(2) 관로의 특성제원과 흐름을 가능하게 하는 전 수두차(H)가 주어졌을 때 관로를 통해 흐를 수 있는 유량을 구하는 문제

(3) 관로의 두 단면 간의 압력강하량(혹은 손실수두)이 주어졌을 때 소정의 유량을 소통시키는 데 필요한 관의 직경을 구하는 문제

상기한 세 가지 유형의 문제 중에서 (1)의 경우는 가장 간단한 경우로서 Darcy-Weisbach 공식과 연속방정식 및 Moody 도표(그림 4.6)를 사용하면 해결되나 (2), (3)의 경우는 시행착오법(trial and error method)에 의해서만 정확한 해석이 가능하다. 즉, (2)의 경우 유량을 구하기 위해서는 Darcy-Weisbach 공식으로부터 평균유속(V)를 구하여 단면적(A)을 곱해야 하나 마찰손실계수(f)는 미지수인 V를 변수로 가지는 Reynolds 수의 함수이므로 직접 평균유속(V)를 계산할 수는 없다. (3)의 경우에 있어서도 Darcy-Weisbach 공식으로부터 평균유속을 구하여 유량을 평균유속으로 나눔으로써 관의 소요단면적을 계산하여 관경을 결정할 수 있으나 Darcy-Weisbach 공식의 f는 미지수인 평균유속(V) 및 상대조도(ϵ/d)의 함수이므로 V를 바로 계산할 수가 없다.

관수로내 흐름의 마찰손실계수 f가 Reynolds 수에 따라 변화하는지, 변화하지 않는지를 모르는 상태에서는 상술한 (2) 및 (3)의 경우의 문제는 Moody 도표를 사용하여 시행착오법으로 풀이하는 것이 올바른 해법이나, 전술한 바 있는 $f \sim n$ 관계식(식 (4.45))를 사용하여 관의 조도계수 n으로부터 f를 직접 계산한 후 Darcy-Weisbach 공식에 의해 시행착오법에 의하지 않고 바로 문제를 풀이할 수도 있다. 그러나 엄밀한 의미에서 식 (4.45)는 f가 관로 내의 흐름 상태를 표시하는 Reynolds 수에는 무관하고 관벽의 조도 n에 따라 일정한 값을 가진다는 가정 하에서만 적용할 수 있으므로 관로 내의 흐름이 완전난류가 아닐 경우에는 계산에 오차가 생기게 된다. 뿐만 아니라 관벽의 조도계수 n는 실제로 측정할 수 있는 물리량이 아니라 경험적으로 결정된 계수이므로 그 값의 정도에도 문제점이 없지 않다. 따라서 식 (4.45)에 의한 관로문제의 해석은 근사해이며 정확한 해법은 역시 Moody 도표를 사용하는 방법이라 할 수 있다. 그러나 식 (4.45)에 의한 해법은 상술한 (1), (2), (3)의 경우에 속하는 문제를 시행착오에 의하지 않고 직접 계산할 수 있어 계산절차가 아주 간단하고 또한 실제 관로 내 흐름이 대부분 완전난류상태로 흐르므로 이 근사해를 실제 문제의 해석에 많이 사용하고 있는 것이 사실이다.

(1)의 경우

직경이 10 cm인 에나멜 코팅관을 통하여 30℃의 물이 흐르고 있다. 이 관에 흐르는 유량이 0.02 m³/sec일 때 400 m 길이에 걸쳐 생기는 손실수두를 구하라.

풀이 부록 2로부터 30℃의 물의 동점성계수는 $\nu = 0.804 \times 10^{-6}\,\text{m}^2/\text{sec}$

$$V = \frac{Q}{A} = \frac{0.02}{\frac{\pi}{4}(0.1)^2} = 2.548\,\text{m/sec}$$

$$R_e = \frac{Vd}{\nu} = \frac{2.548 \times 0.1}{0.804 \times 10^{-6}} = 317,000$$

$R_e > 4,000$ 이므로 흐름은 난류이다. Moody 도표(그림 4.6)로부터 $R_e = 317,000$ 일 때 매끈한 관에 대한 마찰손실계수는

$$f = 0.0146$$

따라서

$$h_L = 0.0146 \times \frac{400}{0.1} \times \frac{(2.548)^2}{2 \times 9.8} = 19.34\,\text{m}$$

별해 에나멜 코팅관의 조도계수는 표 4.4에서 $n = 0.009$를 취하고 식 (4.45)를 사용하면

$$f = \frac{124.5 \times (0.009)^2}{(0.1)^{1/3}} = 0.0217$$

$$V = \frac{Q}{A} = 2.548\,\text{m/sec}$$

$$h_L = 0.0217 \times \frac{400}{0.1} \times \frac{(2.548)^2}{2 \times 9.8} = 28.75\,\text{m}$$

근사해법이므로 Manning의 조도계수에 따라 약간 차이가 날 수 있다.

(2)의 경우

20.3℃의 물이 직경 25 cm인 리벳강관(riveted-pipe) 속에 흐르고 있다. 관벽의 상당조도 $\varepsilon = 4\,\text{mm}$ 이고 손실수두가 400 m 길이에서 6 m이었다면 이 관 속에 흐르는 유량은 얼마이겠는가?

풀이 상대조도는

$$\frac{\varepsilon}{d} = \frac{0.004}{0.25} = 0.016$$

Darcy – Weisbach 공식의 유속 V와 마찰손실계수 f가 모두 미지수이므로 시행착오법을 써야 한다.

우선 $f = 0.04$ 라 가정하면 Darcy-Weisbach 공식은

$$6 = 0.04 \times \frac{400}{0.25} \times \frac{V^2}{2 \times 9.8} \qquad \therefore \ V = 1.36\,\mathrm{m/sec}$$

부록 2로부터 20.3℃의 물의 $\nu = 1.0 \times 10^{-6}\,\mathrm{m^2/sec}$

$$\boldsymbol{R_e} = \frac{1.36 \times 0.25}{1.0 \times 10^{-6}} = 3.4 \times 10^5$$

$\boldsymbol{R_e} = 3.4 \times 10^5$와 $\varepsilon/d = 0.016$에 대한 f 값을 Moody 도표로부터 읽으면 $f = 0.0422$이며 이는 가정치인 $f = 0.04$와 약간 상이하다. 따라서 $f = 0.0422$로 재가정하고 계산을 반복하면, Darcy-Weisbach 공식으로부터

$$6 = 0.0422 \times \frac{400}{0.25} \times \frac{V^2}{2 \times 9.8} \qquad \therefore \ V = 1.32\,\mathrm{m/sec}$$

$$\boldsymbol{R_e} = \frac{1.32 \times 0.25}{1.0 \times 10^{-6}} = 3.3 \times 10^5$$

Moody 도표로부터 $\boldsymbol{R_e} = 3.3 \times 10^5$, $\varepsilon/d = 0.016$에 대한 $f = 0.0422$이다.

따라서 $f = 0.0422$가 옳은 값이며 이에 해당하는 $V = 1.32\,\mathrm{m/sec}$가 이 관 속에 흐르는 흐름의 평균유속이다. 따라서 구하고자 하는 유량은

$$Q = A\,V = \frac{\pi}{4} \times (0.25)^2 \times 1.32 = 0.0647\,\mathrm{m^3/sec}$$

별해 리벳강관의 조도계수는 표 4.4에서 $n = 0.015$를 취하고 식 (4.45)를 사용하면

$$f = \frac{124.5 \times (0.015)^2}{(0.25)^{1/3}} = 0.0445$$

$$6 = 0.0445 \times \frac{400}{0.25} \times \frac{V^2}{2 \times 9.8} \qquad \therefore \ V = 1.29\,\mathrm{m/sec}$$

$$Q = \frac{\pi (0.25)^2}{4} \times 1.29 = 0.0633\,\mathrm{m^3/sec}$$

예제 4-17

(3)의 경우

깨끗한 단철관(wrought-iron pipe)을 통하여 $0.2\,\mathrm{m^3/sec}$의 기름을 운반하고자 한다. 이 관의 1,000 m 길이에서의 손실수두를 8 m로 하고자 할 때 소요되는 관경을 계산하라. 단 관벽의 절대조도 $\varepsilon = 0.0457\,\mathrm{mm}$이며 기름의 $\nu = 0.7 \times 10^{-5}\,\mathrm{m^2/sec}$이다.

풀이 연속방정식에 의하면 $V = \dfrac{Q}{A} = \dfrac{Q}{\dfrac{\pi}{4}d^2}$

Darcy-Weisbach 공식에 이를 대입하면

$$h_L = f\,\frac{l}{d}\,\frac{Q^2}{2\,g\,(\pi d^2/4)^2}$$

이 식을 변형시키면

$$d^5 = \frac{8\,l\,Q^2}{g\,\pi^2\,h_L}\,f = C_1 f \tag{a}$$

여기서 $C_1 = 8\,l\,Q^2 / g\,\pi^2\,h_L$ 로서 문제에서 모든 변수값이 주어졌으므로 상수이다. 즉, 주어진 값을 대입하면

$$d^5 = \frac{8 \times 1{,}000 \times (0.2)^2}{9.8 \times (3.14)^2 \times 8}\,f = 0.414\,f \tag{b}$$

그런데, $V = \dfrac{4\,Q}{\pi\,d^2}$ 이므로 Reynolds 수는

$$R_e = \frac{Vd}{\nu} = \frac{4\,Q}{\pi\,\nu}\,\frac{1}{d} = \frac{C_2}{d} \tag{c}$$

여기서도 $C_2 = 4\,Q/\pi\,\nu$ 는 상수이다. 즉, 주어진 값을 식 (c)에 대입하면

$$R_e = \frac{4 \times 0.2}{3.14 \times 0.7 \times 10^{-5}}\,\frac{1}{d} = \frac{3.64 \times 10^4}{d} \tag{d}$$

이 문제에서 구하고자 하는 관경은 식 (b)에서와 같이 f 의 함수이고 f 는 다시 식 (d)로 표시되는 Reynolds 수와 상대조도 ε/d 의 함수이므로 f 를 가정하는 시행착오법을 써야 한다. 즉, $f = 0.02$ 라 가정하면 식 (b)로부터

$$d = (0.414 \times 0.02)^{1/5} = 0.383\,\mathrm{m}$$

식 (d)에 대입하면

$$R_e = \frac{3.64 \times 10^4}{0.383} = 95{,}039$$

$$\frac{\varepsilon}{d} = \frac{4.57 \times 10^{-5}}{0.383} = 0.00012$$

Moody 도표에서 $R_e = 95{,}039$, $\varepsilon/d = 0.00012$ 에 대한 $f = 0.019$ 이다.

가정한 f 값보다 약간 작으므로 $f = 0.019$ 라 재가정하고 앞의 절차를 반복하면

$$d = 0.380\,\mathrm{m}, \quad R_e = 95{,}790, \quad \frac{\varepsilon}{d} = 0.00012$$

Moody 도표로부터 $f = 0.019$

따라서 $d = 0.38\,\mathrm{m}$ 가 만족되는 관경이므로 상업용 400 mm 단철관을 사용하면 된다.

별해 깨끗한 단철관은 주철관보다 매끈하므로 조도계수는 표 5.1에서 $n = 0.012$ 를 취한다.

Darcy-Weisbach 공식에 식 (4.45)와 $V = Q/A$ 를 대입하면

$$h_L = \frac{124.5\,n^2}{d^{1/3}}\,\frac{l}{d}\,\frac{8\,Q^2}{g\,\pi^2\,d^4}$$

$$d^{16/3} = \frac{996\,n^2\,l\,Q^2}{g\,\pi^2\,h_L} = \frac{996 \times (0.012)^2 \times 1{,}000 \times (0.2)^2}{9.8 \times (3.14)^2 \times 8} = 0.00742$$

$$\therefore d = (0.00742)^{3/16} = 0.399\,\text{m}$$

위의 세 가지 예제에서 살펴본 바와 같이 관수로내 정상류 문제를 해결하고자 할 경우에는 우선 당면한 문제가 어떤 유형에 속하는지를 파악한 후 직접 계산이 가능한지 혹은 시행착오법에 의해야 하는지를 판단하는 것은 문제의 정확한 해석을 위해 매우 중요하다.

그러나 전술한 바와 같이 관수로의 실질적인 설계문제에 있어서는 대부분의 경우 흐름의 Reynolds 수가 매우 크고 흐름이 수리학적으로 거치른 영역(hydraulically rough region)에 있으므로 Moody 도표의 마찰계수는 Reynolds 수에는 무관하고 상대조도에만 관계가 있으므로 (2), (3)의 경우에 해당하는 문제를 시행착오법에 의하지 않고 직접 해석하여 근사해를 구하는 것이 보통이다.

4.10 단일 관수로내의 흐름 해석

단일관수로(single pipe line)란 관로가 분기 혹은 합류하지 않을 뿐 아니라 관망을 형성하지 않는 한 가닥의 관수로를 뜻하며, 흐름 해석의 입장에서 볼 때 4.9절에서 언급한 세 가지 유형의 문제가 있을 수 있으나 연속방정식과 Bernoulli 방정식 및 Moody 도표를 이용하여 문제를 해결할 수 있다. 단일관수로의 형상은 등단면, 부등단면, 사이폰(siphon) 등 여러 가지가 있을 수 있다.

4.10.1 두 수조를 연결하는 등단면 관수로

그림 4.20과 같이 수위차가 H인 두 수조가 직경 d, 길이 l인 관으로 연결되어 있을 때 이 관로를 통해 흐르는 유량을 구해 보기로 하자. 두 수조 내의 수위가 일정하다고 가정하고 두 수조의 수면 사이에 Bernoulli 방정식을 쓰면

$$\frac{p_1}{\gamma} + \frac{V_1^2}{2g} + z_1 = \frac{p_2}{\gamma} + \frac{V_2^2}{2g} + z_2 + h_L + \sum h_m \qquad (4.59)$$

두 수조의 수면에서의 압력과 유속은 영이므로 $p_1 = p_2 = 0$, $V_1 = V_2 = 0$이며 h_L은 관을 통한 마찰손실수두이고 $\sum h_m$은 미소손실의 합이다. 따라서 식 (4.59)를 다시 쓰면

$$z_1 - z_2 = H = h_L + \sum h_m = h_L + h_{sc} + h_{se} \qquad (4.60)$$

즉,

$$H = \left(f \, \frac{l}{d} + 0.5 + 1 \right) \frac{V^2}{2g} \tag{4.61}$$

식 (4.60)이 가지는 물리적 의미는 단위무게의 물이 수면 1로부터 수면 2로 이동함에 따라 H만한 수두를 잃게 되는데, 이는 관마찰손실과 미소손실인 단면 급축소 및 급확대 손실로 인한 것이라는 뜻이며 이와 같은 에너지 관계는 그림 4.20의 에너지선이 도식적으로 설명해 주고 있다.

관 속의 흐름이 완전난류라 가정하고 마찰손실계수 $f = 0.03$을 임의로 선택하고 $l/d =$ 100, 1,000, 10,000에 대한 식 (4.61)의 괄호 속의 값(마찰 및 미소손실계수의 합)을 계산하면 각각 4.5, 31.5 및 301.5가 된다. 미소손실계수인 0.5와 1.0이 식 (4.61)에 미치는 영향은 l/d이 커질수록 상대적으로 작아짐을 알 수 있다. 즉, 식 (4.61)에서 미소손실을 완전히 무시하면 평균유속과 유량에는 각각 18, 2 및 0.3%의 오차가 생기게 된다. 그러므로 관로가 비교적 긴 흐름 문제에 있어서는 마찰손실이 전체 손실수두의 대부분을 차지하는 것이 보통이므로 미소손실을 완전히 무시하여 계산을 단순화하는 것이 통례이다.

뿐만 아니라 식 (4.61)에서 긴 관로에서는 l/d이 크므로 마찰손실계수는 커지나 $V^2/2g$은 상대적으로 작아진다. 따라서 정수장으로부터 송수에 사용되는 긴 관로의 해석에서는 흔히 속도수두를 미소손실의 경우처럼 무시하고 그림 4.21과 같이 동수경사선과 에너지선이 일치하는 것으로 보아 해석하기도 한다.

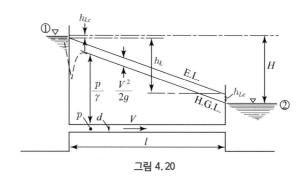

그림 4.20

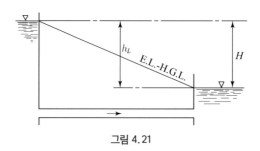

그림 4.21

그림 4.21과 같이 두 수조가 한 개의 관으로 연결되어 있다. 두 수면의 표고차가 15 m이고 연결관이 직경 30 cm, 길이 300 m인 주철관($\varepsilon = 0.26\ mm$)이라면 이 관을 통해 흐를 수 있는 유량은 얼마이겠는가? 단, 물의 온도는 20℃이다.

풀이 20℃ 물의 $\nu = 1.007 \times 10^{-6}\ m^2/sec$ (부록 2 참조)

$$R_e = \frac{Vd}{\nu} = \frac{V \times 0.3}{1.006 \times 10^{-6}} = 297,900\ V$$

Darcy-Weisbach 공식은

$$15 = \left(0.5 + f\frac{300}{0.3} + 1\right)\frac{V^2}{2 \times 9.8}$$

이 문제는 두 번째 경우의 문제에 속한다. 우선 $f = 0.03$으로 가정하면

$$V = 3.055\ m/sec$$

$$R_e = 297,900 \times 3.055 = 910,085$$

$$\frac{\varepsilon}{d} = \frac{0.00026}{0.3} = 0.00086$$

따라서, Moody 도표로부터 $f = 0.02$를 얻으며 이는 가정치와 약간 차이가 있다. $f = 0.02$로 다시 가정하고 동일한 계산을 반복하면

$$V = 3.7\ m/sec$$

$$R_e = 297,900 \times 3.7 = 1,100,000$$

$$\frac{\varepsilon}{d} = 0.00086$$

Moody 도표로부터 $f = 0.02$를 얻게 되며 이는 가정치와 일치한다. 따라서

$$V = 3.7\ m/sec \quad \therefore\ Q = \frac{\pi(0.3)^2}{4} \times 3.7 = 0.261\ m^3/sec$$

4.10.2 수조에 연결된 노즐이 붙은 관

수조에 연결된 관의 끝에 노즐(nozzle)이 붙어 있을 경우(그림 4.22) 수조 내 수면과 노즐 중심축 간의 표고차 H는 단면 급축소손실, 마찰손실, 단면 점축소손실수두 및 노즐출구에서의 속도수두의 합과 같다. 즉,

$$H = K_{sc}\frac{V_1^2}{2g} + f_1\frac{l_1}{d_1}\frac{V_1^2}{2g} + K_{gc}\frac{V_2^2}{2g} + f_2\frac{l_2}{d_2}\frac{V_2^2}{2g} + \frac{V_2^2}{2g} \qquad (4.62)$$

만약 l_1/d_1이 비교적 크고 l_2/d_2가 작으면 전술한 바와 같이 식 (4.62)의 첫 번째 항과 세 번째 항(미소손실수두)을 무시할 수 있고 일반적으로 노즐부의 길이 l_2는 l_1에 비해 매우 작으므로 네 번째 항도 거의 무시할 수 있다. 따라서 식 (4.62)는

$$H = f_1 \frac{l_1}{d_1} \frac{V_1^2}{2g} + \frac{V_2^2}{2g} \tag{4.63}$$

그런데 노즐을 통한 유량을 구하기 위해서는 V_2를 구해야 하므로 연속방정식 $Q = A_1 V_1 = A_2 V_2$를 식 (4.63)과 연립해서 풀어야 한다.

그림 4.22 (a)는 모든 미소손실을 고려한 에너지선과 관내의 속도수두를 고려한 동수경사선을 표시하고 있으나 그림 4.22 (b)는 이들 미소손실과 관내의 속도수두를 무시한 에너지 및 동수경사선을 표시하고 있다.

그림 4.22와 같은 노즐은 수력발전소에서 수압관의 말단에 부착하여 터빈을 돌려 발전하는 데 사용되는 좋은 예라 하겠다. 이때의 주관심사는 노즐을 통해 분사되는 수량이 아니라 분류에 의해 발생되는 **동력**인 것이다. 노즐로부터 분사되는 수맥의 단위무게당 에너지는 바로 속도수두이므로 이로 인한 동력은 다음 식으로 표시할 수 있다.

$$P = \gamma Q \frac{V_2^2}{2g} \tag{4.64}$$

식 (4.63)에 $V_1 = Q/A_1$을 대입하고 변형하면

$$\frac{V_2^2}{2g} = H - \frac{f_1 l_1 Q^2}{2g d_1 A_1^2} \tag{4.65}$$

식 (4.65)를 식 (4.64)에 대입하면

$$P = \gamma Q \left[H - \frac{f_1 l_1 Q^2}{2g d_1 A_1^2} \right] \tag{4.66}$$

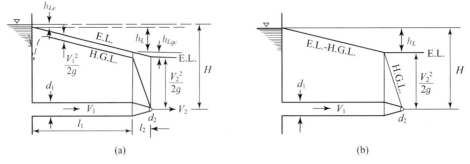

그림 4.22

따라서 동력이 최대가 될 조건은 $dP/dQ = 0$ 일 경우이므로

$$\frac{f_1 l_1 Q^2}{2 g d_1 A_1^2} = \frac{H}{3} \qquad (4.67)$$

식 (4.67)의 조건을 식 (4.65)에 대입하면

$$\frac{V_2^2}{2g} = \frac{2}{3} H \qquad (4.68)$$

식 (4.67)이 최대동력을 발생시키기 위한 조건이며, 이 조건을 만족시킬 수 있도록 관로와 노즐을 설계하게 된다.

예제 4-19

그림 4.22에서 $H = 46.6$ m이고 $d_2 = 10$ cm, $l_2 = 1$ m이며 $d_1 = 30$ cm, $l_1 = 200$ m일 때 노즐을 통해 분사되는 유량과 발생가능한 동력을 계산하라. 단, 사용된 관은 주철관($\varepsilon = 0.26$ mm)이며 $\nu = 1.007 \times 10^{-6}$ m^2/sec 이고, 미소손실은 무시하라.

풀이 단면축소부(l_2)에서의 마찰손실 및 긴 관로(l_1)의 미소손실을 무시하고 식 (4.63)에

$V_2 = \left(\dfrac{d_1}{d_2}\right)^2 V_1$ 을 대입하면

$$H = \left[f_1 \frac{l_1}{d_1} + \left(\frac{d_1}{d_2}\right)^4 \right] \frac{V_1^2}{2g}$$

$$46.6 = \left[f_1 \frac{200}{0.3} + \left(\frac{0.3}{0.1}\right)^4 \right] \frac{V_1^2}{2g} = (670 f_1 + 81) \frac{V_1^2}{2g}$$

$f_1 = 0.02$ 라 가정하면

$$V_1 = 3.11 \, \text{m/sec}$$

$$R_e = \frac{3.11 \times 0.3}{1.007 \times 10^{-6}} = 9.265 \times 10^5$$

$$\frac{\varepsilon}{d} = \frac{0.00026}{0.3} = 0.000867$$

Moody 도표로부터 $f = 0.0197$, 이 값은 가정치에 거의 가까우므로 $f = 0.0197$로 선택한다.

따라서 $V_1 = 3.11 \, \text{m/sec}$

$$V_2 = \left(\frac{0.3}{0.1}\right)^2 \times 3.11 = 28.0 \, \text{m/sec}$$

$$Q = \frac{\pi (0.1)^2}{4} \times 28.0 = 0.22 \, \text{m}^3/\text{sec}$$

발생가능한 동력은

$$P = \gamma Q \frac{V_2^2}{2g} = 1,000 \times 0.22 \times \frac{(28)^2}{2 \times 9.8} = 8.8 \times 10^3 \, \text{kg} \cdot \text{m/sec} = 86.24 \, \text{kW}$$

4.10.3 직렬 부등단면 관수로

직경과 관벽의 조도가 다른 두 관이 그림 4.23과 같이 연결되어 압력차에 의해 물이 흐르는 관을 직렬 부등단면 관수로라 하며, 전형적인 흐름 문제는 주어진 유량을 흘리는 데 소요되는 수두차 H를 구하거나 수두차 H가 일정하게 주어졌을 때 관로를 통하여 흐를 수 있는 유량을 결정하는 문제이다.

그림 4.23의 A점과 B점 사이에 Bernoulli 정리를 적용하면 수두차 H는 유입구손실, 관 1에서의 마찰손실, 단면 급확대손실, 관 2에서의 마찰손실 및 유출구손실의 합으로 표시될 수 있다. 즉

$$H = K_c \frac{V_1^2}{2g} + f_1 \frac{l_1}{d_1} \frac{V_1^2}{2g} + \frac{(V_1 - V_2)^2}{2g} + f_2 \frac{l_2}{d_2} \frac{V_2^2}{2g} + K_e \frac{V_2^2}{2g} \quad (4.69)$$

연속방정식을 사용하면

$$V_2 = \left(\frac{d_1}{d_2}\right)^2 V_1$$

이를 식 (4.69)에 대입하여 V_2를 소거하면

$$H = \frac{V_1^2}{2g} \left[K_c + f_1 \frac{l_1}{d_2} + \left\{ 1 - \left(\frac{d_1}{d_2}\right)^2 \right\}^2 + f_2 \frac{l_2}{d_2} \left(\frac{d_1}{d_2}\right)^4 + K_e \left(\frac{d_1}{d_2}\right)^4 \right] \quad (4.70)$$

여기서 $K_c = 0.5$, $K_e = 1.0$이므로 관의 특성제원(d, l)만 알면 식 (4.70)은 다음과 같아진다.

$$H = \frac{V_1^2}{2g} \left[C_0 + C_1 f_1 + C_2 f_2 \right] \quad (4.71)$$

여기서 C_0, C_1, C_2는 계산될 수 있는 상수이다.

만약 관로를 통해 흐르는 유량을 알고 수두차 H를 구하는 것이 문제라면 두 관의 Reynolds 수와 상대조도를 각각 구하여 Moody 도표로부터 f_1, f_2 값을 읽어 식 (4.71)에 직접 대입함으로써 H를 구할 수 있다.

반대로, 수두차 H가 주어졌을 때 관로를 통한 유량을 알고자 할 때에는 4.9절의 두 번째 경우의 문제를 풀이할 경우와 같이 시행착오법을 사용한다. 즉, 식 (4.71)의 f_1, f_2를 우선 가정하여 V_1을 구한 후 계산된 Reynolds 수와 상대조도에 해당하는 f_1, f_2 값을 계산하여 이를 가정치와

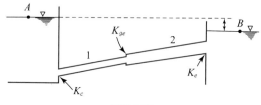

그림 4.23

비교하여 두 값이 거의 비슷해질 때까지 시산을 반복함으로써 정확한 V_1을 결정하며 따라서 유량을 계산할 수 있다. f_1, f_2의 값을 가정하여 유량을 결정하는 시행착오법 대신에 도식적 해법을 사용할 수도 있다. 즉, 여러 개의 상이한 유량치를 가정하여 그에 대한 f_1, f_2 값을 Moody 도표로부터 읽어 식 (4.71)에 의해 각 유량에 대한 H값을 계산하면 그림 4.24와 같은 곡선을 얻게 된다. 따라서 주어진 H에 대한 유량 Q는 그림 4.24로부터 읽을 수 있다. 이 방법은 여러 개의 부등단면관이 직렬로 연결되어 있을 때 사용하면 매우 편리하다.

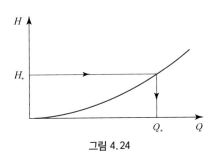

그림 4.24

예제 4-20

그림 4.22에서 $d_1=60$ cm, $l_1=400$ m, $\varepsilon_1=0.0015$ m이고 $d_2=100$ cm, $l_2=300$ m, $\varepsilon_2=0.0004$ m이며 $H=8$ m일 때에 관로를 통해 흐르는 유량을 계산하라. 단, 물의 $\nu=1.00\times10^{-6}$ m²/sec이다.

풀이 식 (4.70)에 기지치를 대입하면

$$8=\frac{V_1^2}{2g}\left[0.5+f_1\frac{400}{0.6}+\left\{1-\left(\frac{0.6}{1}\right)^2\right\}^2+f_2\frac{300}{1}\left(\frac{0.6}{1}\right)^4+\left(\frac{0.6}{1}\right)^4\right]$$

$$=\frac{V_1^2}{2g}(1.04+666.7f_1+38.9f_2)$$

$\varepsilon_1/d_1=0.0025$, $\varepsilon_2/d_2=0.0004$ 이므로 Moody 도표(그림 4.6)의 완전난류영역에 있어서의 f 값을 우선 가정하면

$$f_1=0.025, \quad f_2=0.016$$

이 값들을 대입하여 V_1, V_2에 관해 풀면

$$V_1=2.925 \,\text{m/sec}, \quad V_2=\left(\frac{0.6}{1}\right)^2\times 2.925=1.053 \,\text{m/sec}$$

$$R_{e_1}=\frac{2.925\times 0.6}{1.0\times 10^{-6}}=1.755\times 10^6, \quad R_{e_2}=\frac{1.053\times 1}{1.0\times 10^{-6}}=1.053\times 10^6$$

Moody 도표로부터 f값을 읽으면

$$f_1=0.025, \quad f_2-0.0163$$

이 값은 가정치와 거의 같으므로 계산을 끝낸다.

따라서

$$V_1 = 2.925\,\text{m/sec}, \quad Q = \frac{\pi}{4}(0.6)^2 \times 2.925 = 0.827\,\text{m}^3/\text{sec}$$

지금까지 살펴본 직렬 부등단면 관수로내 흐름 문제는 **등가길이관**(equivalent-length pipe)의 개념을 사용하면 더욱 쉽게 풀이될 수 있다. 등가길이관이란 동일한 손실수두 하에 같은 크기의 유량이 흐르는 두 관계통(pipe system)을 의미한다. 즉, 두 관계통이 등가길이관이 되기 위한 조건은

$$h_{L_1} = h_{L_2}, \quad Q_1 = Q_2 \tag{4.72}$$

Darcy–Weisbach 공식에 의하면 직경 d_1, 길이 l_1인 관(1관이라 칭함)의 손실수두는

$$h_{L_1} = f_1 \frac{l_1}{d_1} \frac{Q_1^2}{2\,g\,(\pi d_1^2/4)^2} = \frac{f_1 l_1}{d_1^5} \frac{8\,Q_1^2}{g\,\pi^2} \tag{4.73}$$

관 1에 해당하는 등가길이관(관 2라 칭함)의 손실수두는

$$h_{L_2} = \frac{f_2 l_2}{d_2^5} \frac{8\,Q_2^2}{g\,\pi^2} \tag{4.74}$$

식 (4.72)의 조건에 의해 식 (4.73)과 식 (4.74)를 같게 놓으면

$$\frac{f_1 l_1}{d_1^5} = \frac{f_2 l_2}{d_2^5} \tag{4.75}$$

따라서, 등가관(관 2)의 길이는

$$l_2 = \frac{f_1}{f_2}\left(\frac{d_2}{d_1}\right)^5 l_1 \tag{4.76}$$

식 (4.76)은 직경이 다른 관이 직렬로 연결되어 있을 때 등단면 단일관로로 대치하기 위해 타관의 등가길이를 계산하는 데 사용할 수 있으며 이는 흐름을 단순화해 준다.

등가길이관의 개념은 미소손실을 관마찰손실로 대치하는 데 사용될 수도 있다. 즉, 어떤 관계통에 있어서의 미소손실계수를 K라 하고 관의 직경을 d, 등가길이를 l_e, 마찰손실계수를 f, 평균유속을 V라 하면 등가길이관의 개념은

$$K\frac{V^2}{2\,g} = f\frac{l_e}{d}\frac{V^2}{2\,g} \tag{4.77}$$

따라서, 미소손실을 대표하는 등가길이는

$$l_e = \frac{Kd}{f} \tag{4.78}$$

식 (4.78)을 사용하면 미소손실을 마찰손실로 대치하기 위해 추가해 주어야 할 관의 길이를 결정할 수 있다.

예제 4-21

예제 4-19를 등가길이관의 개념에 의해 풀어라.

풀이 관 1에서 생기는 미소손실을 등가길이의 항으로 표시하면

$$K_1 = 0.5 + \left[1 - \left(\frac{0.6}{1} \right)^2 \right]^2 = 0.91$$

$$l_{e_1} = \frac{K_1 d_1}{f_1} = \frac{0.91 \times 0.6}{0.025} = 21.84 \, \mathrm{m}$$

관 2의 미소손실은

$$K_2 = 1$$

$$l_{e_2} = \frac{K_2 d_2}{f_2} = \frac{1 \times 1}{0.016} = 62.50 \, \mathrm{m}$$

사용된 f_1, f_2값은 예제 4-20에서처럼 흐름을 완전난류라 가정하고 ε/d에 의해 Moody 도표로부터 읽은 값을 그대로 사용하였다.

따라서, 이 문제는 421.84 m의 60 cm 관과 362.50 m의 100 cm 관이 연결된 문제로 생각하면 된다. 이제 100 cm 관을 식 (4.76)에 의거 60 cm 관의 등가길이 항으로 표시하면

$$l_e = \frac{0.016}{0.025} \left(\frac{0.6}{1} \right)^5 \times 362.5 = 18.04 \, \mathrm{m}$$

따라서, 문제는 $l = 421.84 + 18.04 = 439.88 \, \mathrm{m}$ 인 직경 60 cm의 등단면 관수로내 흐름 문제가 된다. Darcy-Weisbach 공식을 사용하면

$$8 = f \frac{439.88}{0.6} \frac{V^2}{2g}$$

$\varepsilon/d = 0.0025$ 이므로 Moody 도표로부터 $f = 0.025$ 라 가정하면

$$V = 2.925 \, \mathrm{m/sec}$$

$$R_e = \frac{2.925 \times 0.6}{1.0 \times 10^{-6}} = 1.755 \times 10^6$$

$$\frac{\varepsilon}{d} = 0.0025$$

Moody 도표로부터 $R_e = 1.755 \times 10^6$, $\varepsilon/d = 0.0025$ 에 대해 f 를 찾으면 $f = 0.025$ 이다. 따라서 가정치와 동일하므로

$$V = 2.925 \, \mathrm{m/sec}, \quad Q = \frac{\pi}{4} (0.6)^2 \times 2.925 = 0.827 \, \mathrm{m^3/sec}$$

4.10.4 펌프 혹은 터빈이 포함된 관수로

관로의 도중에 펌프 혹은 터빈이 포함되어 있을 경우 펌프는 흐름에 에너지를 가해 주며 터빈은 흐름이 가지는 에너지의 일부를 빼앗게 된다. 펌프가 단위무게당의 물에 가해 주는 에너지 즉, 수두를 E_P라 하고 터빈이 단위무게의 물로부터 얻는 에너지를 E_T라 하면 Bernoulli 방정식은 다음과 같아진다.

$$\frac{p_1}{\gamma} + \frac{V_1^2}{2g} + z_1 + E_P = \frac{p_2}{\gamma} + \frac{V_2^2}{2g} + z_2 + h_L + \sum h_m + E_T \qquad (4.79)$$

여기서 첨자 1, 2는 관로계의 임의 두 단면을 뜻하며 h_L과 $\sum h_m$은 단면 1, 2 사이의 마찰손실수두와 미소손실을 각각 표시한다.

예제 4-22

그림 4.25에서와 같이 펌프 AB가 직경 40 cm, 길이 2,000 m되는 리벳강관($\varepsilon = 4$ mm)을 통해 20℃의 물($\nu = 1.006 \times 10^{-6}$ m²/sec)을 C 수조로 양수하고자 한다. 양수율은 0.25 m³/sec이며 A점에서의 압력은 0.14 kg/cm²였다. 펌프의 소요동력과 B점에 유지되어야 할 압력을 구하라.

풀이 A점에 있어서의 평균유속은

$$V_1 = \frac{0.25}{\frac{\pi}{4}(0.3)^2} = 3.54\,\mathrm{m/sec}$$

$$R_{e_1} = \frac{3.54 \times 0.3}{1.006 \times 10^{-6}} = 1.056 \times 10^6$$

$$\frac{\varepsilon}{d_1} = \frac{0.004}{0.3} = 0.0133 \qquad \therefore f_1 = 0.04$$

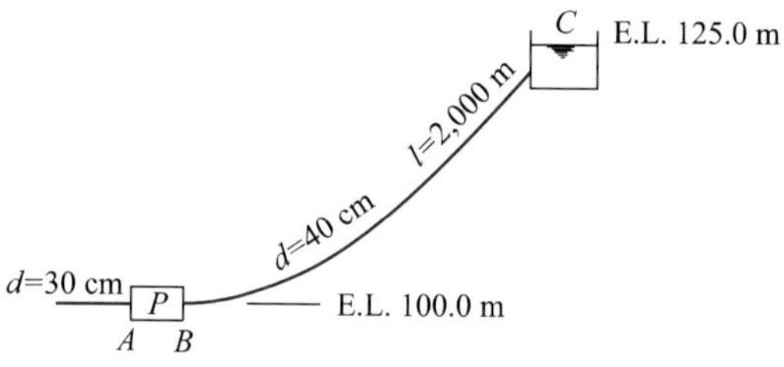

그림 4.25

BC관에 있어서의 평균유속은

$$V_2 = \frac{0.25}{\frac{\pi}{4}(0.4)^2} = 1.99\,\mathrm{m/sec}$$

$$R_{e_2} = \frac{1.99 \times 0.4}{1.006 \times 10^{-6}} = 0.790 \times 10^6$$

$$\frac{\varepsilon}{d_2} = \frac{0.004}{0.4} = 0.01 \qquad \therefore f_2 = 0.038$$

A점과 수조의 수면 C 사이에 Bernoulli 방정식을 쓰면

$$\frac{0.14 \times 10^4}{1,000} + \frac{(3.54)^2}{2 \times 9.8} + 0 + E_P = 0 + 0 + 25 + 0.038 \times \frac{2,000}{0.4} \times \frac{(1.99)^2}{2 \times 9.8} + \frac{(1.99)^2}{2 \times 9.8}$$

$$\therefore E_P = 61.55\,\mathrm{m}$$

$$P = \gamma Q E_P = 1,000 \times 0.25 \times 61.55 = 15.39 \times 10^3\,\mathrm{kg \cdot m/sec} = 150.8\,\mathrm{kW}$$

B점에 유지되어야 할 압력을 구하기 위하여 A, B 사이에 Bernoulli 방정식을 쓰면

$$\frac{0.14 \times 10^4}{1,000} + \frac{(3.54)^2}{2 \times 9.8} + 61.55 = \frac{p_B \times 10^4}{1,000} + \frac{(1.99)^2}{2 \times 9.8}$$

$$\therefore p_B = 6.34 \, \text{kg/cm}^2$$

예제 4-23

그림 4.26과 같이 수력발전소에서 $6 \, \text{m}^3/\text{sec}$의 물이 수차를 돌려 발전하고 있다. 수차와 발전기의 합성효율이 82 %라면 발전되는 출력은 얼마나 될까?

풀이 수압관을 통한 평균유속은

$$V = \frac{6}{\frac{\pi}{4}(1.5)^2} = 3.40 \, \text{m/sec}$$

수면 A, B 사이에 Bernoulli 방정식을 쓰면,
$f = 0.0244$ 이므로

$$0 + 0 + 82 = \left(0.5 + 0.0244 \times \frac{100}{1.5} \right.$$

$$\left. + 0.0244 \times \frac{10}{1.5} + 1\right) \frac{(3.40)^2}{2 \times 9.8} + 2 + E_T$$

$$\therefore E_T = 78.06 \, \text{m}$$

$$P = 0.82 \times 1,000 \times 6 \times 78.06$$

$$= 384,055.2 \, \text{kg} \cdot \text{m} / \text{sec} = 3,764 \, \text{kW}$$

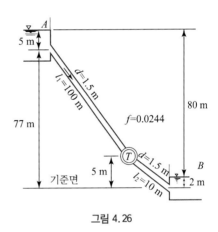

그림 4.26

4.10.5 사이폰

그림 4.27에서와 같이 유체를 동수경사선보다 높은 곳으로 끌어올린 후 낮은 곳으로 방출하는 관수로를 사이폰(siphon)이라 한다. 유체는 관수로 양단의 압력차에 의해 흐르는 것이므로 관로 도중에 높은 곳이 있다 하더라도 유체는 흐를 수 있으며 다만 동수경사선보다 위에 있는 부분의 관내압력은 부압(負壓)이라는 점이 일반관수로와 다르며 사이폰의 기능은 정점부의 부압의 크기에 제약을 받게 된다.

사이폰관의 직경을 d, 관 BC 및 CD의 길이를 각각 l_1, l_2라 하고 유입손실수두를 h_{Lc}, C점의 만곡부 손실수두를 h_b, D점의 유출구손실수두를 h_{Le}, 관마찰손실을 h_L이라 하고 두 수조의 수면 간에 Bernoulli 정리를 적용하면

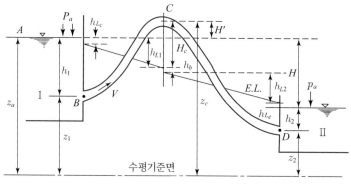

그림 4.27

$$H = h_{Lc} + h_{L_1} + h_b + h_{L_2} + h_{Le} \tag{4.80}$$

따라서

$$H = \frac{V^2}{2g}\left(K_c + f\,\frac{l_1}{d} + K_b + f\,\frac{l_2}{d} + K_e\right) \tag{4.81}$$

식 (4.81)은 단일관수로 흐름 문제 중 첫 번째 혹은 두 번째 유형에 속하는 문제이므로 유량을 알면 수위차 H를 구할 수 있고 수위차를 알면 유속 V를 계산하여 사이폰을 통해 흐르는 유량을 구할 수 있다.

다음으로 사이폰의 정점부 C에서의 압력을 구하기 위하여 수면 A와 C 단면 사이에 Bernoulli 방정식을 쓰면

$$z_a = \frac{p_c}{\gamma} + \frac{V^2}{2g} + z_c + \left(K_c + f\,\frac{l_1}{d} + K_b\right)\frac{V^2}{2g} \tag{4.82}$$

$$\frac{p_c}{\gamma} = (z_a - z_c) - \left(1 + K_c + f\,\frac{l_1}{d} + K_b\right)\frac{V^2}{2g} \tag{4.83}$$

식 (4.81)을 $V^2/2g$에 관해 푼 후 식 (4.83)에 대입하면

$$\frac{p_c}{\gamma} = H' - \frac{1 + K_c + f\,\dfrac{l_1}{d} + K_b}{K_c + f\,\dfrac{l_1}{d} + K_b + f\,\dfrac{l_2}{d} + K_e}\,H \tag{4.84}$$

사이폰의 특성제원이 완전히 주어지면 식 (4.84)는 다음과 같이 표시할 수 있다.

$$\frac{p_c}{\gamma} = H' - \frac{C_2}{C_1}\,H \tag{4.85}$$

여기서 H'은 상부수조의 수면과 사이폰 정점 간의 표고차로서 (+) 혹은 (−)값을 가질 수 있고 C_1, C_2는 각종 손실계수와 사이폰의 특성제원으로부터 계산되는 상수이다.

식 (4.85)의 우변이 0보다 작으면 사이폰 정점 C에서의 압력은 부압이 된다. 이 경우, C점의 압력은 **절대영압**(絕對零壓, absolute zero pressure) 이하가 될 수는 없으므로 사이폰 작용이 지속되는 동안 C점에 가능한 최대 부압수두는 대기압(p_a)에 해당하는 수두이다. 즉,

$$\frac{p_c}{\gamma} = -\frac{p_a}{\gamma} = -\frac{1.013 \times 10^5}{9.8 \times 1,000} = -10.337\,\text{m} \qquad (4.86)$$

이론적으로는 식 (4.86)의 값이 사이폰 작용이 계속될 수 있는 한계압력수두이나 실제에 있어서 이 수두에 해당하는 압력이 사이폰을 통해 흐르는 유량의 증기압과 같거나 작아지면 유체 중에 포함되어 있던 공기나 기타의 기체가 분리되어 정점부에 모이게 되므로 사이폰의 기능이 저하될 뿐 아니라 흐름의 비압축성 가정을 전제로 한 식 (4.89)가 성립되지 않는다. 따라서 식 (4.86)의 이론치보다 약간 작은 $p_a/\gamma = 8 \sim 9\,\text{m}$ 를 한계치로 하여 사이폰을 설계하는 것이 보통이다.

식 (4.85)와 (4.86)으로부터 사이폰의 특성제원이 주어졌을 때 사이폰의 기능을 제대로 유지하기 위한 H의 한계치 $H_{\max}$ 를 구할 수 있다. 즉,

$$H_{\max} = \frac{C_1}{C_2}\left(H' + \frac{p_a}{\gamma}\right) \qquad (4.87)$$

여기서 사이폰의 정점부가 상류수조의 수면보다 위에 있을 경우 H'의 부호는 $(-)$이며 p_a/γ 자체의 부호는 $(+)$임에 유의해야 한다.

예제 4-24

그림 4.27의 사이폰에서 수조 I의 수면표고는 100 m, C점의 표고는 102 m, $l_1 = 1,000\,\text{m}$, $l_2 = 2,000\,\text{m}$, $d = 0.4\,\text{m}$, $f = 0.02$, $K_c = 0.5$, $K_b = 1.0$, $K_e = 1.0$이라 하고 사이폰 작용이 가능한 수조 II의 최저 수면표고를 구하라. 또한 이때의 유량을 계산하라.

풀이 식 (4.87)의 $H' = 100 - 102 = -2\,\text{m}$ 이고 $p_a/\gamma = 8\,\text{m}$ 로 취한다.

$$C_1 = K_c + f\frac{l_1}{d} + K_b + f\frac{l_2}{d} + K_e$$

$$= 0.5 + 0.02 \times \frac{1,000}{0.4} + 1 + 0.02 \times \frac{2,000}{0.4} + 1 = 152.5$$

$$C_2 = 1 + K_c + f\frac{l_1}{d} + K_b$$

$$= 1 + 0.5 + 0.02 \times \frac{1,000}{0.4} + 1 = 52.5$$

식 (4.87)에 대입하면

$$H_{\max} = \frac{152.5}{52.5}(-2 + 8) = 17.43\,\text{m}$$

즉, 수조 II의 수면표고가 $100 - 17.43 = 82.57\,\mathrm{m}$ 이하로 내려가면 사이폰 작용이 중지된다.

$H = 17.43\,\mathrm{m}$일 때의 사이폰을 통한 유량을 구하기 위해 식 (4.81)로부터 V를 구하면

$$V = \frac{\sqrt{2gH}}{C_1} = \sqrt{\frac{2 \times 9.8 \times 17.43}{152.5}} = 1.497\,\mathrm{m/sec}$$

$$\therefore\ Q = \frac{\pi}{4}\,(0.4)^2 \times 1.497 = 0.188\,\mathrm{m^3/sec}$$

4.11 복합 관수로내의 흐름 해석

복관로의 설계에 있어서 여러 개의 관로가 서로 교차할 경우에는 단일 관수로의 경우보다는 흐름 해석이 비교적 복잡하며 이러한 관수로를 복합 관수로(multiple pipe line)라 한다. 일반적으로 복합 관수로내의 흐름을 해석할 때에는 속도수두라든지 미소손실 및 Reynolds 수에 따른 마찰손실계수의 변화 등을 무시하며 에너지선과 동수경사선이 일치하다고 가정하고 계산하는 것이 보통이다.

4.11.1 병렬 관수로

하나의 관수로가 도중에서 수개의 관으로 분기되었다가 하류에서 다시 합류하는 관로를 병렬 관수로(paralled pipe line)라 한다.

직렬 관수로에서는 관로를 통한 유량은 일정하나 손실수두는 관의 연장에 걸쳐 누증된다. 병렬 관수로에서는 이와 반대로 손실수두는 병렬부의 각 관로에서 일정하나 총 유량은 각 관로의 유량을 누가한 것과 같다.

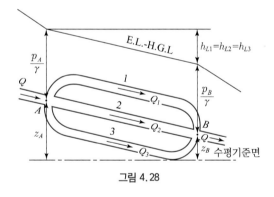

그림 4.28

병렬 관수로내의 흐름 문제를 해석할 경우 미소손실이나 속도수두는 무시하는 것이 보통이며 그림 4.28과 같은 병렬 관수로내 흐름에 대한 연속방정식과 에너지 방정식은 다음과 같이 표시된다.

$$Q = Q_1 + Q_2 + Q_3 \tag{4.88}$$

$$h_{L_1} = h_{L_2} = h_{L_3} = \left(\frac{p_A}{\gamma} + z_A\right) - \left(\frac{p_B}{\gamma} + z_B\right) \tag{4.89}$$

병렬 관수로내의 흐름 문제는 두 가지 경우로 나누어 생각할 수 있다. 첫째는 그림 4.28의 A 점과 B 점 간의 손실수두를 알고(즉, 동수경사선의 위치를 알고) 각 관의 유량을 결정하는 문제이고, 둘째는 총 유량 Q 가 주어졌을 때 각 관으로의 유량배분과 손실수두를 결정하는 문제이다.

첫째 유형의 문제는 단일 관수로의 경우처럼 Darcy – Weisbach 공식으로부터 각 관의 평균유속을 계산하여 유량을 구하고 이를 더하여 총 유량을 얻을 수 있는 간단한 문제이나, 둘째 유형의 문제는 병렬된 각 관의 유량 또는 손실수두를 전부 알지 못하므로 문제는 비교적 복잡하다. 이러한 문제를 풀기 위한 일반적인 절차를 요약하면 다음과 같다.

① 관 1을 통해 흐를 유량 $Q_1{}'$ 을 가정한다.

② $Q_1{}'$ 이 흐를 때의 손실수두 $h_{L_1}{}'$ 을 Darcy – Weisbach 공식으로 계산한다.

③ $h_{L_1}{}' = h_{L_2}{}' = h_{L_3}{}'$ 로 놓고 $Q_2{}'$ 과 $Q_3{}'$ 을 계산한다.

④ 총 유량 Q 를 $\sum Q' = Q_1{}' + Q_2{}' + Q_3{}'$ 에 대한 $Q_1{}', Q_2{}', Q_3{}'$ 각각의 백분율비로 배분한다. 즉

$$Q_1 = \frac{Q_1{}'}{\sum Q'} Q, \quad Q_2 = \frac{Q_2{}'}{\sum Q'} Q, \quad Q_3 = \frac{Q_3{}'}{\sum Q'} Q \qquad (4.90)$$

⑤ 이와 같이 계산된 Q_1, Q_2, Q_3 에 대한 $h_{L_1}, h_{L_2}, h_{L_3}$ 를 계산하여 서로 비슷한 값을 가지는지를 검사한다.

상기한 절차는 병렬 관로의 수에 관계없이 적용이 가능하며 관 1의 직경, 길이, 조도계수 등을 타 병렬관의 제원과 비교하여 $Q_1{}'$ 의 값을 적절하게 가정하는 것이 중요하다.

예제 4-25

그림 4.28과 같은 병렬 관로에 0.45 m³/sec의 물($\nu = 1.006 \times 10^{-6}$ m²/sec)이 흐르고 있다. $p_A = 5.8 \, \mathrm{kg/cm^2}$, $z_A = 50$ m, $z_B = 43$ m이며 관 1, 2, 3의 특성제원은 다음과 같다.

$$
\begin{array}{lll}
d_1 = 30 \, \mathrm{cm} & d_2 = 20 \, \mathrm{cm} & d_3 = 40 \, \mathrm{cm} \\
l_1 = 1{,}000 \, \mathrm{m} & l_2 = 700 \, \mathrm{m} & l_3 = 1{,}300 \, \mathrm{m} \\
\varepsilon_1 = 0.0003 \, \mathrm{m} & \varepsilon_2 = 0.00003 \, \mathrm{m} & \varepsilon_3 = 0.00025 \, \mathrm{m}
\end{array}
$$

각 관을 통한 유량과 B 점에서의 압력을 계산하라. 관 1, 2, 3은 동일 경사평면상에 있다.

풀이 $Q_1{}' = 0.17 \, \mathrm{m^3/sec}$ 라 가정하면

$$V_1{}' = 2.41 \, \mathrm{m/sec}, \quad \boldsymbol{R}_{e_1}{}' = 7.19 \times 10^5, \quad \varepsilon_1 / d_1 = 0.001$$

$$\therefore f_1{}' = 0.02$$

$$h_{L_1}{}' = 0.02 \times \frac{1{,}000}{0.3} \times \frac{(2.41)^2}{2 \times 9.8} = 19.76 \, \mathrm{m}$$

관 2에 대하여

$$h_{L_2}{}' = h_{L_1}{}' = 19.76 = f_2{}'\frac{700}{0.2} \times \frac{V_2'^2}{2 \times 9.8}$$

$\varepsilon_2/d_2 = 0.00015$ 이므로 $f_2{}' = 0.0156$ 이라 가정하면

$$V_2{}' = 2.66\,\mathrm{m/sec},\ \boldsymbol{R}_{e_2}{}' = 5.29 \times 10^5$$

$$\therefore\ f_2{}' = 0.0156$$

$$Q_2{}' = \frac{\pi}{4}(0.2)^2 \times 2.66 = 0.084\,\mathrm{m^3/sec}$$

관 3에 대하여

$$h_{L_3}{}' = h_{L_1}{}' = 19.76 = f_3{}'\frac{1{,}300}{0.4} \times \frac{V_3'^2}{2 \times 9.8}$$

$\epsilon_3/d_3 = 0.0006125$ 이므로 $f_a{}' = 0.0178$ 이라 가정하면

$$V_3{}' = 2.59\,\mathrm{m/sec},\ \boldsymbol{R}_{e_3}{}' = 1.03 \times 10^6$$

$$\therefore\ f_3{}' = 0.0178$$

$$Q_3{}' = \frac{\pi}{4}(0.4)^2 \times 2.59 = 0.325\,\mathrm{m^3/sec}$$

따라서

$$\sum Q' = 0.170 + 0.084 + 0.325 = 0.579\,\mathrm{m^3/sec}$$

$$Q_1 = \frac{0.170}{0.579} \times 0.45 = 0.132\,\mathrm{m^3/sec}$$

$$Q_2 = \frac{0.092}{0.579} \times 0.45 = 0.065\,\mathrm{m^3/sec}$$

$$Q_3 = \frac{0.325}{0.579} \times 0.45 = 0.253\,\mathrm{m^3/sec}$$

계산된 Q_1, Q_2, Q_3 값의 정확성을 검사하기 위해

$$V_1 = \frac{0.132}{\frac{\pi}{4}(0.3)^2} = 1.87\,\mathrm{m/sec},\quad \boldsymbol{R}_{e_1} = 5.58 \times 10^5,\quad f_1 = 0.02,\quad h_{L_1} = 11.89\,\mathrm{m}$$

$$V_2 = \frac{0.065}{\frac{\pi}{4}(0.2)^2} = 2.07\,\mathrm{m/sec},\quad \boldsymbol{R}_{e_2} = 4.12 \times 10^5,\quad f_2 = 0.016,\quad h_{L_2} = 12.24\,\mathrm{m}$$

$$V_3 = \frac{0.253}{\frac{\pi}{4}(0.4)^2} = 2.01\,\mathrm{m/sec},\quad \boldsymbol{R}_{e_3} = 8.00 \times 10^5,\quad f_3 = 0.018,\quad h_{L_3} = 12.06\,\mathrm{m}$$

즉 $h_{L_1} \fallingdotseq h_{L_2} \fallingdotseq h_{L_3}$ 이다.

따라서, $Q_1 = 0.132\,\mathrm{m^3/sec}, \quad Q_2 = 0.065\,\mathrm{m^3/sec}, \quad Q_3 = 0.253\,\mathrm{m^3/sec}$

B점에서의 압력을 구하기 위해 A, B 간의 Bernoulli 식을 쓰면

$$\frac{p_A}{\gamma} + z_A = \frac{p_B}{\gamma} + z_B + h_L$$

$$h_L = \frac{1}{3}\left(h_{L_1} + h_{L_2} + h_{L_3}\right) = \frac{1}{3}\left(11.89 + 12.24 + 12.06\right) = 12.06\,\mathrm{m} \text{로 취하면}$$

$$\frac{p_B}{\gamma} = \frac{5.8 \times 10^4}{1,000} + (50 - 43) - 12.06 = 52.94\,\mathrm{m}$$

$$\therefore p_B = 52.94 \times 1,000 = 5.294 \times 10^4\,\mathrm{kg/m^2} = 5.294\,\mathrm{kg/cm^2}$$

별해 f_1, f_2, f_3가 Reynolds 수에는 관계가 없고 상대조도에만 관계가 있는 것으로 보면(완전 난류 상태로 가정)

$$\begin{array}{lll}
\varepsilon_1 / d_1 = 0.001 & \varepsilon_2 / d_2 = 0.00015 & \varepsilon_3 / d_3 = 0.0006125 \\
f_1 = 0.019 & f_2 = 0.0132 & f_3 = 0.0178
\end{array}$$

$Q = Q_1 + Q_2 + Q_3$ 이므로

$$0.45 = \frac{\pi}{4}(0.3)^2\,V_1 + \frac{\pi}{4}(0.2)^2\,V_2 + \frac{\pi}{4}(0.4)^2\,V_3$$

$$\therefore 0.0707\,V_1 + 0.0314\,V_2 + 0.1256\,V_3 = 0.45$$

$h_{L_1} = h_{L_2} = h_{L_3}$ 이므로   (a)

$$f_1 \frac{l_1}{d_1} \frac{V_1^2}{2g} = f_2 \frac{l_2}{d_2} \frac{V_2^2}{2g} \tag{b}$$

$$V_2 = \sqrt{\frac{f_1}{f_2} \frac{l_1}{l_2} \frac{d_2}{d_1}}\ V_1 = \sqrt{\frac{0.019 \times 1,000 \times 0.2}{0.0132 \times 700 \times 0.3}}\ V_1 = 1.171\,V_1$$

또한

$$f_1 \frac{l_1}{d_1} \frac{V_1^2}{2g} = f_3 \frac{l_3}{d_3} \frac{V_3^2}{2g} \tag{c}$$

$$V_3 = \sqrt{\frac{f_1}{f_3} \frac{l_1}{l_3} \frac{d_3}{d_1}}\ V_1 = \sqrt{\frac{0.019 \times 1,000 \times 0.4}{0.0178 \times 1,300 \times 0.3}}\ V_1 = 1.046\,V_1$$

식 (b), (c)를 (a)에 대입하면

$$0.0707\,V_1 + 0.0368\,V_1 + 0.1314\,V_1 = 0.2389\,V_1 = 0.45$$

$$\therefore V_1 = 1.884\,\mathrm{m/sec} \qquad\qquad Q_1 = \frac{\pi}{4}(0.3)^2 \times 1.884 = 0.133\,\mathrm{m^3/sec}$$

$$V_2 = 1.171 \times 1.884 = 2.206\,\mathrm{m/sec} \quad Q_2 = \frac{\pi}{4}(0.2)^2 \times 2.206 = 0.069\,\mathrm{m^3/sec}$$

$$V_3 = 1.046 \times 1.884 = 1.971\,\mathrm{m/sec} \quad Q_3 = \frac{\pi}{4}(0.4)^2 \times 1.971 = 0.248\,\mathrm{m^3/sec}$$

앞의 경우와 차이가 거의 없음을 알 수 있다.

그림 4.28과 같은 병렬 관수로의 A점과 B점 사이의 손실수두가 48 m였다. 직경 30 cm인 주관에서의 유량을 구하라. $d_1 = d_2 = 15$ cm, $d_3 = 20$ cm이며 $l_1 = l_2 = 300$ m, $l_3 = 600$ m이다. 이들 관의 $f = 0.022$로 가정하라.

풀이 직경 20 cm 관에 대하여

$$48 = 0.022 \times \frac{600}{0.2} \times \frac{V_{20}^2}{2 \times 9.8}$$

$$\therefore V_{20} = 3.776 \, \mathrm{m/sec}$$

$$Q_{20} = \frac{\pi}{4}(0.2)^2 \times 3.776 = 0.119 \, \mathrm{m^3/sec}$$

직경 15 cm 관에 대하여

$$48 = 0.022 \times \frac{300}{0.15} \times \frac{V_{15}^2}{2 \times 9.8}$$

$$\therefore V_{15} = 4.624 \, \mathrm{m/sec}$$

$$Q_{15} = \frac{\pi}{4}(0.15)^2 \times 4.624 = 0.082 \, \mathrm{m^2/sec}$$

따라서, 총 유량 Q_{30} 은

$$Q_{30} = Q_{20} + Q_{15} = 0.119 + 0.082 \times 2 = 0.283 \, \mathrm{m^3/sec}$$

4.11.2 다지관수로(多枝管水路)

그림 4.29와 같이 한 개의 교차점(junction)을 가지는 여러 개의 관이 각각 서로 다른 수조 혹은 저수지에 연결되어 있는 관로를 다지관수로(branching pipe line)라 부른다. 다지관수로에서의 통상적인 관심사는 각 관로의 특성제원과 수조의 수면표고가 주어졌을 때 각 관을 통해 흐르는 유량을 결정하는 것으로서 그림 4.29의 A 수조로부터 B 및 C 수조로 물이 흐를 경우를 분기관수로라 부르고 A 및 B수조로부터 C 수조로 물이 흐를 경우를 합류관수로라 부르며 이는 교차점 O에서의 동수경사선의 위치에 따라 결정된다.

이와 같은 다지관수로내 흐름 문제의 해석은 에너지선(즉, 동수경사선)을 사용하면 쉽게 풀 수 있으며 미소손실은 무시하거나 전술한 바와 같이 등가길이 관으로 환산하여 고려할 수도 있으며, 마찰손실계수 f 는 상대조도(ε/d)만의 함수로 가정하는 것이 보통이다.

그림 4.29와 같이 수조 A, B, C가 다지관으로 연결되어 있을 경우 물이 흐를 수 있는 방향은 다음의 세 가지이다.

(1) 물이 A 수조로부터 B, C 수조로 흐를 경우
(2) 물이 A 수조로부터 C 수조로만 흐르고 B수조의 유출입량이 없을 경우

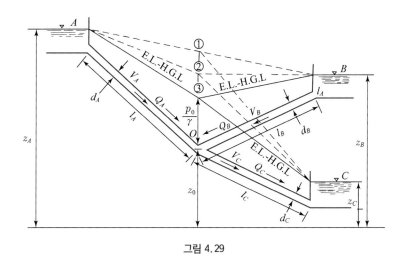

그림 4.29

(3) 물이 A 와 B 수조로부터 C 수조로 흐를 경우

이상의 세 가지 경우가 그림 4.29에 에너지선 ①, ②, ③으로 표시되어 있으며 세 가지 경우에 대한 연속방정식과 에너지 방정식을 쓰면 다음과 같다.

(1)의 경우

$$Q_A = Q_B + Q_C$$

$$z_A - \left(z_0 + \frac{p_0}{\gamma}\right) = f_A \frac{l_A}{d_A} \frac{V_A^2}{2g}$$

$$\left(z_0 + \frac{p_0}{\gamma}\right) - z_B = f_B \frac{l_B}{d_B} \frac{V_B^2}{2g}$$

$$\left(z_0 + \frac{p_0}{\gamma}\right) - z_C = f_C \frac{l_C}{d_C} \frac{V_C^2}{2g}$$

(2)의 경우

$$Q_A = Q_C, \quad Q_B = 0$$

$$z_A - \left(z_0 + \frac{p_0}{\gamma}\right) = f_A \frac{l_A}{d_A} \frac{V_A^2}{2g}$$

$$\left(z_0 + \frac{p_0}{\gamma}\right) - z_C = f_C \frac{l_C}{d_C} \frac{V_C^2}{2g}$$

(3)의 경우

$$Q_A + Q_B = Q_C$$

$$z_A - \left(z_0 + \frac{p_0}{\gamma}\right) = f_A \frac{l_A}{d_A} \frac{V_A^2}{2g}$$

$$z_B - \left(z_0 + \frac{p_0}{\gamma}\right) = f_B \frac{l_B}{d_B} \frac{V_B^2}{2g}$$

$$\left(z_0 + \frac{p_0}{\gamma}\right) - z_C = f_C \frac{l_C}{d_C} \frac{V_C^2}{2g}$$

주어진 문제가 앞의 세 가지 경우 중 어느 것에 속할 것인가를 판단한 후 관의 교차점 (junction) O에서의 동수경사선(즉, 에너지선)의 높이 $(z_0 + p_0/\gamma)$ 를 가정함으로써 각 경우에 해당하는 Darcy-Weisbach 공식으로부터 유속을 구하여 유량 Q를 계산하고 이 값을 해당 연속방정식에 대입시켜서 식이 만족되는지를 검사한다. 만약, 연속방정식을 만족시키지 못하면 동수경사선의 높이를 재차 가정하여 그로부터 얻어지는 유량으로 연속방정식을 만족시킬 때까지 반복 계산하게 된다.

예제 4-27

그림 4.29에서 저수지 A, B, C의 수면표고는 각각 $z_A = 30\,\text{m}$, $z_B = 18\,\text{m}$, $z_C = 9\,\text{m}$이며 관 A, B, C 의 특성제원은 각각 다음과 같다.

$$l_A = 3,000\,\text{m} \qquad l_B = 600\,\text{m} \qquad l_C = 1,200\,\text{m}$$
$$d_A = 0.9\,\text{m} \qquad d_B = 0.45\,\text{m} \qquad d_C = 0.6\,\text{m}$$
$$\varepsilon_A/d_A = 0.0002 \qquad \varepsilon_B/d_B = 0.002 \qquad \varepsilon_C/d_C = 0.001$$

관 A, B, C 를 통하여 흐를 수 있는 유량을 각각 계산하라.

풀이 관내의 흐름이 완전난류상태라 가정하고 f 가 Reynolds 수에 관계없이 ε/d 에 의해서만 결정된다면 Moody 도표로부터

$$f_A = 0.014, \qquad f_B = 0.024, \qquad f_C = 0.02$$

우선 교차점에서의 동수경사선 높이 $z_0 + p_0/\gamma = 20\,\text{m}$ 라 가정하면 $z_C < z_B < (z_0 + p_0/\gamma) < z_A$ 이므로 흐름은 (1)의 경우에 속한다.

따라서

$$30 - 20 = 0.014 \frac{3,000}{0.9} \frac{V_A^2}{2g} \quad \therefore V_A = 2.05\,\text{m}/\sec, \ Q_A = 1.30\,\text{m}^3/\sec$$

$$20 - 18 = 0.024 \frac{600}{0.45} \frac{V_B^2}{2g} \quad \therefore V_B = 1.11\,\text{m}/\sec, \ Q_B = 0.18\,\text{m}^3/\sec$$

$$20 - 9 = 0.02 \frac{1,200}{0.6} \frac{V_C^2}{2g} \quad \therefore V_C = 2.32\,\text{m}/\sec, \ Q_C = 0.66\,\text{m}^3/\sec$$

연속방정식에 대입하면

$$Q_A - (Q_B + Q_C) = 1.30 - (0.18 + 0.66) = 0.46\,\text{m}^3/\sec > 0$$

즉, $Q_A > Q_B + Q_C$ 이므로 $(z_0 + p_0/\gamma) = 20\,\text{m}$ 의 가정은 적합하지 못하다.

따라서 $(z_0 + p_0/\gamma) = 26\,\text{m}$ 로 재가정하면

$$30 - 26 = 0.014 \frac{3,000}{0.9} \frac{V_A^2}{2g} \qquad \therefore V_A = 1.30\,\mathrm{m/sec}, \ Q_A = 0.83\,\mathrm{m^3/sec}$$

$$26 - 18 = 0.024 \frac{600}{0.45} \frac{V_B^2}{2g} \qquad \therefore V_B = 2.21\,\mathrm{m/sec}, \ Q_B = 0.35\,\mathrm{m^3/sec}$$

$$26 - 9 = 0.02 \frac{1,200}{0.6} \frac{V_C^2}{2g} \qquad \therefore V_C = 2.89\,\mathrm{m/sec}, \ Q_C = 0.82\,\mathrm{m^3/sec}$$

연속방정식에 대입하면

$$Q_A - (Q_B + Q_C) = 0.83 - (0.35 + 0.82) = -0.36\,\mathrm{m^3/sec} < 0$$

즉, $Q_A < Q_B + Q_C$ 가 되므로 이 가정치도 적합하지 못하며 $(z_0 + p_0/\gamma)$의 참값은 20 m와 26 m 사이에 있음을 알 수 있다.

직선적인 보간법을 써서 $(z_0 + p_0/\gamma) = 20 + (26 - 20) \times 0.46/0.82 = 23.37\,\mathrm{m}$ 로 가정하면

$$30 - 23.37 = 0.014 \frac{3,000}{0.9} \frac{V_A^2}{2g} \qquad \therefore V_A = 1.67\,\mathrm{m/sec}, \ Q_A = 1.062\,\mathrm{m^3/sec}$$

$$23.37 - 18 = 0.024 \frac{600}{0.45} \frac{V_B^2}{2g} \qquad \therefore V_B = 1.81\,\mathrm{m/sec}, \ Q_B = 0.288\,\mathrm{m^3/sec}$$

$$23.37 - 9 = 0.02 \frac{1,200}{0.6} \frac{V_C^2}{2g} \qquad \therefore V_C = 2.65\,\mathrm{m/sec}, \ Q_C = 0.749\,\mathrm{m^3/sec}$$

$$Q_A - (Q_B + Q_C) = 1.062 - (0.288 + 0.749) = 0.025\,\mathrm{m^3/sec}$$

위의 Q_A, Q_B, Q_C는 연속방정식을 정확하게 만족시키지는 못하나 개략적인 답이 되며 보간법을 써서 $(z_0 + p_0/\gamma)$를 다시 조정하면 정답을 구할 수 있다.

다지관수로내의 흐름 문제는 상술한 바와 같이 교차점에서의 동수경사선의 위치를 가정하여 시행착오법으로 풀이하지 않고 연속방정식과 Bernoulli 방정식을 사용하여 해석적으로 풀 수도 있다. 즉,

A 수조로부터 B 및 C 수조로 물이 흐를 경우 : (1)의 경우

$$Q_A = Q_B + Q_C \quad \therefore d_A^2 \, V_A = d_B^2 \, V_B + d_C^2 \, V_C \tag{4.91}$$

$$z_A - z_B = f_A \frac{l_A}{d_A} \frac{V_A^2}{2g} + f_B \frac{l_B}{d_B} \frac{V_B^2}{2g} \tag{4.92}$$

$$z_A - z_C = f_A \frac{l_A}{d_A} \frac{V_A^2}{2g} + f_C \frac{l_C}{d_C} \frac{V_C^2}{2g} \tag{4.93}$$

만약 각 관의 특성제원과 수조의 수면표고가 주어지면 식 (4.91, 4.92, 4.93)은 3개의 방정식에 3개의 미지수(V_A, V_B, V_C)가 포함되어 있으므로 해석적으로 풀 수 있고 따라서 Q_1, Q_2, Q_3를 구할 수 있다.

A 수조로부터 C 수조로만 물이 흐를 경우 : (2)의 경우

$$Q_A = Q_C \quad \therefore d_A^2 \, V_A = d_C^2 \, V_C \tag{4.94}$$

$$z_A - z_C = f_A \frac{l_A}{d_A} \frac{V_A^2}{2g} + f_C \frac{l_C}{d_C} \frac{V_C^2}{2g} \tag{4.95}$$

이 경우에는 $V_B = 0 \, (\therefore Q_B = 0)$이므로 두 개의 방정식에 두 개의 미지수$(V_A, \, V_C)$가 존재하는 경우이다.

마지막으로 A 및 B 수조로부터 C 수조로 물이 흐를 경우 : (3)의 경우

$$Q_A + Q_B = Q_C \quad \therefore d_A^2 \, V_A + d_B^2 \, V_B = d_C^2 \, V_C \tag{4.96}$$

$$z_A - z_C = f_A \frac{l_A}{d_A} \frac{V_A^2}{2g} + f_C \frac{l_C}{d_C} \frac{V_C^2}{2g} \tag{4.97}$$

$$z_B - z_C = f_B \frac{l_B}{d_B} \frac{V_B^2}{2g} + f_C \frac{l_C}{d_C} \frac{V_C^2}{2g} \tag{4.98}$$

이 경우에도 3개의 방정식에 3개의 미지수$(V_A, \, V_B, \, V_C)$가 포함되므로 해석이 가능하다.

상기한 해석적 방법에 의해 다지관수로내 흐름 문제를 해석하고자 할 경우에는 경우 (1), (2), (3) 중 어느 것에 해당하는 문제인지를 사전에 알기란 힘들므로 (1) 혹은 (3)의 경우로 가정하여 유량치 Q_A, Q_B, Q_C가 모두 양$(+)$으로 계산되면 가정이 옳고 어느 하나가 부$(-)$값이 되면 가정이 틀린 것이므로 흐름 방향을 수정하여 재계산해야 하며, $Q_B = 0$로 계산되면 (2)의 경우에 속하는 문제임을 알 수 있다.

예제 4-28

예제 4-27을 해석적인 방법으로 풀어라.

풀이 A 수조로부터 B, C 수조로 분류된다고 가정하면 (1)의 경우이므로 식 (4.91, 4.92, 4.93)에 의해

$$(0.9)^2 \, V_A = (0.45)^2 \, V_B + (0.6)^2 \, V_C \tag{a}$$

$$0.810 \, V_A = 0.203 \, V_B + 0.360 \, V_C$$

$$30 - 18 = 0.014 \frac{3,000}{0.9} \frac{V_A^2}{2g} + 0.024 \frac{600}{0.45} \frac{V_B^2}{2g}$$

$$12 = 2.381 \, V_A^2 + 1.633 \, V_B^2 \tag{b}$$

$$30 - 9 = 0.014 \frac{3,000}{0.9} \frac{V_A^2}{2g} + 0.02 \frac{1,200}{0.6} \frac{V_C^2}{2g}$$

$$21 = 2.381 \, V_A^2 + 2.041 \, V_C^2 \tag{c}$$

식 (a)로부터

$$V_A = 0.251 \, V_B + 0.444 \, V_C \tag{d}$$

이를 식 (b), (c)에 각각 대입하면

$$1.783\,V_B^2 + 0.531\,V_B\,V_C + 0.469\,V_C^2 = 12 \tag{e}$$

$$0.150\,V_B^2 + 0.531\,V_B\,V_C + 2.510\,V_C^2 = 21 \tag{f}$$

식 (f)에 4를 곱한 후 식 (e)에 7을 곱한 값에서 빼어 상수항을 없애면

$$11.881\,V_B^2 + 1.593\,V_B\,V_C - 6.757\,V_C^2 = 0$$

위 식을 V_C^2으로 나누면

$$11.881\left(\frac{V_B}{V_C}\right)^2 + 1.593\,\frac{V_B}{V_C} - 6.757 = 0$$

$$\frac{V_B}{V_C} = \frac{-1.593 \pm \sqrt{(1.593)^2 + 321.12}}{2 \times 11.881} = 0.690 \text{ 또는} -0.824$$

위의 계산에서 양의 실근이 존재한다는 것은 교차점에서 B, C 수조로 분류한다는 가정이 옳음을 뜻한다.

$$\therefore V_B = 0.690\,V_C$$

식 (e)에 이를 대입하면

$$1.783\,(0.690\,V_C)^2 + (0.531 \times 0.690)\,V_C^2 + 0.469\,V_C^2 = 12$$

$$1.684\,V_C^2 = 12 \quad \therefore\ V_C = 2.67\,\mathrm{m/sec}$$

$$V_B = 0.690 \times 2.67 = 1.84\,\mathrm{m/sec}$$

식 (d)를 사용하면

$$V_A = 0.251 \times 1.84 + 0.444 \times 2.67 = 1.65\,\mathrm{m/sec}$$

$$Q_A = \frac{\pi}{4}(0.9)^2 \times 1.65 = 1.049\,\mathrm{m^3/sec}$$

$$Q_B = \frac{\pi}{4}(0.45)^2 \times 1.84 = 0.293\,\mathrm{m^2/sec}$$

$$Q_C = \frac{\pi}{4}(0.6)^2 \times 2.67 = 0.755\,\mathrm{m^3/sec}$$

$$\therefore Q_A \fallingdotseq Q_B + Q_C$$

예제 4-28의 해는 해석적 방법에 의한 것이므로 정답을 바로 얻을 수 있으나 연립방정식을 풀어야 하므로 여러 개의 수조가 연결되어 있을 때는 계산이 매우 복잡해지는 등 단점이 있다. 반면에 예제 4-27에서 사용한 시행착오법은 계산자체는 간단하나 올바른 $(z_0 + p_0/\gamma)$ 값을 가정하기 위해서는 여러 번 계산을 반복해야 하는 약점이 있다. 따라서 다지관의 복잡한 정도에 따라서 어느 방법을 사용할 것인가를 결정해야 할 것이다.

4.12 관망의 해석

도시지역의 생활용수나 공업용수 급수관이나 가스관에서처럼 여러 개의 관이 서로 복잡하게 연결되어 폐합회로 혹은 망(網)을 형성하는 경우를 관망(pipe network)이라 한다. 관망 내 흐름 문제의 해석은 관망이 여러 개의 관으로 복잡하게 연결되므로 간단하지 않으나 해석의 기본원리는 단일관로나 다지관 등의 해석에서 이미 살펴본 바와 같이 연속방정식과 Bernoulli 방정식을 적용하는 것이다. 즉, 관망을 형성하는 개개 폐합회로(loop)에 대한 일련의 연립방정식을 세워 풀이함으로써 각 관에 배분되는 유량과 관의 교차점에서의 수압을 계산하게 된다.

관망의 해석을 위해 만족시켜야 할 두 가지 조건식은 다음과 같다.

(1) 관망을 형성하는 개개 교차점(junction)에서는 유입되는 유량의 합과 유출되는 유량의 합이 동일해야 한다. 즉, $\sum Q = 0$의 조건을 말하며 이를 교차점 방정식(junction equation)이라 한다.

(2) 관망상의 임의의 두 교차점 사이에서 발생되는 손실수두의 크기는 두 교차점을 연결하는 경로에 관계없이 일정하다. 따라서 어떤 폐합회로에서 발생하는 손실수두의 합은 영이 되어야 한다. 즉, $\sum h_L = 0$의 조건을 말하며 이를 폐합회로 방정식(loop equation)이라 한다.

위에서 소개한 두 가지 조건식을 그림 4.30을 사용하여 다시 설명해 보자. 그림 4.30의 폐합회로 A에서 화살표 방향은 일단 가정한 흐름 방향이며 첫째로, 교차점 b, c, d, e 각각에서는 교차점으로 흘러들어오는 유량과 흘러나가는 유량이 같아야 하며(조건식 1), 둘째로, 회로 내의 반시계방향의 흐름으로 인해 관로 bc와 cd에서 생기는 마찰손실은 시계방향의 흐름으로 인해 관로 be와 ed에서 생기는 마찰손실의 크기와 같아야 한다는 것이다.

그림 4.30과 같은 관망에서 급수량 Q_1, Q_2와 사용량 Q_3, Q_4를 알면 9개의 교차점과 4개의 폐합회로에 대해 8개의 교차점 방정식과 4개의 폐합회로 방정식을 세울 수 있으므로 도합 12개의 연립방정식을 가지게 되며 이를 풀음으로써 관망을 해석하게 된다. 만약 m개 회로와 n개 교차점을 가지는 관망이라면 $m + (n-1)$개의 연립방정식을 세울 수 있게 된다.

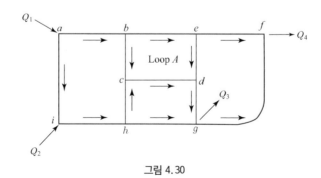

그림 4.30

4.12.1 손실수두와 유량 간의 관계

관망해석을 위한 두 번째 조건식을 세우기 위해서는 개개 관로의 손실수두를 계산해야 하며 Darcy-Weisbach 공식에 의하면 관내 유량의 함수로 표시할 수 있다. 즉,

$$h_L = f\,\frac{l}{d}\,\frac{V^2}{2g} = f\,\frac{l}{d}\,\frac{16}{2g\,(\pi d^2)^2}\,Q^2 = \frac{0.0828\,f\,l}{d^5}\,Q^2 = k_1\,Q^2 \quad (4.99)$$

여기서, k_1 은 각 관의 특성제원에 따라 결정되는 상수이다. 식 (4.99)가 표시하듯이 Darcy-Weisbach 공식에서의 f 를 사용할 경우 손실수두는 Q^2 에 비례한다. 한편, 상수도관망 설계에 많이 사용되는 Hazen-Williams 공식을 변형하여 손실수두 h_L 을 표시하는 식 (4.41)을 쓰면

$$h_L = \frac{133.5}{C_{HW}^{1.85}\,d^{0.167}\,V^{0.15}}\,\frac{l}{d}\,\frac{V^2}{2g} = \frac{6.811\,l}{C_{HW}^{1.85}\,d^{1.167}}\left(\frac{4\,Q}{\pi d^2}\right)^{1.85} \quad (4.100)$$

$$= \frac{10.66\,l}{C_{HW}^{1.85}\,d^{4.867}}\,Q^{1.85} = k_2\,Q^{1.85}$$

여기서, k_2 는 각각 관의 특성제원만 알면 결정될 수 있는 상수이다.

따라서, 관망 내 흐름 해석에 사용되는 $h_L \sim Q$ 관계는 평균유속공식(Chezy, Manning, Hazen-Williams 공식 등) 중 어느 것을 사용하느냐에 따라 Q 의 멱승이 약간씩 달라지긴 하지만 일반적으로 다음과 같이 표시할 수 있다.

$$h_L = k\,Q^n \quad (4.101)$$

뿐만 아니라 $f \sim Q$ 의 관계도 다음과 같이 표시될 수 있다.

$$f = a\,Q^b \quad (4.102)$$

예제 4-29

직경이 10 cm이고 길이가 100 m인 주철관($\varepsilon = 0.255$ mm)에 20℃의 물이 평균유속 2 m/sec로 흐른다. f 와 C_{HW} 를 구한 후 이 관로의 손실수두와 유량 간의 관계를 구하라. 단, 20℃의 물의 $\nu = 1.006 \times 10^{-6}$ m²/sec 이다.

풀이 $R_e\ \dfrac{2 \times 0.1}{1.006 \times 10^{-6}} = 1.99 \times 10^5$

$\dfrac{\varepsilon}{d} = \dfrac{0.000255}{0.1} = 0.00255 \quad \therefore f = 0.025$ (Moody 도표)

식 (4.99)를 사용하면

$k_1 = \dfrac{0.0828 \times 0.025 \times 100}{(0.1)^5} = 20,700 \quad \therefore h_L = 20,700\,Q^2$

식 (4.42)를 사용하여 C_{HW}를 f, R_e로부터 계산하면

$$C_{HW}^{1.85} = \frac{1,060}{0.025 \times (1.99 \times 10^5)^{0.15}} = 6,800.45 \qquad \therefore C_{HW} \fallingdotseq 118$$

식 (4.100)을 사용하면

$$k_2 = \frac{10.66 \times 100}{(118)^{1.85}(0.1)^{4.867}} = 11,529 \qquad \therefore h_L = 11,529\, Q^{1.85}$$

위에서 계산한 $h_L \sim Q$ 관계에 대한 두 결과에 상당한 차이가 생긴 것은 식 (4.42)가 개략식이기 때문인 것으로 생각되며 통상의 경우 각 관의 C_{HW}값은 관의 재료에 따라 바로 알 수 있으므로 식 (4.42)에 의해 계산할 필요가 없다.

예제 4-30

20℃의 물이 직경 15 cm, 길이 200 m인 관에서 평균유속 0.6 ~1.8 m/sec의 범위에 걸쳐 흐르고 있다. 이 관에 적용할 수 있는 $h_L \sim Q$ 관계를 수립하라. 관은 깨끗한 주철관($\varepsilon = 0.255$ mm)이다.

풀이

$$R_{e_1} = \frac{0.6 \times 0.15}{1.006 \times 10^{-6}} = 89,463$$

$$R_{e_2} = \frac{1.8 \times 0.15}{1.006 \times 10^{-6}} = 268,390$$

$$\frac{\varepsilon}{d} = \frac{0.000255}{0.15} = 0.0017$$

Moody 도표로부터 $f_1 = 0.025$, $f_2 = 0.023$

따라서

$$f_1 = 0.025 \text{ 일 때 } Q = \frac{\pi (0.15)^2}{4} \times 0.6 = 0.0106\,\mathrm{m^3/sec}$$

$$f_2 = 0.023 \text{ 일 때 } Q = \frac{\pi (0.15)^2}{4} \times 1.8 = 0.0318\,\mathrm{m^3/sec}$$

이를 식 (4.102)에 대입하면

$$0.025 = a(0.0106)^b, \quad 0.023 = a(0.0318)^b$$

두 식으로부터 상수 a, b를 구하면

$$a = 0.018, \quad b = -0.076 \qquad \therefore f = 0.018\, Q^{-0.076}$$

식 (4.99)에 이를 대입하면

$$h_L = \frac{0.0828 \times 0.018\, Q^{-0.076} \times 200}{(0.15)^5} Q^2 = 3,925.3\, Q^{1.924}$$

4.12.2 Hardy-Cross 방법

관망내의 흐름 문제를 해석적으로 풀이한다는 것은 실질적으로 불가능하므로 시행착오법인 Hardy-Cross 방법을 사용하는 것이 보통이다. 이 방법은 각 관의 교차점에서 연속방정식을 만족시키도록 유량을 가정한 다음 위에서 설명한 $h_L \sim Q$ 관계식을 이용하여 가정된 유량을 점차적으로 보정해 나감으로써 각 폐합관로 내의 유량을 평형시키는 방법이다. 이때 관의 각 부분에서 발생되는 미소손실은 무시하거나 등가길이로 환산하여 관의 길이에 미리 보태어 계산한다.

Hardy-Cross 방법에 의한 관망의 해석절차를 요약하면 다음과 같다.

(1) 관망을 형성하고 있는 개개 관에 대한 $h_L \sim Q$ 관계를 수립한다.

(2) 관로의 각 교차점에서 연속방정식을 만족시킬 수 있도록 각 관에 흐르는 유량 Q_0를 적절히 가정한다.

(3) 가정유량 Q_0가 각 관에 흐를 경우의 손실수두 $h_L = k\,Q_0^n$을 계산하고 폐합회로에 대한 전 손실수두 $\sum h_L = \sum (k\,Q_0^n)$을 계산한다. 이때, 만일 가정유량이 옳았으면 $\sum h_L = 0$이 되나 그렇지 않을 경우에는 각 관의 유량을 보정하여 다시 가정하고 계산을 반복한다.

(4) 가정유량의 보정치 ΔQ를 계산하기 위하여 각 폐합회로에 대하여 $\sum |\, k n\,Q_0^{n-1}\,|$을 계산한다.

(5) 유량의 보정치를 다음 식에 의해 계산한다.

$$\Delta Q = \frac{\sum (k\,Q_0^n)}{\sum |\, k n\,Q_0^{n-1}\,|} \tag{4.103}$$

(6) 보정유량 ΔQ를 이용하여 각 관에서의 유량을 보정한다.

(7) ΔQ의 값이 거의 영이 될 때까지 (2)~(6)의 절차를 반복한다.

보정유량 ΔQ가 식 (4.103)에 의해 결정되는 이유를 설명하기 위해 임의 관에 대한 진(眞)유량을 Q, 가정유량을 Q_0라고 하면

$$Q = Q_0 + \Delta Q$$

따라서, 각 관에 대한 손실수두는

$$h_L = k\,Q^n = k(Q_0 + \Delta Q)^n \tag{4.104}$$

식 (4.104)를 이항정리에 의해 전개하면

$$h_L = k \left[Q_0^n + n\,Q_0^{n-1}(\Delta Q) + \frac{1}{2} n(n-1)\,Q_0^{n-2}(\Delta Q)^2 + \cdots \right]$$

여기서, ΔQ는 Q_0에 비해서 매우 작으므로 전개식의 두 번째 항 이후부터의 항은 무시할 수 있다. 따라서, 각 폐합회로에 있어서 다음 조건이 만족되어야 한다.

$$\sum h_L = \sum k Q^n = \sum k Q_0^n + \Delta Q\left(\sum k n Q_0^{n-1}\right) = 0$$

보정유량 ΔQ에 관하여 풀면

$$\Delta Q = \frac{\sum k Q_0^n}{\sum \mid k n Q_0^{n-1} \mid} = \frac{\sum h_{L_0}}{\sum \mid k n Q_0^{n-1} \mid} \qquad (4.105)$$

여기서, ΔQ는 부호변화를 내포하고 있으므로 분모는 절대치의 합으로 표시된다.

식 (4.105)의 $\sum h_{L_0}$는 각 관로에 가정된 유량 Q_0에 대한 각 관로에서의 손실수두를 전부 합한 것으로서 각 관로에 가정된 유량의 방향이 시계방향이면 h_{L_0}는 (+)값으로 하고, 반시계방향이면 (−)값으로 취한다. 또한 ΔQ는 (+) 혹은 (−)값으로 계산되는데, 부호를 그대로 유지한 ΔQ값을 해당 폐합회로를 구성하는 각 관로의 가정유량에 대해 더해 주거나 또는 빼어줌으로써 진(眞)유량에 가까운 값으로 보정해 나간다. 방향이 동일하면 빼어주고 방향이 바르면 더해준다. 식 (4.103)의 부호를 (−)를 붙여서 고친 경우에는 방향이 동일하면 더해주고 방향이 다르면 빼어준다(절대치만 변화).

식 (4.103)의 보정유량치는 h_L이 Q의 n승에 비례하는 일반적인 경우에 대한 것이나 식 (4.99)와 같이 Darcy-Weisbach 공식에 의해 $h_L \sim Q$ 관계를 표시할 경우에는 $n = 2$이므로 보정유량 ΔQ는 다음과 같아진다.

$$\Delta Q = \frac{-\sum k Q_0^2}{2\sum \mid k Q_0 \mid} = \frac{-\sum h_{L_0}}{2\sum \mid k Q_0 \mid} \qquad (4.106)$$

만약 $h_L \sim Q$ 관계를 식 (4.100)과 같은 Hazen-Williams 공식으로 표시한다면 $n = 1.85$이므로 보정유량 계산을 위한 식은

$$\Delta Q = \frac{-\sum k Q_0^{1.85}}{1.85\sum \mid k Q_0^{0.85} \mid} = \frac{-\sum h_{L_0}}{1.85\sum \mid k Q_0^{0.85} \mid} \qquad (4.107)$$

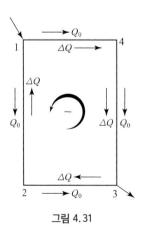

그림 4.31

예제 4-31

그림 4.32와 같은 공업용 수도관망에서 각 관에 흐르는 유량을 Hardy-Cross 방법으로 계산하라. 화살표에 표시된 숫자는 초기 가정유량(m^3/sec)을 표시하며 화살표 방향은 가정한 흐름의 방향을 표시한다. 폐합회로망 $ABCD$에 공급되는 유량은 $Q_D = 100\ m^3$/sec이며 회로로부터의 사용수량은 $Q_A = 20\ m^3$/sec, $Q_B = 50\ m^3$/sec, $Q_C = 30\ m^3$/sec임을 명심하라. $h_L \sim Q$ 관계를 위해서는 Darcy-Weisbach 공식($n = 2$)을 사용하고 각 관의 k값은 이미 계산되어 그림에 표시되어 있다.

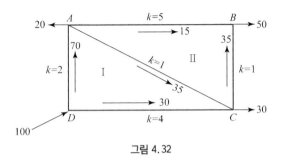

그림 4.32

풀이 축차적인 시산에 의해 폐합회로 I과 II에 Hardy-Cross 방법을 적용하여 각 관로의 초기 가정유량 Q_0를 보정해 나가는 계산과정이 표 4.7에 상세히 수록되어 있다. 제1시산에서 가정된 각 관로의 유량과 방향은 그림에 표시된 바와 같고 흐름 방향이 시계방향이면 (+), 반시계방향이면 (−)로 표시하였다.

표 4.7의 제3시산결과로 얻은 회로 I의 $\Delta Q = 0.2\ m^3$/sec이고 회로 II의 $\Delta Q = 0.31 m^3$/sec이다. 따라서 제4시산을 위한 5개 관로의 유량은 다음과 같이 결정된다(단위 : m^3/sec).

$$Q_{AC} = 21 - 0.19 - 0.31 = 20.5$$
$$Q_{CD} = 42 + 0.19 = 42.19$$
$$Q_{DA} = 58 - 0.19 = 57.81$$
$$Q_{AB} = 17 + 0.31 = 17.31$$
$$Q_{BC} = 33 - 0.31 = 32.69$$
$$Q_{CA} = 21 - 0.31 - 0.19 = 20.5$$

표 4.7 Hardy-Cross 방법에 의한 관망해석

시산	회로	관로	가정된 유량 Q_0	$h_{L_0} = kQ_0^2$	$\lvert 2kQ_0 \rvert$	ΔQ	회로망도
1	I	AC	35	$1 \times (35)^2 = 1{,}225$	$2 \times 35 \times 1 = 70$	$-\dfrac{7{,}425}{590}$	
		CD	-30	$-4 \times (30)^2 = -3{,}600$	$2 \times 30 \times 4 = 240$		
		DA	70	$2 \times (70)^2 = 9{,}800$	$2 \times 70 \times 2 = 280$		
				$\sum h_{L_0} = 7{,}425$	$2\,\lvert \sum kQ_0 \rvert = 590$	-13	
	II	AB	15	$5 \times (15)^2 = 1{,}125$	$2 \times 15 \times 5 = 150$	$-\dfrac{-1{,}325}{290}$	
		BC	-35	$-1 \times (35)^2 = -1{,}225$	$2 \times 35 \times 1 = 70$		
		CA	-35	$-1 \times (35)^2 = -1{,}225$	$2 \times 35 \times 1 = 70$		
				$\sum h_{L_0} = -1{,}325$	$2\,\lvert \sum kQ_0 \rvert = 290$	5	
2	I	AC	17	$1 \times (17)^2 = 289$	$2 \times 17 \times 1 = 34$	$-\dfrac{-609}{606}$	
		CD	-43	$-4 \times (43)^2 = -7{,}396$	$2 \times 43 \times 4 = 344$		
		DA	57	$2 \times (57)^2 = 6{,}498$	$2 \times 57 \times 2 = 228$		
				$\sum h_{L_0} = -609$	$2\,\lvert \sum kQ_0 \rvert = 606$	1	
	II	AB	20	$5 \times (20)^2 = 2{,}000$	$2 \times 20 \times 5 = 200$	$-\dfrac{811}{294}$	
		BC	-30	$-1 \times (30)^2 = -900$	$2 \times 30 \times 1 = 60$		
		CA	-17	$-1 \times (17)^2 = -289$	$2 \times 17 \times 1 = 34$		
				$\sum h_{L_0} = 811$	$2\,\lvert \sum kQ_0 \rvert = 294$	-3	
3	I	AC	21	$1 \times (21)^2 = 441$	$2 \times 21 \times 1 = 42$	$-\dfrac{113}{610}$	
		CD	-42	$-4 \times (42)^2 = -7{,}056$	$2 \times 42 \times 4 = 336$		
		DA	58	$2 \times (58)^2 = 6{,}728$	$2 \times 58 \times 2 = 232$		
				$\sum h_{L_0} = 113$	$2\,\lvert \sum kQ_0 \rvert = 610$	-0.19	
	II	AB	17	$5 \times (17)^2 = 1{,}445$	$2 \times 17 \times 5 = 170$	$-\dfrac{-85}{278}$	
		BC	-33	$-1 \times (33)^2 = -1{,}089$	$2 \times 33 \times 1 = 66$		
		CA	-21	$-1 \times (21)^2 = -441$	$2 \times 21 \times 1 = 42$		
				$\sum h_{L_0} = -85$	$2\,\lvert \sum kQ_0 \rvert = 278$	0.31	

4.13 관로시스템에서의 과도수리현상

관로시스템에서의 과도수리현상(過渡水理現象, hydraulic transient)은 관내의 흐름이 하나의 정상류상태에서 다른 정상류상태로 아주 짧은 시간 동안에 변화하는 현상을 말하며 이시간 동안에는 관내 흐름은 그 특성이 공간적으로 뿐만 아니라 시간적으로도 변화하는 부정류상태(unsteady flow condition)에 있게 된다. 이와 같은 현상은 밸브에 의한 관수로내흐름의 갑작스런 차단이라든지, 펌프의 시동 혹은 정지 시의 관로 내 흐름의 갑작스런 변화로 인해 생기게 되며 통상 관로에 위험한 압력뿐만 아니라 소음, 피로, 공동현상 또는 공명현상 등을 동반하게 되며, 심하면 관로에 큰 피해를 주게 된다. 따라서, 과도수리현상으로인한 관내의 시간에 따른 압력 및 유속의 변화를 포함하는 각종 해석은 관로의 설계에 매우중요하다 하겠다.

과도수리현상은 부정류이므로 지금까지 살펴본 정상류보다는 흐름의 연속 및 에너지 방정식이 훨씬 복잡하므로 해석 또한 복잡하다. 즉, 시간이 또 다른 변수로 추가되므로 완전한방정식은 연립편미분방정식이 되므로 특수한 수학적 방법을 동원하여 수치해석적으로 컴퓨터 계산을 해야 하는 경우가 대부분이다. 이와 같은 완벽한 부정류의 해석은 본 서의 정도를넘으므로 여기서는 취급하지 않기로 하고 다만 과도수리현상 중 가장 대표적인 수격작용(水擊作用, water hammer)의 발생과정과 압력변화 등에 관한 물리적 성질 및 해석방법을 살펴본 후, 수격작용으로 인해 발생하는 수격파의 영향을 감소시키기 위해 사용되는 조압수조(調壓水槽, surge tank)의 원리와 종류 및 작동방법 등에 대해서만 살펴보기로 한다.

4.13.1 수격작용

기다란 관로상의 유량조절 밸브를 갑자기 폐쇄하거나 펌프를 정지시키면 관로 내의 유량은갑자기 크게 변화하게 되며 관내의 물의 질량과 운동량 때문에 관벽에 큰 힘을 가하게 되어정상적인 동수압보다 몇 배나 큰 압력으로의 상승이 일어난다. 이와 같은 현상은 수격작용(water hammer phenomenon)으로 알려져 있으며, 이때 생기는 과대한 관내압력 때문에관로시스템에 큰 손상을 주는 경우가 생기므로 관로의 안전설계를 위해서는 수격작용으로인해 예상되는 압력의 크기와 전파 등에 관해 면밀히 검토하지 않으면 안 된다.

밸브의 폐쇄로 인한 압력의 급격한 상승은 관내에 흐르는 물을 정지시키는 데 필요한 힘으로 인한 것이라고 볼 수 있다. 관로 내에 질량 m 인 물줄기가 가속도 $a = dV/dt$ 로 속도변화를 받고 있다고 가정하면 Newton의 제2법칙은

$$F = m \frac{dV}{dt} \tag{4.108}$$

만약, 밸브의 폐쇄로 인해 물의 흐름속도를 순간적으로($\Delta t = 0$) 완전히 영으로 만들 수 있다면

$$F = \frac{m(V_0 - 0)}{0} = \infty$$

여기서 V_0는 밸브폐쇄 이전의 관내의 물의 평균유속이며 F는 발생되는 힘으로서 이론적으로는 무한대가 될 것이다. 그러나 실제에 있어서는 밸브의 순간적인 폐쇄는 가능하지 않아 폐쇄시작 시부터 완전폐쇄 시까지는 어느 정도의 시간이 필요하다. 뿐만 아니라 관내압력이 매우 커지면 관벽과 물 자체가 완전강체나 비압축성유체가 아닌 탄성체의 역할을 하게 되어 발생되는 높은 압력을 어느 정도 흡수하게 되므로 관의 파괴가 방지된다.

4.13.2 조압수조

저수지로부터 수력발전소의 터빈으로 물을 공급하는 수압관(steel penstock)은 대체로 상당히 길며 고낙차 때문에 수압관 내의 유속은 상당히 빠른 것($3 \sim 6$ m/sec)이 보통이다. 터빈입구 가까이에는 소요 전기부하에 맞추어 터빈이 출력을 낼 수 있도록 하기 위해 터빈 수문(turbine gate)이 설치되는데 이 수문이 갑자기 폐쇄되면 긴 수압관 내의 많은 수량의 수격작용(水擊作用) 때문에 수압관에 대단한 압력이 걸리게 되므로 관의 안전이 위협을 받게 된다. 이와 같은 수문의 급폐쇄는 송전시스템의 일시고장 등으로 발전기의 부하가 완전히 끊어질 때 수압철관을 통해 물이 터빈에 들어오는 것을 방지하기 위해 자동조작되도록 되어 있다. 이와 같이 수문의 급폐쇄로 인한 관내의 과대한 압력과 수격작용을 감쇄 내지 제거하기 위해서 압축된 흐름을 그림 4.33과 같은 큰 수조 내로 유입시켜 수조 내에서 물이 진동(surging)함으로써 압력에너지가 마찰에 의해 차차 감쇄되도록 하는 방법이 사용된다. 이와 같은 저수지와 터빈설비 사이에 조압수조(調壓水槽)를 설치하면 밸브폐쇄 시 저수지로부터의 물이 조압수조로 흘러들어가므로 저수지와 조압수조 사이의 고압의 형성을 방지할 수 있다. 또한 조압수조는 가능하면 터빈 가까이에 설치함이 좋고 조압수조와 터빈수문 사이의 수압철관은 수격작용에 견딜 수 있는 관으로 설계해야 한다. 조압수조는 밸브폐쇄로 인한 수압관 내의 수격파압을 흡수해 줄 뿐 아니라 밸브를 갑자기 열었을 때 유량의 급증 때문에 생기는 부압을 감소시키기 위해 물을 공급해 주는 수조의 역할을 하기도 한다.

조압수조의 종류에는 단순조압수조와 오리피스, 제수공, 차동 및 공기실 조압수조 등이 있다. 단순조압수조는 그림 4.33과 같이 상부가 개방된 연직원통의 유입구가 제한되지 않은 수조로서 비교적 저수두에 적합하나 고수두일 때는 구조물이 커져서 공사비가 많이 든다.

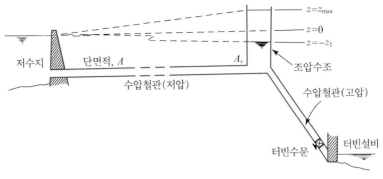

그림 4.33

4.1 직경 30 cm인 수평관로가 직경 15 cm로 축소되었다가 다시 확대된다. 이 관로를 통한 유량은 0.3 m³/sec 이고 관로상의 한 단면에서의 압력이 3.5 kg/cm²이었으며 이 단면과 수축단면 사이를 물이 흐름에 따라 잃은 손실수두는 3 m이었다. 축소단면에서의 압력을 구하라.

4.2 물이 흐르고 있는 직경 15 cm인 수직관의 하단에 직경 5 cm인 노즐이 부착되어 있다. 이 관의 어느 한 단면에 부착된 압력계의 읽음이 3 kg/cm²이었으며 압력계는 노즐 출구보다 3.6 m 높은 곳에 위치하였다. 이 두 점 간의 손실수두가 1.8 m이었다면 관을 통해 흐르는 유량은 얼마이겠는가?

4.3 직경 30 cm인 관이 수면표고 EL.100 m인 저수지의 EL.85 m인 점으로부터 EL.55 m인 점까지 연결되어 있으며 관의 말단은 7 cm의 노즐로 되어 있다. 이 관로에 걸친 손실수두가 9 m라면 유량은 얼마이겠는가?

4.4 수면표고 EL.55 m인 저수지로부터 수면표고 EL.100 m인 지점까지 0.6 m³/sec의 물을 양수하는 데 소요되는 펌프의 동력을 계산하라. 전 손실수두는 12 m이다.

4.5 수력 터빈에 2.8 m³/sec의 물이 송수되고 있다. 입구직경 1 m인 점의 표고는 EL.42 m이며 압력계는 3.5 kg/cm²을 가르키고 있다. 터빈의 출구직경 1.5 m인 지점의 표고가 EL.39 m이고 압력계는 15 cmHg의 부압을 나타내었다면 터빈이 얻을 수 있는 동력은 얼마이겠는가? 전 손실수두는 9 m이며 터빈의 효율은 85 %로 가정하라.

4.6 20℃의 물이 3 m/sec의 평균유속으로 직경 7 cm, 길이 300 m인 강관 내로 흐르고 있다. 손실수두를 구하라.

4.7 직경이 5 cm이고 길이가 10 m인 관을 통해 20℃의 물이 220 kg/min의 율로 흐른다. 이 관로의 양단에 연결된 시차액주계의 눈금차가 48 cm이며 액주계 내 유체의 비중이 3.2라면 마찰손실계수와 Reynolds 수는 얼마이겠는가?

4.8 길이가 6 m이고 직경이 5 cm인 주철관 내로 22℃의 물이 흐를 때 손실수두가 0.3 m로 측정되었다. 이 관을 통해 흐르는 유량은 얼마이겠는가?

4.9 어떤 매끈한 관내로 0.15 m³/sec의 유체가 흐를 때 마찰손실계수가 0.06이었다. 이 관내로 동일유체가 0.30 m³/sec의 유량으로 흐른다면 마찰손실계수는 얼마이겠는가?

4.10 직경이 15 cm인 매끈한 관에 20℃의 물이 0.15 m³/sec로 흐를 때 어떤 길이에 걸친 손실수두는 4.5 m이었다. 같은 길이에서 유량이 0.45 m³/sec로 흐른다면 손실수두는 얼마이겠는가?

4.11 비중이 0.92인 기름이 직경 5 cm인 매끈한 관내로 2.4 m/sec의 유속으로 흐르며 이때의 Reynolds 수는 7,500이었다. 관벽에서의 마찰응력을 구하라.

4.12 직경이 8 cm, 길이가 300 m인 관로와 직경 10 cm, 길이 300 m인 관로에 동일한 유체가 흐르고 있다. 이 두 관로 내 흐름의 Reynolds 수가 동일하도록 유량을 조절했다면 두 관로에서 발생하는 손실수두의 비는 얼마이겠는가?

4.13 직경이 30 cm이고 길이가 150 m인 관의 벽면 내에 모래알 조도가 0.25 cm 되도록 하였다. 이 관로에 0.3 m³/sec의 물을 흘렸을 때 손실수두가 12 m였다. 만약 유량을 0.6 m³/sec로 증가시켰다면 손실수두의 크기는 얼마나 되겠는가?

4.14 비중이 0.85인 유체가 직경 10 cm인 매끈한 수평관에 0.004 m³/sec의 유량으로 흐른다. 이 관로의 60 m 연장에 걸친 압력강하량이 0.018 kg/cm²이었다면 이 유체의 동점성계수는 얼마이겠는가?

4.15 20℃의 글리세린이 직경 5 cm인 관에 흐르고 있다. 관의 중립축에서의 유속이 2.4 m/sec일 때 유량을 계산하라. 또한 이 관의 3 m 길이에 걸친 손실수두를 구하라.

4.16 단면적이 0.8 m²이고 윤변이 3.6 m인 구형 콘크리트관에 18℃의 물이 2.4 m/sec의 평균유속으로 흐르고 있다. 이 관로의 연장 60 m에 걸친 최소손실수두를 구하라.

4.17 Reynolds 수 $10^5 < R_e < 10^6$인 흐름에 대한 Hazen-Williams의 평균유속계수 $C_{HW} = 140$ 일 때 이에 상응하는 상대조도를 구하라.

4.18 직경 30 cm인 관내의 흐름이 완전난류일 때 이 관의 Manning 조도계수가 0.025라면 마찰손실계수는 얼마이겠는가? 또한 이에 상응하는 Chezy의 평균유속계수를 구하라.

4.19 직경이 30 cm이고 길이 6 km인 주철관이 30℃의 물을 0.32 m³/sec로 운반하고 있다. Hazen-Williams 공식, Manning 공식 및 Darcy-Weisbach 공식으로 각각 손실수두를 계산하여 비교하라. 미소손실은 무시하라.

4.20 직경 80 cm이고 길이 3.2 km인 리벳된 강관이 표고차 102 m인 두 저수지를 연결하고 있으며 수온은 10℃이다. Hazen-Williams, Manning 및 Darcy-Weisbach 공식을 사용하여 유량을 각각 계산하라. 미소손실은 무시하라.

4.21 수면표고차가 5 m인 두 저수지가 1,200 m 간격으로 서로 떨어져 있다. 이 두 저수지를 직경 50 cm인 매끈한 콘크리트 관으로 연결시킨다면 유량은 얼마나 되겠는가? Hazen-Williams, Manning 및 Darcy-Weisbach 공식으로 각각 계산하라. 미소손실은 무시하라.

4.22 직경 15 cm인 수평관이 직경 30 cm로 급확대되는 관수로에 0.14 m³/sec로 물이 흐르고 있다. 15 cm 관에서의 압력이 1.4 kg/cm²였다면 직경 30 cm인 관에서의 압력은 얼마이겠는가? 단, 마찰손실은 무시하라.

4.23 그림 4.34와 같은 관로에 비중이 0.9인 유체가 흐르고 있다. 직경 7.5 cm인 관에서의 평균유속은 6 m/sec 이며 흐름의 Reynolds 수는 10^5이다. 15 cm 관에서의 압력을 구하라.

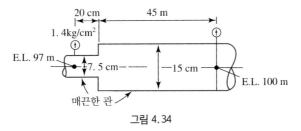

그림 4.34

4.24 직경 15 cm인 수평관 내 흐름의 평균유속은 0.9 m/sec이다. 이 관이 직경 5 cm로 급축소할 때 손실수두를 계산하라. 15 cm 관에서의 압력이 3.5 kg/cm²이라면 5 cm 관에서의 압력은 얼마이겠는가? 마찰손실은 무시하라.

4.25 직경 15 cm인 관로가 90°로 만곡되며 만곡의 곡률반경은 1.5 cm이다. 이 만곡부를 통한 흐름의 평균유속은 3 m/sec, Reynolds 수는 2×10^5이다. 만곡으로 인한 손실수두를 계산하라.

4.26 직경이 5 cm이고 길이가 1.5 m인 관이 수조에 연결되어 있다. 이 관은 말단에서 대기 중으로 물을 방출하게 되어 있으며 수조 내 수면과는 3.6 m의 표고차를 가지고 있다. 수조에 아주 가까운 관로상에 Gate valve가 장치되어 있을 때 $\frac{1}{2}$ 및 $\frac{1}{4}$ 개방 시의 유량을 각각 구하라. 단, 이 관의 마찰손실계수는 0.02로 가정하라.

4.27 직경이 45 cm인 리벳강관(riveted steel pipe)이 표고 85 m인 위치에서 100 m인 위치까지 길이 300 m에 걸쳐 뻗어 있다. 표고 85 m와 100 m 위치에서의 압력이 각각 7 kg/cm²와 5 kg/cm²였다면 이 관로를 통한 유량은 얼마이겠는가?

4.28 수면표고가 100 m인 저수지로부터 수면표고 50 m인 저수지로 1.35 m³/sec의 물을 공급하고자 한다. 두 저수지가 3 km 떨어져 있으며 콘크리트관을 사용하고자 한다면 관경을 얼마로 해야 하겠는가?

4.29 어떤 수조에 직경 5 cm, 길이 60 m인 매끈한 수평관이 연결되어 있다. 수조 내 수면과 이 수평관은 1.5 m의 표고차를 가지고 있다. 마찰손실만을 고려하여 관로를 통한 유량을 계산하라. 물의 온도는 16℃이다.

4.30 수면표고차가 10 m인 두 수조를 길이 100 m인 매끈한 관으로 연결하여 0.25 m³/sec로 물을 보내고자 한다. 소요되는 관의 직경을 구하라. 단, 미소손실은 무시하라.

4.31 직경 30 cm, 길이 300 m인 관이 수면표고 60 m인 저수지의 수면으로부터 6 m 낮은 지점으로부터 나와서 직경 15 cm, 길이 300 m인 관에 연결되어 있으며 15 cm 관은 표고 30 m 지점에서 수면표고 39 m인 다른 한 저수지에 연결되어 있다. 이 관로의 마찰손실계수 $f=0.02$라 가정하고 관로를 통한 유량을 계산하라.

4.32 두 개의 저수지를 연결하는 긴 30 cm 관로가 0.14 m³/sec를 송수하고 있다. 이 관에 평행하게 다른 한 관로를 병렬시켜 0.28 m³/sec의 물을 송수하려면 이 관의 소요 직경은 얼마나 될까? 두 관의 마찰손실계수는 동일한 것으로 가정하라.

4.33 직경이 30 cm이고 길이가 300 m인 주철관이 수면표고가 각각 60 m 및 75 m인 두 저수지를 연결하고 있다. 이 관로를 통한 유량을 계산하라. 물의 온도는 18℃이다.

4.34 수면표고차가 1.5 m인 두 수조 사이에 0.003 m³/sec의 물을 송수하기 위해 60 m 길이의 매끈한 관을 연결하고자 한다. 관의 소요직경을 계산하라. 물의 온도는 19℃이다.

4.35 직경 15 cm, 길이 450 m인 관을 통해 수면표고 100 m인 저수지로부터 양수하여 표고 130 m인 지점에서 5 cm 노즐을 통해 대기 중으로 방출하고자 한다. 노즐출구에 가까운 관로부에서의 압력을 3.5 kg/cm²로 유지하기 위한 펌프의 동력을 계산하고 관로를 따른 에너지선을 그려라. 관로의 마찰손실계수 $f=0.025$로 가정하라.

4.36 수면표고가 100 m인 저수지로부터 표고 136 m인 저수지로 물을 양수하고자 한다. 펌프의 흡입관의 직경은 20 cm, 길이는 150 m이며 표고 97 m인 위치에 연결되어 있다. 펌프로부터의 방출관은 직경 15 cm, 길이 600 m이며 상부 저수지의 수면으로부터 9 m만큼 낮은 위치에 연결되어 있다. 마찰손실 계수 $f = 0.02$라 가정하고 하부 저수지로부터 $0.09 \text{ m}^3/\text{sec}$의 물을 양수하는 데 소요되는 동력을 구하라. 이 관 계통을 사용하여 양수할 수 있는 최대유량은 얼마인가?

4.37 그림 4.35에서 만약 펌프가 없을 경우 물은 B 저수지로부터 A 저수지로 $0.15 \text{ m}^3/\text{sec}$의 물이 흐른다. 같은 유량의 물이 반대방향으로 흐르게 하려면 펌프의 동력을 얼마로 해야 할 것인가?

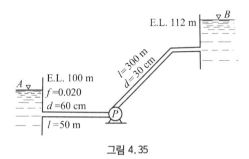

그림 4.35

4.38 그림 4.36과 같은 관로에서 펌프가 없을 경우 유량은 $0.12 \text{ m}^3/\text{sec}$이다. 관로를 통한 유량을 $0.16 \text{ m}^3/\text{sec}$로 계속 유지하기 위해 소요되는 펌프의 동력을 계산하라. 단, 미소손실은 무시하라.

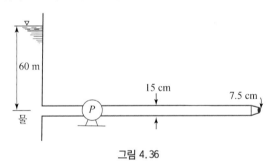

그림 4.36

4.39 수면표고 100 m인 저수지의 표고 85 m인 위치에 직경 60 cm, 길이 900 m인 관이 연결되어 있고 이 관로 내의 흐름은 표고 15 m 지점에 있는 터빈을 돌리도록 되어 있다. 터빈으로부터의 출류는 직경 90 cm, 길이 6 m인 수직관을 통해 수면표고 10 m인 하부지로 방출된다. 관내의 유량이 $0.9 \text{ m}^3/\text{sec}$라면 터빈의 출력은 얼마나 되겠는가? $f = 0.02$로 가정하고 출구손실만 고려하고 나머지 미소손실은 무시하라.

4.40 그림 4.37과 같이 연결된 터빈이 물로부터 40 kW의 동력을 얻고 있다면 관로를 통한 유량은 얼마가 되어야 하나? 또한 터빈에 의해 얻을 수 있는 최대동력을 구하라.

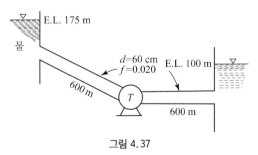

그림 4.37

4.41 그림 4.38과 같은 관개용 사이폰을 통해 흐를 수 있는 유량을 계산하라. 수두차는 그림에 표시된 바와 같이 0.3 m이며 마찰손실계수는 0.020, 만곡손실계수는 0.20이라 가정하라.

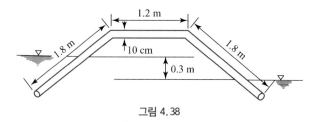

그림 4.38

4.42 그림 4.39와 같은 사이폰을 통한 유량과 사이폰 정점에서의 압력을 구하라.

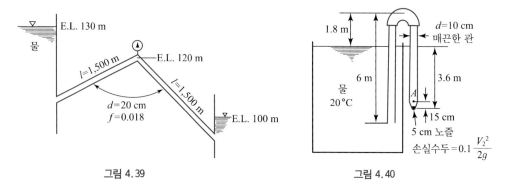

그림 4.39   그림 4.40

4.43 그림 4.40과 같은 사이폰을 통해 흐르는 유량을 계산하고 A 점에서의 압력과 사이폰 내의 최소압력의 크기와 위치를 구하라.

4.44 어떤 수조로부터의 물을 직경 2.5 cm인 사이폰(siphon)으로 뽑아내려고 한다. 사이폰의 말단은 수조 내 수면보다 3 m 아래에 있고 사이폰의 정점부는 1 m 위에 있다. 사이폰을 통해 배출되는 유량과 정점부에서의 압력을 구하라.

4.45 그림 4.41과 같은 부등단면관수로의 말단에 부착된 노즐을 통한 분출량을 구하고 에너지선을 그려라. 관벽의 조도 $n = 0.013$으로 가정하라.

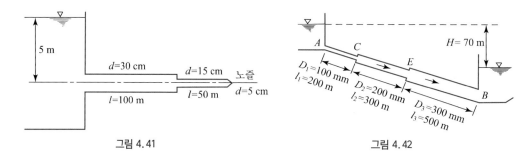

그림 4.41   그림 4.42

4.46 그림 4.42와 같은 부등단면수로 내의 유량을 계산하라. 두 저수지의 수위차는 70 m이며 관의 조도계수 $n = 0.015$로 가정하고 출구, 입구손실 이외의 미소손실은 모두 무시하라.

4.47 그림 4.43에서 $H=12$ m일 때 각 관을 통해 흐르는 유량을 구하라.

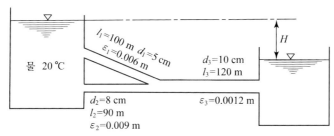

그림 4.43

4.48 그림 4.44에 표시된 관계통을 등가길이 개념에 의해 30 cm 관으로 전부 대치한 후 $H=9$ m일 때의 유량을 구하라. 관은 모두 깨끗한 주철관이다.

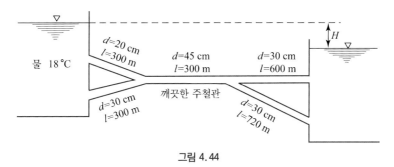

그림 4.44

4.49 그림 4.45와 같은 병렬 관수로에서 총 유량이 0.4 m³/sec일 때 각 관로에서의 유량을 계산하라. 두 관에서의 $f=0.019$이다.

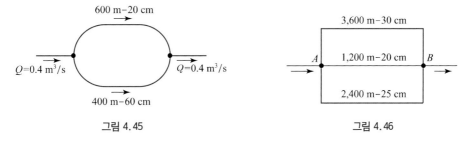

그림 4.45   그림 4.46

4.50 그림 4.46에서 A점과 B점의 압력이 각각 3.6 kg/cm² 및 2.1 kg/cm²이다. 관이 수평면 내에 있다고 가정하고 물이 흐르고 있을 때의 3개 관에서의 유량을 계산하여 총 유량을 구하라. 마찰손실계수 $f=0.022$로 가정하라.

4.51 그림 4.47의 관로시스템에 1.3 m³/sec의 물이 흐르고 있을 때 A점과 D점 사이의 압력차를 구하라. 관은 주철관이라 가정하라.

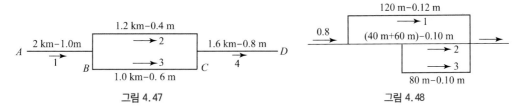

그림 4.47   그림 4.48

4.52 그림 4.48과 같은 3개의 평행 주철관망에 0.8 m³/sec의 물이 흐르고 있다. 각 관로에 배분되는 유량을 계산하라. 미소손실은 무시하라.

4.53 그림 4.49와 같은 관로에서 펌프가 물에 220 kW(약 300 HP)의 동력을 공급하고 있다. 두 관의 $f=0.020$ 일 때 유량을 각각 구하라.

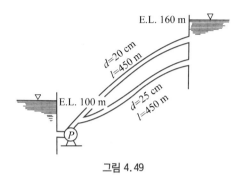

그림 4. 49

4.54 그림 4.50과 같이 4개 저수지가 연결되어 있다. 각 관을 통한 유량을 계산하라.

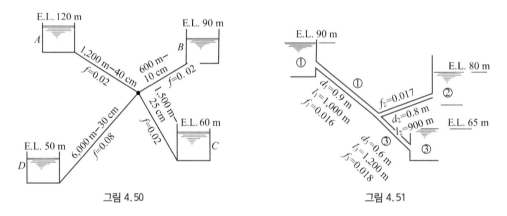

그림 4. 50   그림 4. 51

4.55 그림 4.51과 같은 관로에 물이 흐르고 있다. 각 관에 흐르는 유량을 계산하라.

4.56 그림 4.52와 같은 관로에 물이 흐르고 있다. 직경 20 cm인 관에서의 유량이 0.1 m³/sec일 때 15 cm 및 30 cm 관에서의 유량을 구하고 펌프의 동력을 구하라.

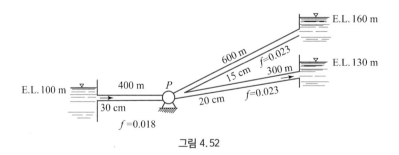

그림 4. 52

4.57 그림 4.53과 같은 관로에서 밸브 F는 부분적으로 폐쇄되어 유량이 37 m³/sec일 때 1.1 m의 수두손실을 유발시킨다. 25 cm 관로의 소요길이는 얼마인가?

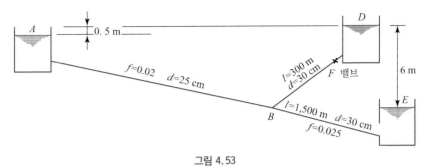

그림 4.53

4.58 그림 4.54의 직경 90 cm 관을 통해 흐르는 유량이 1,720 m³/sec가 되도록 하기 위해서 펌프가 공급해 주어야 할 유량은 얼마이겠는가? 또한 A에서의 압력수두의 크기는 얼마나 되겠는가?

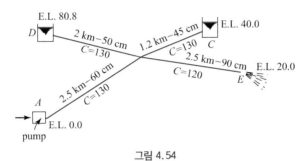

그림 4.54

4.59 그림 4.55와 같은 관망에서 관로를 통한 유량을 계산하라. 단, $n = 2(h_L = kQ^n)$라고 가정하라.

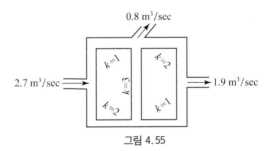

그림 4.55

4.60 그림 4.56과 같은 관망에서 각 관로의 유량을 계산하라. 40 cm 관의 마찰손실계수는 0.026이며 기타 관의 $f = 0.018$이며 $n = 2$로 가정하라.

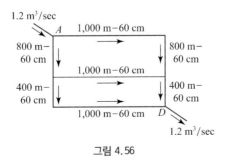

그림 4.56

4.61 그림 4.57과 같은 복잡한 관망에서 각 관을 통해 흐르는 유량을 계산하라. 관로의 마찰손실계수 $f =$ 0.020으로 가정하고 $n = 2$라 가정하라.

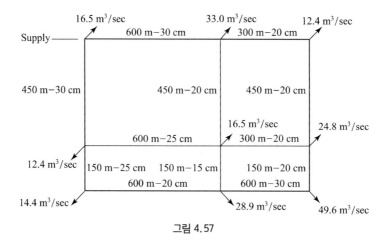

그림 4.57

4.62 직경이 1.5 m, 두께가 1.2 cm인 강철관 속에 물이 흐를 때 압력파의 전파속도를 구하라. 물의 온도는 15℃이다.

Chapter

05 개수로내의 정상등류

5.1 서론

자연계에서 물의 흐름은 크게 개수로내 흐름과 관수로내 흐름의 두 가지로 분류할 수 있다. 이들 두 가지 흐름은 여러 가지 면에서 유사성을 가지나 한 가지의 근본적인 차이점을 가지고 있다. 즉 개수로내 흐름은 반드시 자유표면을 가지며 중력이 흐름의 원동력이 되나 관수로내 흐름은 수로면적을 꽉 채우면서 압력차에 의해서 흐른다는 점이다.

그림 5.1은 개수로 및 관수로내 흐름의 관계를 표시하고 있다. 관수로내 흐름의 에너지는 어떤 기준면으로부터 관의 중립축까지의 위치수두 z 와 압력수두 p/γ 및 속도수두 $V^2/2g$ 로 구성되며, 개수로의 경우는 위치수두 z, 수심 y 및 속도수두 $V^2/2g$ 로 구성된다. 두 경우 모두 한 단면으로부터 다른 단면으로 흐름에 따라 마찰로 인한 에너지 손실 h_f 가 발생하게 된다.

이와 같은 두 가지 흐름 사이에는 상당한 유사성이 있으나 개수로내 흐름 분석은 흐름의 자유표면이 공간적 및 시간적으로 변할 뿐 아니라 흐름의 수심, 유량, 수로경사 및 수면경사 등의 흐름 변수 간의 관련성 때문에 관수로내 흐름 해석보다는 일반적으로 훨씬 복잡하다.

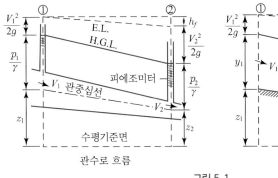

그림 5.1

따라서 개수로내 흐름의 문제는 관수로의 경우보다 훨씬 더 경험적이고 실험적인 방법을 동원하여 해결하는 경우가 많다.

폐합수로 내의 흐름이라고 해서 반드시 관수로 흐름이라고 말할 수는 없다. 도시하수 혹은 우수관거와 같이 수로의 단면이 폐합단면이라 하더라도 그 속의 흐름이 자유표면을 가질 경우에는 개수로내 흐름의 원리가 적용되는 것이다.

5.2 흐름의 분류

개수로내 흐름은 여러 가지 기준에 의해 다양하게 분류할 수 있으나 수심을 포함하는 흐름 특성의 시간적 및 공간적 변화양상에 따라 대략 다음과 같이 분류할 수 있다.

5.2.1 정상류와 부정류

개수로내 흐름의 수심이 시간에 따라 변하지 않고 일정한 흐름을 **정상류**(steady flow)라 하고 시간에 따라 시시각각으로 변하는 흐름을 **부정류** 혹은 **비정상류**(unsteady flow)라 하며 많은 경우 개수로내 흐름 문제는 정상류 조건 하에서 풀이하게 된다. 그러나 홍수류에서와 같이 흐름의 특성이 시간에 따라 급격하게 변화할 경우에는 부정류의 이론에 의거 해석되어야 하며 개수로에 설치되는 각종 **통제구조물**(control structure)의 경우는 이에 속한다고 하겠다.

개수로내 흐름이 정상류일 경우 흐름의 질량보존법칙을 설명해 주는 **연속방정식**(continuity equation)은 다음과 같이 표시된다.

$$Q = VA \tag{5.1}$$

여기서 Q 는 개수로의 임의 단면에서의 유량이며, V 는 단면에서의 평균유속이고 A 는 흐름 방향에 수직인 흐름단면의 면적이다. 대부분의 정상류 문제에서 유량은 어떤 구간 내에서 일정하다고 가정되며, 따라서 흐름의 연속성이 성립되므로 그림 5.1 구간 내의 여러 단면에 대해 표시해 보면 다음과 같아진다.

$$Q = A_1 V_1 = A_2 V_2 = A_3 V_3 = \cdots \tag{5.2}$$

만약 고려 중인 개수로 구간 내로 추가적인 흐름이 유입하거나 유출될 경우에는 식 (5.2) 가 성립되지 않으며 이러한 흐름은 **공간적 변화류**(spatially varied flow)로서 불연속적 흐름에 속한다.

개수로내 부정류의 연속방정식은 흐름 자체의 특성이 시간에 따라 변하므로 평균유속과 단면적이 시간의 함수가 된다. 따라서 연속방정식은 시간에 따른 평균유속과 수심의 변화를 나타내는 항으로 구성되는 미분방정식으로 표시되며 여기서는 다루지 않기로 한다.

5.2.2 등류와 부등류

개수로내 흐름의 수심이 수로구간 내의 모든 단면에서 동일할 경우, 즉 공간적으로 변하지 않을 경우 그 흐름을 등류(等流, uniform flow)라 한다. 개수로내 등류는 수심이 시간에 따라 변하는지 혹은 변하지 않는지의 여부에 따라 정상류일 수도 있고 부정류일 수도 있겠다. 정상등류(steady uniform flow)는 수심이 공간적으로 뿐만 아니라 시간적으로도 변하지 않는 흐름으로서 개수로내 흐름 중 가장 간단하면서도 실질적인 흐름이다. 한편 부정등류(unsteady uniform flow)는 흐름의 수심이 공간적으로는 변하지 않으나 시간적으로 변하는 흐름으로서 이론적으로는 가능하나 자연계에서는 존재하지 않는 흐름이다. 따라서 등류라 하면 정상등류를 의미하게 된다.

개수로내의 부등류(不等流, varied flow 혹은 non-uniform flow)란 흐름의 수심이 공간적으로 변하는 흐름으로서 정상류일 수도 있고 부정류일 수도 있다. 전술한 바와 같이 부정등류는 자연계에 존재할 수 없으므로 부정류라 하면 자연히 부정부등류(unsteady varied, 혹은 unsteady non-uniform flow)를 의미하며 그림 5.2의 홍수파라든지 고조파 등이 이에 속한다.

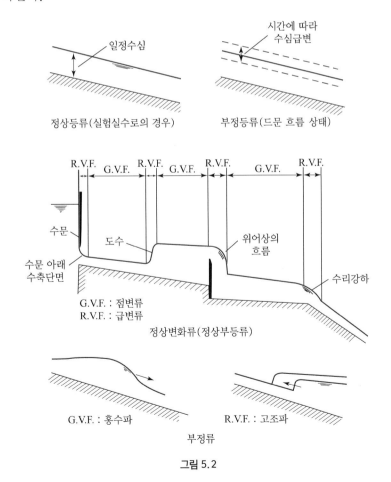

정상등류(실험실수로의 경우)   부정등류(드문 흐름 상태)

일정수심

시간에 따라 수심급변

R.V.F. G.V.F. R.V.F. G.V.F. R.V.F. G.V.F. R.V.F.

수문
도수
위어상의 흐름
수문 아래 수축단면
수리강하

G.V.F. : 점변류
R.V.F. : 급변류

정상변화류(정상부등류)

G.V.F. : 홍수파   R.V.F. : 고조파

부정류

그림 5.2

시간에 따라 한 단면에서의 흐름의 특성이 변화하지 않는 정상부등류(혹은 정상변화류라고도 함)는 다시 수심이 공간적으로 점차적인 변화를 일으키는 점변류(gradually varied flow, G.V.F)와 급격한 변화를 일으키는 급변류(rapidly varied flow, R.V.F.)로 나누어진다. 급변류는 그림 5.2에서 볼 수 있는 바와 같이 국부적인 현상으로서 흐름의 짧은 구간에서 일어나며 도수(跳水, hydraulic jump)라든지 수리강하(hydraulic drop) 등은 이에 속한다.

5.3 흐름의 상태

개수로내 흐름의 상태는 수류의 관성력에 대한 점성력 및 중력의 상대적인 영향에 따라 지배된다.

수류의 관성력에 대한 점성력의 크기에 따라 개수로내 흐름은 층류, 난류 및 불안정 층류로 구분된다. 관성력에 비해 점성력의 영향이 상대적으로 크면 흐름은 층류상태에 있게 되고 점성력의 영향이 약하면 난류상태가 되며 층류와 난류가 공존하는 상태를 불안정 층류 혹은 천이상태(遷移狀態)의 흐름(transitional flow)이라 한다.

관성력에 대한 점성력의 상대적인 크기는 관수로에서처럼 레이놀즈수(Reynolds number) R_e로 표시하며 다음과 같다.

$$R_e = \frac{VR_h}{\nu} \qquad (5.3)$$

여기서 V는 흐름의 한 단면에서의 평균유속(m/sec)이며 R_h는 흐름단면의 동수반경(m)으로서 단면적(m^2)을 윤변(m)으로 나눈 값이고 ν는 물의 동점성계수(m^2/sec)이다.

개수로내 흐름의 상태는 관수로 흐름의 경우처럼 레이놀즈수 R_e의 크기에 따라 분류할 수 있다. 관수로내 흐름에 대한 많은 실험결과를 종합하면 $R_e = 2,000 \sim 50,000$에서 흐름이 층류에서 난류상태로 변화함이 증명되어 있다. 이들 실험에서의 레이놀즈수는 관의 직경 d를 사용하였으나 개수로의 경우 동수반경 R_h는 관경의 1/4이므로 대략 $R_e = 500 \sim 12,500$에서 흐름 상태가 천이할 것임을 짐작할 수 있다.

개수로내 흐름의 상태도 관수로 흐름에 대한 Stanton 혹은 Moody 도표처럼 수로의 마찰손실계수 f와 레이놀즈수 R_e 및 조도 k 간의 관계를 Darcy-Weisbach 공식을 사용한 실험결과로부터 얻을 수 있다. 즉, 개수로내 흐름에 대해 관수로의 직경 대신 개수로의 동수반경을 대입하여 Darcy-Weisbach 공식을 쓰면

$$h_L = f \frac{L}{4R_h} \frac{V^2}{2g} \qquad (5.4)$$

여기서 h_L은 개수로 길이 L에 걸친 마찰손실수두이고 V는 평균유속, f는 마찰손실계수이다. 개수로내 흐름의 에너지 경사 $S = h_L/L$이므로 이를 식 (5.4)에 대입하고 f에 관하여 풀면

$$f = \frac{8\,g R_h\, S}{V^2} \qquad (5.5)$$

따라서 식 (5.5)를 사용하면 개수로 실험에 의해 $f \sim \boldsymbol{R}_e$ 관계를 수립할 수 있다. 관수로내 흐름에 대한 $f \sim \boldsymbol{R}_e$ 관계의 경험식을 개수로내 흐름에 대해 표시해 보면 매끈한 경계면에 대해서는 $R_e = 750 \sim 25,000$ 범위 내에서 다음과 같은 Blasius 공식으로 표시할 수 있다.

$$f = \frac{0.223}{\boldsymbol{R}_e^{1/4}} \qquad (5.6)$$

레이놀즈수가 더 커지면 Prandtl–Von Karman 공식이 적용될 수 있는 것으로 알려져 있다. 즉,

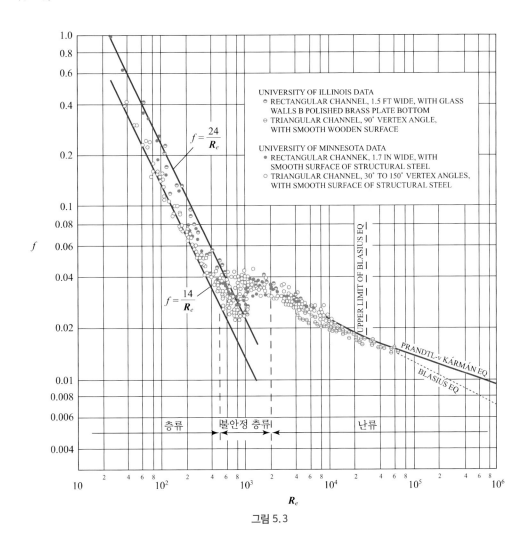

그림 5.3

$$\frac{1}{\sqrt{f}} = 2\log_{10}\left(\boldsymbol{R}_e\,\sqrt{f}\,\right) + 0.4 \tag{5.7}$$

그림 5-3과 5-4는 각각 매끈한 수로와 거치른 수로내 흐름의 $f \sim \boldsymbol{R}_e$ 관계를 여러 실험 자료를 분석하여 표시한 것이다.

개수로내 흐름에 대한 중력의 영향은 수류의 관성력에 대한 중력의 상대적인 비로 표시되며 이를 Froude 수라 하고 다음과 같이 정의된다.

$$\boldsymbol{F} = \frac{V}{\sqrt{gD}} \tag{5.8}$$

여기서 D 는 수리평균심(水理平均深, hydraulic mean depth)으로서 통수단면적 A 를 자유표면의 폭 T 로 나눈 값이며 구형단면의 경우에는 수심과 일치한다.

만약 Froude 수 $F=1$ 이면 식 (5.8)은 $V=\sqrt{gD}$ 가 되고 이 상태의 흐름을 한계류

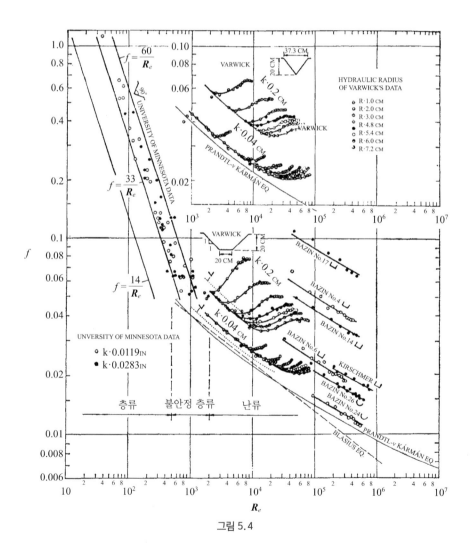

그림 5.4

(限界流, critical flow)라 한다. $F < 1$이면 $V < \sqrt{gD}$ 로서 상류(常流, subcritical flow)라 부르며 이 상태의 흐름에서는 중력의 영향이 커서 유속이 비교적 느리고 수심은 커진다. $F > 1$이면 $V > \sqrt{gD}$ 가 되며 이 상태를 사류(射流, supercritical flow)라 한다. 사류상태에서는 관성력의 영향이 중력의 영향보다 커서 흐름의 유속이 크고 수심은 작아진다.

표면파 이론에 의하면 한계류에 있어서의 유속 즉, 한계유속 $\sqrt{gD}$ 는 수심이 작은 흐름의 표면에서 발생되는 중력파의 전파속도와 동일한 것으로 알려져 있다. 따라서 흐름의 평균유속이 중력파의 전파속도보다 작은 상류에서는 중력파가 상류로 전파될 수 있으나 평균유속이 중력파의 전파속도보다 큰 사류에서는 중력파는 상류(上流)로의 전파가 불가능하다.

5.4 개수로 단면내의 유속분포

개수로 단면내에 있어서의 유속분포는 수로바닥의 형태라든지 표면조도, 유량 등의 여러 인자의 영향을 받는다. 그림 5.5는 여러 가지 형태의 수로단면내 흐름의 유속분포를 등속선으로 표시하고 있다. 그림에서 볼 수 있는 바와 같이 유속은 하상과 측면부에서 최소가 되며 자유표면에 가까워질수록 점유속은 커진다. 또한 최대 점유속은 자유표면으로부터 약간 아랫부분에서 발생하는데, 이는 수로의 양측벽 때문에 생기는 부차적인 순환류의 영향 때문인 것으로 알려져 있다. 따라서 유속분포에 대한 측벽의 영향이 거의 없는 광폭구형단면에서는 자유표면에서 점유속이 최대가 된다.

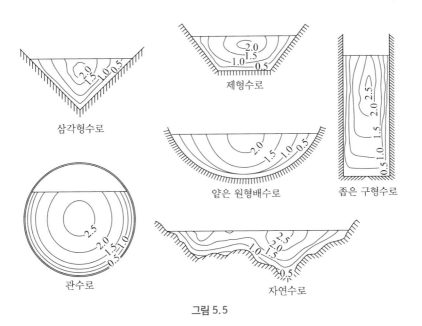

그림 5.5

개수로 단면내의 연직유속분포는 그림 5.6에서 볼 수 있는 바와 같이 대체로 수로바닥으로부터 자유표면 쪽으로 점유속이 증가하나 조도가 큰 바닥의 경우에는 순환류로 인해 최대 점유속이 자유표면보다 아래에서 발생한다. 이러한 연직유속분포에 대한 지식은 유속계에 의해 점유속을 측정하여 단면의 평균유속을 계산하는 데 유익한 정보를 제공한다. 즉 실무에서는 연직방향의 점유속

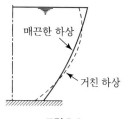

그림 5.6

을 여러 개 측정하지 않고 자유표면으로부터 수심의 20% 및 80% 깊이에서 점유속을 측정하여 이를 평균함으로써 단면의 평균유속으로 취하거나 혹은 자유표면으로부터 수심의 60% 되는 점의 유속을 측정하여 평균유속으로 사용한다. 또한 지금까지의 경험에 의하면 단면의 평균유속은 자유표면에서의 점유속의 80~95% 범위 내에 있으며 통상 85%의 값을 취하는 것이 보통이다.

5.5 등류의 형성

흐름의 분류에서 언급한 바와 같이 개수로내 등류는 수심이나 통수단면, 평균유속, 유량 등 흐름의 특성이 수로구간의 모든 단면에서 항상 동일한 흐름을 뜻하며 수로경사 및 에너지선의 경사가 동일하다.

경사개수로내에서 중력에 의해 흐름이 형성되면 물에 작용하는 중력의 흐름방향성분에 저항하는 마찰력이 수로바닥과 측벽에서 발생하게 되며, 이 마찰이 물에 미치는 중력의 흐름 방향 성분과 같아질 때 비로소 등류가 형성된다. 수로의 다른 모든 조건이 일정할 때 흐름에 저항하는 마찰력의 크기는 흐름의 유속에 지배된다. 만약 그림 5.7에서와 같이 수로 유입부에서의 흐름의 유속이 느리면 마찰력은 중력보다 작으므로 흐름은 가속되며 결국 마찰력과 중력이 동일하게 되어 등류가 형성되게 된다. 또한 수로의 말단부에 이르면 중력이 마찰력보다 다시 커져서 부등류가 된다.

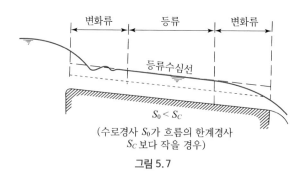

그림 5.7

5.6 등류의 경험공식

개수로의 설계를 위한 등류공식의 경험적인 개발역사는 매우 오래된 일로서 주로 실무에 적용하기가 간단하면서 상당한 정확도를 가지는 공식이 관심의 대상이 되어 왔다. 19세기 후반에 접어들면서 유량측정방법이 크게 개선됨에 따라 등류계산을 위한 여러 가지 경험공식이 등장하여 사용되어 왔으며 여기서는 이중 가장 많이 사용되어 온 Chezy 공식, Kutter-Ganguillet 공식 및 Manning 공식에 대해서만 살펴보기로 한다.

5.6.1 Chezy 공식

이 공식은 1775년에 Chezy가 제안한 것으로서 그 후에 제안된 여러 등류공식의 근원이 된 공식이며 다음과 같이 개수로내 등류의 마찰력과 중력의 흐름 방향 성분이 같음을 이용하여 유도할 수 있다.

그림 5.8에서와 같이 일정한 수로경사 $S_0 = \tan\theta$와 동일한 단면을 가지는 개수로상의 두 단면 ①–①과 ②–② 사이의 등류에 작용하는 중력의 흐름 방향 성분 F_g는

$$F_g = \gamma AL\sin\theta$$

여기서 γ는 물의 단위중량이며 A는 단면적, L은 수로구간의 길이이며 θ는 수로의 경사각으로 이 값이 작을 경우에는 $\sin\theta \doteqdot \tan\theta = S_0$가 된다. 따라서

$$F_g = \gamma AL S_0 \qquad (5.9)$$

한편 F_g에 저항하는 마찰력 F_r의 크기는 단면에 작용하는 평균마찰응력을 τ_0라 할 때

$$F_r = \tau_0 PL \qquad (5.10)$$

여기서 P는 윤변(潤邊, wetted perimeter)으로 물과 접촉하고 흐르는 통수단면의 주변장을 말한다.

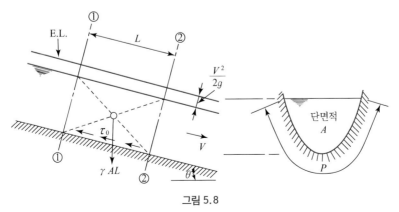

그림 5.8

등류에서는 $F_g = F_r$ 이므로 식 (5.9)와 (5.10)을 같게 놓고 τ_0에 관해 풀면

$$\tau_0 = \gamma \, R_h \, S_0 \tag{5.11}$$

여기서 τ_0는 수로바닥과 양측벽에 작용하는 마찰응력의 평균치로서 **평균단위소류력**(unit tractive force)이라 하며 R_h는 단면의 동수반경(動水半徑, hydraulic radius)으로서 흐름의 단면적 A를 윤변 P로 나눈 것이다.

그런데 τ_0를 평균유속의 항으로 표시하기 위하여 식 (5.11)의 수로경사(등류에서는 에너지선의 경사와 동일)를 $S_0 = h_L / L$로 놓고 h_L을 Darcy–Weisbach 공식(식 5.4)으로 표시하여 대입하면 식 (5.11)은 다음과 같아진다.

$$\tau_0 = \frac{f \, \rho \, V^2}{8} \tag{5.12}$$

여기서 ρ는 물의 밀도로서 γ/g를 의미한다. 식 (5.11)과 (5.12)의 우변을 같게 놓고 정리하면

$$V = \sqrt{\frac{8g}{f}} \, \sqrt{R_h \, S_0} = C \sqrt{R_h \, S_0} \tag{5.13}$$

식 (5.13)은 등류에 대한 Chezy의 평균유속공식이며 C를 Chezy 계수라 하고 마찰손실계수 f와는 다음과 같은 관계를 가진다.

$$C = \sqrt{\frac{8g}{f}} \tag{5.14}$$

Chezy의 평균유속계수 C는 수로바닥의 조도와 단면의 동수반경 및 흐름의 Reynolds 수의 함수로 알려져 있으며 이 관계에 가장 많이 사용되는 경험식은 Kutter–Ganguillet 공식이다.

5.6.2 Manning 공식

아일랜드 기술자인 Manning은 당시의 여러 유량측정자료와 각종 공식들을 조사하여 Chezy의 계수 C와 수로의 조도계수 n간의 관계를 다음과 같이 수립하였다.

$$C = \frac{R_h^{1/6}}{n} \tag{5.15}$$

여기서 n은 Manning의 조도계수라 하며 수로의 종류 및 상태에 따른 n값은 표 5.1에 수록되어 있다.

표 5.1 Manning의 조도계수 n 치

수로구간	표면의 상태	n (sec/m$^{1/3}$)
관로	• 주철관(cast iron) • 리벳강관(riveted steel) • 콘크리트관(concrete)	0.010~0.014 0.014~0.017 0.011~0.015
자연하천수로	• 잡초가 없는 직선형 흙 수로 (하상 골재 크기 75 mm 이하) • 잡초가 없고 선형이 나쁜 흙 수로 • 잡초가 우거지고 선형이 나쁜 흙 수로 • 잡초가 없는 직선형 자갈 수로 (하상 골재 크기 75~150 mm) • 잡초가 없고 선형이 나쁜 자갈 수로 • 산간하천수로(하상 골재 크기 150 mm 이상)	0.02~0.025 0.03~0.05 0.05~0.15 0.03~0.04 0.04~0.08 0.04~0.07
비 피 복 인공수로	• 선형이 좋은 흙 수로 • 하상이 돌로 된 상태가 나쁜 흙 수로 • 암반 수로	0.018~0.025 0.025~0.04 0.025~0.045
피복수로	• 콘크리트 수로 • 목재 수로 • 아스팔트 수로	0.012~0.017 0.011~0.013 0.013~0.016
모형수로	• 시멘트 몰탈 수로 • 매끈한 목재 수로 • 유리 수로	0.011~0.013 0.009~0.011 0.009~0.010

식 (5.15)의 관계를 Chezy 공식(식 5.13)에 대입하면 Manning의 평균유속공식은 다음과 같아진다.

$$V = \frac{1}{n} R_h^{2/3} S_0^{1/2} \qquad (5.16)$$

식 (5.16)으로 표시되는 Manning 공식은 수로단면의 형상과 조도가 고려된 식이며 그 형태가 아주 간단할 뿐 아니라 현재까지의 적용결과에 의하면 실제 유량에 근접하는 결과를 주어 왔으므로 오늘날 개수로내 등류계산에 가장 널리 사용되고 있다.

표 5.1에 수록된 Manning의 n 값은 피복수로(lined channel)의 경우는 결정하기가 비교적 쉬우나 자연하천수로의 경우는 하상 및 제방구성재료의 다양성이라든지, 수로의 식생상태, 수로단면의 불규칙성 및 형상, 세굴 및 퇴적, 단면상태의 계절적 변화 등으로 인해 적당한 값을 결정하기가 매우 어려우므로 통상 숙련된 현장기술자의 건전한 판단에 의존하는 수밖에는 별 도리가 없다.

5.7 복합단면수로의 등가조도

단순한 형태의 수로일지라도 윤변 전체에 걸쳐 조도계수 n이 일정하지는 않으나 경계면의 재료가 동일한 경우에는 표 5.1의 적정한 값을 사용하여 평균유속을 계산할 수 있다. 그러나 통수단면의 윤변이 상이한 재료로 되어 있거나 혹은 윤변 각 부의 조도가 판이하게 다를 경우에는 평균치로서 등가조도를 계산하여 사용하게 된다. 예를 들면 실험수로의 경우 바닥은 나무로 되어 있고 측벽은 유리로 되어 있는 경우라든지 자연하천수로에서 저수로부와 홍수터의 조도가 판이하게 다를 경우 등이다.

등가조도(等價粗度)의 계산은 전제하는 가정에 따라 몇 가지 방법이 있으나 두 가지만 소개하기로 한다.

Horton-Einstein에 의하면 그림 5.9와 같은 통수단면을 윤변의 국부적 조도크기에 따라 N의 소구간으로 나누고 이들 소구간의 윤변을 P_1, P_2, $\cdots$, P_N 그리고 조도계수를 n_1, n_2, $\cdots$, n_N이라 할 때 등가조도(equivalent roughness) n_e는

$$n_e = \left(\frac{\sum_{i=1}^{N} P_i n_i^{1.5}}{P} \right)^{2/3} \tag{5.17}$$

여기서 P는 윤변의 총 길이이다. 식 (5.17)은 N개 소구간에서의 유속은 각각 전단면의 평균유속 V와 같다는($V_1 = V_2 = \cdots V_N = V$) 가정으로부터 유도되었다.

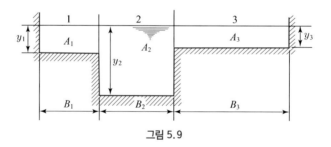

그림 5.9

한편 Pavlovskii는 각 소구간에서의 흐름에 저항하는 마찰력의 합이 전단면에서 생기는 마찰력과 같다는 가정 아래 다음과 같은 식을 유도하였다.

$$n_e = \left(\frac{\sum_{i=1}^{N} P_i n_i^2}{P} \right)^{1/2} \tag{5.18}$$

식 (5.17)과 (5.18)은 공히 실제와는 약간 상이한 가정 하에 유도된 식이나 복단면 혹은 복합단면수로의 등가조도 계산에 적합한 것으로 알려져 있다.

5.8 등류의 계산

등류의 계산은 등류공식과 흐름의 연속방정식을 사용하면 해결된다. 등류공식으로 Manning 공식을 택하여 연속방정식에 대입하면

$$Q = AV = \frac{1}{n} A R_h^{2/3} S_0^{1/2} = K S_0^{1/2} \qquad (5.19)$$

여기서

$$K = \frac{1}{n} A R_h^{2/3} \qquad (5.20)$$

식 (5.20)로 표시되는 K는 통수단면의 기하학적 형상과 조도계수에만 관계되는 것으로서 개수로의 통수능(通水能, conveyance)이라 부르며 $A R_h^{2/3}$은 통수단면의 형태에만 관계되는 변량임을 알 수 있다.

등류의 계산에 포함되는 변수는 식 (5.19)로부터 알 수 있는 바와 같이 등류유량 Q, 평균유속 V, 등류수심(normal depth) y_n, 조도계수 n, 수로경사 S_0 및 수로단면의 형상에 따른 변수 A, R_h 등이며 이들 6개 변수 중 4개만 알면 나머지 2개의 변수는 식 (5.19)을 이용하여 계산할 수 있다. 이와 같은 등류의 계산 중 등류의 유량, 등류의 수심 및 평균유속, 그리고 수로의 경사 등을 계산하는 것이 실무에서 가장 많이 접하게 되는 문제이므로 이들에 대해 살펴보기로 한다.

5.8.1 등류의 유량계산

개수로의 제원이 전부 주어지고 등류의 수심이 결정되면 이 수심의 유지를 위한 등류의 유량은 식 (5.19)를 사용하여 직접 계산될 수 있다.

예제 5-01

그림 5.10과 같은 제형단면수로의 경사 $S_0 = 0.0001$이다. 등류수심이 2 m이었다면 유량은 얼마이겠는가? 수로의 조도계수 $n = 0.011$이라 가정하자.

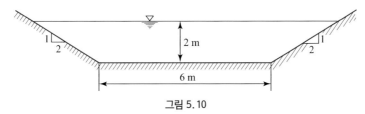

그림 5.10

풀이 $y_n = 2\,\mathrm{m}$ 이므로

$$A = 6 \times 2 + \left(\frac{1}{2} \times 2 \times 4 \right) \times 2 = 20\,\mathrm{m}^2$$

$$P = 6 + 2\left(\sqrt{2^2 + 4^2}\right) = 14.94\,\mathrm{m}$$

$$R_h = \frac{A}{P} = 1.339\,\mathrm{m}$$

식 (5.19)에 변수치를 대입하면

$$Q = \frac{1}{0.011} \times 20 \times (1.339)^{2/3} \times (0.0001)^{1/2} = 22.09\,\mathrm{m}^3/\mathrm{sec}$$

5.8.2 등류수심과 평균유속의 계산

개수로내 등류의 수심과 평균유속을 계산하기 위한 방법에는 대수해법과 도식해법의 두 가지가 있다. 대수해법에는 해석적 방법과 시행착오법이 있으며 이들 방법에 의한 등류의 계산절차를 다음 문제를 통해 살펴보기로 한다.

예제 5-02

그림 5.11과 같은 제형단면수로의 경사 $S_0 = 0.0016$이고 조도계수 $n = 0.025$이며 $12\,\mathrm{m}^3/\mathrm{sec}$의 물을 송수하고 있다. 등류수심과 평균유속을 계산하라.

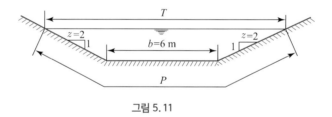

그림 5.11

풀이 (1) 해석적 방법

구하고자 하는 등류수심을 y_n 이라 하면

$$R_h = \frac{A}{P} = \frac{y_n(6 + 2y_n)}{6 + 2\sqrt{5}\,y_n}$$

$$V = \frac{Q}{A} = \frac{12}{y_n(6 + 2y_n)}$$

위의 두 값을 Manning 공식에 대입하면

$$\frac{12}{y_n(6 + 2y_n)} = \frac{1}{0.025}\left[\frac{y_n(6 + 2y_n)}{6 + 2\sqrt{5}\,y_n}\right]^{2/3}(0.0016)^{1/2}$$

시행착오법으로 y_n 에 관하여 풀면 $y_n = 1.07\,\mathrm{m}$, 따라서 등류수심에 해당하는 통수단면적은

$$A_n = 1.07(6 + 2 \times 1.07) = 8.71\,\mathrm{m}^2$$

평균등속 $V_n = \dfrac{Q}{A_n} = \dfrac{12}{8.71} = 1.38\,\mathrm{m/sec}$

(2) 시행착오법

등류계산을 위한 $AR_h{}^{2/3}$ 의 값을 식 (5.19)의 변환으로 표시하여 계산하면

$$AR_h{}^{2/3} = \frac{nQ}{\sqrt{S_0}} = \frac{0.025 \times 12}{\sqrt{0.0016}} = 7.5$$

다음으로 수심 y 를 가정하여 단면계수 $AR_h{}^{2/3}$ 을 다음 표에서와 같이 계산하여 7.5에 가장 가까운 값을 주는 y 값을 택하면 된다.

y	$A = y(6+2y)$	$P = 6 + 2\sqrt{5}\,y$	$R_h = A/P$	$R_h{}^{2/3}$	$AR_h{}^{2/3}$	비고
0.90	7.02	10.03	0.700	0.789	5.536	
1.00	8.00	10.47	0.764	0.836	6.688	
1.10	9.02	10.92	0.826	0.880	7.938	
1.07	8.71	10.79	0.807	0.867	7.551	O.K

따라서 등류수심 $y_n = 1.07\,\mathrm{m}$

(3) 도식해법

이 방법은 수로단면이 복잡할 경우 등류수심을 계산하는 데 편리한 방법으로 우선 수로 내의 여러 수심 y 에 대한 단면계수 $AR_h{}^{2/3}$ 을 위의 표에서와 같이 계산하여 $y \sim AR_h{}^{2/3}$ 간의 관계곡선을 그린다. 다음으로 주어진 조건으로부터 $nQ/\sqrt{S_0}$ 값을 계산하여 이 값과 같은 $AR_h{}^{2/3}$ 값에 대한 수심 y 를 관계곡선을 읽음으로써 등류수심 y_n 을 얻는다.

5.8.3 등류의 수로경사 계산

단면형이 일정한 개수로의 조도계수와 유량이 주어졌을 때 특정한 수심 y_n 으로 등류가 흐를 수 있는 수로경사를 등류수로경사 S_n(normal slope)이라 하며, 이는 Manning 공식으로 쉽게 계산할 수 있다.

예제 5-03

예제 5-02의 개수로에서 개수로내 등류수심이 1.07 m 되기 위한 수로경사를 구하라.

풀이 $y_n = 1.07\,\mathrm{m}$ 이므로

$$A_n = 8.71\,\mathrm{m}^2, \ P_n = 10.79\,\mathrm{m}, \ R_{hn} = A_n/P_n = 0.807\,\mathrm{m}$$

Manning의 유량공식(식 (5.19))에 대입하면

$$12 = \frac{1}{0.025}(8.71)(0.807)^{2/3} S_0{}^{1/2}$$

$$\therefore S_0 = 0.0016$$

5.9 최량수리단면

개수로의 단면형에는 여러 가지가 있으며 수로의 경사와 조도가 일정하게 주어졌을 때 최대 유량의 소통을 가능하게 하는 가장 경제적인 단면의 결정은 개수로 설계를 위해 중요하다.

Manning의 유량공식에서 동수반경을 단면적과 윤변으로 표시하면

$$Q = \frac{1}{n}\left(\frac{A^5}{P^2}\right)^{1/3} S_0^{1/2}$$

따라서 n, S_0가 주어졌을 때 A^5/P^2이 최대이면 유량 Q는 최대가 된다. 그런데 A와 P는 각각 수로 내의 수심 y의 함수이므로 A^5/P^2이 최대가 되기 위한 조건은

$$\frac{d}{dy}\left(\frac{A^5}{P^2}\right) = 0$$

따라서

$$5\frac{A^4}{P^2}\frac{dA}{dy} - 2\frac{A^5}{P^3}\frac{dP}{dy} = 0$$

이를 간단히 하면

$$5P\frac{dA}{dy} - 2A\frac{dP}{dy} = 0 \qquad (5.21)$$

그런데 수로의 설계단면적 A가 일정하게 주어질 경우 $dA/dy = 0$이므로 식 (5.21)로부터 다음 조건이 만족될 때 유량이 최대가 될 것임을 알 수 있다. 즉,

$$\frac{dP}{dy} = 0 \qquad (5.22)$$

식 (5.22)는 주어진 단면적 조건 하에서는 윤변 P가 최소일 때 유량이 최대가 됨을 의미하며 이 조건을 만족시키는 단면을 **최량수리단면**(最良水理斷面, best hydraulic section)이라 한다. 또한, 유량이 주어졌을 때 최량수리단면은 윤변이 최소인 단면이므로 단면적 또한 최소가 되는 가장 경제적인 단면인 것이다.

최량수리단면의 정의에 따르면 주어진 통수단면적을 가지면서 윤변의 길이가 최소가 되는 절대조건을 만족시키는 단면은 기하학적으로 볼 때 반원(半圓)단면임을 쉽게 알 수 있다. 그러나 반원단면은 실제에 있어서 시공 및 유지관리가 매우 불편하므로 관개용 수로 등의 인공수로 설계 시에는 구형 또는 제형수로를 많이 사용하며, 이러한 단면형을 사용할 경우 최량수리단면이 되기 위한 조건에 대해 살펴보기로 한다.

5.9.1 구형 단면수로

구형(矩形)단면의 경우 그림 5.12와 같이 수심을 y, 수로폭을 b 라 하면

$$A = by, \quad P = b + 2y$$

A 가 일정하게 주어질 때 b 를 y 의 항으로 표시하면 $b = A/y$ 이며 따라서

$$P = \frac{A}{y} + 2y$$

그런데 $dP/dy = 0$ 일 때 윤변은 최소가 되므로

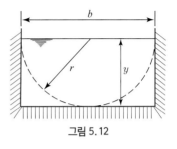

그림 5.12

$$\frac{dP}{dy} = -\frac{A}{y^2} + 2 = 0$$

$$\therefore \; y = \frac{b}{2} \; \text{혹은} \; b = 2y \quad (5.23)$$

따라서 가장 경제적인 구형단면은 수심이 수로폭의 절반일 때임을 알 수 있다.
한편 구형의 최량수리단면의 동수반경은

$$R_h = \frac{A}{P} = \frac{2y^2}{4y} = \frac{y}{2}$$

즉, 동수반경은 수심의 절반이 된다.

5.9.2 제형 단면수로

그림 5.13과 같은 제형(梯形) 단면수로(사다리꼴 단면수로)에 있어서

$$A = by + zy^2, \quad P = b + 2y\sqrt{1+z^2}$$

따라서,

$$b = P - 2y\sqrt{1+z^2} \qquad (5.24)$$

식 (5.24)를 사용하여 A 를 표시하면

$$A = (P - 2y\sqrt{1+z^2})y + zy^2 \quad (5.25)$$

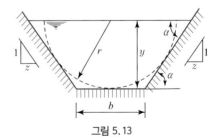

그림 5.13

수로의 경사와 조도 및 소통시킬 유량이 주어지면 소요단면적 A 는 일정하게 주어지는 것이나 마찬가지이며, 따라서 식 (5.25)에서 z 를 우선 상수로 보고 y 에 관해 미분하면

$$\frac{dA}{dy} = 0 = \left(\frac{dP}{dy} - 2\sqrt{1+z^2}\right)y + (P - 2y\sqrt{1+z^2}) + 2zy$$

P 가 최소가 되기 위해서는 $dP/dy = 0$ 이어야 하므로 위 식은

$$P = 4y\sqrt{1+z^2} - 2zy \tag{5.26}$$

P를 최소로 하는 z를 구하기 위해 식 (5.26)에서 y를 상수로 보고 z에 관해 미분하여 $dP/dz = 0$으로 놓으면

$$\frac{dP}{dz} = \frac{4zy}{\sqrt{1+z^2}} - 2y = 0$$

$$\therefore z = \frac{1}{\sqrt{3}} \tag{5.27}$$

식 (5.27)은 그림 5.13의 $\alpha = 60°$임을 뜻하며 이를 식 (5.26), (5.24) 및 (5.25)에 대입하여 최량수리단면의 제원을 수심의 항으로 표시하면

$$P = 2\sqrt{3}\,y, \quad b = \frac{2\sqrt{3}}{3}y = \frac{P}{3}, \quad A = \sqrt{3}\,y^2 \tag{5.28}$$

식 (5.28)을 관찰하면 $P = 3b$이며 앞에서 $\alpha = 60°$임이 증명되었으므로 제형단면에서 최량수리단면은 정육각형의 절반형(half-hexagon)임을 알 수 있다.

또한 이 조건 하에서의 단면의 동수반경을 구하면

$$R_h = \frac{\sqrt{3}\,y^2}{2\sqrt{3}\,y} = \frac{y}{2}$$

따라서 제형단면에서도 최량수리단면의 동수반경은 수심의 절반이며 구형단면의 경우와 동일함을 알 수 있다.

최대유속을 보장하기 위한 조건도 최대유량을 위한 조건인 윤변이 최소가 되는 최량수리단면의 조건이지만 수로의 측면경사가 커지게 되면 최량수리단면에 상응하는 유속이 커져서 수로바닥이나 측벽에 세굴현상을 일으키게 된다. 따라서 수로의 허용유속을 높이기 위해서는 비용이 많이 드는 수로의 피복이 필요할 뿐 아니라 수로의 깊이에 따른 굴착비용의 증가 때문에 최량수리단면으로 가공한다는 것이 실제에는 어렵다. 따라서 암반에 수로를 굴착할 경우 이외에는 제형단면수로의 측면경사 $z = 1.5 \sim 2.0$으로 설계하는 것이 보통이다.

예제 5-04

제형단면수로의 경사가 0.0001이고 조도계수 $n = 0.022$인 수로에서
(a) 유량이 $10\text{ m}^3/\text{sec}$일 때 최량수리단면을 설계하라.
(b) 저면폭 $b = 5\text{ m}$로 하고 $z = 1.5$로 하고자 할 때 가장 경제적인 단면의 수심을 결정하고 이 수로가 통수시킬 수 있는 유량을 계산하라.

풀이 (1) 최량수리단면의 제원은 식 (5.28)로 표시되므로 이를 Manning의 유량공식에 대입하면

$$10 = \frac{1}{0.022}\,(\sqrt{3}\,y^2)\left(\frac{y}{2}\right)^{2/3}(0.0001)^{1/2}$$

$$y^{8/3} = 20.16 \quad \therefore y = 3.09\,\text{m}$$

저면폭 $b = \dfrac{2\sqrt{3}}{3} \times 3.09 = 3.57\,\text{m}$

측면경사 $z = \dfrac{1}{\sqrt{3}} = 0.577$

(2) 저면폭과 측면경사가 주어졌을 때 가장 경제적인 단면을 위한 조건은 역시 식 (5.26)이다. 식 (5.26)의 P를 수심 y, 저면폭 b, 측면경사 z 로 표시하면

$$b + 2y\sqrt{1+z^2} = 4y\sqrt{1+z^2} - 2zy$$

따라서

$b = 5\,\text{m}$, $z = 1.5$를 대입하여 y를 구하면

$$y = 8.26\,\text{m}$$

통수단면에 대해 제원을 계산하면

$$A = by + zy^2 = 143.64\,\text{m}^2$$
$$P = b + 2y\sqrt{1+z^2} = 34.78\,\text{m}$$
$$R = A/P = 4.13\,\text{m}$$

따라서 Manning의 유량공식을 사용하면

$$Q = \frac{1}{0.022}(143.64)(4.13)^{2/3}(0.0001)^{1/2} = 168.07\,\text{m}^3/\text{sec}$$

5.10 폐합관거내의 개수로 흐름

우수 및 하수의 배제를 위한 폐합(閉合)관거는 항상 자유표면을 가지는 개수로로 설계되므로 등류공식이 적용될 수 있다. 우수관거나 하수관거로 사용되는 콘크리트관은 제작이 용이하고 취급하기가 쉬우므로 표준 크기 1,500 mm 직경까지 여러 가지 크기로 제작 판매되고 있으며 조도계수 n 값으로는 0.012~0.014가 사용되고 있다.

이들 관거의 단면은 통상 원형이며 관내의 수심에 따른 유량과 평균유속의 변화를 살펴봄으로써 관거의 수리특성을 이해할 수 있다.

그림 5.14와 같이 직경 D인 원형단면수로(암거) 내에 수심 d로 물이 흐를 때 수면과 흐름단면의 중심이 이루는 각을 ϕ radian이라 하면

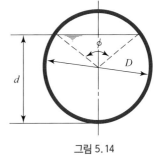

그림 5.14

$$A = \frac{\pi D^2}{4} - \frac{D^2 \phi}{8} + \frac{D^2}{4} \sin \frac{\phi}{2} \cos \frac{\phi}{2}$$

$$= \frac{\pi D^2}{4} - \frac{D^2 \phi}{8} + \frac{D^2}{8} \sin \phi$$

$$= \frac{D^2}{4} \left(\pi - \frac{\phi}{2} + \frac{\sin \phi}{2} \right) \tag{5.29}$$

$$P = \pi D - \frac{D}{2} \phi = D \left(\pi - \frac{\phi}{2} \right) \tag{5.30}$$

따라서 동수반경은

$$R_h = \frac{A}{P} = \frac{D}{4} \left(1 + \frac{\sin \phi}{2 \pi - \phi} \right) \tag{5.31}$$

만약 암거의 조도계수 n과 수로경사 S_0가 일정하게 주어지면 $Q = \frac{1}{n} A R_h^{2/3} S_0^{1/2} = C' A R_h^{2/3} (C' = S_0^{1/2}/n = 일정)$

$$Q = C' \frac{D^2}{4} \left(\pi - \frac{\phi}{2} + \frac{\sin \phi}{2} \right) \left[\frac{D}{4} \left(1 + \frac{\sin \phi}{2\pi - \phi} \right) \right]^{2/3}$$

$$= C' \frac{D^{8/3}}{10.08} \left(\pi - \frac{\phi}{2} + \frac{\sin \phi}{2} \right) \left(1 + \frac{\sin \phi}{2\pi - \phi} \right)^{2/3} \tag{5.32}$$

암거 내에 물이 충만해서 흐를 때($\phi = 0$)의 유량

$$Q_F = \frac{C' \pi D^{8/3}}{10.08} \tag{5.33}$$

따라서 식 (5.32)와 (5.33)으로부터

$$\frac{Q}{Q_F} = \frac{1}{\pi} \left(\pi - \frac{\phi}{2} + \frac{\sin \phi}{2} \right) \left(1 + \frac{\sin \phi}{2\pi - \phi} \right)^{2/3} \tag{5.34}$$

그림 5.15는 원형단면의 수리특성곡선으로서 수심비 $\frac{d}{D}$에 따른 유량비 $\frac{Q}{Q_F}$의 변화를 표시하고 있으며, 최대유량($Q_{\max}$)에 해당하는 상대수심은 식 (5.32)를 ϕ에 관해 미분하여 영으로 놓음으로써 $\phi = 57°36'$일 때임을 알 수 있고, 이에 상응하는 $\frac{d}{D}$를 결정하면 그림 5.15에 표시한 바와 같이 $\frac{d}{D} = 0.94$일 때이고 $Q_{\max}/Q_F = 1.08$이 된다.

또한 만류일 때의 유속 V_F와 부분류의 유속 V의 비는

$$\frac{V}{V_F} = \left(1 + \frac{\sin \phi}{2\pi - \phi} \right)^{2/3} \tag{5.35}$$

식 (5.35)의 관계는 그림 5.15에 점선으로 표시하였으며, 최대유속은 $\phi = 102°33'$ 일 때이고 $V_{\max}/V_F = 1.14$ 일 때임을 증명할 수 있다.

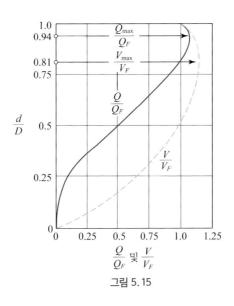

그림 5.15

예제 5-05

암거의 직경이 1.2 m이고 경사가 1/500일 때 최대유량으로 흐르는 수심과 최대유량의 값을 구하라. 수로는 콘크리트로 되어 있으며 $n = 0.014$이다.

풀이 최대유량은 $\dfrac{d}{D} = 0.94$ 일 때이므로

$$d = 0.94 \times 1.2 = 1.128 \, \text{m}$$

그림 5.14를 참조하면

$$\cos \frac{\phi}{2} = \frac{1.128 - 0.6}{0.6} = 0.88 \qquad\qquad \phi = 56.72 = 0.315 \, \pi \, \text{rad}$$

$\phi = 0.315 \, \pi \, \text{rad}$ 일 때의 단면적과 동수반경은 식 (5.29)와 (5.31)로 구하면

$$A = \frac{(1.2)^2}{4} \left[\pi - \frac{0.315\pi}{2} + \frac{\sin(0.315\pi)}{2} \right] = 1.103 \, \text{m}^2$$

$$R_h = \frac{(1.2)}{4} \left[1 + \frac{\sin(0.315\pi)}{2\pi - 0.315\pi} \right] = 0.347 \, \text{m}$$

따라서

$$Q_{\max} = \frac{1}{0.014} (0.956)(0.301)^{2/3} \left(\frac{1}{500} \right)^{1/2} = 1.740 \, \text{m}^3/\text{sec}$$

5.1 수심이 1 m, 폭이 3 m인 구형수로의 경사가 0.001일 경우 벽면의 평균마찰응력을 구하라.

5.2 직경 3 m인 암거에 수심 1 m의 등류가 흐르고 있다. 암거의 경사가 0.0001일 때 벽면에서의 평균마찰응력을 구하라.

5.3 Manning의 조도계수 $n = 0.030$과 $R_h = 2$ m에 대응하는 Chezy의 C 값과 Darcy-Weisbach의 마찰손실계수 f 값을 구하라.

5.4 수심이 1.5 m, 폭이 3.6 m인 구형수로에서 유량이 11 m³/sce일 때 등류가 발생할 수로경사를 구하라. $n = 0.017$이다.

5.5 목재판으로 만들어진 구형수로의 폭은 1.5 m, 수심은 1 m, 경사가 0.001일 때의 유량을 계산하라.

5.6 제형수로의 저변폭이 3 m, 측면경사가 1 : 2(수직 : 수평), 수로경사가 0.0001이다. 이 수로 내의 등류수심이 2 m일 때 유량을 계산하라. $n = 0.018$로 가정하라.

5.7 저변폭이 4.5 m, 측면경사가 1 : 1인 제형수로($n = 0.025$)의 경사가 0.001이다. 이 수로상에 12 m³/sec의 물이 흐를 때 등류수심을 구하라.

5.8 직경이 1.8 m인 암거의 수로경사가 0.00015이다. 암거 내 유량이 1 m³/sec일 때 등류수심을 구하라. 또한 이 암거의 최대유량과 최대평균유속은 얼마이겠는가? $n = 0.015$이다.

5.9 폭이 120 cm이고 수심이 60 cm인 구형의 모형개수로에 0.4 m³/sec의 물을 흘렸다. 수로의 경사가 0.0004였다면 수로의 평균조도계수는 얼마이겠는가?

5.10 폭이 2 m이고 수심이 1 m인 구형의 콘크리트 수로($n = 0.015$)로부터 흘러나오는 물을 2개의 콘크리트 암거($n = 0.013$)를 통해 배수하고자 한다. 두 수로의 경사가 공히 0.0009라면 암거의 직경은 얼마로 해야 할 것인가? 만약 구형수로의 경사를 0.0016으로 변경시킨다면 수로 내의 등류수심은 얼마로 되겠는가?

5.11 경사가 0.0002인 원형단면 암거 내에 90% 수심(0.9D)을 유지하면서 0.25 m³/sec의 물을 흘리고자 한다. 소요직경을 구하라. $n = 0.015$이다.

5.12 저변폭 6 m, 측면경사 1 : 1.5(수직 : 수평)인 제형단면수로($n = 0.018$)에 2.5 m³/sec의 물이 흐르고 있다. 등류수심 2.4 m가 형성되기 위해 필요한 수로의 경사를 구하라.

5.13 수로폭이 15 m, 수심이 1 m인 구형인공수로의 경사가 1/800이다. 수로바닥과 측벽의 조도계수가 각각 0.015와 0.025일 때 유량을 계산하라.

5.14 연습문제 5.6에서 수로의 저변과 측면의 조도계수가 각각 0.018 및 0.025라면 유량은 얼마이겠는가?

5.15 개수로내 흐름의 단면적이 20 m²일 대 다음의 경우에 대한 최량수리단면을 결정하라.

    (a) 구형   (b) 측면경사 1 : 2인 제형   (c) 삼각형

5.16 수로경사가 0.001인 구형단면수로($n=0.015$)에 40 m³/sec의 물이 흐를 때 최량수리단면을 설계하라.

5.17 측면경사 1 : 2(수직 : 수평)인 제형단면수로의 경사가 0.0009이고 조도계수는 0.025이다. 이 수로에 17 m³/sec의 물이 흐를 때 최량수리단면을 설계하라.

5.18 측면경사 1 : 2(수직 : 수평)인 제형단면수로($n=0.025$)에 1.2 m³/sec의 물을 송수하고자 한다. 수로바닥의 세굴을 방지하기 위해 최대평균유속을 1 m/sec로 하고자 할 때 최량수리단면을 결정하라. 또한 허용가능한 최대수로경사를 구하라.

5.19 삼각형수로에서 최량수리단면은 삼각형의 꼭지각이 90°일 때임을 증명하라.

5.20 측벽경사가 4 : 5(수직 : 수평)인 제형단면의 콘크리트 수로($n=0.014$)를 통해 80 m³/sec의 물을 유하시킬 계획이다. 최량수리단면으로서 평균유속이 2.5 m/sec를 초과하지 않을 수로경사를 구하라.

5.21 직경이 D이고 경사가 1/200인 원형콘크리트관($n=0.014$)을 통해 0.8D의 수심으로 0.5 m³/sec의 물이 흐르고 있다. 이 관의 직경을 구하라.

5.22 직경 3 m, 경사 1/2,500인 원형 콘크리트관($n=0.013$)을 통해 7.6 m³/sec의 물이 흐를 때 수심과 유속을 구하라.

5.23 직경 3 m인 원형 콘크리트관($n=0.015$) 속에 4 m³/sec의 물이 0.9D 수심으로 흐르고 있다. 이 관의 경사를 구하라.

5.24 직경 3 m, 경사 1/1,000인 원형 콘크리트관($n=0.014$)을 통해 물이 흐를 때 관내의 수심변화에 따른 유량, 유속, 윤변 및 동수반경의 변화를 표시하는 수리특성곡선을 그려라. $d/D=0.02$부터 시작하여 계산간격을 0.05씩 증가시켜 계산하는 컴퓨터 프로그램을 작성하고 계산결과를 방안지에 수리특성곡선으로 그려라.

06

개수로내의 정상부등류

6.1 서론

개수로내의 정상부등류(定常不等流, steady nonuniform flow)란 임의 단면에서의 흐름의 특성이 시간에 따라서는 변하지 않으나 공간적으로는 변하는 흐름을 의미하며, 수면곡선이 정상등류의 경우와는 달리 수로바닥과 평행하지 않는 흐름이다. 부등류를 취급함에 있어서의 공학적 주관심사는 각종 흐름 상태에서의 수면곡선 및 에너지선을 계산하는 것으로서 하천개수 계획수립의 기본이 되는 것이다. 정상부등류의 해석적 취급을 위해서는 흐름을 점변류(gradually varied flow)와 급변류(rapidly varied flow)로 분류할 수 있다. 점변류는 흐름의 부등류성이 점진적이어서 상당한 흐름 구간에 걸쳐 흐름의 특성이 변하며, 경계면의 마찰손실을 반드시 고려해서 해석해야 하고 하천단면과 하상경사의 불규칙성 및 하천구조물의 영향 등으로 자연하천 내의 흐름 상태는 홍수 시를 제외하면 통상 이 유형의 흐름에 속한다. 급변류는 흐름의 짧은 구간 내에서 흐름 단면적에 큰 변화가 생기는 흐름으로서 경계면의 마찰손실은 상대적으로 중요하지 않은 반면 와류로 인한 에너지손실이 지배적이며 통상 수로단면이 급변할 경우에 이 유형의 흐름이 발생한다.

점변류의 해석을 용이하게 하기 위해 전제하는 몇 가지 가정을 살펴보면 첫째, 흐름의 어떤 단면에 있어서의 손실수두는 정상등류의 경우처럼 Darcy-Weisbach 공식으로 표시될 수 있고, 둘째, 수로의 경사는 그 절대치가 매우 작아 $\tan\theta \fallingdotseq \sin\theta$ (θ 는 수로바닥의 경사각)이 성립하며, 셋째, 수로는 대상(prismatic)이며, 넷째, 흐름의 유속분포는 균등분포라 가정하여 에너지 및 운동량 보정계수 $\alpha = \beta = 1$ 로 가정하며, 마지막으로, 수로의 조도계수 n 은 수심의 크기에 관계없이 일정하다고 본다.

이상의 가정에 의거 점변류의 기본방정식과 수면곡선의 분류 및 계산방법 등을 고찰할 것이며, 이에 앞서 점변류의 분류를 위해 기본이 되는 개수로내의 에너지 및 운동량과 수심의 관계, 그리고 흐름의 분류 등에 관해 살펴보기로 한다.

6.2 비에너지와 한계수심

6.2.1 비에너지의 정의

개수로내 흐름의 비(比)에너지(specific energy)란 수로바닥을 기준으로 하여 측정한 단위 무게의 물이 가지는 흐름의 에너지라 정의할 수 있으며, 오늘날 부등류이론의 기본을 이루고 있다.

그림 6.1은 수로 및 수면경사를 과장하여 그린 대상(prismatic)수로이며 단면 ⓐ－ⓐ에서 수로바닥 지점에서의 압력수두는 $y\cos^2\theta$ 임을 알 수 있고 정의에 따라 비에너지는 다음과 같이 표시될 수 있다.

$$E = y\cos^2\theta + \frac{V^2}{2g} \tag{6.1}$$

대부분의 경우 개수로의 바닥경사각 θ 는 매우 작아서 $\cos\theta \fallingdotseq 1$ 의 가정이 성립되므로 식 (6.1)은 다음과 같아진다.

$$E = y + \frac{V^2}{2g} \tag{6.2}$$

여기서 y 와 V 는 각각 단면 ⓐ－ⓐ에서의 수심과 평균유속이다.

한편, 그림 6.1의 단면 ⓐ－ⓐ에 있어서의 물의 단위 무게당 전 에너지는 다음과 같이 전수두(total head)로 표시할 수 있다.

$$H = z + y + \frac{V^2}{2g}$$

여기서 z 는 어떤 기준면으로부터 단면 ⓐ－ⓐ에 있어서의 수로바닥까지의 위치수두이다.

제6장에서 살펴본 바와 같이 정상등류에 있어서는 모든 흐름 구간에서 비에너지는 일정하며 에너지선은 수로바닥과 항상 평행하다. 그러나 부등류에 있어서 에너지선은 하류방향으로 경사지며 비에너지는 수로의 형상과 흐름 조건에 따라 흐름 구간에서 증가 혹은 감소한다.

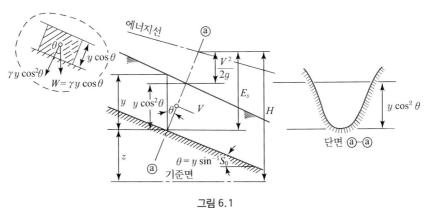

그림 6.1

6.2.2 수심에 따른 비에너지의 변화

임의의 수로단면 내 비에너지와 수심 간의 관계는 그림 6.2와 같은 비에너지곡선(specific energy curve)으로 표시할 수 있다.

그림 6.2와 같은 수로단면에 흐르는 유량 Q를 일정하게 유지하고 수로의 조도와 경사 혹은 상하류의 흐름 조건 등을 변경시켜 흐름의 수심을 변화시키면 식 (6.2)로 표시되는 비에너지는 $y \to \infty$일 때 $E \to \infty$이고, $y \to 0$일 때 $E \to \infty$이므로 그림 6.2의 실선으로 표시된 곡선상의 점 C에서 최소가 된다. 점 C에 해당하는 수심을 한계수심 y_c(critical depth)라 하고 이때의 평균유속을 한계유속 V_c(critical velocity)라 한다. 따라서 한계수심은 주어진 수로단면 내에서 최소 비에너지를 유지하면서 일정유량 Q를 흘릴 수 있는 수심이라 말할 수 있으며, 최소 비에너지보다 큰 비에너지를 가지고 흐를 수 있는 수심은 그림 6.2에서 볼 수 있는 바와 같이 한계수심보다 큰 수심(y_2)과 작은 수심(y_1)의 2개가 있으며 이들 두 수심을 대응수심(對應水深, alternate depths)이라 한다.

그림 6.2에서처럼 유량 Q가 일정할 때 흐름의 수심이 한계수심이 되기 위한 조건을 구하기 위해 식 (6.2)에 $V = Q/A$를 대입하면

$$E = y + \frac{Q^2}{2gA^2} \tag{6.3}$$

한계수심은 비에너지가 최소일 때($dE/dy = 0$일 때) 발생하므로

$$\frac{dE}{dy} = 1 - \frac{Q^2}{gA^3}\frac{dA}{dy} \tag{6.4}$$

그림 6.2에서 $dA/dy = T$(수면폭)이므로

$$\frac{dE}{dy} = 1 - \frac{Q^2 T}{gA^3} = 1 - \frac{V^2}{g\left(\dfrac{A}{T}\right)} = 1 - \frac{V^2}{gD} \tag{6.5}$$

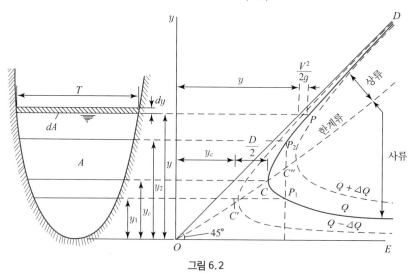

그림 6.2

식 (6.5)에서 $D = A/T$는 흐름단면의 평균수리심(hydraulic mean depth)이라 부르며, $dE/dy = 0$으로 놓으면

$$\frac{Q^2 T}{g A^3} = \frac{V^2}{gD} = 1 \tag{6.6}$$

식 (6.6)의 조건은 비에너지가 최소가 되기 위한 조건이며, 따라서 한계수심이 발생할 조건이기도 하다. 한계수심에 상응하는 한계유속 V_c와 평균수리심을 D_c를 사용하여 식 6.6을 표시하면,

$$\frac{Q^2 T_c}{g A_c^3} = \frac{V_c^2}{g D_c} = \boldsymbol{F}^2 = 1 \tag{6.7}$$

여기서 $\boldsymbol{F} = V/\sqrt{gD}$는 Froude 수로서 흐름의 중력에 대한 관성력의 비, 혹은 흐름의 평균유속에 대한 표면파의 전파속도의 비로 풀이된다. 식 (6.7)은 $\boldsymbol{F} = 1$일 때의 수심을 한계수심이라 하고 이때 비에너지는 최소가 됨을 표시하며, 이 흐름 상태를 한계류(限界流, critical flow)라 한다. 한편, 흐름의 수심이 한계수심보다 작으면($D < D_c$), $\sqrt{gD} < \sqrt{gD_c}$이므로 식 (6.7)로부터 $\boldsymbol{F} > 1$임을 알 수 있고 이 흐름 상태를 사류(射流, supercritical flow)라 부르며, 수심이 한계수심보다 크면($D > D_c$), $\sqrt{gD} > \sqrt{gD_c}$이므로 $\boldsymbol{F} < 1$이 되고 이 흐름 상태를 상류(常流, subcritical flow)라 한다.

Froude 수에 의해 흐름의 물리적 특성을 분석해 보면 $\boldsymbol{F} > 1$(사류)일 때 $V > \sqrt{gD}$, 즉 흐름의 평균유속 V가 표면파의 전파속도 $\sqrt{gD}$보다 크므로 흐름의 표면에 생긴 표면파는 상류로 전파되지 못하고 하류로 씻겨져 내려가지만 $\boldsymbol{F} < 1$(상류)일 때는 $V < \sqrt{gD}$가 되어 표면파의 전파속도가 흐름의 평균유속보다 크게 되어 표면에 생긴 와류는 상류방향으로 전파되게 된다.

6.2.3 수심에 따른 유량의 변화

흐름의 비에너지가 일정하게 유지될 때 수심의 변화에 따른 유량의 변화를 고찰하기 위해 식 (6.3)을 다시 쓰면

$$Q = \sqrt{2gA^2(E_s - y)} = \sqrt{2g}\, A\, \sqrt{(E_s - y)} \tag{6.8}$$

여기서 E_s는 일정한 비에너지며 수심 y에 따른 유량 Q의 변화를 표시해 보면 $y \to 0$이면 $Q \to 0$, $y \to y_{max}$이면 $Q \to 0$이므로 그림 6.3과 같다.

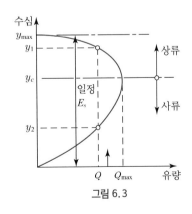

그림 6.3

그림 6.3에서 볼 수 있는 바와 같이 유량이 최대가 되는 경우를 제외하면 한 개의 유량에 대응하는 수심은 항상 2개임을 알 수 있다. 유량이 최대가 되기 위한 조건을 구하기 위해

식 (6.8)을 수심 y에 관해 미분하고 영으로 놓으면

$$\frac{dQ}{dy} = \sqrt{2g}\left[\frac{2AE_s\dfrac{dA}{dy} - \left(A^2 + 2yA\dfrac{dA}{dy}\right)}{2\sqrt{A^2 E_s - yA^2}}\right] = 0 \qquad (6.9)$$

식 (6.9)에서 $dA/dy = T$이고 dQ/dy가 영이 되기 위해서는 분자가 영이어야 하므로

$$2AT(E_s - y) - A^2 = 0$$

$$\therefore E_s - y = \frac{A}{2T} \qquad (6.10)$$

식 (6.10)을 식 (6.8)에 대입하면

$$Q = \sqrt{2gA^2\left(\frac{A}{2T}\right)}$$

$$\therefore \frac{Q^2 T}{gA^3} = 1 \qquad (6.11)$$

식 (6.11)은 식 (6.6)과 똑같으며 흐름의 Froude 수가 1임($\boldsymbol{F} = 1$)을 뜻한다. 따라서 비에너지가 일정할 때 유량이 최대가 되기 위한 조건은 흐름의 수심이 한계수심이 될 때임을 알 수 있다. 즉,

$$\frac{Q_{\max}^2 T_c}{gA_c^3} = 1 \qquad (6.12)$$

실질적인 문제에서 비에너지가 일정하게 유지되는 흐름은 그림 6.4와 같이 수문상류의 흐름의 비에너지가 E_s로 일정하고 수문의 개구(開口)정도에 따라 하류로의 유량 크기가 변화하는 경우이다. 그림 6.4에서 수문을 완전히 폐쇄하면 상류의 비에너지 E_s는 수심 y_1과 같아지고

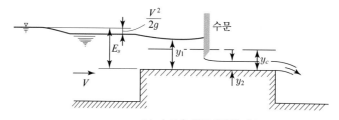

(a) 수문을 부분개방할 경우

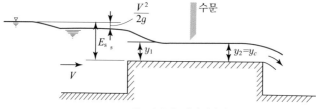

(b) 수문을 완전개방할 경우

그림 6.4

하류의 수심 y_2는 영이 된다. 수문을 그림 6.4 (a)에서와 같이 y_c 보다 작게 열면 $y_1 > y_c$가 되고 $y_2 < y_c$가 된다. 그림 6.4 (b)에서와 같이 수문을 완전히 개방하면 수문 상하류의 수심은 같아져서 $y_1 = y_2 = y_c$가 되며, 이때 유량은 최대가 된다. 이 경우가 바로 한계수심 y_c를 측정하여 개수로내 흐름의 유량을 결정하기 위해 흔히 수로 내의 설치하는 구조물인 광정(廣頂)위어 (broad-crested weir)의 경우이다.

6.2.4 한계수심의 계산

수면폭과 수심 간의 관계가 간단한 관계식으로 표시될 수 있을 경우는 식 (6.7)에 의해 한계수심을 쉽게 구할 수 있다. 예로서 수면폭이 T인 구형단면수로를 생각하면 $A = Ty$ 이므로 식 (6.7)은

$$\frac{Q^2 \, T_c}{g A_c^3} = \frac{Q^2 \, T_c}{g \, T_c^3 \, y_c^3} = \frac{q^2}{g \, y_c^3} = 1 \qquad (6.13)$$

여기서, $q = Q/T$는 수로의 단위폭당 유량이다. 따라서 한계수심

$$y_c = \sqrt[3]{\frac{q^2}{g}} \qquad (6.14)$$

식 (6.14)에서 $q = \sqrt{g y_c^3}$ 이므로 한계유속은

$$V_c = \frac{q}{y_c} = \sqrt{g y_c} \qquad (6.15)$$

또한, 유량이 일정할 때 한계수심에서 비에너지는 최소가 되며 그 크기는

$$E_{\min} = y_c + \frac{V_c^2}{2g} = \frac{3}{2} y_c \qquad (6.16)$$

식 (6.16)을 다시 쓰면

$$y_c = \frac{2}{3} E_{\min} \qquad (6.17)$$

복잡한 수로단면의 경우에는 미리 만든 차트나 그래프로부터 쉽게 구하거나 혹은 식 (6.7)을 시행착오법으로 풀어 구하게 된다. 즉, 식 (6.7)을 다시 쓰면

$$\frac{Q^2}{g} = \frac{A_c^3}{T_c} \qquad (6.18)$$

따라서 수심 y에 따른 A^3/T의 변화를 곡선으로 표시한 후 식 (6.18)에 해당하는 y 값을 곡선으로부터 읽으면 한계수심을 얻게 된다. 시행착오법을 사용하는 경우는 식 (6.18)의 좌변은 유량만 알면 결정되므로 수심 y를 차례로 가정하여 A와 T를 구한 후 식 (6.18)의

관계가 성립할 때의 수심을 한계수심으로 잡으면 된다. 시행착오법에 의할 경우 구하고자 하는 한계수심의 초기가정치로는 주어진 단면과 비슷한 구형단면에서의 한계수심을 계산하여 사용하면 정답으로의 수렴이 매우 빠르다.

예제 6-01

저변길이가 6 m이고 측면경사가 2 : 1(수평 : 수직)인 제형단면수로에 10 m³/sec의 물이 흐르고 있다. 이 수로의 한계수심, 한계유속 및 최소 비에너지를 구하라.

풀이 제형단면수로의 한계수심의 초기 가정치를 구하기 위해 수로폭 7m인 구형수로를 생각하면 한계수심

$$y_c = \sqrt[3]{\frac{q^2}{g}} = \sqrt[3]{\frac{(10/7)^2}{9.8}} = 0.593\,\text{m}$$

따라서 제형단면의 $y_c = 0.59\,\text{m}$ 라 가정하면

$$T = 6 + 2(2\,y_c) = 6 + 4 \times 0.59 = 8.36\,\text{m}$$

$$A = 6y_c + 2\,y_c^2 = 6 \times 0.59 + 2 \times (0.59)^2 = 4.24\,\text{m}^2$$

식 (6.7)에 값을 대입하면

$$\boldsymbol{F}^2 = \frac{Q^2\,T}{gA^3} = \frac{10^2 \times 8.36}{9.8 \times (4.24)^3} = 1.119$$

$$\therefore\ \boldsymbol{F} = 1.06$$

$\boldsymbol{F} = 1.06$ 은 사류에 해당하므로 y_c 는 0.59 m보다 커야 한다. 따라서 $y_c = 0.61\,\text{m}$ 라 다시 가정하여 동일한 계산을 반복해 보면

$$T_c = 6 + 2(2 \times 0.61) = 8.44\,\text{m}$$

$$A_c = 6 \times 0.61 + 2 \times (0.61)^2 = 4.404\,\text{m}^2$$

$$\boldsymbol{F}_2 = \frac{10^2 \times 8.44}{9.8 \times (4.404)^3} \fallingdotseq 1.0 \quad \therefore\ \boldsymbol{F} = 1$$

$\boldsymbol{F} = 1$ 이므로 한계류이며 한계수심 $y_c = 0.61\,\text{m}$ 이다. 한계유속은

$$V_c = \frac{Q}{A_c} = \frac{10}{4.404} = 2.27\,\text{m/sec}$$

한계수심에서의 최소 비에너지는

$$E_{\min} = 0.61 + \frac{(2.27)^2}{2 \times 9.8} = 0.87\,\text{m}$$

6.2.5 수로경사의 분류

개수로내 흐름의 수심은 수로의 경사에 가장 큰 영향을 받는다. 개수로내 등류의 수심이 한계수심과 동일하게 유지되도록 했을 때의 수로경사를 한계경사 S_c(限界傾斜, critical slope)라 하고 이때의 흐름을 한계등류(限界等流, critical uniform flow)라 부른다. 따라서 임의 수로의 한계경사는 Manning 공식으로부터 다음과 같이 표시할 수 있다.

$$S_c = \frac{n^2 V_c^2}{R_{hc}^{4/3}} = \frac{n^2 g D_c}{R_{hc}^{4/3}} \qquad (6.19)$$

여기서 R_c, D_c는 각각 한계수심에 대응하는 동수반경 및 수리평균심이다.

자연하천의 경우처럼 수심에 비해 폭이 매우 큰 광폭구형단면의 경우에는 $D_c \simeq R_{hc} \simeq y_c$로 가정할 수 있으므로 이를 식 (6.19)에 대입하면

$$S_c = \frac{n^2 g}{y_c^{1/3}} \qquad (6.20)$$

만약 유량이 일정할 때 한계경사 S_c보다 작은 수로경사 S_0를 가지는 수로상에 등류가 흐르면 흐름의 등류수심은 한계수심보다 커져 상류상태가 될 것이고, 이때의 수로경사는 완경사(緩傾斜, mild slope)라 부른다. 반대로 한계경사보다 큰 수로경사 위에 등류가 흐르면 흐름의 등류수심은 한계수심보다 작아지며 사류상태가 되고, 이때의 수로경사는 급경사(急傾斜, steep slope)라 부른다.

이상의 흐름 상태에 따른 수로경사의 분류 및 각 흐름 상태에서의 수심, 평균유속 및 Froude 수의 관계를 요약하면 표 6.1과 같다.

표 6.1 흐름 상태에 따른 수로경사분류 및 특성치 관계

흐름상태	수로경사	수심	평균유속	Froude 수
한계류	한계경사 ($S_0 = S_c$)	$y = y_c$	$V = V_c$	$F = 1$
상류	완경사 ($S_0 < S_c$)	$y > y_c$	$V < V_c$	$F < 1$
사류	급경사 ($S_0 > S_c$)	$y < y_c$	$V > V_c$	$F > 1$

예제 6-02

수로폭이 3 m이고 조도계수 $n = 0.017$인 구형수로($S_0 = 0.0009$)가 10 m³/sec의 물을 운반하고 있다. 흐름의 등류수심, 한계수심을 구하고 흐름 상태를 분류하라. 또 흐름의 한계경사를 구하라.

풀이 흐름의 단면적 $A = 3y_n$, 윤변 $P = 3 + 2y_n$이므로 Manning 공식을 사용하면

$$10 = \frac{1}{0.017}(3y_n)\left(\frac{3y_n}{3 + 2y_n}\right)^{2/3}(0.0009)^{1/2}$$

시행착오법으로 풀면 등류수심 $y_n = 2.074\,\text{m}$ 이다.

식 (6.14)에 의해 한계수심을 구하면

$$y_c = \sqrt[3]{\frac{(10/3)^2}{9.8}} = 1.043\,\text{m}$$

위의 계산에서 $y_n > y_c$ 이므로 흐름은 상류임을 알 수 있다. 참고로 Froude 수를 계산해 보면

$$F = \frac{Q/A}{\sqrt{gy_n}} = \frac{10/(3 \times 2.074)}{\sqrt{9.8 \times 2.074}} = 0.356 < 1$$

따라서 상류임이 입증된다.

식 (6.20)을 사용하여 흐름의 한계경사를 계산하면

$$S_c = \frac{(0.017)^2 \times 9.8}{(1.048)^{1/3}} = 0.0028$$

이 수로의 경사 $S_0 = 0.0009$ 는 한계경사 $S_c = 0.0028$ 보다 작으므로 완경사이며, 흐름 상태는 상류임이 다시 한 번 확인된다.

6.3 비력

그림 6.5의 부등류 흐름에서 단면 1, 2 간의 짧은 구간에 대해 역적–운동량방정식을 세워 보기로 한다. 수로바닥의 경사각 $\theta \simeq 0$, 운동량보정계수 $\beta_1 \simeq \beta_2 \simeq 1$ 이라 가정하면 $W \sin\theta \simeq 0$ 이고, 또한 짧은 구간 L 사이에서 발생하는 마찰력 $F_f \simeq 0$ 라 할 수 있으므로 역적–운동량방정식은 다음과 같아진다.

$$P_1 - P_2 = \rho\, Q(V_2 - V_1) \tag{6.21}$$

여기서 P_1, P_2 는 각각 단면 1, 2에서의 정수압으로 인해 작용하는 힘이므로

$$P_1 = \gamma\, h_{G1} A_1,\ \ P_2 = \gamma h_{G2} A_2 \tag{6.22}$$

여기서 h_{G1}, h_{G2} 는 수면으로부터 취한 단면 1, 2의 도심까지의 수심이다. 식 (6.22)를 식 (6.21)에 대입하고 고쳐 쓰면

$$\gamma\, h_{G1} A_1 + \rho Q V_1 = \gamma h_{G2} A_2 + \rho Q V_2 \tag{6.23}$$

식 (6.23)의 좌우변은 각각 정수압항과 동수압항의 합으로 표시되어 있다. 식 (6.23)의 양변을 각각 γ 로 나누고 $V_1 = Q/A_1$ 및 $V_2 = Q/A_2$ 를 대입하면

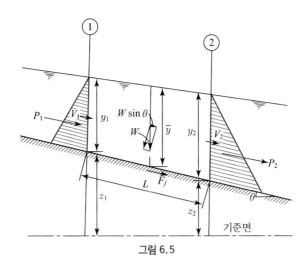

그림 6.5

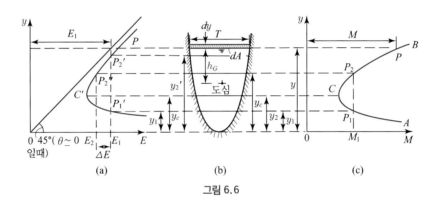

그림 6.6

$$h_{G1} A_1 + \frac{Q^2}{gA_1} = h_{G2} A_2 + \frac{Q^2}{gA_2} \qquad (6.24)$$

따라서 식 (6.24)의 양변은 물의 단위무게당 정수압항과 동수압(운동량)항으로 구성되어 있으며 단면 1과 2에서의 값이 동일함을 나타내고 있다. 즉,

$$M = h_G A + \frac{Q^2}{gA} = \text{constant} \qquad (6.25)$$

식 (6.25)의 M 을 비력(比力, specific force)이라 하며 흐름의 모든 단면에서의 일정함을 표시하고 있다.

그림 6.6 (b)와 같은 임의 단면에 일정한 유량이 흐를 경우 수심에 따른 비력의 크기변화는 그림 6.6 (c)와 같은 비력곡선(specific-force curve)으로 표시된다. 비력곡선은 CA 와 CB 부분으로 이루어지며 CA 는 수평축에 접근하고 CB 는 오른쪽 방향으로 점점 커진다. 한 개의 비력에 대응하는 수심은 비력이 최소가 되는 경우(점 C)를 제외하고는 항상 y_1, y_2 의 두 개가 존재한다. 비력이 최소가 되는 조건을 구하기 위해 식 (6.25)를 수심 y 에

관해 미분하여 영으로 놓으면

$$\frac{dM}{dy} = A - \frac{Q^2}{gA^2}\frac{dA}{dy} = 0$$

따라서

$$\frac{Q^2 T}{gA^3} = 1 \qquad\qquad (6.26)$$

식 (6.26)은 식 (6.7)과 같이 $\boldsymbol{F}=1$ (혹은 $\boldsymbol{F}=1$)임을 나타내며 이때의 흐름의 수심은 한계수심이다. 즉, 일정한 유량이 주어졌을 때 비력은 한계수심 y_c에서 최소가 됨을 알 수 있다.

다음으로, 그림 6.6의 비에너지곡선과 비력곡선을 비교해 보기로 하자. 어떤 크기의 비에너지 E_1 을 가지고 흐를 수 있는 수심은 y_1 (사류)과 $y_2{}'$ (상류)의 두 개가 있으며 어떤 크기의 비력 M_1을 가지고 흐를 수 있는 수심은 y_1 (사류)과 y_2 (상류)의 두 개가 있다.

그림 6.6의 두 곡선에서 y_1 이 동일하다고 가정하면 y_2 는 항상 $y_2{}'$ 보다 작음을 알 수 있으며 비에너지곡선으로부터 y_2 에 해당하는 E_2 는 $y_2{}'$에 해당하는 E_1 보다 작음을 알 수 있다. 따라서 흐름의 어떤 구간에서 비력 M_1 이 일정하게 유지되기 위해서는(식 (6.25)) 흐름의 수심이 초기수심(initial depth) y_1 에서 공액수심(共軛水深, sequent depth) y_2 로 변해야 하며 이때 $\Delta E = E_1 - E_2$ 의 에너지 손실이 생기게 된다. 이와 같은 현상의 대표적인 예는 도수(跳水, hydraulic jump) 현상에서 찾아볼 수 있으며 곧 소개하기로 한다.

수로단면이 비교적 간단한 폭이 T 인 구형단면에 대한 비력은 $h_G = \frac{1}{2}y$, $A = Ty$ 를 식 (6.25)에 대입하여 표시한다. 즉,

$$M' = \frac{y^2}{2} + \frac{q^2}{gy} = \text{constant} \qquad\qquad (6.27)$$

$dM'/dy = 0$ 로 놓아 비력이 최소가 되는 조건을 구하면

$$\frac{q^2}{gy^3} = 1 \quad \text{혹은} \quad \frac{V^2}{gy} = 1 \qquad\qquad (6.28)$$

즉, $\boldsymbol{F} = 1$ 일 때이며 한계수심 $y_c = \sqrt[3]{q^2/g}$ (식 (6.14))일 때 비력은 최소가 된다.

6.4 흐름 상태의 전환

6.4.1 상류에서 사류로의 전환

수로단면이 일정한 대상단면 내에 유량이 일정하게 유지될 때 그림 6.7 (a)에서처럼 수로의 경사(S_0)를 한계경사(S_c)보다 작은 상태에서 큰 상태로 서서히 변경시킨다고 생각해 보자. 수로단면이 일정하므로 한계수심선은 그림에서와 같이 수로바닥과 평행할 것이며 흐름의 수심은 한계수심보다 큰 상태로부터 하류방향으로 점점 작아져서 한계수심과 같아졌다가 그 이후에는 한계수심보다 작아지게 된다. 즉, 흐름 상태는 상류(常流)로부터 한계수심을 거쳐 사류(射流)로 변하게 된다. 상류에서 사류로의 전환은 비교적 완만하여 에너지의 손실은 거의 없으며 한계수심에서 에너지가 최소가 됨은 전술한 바 있다. 그림 6.7 (b)의 경우는 수로경사가 완경사($S_0 < S_c$)에서 급경사($S_0 > S_c$)로 변하는 경우로서 흐름 상태는 상류에서 사류로 전환하게 되며 흐름의 수심은 두 경사의 연결점 부근에서 한계수심을 통과하게 된다.

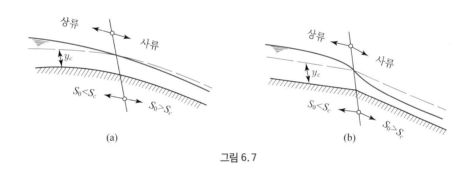

그림 6.7

6.4.2 사류에서 상류로의 전환

그림 6.8은 대상(台狀)단면수로의 경사가 급경사에서 완경사(혹은 수평경사)로 변하는 경우의 흐름 상태를 표시하고 있다. 이러한 흐름 상태는 댐 여수로(餘水路, spillway)의 하단부에 있는 감세공(減勢工, stilling basin) 내에서 발생하는 것으로, 여수로부는 통상 급경사이므로 월류하는 고속흐름은 사류이고 하류의 감세공 내 흐름은 댐하류 하천수심(등류수심 y_n)을 가지는 상류이기 때문에 두 흐름이 연결되는 어떤 구간에서 흐름 상태의 전환이 생기지 않을 수 없다.

상류에서 사류로 전환하는 경우와는 달리 고속의 사류는 마찰과 와류 발생으로 인한 비에너지의 손실이 크게 되며 수심도 한계수심을 능가하여 크게 증가한다. 흐름 상태의 전환구간에서는 심한 와류가 형성되어 공기를 흡입하게 되기 때문에 물의 밀도는 정상적인 물보다 작아지고 수표면은 불안정하게 되나 하류의 등류수심과 거의 같아져서 짧은 구간 내에서 안정을 되찾게 된다. 이와 같은 현상을 도수 혹은 수력도약(水力跳躍, hydraulic jump)이라 하며 고속흐름의 감세에 의해 세굴을 방지함으로써 하천구조물을 보호하거나, 오염물질을 강제혼합시키거나 혹은 유량측정수로(flume) 상류의 수두를 증가시키는 수단으로 이 현상을 실무에서 많이 이용하고 있다.

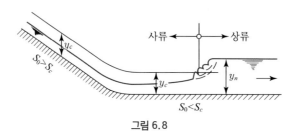

그림 6.8

6.5 도수의 해석

도수현상에서는 전술한 바와 같이 상당한 크기의 내부 에너지의 손실이 수반되므로 베르누이 방정식보다는 역적-운동량방정식을 이용하여 흐름을 해석하게 된다. 그림 6.9 (b)는 대상단면의 수평수로에서 도수가 발생할 경우를 표시하는 것으로 역적-운동량방정식을 적용하면 식 (6.24)를 얻게 된다. 전술한 바와 같은 목적의 달성을 위해서는 도수를 통상 구형단면의 수평수로에서 발생하도록 하므로 구형수로에 대한 식 (6.24)의 관계를 표시하면(식 (6.27) 참조)

$$\frac{y_1^2}{2} + \frac{q^2}{gy_1} = \frac{y_2^2}{2} + \frac{q^2}{gy_2} \tag{6.29}$$

여기서 y_1, y_2 는 도수 전의 초기수심 및 도수 후의 공액수심이며 q 는 구형단면수로의 단위폭당 유량이다.

식 (6.29)를 정리하면

$$y_1 y_2^2 + y_1^2 y_2 - \frac{2q^2}{g} = 0 \tag{6.30}$$

식 (6.30)의 양변을 y_1^3 으로 나누면

$$\left(\frac{y_2}{y_1}\right)^2 + \left(\frac{y_2}{y_1}\right) - \frac{2q^2}{gy_1^3} = 0 \tag{6.31}$$

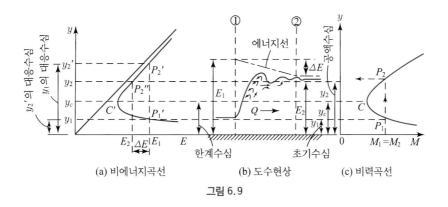

(a) 비에너지곡선   (b) 도수현상   (c) 비력곡선

그림 6.9

식 (6.31)의 $q^2/gy_1^3 = \boldsymbol{F}_1^2$ 이며 y_2/y_1에 관해 풀면

$$\frac{y_2}{y_1} = \frac{1}{2}\left[-1 + \sqrt{1 + 8\boldsymbol{F}_1^2}\,\right] \tag{6.32}$$

한편, 식 (6.30)을 y_2^3으로 나누고 y_1/y_2에 관해 풀면

$$\frac{y_1}{y_2} = \frac{1}{2}\left[-1 + \sqrt{1 + 8\boldsymbol{F}_2^2}\,\right] \tag{6.33}$$

식 (6.32)와 식 (6.33)은 도수 전후 수심, 즉 초기수심과 공액수심의 비를 표시하며 흐름의 Froude 수만의 함수로 표시할 수 있음을 알 수 있다. 식 (6.32)에서 $\boldsymbol{F}_1 = 1$이면 $y_2/y_1 = 1$이 되며 $\boldsymbol{F}_1 > 1$이면 $y_2/y_1 > 1$이고 $\boldsymbol{F}_1 < 1$이면 $y_2/y_1 < 1$이다. 그러나 도수의 경우에는 y_1이 y_2보다 작으므로 $\boldsymbol{F}_1 > 1$일 때, 즉, 도수 전 흐름이 사류일 때만 도수현상이 발생할 수 있다. 도수 전후의 수심관계 이외의 또 한 가지 공학적 관심사는 도수로 인한 에너지 손실이다. 이 손실 ΔE는 도수 전의 흐름에너지 E_1에서 도수 후의 흐름에너지 E_2를 뺀 것이므로

$$\Delta E = E_1 - E_2 = \left(y_1 + \frac{V_1^2}{2g}\right) - \left(y_2 + \frac{V_2^2}{2g}\right)$$

$$= (y_1 - y_2) + \frac{q^2}{2g}\left(\frac{1}{y_1^2} - \frac{1}{y_2^2}\right)$$

$$= (y_2 - y_1)\left[\frac{q^2}{2g}\frac{(y_2 + y_1)}{y_1^2 y_2^2} - 1\right] \tag{6.34}$$

그런데 식 (6.29)로부터

$$\frac{1}{2}(y_1 + y_2) = \frac{q^2}{gy_1 y_2} \tag{6.35}$$

식 (6.35)를 식 (6.34)에 대입하여 정리하면

$$\Delta E = \frac{(y_2 - y_1)^3}{4\, y_1\, y_2} \qquad\qquad (6.36)$$

즉, 도수로 인한 흐름 에너지의 손실은 도수 전후의 수심만 알면 구할 수 있다. 그림 6.9의 비력곡선을 보면 도수 전후의 수심 y_1, y_2에 대한 비력은 동일하나 비에너지곡선에서 보면 y_2에 대응하는 비에너지 E_2는 y_1에 대응하는 비에너지 E_1 보다 ΔE 만큼 작음을 알 수 있으며 이것이 바로 도수로 인한 흐름 에너지의 손실이다.

도수관련 구조물의 설계에 있어서는 도수현상이 발생하는 구간의 길이도 관심사가 되며 이를 위한 해석적 및 실험적 연구가 많으나 문제의 복잡성 때문에 권위 있는 공식을 한마디로 추천할 수는 없다. 그러나 지금까지의 연구결과를 종합하면 도수의 길이는 도수 후 수심 (y_2)의 약 4~6배 정도이다.

예제 6-03

댐여수로 아래의 감세공(stilling basin)상에서 도수가 발생한다. 감세공의 단면은 구형이며 단위폭당 유량은 2 m³/sec/m이고 도수 전의 수심은 0.5m이다. 도수 후의 수심과 도수로 인한 에너지 손실을 마력으로 구하라.

풀이 $V_1 = \dfrac{q}{y_1} = \dfrac{2}{0.5} = 4\,\mathrm{m/sec}$

$$y_2 = \frac{y_1}{2}\left[-1 + \sqrt{1 + 8\frac{V_1^2}{gy_1}}\,\right]$$

$$= \frac{0.5}{2}\left[-1 + \sqrt{1 + \frac{8 \times (4)^2}{9.8 \times 0.5}}\,\right] = 1.052\,\mathrm{m}$$

$$V_2 = \frac{q}{y_2} = \frac{2}{1.052} = 1.90\,\mathrm{m/sec}$$

$$\Delta E = \left(0.5 + \frac{4^2}{2 \times 9.8}\right) - \left(1.052 + \frac{1.90^2}{2 \times 9.8}\right) = 0.081\,\mathrm{m}$$

혹은

$$\Delta E = \frac{(y_2 - y_1)^3}{4\, y_1\, y_2} = \frac{(1.052 - 0.5)^3}{4 \times 0.5 \times 1.052} = 0.080\,\mathrm{m}$$

손실된 에너지를 동력으로 표시하면

$$P = \frac{1{,}000 \times 2 \times 0.080}{75} = 2.135\,\mathrm{HP/단위폭}$$

6.6 점변류의 기본방정식

6.6.1 기본방정식의 유도

그림 6.10과 같은 점변류의 수면곡선식은 수로를 따른 흐름의 전수두의 변화율을 구해봄으로써 유도할 수 있다.

그림 6.10에서 흐름의 임의 단면에서의 전수두(total head)는

$$H = z + d\cos\theta + \alpha\frac{V^2}{2g} \qquad (6.37)$$

여기서 H 는 전수두이며, z 는 위치수두, d 는 흐름의 수심(수로바닥에 수직으로 측정) θ는 바닥경사, α 는 에너지 보정계수이고 V 는 흐름의 평균유속이다. 개수로에서의 θ는 통상 작은 값을 가지므로 $d\cos\theta \simeq y$라 가정할 수 있고 $\alpha \simeq 1$ 이라는 가정도 받아들여진다. 따라서 식 (6.37)은

$$H = z + y + \frac{V^2}{2g} \qquad (6.38)$$

수로바닥을 x 축으로 잡고 식 (6.38)을 x 에 관해 미분하면

$$\frac{dH}{dx} = \frac{dz}{dx} + \frac{dy}{dx} + \frac{d}{dx}\left(\frac{V^2}{2g}\right) \qquad (6.39)$$

식 (6.39)에서 $\dfrac{dH}{dx} = -S_f$, $\dfrac{dz}{dx} = -S_0$ 이며 $\dfrac{dy}{dx}$ 는 수로바닥을 기준으로 한 수면경사이고 마지막 항은 다음과 같이 표시된다.

$$\frac{d}{dx}\left(\frac{V^2}{2g}\right) = \frac{d}{dx}\left(\frac{Q^2}{2gA^2}\right) = \frac{d}{dy}\left(\frac{Q^2}{2gA^2}\right)\frac{dy}{dx}$$

$$= \left[-\frac{Q^2}{gA^3}\frac{dA}{dy}\right]\frac{dy}{dx} = \left[-\frac{Q^2 T}{gA^3}\right]\frac{dy}{dx} \qquad (6.40)$$

이상을 식 (6.39)에 대입하면

$$-S_f = -S_0 + \frac{dy}{dx} - \frac{Q^2 T}{gA^3}\frac{dy}{dx}$$

따라서

$$\frac{dy}{dx} = \frac{S_0 - S_f}{1 - \dfrac{Q^2 T}{gA^3}}$$

$$= \frac{S_0 - S_f}{1 - \boldsymbol{F}^2} \qquad (6.41)$$

식 (6.41)은 수로바닥을 기준으로 한 점변류 수심의 변화율을 표시하는 것으로서 점변류의 수면곡선을 구하기 위한 기본방정식이다.

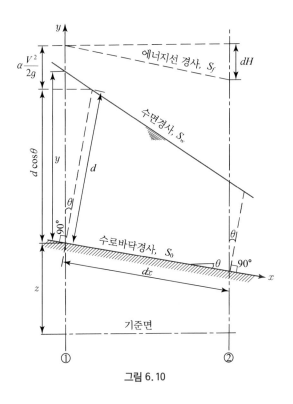

그림 6.10

6.6.2 기본방정식의 변형

점변류의 수면곡선형을 이론적으로 판별하기 위해서는 기본식 (6.41)을 약간 변형시키는 것이 편리하다. 우선 개수로단면의 단면계수(section factor)를 다음과 같이 정의한다.

$$Z = A\sqrt{D} = A\sqrt{\frac{A}{T}} = \sqrt{\frac{A^3}{T}} \qquad (6.42)$$

또한 수로내에 한계류가 흐를 때의 조건

$$\boldsymbol{F}^2 = \frac{Q^2\,T_c}{g A_c^3} = 1$$

$$\frac{Q^2}{g} = \frac{A_c^3}{T_c} = Z_c^2 \qquad (6.43)$$

여기서 Z_c 는 수로내의 한계류에 대응하는 단면계수이다. 식 (6.41)의 분모항에 식 (6.43) 과 $T/A^3 = (1/Z)^2$ 를 대입하면

$$1 - \frac{Q^2\,T}{g\,A^3} = 1 - \left(\frac{Z_c}{Z}\right)^2 \tag{6.44}$$

식 (6.41)의 분자항을 변형시키기 위해 등류공식 중 개수로에서 많이 사용하는 Manning 공식(식 (5.19))를 이용하여 수로경사 S_0 와 에너지선의 경사 S_f 를 각각 다음과 같이 표시한다.

$$S_0 = \left(\frac{n\,Q}{A_n\,R_n^{2/3}}\right)^2 = \left(\frac{Q}{K_n}\right)^2 \tag{6.45}$$

$$S_f = \left(\frac{n\,Q}{A\,R^{2/3}}\right)^2 = \left(\frac{Q}{K}\right)^2 \tag{6.46}$$

식 (6.45) 및 (6.46)에서 K_n 및 K 는 각각 수로단면내에 등류 및 부등류가 흐를 경우의 **통수능(通水能)**이며 식 (5.19)에서 정의한 바 있다. 물론 엄밀히 말하면 Manning 공식은 등류에 적용되는 공식이나 내부 에너지의 큰 변화가 없는 경우에는 부등류에도 적용할 수 있는 것으로 알려져 있으므로 식 (6.46)도 받아들일 수 있다.

식 (6.45), 식 (6.46)을 식 (6.41)의 분자항에 대입하면

$$S_0 - S_f = S_0\left(1 - \frac{S_f}{S_0}\right) = S_0\left[1 - \left(\frac{K_n}{K}\right)^2\right] \tag{6.47}$$

따라서 식 (6.41)에 식 (6.44) 및 식 (6.47)을 대입하여 다시 쓰면

$$\frac{dy}{dx} = S_0\frac{1 - \left(\dfrac{K_n}{K}\right)^2}{1 - \left(\dfrac{Z_c}{Z}\right)^2} \tag{6.48}$$

식 (6.48)이 임의 단면을 가진 개수로내에서 발생가능한 점변류의 수면곡선형을 판별하기 위한 기본식이 된다.

단면형이 가장 간단한 광폭구형단면의 경우에는 Manning 공식의 동수반경 R_h 는 수심 y 와 같다고 볼 수 있으므로 식 (6.48)의

$$\left(\frac{K_n}{K}\right)^2 = \left(\frac{y_n}{y}\right)^{10/3} \tag{6.49}$$

$$\left(\frac{Z_c}{Z}\right)^2 = \left(\frac{y_c}{y}\right)^3 \tag{6.50}$$

따라서 식 (6.48)은 다음과 같아진다.

$$\frac{dy}{dx} = S_0 \frac{1 - \left(\dfrac{y_n}{y}\right)^{10/3}}{1 - \left(\dfrac{y_c}{y}\right)^{3}} \tag{6.51}$$

여기서 y_n, y_c 및 y는 등류수심, 한계수심 및 점변류의 수심이다.

6.7 점변류 수면곡선형의 특성

전술한 바와 같이 식 (6.48) 혹은 식 (6.51)은 수로바닥을 기준으로 한 수심의 변화율을 표시하므로 흐름의 여러 조건에 따른 수면곡선의 특성을 파악하는 데 기본이 된다. 식 (6.48)에서 K, K_n, Z, Z_c는 수로단면 내 수심의 크기에 비례한다고 볼 수 있으며, 해석의 편의상 단면형은 흐름 방향으로 변화하지 않는 대상단면(prismatic channel)이라 가정하자. 식 (6.48)에서 $dy/dx = 0$이면 흐름 방향으로 수심변화가 없음을 의미하므로 수면곡선은 수로바닥과 평형하여 등류가 형성될 것이고, $dy/dx > 0$이면 흐름 방향으로 수심이 증가함을 뜻하며, 이 유형의 곡선을 배수곡선(背水曲線, backwater curve)이라 한다. 한편, $dy/dx < 0$이면 수심이 흐름 방향으로 감소함을 뜻하며 이를 저하곡선(低下曲線, drawdown curve)이라 부른다. 자연계에 존재할 수 있는 점변류의 수면형은 어느 것이나 상술한 등류곡선, 배수곡선 혹은 저하곡선 중의 하나에 속하며, 수로의 경사는 완경사, 급경사, 한계경사, 역경사(逆傾斜) 및 수평수로가 존재할 수 있으므로 여러 가지 수면형이 발생가능할 것임을 짐작할 수 있다. 따라서 식 (6.48)을 사용하여 발생가능한 수면형을 고찰해 보기로 한다.

6.7.1 완경사 및 급경사 수로상의 점변류

완경사 및 급경사 수로는 $S_0 > 0$일 경우이고 점변류는 배수곡선일 수도 있고 저하곡선일 수도 있다. 배수곡선이 되기 위한 조건은 $dy/dx > 0$이고 식 (6.48)에서 $dy/dx > 0$가 되기 위해서는 분모와 분자의 부호가 동일해야 한다. 즉, 첫째 경우는

$$1 - \left(\frac{K_n}{K}\right)^2 > 0 \ 이고, \ \ 1 - \left(\frac{Z_c}{Z}\right)^2 > 0 \ 일 \ 때,$$

$$\frac{y_n}{y} \propto \frac{K_n}{K} < 1 \qquad\qquad \frac{y_c}{y} \propto \frac{Z_c}{Z} < 1$$

$$\therefore \ y > y_n \qquad\qquad\qquad \therefore \ y > y_c$$

따라서, 이 경우의 점변류수심 y는 등류수심 y_n보다 클 뿐만 아니라 한계수심 y_c보다도 크며, 따라서 $y > y_n > y_c$일 경우와 $y > y_c > y_n$일 두 가지 경우가 있을 수 있다. $y > y_n > y_c$일 경우는 등류수심이 한계수심보다 크므로 완경사 위의 상류($y > y_c$)이고, $y > y_c > y_n$일 경우는 등류수심이 한계수심보다 작으므로 급경사 위의 상류($y > y_c$)이다.

둘째 경우는

$$1 - \left(\frac{K_n}{K}\right)^2 < 0 \text{ 이고, } 1 - \left(\frac{Z_c}{Z}\right)^2 < 0 \text{ 일 때}$$

$$\frac{y_n}{y} \propto \frac{K_n}{K} > 1 \qquad\qquad \frac{y_c}{y} \propto \frac{Z_c}{Z} > 1$$

$$\therefore y < y_n \qquad\qquad\qquad \therefore y < y_c$$

즉, 점변류의 수심 y가 y_n 혹은 y_c보다 작을 경우로서 $y < y_c < y_n$일 경우와 $y < y_n < y_c$일 경우의 두 가지가 있다. $y < y_c < y_n$일 때는 한계수심이 등류수심보다 작으므로 급경사 위의 사류($y < y_c$)이며, $y < y_n < y_c$일 때는 한계수로의 등류수심보다 크므로 완경사 위의 사류이다.

여기서 분명히 해 두어야 할 한 가지 중요한 점은 위에서 사용한 수심 y_n, y_c 및 y의 의미 및 계산방법이다. y_n은 등류수심으로서 수로의 경사 S_0와 조도계수 n 및 유량 Q가 주어지면 Manning 공식으로부터 계산할 수 있으며, y_c는 한계수심으로서 한계류조건인 $\boldsymbol{F}^2 = 1$로부터 계산할 수 있는데 유량 Q만의 함수이고, y는 점변류의 실제 흐름 수심으로서 점변류의 해석에서 바로 구하고자 하는 수심이다.

완경사 및 급경사 수로상의 점변류가 저하곡선을 이루려면 $dy/dx < 0$이어야 한다.

식 (6.48)에서 $S_0 > 0$일 때 $dy/dx < 0$가 되기 위한 조건은 식 (6.48)의 분모 및 분자의 부호가 다를 경우이다. 즉, 첫째 경우는

$$1 - \left(\frac{K_n}{K}\right)^2 > 0 \text{ 이고, } 1 - \left(\frac{Z_c}{Z}\right)^2 < 0 \text{ 일 때}$$

$$\frac{y_n}{y} \propto \frac{K_n}{K} < 1 \qquad\qquad \frac{y_c}{y} \propto \frac{Z_c}{Z} > 1$$

$$\therefore y > y_n \qquad\qquad\qquad \therefore y < y_c$$

따라서, 점변류의 수심 y가 등류수심 y_n보다는 크고, 한계수심 y_c보다는 작을 경우, $y_n < y < y_c$일 때이다. 그러므로 이 점변류는 급경사($y_n < y_c$) 위의 사류($y < y_c$)이다.

둘째 경우는

$$1 - \left(\frac{K_n}{K}\right)^2 < 0 \text{ 이고, } 1 - \left(\frac{Z_c}{Z}\right)^2 > 0 \text{ 일 때}$$

$$\frac{y_n}{y} \propto \frac{K_n}{K} > 1 \qquad\qquad \frac{y_c}{y} \propto \frac{Z_c}{Z} < 1$$

$$\therefore y < y_n \qquad\qquad\qquad \therefore y > y_c$$

즉, 점변류의 수심 y 가 등류수심 y_n 보다는 작으나 한계수심 y_c 보다는 클 경우, 각, $y_c < y < y_n$ 일 때이다. 그러므로 흐름은 완경사수로($y_n > y_c$) 위의 상류($y > y_c$)이다.

6.7.2 한계경사 수로상의 점변류

수로의 경사가 한계경사와 같아지면($S_0 = S_c$), $y_n = y_c$ 가 되어 점변류는 3가지 경우로 발생하게 된다. 즉, 첫째 경우는 $y = y_n = y_c$ 인 경우로서 이때의 흐름을 한계등류(uniform critical flow)라 부르며 이때 $K = K_n$ 가 되어 식 (6.48)의 $dy/dx = 0$ 가 되므로 실제에 있어서는 점변류가 아니라 등류이다. 둘째 경우는 $y > y_n = y_c$ 인 경우로서 식 (6.48)의 $dy/dx > 0$ 가 되므로 수면형은 배수곡선이 되며 흐름은 상류($y > y_n$)가 된다. 마지막 경우는 $y < y_n = y_c$ 인 경우로서 $dy/dx > 0$ 가 되므로 수면형은 역시 배수곡선이 되며 흐름은 사류($y < y_n$)가 된다.

6.7.3 수평 수로상의 점변류

수평수로의 경우는 $S_0 = 0$ 이므로 Manning 공식에 $S_0 = 0$ 를 넣고 y_n 을 구하면 $y_n = \infty$ 가 된다. 따라서 수평수로의 흐름의 등류수심은 정의할 수 없다. 식 (6.48)에서 $S_0 = 0$ 이고 Manning 공식에서 $S_f = (Q/K)^2$ 이므로 식 (6.48)을 변형시키면

$$\frac{dy}{dx} = \frac{S_0 - S_f}{1 - \left(\dfrac{Z_c}{Z}\right)} = \frac{-\left(\dfrac{Q}{K}\right)^2}{1 - \left(\dfrac{Z_c}{Z}\right)^2} \tag{6.52}$$

수평수로에서는 $y_n = \infty$ 이므로 수면곡선의 형태는 두 가지 경우가 가능하다. 첫째 경우는 $y_c < y < y_n$ 인 경우로서 식 (6.52)의 Q/K 는 항상 양(+)이고 $y > y_c$ 일 때 $Z_c/Z < 1$ 이므로 $dy/dx < 0$ 가 된다. 즉, 점변류는 수평경사수로상에서 저하곡선을 그리며 흐름은 상류($y > y_c$)가 된다. 둘째 경우는 $y < y_c < y_n$ 인 경우로서 식 (6.52)의 $dy/dx > 0$ 가 되므로 배수곡선이 되며 흐름은 사류($y < y_c$)에 속하게 된다.

6.7.4 역경사 수로상의 점변류

역경사 수로의 경우는 $S_0 < 0$이므로 $K_n^2 = Q^2/S_0 < 0$가 되어 K_n에 해당하는 y_n는 허수를 갖게 되므로 등류수심은 존재하지 않는다. 식 (6.48)에서 분자는 항상 음(−)의 값이 되며 분모는 $y > y_c$일 때 양이 되어 $dy/dx < 0$가 되므로 점변류는 저하곡선이 되며 상류 $(y > y_c)$가 된다. 식 (6.48)의 분모는 $y < y_c$일 때 음의 값을 갖게 되어 $dy/dx > 0$가 되므로 점변류는 배수곡선이 되며 흐름의 상태는 사류$(y < y_c)$가 된다.

6.7.5 수면곡선의 경계조건

앞에서 살펴 본 5개 수로경사에서의 점변류의 이론적 수면곡선이 한계수심, 등류수심 및 수로바닥 부근에 접근함에 따라 어떤 특성을 가지는가를 식 (6.48)을 검토하면서 살펴보기로 한다.

첫째, $y = y_c$이면 $Z_c/Z = 1$이 되어 $dy/dx = \infty$가 된다. 즉, 점변류의 수심이 한계수심과 같아지면 수면경사가 무한대가 되므로 그림 6.11에서 볼 수 있는 바와 같이 수면곡선은 한계수심선(y_c)과 직교하게 된다. 이와 같은 특성은 전술한 바의 도수현상이나 수면강하(水面降下, hydraulic drop) 현상에서 엿볼 수 있다. 한계수심 부근에서는 수면의 곡선이 급해지므로 점변류 해석을 위한 몇 가지 가정 중 유선이 서로 평행하다는 가정이 성립되지 않으므로 점변류이론이 적용되지 않으며 불연속영역이라 말할 수 있다.

둘째, $y = y_n$이면 $K_n/K = 1$이 되어 $dy/dx = 0$가 되므로 흐름 방향으로의 수심의 변화가 없어진다. 즉, 점변류의 수심은 그림 6.11에서와 같이 등류수심선(y_n)에 접근하게 된다.

셋째, $y \to \infty$일 때 식 (6.48)의 $dy/dx = S_0$가 되고 원래 $S_0 = dz/dx$이므로 수면은 수평을 이루게 된다.

넷째, $y = 0$이면 식 (6.48)의 $dy/dx = \infty/\infty$가 되므로 부정이 되지만, 식 (6.48)과 성질이 같은 식 (6.51)을 다음과 같이 변형시키면

$$\frac{dy}{dx} = S_0 \frac{1 - \left(\dfrac{y_n}{y}\right)^{10/3}}{1 - \left(\dfrac{y_c}{y}\right)^3} = S_0 \frac{y^3 - y_n^3 \left(\dfrac{y_n}{y}\right)^{1/3}}{y^3 - y_c^3} \qquad (6.53)$$

$y_c \neq 0$, $y_n \neq 0$이므로 $y = 0$일 때 $dy/dx = \infty$이다. 따라서 수면곡선은 그림 6.11에서와 같이 수로바닥과 직교하며 $y < y_c < y_n$일 때는 수로바닥 부근에서 수면곡선은 변곡점을 갖게 된다. 또한 그림 6.11의 윗부분 수면곡선에서 볼 수 있는 것처럼 수로하류부에 수평저수면이 있을 경우 $y > y_n > y_c$이면 배수곡선은 또 하나의 변곡점을 가지게 된다.

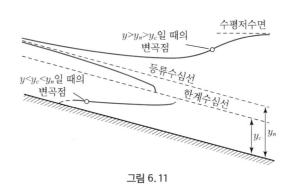

그림 6.11

6.8 점변류 수면곡선의 분류

전 절에서 살펴본 점변류의 이론적인 수면곡선형의 특성과 경계조건 등을 고려하여 5개 수로경사별로 수면곡선형을 분류하고 자연계에서 실제로 발생하는 예를 살펴보기로 한다.

수로의 조건(경사, 조도계수, 단면형 등)과 유량이 주어지면 그림 6.12에서 보는 바와 같이 수로상의 등류수심선과 한계수심선에 의해 흐름의 영역은 3개로 구분된다. 즉, 제1영역은 제일 윗선(수로경사에 따라 등류수심선 혹은 한계수심선)보다 수심이 큰 영역이고 제2영역은 제일 윗선과 그 다음선(등류수심과 한계수심선) 사이의 영역이며, 제3영역은 두 번째 선과 수로바닥 사이의 영역이다. 이와 같은 3개 영역에서의 흐름은 전술한 바의 5개 수로경사에서 각각 일어나게 되므로 도합 15개의 수면곡선이 존재할 것으로 생각할 수 있으나 수면곡선형의 특성에서 살펴본 것처럼 수평경사와 역경사수로에서는 등류수심을 정의할 수 없으므로 이 두 경사수로에서는 제1의 흐름 영역이 없다. 따라서 자연계에서 발생가능한 점변류의 수면곡선형은 13가지가 된다.

수면곡선형은 수로의 경사와 흐름의 영역에 따라 명칭을 붙여 분류하고 있다. 즉, 완경사(Mild slope)의 경우는 M1, M2, M3 곡선, 급경사(Steep slope)의 경우는 S1, S2, S3곡선, 한계경사(Critical slope)의 경우는 C1, C2, C3 곡선, 수평경사(Horizontal slope)의 경우는 H2, H3 곡선, 마지막으로 역경사(Adverse slope)의 경우는 A2, A3 곡선이라 하며, 수면곡선의 모양은 그림 6.12에 체계적으로 표시되어 있으며 한계수심과 수로바닥 부근에서의 수면곡선은 전술한 바와 같이 점변류이론으로 정확한 해석이 되지 않으므로 점선으로 표시하였다.

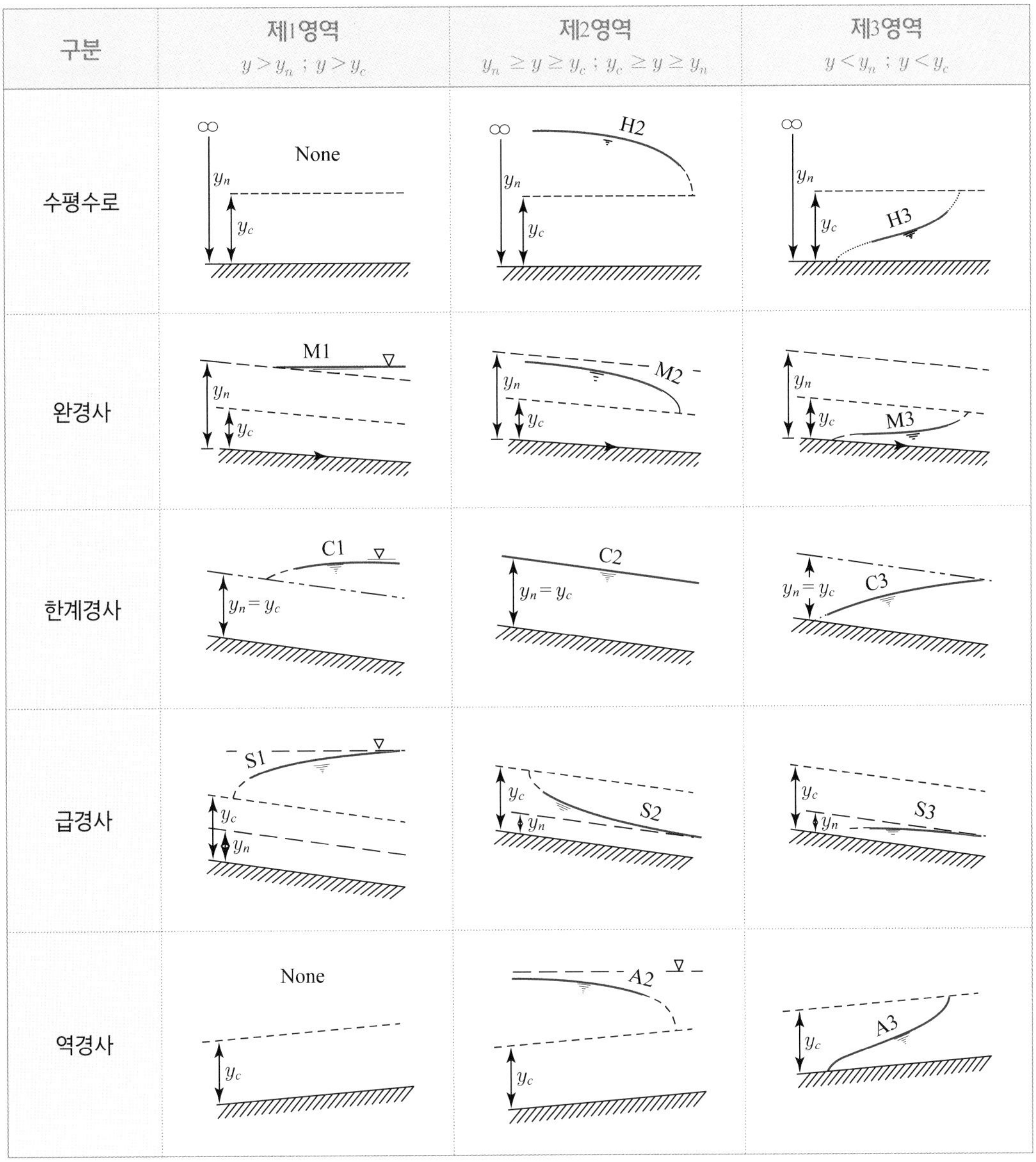

구분	제1영역 $y > y_n \;;\; y > y_c$	제2영역 $y_n \geq y \geq y_c \;;\; y_c \geq y \geq y_n$	제3영역 $y < y_n \;;\; y < y_c$
수평수로	None	H2	H3
완경사	M1	M2	M3
한계경사	C1	C2	C3
급경사	S1	S2	S3
역경사	None	A2	A3

그림 6.12

그림 6.12의 5개 수로경사별 수면곡선형의 발생사례 중, 대표적인 것은 그림 6.13에 소개되어 있으며 곡선형별 특성을 간추려 보면 다음과 같다.

6.8.1 M-곡선($S_0 < S_c$, $y_n > y_c$)

M1 곡선은 위어, 댐 혹은 수문과 같은 하천구조물이나 자연수로의 협착 혹은 만곡 등으로 인해 상류에 배수효과를 일으킬 경우 완경사 수로 내의 점변류 수심이 등류수심보다 크면서 배수곡선을 그릴 때 발생한다. 수면곡선의 상류단은 등류수심선에 점근하며 하류단은 수평

수면에 접근한다. M2 곡선은 수로의 단락부나 혹은 수로단면의 급격한 확대가 있어서 흐름의 수심이 작아질 때 완경사 위에서 발생한다. 수면곡선의 상류단은 등류수심에 접근하며 하류단은 한계수심과 직교한다. M3 곡선은 수로경사가 급경사에서 완경사로 급변하거나 완경사 수로 위의 수문 출구부 직하류에서 발생하며 통상 상류의 흐름 조건에 의해 발생하는 것으로 도수현상이 수반된다.

6.8.2 S-곡선($S_0 > S_c$, $y_n < y_c$)

S1 곡선은 급경사수로상에 설치되는 댐이나 수문 등의 통제용 구조물로 인해 발생한다. 수면곡선은 사류에서 상류로의 도수에 의해 시작되며 구조물지점에서 수평수면에 접근한다. S2 곡선은 일반적으로 매우 짧은 구간에서 일어나는 수면형으로 완경사에서 급경사로 변할 때 급경사수로에서 발생하거나 혹은 급경사수로에서 수로단면이 급확대될 때 확대된 단면에서 발생한다. S2 곡선의 상류단은 한계수심선에 직교하며 하류단은 등류수심선에 접근한다. S3 곡선은 급경사수로의 경사가 약간 완만해 질 때 완만해진 급경사수로상에서 발생하거나 혹은 급경사수로상에 수문을 설치하여 개구수심을 등류수심보다 작게 했을 때 발생한다. 수면곡선은 상류단에 의해 통제되며 하류단은 등류수심에 접근한다.

6.8.3 C-곡선($S_0 = S_c$, $y_n = y_c$)

C-곡선은 M-곡선과 S-곡선 사이의 변화되는 지점을 대표하는 곡선으로서 한계경사 수로상에서 발생한다. C1곡선의 상류단은 등류 혹은 한계수심에 직교하며 하류단은 수평에 접근하고 C2 곡선은 수로바닥에 평행하며, C3 곡선은 수로바닥에서 직각으로 시작하여 등류수심선에 접근한다.

6.8.4 H-곡선($S_0 = 0$, $y_n = \infty$)

H-곡선은 수평수로상에서 발생하며 등류수심을 정의할 수 없으므로 H1 곡선은 존재할 수 없다. H2, H3 곡선은 M2, M3 곡선과 유사하며 발생하는 경우 또한 비슷하다.

6.8.5 A-곡선($S_0 < 0$, y_n은 존재하지 않음)

역경사 수로는 흔하지 않으며, 있다고 하더라도 매우 짧은 구간에 걸쳐 발생한다. 역경사에서는 등류수심을 정의할 수 없으므로 A1 곡선은 존재하지 않고 A2, A3 곡선은 H2, H3곡선과 거의 비슷하다.

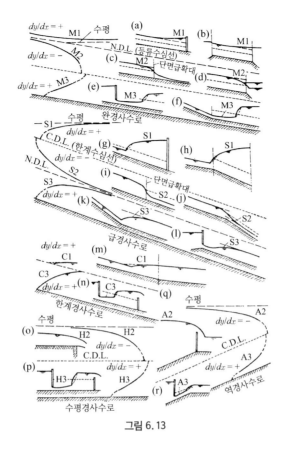

그림 6.13

수로폭이 15 m인 구형단면 수로의 경사 $S_0 = 0.001$, 조도계수 $n = 0.025$이며 $100 \, \text{m}^3/\text{sec}$의 물이 흐르고 있다. 이 흐름이 수로상에 설치된 어떤 지배단면의 영향을 받아 점변류를 형성하고 있는 구간의 한 단면에서 측정한 수심이 2 m였다.

(a) 이 흐름의 수면곡선형을 분류하라.

(b) 만약 다른 조건은 동일하고 $S_0 = 0.01$이라면 수면곡선형은 무엇이겠는가?

풀이 (a) $y_c = \sqrt[3]{\dfrac{q^2}{g}} = \sqrt[3]{\dfrac{(100/15)^2}{9.8}} = 1.655 \, \text{m}$

등류수심 y_n을 구하기 위해 Manning 공식을 사용하면

$$100 = \frac{1}{0.025} \times 15 \, y_n \left(\frac{15 \, y_n}{15 + 2 \, y_n} \right)^{2/3} (0.001)^{1/2}$$

시산법으로 y_n에 관해 풀면, $y_n = 3.12 \, \text{m}$, $y_n > y_c$이므로 수로경사는 완경사(M)이고 점변류의 한 단면에서의 수심 $y = 2 \, \text{m}$이므로 $y_c < y < y_n$이어서 흐름의 제2영역에 있다. 따라서 수면곡선형은 M2이다.

(b) (a)의 경우처럼 $y_c = 1.655 \, \text{m}$이고 Manning 공식에 주어진 값을 대입하면

$$100 = \frac{1}{0.025}(15\,y_n)\left(\frac{15\,y_n}{15+2\,y_n}\right)^{2/3}(0.01)^{1/2}$$

시산하면 $y_n = 1.458\,\mathrm{m}$

따라서 $y_n < y_c$ 이므로 수로경사는 급경사(S)이고 점변류의 한 단면에서의 수심 $y = 2\,\mathrm{m}$ 이므로 $y > y_c > y_n$ 이어서 흐름의 제1영역에 있으며 수면곡선형은 S1이다.

6.9 흐름의 지배단면

점변류의 수면곡선을 구체적으로 계산하기 전에 우선 파악해야 할 것은 주어진 유량과 수심 사이에 독특한 관계를 가지는 소위 흐름의 지배단면(control section)이다. 수면곡선의 계산은 지배단면에서 시작하여 상류 혹은 하류방향으로 축차적으로 시행하게 된다. 흐름의 상태가 상류이면 $F < 1$ 인 경우이므로 흐름의 평균유속(V)이 표면파의 전파속도($\sqrt{gD}$)보다 작아서 표면파는 상류로 전파되므로 하류통제(downstream control)를 받는다. 따라서 수면곡선 계산의 방향은 지배단면으로부터 상류방향으로 올라가게 된다. 반면에 흐름의 상태가 사류이면 $F > 1$ 이므로 $V > \sqrt{gD}$ 가 되어 표면파는 하류로 씻겨 내려가므로 흐름은 상류통제(upstream control)를 받게 된다. 따라서 사류에서의 수면곡선은 지배단면으로부터 하류방향을 계산해 내려가야 한다.

흐름의 지배단면으로서의 가장 흔한 예는 댐이라든지 위어(weir) 혹은 수문 등을 들 수 있으며 이들 지배단면에서의 수심은 유량에 의해 확실히 결정되므로 수문곡선 계산의 시점으로 사용될 수 있다. 또한 수로의 한계수심은 유량에만 관계되므로 수면곡선과 한계수심선의 교차점도 지배단면으로 사용될 수 있다. 그러나 흐름이 상류에서 사류로 변할 경우에는 한계수심이 지배단면이 될 수 있으나 사류에서 상류로 변할 경우에는 도수현상이 일어나며 도수발생구간 내에서 흐름은 한계수심을 통과하게 되어 정확한 위치를 알 수 없으므로 지배단면으로 사용될 수가 없다.

그림 6.14는 실무에서 매우 중요한 경우로서 수로의 입구부 혹은 출구부에 지배단면이 존재하여 흐름을 통제하는 경우를 표시하고 있으며, 수로는 상하류의 2개 저수지를 연결하는 충분히 길고 단면이 일정한 대상단면수로라고 가정한다. 그림 6.14는 완경사 및 급경사 수로의 입구부 및 출구부 부근에서의 수면곡선을 표시하고 있으며 각 경우의 지배단면도 표시하고 있다. 수로가 충분히 길다고 가정하였으므로 입구부와 출구부로부터 떨어진 수로 중앙부분에서 흐름은 등류를 형성할 것이다.

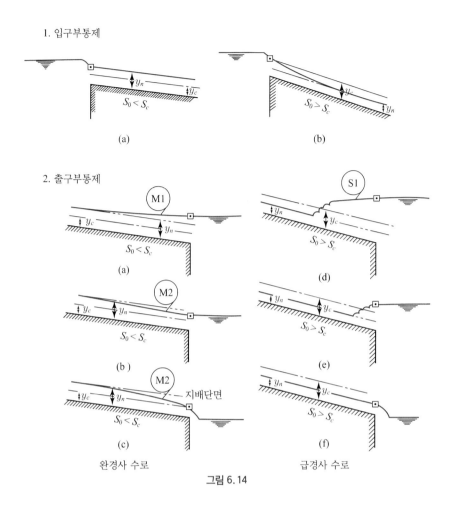

그림 6.14

그림 6.14의 1-(a)는 상류저수지로부터 완경사수로로 유입하는 경우로서 위치에너지가 운동에너지로 변화하기 때문에 저수지수위는 입구부에서 크게 강하한 후 등류수심으로 수로상을 흐른다. 1-(b)는 급경사수로의 입구부 수면곡선으로서 저수지수면은 입구부에서 강하하여 한계수심을 통과한 후 S2 곡선을 그린 후 결국 수로의 등류수심으로 흐르게 된다. 이들 두 경우 공히 수로상을 흐르는 유량은 저수지 내의 수위에 의해 결정되는 것이다.

그림 6.14의 출구부 조건에 따른 수면곡선을 살펴보면 2-(a)는 완경사 수로의 출구부에 있는 저수지 내 수위가 매우 높아 수로의 출구부에서의 수면곡선은 M1 곡선이 되며, 2-(b)에서는 저수지 내 수위가 수로의 한계수심보다는 커서 M2 곡선을 그리게 되며 수로의 단락부에서의 수위는 저수지의 수위와 같아진다. 2-(c)는 하류저수지 내 수위가 완경사수로의 한계수심보다 작을 경우로서 이때도 수면곡선은 M2 곡선을 그리게 되고 단락부에서의 수심은 한계수심이 된다.

그림 6.14의 2-(d)와 같이 급경사수로의 출구부에 있는 저수지 내 수위가 상당히 높으면 수면곡선은 S1 곡선이 된다. 급경사수로이므로 흐름은 사류상태에서 수로를 통해 상류상태로 변한 후 S1 곡선을 그리게 되며, 도수의 초기수심은 흐름의 등류수심(y_n)이고 도수

후의 수심은 공액수심(식 (6.32))이 되며 결국 저수지 내 수위와 같아져야 한다. 다음으로 2-(e)에서와 같이 저수지 내 수위가 수로의 한계수심보다는 크나 2-(d) 경우보다 약간 작아지더라도 도수현상은 역시 발생하나 도수가 시작되는 지점이 하류로 이동된다. 마지막으로 2-(f)에서와 같이 저수지 내 수위가 수로의 등류수심보다도 낮아지면 수로 내의 등류는 단락지점까지 그대로 계속된 후 수면저하가 일어나 저수지수위와 동일하게 된다.

6.10 점변류의 수면곡선계산

점변류의 수면곡선 계산은 점변류의 수심이 흐름 방향으로 어떻게 변화하는지를 표시하는 점변류의 기본방정식인 식 (6.41) 혹은 식 (6.48)에 의한다. 계산은 지배단면에서 기지의 수위(기점수위)로부터 시작하여 상류(常流)의 경우에는 상류(上流)방향으로, 그리고 사류(射流)의 경우에는 하류(下流)방향으로 작은 거리만큼 떨어져 있는 곳에서의 수면의 위치를 축차적으로 구해나감으로써 완전한 수면곡선을 얻게 된다. 이때 인접하는 두 수심 간 거리를 가능한 한 짧게 잡아 소구간의 수면곡선을 직선으로 간주할 수 있도록 함이 좋다.

수면곡선의 계산방법은 직접적분법(direct integration), 축차계산법(step-by-step method) 및 도식해법(graphical method)의 세 가지로 대별할 수 있으나 컴퓨터에 의한 계산이 편리하고 실무에서 가장 많이 사용되는 축차계산법에 대해서만 살펴보기로 한다.

축차계산법은 점변류의 수면곡선을 구하고자 하는 구간을 여러 개의 소구간으로 나누어 지배단면에서부터 시작하여 다른 쪽 끝까지 축차적으로 계산하는 방법이다. 축차계산법에도 여러 가지가 있으나 여기서는 직접축차계산법(direct step method)과 표준축차계산법(standard step method)에 대해서만 살펴보기로 한다.

6.10.1 직접축차계산법

직접축차계산법은 단면형이 일정한 대상단면수로에 적용할 수 있는 간단한 축차계산법이다. 그림 6.15에 표시한 수로의 짧은 구간 Δx 만큼 떨어져 있는 구간 1, 2에 있어서의 흐름의 총에너지를 같게 놓으면

$$S_0 \Delta x + y_1 + \frac{V_1^2}{2g} = y_2 + \frac{V_2^2}{2g} + S_f \Delta x + h_e \qquad (6.54)$$

와류손실 h_e 를 무시하고 식 (6.54)를 Δx 에 관해 풀면

$$\Delta x = \frac{E_2 - E_1}{S_0 - S_f} = \frac{\Delta E}{S_0 - S_f} \qquad (6.55)$$

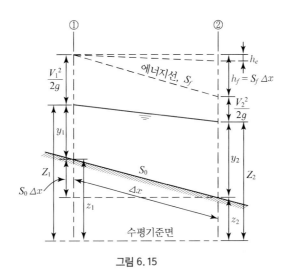

그림 6.15

여기서 $E = (y + V^2/2g)$는 흐름의 비에너지이다. 식 (6.55)의 S_f는 에너지선의 경사 혹은 마찰경사(friction slope)이며 Manning 공식을 사용하면 다음과 같이 표시할 수 있고 두 단면 사이의 한 소구간에 대한 값은 두 단면에 대한 S_f값의 평균치를 취한다.

$$S_f = \frac{n^2\,V^2}{R_h^{4/3}} \tag{6.56}$$

식 (6.55)에 의한 축차계산은 지배단면에서의 기지수심 y_2로부터 가정수심 y_1까지의 거리 Δx를 구하고 다음 구간에 대해 축차적으로 계산하게 되며 표 6.2와 같이 표의 형태로 계산하는 것이 편리하다.

예제 6-05

조도계수 $n = 0.025$이고 수로경사가 0.001인 광폭구형단면수로의 단위폭당 유량은 $2.5\,\mathrm{m^3/sec/m}$ 이다. 이 수로는 하류단의 댐에 연결되어 있고 댐 지점에서의 수심은 2 m이다. 이 수로 내 흐름의 수면곡선을 등류수심의 101 % 되는 곳까지 직접축차계산법으로 계산하라.

풀이 광폭구형단면에서는 $R_h \simeq D \simeq y$이므로 Manning 공식으로부터

$$AR_h^{\,2/3} = T\,y_n\,(y_n)^{2/3} = \frac{Q \times n}{S_0^{\,1/2}}$$

$$y_n^{\,5/3} = \frac{q \times n}{S_0^{\,1/2}} = \frac{2.15 \times 0.025}{(0.001)^{1/2}} = 1.98$$

따라서, 등류수심 $y_n = 1.50\,\mathrm{m}$

구형단면수로의 한계수심은 $y_c = \sqrt[3]{\dfrac{q^2}{g}} = \left(\dfrac{2.5^2}{9.8}\right)^{1/3} = 0.86\,\mathrm{m}$

이 예제에서 계산조건은 $S_0 = 0.001$, $n = 0.025$, $q = 2.5\,\mathrm{m^3/sec/m}$, 지배단면(댐 지점)에서의

수심 $y_2 = 2\,\text{m}$ 이고, 계산된 값은 $y_n = 1.50\,\text{m}$, $y_c = 0.86\,\text{m}$ 이며, 구간의 에너지 경사는

$$\overline{S_f} = \frac{1}{2}\left(S_{f_1} + S_{f_2}\right)$$

여기서

$$S_f = \frac{n^2 V^2}{R_h^{4/3}} = \frac{n^2 q^2}{y^{10/3}}$$

표 6.2는 $y_2 = 2\,\text{m}$ 에서부터 상류방향으로 8개 소구간을 정하고 각 구간단에서의 수심 y_1 을 임의로 가정하여 식 (6.55)에 의해 소구간 거리를 축차적으로 계산한 결과를 수록하고 있으며 이를 사용하면 수면곡선을 그릴 수 있다. 직접축차계산법에 의한 계산결과를 보면 $y = 2\,\text{m}$ 에서 $y = 1.52\,\text{m}$ 까지의 거리 $L = 1{,}543\,\text{m}$ 이다.

표 6.2

Y	A	R_h	V	$\dfrac{V^2}{2g}$	E	ΔE	S_f	$\overline{S_f}$	$S_0 - \overline{S_f}$	Δx	L
2.00	–	2.00	1.25	0.080	2.080	–	0.000388	–	–	–	–
1.94	–	1.94	1.29	0.085	2.025	0.055	0.000429	0.000408	0.000592	93	93
1.88	–	1.88	1.33	0.090	1.970	0.055	0.000476	0.000453	0.000547	100	193
1.82	–	1.82	1.37	0.096	1.916	0.054	0.000531	0.000504	0.000496	109	301
1.76	–	1.76	1.42	0.103	1.863	0.053	0.000593	0.000562	0.000438	122	423
1.70	–	1.70	1.47	0.110	1.810	0.053	0.000666	0.000630	0.000370	142	565
1.64	–	1.64	1.52	0.119	1.759	0.052	0.000751	0.000709	0.000291	178	743
1.58	–	1.58	1.58	0.128	1.708	0.051	0.000850	0.000801	0.000199	255	998
1.52	–	1.52	1.64	0.138	1.658	0.050	0.000967	0.000909	0.000091	545	1,543

6.10.2 표준축차계산법

표준축차계산법은 대상단면수로뿐만 아니라 자연하천단면과 같은 임의 단면형에도 적용할 수 있는 일반적인 축차계산법으로 수면곡선의 계산을 위해서는 구간별 횡단 및 종단면의 측량이 필요하다. 직접축차계산법에서와는 달리 본 방법에서는 지배단면에서의 수면표고를 알고 거리 Δx 만큼 떨어진 단면에서의 수면표고를 에너지 관계를 고려하여 시행착오적으로 계산함으로써 수면곡선을 축차적으로 연결해 나가는 방법이다.

그림 6.16에서 임의의 기준면으로부터 측정한 단면 1, 2에서의 수면표고가 각각 Z_1 , Z_2 라면

$$Z_1 = S_0 \Delta x + z_2 + y_1 \tag{6.57}$$

$$Z_2 = y_2 + z_2 \tag{6.58}$$

두 단면 사이의 마찰손실수두는

$$h_f = \overline{S_f} \Delta x = \frac{1}{2}(S_{f_1} + S_{f_2})\Delta x \tag{6.59}$$

따라서 단면 1, 2 사이의 에너지식은

$$Z_1 + \frac{V_1^2}{2g} = Z_2 + \frac{V_2^2}{2g} + h_f + h_e \tag{6.60}$$

여기서 h_e 는 와류손실수두로서 주로 단면형의 변화 및 유선의 변화로 인해 생기는 와류로 인한 에너지 손실로서 정확한 산정은 곤란하며 마찰손실수두인 h_f 에 비해 작으므로 무시하는 경우가 많다.

한편 단면 1, 2에서의 단위무게의 물이 가지는 에너지인 전수두 H_1, H_2 는

$$H_1 = Z_1 + \frac{V_1^2}{2g} \tag{6.61}$$

$$H_2 = Z_2 + \frac{V_2^2}{2g} \tag{6.62}$$

식 (6.59), 식 (6.61) 및 (6.62)를 식 (6.60)에 대입하고 h_e 를 무시하면

$$H_1 = H_2 + \overline{S_f}\Delta x \tag{6.63}$$

식 (6.63)이 표준축차계산법의 기본방정식이다.

수면곡선 계산의 절차(배수곡선이라 가정)는 지배단면(계산시점)에서의 수면표고 Z_2를 알므로 식 (6.63)의 H_2를 계산할 수 있고 Δx 만큼 떨어져 있는 단면에서의 수면표고 Z_1을 적절하게 가정하여 H_1 을 계산하고, 또한 구간에서 생기는 마찰손실수두 $S_f \Delta x$ 를 계산하여 식 (6.63)의 관계가 성립하는지를 검사하게 된다. 만약 식 (6.63)이 성립하면 가정한 Z_1은 옳은 수면표고이나 그렇지 않을 경우에는 Z_1을 다시 가정해서 식 (6.63)이 성립할 때까지 계산을 반복하게 된다. 이와 같은 수면표고의 시행착오적 결정과정 때문에 컴퓨터에 의한 배수곡선의 계산은 실무에서 큰 인기를 끌고 있다.

다음 예제는 상술한 계산과정을 더 상세하게 이해시키기 위한 계산 예이다.

어떤 하천과 지류의 합류점으로부터 상류방향으로 생기는 배수곡선을 계산하고자 한다. 지류의 유량은 4.95 m^3/sec이며 지류상의 지배단면에서의 수면표고가 EL.78.10 m일 때 이 단면으로부터 170 m 및 270 m 떨어진 단면에서의 수면표고를 표준축차계산법으로 계산하라.

풀이 표 6.3은 표준축차계산법에 의한 배수곡선의 계산과정 및 결과를 표시하고 있다.

표 6.3

(1)	(2)	(3)	(4)	(5)	(6)	(7)	(8)	(9)	(10)	(11)	(12)	(13)	(14)
거리 (L)	Δx	Z	n	A	V	$\dfrac{V^2}{2g}$	H	R_h	$R_h^{4/3}$	$S_f \times 10^3$	$\overline{S_f} \times 10^3$	$\overline{S_f}\,\Delta x$	H
0	−	78.10	0.03	6.9	0.72	0.03	78.13	0.707	0.630	0.741	−	−	78.13
170	170	78.24	0.03	6.1	0.81	0.03	78.27	0.675	0.591	0.998	0.869	0.15	78.28
270	100	78.36	0.035	6.0	0.83	0.04	78.40	0.665	0.581	1.454	1.226	0.12	78.39

표 6.3에서 (1), (2)란은 하천의 평면도로부터 구할 수 있고, (3)란의 첫 번째 값은 지배단면에서의 수면표고로 주어지며, (4)란의 조도계수 n 은 단면상태에 따라 결정할 수 있고, (5)란의 단면적 A 는 횡단면에 수면표고를 넣으면 결정할 수 있고, (6)란의 $V = Q/A$, (7)란은 그대로 계산이 가능하며, (8)란의 H 는 식 (6.61) 혹은 식 (6.62)로 구한다. (9), (10)란은 횡단면으로부터 구하며 (11)란은 Manning 공식으로부터, (12), (13)란은 식 (6.59)의 관계로부터, (14)란은 식 (6.63)의 관계로부터 각각 구할 수 있다.

표 6.3의 첫 번째 구간에 대한 계산 예를 풀이해 보자. 본 예제에서의 수면곡선은 합류점에서부터 상류로 계산되는 배수곡선(M1형)이므로 그림 6.15의 경우와 비교하면 계산시점이 $L = 0$인 단면이 단면 ②이고 $L = 170 m$인 단면이 단면 ①이다. 따라서 $Z_2 = 78.10 m$ 일 때의 $V_2^2/2g = 0.03 m$ 로 계산되었으며 $H_2 = 78.10 + 0.03 = 78.13 m$ (8란)이다.

또한 Manning 공식으로 구한 $S_{f_2} = 0.741 \times 10^{-3}$ (11란)이다. 다음으로, $\Delta x = 170 m$ 상류에 있는 단면 ①에서의 수면표고를 구하기 위해 우선 $Z_1 = 78.24 m$ 라 가정하고 위와 같은 방법으로 $V_1^2/2g = 0.03 m$, $H_1 = 78.27 m$ 및 $S_{f_2} = 0.998 \times 10^{-3}$ 를 얻는다.

이 구간의 $\overline{S_f} = \dfrac{1}{2}(S_{f_1} + S_{f_2}) = \dfrac{1}{2}(0.998 + 0.741) \times 10^{-3} = 0.869 \times 10^{-3}$ (12란)이므로 식 (6.63)의 성립여부를 검사한다. 즉

$$H_1 = H_2 + \overline{S_f}\,\Delta x$$
$$78.27 = 78.13 + 0.869 \times 10^{-3} \times 170 = 78.28$$

따라서 식 (6.63)의 관계가 성립한다고 볼 수 있으며 가정한 $Z_2 = 78.10 m$ 는 $L = 170 m$ 에서의 수면표고로 받아들일 수 있다. 만약 계산결과가 식 (9.63)을 만족시키지 못하면 Z_2 를 다시 가정하여 계산을 반복해야 한다. 동일한 방법에 의거 $L = 270 m$ 인 단면에 대해 계산한 결과 수면표고는 표 6.3에서 보는 바와 같이 EL.78.36 m 이었다.

6.10.3 표준축차계산법의 전산화

표준축차계산법에 의한 정상부등류(점변류)의 수면곡선을 계산하는 데 가장 널리 사용되어 온 컴퓨터 프로그램은 HEC-2 프로그램으로 식 (6.63)을 기반으로 하고 있다. HEC-2 프로그램의 원래 명칭은 HEC-2, Water Surface Profiles로 1964년 미국 육군공병단(US Army Corps of Engineers)의 Tulsa District에서 최초로 개발되었으며, 1966년 미국 육군공병단의 수문공학연구센터(Hydrologic Engineering Center, HEC)가 FORTRAN Version을 처음으로 발표하였으며, 그 후 여러 차례에 걸쳐 기능이 보완되고 확장되어 왔다. 개인용 컴퓨터(PC)의 등장과 함께 HEC-2는 PC 환경에서 정상부등류의 수면곡선 계산에 사용되어 왔다.

HEC-2는 기본적으로 흐름의 종방향을 제외한 횡방향이나 수직방향의 특성변화를 무시하는 1차원 흐름으로 가정하여 수면곡선을 계산하므로 계산단면의 평균수리특성만을 고려하는 것이며, 마찰에 의한 흐름의 에너지손실은 Manning의 등류공식에 의하고 상류(常流)와 사류(射流)에 대한 계산이 가능하나 두 흐름이 혼합된 경우는 계산이 가능하지 못하다. 교량이나 암거, 웨어 등 수리구조물의 영향을 포함시켜 계산할 수도 있으며, 그 외에도 하도개선이나 하도축소 등 다양한 해석기능을 제공하고 있다.

HEC-2는 DOS 운영체제를 기반으로 하고 있으며, 하도단면의 좌표 등 입력자료가 문자편집기를 사용하여 텍스트 형태로 입력되므로 입력이 까다로울 뿐 아니라 오류가 발생할 가능성이 커서 주의를 요하며, 출력도 역시 텍스트 파일로 이루어진다.

6.10.4 HEC-RAS/RMA-2/Flow-3D

HEC-RAS(River Analysis System)는 위에서 언급한 미국 육군공병단 수문공학연구센터가 차세대 수문모형사업의 일환으로 개발한 1차원 전산수리모형으로 정상부등류뿐만 아니라 부정류의 계산도 가능하며 해석구간에서 상류와 사류가 동시에 존재하는 혼합류의 해석도 가능하다. 정상부등류는 HEC-2와 동일한 표준축차계산법을 사용하여 해석하며, 1차원 부정류 해석은 1993년 Barkau에 의해 개발된 UNET 모형을 사용하여 이루어진다.

HEC-RAS 프로그램은 HEC-2의 DOS 운영체제가 아니라 Window 운영체제를 기반으로 하고 그래픽 사용자 인터페이스(Graphic User Interface, GUI)를 채택하므로 사용이 매우 편리할 뿐 아니라 자료입력 오류를 크게 줄일 수 있으며, 자료출력도 그래픽과 텍스트를 모두 지원하여 모형의 실무적용성을 크게 개선시켰다. 이러한 이유 때문에 현 실무에서는 HEC-2가 아니라 HEC-RAS를 정상부등류의 수면곡선계산에 사용하고 있는 것이 실정이다.

흐름의 종방향 특성변화뿐만 아니라 횡방향의 특성변화도 고려해야 할 경우는 1차원 수리모형으로는 해석이 불가능하므로 2차원 수리모형을 사용해야 하며 기본적으로 흐름의 2차원 연속 및 운동량방정식의 수치해석 프로그램이라 할 수 있다. 국내에서 가장 많이 사용되어 온 모형으로는 RMA-2 모형을 들 수 있다.

RMA−2 모형은 미국의 Resource Management Associates(RMA)사가 미국 육군공병단과의 계약 하에 1970년대 초에 개발한 이래 수많은 수정과 보완이 이루어져 왔으며, 미국 연방재난관리국(FEMA)에서 홍수보험 관련 수리계산을 위한 프로그램으로 인정한 수리계산 프로그램이기도 하다.

흐름의 종방향 특성변화와 횡방향 특성변화뿐만 아니라 수직방향(수심방향) 특성변화도 무시할 수 없는 경우에는 3차원 수리모형에 의한 해석이 필요하며, 기본적으로는 흐름의 3차원 연속 및 운동량방정식의 수치해석 프로그램이라 할 수 있다. 국내에서 여러 차례 적용된 바 있는 3차원 전산수리모형으로는 Flow−3D를 들 수 있으며, 이는 미국의 Flow Science Inc.가 개발하였다.

6.11 교각에 의한 배수영향

하천수로상에 설치되는 교량의 교각은 수로 내 흐름의 단면을 축소시키게 되어 상하류의 흐름 상태에 영향을 미치게 된다. 그림 6.16에서와 같이 경사가 매우 완만한 수로 내에 등류가 흐르고 있으며 흐름구간의 어떤 단면에 교각이 위치하고 있다고 가정하자. 만약 흐름이 사류(射流)라면 수심을 하류로 분산시키고 와류를 발생시키는 역할은 하나 상류(上流)로는 아무런 영향을 미치지 않을 것이다. 그러나 대부분의 자연하천에서처럼 흐름이 상류(常流)이면 교각단면에서의 단면축소로 인해 그림 6.16에서처럼 상류(上流)방향으로는 M1형의 배수곡선(背水曲線)을 그리게 되고, 교각과 교각 사이에서는 흐름이 가속되면서 수심이 저하하게 되며 하류부에서는 흐름의 단면이 회복되어 수심도 약간 증가하나 와류손실 등으로 완전한 회복은 되지 않는다. 교각에 의한 배수영향으로 인해 교각상류의 수면은 상당한 구간까지 상승하게 되어 홍수 시에 범람의 위험을 초래할 경우가 있으므로 수면상승고와 유량 사이의 관계는 실질적인 면에서 매우 중요하다.

그림 6.16에서 수로의 경사 $S_0 \simeq 0$ 라 가정하고 교각의 상류단면, 교각단면 및 하류단면을 각각 단면 1, 2, 3이라 하고 Bernoulli 방정식을 세우면

$$y_1 + \frac{V_1^2}{2g} = y_2 + \frac{V_2^2}{2g} + h_{L1-2} = y_3 + \frac{V_3^2}{2g} + h_{L1-2} + h_{L2-3} \qquad (6.64)$$

여기서 h_{L1-2} 및 h_{L2-3}은 각각 단면 1~2 및 2~3에서의 단면축소, 확대 및 와류로 인한 손실수두이다. 식 (6.64)에서 $h_{L2-3} = (V_2^2 - V_3^2)/2g$ 로 통상 가정할 수 있으므로 $y_2 \simeq y_3$ 라 할 수 있고 따라서 수면상승고 h_a 는

$$h_a = y_1 - y_2 = \frac{V_2^2}{2g} - \frac{V_1^2}{2g} + h_{L1-2} \qquad (6.65)$$

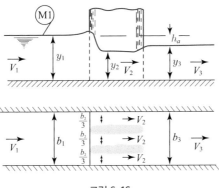

그림 6.16

식 (6.65)에 $V_2 = Q/b_2 y_3$ (여기서 b_2 는 교각단면에서의 순수로폭)을 대입하고 Q 에 관해 풀면

$$Q = b_2 y_3 \sqrt{2g(h_a - h_{L1-2}) + V_1^2} \qquad (6.66)$$

여기서 단면 1~2 사이의 손실수두 h_{L1-2} 를 정확하게 고려할 수 없으므로 경험적인 유량 계수 C_b 를 도입하여 식 (6.66)을 다시 쓰면

$$Q = C_b b_2 y_3 \sqrt{2g h_a + V_1^2} \qquad (6.67)$$

식 (6.67)은 d'Aubuisson 공식으로 알려져 있으며 C_b 의 값은 대략 0.90~1.05의 값을 가지는 것으로 알려져 있다. 유량 Q 가 주어지면 교각 하류부의 등류수심 y_3 를 계산할 수 있고 또한

$$V_1 = \frac{Q}{A_1} = \frac{Q}{b_1 y_1} = \frac{Q}{b_1(y_3 + h_a)} \qquad (6.68)$$

이므로 식 (6.68)을 식 (6.67)에 대입한 후 시행착오법에 의해 수면상승고 h_a 를 계산할 수 있다.

6.1 폭이 15 m인 광폭구형단면수로의 경사는 0.0025, $n=0.035$이며 62 m³/sec의 물을 송수하고 있다. 등류수심과 한계수심을 구하고 비에너지곡선을 그려라.

6.2 폭이 1.8 m인 구형수로에서 비에너지가 1.4 m, 유량이 0.9 m³/sec일 때 흐름의 수심을 구하라.

6.3 폭이 6 m인 구형수로에서 비에너지가 3 m로 일정하다. 수심 – 유량곡선을 작성하여 다음을 결정하라.

(a) 한계수심
(b) 최대유량
(c) 수심 2.4 m에서의 유량
(d) 유량 28 m³/sec에서의 수심

6.4 저변폭이 4 m이고 측면경사가 수평 1.5에 연직 1인 제형단면수로가 등류수심 3 m로 50 m³/sec의 물을 공급하고 있다. 다음을 구하라.

(a) 이 흐름의 비에너지에 상응하는 두 개의 대응수심
(b) 한계수심
(c) 수로경사가 0.0004, $n=0.022$일 때의 등류수심

6.5 저변폭이 1.5 m이고 측면경사가 1 : 1인 제형단면수로가 1.2 m의 수심으로 물을 공급하고 있다. 수로경사가 0.004이고 $n=0.025$일 때 유량 및 표면파의 속도를 구하라.

6.6 저변폭이 3.6 m, 측면경사가 수평 3, 연직 1인 제형수로에서 유량이 22 m³/sec, 비에너지가 2.1일 때 수심을 구하라.

6.7 폭이 5.4 m인 구형수로에서 유속이 1.5 m/sec, 유량이 11 m³/sec일 때 흐름이 상류인지 사류인지를 판별하라.

6.8 폭이 12.5 m인 구형수로가 수심 2 m로 32 m³/sec의 물을 공급하고 있다.

(a) 흐름은 상류인가? 사류인가?
(b) $n = 0.025$라면 이 유량에 대한 한계경사는?
(c) 수심 2 m로 등류를 형성하기 위한 수로의 경사는?

6.9 저변폭이 30 cm, 측면경사가 1 : 1인 목재 모형수로의 경사가 1/200이다. 수로 내의 수심이 20 cm였다면 흐름은 상류인가? 사류인가? 수로의 $n=0.012$이다.

6.10 폭이 2.4 m인 구형수로($n=0.010$)의 경사가 0.01이며 2.8 m³/sec의 물을 송수하고 있다. 흐름의 어떤 단면에서의 수심이 0.76 m였다면

(a) 이 단면에서의 흐름은 상류인가? 사류인가?
(b) 수로경사는 완경사인가? 급경사인가?

6.11 폭이 3 m인 구형수로($n = 0.0149$)의 경사가 0.0016이다.

(a) 이 단면이 최량수리단면으로 설계되었다면 얼마만한 유량을 송수할 수 있겠는가?
(b) 이 유량이 흐를 때 수로는 완경사인가? 급경사인가?
(c) 이 수로 내의 유량을 배가할 경우 유속이 4.6 m/sec인 단면에서의 흐름은 상류인가? 사류인가?

6.12 측면경사가 수평 2, 연직 1인 3각형 수로($n = 0.0298$)의 경사가 0.004이다. 이 수로가 0.57 m³/sec의 물을 송수하고 있다면 흐름은 상류일까? 혹은 사류일까?

6.13 폭이 각각 4 m 및 2 m인 2개의 구형수로를 길이 30 m의 수로로 연결하고자 한다. 2개 수로의 경사는 공히 0.0009, $n = 0.013$이며 계획유량은 18 m³/sec이다. 연결수로에서의 에너지 손실수두는 0.5 m이며 전 구간에 균등분포된다고 가정하고 연결수로 양단에서의 바닥표고차를 구하라.

6.14 저변폭이 6 m이고 측면경사가 2 : 1(수평 : 수직)인 제형단면수로의 경사가 매우 작다고 가정하고

(a) $Q = 1.5, 3.0, 6.0, 9.0, 12.0$ m³/sec에 대한 비력곡선을 컴퓨터 계산에 의해 그려라.
(b) 주어진 유량에 상응하는 초기수심과 공액수심 간의 관계곡선을 그려라.

6.15 수평수로상에 설치된 수문상하류의 수심이 각각 2 m 및 0.4 m일 때 수문의 단위폭당 작용하는 힘을 비력의 원리에 의해 계산하고 이를 역적–운동량방정식으로 구한 값과 비교하라. 수로바닥의 마찰손실은 무시하라.

6.16 직경이 1 m인 원형관에 1 m³/sec의 물이 흐른다. 비에너지곡선과 비력곡선을 겹쳐서 그려라.

6.17 폭이 10 m인 구형수로 내의 유량이 15 m³/sec일 때 비력곡선을 그리고 한계수심 및 최소 비에너지를 구하라.

6.18 폭 3 m인 구형수로에서 도수가 발생한다. 도수 전후의 각각 1 m 및 2.5 m였다면 유량은 얼마이겠는가?

6.19 어떤 댐의 여수로 하류 감세공 내에서의 시점 수심이 3 m이며 수로폭은 56 m, 유량은 2,000 m³/sec이다. 도수가 발생할 것인가? 발생한다면 도수 후의 수심은 얼마나 될 것인가?

6.20 수문 아래로 도수가 발생하며 도수 전후의 수심은 각각 0.6 m와 1.5 m이었다. 수문상류면에서의 수두와 단위폭당 유량 및 도수로 인한 에너지 손실을 구하라.

6.21 여수로 아래로 35 m³/sec/m의 물이 흘러 12 m/sec의 유속으로 감세공을 떠난다. 도수가 발생하려면 감세공 하류부의 수심은 얼마가 되어야 하나?

6.22 폭이 6 m인 구형수로($n = 0.0149$)의 경사가 0.0025이며 11 m³/sec의 물이 흐르고 있다. 흐름의 어떤 단면에서의 유속이 6 m/sec였다면

(a) 이 단면에서의 흐름은 상류인가? 사류인가?
(b) 이 단면에서 도수가 발생한다면 공액수심은 얼마일까?

6.23 댐 여수로 아래에 있는 폭 9 m의 수평구형수로에서 도수가 발생하며 도수 전후의 수심은 각각 1 m 및 1.7 m였다. 다음을 구하라.

(a) 유량
(b) 도수 전후의 비에너지
(c) 도수로 인한 에너지 손실(kW)

6.24 폭 3 m인 수평구형단면 수로에 2.8 m³/sec의 물이 흐르고 있다. 수심이 0.3m 되는 곳에서 도수가 발생할 경우 다음을 구하라.

(a) 한계수심
(b) 대응수심
(c) 공액수심(도수 전후의 수심)
(d) 에너지 손실수두

6.25 댐 여수로를 통해 단위폭당 11 m³/sec의 물이 하류로 흐른다. 감세공 내에서 즉시 상류로 변환시키려면 감세공 내 수심을 얼마로 유지해야 하며 수심의 급격한 변화로 인한 에너지 손실(kW)은 얼마인가? 여수로상의 흐름의 평균유속은 20 m/sec로 가정하라.

6.26 폭이 3 m인 구형수로($n = 0.012$)의 경사가 0.0025이며 0.57 m³/sec의 물이 흐르고 있다. 흐름의 어떤 단면에서의 수심이 0.3 m였다면 이 흐름의 수면곡선형의 명칭은 무엇인가?

6.27 폭이 6 m이고 경사가 0.0025인 구형수로($n = 0.0149$)가 11.3 m³/sec의 물을 공급하고 있다. 흐름의 어떤 단면에서의 평균유속이 1.8 m/sec였다면 이 흐름의 수면곡선형은 무엇인가?

6.28 폭이 4.5 m, 등류수심이 1.5 m인 구형수로($n = 0.025$)의 경사가 0.001이다. 수로의 어떤 지점에 융기부(hump)를 설치하였더니 융기부 바로 상류의 수심이 1.8 m가 되었다. 상류부의 수면곡선형은 무엇인가?

6.29 폭이 3 m, 경사가 0.036인 구형수로($n = 0.017$) 내 등류수심이 1.8 m이다. 상류수심을 변화시키지 않고 높일 수 있는 하상융기부의 최대높이와 융기부 직상류의 수심이 2.1 m 될 때의 융기부의 높이를 구하라. 마찰손실을 무시한다.

6.30 그림 6.17과 같은 수로상에서 가능한 흐름의 수면곡선을 스케치하라.

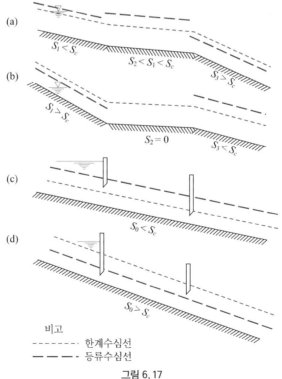

그림 6.17

6.31 어떤 수로가 다음과 같은 경사순으로 연결되어 있을 때 개개 수로가 충분히 길다고 가정하고 가능한 흐름의 수면곡선을 스케치하고 명칭을 기입하라.

    (a) $S_1 < S_c$ (b) $S_2 = S_c$ (c) $S_3 = 0$ (d) $S_4 > S_c$

    (e) $S_5 < S_c$ (f) $S_6 < S_c$ (g) $S_7 > S_c$

6.32 어떤 수로가 다음과 같은 경사순으로 연결되어 있다. 가능한 흐름의 수면곡선을 스케치하고 명칭을 기입하라.

    (a) 수문 아래로 사류 발생   (b) $S_1 < S_c$ (c) $S_2 > S_c$ (d) $S_3 > S_2 > S_c$

    (e) $S_4 = S_c$ (f) $S_5 < S_c$ (g) $S_6 < 0$ (h) $S_7 > S_c$

6.33 어떤 수로가 다음과 같은 경사순으로 연결되어 있다. 가능한 흐름의 수면곡선을 스케치하고 명칭을 기입하라.

    (a) 저수지   (b) $S_1 > S_c$ (c) $S_2 > S_1 > S_c$ (d) $S_3 < S_c$

    (e) $S_4 = 0$ (f) $S_5 > S_c$ (b) $S_6 < 0$ (h) 수평수로의 단락부

6.34 연습문제 6.26에서 수심이 0.3 m 되는 지점으로부터 얼마나 떨어진 단면에서의 수심이 0.6 m가 될 것인가를 직접축차계산법으로 계산하라.

6.35 연습문제 6.27에서 수평유속 1.8 m/sec 되는 단면으로부터 30 m 떨어진 단면에서의 수심을 직접축차계산법으로 계산하라.

6.36 수로경사가 0.0009인 광폭구형단면수로($n = 0.015$)의 단위폭당 유량이 1.5 m³/sec이다. 어떤 단면에서의 수심이 0.75 m일 때 흐름의 수심이 0.73 m 되는 단면까지의 거리를 직접축차계산법으로 계산하라.

6.37 저변폭이 5 m, 측면경사가 1 : 1이고 수로경사가 0.004인 콘크리트 제형단면수로에 35 m³/sec의 물이 흐르고 있다. 수심이 1.69 m 및 1.65 m되는 두 단면 간의 거리를 직접축차계산법으로 구하라.

6.38 저수지로부터 수문을 통하여 경사가 0.001이고 폭이 6 m인 구형수로($n = 0.025$)로 유입되는 단위폭당 유량이 2.5 m³/sec이다. 수문직하류의 최소수심이 0.2 m일 때

    (a) 도수의 발생여부를 검토하라.
    (b) 도수가 발생할 경우 $y = 0.2$ m인 단면으로부터 도수의 초기수심이 되는 단면까지의 거리를 직접축차계산법으로 계산하라.

6.39 경사가 0.00016인 광폭구형단면수로($n = 0.011$)에 단위폭당 1.6 m³/sec의 물이 흐르고 있다. 수로를 가로질러 높이 3 m의 댐을 축조할 경우 상류에 형성될 수면곡선을 다음 방법으로 계산하라. 계산 시 수심의 변화를 0.3 m 간격으로 하고 등류수심의 101% 되는 점까지 계산하라.

    (a) 직접축차계산법
    (b) 표준축차계산법(Δx를 500 m 간격으로 하여 컴퓨터로 풀어라.)

6.40 저변폭이 6 m, 수로경사가 0.0016인 제형단면수로($n = 0.025$, $z = 2$)에 11.3 m³/sec의 물이 흐르고 있다. 수로를 가로질러 축조된 댐에 의해 상류로 형성되는 배수곡선을 표준축차계산법으로 계산하라. 댐 단면에서의 수심은 1.5 m이며 계산구간은 수심 0.01 m 변화구간으로 하고 상류수로 내 등류수심의 101% 되는 단면까지 계산하라.

Chapter

07 수리구조물

7.1 서론

물과 인간과의 관계는 이수와 치수라는 측면에서 보면 양면성을 가진다고 말할 수 있다. 즉, 인간이 물을 유익하게 이용할 수 있도록 수단을 강구해야 할 뿐만 아니라 과다한 물로 인한 홍수로부터 인명과 재산을 보호하기 위한 수단도 아울러 강구해야 한다. 이와 같은 목적을 달성하기 위해 동원되는 수단이 바로 **수리구조물**(hydraulic structures)이며, 물을 다스리는 목적이 다양하기 때문에 수리구조물의 종류도 매우 다양하다. 수리구조물은 구조물의 목적에 따라 일반적인 분류를 할 수 있으나 동일 목적을 위해 건설되는 구조물이 완전히 다른 기능의 발휘로 그 목적을 달성하는 경우가 허다하므로 수리구조물의 분류는 매우 임의성을 가진다고 할 수 있다.

따라서, 여기서는 각종 수리구조물의 통상적인 기능과 설계기준을 중심으로 요약하기로 한다.

- **저류용 구조물**(storage structures)은 정수상태로 물을 저장하기 위한 구조물이며, 저수지와 같이 통상 큰 용량을 가질 뿐 아니라 수면의 변화도 별로 크지 않다.
- **송수용 구조물**(conveyance structures)은 용수를 한 지점에서 다른 지점으로 운반하기 위한 구조물로서 설계송수량을 최소의 에너지 손실 하에 운반할 수 있도록 설계한다.
- **수운 및 주운용 구조물**(waterway and navigation structures)은 수상교통을 목적으로 설계되며, 선박의 항해에 필요한 최소수심을 어떠한 경우에도 확보 유지할 수 있도록 설계한다.
- **에너지변환용 구조물**(energy conversion structures)은 수력에너지를 기계 혹은 전기에너지로 변환하거나(수력터빈), 혹은 기계 혹은 전기에너지를 사용하여 수력에너지를 발생시키기(수력펌프) 위한 구조물 시스템을 말하며, 시스템의 효율을 극대화할 수 있도록 설계한다.

- 측정용 혹은 조절용 구조물(measurement or control structures)은 관수로 혹은 개수로에서의 유량을 측정하기 위한 구조물이며, 유량측정계측기와 유량 간의 관계가 안정성을 갖도록 설계한다.
- 유사 혹은 어류통제용 구조물(sedimentation or fish control structures)은 유사의 운송과 어류의 이동을 통제하기 위한 구조물이며, 이들 두 현상의 기본적인 기구(mechanism)를 이해하는 것이 설계에 있어서 가장 중요하다.
- 에너지 감세용 구조물(energy dissipation structures)은 급류가 가지는 과다한 에너지를 감세시켜 하상의 과대한 침식을 방지하기 위한 구조물로서 흐름의 에너지 보존원리에 따라 설계한다.
- 집수용 구조물(collection structures)은 지표면에 흐르는 물을 집수하여 배수시키기 위한 구조물로서 배수관거를 통해 우수를 배수시키기 위해 만드는 지표면 배수유입구 등은 한 가지 예이다.

이상에서 살펴본 각종 수리구조물을 이 장에서 일일이 취급할 수는 없으므로 여러 가지 댐 부속구조물과 배수용 암거 등 가장 많이 사용되는 몇 가지 수리구조물의 수리학적 설계에 대한 기본원리와 기준 및 응용 등을 중심으로 살펴보고자 한다.

7.2 수리설계의 역할

일반적으로 어떤 구조물을 설계할 때에는 기능적인 면뿐만 아니라 경제적, 미적 및 기타 여러 가지를 고려하게 되며, 이들 고려사항은 구조물의 형 및 구조물 건설의 타당성 여부를 결정하는 데 결정적인 역할을 하게 된다. 수리구조물의 경우에는 구조적 설계나 구조의 규모 결정에 앞서 항상 수리설계를 먼저 하지 않으면 안 된다. 우선, 계획 중인 구조물에 의해 조절하고자 하는 수리현상을 정확하게 이해하고 가장 효율적으로 구조물의 기능이 발휘될 수 있도록 설계해야 한다. 구조적인 설계는 그 구조물에 재하되는 하중의 크기와 성질을 알지 못하고는 안되므로 우선 구조물에 작용하는 구조적인 하중 이외에 정수 및 동수에 의한 하중을 수리학적으로 계산하지 않을 수 없다. 따라서 구조물의 응력해석이 아무리 정확하게 수행되었다 하더라도 전제된 하중에 잘못이 있어서 실제와 큰 차이가 있으면 그 응력해석은 의미를 상실하게 되는 것이다.

흐르는 물은 여러 가지 면에서 강체에 비해 현상 자체가 복잡하며 따라서 해석방법도 복잡하다. 정지된 물이나 흐르는 물이 구조물에 미치는 영향을 완전하게 해석한다는 것은 아직도 불가능하나 수리학의 기본원리와 경험적 지식을 동원하여 수리구조물의 수리학적 설계를 하고 있는 것이 사실이다.

이와 같이 볼 때 수리구조물의 수리설계와 구조설계는 상호 보완적이며, 수리해석은 구조물에 작용하는 수리하중을 보다 정확하게 결정함으로써 구조설계를 정확하게, 그리고 가장 효율적으로 할 수 있도록 한다는 관점에서 볼 때 구조설계를 위한 전제요건이라 할 수 있겠다.

7.3 댐과 저수지

용수공급 혹은 홍수조절 등을 목적으로 하천상에 건설되어 온 댐과 이로 인한 저수지는 이수 및 치수 측면에서 인간에게 매우 유익한 구조물이며 오늘날에 와서는 과거의 단일목적댐 개념에서 발전하여 생활, 공업, 관개, 수력발전 등의 용수공급과 홍수 혹은 유사조절 등의 여러 목적을 동시에 달성하기 위한 다목적댐 개념으로 건설되고 있다. 댐 구조물은 토목공학의 종합응용분야라 할 수 있으며 저수지내 물의 이용 및 조절통제를 위해 구조물의 구성요소로서 여수로, 방수로, 감세공, 수문 등의 여러 가지 부속구조물을 가지게 되고 이들의 수리학적 설계가 곧 이 장에서의 주관심사인 것이다.

댐은 그 건설목적에 따라 혹은 구조적인 형식에 따라서 여러 가지 유형으로 분류할 수 있다. 건설목적에 따라 댐을 분류해 보면 다음과 같다.

- 수위조절용댐(stage control dams) : 하천으로부터 인공수로로의 분류(diversion)를 위해 수위를 상승시키거나 주운을 위한 수위상승 혹은 급류하천에서의 세굴방지를 위해 수위를 상승시키기 위한 댐
- 저류용댐(storage dams) : 홍수조절이나, 생활용수, 관개용수, 공업용수 등의 각종 용수공급, 수력발전, 유사조절, 위락활동(recreation), 오염통제 등의 목적으로 건설되는 댐
- 다목적댐(multipurpose dams) : 위에서 언급한 목적 중 두 가지 이상의 목적을 달성하여 물을 최적이용하기 위한 댐
- 장벽댐(barrier dams) : 홍수의 범람으로 인한 하천변의 피해를 방지하기 위한 제방 및 수제(dikes), 혹은 본댐 공사를 위한 가체절댐(coffer dams) 등

한편, 건설재료에 따라 댐을 분류하면 다음과 같다.

- 석조댐(masonry dams) : 콘크리트나 혹은 비교적 큰 암석을 콘크리트와 일체로 하여 만드는 댐으로, 댐의 무게에 의해 하중이 지탱되는 **콘크리트 중력식댐**(concrete gravity dams)이 가장 대표적이고 아치(arch) 작용을 이용하는 **콘크리트 아치댐**, 댐의 무게와 아치작용을 함께 이용하는 **중력-아치댐**(gravity-arch dams), 일련의 부벽에 의해 지지되는 **부벽식댐**(buttress dams), 암석으로 만드는 **석조 중력식댐**(stone-masonry gravity dams) 및 **석조 아치댐**(stone-masonry arch dams)이 있다.

- 흙 채움 댐(earth-fill dams) : 댐에 재하되는 각종 하중을 흙으로 채워 다져서 만든 둑의 무게와 둑 안정의 역학적 원리를 이용하여 지탱하는 댐으로, 축제용 재료가 균질일 수도 있고(homogeneous), 댐 단면의 중심부로부터 외곽부로 나가면서 다를 수도 있고(zoned), 댐 중앙부에 콘크리트나 철제의 벽을 사용하는 경우(diaphramed)도 있음
- 사력 채움 댐(rock-fill dams) : 댐의 중앙부는 흙댐과 같이 흙을 다져 만드나 외곽부는 석조댐처럼 큰 암석으로 축조함으로써 흙댐과 석조댐의 하중 지지원리를 혼합 이용하는 댐
- 기타 댐 : 철재로 만드는 철재 댐(steel dams), 목재로 만드는 목재댐(timber dams) 등이 소형댐으로 건설되는 경우도 있다.

댐의 분류방법으로는 댐의 높이를 기준으로 하는 경우도 있는데, 댐 높이가 15 m 이하이면 낮은 댐(low dams), 15~100 m이면 중간 댐(medium dams), 100 m 이상이면 높은 댐(high dam)이라고도 한다. 국제 대댐회(International Commission On Lange Dams, ICOLD)에서는 높이 15 m 이상인 댐을 대댐(Large Dam)으로 분류하고 있다.

이상에서 분류한 형식 중 어떤 형식이건 댐 예정지점에서 건설하는 것은 가능하나, 댐형식의 결정을 지배하는 요소는 경제성이며, 댐 건설의 경제성은 다음과 같은 여러 가지 인자를 검토함으로써 평가된다.

- 댐 지점의 조건 : 기초 지반의 견고성, 하폭 등의 지형조건, 건설용 재료의 종류 및 분포상태 등
- 수리조건 : 댐 여수로 형식 결정과 공사 중의 분류(diversion)를 위한 여건 및 방수로와 수압관의 배치여건 등
- 기후조건 : 콘크리트 작업의 용이여부
- 교통조건 : 공사용 자료의 운반에 영향을 미치는 교통조건
- 사회적인 인자 : 가상댐 파괴가 하류에 미치는 영향, 지역의 고용증대의 필요성, 미적 조건 등

7.4 위어의 수리학적 특성

하천을 가로막는 둑을 만들어 그 위로 물을 흐르게 하는 구조물을 위어(weir)라 하며 위어 위의 흐름은 자유수면을 가지므로 중력이 지배적인 힘이 된다. 위어는 하폭 전체에 걸쳐서 설치할 수도 있으나 보통의 경우 흐름의 단면을 축소시키도록 만들므로 흐름은 위어 정점에서 가속된다. 이와 같은 원리를 이용하여 그림 7.1에서와 같이 홍수가 도로를 범람시키는 것을 방지하는 한 방법으로 위어를 이용하기도 한다. 그림에서 보는 바와 같이 위어의 배수효과로 인해 상류의 수위는 상승하고 위어부에서의 흐름의 가속 때문에 하류부에서의 수위는 크게 강하되어 도로의 안전을 유지할 수 있는 것이다. 위어부에서의 흐름의 가속은 위어상의 수두와 유량 사이에 독특한 관계를 성립시키므로 위어는 개수로에서의 유량측정 수단으로 종종 사용된다.

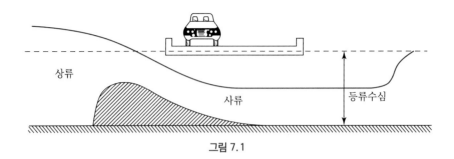

그림 7.1

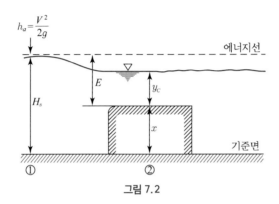

그림 7.2

위어 상류의 흐름은 위어의 배수효과 때문에 그림 7.1에서처럼 통상 상류(常流)상태가 되나 위어의 하류부에서는 사류(射流)가 형성된다. 따라서 흐름이 상류에서 사류로 변환하기 위해서는 한계수심(限界水深)을 통과해야 하며 위어의 정점부(crest)에서 이 한계수심이 발생하게 된다. 그림 7.2와 같은 월류식 광정위어(broad crested weir)에서 흐름의 마찰손실을 무시할 경우 위어 정점부에서는 한계류가 형성되어 수심은 한계수심이 된다. 한계류조건은

$$F = \frac{V_c}{\sqrt{gy_c}} = 1 \qquad (7.1)$$

$$y_c = \sqrt[3]{\frac{q^2}{g}} \qquad (7.2)$$

여기서, F는 흐름의 Froude 수이고 y_c는 한계수심, V_c는 한계유속, 그리고 q는 위어 단위폭당 유량이다.

또한, 위어 정점부에서의 흐름의 최소 비에너지 E와 한계수심 y_c의 관계는

$$E = y_c + \frac{V_c^2}{2g} = \frac{3}{2}y_c \qquad (7.3)$$

위어 상류부에서의 흐름의 총에너지는 위어 상류부수심 H_s와 접근속도수두 $h_a = V_a^2/2g$의 합과 같다. 따라서, 기준면에 대한 단면 1, 2에서의 총에너지 관계는

$$H_s + h_a = E + x = \frac{3}{2} y_c + x \qquad (7.4)$$

$H = (H_s + h_a) - x$ 라 놓고 식 (7.2)를 식 (7.4)에 대입하여 정리하면

$$q = \sqrt{gy_c^3} = \sqrt{g\left(\frac{2}{3} H\right)^3} = 1.705\,H^{3/2} \qquad (7.5)$$

위어의 전폭을 L 이라 하면 위어를 월류하는 총유량은

$$Q = 1.705\,LH^{3/2} = CLH^{3/2} \qquad (7.6)$$

여기서 H는 위어상의 전수두 E와 같고, $C = 1.705$는 위어에서의 마찰손실을 무시했을 경우의 유량계수이며, 실제흐름의 경우는 마찰로 인하여 흐름의 에너지가 부분적으로 손실되므로 $C < 1.705$가 된다. 식 (7.6)은 여러 가지 흐름조건 하의 구형(矩形)위어의 유량을 계산하는 기본공식이다.

예제 7-01

그림 7.3과 같이 수로경사가 0.001이고 폭이 4 m, $n = 0.025$인 구형단면수로에 2 m의 수심으로 등류가 흐르고 있다. 이 수로의 바닥에 위어를 설치하여 한계수심이 위어 정점부에서 발생하도록 하려면 위어 높이를 최소한 얼마 이상으로 해야 하겠는가?

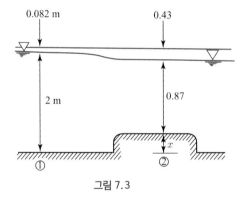

그림 7.3

풀이 Manning 공식으로 유량을 계산하면

$$Q = \frac{1}{0.025}\,(4 \times 2)\left(\frac{(4 \times 2)}{4 + 2 \times 2}\right)^{2/3}(0.001)^{1/2} = 10.12\,\mathrm{m^3/sec}$$

$$V = \frac{Q}{A} = \frac{10.12}{4 \times 2} = 1.26\,\mathrm{m/sec}$$

단면 1에서의 흐름의 총에너지는

$$E_T = 2 + \frac{(1.26)^2}{2g} = 2 + 0.082 = 2.082\,\mathrm{m}$$

위어부에서 한계수심이 발생한다면 그 크기는

$$y_c = \sqrt[3]{\frac{q^2}{g}} = \left[\frac{\left(\frac{10.12}{4} \right)^2}{9.8} \right]^{1/3} = 0.87\,\mathrm{m}$$

한계유속은

$$V_c = \frac{Q}{A_c} = \frac{10.12}{0.87 \times 4} = 2.91\,\mathrm{m/sec}$$

단면 1, 2 사이의 총에너지 관계는

$$E_T = x + y_c + \frac{V_c^2}{2g}$$

$$\therefore \; x = 2.082 - 0.87 - \frac{(2.91)^2}{2 \times 9.8} = 0.78\,\mathrm{m}$$

7.5 댐 여수로

댐 여수로(餘水路, spillway)는 저수지내의 잉여수를 조기에 하류로 방류시킴으로써 홍수 시 댐 위로의 월류를 방지하기 위한 댐 부속구조물로서 댐의 가장 중요한 부속 시설물 중의 하나라고 할 수 있다. 여수로의 건설비용은 댐 공사비의 상당한 부분을 차지하며, 선택되는 여수로의 종류에 따라 댐 형식이 결정될 정도로 매우 중요하다. 여수로의 방류용량은 수문학적 분석에 의해 댐 지점에서의 **계획홍수량**(design flood)을 계산하여 이를 안전하게 소통시킬 수 있도록 결정하게 되며, 여수로의 용량부족은 어떠한 경우에도 허용될 수 없으므로 수문기상학적으로 발생가능한 최대 홍수량인 가능 최대 홍수량(可能最大洪水量, Probable Maximum Flood, PMF)을 기준으로 설계하도록 되어 있다.

댐 여수로는 여러 가지 종류의 성분구조물로 구성되며, 각 구조물은 독특한 수리학적 분석에 의해 설계되어 진다. 접근수로(entrance channel or approach channel)는 홍수를 통제용 구조물(control structure)로 유도하기 위한 입구부 수로이며, 통제용 구조물은 댐 여수로의 부속구조물 중에서도 가장 중요한 부분으로, 저수지내의 홍수방류를 조절함으로써 저수위를 원하는 대로 유지시키는 기능을 하며 여수로의 종류에 따라 위어나 오리피스, 관로 등을 사용한다.

통수수로(discharge channel 혹은 conveyance structure)는 일단 통제용 구조물을 통해 방류되는 물을 하류로 운반하는 급경사의 수로를 말하며, 여수로의 종류에 따라 여수로의 하류부면이 될 수도 있고, 여러 가지 단면형의 굴착 개수로, 관수로 혹은 터널 등을 통수수로로 사용할 수 있다. 종말부 구조물(terminal structures)은 통수수로를 통해 댐 하류부로 흘러내리는 고속의 사류가 가지는 큰 에너지로 인한 하상의 세굴을 방지하기 위해 도수를 발생시켜 흐름을 상류로 변화시키는 구조물이다. 통수수로에 바로 연결되는 종말부 구조물로는 도수수로(hydraulic jump basin)라든지 실(sill), 감세용 블록 등 여러 가지가 있으며 이들을 통털어 **감세공**(減勢工, stilling basin)이라고 부른다. 감세공을 통과한 물을 하류의 하천으로 유도하는 수로를 **방류수로**(outlet channel)라 하며, 하류조건에 따라 적절하게 개수로로 설계하면 된다. 이상의 각종 성분구조물의 연결을 위해 수로단면의 변이(transition) 설계가 필요할 수도 있고, 또 경우에 따라 몇몇 성분구조물을 생략할 수도 있다.

위에서 소개한 기능과 성분구조물을 가지는 댐 여수로의 종류에는 월류형, 측수로형, 사이폰형, 나팔형, 개수로형(chute or open channel), 관로형, 터널형 및 암거형 등의 여러 가지가 있다. 댐 여수로의 수리해석은 「수리학」(윤용남, 2014)를 참고하기 바란다.

7.6 댐 여수로의 수문

여수로를 통해 월류하는 홍수량을 조절하기 위해 여러 가지 형태의 수문이 사용되어 왔다. 각종 수리구조물에서 수문은 그 자체로서 유량조절 구조물의 기능을 할 수도 있고 댐의 경우처럼 월류형 여수로상에 설치되어 사용될 수도 있으며, 연직개폐식 수문(rolling gate), 테인터식 수문(tainter gate), 굴림식 수문(rolling gate) 및 드럼식 수문(drum gate) 등이 가장 많이 사용되는 수문의 종류이다.

연직개폐식 수문은 그림 7.4와 같이 위어 위에 세운 격벽 사이에 연직으로 설치하는 철재 혹은 목재의 수문으로, 격벽에는 연직으로 수문이 상하운동을 할 수 있도록 홈(grooves)이 파여져 있고 홈의 내부에는 수문개폐 시 마찰을 줄이기 위하여 롤러가 설치된다. 이 형식의 수문을 설계할 때에는 수문에 작용하는 정수압, 수문을 들어 올리는 호이스트 케이블(hoist cable)의 장력, 롤러의 마찰 및 수문의 무게 등을 고려하여 수문의 기능에 무리가 없도록 해야 한다.

테인터식 수문(혹은 방사상 수문, radial gate)은 그림 7.5와 같이 철재로 격자를 만들고 저수지의 물과 접촉하는 부분을 원호곡면으로 한 수문으로, 곡면의 곡률중심에 설치되는 핀(trunnion pin)을 축으로 하여 개폐된다. 원호곡면에 작용하는 정수압은 곡면에 직각으로 작용하므로 핀을 통과하게 되며 연직개폐식 수문에서의 롤러 역할을 핀이 하게 된다. 핀에 발생하는 마찰력은 롤러에 생기는 마찰력보다 훨씬 작으므로 테인터식 수문은 다른 형식의 수문에 비해 가볍고 또한 조작하기가 쉬워 많이 사용되고 있다. **굴림식 수문**(rolling gate)은 그림 7.6에서 볼 수 있는 바와 같이 여수로 격벽 사이에 설치되는 철재 실린더로서 격벽부에 경사지게 설치되는 톱니바퀴 홈을 따라 실린더가 구르면 수문이 개폐되도록 만들어진다.

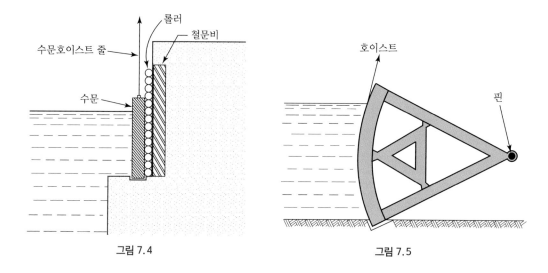

| 그림 7.4 | 그림 7.5 |

 드럼식 수문(drum gate)은 그림 7.7에서처럼 폐쇄될 때 여수로 정상부면과 일치하도록 (그림의 점선) 되어 있어 최대의 월류를 보장할 수 있는 장점이 있는 수문이다. 여수로 정상부에는 공실(空室, hollow chamber)이 만들어져 있어 공실로 물이 들어가도록 하면 상향의 정수압에 의해 힌지를 축으로 하여 수문이 폐쇄되고, 반면에 공실로부터 물이 빠지게 하면 힌지를 축으로 하여 수문의 자중 때문에 수문이 내려와서 개방되는 결과가 된다. 이 드럼식 수문은 여러 가지의 변형으로 최근에 많이 사용되고 있다.

 이상에서 살펴본 각종 수문의 무게 W는 예상되는 수문의 최대 개구고(開口高, gate opening) L_0 및 수문과 접하는 수심 H_g로부터 다음 식을 사용하여 대략 결정한다.

$$W = k L_0^m H_g^n \tag{7.7}$$

 여기서, W는 lbs, L_0와 H_g 는 ft 단위로 표시되며 k, m, n은 수문의 형식에 따라 표 7.1과 같은 값이 추천되고 있다.

표 7.1

수문형식	m	n	k의 범위	평균 k
연직개폐식	1.5	1.75	0.80~2.00	1.20
테인터식	1.9	1.35	0.85~1.45	1.16
굴림식	1.5	1.67	2.40~3.40	2.85
드럼식	1.33	1.33	26.00~35.00	31.00

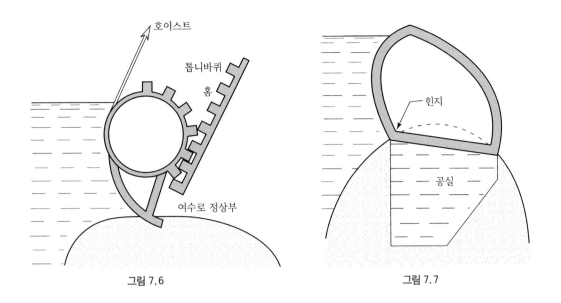

그림 7.6   그림 7.7

7.7 감세용 구조물

감세용 구조물 혹은 감세공(減勢工, stilling basin)은 그림 7.8과 같이 여수로의 말단부 혹은 각종 급경사 수로의 방류부에서 생기는 고속흐름이 가지는 막대한 에너지로 인한 하상 혹은 수로바닥의 세굴을 방지하기 위해 설치되는 구조물 일체를 말하며, 경사가 아주 작은 감세수로부와 기타 감세용 부속물(energy dissipators)로 구성된다. 여수로와 같은 급경사 수로를 거쳐 감세수로로 유입되는 흐름은 통상 고속의 사류(射流)이고 경사가 완만한 감세공의 하단부(댐 하류부)에서의 흐름은 상류(常流)이므로 감세공 내에서 사류로부터 상류로의 변환이 도수(跳水, hydraulic jump) 현상을 통해 일어나게 된다. 따라서, 감세수로는 여수로와 하류하천수로를 연결하는 변이수로(transition channel)라 할 수 있으며, 도수가 감세공 내에서 발생하도록 설계함으로써 하류의 하상세굴 및 침식을 방지하여 댐의 안정을 보장할 수 있도록 해야 한다.

감세공은 감세수로 내에서의 사류의 특성에 따라 설계하게 되며, 흐름의 Froude 수가 바로 흐름의 특성을 대표하는 변수가 된다. 즉, 감세수로 내에서 발생하는 도수는 사류의 Froude 수에 따라 그 특성이 크게 변화하는 것으로 알려져 있으며, 미국개척국(US Bureau of Reclamation, USBR)은 광범위한 실험결과를 토대로 도수를 다음과 같이 5가지로 분류하였다(그림 7.9 참조).

- 파상도수(undular jump), $1 < F < 1.7$

매우 약한 도수로서 도수부에 약간의 표면류가 생기는 불완전한 도수이다.

- 약도수(weak jump), $1.7 < F < 2.5$

약한 도수로서 도수부에 일련의 롤러 형태의 흐름이 생기며, 단면의 유속분포는 대체로 균등분포(uniform distribution)에 가까워진다.

• 진동도수(pulsating jump), $2.5 < F < 4.5$

불안정한 도수로서 수로바닥에서 jet류가 생성되어 수면과 바닥으로 진동하게 되므로 표면파가 매우 거세어지고 흐름은 몹시 불안정해진다.

• 정상도수(steady jump), $4.5 < F < 9.0$

안정된 도수로서 jet류의 흐름이 정상적으로 되고 흐름 전체가 안정된다.

• 강도수(strong jump), $F > 9.0$

매우 강한 도수로서 jet류가 매우 거세어져 도수시점에서 종점을 향해 사선방향으로 분류된다. jet류의 혼합 및 충돌에 의해 표면파를 일으키기도 한다.

7.7.1 도수의 기본특성

감세공 내에서 일어나는 도수의 특성으로는 도수로 인한 에너지손실, 도수의 효율, 도수의 높이 및 길이 등이 있으며, 이들 특성은 도수전 흐름의 Froude 수의 항으로 표시할 수 있다. 그림 7.8과 같이 구형단면을 가지는 수평의 단순 감세수로 내의 도수를 생각해 보자. 도수전후의 수심 y_1과 y_2 사이에는 식 (7.8)과 같은 관계가 있음은 이미 증명한 바 있다. 즉,

$$\frac{y_2}{y_1} = \frac{1}{2}\left[-1 + \sqrt{1 + 8F_1^2}\right] \tag{7.8}$$

여기서 F_1은 도수전 사류의 Froude 수이다. 또한 도수로 인한 에너지 손실은

$$\Delta E = E_1 - E_2 = \frac{(y_2 - y_1)^3}{4y_1 y_2} \tag{7.9}$$

식 (7.9)의 양변을 y_1으로 나누고 정리하면

$$\frac{\Delta E}{y_1} = \frac{\left(\dfrac{y_2}{y_1} - 1\right)^3}{4\left(\dfrac{y_2}{y_1}\right)} \tag{7.10}$$

식 (7.10)의 우변에 식 (7.9)를 대입하여 정리하면

$$\frac{\Delta E}{y_1} = \frac{(-3 + \sqrt{1 + 8F_1^2})^3}{16(-1 + \sqrt{1 + 8F_1^2})} \tag{7.11}$$

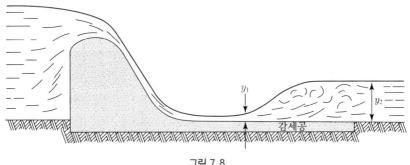

그림 7.8

식 (7.11)은 도수로 인한 에너지손실의 도수전 수심에 대한 비가 F_1 만의 함수로 표시됨을 보여주고 있다.

한편, 도수전의 비에너지 E_1 은

$$E_1 = y_1 + \frac{V_1^2}{2g} = y_1 + \frac{q^2}{2g\,y_1^2}$$

양변을 y_1 으로 나누면

$$\frac{E_1}{y_1} = 1 + \frac{q^2}{2g\,y_1^3} = 1 + \frac{1}{2}F_1^2 \qquad (7.12)$$

식 (7.11)을 식 (7.12)로 나누면

$$\frac{\Delta E}{E_1} = \frac{(-3 + \sqrt{1 + 8F_1^2})^3}{8(-1 + \sqrt{1 + 8F_1^2})(2 + F_1^2)} \qquad (7.13)$$

식 (7.13)으로 표시되는 $\Delta E / E_1$ 을 상대손실(relative loss)이라 한다.

따라서,

$$\frac{E_2}{E_1} = 1 - \frac{\Delta E}{E_1} = \frac{(1 + 8F_1^2)^{3/2} - 4F_1^2 + 1}{8F_1^2(2 + F_1^2)}$$

$$(7.14)$$

여기서, 도수전후의 비에너지의 비 E_2 / E_1 을 도수의 효율(efficiency)이라 한다.

도수의 높이(height)는 도수전후의 수심차 $h_j = y_2 - y_1$ 을 말하며, 다음 관계식도 증명될 수 있다.

$$\frac{h_j}{E_1} = \frac{y_2}{E_1} - \frac{y_1}{E_1} = \frac{-3 + \sqrt{1 + 8F_1^2}}{2 + F_1^2} \qquad (7.15)$$

$F_1 = 1 - 1.7$ 파상도수

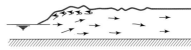

$F_1 = 1.7 - 2.5$ 약도수

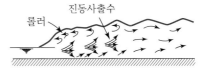

$F_1 = 2.5 - 4.5$ 진동도수

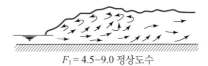

$F_1 = 4.5 - 9.0$ 정상도수

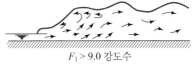

$F_1 > 9.0$ 강도수

그림 7.9

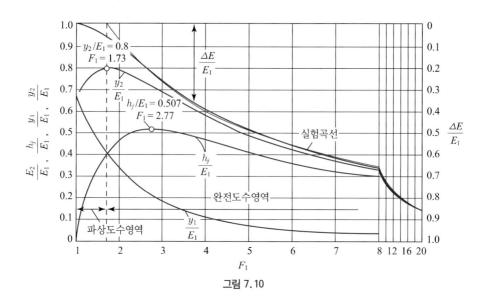

그림 7.10

여기서, $h_j/E_1, y_2/E_1$ 및 y_1/E_1 은 각각 도수의 상대높이, 도수후 및 도수전 상대수심이라 부른다.

위에서 살펴본 바와 같이 수평 구형수로에서의 도수특성치인 $\Delta E/E_1$, E_2/E_1, h_j/E_1, y_1/E_1 및 y_2/E_1 은 모두 도수후 흐름의 Froude 수만의 함수로 표시될 수 있으며, 특성곡선을 표시해 보면 그림 7.10과 같다. 그림으로부터 몇 가지 특징적인 사실을 살펴보면, $F_1 = 2.77$ 일 때 도수의 상대높이 $h_j/E_1 = 0.507$ 로 최대가 되며, $y_1/E_1 = 0.4\,(F_1 = 1.73)$ 에서 $y_2/E_1 = 0.8$ 로 최대가 되고 $F_1 = 1$ 일 때 흐름은 한계류가 되므로 $y_1/E_1 = y_2/E_1 = 0.667 = 2/3\,($즉, $y_1 = y_2 = \dfrac{2}{3}E_1\,)$이 된다.

이상의 특성곡선은 이론적인 관계식의 유도에 의한 것이나 Bakmeteff, USBR 등의 실험결과와 대체로 일치하는 것으로 밝혀졌으며 감세공 설계 시 설계자로 하여금 감세공 내에서의 흐름의 상태에 대한 전반적인 개념을 얻는 데 매우 유익하게 사용되고 있다.

예제 7-02

수평감세수로의 단위폭당 유량은 $12\ \mathrm{m^3/sec/m}$이며 도수전의 초기수심이 $0.9\ \mathrm{m}$이었다. 다음을 계산하라.
(a) 도수의 수심(공액수심)
(b) 도수의 높이
(c) 도수로 인한 에너지 손실 및 효율

풀이 (a) 도수전 흐름의 Froude수는

$$F_1 = \frac{V_1}{\sqrt{gy_1}} = \frac{q_1}{\sqrt{gy_1^3}} = \frac{12}{\sqrt{9.8 \times (0.9)^3}} = 4.49$$

도수후 수심은

$$y_2 = \frac{1}{2} y_1 [-1 + \sqrt{1 + 8 F_1^2}] = \frac{1}{2} \times (0.9)[-1 + \sqrt{1 + 8 \times (4.49)^2}] = 5.28\,\text{m}$$

(b) 도수의 높이 $h_j = y_2 - y_1 = 5.28 - 0.90 = 4.38\,\text{m}$ 혹은 그림 7.10에서 $F_1 = 4.49$일 때 $h_j / E_1 = 0.44$ 이고

$$E_1 = y_1 + \frac{q^2}{2gy_1^2} = 0.9 + \frac{(12)^2}{2 \times 9.8 \times (0.9)^2} = 9.97\,\text{m}$$

$$\therefore h_j = 0.44 E_1 = 0.44 \times 9.97 = 4.39\,\text{m}$$

(c) 도수로 인한 에너지손실

$$\Delta E = \frac{(y_2 - y_1)^2}{4 y_1 y_2} = \frac{(5.28 - 0.90)^3}{4 \times 0.90 \times 5.28} = 4.42\,\text{m}$$

혹은 그림 7.10에서 $F_1 = 4.49$일 때 $\Delta E/E_1 = 0.45$ 이므로

$$\Delta E = 0.45 E_1 = 0.45 \times 9.97 = 4.48\,\text{m}$$

도수의 효율 E_2 / E_1 은

$$E_2 = y_2 + \frac{q^2}{2gy_2^2} = 5.28 + \frac{(12)^2}{2 \times 9.8 \times (5.28)^2} = 5.54\,\text{m}$$

이므로

$$\frac{E_2}{E_1} = \frac{5.54}{9.97} = 0.556 = 55.6\%$$

혹은 그림 7.10에서 $F_1 = 4.49$일 때 $E_2 / E_1 = 0.56$

7.7.2 도수의 길이와 수면곡선

도수의 길이(length)는 도수의 시점으로부터 도수류의 롤러 직하류까지의 길이를 말하며 (그림 7.11 참조), 이론적으로 결정하기 어려우므로 여러 가지 실험자료의 분석에 기초를 두어 결정하게 된다. USBR이 실험수로에서의 도수자료를 분석하여 얻은 결과가 그림 7.11에 표시되어 있다. 도수후의 수심 y_2에 대한 도수길이 L의 비는 도수전 흐름의 Froude 수의 함수로 표시하였으며, 도수의 강도에 따라 $L/y_2 \sim F_1$ 관계를 명확하게 알 수 있다. 그림 7.11의 관계는 구형단면수로에서 얻은 결과이나 제형단면수로에도 적용할 수 있는 것으로 알려져 있다.

도수부에 있어서의 수면곡선의 모양은 도수가 일어나는 곳에서 감세수로의 측벽의 여유고를 결정하는 데 필요할 뿐 아니라 구조설계를 위한 수압의 결정에도 중요하다. 도수부의

수면곡선은 이론적인 계산이 쉽지 않으므로 주로 실험적인 결과에 의하는 것이 보통이며, Bakmeteff-Matzke의 실험자료 분석결과는 그림 7.12와 같다.

그림 7.12에서 볼 수 있는 바와 같이 도수부의 수면곡선은 접근흐름의 Froude 수의 크기에 따라 도수높이로 무차원화한 좌표점을 축차적으로 구해나감으로써 그릴 수 있다.

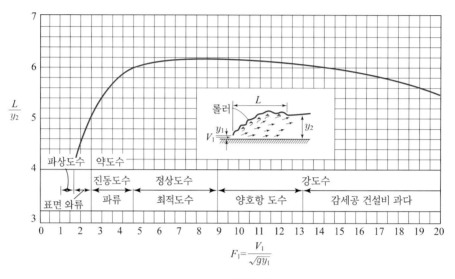

그림 7.11

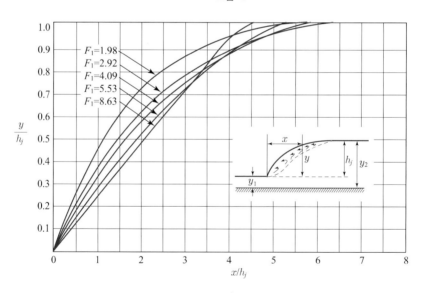

그림 7.12

7.7.3 도수의 발생위치와 하류수위조건

월류형 여수로 혹은 수문의 하단부에서의 도수의 발생위치는 그림 7.13에서와 같이 크게 3가지 경우로 나누어 생각할 수 있다.

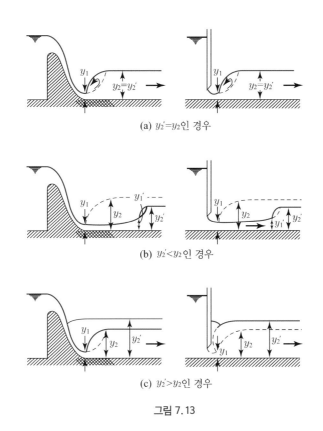

(a) $y_2'=y_2$인 경우

(b) $y_2'<y_2$인 경우

(c) $y_2'>y_2$인 경우

그림 7.13

첫 번째 경우는 하류수심 y_2'이 도수의 공액수심(sequent depth) y_2와 일치하는 경우이다(그림 7.13 (a)). 이 경우는 y_1, y_2 및 F_1의 관계가 이론적으로 식 (7.8)의 관계를 유지하는 경우로서 여수로의 종점부 수심 y_1에서 바로 도수가 시작되므로 감세수로의 길이를 단축시킬 수 있어 가장 이상적인 경우이다.

두 번째 경우는 하류수심 y_2'이 공액수심 y_2보다 작은 경우(그림 7.13 (b))로서 식 (7.8)의 관계를 만족시키는 수심 y_2'에서 도수가 발생한다. 따라서 도수는 여수로 종점부에서 하류로 상당히 떨어진 거리에서 발생하게 되어 감세수로의 길이가 길어져 공사비가 많이 들게 되므로, 감세수로 내에 감세용 부속물을 설치하여 하류수심을 크게 함으로써 수로의 길이를 단축시키도록 하는 것이 보통이다.

세 번째 경우는 하류수심 y_2'이 공액수심 y_2보다 큰 경우(그림 7.13 (c))로서 도수는 그림에서와 같이 상류방향으로 이동하여 잠수상태에서 발생한다. 따라서 설계면에서는 하상

세굴의 염려가 없는 안전한 도수이나 도수의 효율이 크게 떨어지므로 감세공으로서의 충분한 역할을 할 수 없다는 단점이 있다.

이상에서 살펴본 도수의 발생위치는 하류수위가 고정되어 있다는 전제조건 하에서 생각해 보았으나 실제에 있어서는 하류의 유량이 항상 변하므로 수위도 변하게 된다. 따라서 도수설계의 입장에서는 하류수심 y_2' 및 도수의 공액수심 y_2가 유량 Q와 가지는 관계를 감안해야 하며, 이 관계는 그림 7.14에서처럼 대략 5가지로 대별할 수 있다.

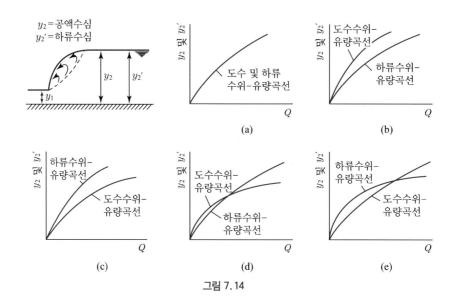

그림 7.14

(1) 그림 7.14 (a)의 경우로서 두 관계곡선이 일치하므로 유량이 어떻게 변하든지 간에 그림 7.13 (a)와 같이 도수가 발생하므로 감세수로의 길이는 최소로 단축될 수 있다. 그러나 실제에 있어서 이와 같은 경우는 거의 없다.

(2) 그림 7.14 (b)의 경우는 y_2'가 y_2보다 항상 작은 경우로서 그림 7.13 (b)와 같이 도수가 발생하므로, 도수를 비교적 짧은 구간의 감세수로 내에서 발생하도록 하기 위해서는 그림 7.15에서처럼 감세수로의 바닥면을 하류의 하상보다 낮추고 감세수로의 말단부에 턱(sill)을 설치하게 된다.

그림 7.15

(3) 그림 7.14 (c)의 경우는 y_2'가 y_2보다 항상 큰 경우로서 그림 7.13 (c)와 같이 도수가 발생하므로 도수의 효율이 크게 떨어진다. 완전한 도수를 발생시켜 효율을 높이기 위해서는 그림 7.16에서와 같이 여수로 말단부에 경사수로를 첨가하여 도수가 이 수로 상에서 발생하도록 하거나 혹은 그림 7.17과 같이 여수로 말단부에 버킷형 구조(flip bucket)를 설치함으로써 고속흐름의 회전에 의한 큰 에너지의 손실을 유도하는 방법을 적용하기도 한다.

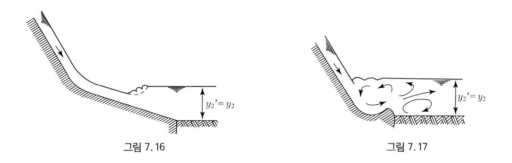

그림 7.16   그림 7.17

(4) 그림 7.14 (d)의 경우는 유량이 작을 때는 $y_2 > y_2'$이고 유량이 커지면 $y_2 < y_2'$이 되는 경우로, 적은 유량에서 완전도수가 발생할 수 있도록 그림 7.16과 같은 방법을 쓰는 동시에 고유량에서의 도수를 위해 그림 7.16과 같이 경사 에이프론(apron)을 첨가함으로써 효율적인 도수가 발생할 수 있도록 해야 한다.

(5) 그림 7.14 (e)의 경우는 유량이 작을 때는 $y_2 < y_2'$이고 유량이 커지면 $y_2 > y_2'$이 되는 경우로, 효율적인 도수의 발생을 위해서는 감세수로의 바닥을 아주 낮추어 하류 수심을 증가시킴으로써 고유량에서도 감세수로 내에서 완전도수가 발생하도록 해야 한다.

예제 7-03

소형 여수로 아래에 단순 수평 감세수로를 설계하고자 한다. 여수로의 유량계수는 1.9, 유량은 2 m³/sec/m 이고 여수로 정점과 감세수로바닥의 표고차는 9 m로 하고자 한다. 감세수로에 연결되는 하류수로는 경사가 0.0005, n =0.03인 광폭수로이다. 여수로면에서의 마찰손실을 무시하고 하류수로에서는 등류가 흐른다고 가정하고

(a) 감세수로의 시작점에서 도수 발생점까지의 길이를 계산하라.

(b) 감세수로의 선단에서 도수가 발생하도록 하기 위해서는 감세수로와 하류수로의 연결부에서 수로바닥 표고의 차를 얼마로 해야 할 것인가?

풀이 (a) 여수로 위어 위의 수두는 $q= CH_s^{3/2}$으로부터

$$H_s = \left(\frac{2}{1.9} \right)^{2/3} = 1.035 \, \text{m}$$

그림 7.18에서와 같이 감세수로의 선단에서 도수가 발생한다고 가정하고 마찰손실을 무시하면

$$H_D + H_S = y_1 + \frac{q^2}{2gy_1^2}$$

$$9 + 1.035 = y_1 + \frac{(2)^2}{2 \times 9.8 \times y_1^2}$$

시행착오법으로 풀면 $y_1 = 0.144\,\mathrm{m}$ 이고 이것이 도수의 초기수심이며

$$V_1 = \frac{2}{0.144} = 13.89\,\mathrm{m/sec}, \quad F_1 = \frac{13.89}{\sqrt{9.8 \times 0.144}} = 11.7$$

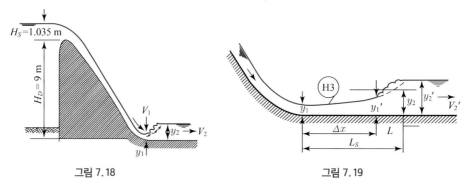

그림 7.18	그림 7.19

따라서, 도수의 공액수심은

$$y_2 = \frac{1}{2} \times 0.144 \left[-1 + \sqrt{1 + 8 \times (11.7)^2} \right] = 2.312\,\mathrm{m}$$

한편, 감세수로에 연결되는 하류수로의 등류수심 $y_2{'}$ 를 Manning 공식으로 구하면

$$q_2 = \frac{1}{n} y_2{'}^{5/3} S_0^{1/2} \text{ 이므로, } y_2{'} = \left(\frac{0.03 \times 2}{\sqrt{0.0005}} \right)^{3/5} = 1.808\,\mathrm{m}$$

$$V_2{'} = \frac{2}{1.808} = 1.11\,\mathrm{m/sec}, \quad F_2{'} = \frac{1.11}{\sqrt{9.8 \times 1.808}} = 0.26$$

이상에서 도수의 공액수심 y_2 는 하류수심 $y_2{'}$ 보다 크므로 도수는 감세수로의 선단에서 발생할 수 없고 그림 7.19와 같이 $H3$ 곡선을 그리면서 하류방향으로 이동하여 $y_2{'}$ 에 상응하는 수심 $y_1{'}$ 이 되는 곳에서 도수가 일어난다.

식 (6.33)을 사용하면

$$y_1{'} = \frac{1}{2} y_2{'} \left[-1 + \sqrt{1 + 8 F_2{'}^2} \right]$$

$$= \frac{1}{2} \times 1.808 \left[-1 + \sqrt{1 + 8 \times (0.26)^2} \right] = 0.218\,\mathrm{m}$$

그리고

$$V_1{'} = \frac{2}{0.218} = 9.17\,\mathrm{m/sec}, \quad F_1{'} = \frac{9.17}{\sqrt{9.8 \times 0.218}} = 6.27$$

그림 7.19에서 Δx 는 6장의 부등류계산방법에 의해 계산되며, 직접축차계산법으로 간단히 계산하면 된다(식 6.55).

$$\Delta x = \frac{E_2 - E_1}{S_0 - S_f}$$

여기서

$$E_1 = y_1 + \frac{V_1^2}{2g} = 0.144 + \frac{(13.89)^2}{2 \times 9.8} = 9.987\,\text{m}$$

$$E_2 = y_1' + \frac{V_1'^2}{2g} = 0.218 + \frac{(9.17)^2}{2 \times 9.8} = 4.508\,\text{m}$$

$$S_0 = 0$$

$$S_f = \frac{1}{2}(S_{f1} + S_{f2}) = \frac{1}{2}\left(\frac{n^2 V_1^2}{y_1^{4/3}} + \frac{n^2 V_1'^2}{y_1'^{4/3}}\right)$$

$$= \frac{1}{2}\left[\frac{(0.03)^2 \times (13.89)^2}{(0.144)^{4/3}} + \frac{(0.03)^2 \times (9.17)^2}{(0.218)^{4/3}}\right] = 1.439$$

$$\therefore \Delta x = \frac{4.508 - 9.987}{0 - 1.439} = 3.81\,\text{m}$$

따라서, 도수 발생점까지의 길이는 3.81m이다.

(b) 그림 7.20에서 감세수로와 하류수로 연결부에서의 바닥표고차는 단면 1, 2 사이에 마찰손실을 무시하고 역적-운동량방정식을 적용하면 계산할 수 있다.

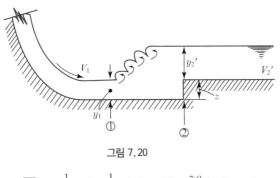

그림 7.20

$$\sum F = \frac{1}{2}\gamma y_1^2 - \frac{1}{2}\gamma(y_2' + z)^2 = \frac{\gamma q}{g}(V_2' - V_1)$$

$$\frac{1}{2} \times (0.144)^2 - \frac{1}{2}(1.808 + z)^2 = \frac{2}{9.8}(1.11 - 13.89)$$

$$(1.808 + z)^2 = 5.237 \qquad \therefore z = 0.48\,\text{m}$$

7.7.4 감세수로의 부속구조물

지금까지는 주로 부속물이 전혀 설치되지 않은 단순한 수평감세수로 내에서 발생하게 되는 도수의 여러 가지 수리특성을 살펴보았으며, 이를 근거로 하여 감세수로를 설계하는 것은 사실이다.

그러나 자연하천에서의 유량은 항상 변화하므로 도수의 특성치도 큰 범위에 걸쳐 변화하게 되어 감세수로의 소요길이가 너무 길어지게 되는 것이 통상이다. 따라서, 감세수로의 소요길이를 단축시키고 도수의 발생위치를 조절하기 위해 감세수로의 바닥이나 단면형을 여러 가지로 변화시킬 뿐만 아니라 수로바닥에 각종 부속물을 설치하게 되며, 이들의 기능은 통상 수리모형실험으로 검정하게 된다. 이러한 목적으로 사용되는 감세수로의 부속구조물 중 중요한 것만 살펴보면 다음과 같으며, 경우에 따라 몇 가지를 조합하여 사용하거나 혹은 단독으로 사용하기도 한다.

- 경사 에이프론(sloping apron) : 그림 7.16에서 소개한 바와 같이 하류수심이 수평감세수로에서의 도수후 수심(공액수심)보다 클 때 효율적인 도수가 발생할 수 있도록 여수로의 하단부에 설치하는 경사수로이다.

- 감세수로단 턱(sill) : 그림 7.15에서처럼 하류수심이 공액수심보다 작을 때 감세수로 내에서 도수가 발생할 수 있도록 수심을 증가시키기 위해 감세수로 말단에 설치하는 턱을 말한다.

- 버킷형 에너지 감세구조물(bucket-type energy dissipator) : 그림 7.17과 같이 여수로 말단부에 버킷형 구조를 설치하여 반시계방향의 롤러(roller)류가 생성하도록 함으로써 에너지를 감세시키는 것으로, 하류부에서는 시계방향의 역 롤러가 생겨 하상물질을 여수로 말단부 쪽으로 이동시키게 되므로 세굴의 염려가 감소된다.

- 감세지(stilling pool) : 여수로 말단부 아래로 사류가 자유낙하할 수 있도록 하는 비교적 수심이 깊은 풀(pool)을 말하며, 그림 7.21과 같이 스키형 도수(ski-jump) 구조물과 병용하는 경우가 많다. 여수로를 떠나는 분류는 공중으로 사출되므로 공기와의 마찰에 의해 많은 에너지가 손실되며 잔여 에너지는 풀에서의 충격에 의해 감세된다.

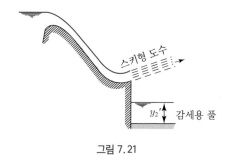

그림 7.21

- 감세용 블록(blocks or baffles) : 감세수로 내에서 바닥의 마찰을 증가시켜 에너지를 감세시킬 뿐 아니라 수로하류부의 수심을 증가시킴으로써 효과적인 도수가 발생할 수 있도록 하기 위해 설치하는 각종 블록(blocks)을 말한다.

이상에서 5가지로 분류한 감세용 부속물과 감세수로를 통틀어 감세용 구조물 혹은 에너지 감세공(energy dissipators)이라 하며, 수리학적 해석은 에너지손실이 과다하게 포함되기 때문에 역적−운동량의 원리에 의한다. 그러나 각종 부속물에 작용하는 정수압 및 동수압의 크기라든지 불균등한 유속분포 등 흐름의 특성변수를 이론적으로 결정하기에는 흐름의 현상이 너무나 복잡하기 때문에 감세공의 설계는 수리모형실험에 의하는 것이 보통이며 또한 가장 안전하다.

7.8 저수지내 퇴사

토사를 운송하는 하천유로상에 댐을 축조하여 저수지가 형성되면 상당량의 토사가 저수지 내에 퇴적되어 저수지의 활용저수용량을 연차적으로 감소시키게 되는데, 이를 저수지내 퇴사(reservoir sedimentation)라 한다.

저수지에 퇴적되는 토사의 근원은 주로 유역으로부터의 토양침식 때문이다. 판상침식(板狀浸蝕, sheet erosion)과 구상침식(構狀浸蝕, gulley erosion) 및 하도침식(河道浸蝕, channel erosion)에 의해 하류로 토사가 유송되어 저수지에 이르면 유속이 갑자기 크게 감소함에 따라 퇴적현상이 일어나게 된다. 토사의 저수지내 퇴적 메커니즘을 살펴보면 그림 7.22와 같이 감속으로 인해 저수지 입구부에서 비교적 굵은 토사가 먼저 퇴적되어 사주를 형성하며, 입자가 작은 부유유사는 저수 중에 머물러 있다가 서서히 침강하여 퇴적된다. 이와 같이 형성된 사주는 댐방향으로 서서히 이동하게 되고 저수지내의 깨끗한 물과 상류에서 유입되는 토사류 사이에 밀도류(密度流, density current)가 형성되어 입자가 작은 토사의 댐방향이동을 가속시키게 된다.

이와 같은 퇴사로 인한 저수용량의 감소 때문에 저수지를 계획할 때에는 손실용량을 감안하여 저수지를 설계해야 하며 그 기본이 되는 것은 다음 식이다.

$$V_s = EQ_s \tag{7.16}$$

여기서 V_s 는 매년의 저수용량 감소용적(m^3/year)이고 Q_s 는 매년 저수지내로 유입하는 전유사용적(m^3/year)이며 E 는 저수지의 토사포착효율(土砂捕捉效率, trap efficiency)로서 저수지의 크기, 유입량, 저수지 운영조작방법 및 유입토사의 특성 등에 관계가 있다. Brown은 식 (7.16)의 E 를 결정하기 위한 경험공식으로서 다음 식을 제안하였다.

$$E = 1 - \frac{1}{1 + k\left(\dfrac{C}{W}\right)} \tag{7.17}$$

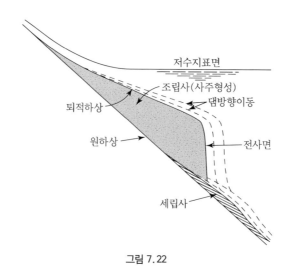

그림 7.22

여기서 C/W는 유역면적 $W(\text{mi}^2)$에 대한 저수지의 용량 $C(\text{acre-ft})$의 비(capacity-watershed ratio)이며 k는 토사포착효율에 영향을 미치는 인자에 따라 결정되는 상수로서 $0.046 \sim 1.0$의 범위 내에 있고 설계치로서 0.1의 값을 많이 사용한다.

식 (7.16)의 연간유입유사용적 Q_s는 앞에서 살펴본 유사량 계산법이나 유사량의 실측에서 얻는 연간유사량 $G_s(\text{kg/year})$를 유사의 평균단위중량 $\gamma_{sm}(\text{kg/m}^3)$으로 나누어서 구하게 된다. 즉,

$$Q_s = \frac{G_s}{\gamma_{sm}} \qquad (7.18)$$

그런데 저수지내에 퇴적되는 토사의 단위중량은 압밀현상에 의해 연차적으로 그 크기가 커지므로 저수지의 수명 연한 동안의 평균치를 사용해야 하며, Lane-Koelzer는 다음 식을 추천하고 있다.

$$\gamma_{sm} = \gamma_1 X_1 + (\gamma_2 + K_2 \log_{10} T) X_2 + (\gamma_3 + K_3 \log_{10} T) X_3 \qquad (7.19)$$

여기서 $\gamma_1, \gamma_2, \gamma_3$는 각각 퇴적 1년 후의 모래, 실트 및 점토질 토사의 수중 단위중량이며, K_1, K_2, K_3는 각각 모래, 실트 및 점토질 토사의 다짐률에 따라 결정되는 상수이고, X_1, X_2, X_3는 각각 퇴적토사량 전체에 대한 모래, 실트 및 점토의 구성비를 표시하며 T는 퇴적기간(years)이다. 저수지의 운영조작방법에 따른 저수지의 수위에 따라 Lane-Koelzer는 실측자료를 바탕으로 γ와 K값을 표 7.2와 같이 추천하고 있다.

Brune은 저수지의 토사포착효율 E를 식 (7.17)에서 처럼 C/W에 함수로 표시하는 대신 저수지내로의 연간 유입수량 $I(\text{m}^3)$에 대한 총저수용량 $C(\text{m}^3)$의 비(capacity-inflow ratio)인 C/I와 상관시켰으며 표 7.3에 C/I별 E의 평균치가 수록되어 있다.

Crim은 표 7.3의 자료를 다음과 같은 경험식으로 표시하였으며 C/I값이 아주 작을 경

우를 제외하고는 표의 값과 거의 일치한다. 즉,

$$E = \frac{C/I}{0.012 + 0.0102\,C/I} \tag{7.20}$$

여기서 C/I 및 E 는 %의 단위를 가진다.

표 7.2 모래, 실트 및 점토질 토사의 γ 및 K값(γ의 단위 : $10^3\,\text{kg/m}^3$)

저수지내 수위	모래		실트		점토	
	γ_1	K_1	γ_2	K_2	γ_3	K_3
고수위(퇴적토 완전잠수)	1.492	0	1.043	0.0914	0.481	0.257
중간수위(대부분 잠수)	1.492	0	1.187	0.0433	0.738	0.172
저수위(약간 잠수)	1.492	0	1.267	0.0273	0.963	0.0963
저수지 바닥노출	1.492	0	1.315	0.0	1.251	0.0

표 7.3 저수지의 C/I별 평균토사포착효율

$C/I(\%)$	0.2	0.3	0.4	0.5	0.6	0.8	1.0	1.5	2	3	4	6	10	20	100	1,000
$E(\%)$	2	13	20	27	31	38	44	52	60	68	74	80	86	93	97	98

예제 7-04

어떤 하천의 상류부에 저수지 건설을 계획하고 있다. 저수지로의 연평균유입률은 $14\,\text{m}^3/\text{sec}$이며 연평균 토사유입률은 $11.6\,\text{kg/sec}$로 추정되었다. 저수지의 경제적 수명연한을 100년으로 잡을 때 저수지의 순 활용 저수용량을 1억 m^3로 확보하고자 한다면 총 저수용량은 얼마로 정해야 할 것인가? 단, 저수지내 퇴사는 항상 잠수상태에 있고 유입토사의 구성비는 모래가 80%, 실트가 10%, 점토가 10%라고 가정하라.

풀이 연간 총 토사유입량 $G_s = 11.6 \times 3,600 \times 24 \times 365 = 3.658 \times 10^8\,\text{kg/year}$.

식 (7.18)로 평균 단위중량을 계산하면

$$\gamma_{sm} = 10^3 \times [1.492 \times 0.8 + (1.043 + 0.0914 \times 2) \times 0.1 + (0.481 + 0.257 \times 2) \times 0.1]$$

$$= 1.416 \times 10^3\,\text{kg/m}^3$$

100년간 유입되는 유사의 총 체적은 식 (7.18)로부터

$$Q_S = \frac{G_s}{\gamma_{sm}} = \frac{3.658 \times 10^8 \times 100}{1.416 \times 10^3} = 2.583 \times 10^7\,\text{m}^3$$

연간 총 유입수량 $I = 14 \times 3,600 \times 24 \times 365 = 4.415 \times 10^8\,\text{m}^3/\text{year}$. 소요 총 저수용량 C는 순활용 저수용량(1억 m^3)에 100년간의 퇴사용적 V_s(식 7.16)을 더한 것이므로

$$C = 10^8 + V_s = 10^8 + \frac{EQ_s}{100} = 10^8 + 2.583 \times 10^5\,E(E\,\text{in}\,\%) \tag{a}$$

따라서

$$\frac{C}{I}(\%) = \left(\frac{10^8 + 2.583 \times 10^5 E}{4.415 \times 10^8} \right) \times 100 = 22.65 + 0.0585\,E \qquad \text{(b)}$$

식 (b)를 식 (7.20)에 대입하면

$$E = \frac{22.65 + 0.0585\,E}{0.243 + 0.000597\,E} \qquad \text{(c)}$$

식 (c)를 풀면 $E = 94.10\%$ 이고 이를 식 (b)에 대입하면 $\dfrac{C}{I} = 28.16\%$ 이다.

따라서, 식 (a)에 $E = 94.10\%$ 를 대입하면

$$C = 10^8 + 2.583 \times 10^5 \times 94.10 = 1.243 \times 10^8\,\text{m}^3$$

소요총저수용량은 1.243억 m³로서 100년간의 퇴적 토사량을 감안하여 순활용 저수용량보다 24.3% 정도 더 크게 잡아야 함을 알 수 있다.

7.1 단위폭당 2 m³/sec의 물이 흐르는 구형 수로상에 높이 1.4 m의 위어를 설치하였다. 위어 상류부에서의 비에너지가 2.7였다면 위어 정점위치에서의 유속은 얼마이겠는가? 에너지손실을 고려하여 위어의 유량계수를 결정하라.

7.2 정점표고가 EL. 100 m이고 폭이 5 m인 월류형 위어 위로 10 m³/sec의 물이 월류하고 있다. 마찰손실을 무시하고 위어 상류부의 수면표고를 계산하라.

7.3 폭이 4 m인 구형 단면수로의 바닥에 높이 1 m인 광정 위어를 설치하였을 때 위어상의 수심이 0.3 m였다. 수로 내에 흐르는 유량과 위어 상류부에서의 수심을 구하라.

7.4 급경사 수로의 말단부에 폭 12 m인 구형단면의 감세수로가 설치되어 있다. 수로 내의 유량은 5.6 m³/sec이며 감세수로 내에서의 도수의 초기수심에 상응하는 유속은 6 m/sec이다. 다음을 구하라.

    (a) 도수후의 수심
    (b) 도수로 인한 에너지손실
    (c) 도수의 효율

7.5 어떤 저수지로부터 수문을 통하여 폭이 6 m이고 경사가 0.001, $n = 0.025$인 구형단면수로로 2.5 m³/sec/m의 물이 하류로 공급되고 있다. 수문 하류의 수축단면(vena contracta)에서의 수심이 0.1 m이다. 다음에 답하라.

    (a) 도수의 발생여부
    (b) 도수발생 시 도수후의 수심이 수로의 등류수심과 같다고 가정할 때 도수의 위치
    (c) 도수의 높이, 효율 및 에너지손실

7.6 월류형 여수로 아래에 설치된 감세공 내에서 0.3 m로부터 1.2 m의 수심으로 도수가 발생할 경우의 손실에너지를 KW로 계산하라.

7.7 구형단면의 수평 감세수로 내에서 도수가 발생한다. 유량은 3.7 m³/sec/m이며 도수의 초기수심은 0.6 m이다. 다음을 구하라.

    (a) 도수후의 수심
    (b) 손실수두
    (c) 도수효율

7.8 구형단면의 수평수로에서 발생하는 도수의 도수전후 흐름의 Froude 수를 각각 F_1, F_2라 하면 다음 관계식이 성립함을 증명하라.

$$F_2^2 = \frac{8 F_1^2}{(-1 + \sqrt{1 + 8 F_1^2})^3}$$

7.9 폭이 6 m이고 경사가 0.04, $n = 0.03$인 구형단면수로 내에 등류수심 0.9 m로 물이 흐르고 있다. 이 수로의 말단부에 낮은 댐을 설치하여 댐 직상류의 수심을 2.1 m로 하고자 한다. 댐 상류의 수면을 수평이라 가정하고 다음을 구하라.

    (a) 댐 위로 월류하는 유량

    (b) 도수의 높이

    (c) 댐으로부터 도수 발생지점까지의 거리

7.10 폭 9 m인 수평 구형단면수로 내의 유량이 8.5 m³/sec이며 이 수로 내에서 도수가 발생하여 1.5 m의 에너지손실이 생긴다. 도수전후의 수심을 계산하라.

7.11 그림 7.26과 같은 폭 9 m인 구형단면의 충분히 긴 경사수로에 8.5 m³/sec의 물이 흐르고 있다. 수로의 하류부에서는 도수가 발생하며 에너지손실은 그림에서와 같이 1.5 m이다. 수로에서의 마찰손실과 도수에 미치는 경사의 영향을 무시하고 도수의 발생위치를 결정하라(연습문제 7.10에서 얻은 결과를 이용하도록 하라).

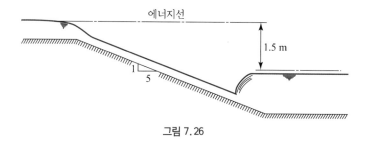

그림 7.26

7.12 평균유출량이 30 m³/sec인 하천상에 건설하고자 하는 용수공급용 저수지의 저수용량을 결정하고자 한다. 하천의 폭은 60 m, 경사는 0.000256, $n = 0.030$이며 저수지로 유입되는 유사는 모래가 70%, 실트가 20%, 점토가 10%일 것으로 판단하였다. 순 활용 저수용량으로 9,000 m³를 확보하고자 할 때 100년간의 퇴사를 고려하면 총 저수용량을 얼마로 결정해야 할 것인가? 퇴적토사는 항상 잠수상태에 있는 것으로 가정하라.

7.13 유역면적이 68,000 km²이고 단위면적당 연평균 유입용적이 20,000m³/km²인 하천상의 한 지점에 저수용량 31×10^8 m³의 저수지를 건설하고자 한다. 100년간의 퇴사량으로 인해 감소되는 저수지의 활용용량 및 토사포착률을 다음 두 방법으로 계산하라. 유사량 실측으로부터 추정한 연간 유입토사량은 350 ton/km²이며 토사의 구성은 모래가 60%, 실트가 25%, 점토가 15%이다. 또한, 퇴사는 항상 잠수상태에 있을 것이라 가정하라.

    (a) 저수용량(C) − 유역면적(W) 방법

    (b) 저수용량(C) − 유입수량(I) 방법

Chapter

08 흐름의 계측

8.1 서론

흐름의 계측은 각종 수리구조물과 수리시스템의 해석과 설계 및 운영관리를 위한 기본자료를 제공해 주므로 대단히 중요하다. 현장이나 실험실에서 물의 흐름의 여러 가지 특성을 측정하는 계기나 방법에는 여러 가지가 있으며, 측정의 원리는 유체역학 혹은 수리학의 기본법칙을 근거로 하고 있다. 수리분야에서 가장 많이 계측되는 수류의 특성으로는 유속, 압력, 유량 등이므로 이 장에서는 관수로 및 개수로에서의 이들 특성의 현장 및 실험실 측정원리와 방법에 대해 살펴보기로 하며, 수류의 흐름특성에 결정적인 영향을 미치는 유체의 주요 물리적 특성의 측정원리와 방법에 대한 것부터 고찰하기로 한다.

8.2 점유속의 측정

점유속(点流速, point velocity)의 측정은 관수로와 개수로로 나누어 생각할 수 있으며, 관수로에서는 피토관(Pitot-tube)을, 그리고 개수로에서는 유속계(current meter)를 주로 사용한다.

관수로의 어떤 흐름단면에서의 점유속은 관벽에서는 영이고 관의 중립축으로 가까워짐에 따라 커지는 유속분포를 가지며, 이를 결정하기 위해 흔히 사용되는 계기에는 피토관이 있다. 피토관은 압력차를 추정하여 점유속을 결정하기 위한 것이므로 국부적인 흐름을 방해하지 않을 정도로 그 크기가 충분히 작아야 함은 분명하다. 피토관은 그림 8.1에서 볼 수 있는 바와 같이 2개의 가느다란 튜브로 구성되어 있으며 한 튜브의 끝은 흐름방향에 직각이고 다른 끝은 평행하게 유지된다. 관 속에 삽입되는 계기의 크기를 가능한 한 작게 하기 위해 두 개의 튜브는 통상 그림 8.1 (b)와 같이 동일한 중심축을 따라 일체를 이루도록 만들며,

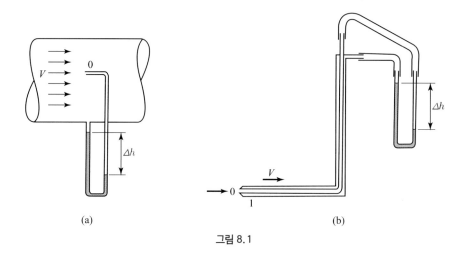

(a)   (b)

그림 8.1

이를 피토 정압관(Pitot- static tube)이라 한다. 그림 8.1 (a)에서 관 내의 흐름에 평행하게 놓인 튜브의 끝단 0에서는 점유속이 0이 되고 압력은 **정체압력**(stagnation pressure)이 되며, 관벽에 연결된 튜브의 끝단 1에서의 유속은 튜브로 인해 아무런 영향을 받지 않으므로 점 0과 1에서는 각각 동압력과 정압력이 작용하게 된다.

점 0과 1 사이에 Bernoulli 방정식을 적용하면

$$\frac{p_0}{\gamma} + 0 = \frac{p_1}{\gamma} + \frac{v_1^2}{2g}$$

따라서,

$$v_1 = \sqrt{2g\left(\frac{p_0 - p_1}{\gamma}\right)} = \sqrt{2g\,\Delta h} \tag{8.1}$$

여기서, Δh 는 동압수두와 정압수두의 차이며, 사용되는 액주계의 종류에 따라 독치 Δh 를 액주계의 원리에 맞추어 변환하여 식 (8.1)에 대입해야 한다. 즉, 액주계 유체의 비중이 S 이면 식 (8.1)은 다음과 같이 표시된다.

$$v_1 = \sqrt{2g\Delta h\,(S-1)} \tag{8.2}$$

관 내에 삽입된 피토 정압관의 선단부와 다리(leg)는 흐름을 어느 정도 교란시키므로 실제의 점유속은 식 (8.2)로 계산되는 값보다 작으므로 보정계수 $C < 1$ 을 식 (8.2)에 곱해 주게 되며, $C = 1$ 이 되도록 정압관의 구멍 위치를 그림 8.2와 같이 결정하여 설계한 피토관을 **프란틀-피토관**(Prandtl-Pitot tube)이라 한다. 점유속의 측정계기로서 피토관의 중요한 장점은 유향(流向)에 대하여 비교적 민감하지 않다는 것이다. 즉, 피토관의 축과 흐름의 방향 간의 각도가 15° 이내이면 압력차의 측정오차는 거의 무시할 수 있으며, Prandtl-Pitot 관의 경우는 20° 각도에서 1%의 오차가 있을 뿐이라고 알려져 있다.

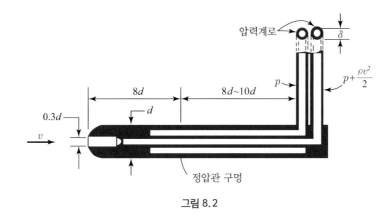

그림 8.2

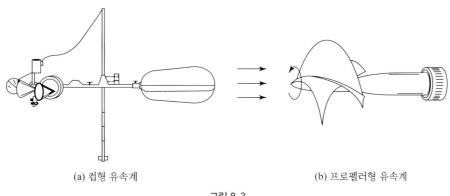

(a) 컵형 유속계   (b) 프로펠러형 유속계

그림 8.3

개수로의 어떤 단면에서의 유속분포 결정을 위한 점유속의 측정은 유속계(current meter)에 의하며, 그림 8.3에서와 같이 연직축 주위로 회전하는 컵형(cup-type) 유속계와 수평축 주위로 회전하는 프로펠러형(propeller-type) 유속계의 두 종류가 있다. 이러한 유속계는 점유속의 크기에 따라 컵 혹은 프로펠러의 회전속도가 변화하는 사실을 이용한 것으로, 전기회로를 이용하면 점유속을 단위시간당 회전수의 함수로 표시할 수 있다. 즉,

$$v = a + bN \tag{8.3}$$

여기서, v 는 점유속(m/sec)이며 N 은 회전자의 초당 회전수(rev/sec), a, b 는 계기상수이다.

따라서, 유속계마다 점유속과 회전자의 단위시간당 회전수 간의 관계 수립, 즉, 검정(calibration)이 필요하며, 이는 정수상태의 개수로에서 여러 기지의 속도로 유속계를 예인하여 각 속도에 대한 회전수를 측정함으로써 유속과 단위시간당 회전수 간의 관계를 수립하게 되며, 현지에서의 유속측정을 위해서는 단위시간당 회전수만 측정하여 검정공식을 이용함으로써 점유속을 계산 결정하게 된다.

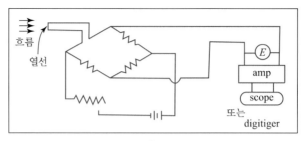

그림 8.4

실험실에서의 점유속 측정을 위한 전기적인 방법으로 열선유속계(熱線流速計, hot-wire anemometer)를 들 수 있다. 이의 작동원리는 그림 8.4에서 보는 바와 같이 전기적으로 가열된 열선을 흐르는 유체 속에 넣으면 흐름의 속도에 따라 열선의 온도가 변화하는데 이 열선의 온도를 일정하게 유지하기 위하여 열선의 냉각 정도에 따라 전류를 공급하게 된다. 즉, 유속이 낮아서 온도저하가 작으면 전류의 공급이 적게 되고, 유속이 커서 열선의 온도 저하가 크게 되면 전류의 공급이 필연적으로 크게 될 것이다. 이와 같은 전류와 유속의 관계, 즉 검정을 각 열선마다 해놓고 전류의 변화만을 읽음으로써 유속을 쉽게 얻을 수 있다. 이와 같은 열선유속계를 정온 열선유속계(constant temperature hotwire anemometer)라 하며, 이에 반하여 열선의 전압저항의 변화로 유속을 측정하는 유속계를 정전류 열선유속계 (constant current hotwire anemometer)라 한다. 이의 동작원리는 열선에 일정한 전류 를 공급하면 흐름에 의한 열선의 온도저하에 따라 열선의 저항이 변화하므로 이 열선의 전 압강하가 변화하게 되므로 전압강하와 유속과의 관계, 즉 검정을 함으로써 전압을 바로 유 속으로 바꾸게 된다.

열선의 직경은 제품에 따라 다르나 DISA의 경우 백금열선의 직경은 0.005 mm, 길이가 1.2 mm이다. 전기적인 회로를 이용함으로써 유속의 변화를 자동적으로 기록 또는 오실로 스코프를 열결하여 스크린상에서 유속의 변화를 볼 수 있다. 검정은 피토관을 이용하여 수 행된다. 이 유속계의 장점은 sensor가 매우 작아 흐름의 교란을 최소로 하고, 속도구배가 큰 경우 국부유속의 측정에 편리하며 유속뿐 아니라 난류의 측정에 많이 이용되고, 액체의 경우 열선 대신에 열필름(hot-film)이 사용되고 있다.

예제 8-01

물이 흐르고 있는 관 내의 어떤 단면에서의 점유속을 측정하기 위해 피토관을 사용하였다. 피토관에 연결 된 시차액주계의 눈금차는 14.6 cm이었으며 액주계 유체의 비중은 1.95였다. 점유속의 크기를 구하라.

풀이 식 (8.2)에 의하면

$$v = \sqrt{2g\,\Delta h\,(S-1)}$$
$$= \sqrt{2 \times 9.8 \times 0.146 \times (1.95 - 1)} = 1.65 \text{ m/sec}$$

8.3 압력의 측정

유체 속의 어떤 점에서의 압력(pressure)은 그 점에서의 단위면적에 유체가 미치는 수직력(normal force)으로 정의되며, 일반적으로 유체의 경계면에 구멍을 뚫어 액주계에 연결하여 액주계의 높이를 측정함으로써 결정한다. 만약, 액체가 정지상태에 있으면 액주계로 측정되는 압력은 정수압이나, 액체가 흐를 경우에는 경계면에 뚫은 구멍에서의 압력은 흐름의 유속이 증가함에 따라 감소하게 되며 압력감소량은 베르누이 정리로 계산이 가능하다.

경계면에 뚫게 되는 구멍은 면에 직각을 이루어야 할 뿐 아니라 돌기가 없도록 면과 매끈하게 선형을 이루어야 올바른 압력의 측정이 가능하다. 그림 8.5 (a)는 구멍을 올바르게 뚫은 예이고, 그림 8.5 (b)는 구멍을 잘못 뚫어서 실제의 압력보다 크게 측정되거나(그림에서 +로 표시) 혹은 작게 측정되는 예(그림에서 − 로 표시)를 표시하고 있다.

전술한 점유속의 측정에서 소개한 피토관은 흐름의 한 단면에서의 정압과 동압의 차를 한 계기로서 측정하기 위한 것이나, 관수로에서의 많은 흐름문제는 여러 단면 간의 정압차를 측정함으로써 해결될 수 있다. 이를 위해 여러 개 단면의 벽에 수압관공(水壓管孔, piezometer opening)을 뚫고 이를 액주계에 연결하여 수두를 서로 비교하게 된다. 만약, 압력차가 비교적 큰 두 단면 간의 압력차를 측정하고자 할 경우에는 시차액주계 혹은 **압력변환기**(pressure transducer)에 연결한다.

압력변환기는 압력의 변화에 따른 격막(diaphram)의 변위를 전기적으로 측정함으로써 압력차를 간접측정하는 방법이다. 그림 8.6은 압력전달기의 한 예를 도식적으로 표시하고 있다. 두 점 1, 2 간의 압력차에 따라 그림 8.6의 격막은 수축 혹은 팽창하게 되며, 이에 따라 **차동변환기**(differential transformer)의 중핵(core), A 가 코일 사이로 움직이게 된다. 중핵의 위치는 전달기의 출력을 좌우하게 되고, 따라서 압력변화는 전류의 변화로 표시되므로 압력과 전류 간의 검정관계만 수립되면 압력차의 측정은 쉽게 할 수 있다. 이러한 압력전달기는 격막의 관성에 따라 압력측정의 범위가 달라지므로 광범위한 압력차를 측정할 수 있도록 상품화되어 있어 압력차의 측정에 매우 편리하나 고가장비이기 때문에 경제적인 문제점을 안고 있다.

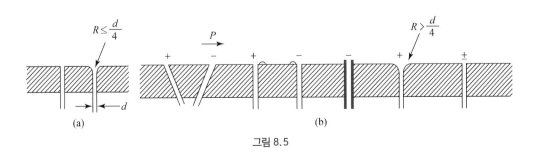

그림 8.5

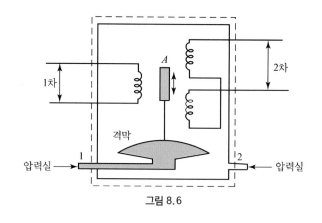

그림 8.6

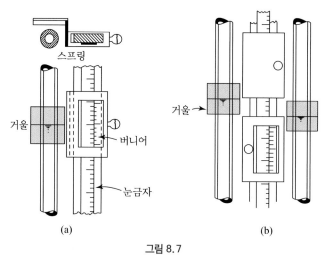

(a) (b)

그림 8.7

　이에 반해, 액주계(液柱計, manometer)는 값이 매우 싸고 정지유체의 역학적 원리를 이용하는 아주 간단하고도 보편적인 계기로서 오늘날 압력차의 측정에 가장 널리 사용되고 있으므로 좀 더 상세하게 살펴보고자 한다. 가장 간단한 종류의 액주계는 가느다란 유리관과 눈금이 든 자(尺)로 구성된다. 관은 곧고 투명할 뿐 아니라 깨끗해야 하며 직경은 일정하고 유리관 속에 모세관현상이 생기지 않도록 단면이 충분이 커야 한다. 액주계의 눈금자로는 필요한 정도의 방안지를 사용하는 경우가 많은데, 물로 인해 젖을 염려가 있으므로 합판 위에 방안지를 붙이고 그 위에 니스와 같은 유락을 칠하거나 아스테이지나 투명한 비닐을 씌워 사용하기도 한다. 액주계의 눈금자로서 방안지보다 더 나은 것은 여러 차례 흰 페인트칠을 한 판에 펜과 잉크로 필요한 정도의 평행한 격자를 그은 후 전체를 다시 니스나 래커로 칠하는 방법이다. 이보다 더 좋은 방법은 그림 8.7 (a)와 같이 물에 젖지 않는 눈금이 든 특수 테이프를 강철 막대기에 부착하고 그 위에 스프링이 붙은 버니아(vernier)를 붙여 액주계의 수면을 정확하게 측정할 수 있도록 하는 것이다. 버니아에는 관찰을 용이하게 하기 위해 수면을 지시하기 위한 철사와 거울을 부착하기도 하고, 버니아 자체는 강철 막대기를 연해서 자유롭게 이동시킬 수 있도록 되어 있다.

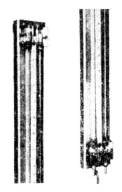

그림 8.8   그림 8.9

상술한 단일액주계는 어떤 기준면으로부터의 상대적인 수위나 압력수두선의 위치를 측정하기 위한 것이나 많은 경우 두 개의 각각 다른 수위나 수두의 차를 측정해야 할 경우가 있다. 이러한 경우에는 두 개의 수위를 단일액주계의 경우처럼 각각 읽어 그 차를 구하는 것보다 그림 8.7 (b)에서 처럼 두 액주계의 중간에 눈금자를 설치하여 각 액주계 내의 수면에 두 개의 수면지시기로 맞춘 후 눈금차를 직접 읽는 것이 편리하다.

그림 8.8은 여러 개의 액주계 수면위치를 한꺼번에 결정하기 위한 액주계군의 배치 및 계측방법을 도시한 것으로서 단일 액주계의 경우처럼 특수 테이프 자 혹은 눈금을 새긴 금속자와 수면지시기로 되어 있고 수면지시기는 자유롭게 움직일 수 있도록 되어 있다. 또한, 그림 8.9에서와 같이 액주계관의 하단에는 개폐용 콕(cock)을 연결하여 액주계로 물을 공급 혹은 배수할 수 있도록 하며, 상단에는 배기용 콕(bleeder cock)을 부착하는 것이 보통이다.

물과 공기, 혹은 물과 타 액주계 유체(manometer fluid)를 사용한 **시차액주계**(示差液柱計, differential manometer)에 있어서의 눈금차는 버니아를 사용하면 0.1 mm의 정도까지 읽을 수 있다. 액주계의 감도(sensitivity)를 높이기 위해 흔히 측정하고자 하는 유체와 비슷한 비중의 액주계 유체를 선택하기도 하나, 두 유체의 혼합으로 인한 오차 및 취급 시의 어려움 등이 문제가 된다. 시차액주계의 눈금차를 확대해서 읽기 위해서 종종 경사식 액주계를 쓰기도 한다. 액주계 전장을 경사식으로 만들 수도 있으나 관 전체가 곧아야 하고 설치에 정확을 기해야 하며 관의 직경이 정확히 일정해야 한다는 조건 때문에 그림 8.10과 같이 액주계의 일부분만을 경사지게 하기도 한다. 액주계의 독치는 액면이 경사부에 표시된 눈금과 일치할 때 미리 검정된 계기(counter)에 의해 얻게 되며 이는 바로 두 액면 간의 차로 환산이 가능하다.

압력의 측정단면에 만들어지는 피에조미터 꼭지(piezometer tap)와 액주계를 형성하는 세관을 연결하는 재료로서 과거에는 고무관이 사용되었으나 오늘날은 투명한 플라스틱 혹은 **폴리에틸렌 튜브**(polyethylene tube)를 가장 많이 사용하고 있다. 이 투명하고 유연성이 있는 튜브는 연결작업이 용이할 뿐 아니라 액주계를 읽는 데 가장 큰 오차를 발생시키는 튜브 내 기포를 식별하여 제거할 수 있는 이점을 가진다. 또한 저온에서는 튜브가 수축되고 굳어지므로 약간 가열하여 튜브를 확대시키거나 작업을 용이하게 할 수도 있다.

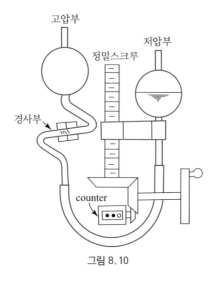

그림 8.10

예제 8-02

양단이 대기에 접하고 있는 그림 8.11과 같은 U자관에 물을 어느 정도 채운 후 U자관의 한쪽에 8.2 cm의 기름을 부었더니 다른 쪽으로 6 cm만큼 수면이 올라갔다. 기름의 비중을 구하라.

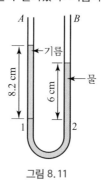

그림 8.11

풀이 정수압의 원리에 의하면 동일 액체의 동일 수평면상에서의 압력은 동일해야 하므로

$$p_1 = p_2$$

그런데, 기름의 비중을 S라 하면, $p_1 = S\gamma\, h_1$, $p_2 = \gamma h_2$이므로

$$S\gamma \times 8.2 = \gamma \times 6$$
$$\therefore\ S = 0.732$$

8.4 관수로에서의 유량측정

유량은 단위시간당 흐르는 유체의 체적을 의미하므로 관수로 내의 유량은 직접측정이 가능하다. 즉, 일정시간간격 동안 체적을 알고 있는 물통에 물을 받아 그 체적을 시간으로 나누는 체적측정법을 사용하거나 혹은 일정시간 동안 물통에 물을 받아 그 무게를 저울로 달고 이를 수온에 해당하는 물의 단위중량으로 나눈 후, 다시 시간으로 나누어 유량을 측정하는 중량측정법을 사용한다. 이들 체적 및 중량측정법을 위해 필요한 기기는 물통, 초시계 및 저울 등이다. 관수로내 유량의 시간적인 측정을 위한 계기에는 여러가지가 있으며 이중 많은 수의 계기는 베르누이 정리에 근거를 두고 있다. 관수로 내 흐름측정에 주로 사용되는 유량측정기기 중 대표적인 것을 살펴보면 벤츄리미터(Venturi meter), 노즐(nozzle), 관 오리피스(pipe orifice meter), 엘보우미터(elbow meter) 등이 있다.

8.4.1 벤츄리미터

벤츄리미터는 노즐 및 관 오리스피스와 함께 흐름의 단면을 축소시켜 축소전후 단면 간의 손실수두를 측정하여 유량을 계산하는 데 사용된다. 그림 8-12는 전형적인 벤츄리미터를 도식적으로 표시한 것으로서, 약 $20°$ 정도의 축소각을 가지는 축소 원추부와 원통형의 목(throat) 부분 및 $5\sim7°$의 확대각을 가지는 확대 원추부로 되어 있다. 입구부와 목부분 간의 손실수두는 그림 8.12의 단면 1, 2에 피에조미터 링(piezometer ring)을 설치하고 여기에 시차액주계를 연결하여 수두차 Δh 를 읽음으로써 측정되며, Bernoulli 방정식에 의하면 유량은 다음 식으로 표시된다.

$$Q = \frac{C_V A_2}{\sqrt{1 - \left(\dfrac{A_2}{A_1}\right)^2}} \sqrt{2g\left(\frac{p_1}{\gamma} - \frac{p_2}{\gamma}\right)} = \frac{C_V A_2}{\sqrt{1 - \left(\dfrac{A_2}{A_1}\right)^2}} \sqrt{2g\,\Delta h\,(S_0 - 1)} \quad (8.4)$$

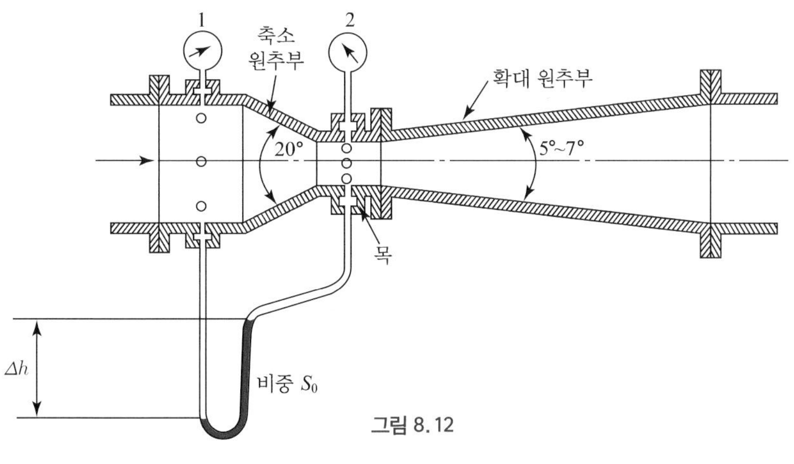

그림 8.12

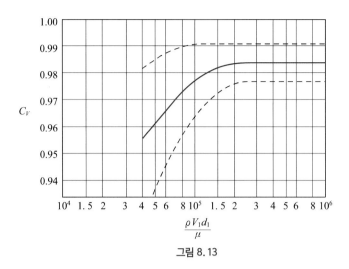

그림 8.13

여기서, A_1, A_2 는 각각 입구부와 목부분에서는 단면적이고, p_1, p_2 는 압력이며 C_V 는 실험적으로 결정되는 유속계수로서 흐름의 Reynolds 수와 벤츄리미터의 치수에 따라 결정되는 것으로 알려져 있다. 그림 8.13은 실험결과로 얻어진 Reynolds 수와 유속계수 간의 관계를 표시하고 있으며 관과 목부분의 직경비 d_2/d_1 가 $0.25 \sim 0.75$ 범위에서 적용되고 점선은 허용범위를 표시한다.

벤츄리미터를 설치하는 데 있어서 주의해야 할 사항은 미터로 흘러들어오는 흐름이 완전히 발달하여 와류의 영향을 받지 않고 실질적으로 직선적인 흐름을 유지해야 한다는 것이다. 이를 위해 벤츄리미터는 관 부속물이라든지 기타 대규모 난류발생의 원인이 되는 관로상의 점으로부터 충분히 하류지점에 설치해야 하며, 통상 관 직경의 약 $30 \sim 50$배 하류에 설치해야 효과적이다. 경우에 따라서는 흐름의 선형을 보장하기 위해 미터의 상류부에 유도날개(vane)를 설치하기도 한다.

예제 8-03

목의 직경이 6 cm인 벤츄리미터를 직경 12 cm인 관에 설치하였다. 관 속에 물이 흐르고 있을 때 측정한 수은 시차액주계의 읽은 값이 15.2 cm였다면 유량은 얼마이겠는가? 물의 동점성계수 $\nu = 10^{-6}$ m²/sec이다.

풀이 $A_1 = \dfrac{\pi}{4} \times (12)^2 = 113.1 \text{ cm}^2$, $A_2 = \dfrac{\pi}{4} \times (6)^2 = 28.26 \text{ cm}^2$

흐름의 유속계수 $C_V = 0.98$이라 가정하고 식 (8.4)로 유량을 계산하면

$$Q = \frac{0.98 \times 28.26}{\sqrt{1 - \left(\dfrac{28.26}{113.1}\right)^2}} \times \sqrt{2 \times 980 \times 15.2(13.6 - 1)} = 17{,}523.6 \text{ cm}^3/\text{sec}$$

가정한 $C_V = 0.98$이 적절한가를 검사해 보면

$$V_1 = \frac{Q}{A_1} = \frac{17{,}523.6}{113.1} = 154.94 \text{ cm/sec}$$

$$R_e = \frac{V_1 d_1}{\nu} = \frac{1.55 \times 0.12}{10^{-6}} = 1.86 \times 10^5$$

그림 8.13에서 $R_e = 1.86 \times 10^5$일 때 $C_V = 0.983 \fallingdotseq 0.98$.

따라서, 위에서 계산한 $Q = 0.0175 \, \mathrm{m}^3/\mathrm{sec}$를 받아들인다.

8.4.2 노즐

유량계측을 위해 사용되는 노즐(flow nozzle)은 확대 원추부가 없는 벤츄리미터와 유사하며 유량측정의 원리는 벤츄리미터의 경우처럼 Bernoulli 정리에 기초를 두고 있다. 그림 8.14 는 미국기계학회(American Society of Mechanical Engineers, ASME)에서 개발한 노즐의 전형적인 예를 표시하고 있다. 유량측정용 노즐은 그림 8.14에서와 같이, 측정하고자 하는 관로의 플랜지(flange) 사이에 삽입하여 연결하도록 하며, 확대부가 없어 흐름의 에너 지손실은 많으나 벤츄리미터에 비해 경제적인 장점이 있다. 노즐의 유량은 그림 8.14의 2 개 피에조미터에 연결되는 시차액주계에 의해 측정하는 수두차를 식 (8.4)에 대입하여 계산하게 된다. 상류측 피에조미터는 노즐입구로부터 관의 직경(d_1)만큼 상류측에 위치시키며 이 피에조미터를 통해 그림의 단면 1에서의 압력이 전달된다. 하류측 피에조미터는 노즐입 구로부터 $0.5 d_1$만큼 하류에 위치시키는데 이 위치에서의 압력은 노즐의 말단인 단면 2에서 의 압력과 동일함이 실험적으로 밝혀져 있다. 하류측 피에조미터는 노즐의 끝에 설치하는 것이 원칙이겠으나 흐름의 교란이나 설치의 난점 등을 해소시키기 위해 관벽에 설치하게 되는 것이다. 식 (8.4)의 유속계수 C_V는 벤츄리미터의 경우처럼 실험적으로 결정되며, 그 림 8.14에서 볼 수 있는 바와 같이 노즐의 단면축소비와 흐름의 Reynolds 수에 따라 달라 진다.

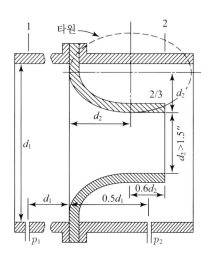
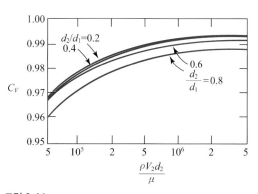

그림 8.14

직경 6 cm인 ASME 노즐을 직경 12 cm인 관에 연결하여 유량을 측정하고자 한다. 수은 시차액주계의 독치가 15.2 cm 였다면 유량은 얼마이겠는가? 물의 동점성계수는 10^{-6} m²/sec이다.

풀이 $d_2/d_1 = 0.5$ 이므로 그림 8.14에서 $C_V = 0.98$ 이라 가정하고 식 (8.4)로 유량을 계산하기로 한다. 예제 8-03의 관과 동일하므로

$$A_1 = 113.1 \text{ cm}^2, \qquad A_2 = 28.26 \text{ cm}^2$$

$$Q = 17{,}523.6 \text{ cm}^3/\text{sec} = 0.0175 \text{ m}^3/\text{sec}$$

가정한 $C_V = 0.98$ 이 적절한가를 검사해 보면

$$V_2 = \frac{Q}{A_2} = \frac{17{,}523.6}{28.26} = 620.08 \text{ cm/sec}$$

$$R_e = \frac{V_2 \, d_2}{\nu} = \frac{6.20 \times 0.06}{10^{-6}} = 3.72 \times 10^5$$

그림 8.14에서 $d_2/d_1 = 0.5$, $R_e = 3.72 \times 10^5$ 일 때의 $C_V = 0.985$ 이며 이는 가정한 값 0.980과 거의 비슷하다고 볼 수 있으므로 $Q = 0.017 \text{ m}^3/\text{sec}$ 를 그대로 취한다.

8.4.3 관 오리피스

관 오리피스는 그림 8.15에 표시된 바와 같이 동심원형의 구멍이 뚫려 있는 얇은 원형금속판으로 되어 있으며 관의 플랜지(flange) 속에 삽입 연결된다. 관 오리피스를 통해 흐르는 흐름은 노즐의 경우와는 약간 달라 그림 8.15에서 볼 수 있는 바와 같이, 관 오리피스의 위치에서 단면이 최소가 되는 것이 아니라 약간 하류부에서 최소단면이 형성되며 이 단면을 수축단면(收縮斷面, vena contracta)이라 한다. 수축단면 2에서의 단면적(A_2)은 오리피스의 단면적(A)보다 작으며, 단면의 수축률을 단면수축계수(C_C)라 한다. 즉,

$$A_2 = C_C A \tag{8.5}$$

식 (8.5)의 관계를 식 (8.4)에 대입하면 관오리피스로 측정되는 유량은

$$Q = \frac{C_V \, C_C A}{\sqrt{1 - C_C^2 \left(\dfrac{A}{A_1}\right)^2}} \sqrt{2g\,\Delta h\,(S_0 - 1)} = CA\,\sqrt{2g\,\Delta h\,(S_0 - 1)} \tag{8.6}$$

여기서, C 는 오리피스계수라 부르며 벤츄리미터와 노즐의 경우처럼 흐름의 Reynolds 수와 관에 대한 오리피스의 직경비에 따라 그림 8.16과 같이 변하는 것으로 실험결과가 나타나 있다. 그림 8.16의 상류측 피에조미터의 위치(단면 1)는 관 오리피스로부터 관의 직경만큼

상류에 위치시키며 하류측 피에조미터는 이론적으로는 수축단면에 위치시켜야 한다. 그러나, 수축단면의 위치는 흐름의 Reynolds 수와 직경비에 따라 달라지므로 통상 관직경의 어떤 백분율만큼(그림 8.16의 $0.3 \sim 0.5D$ 등) 하류에 고정시키고 그림 8.16과 같이 실험적으로 결정된 오리피스계수를 사용하게 된다. 단면 1, 2의 수두차(Δh)는 벤츄리미터나 노즐의 경우처럼 시차액주계로 측정하게 된다. 오리피스의 크기는 측정코자 하는 관로 내 유량의 크기에 따라 선택하게 되며 관 오리피스를 상품으로 획득하기 곤란한 경우에는 스테인리스 스틸(stainless steel)이나 청동판을 깎아서 제작하는 경우가 많다.

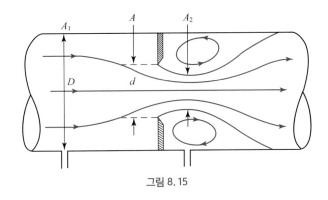

그림 8.15

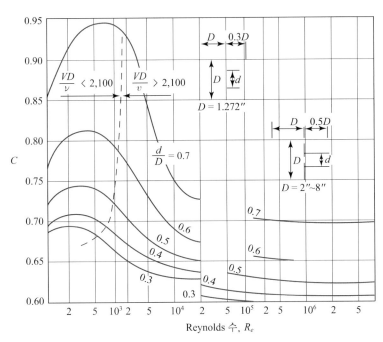

그림 8.16

8.4.4 엘보미터

엘보미터(elbow meter)는 그림 8.17에 표시된 바와 같은 $90°$ 만곡관의 내측과 외측에 피에조미터 구멍을 설치하여 시차액주계에 의해 압력수두차를 측정하고 다음 식으로 유량을 계산하는 데 사용되는 계기이다.

$$Q = CA \sqrt{2g \left[\left(\frac{p_0}{\gamma} - \frac{p_i}{\gamma} \right) + (z_0 - z_i) \right]} \qquad (8.7)$$

여기서, C는 엘보미터 계수로서 실험적으로 결정되며 엘보의 크기와 모양에 따라 대략 $0.56 \sim 0.88$정도의 값을 가지며, A는 엘보의 단면적을 표시한다. 엘보미터 계수 C의 정확한 값을 결정하기 위해서는 유량의 직접측정과 엘보에서의 수두차를 여러 흐름조건 하에서 측정하여 완전한 검정을 실시하는 것이 보통이다.

만약, 검정에 의한 엘보미터 계수 C값을 결정하지 못할 경우에는 다음과 같은 간단한 공식을 사용하기도 한다.

$$C = \frac{R}{2D} \qquad (8.8)$$

여기서, R은 만곡부 중립축의 곡률반경이며, D는 관의 직경이다. 식 (8.8)에 의해 C값을 결정하려면 흐름의 Reynolds 수가 충분히 크고 만곡부 상류의 직선관의 길이가 관경의 30배 이상이어야만 10% 이내의 오차범위 내에서 유량을 추정할 수 있다.

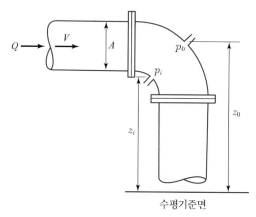

그림 8.17

8.5 개수로에서의 유량측정

개수로 내 흐름의 유량은 실험실 수로의 경우 체적측정법 혹은 중량측정법 등의 직접측정법을 사용할 수 있으나, 유량이 커지면 각종 위어나 계측수로 등의 간접측정 시설을 사용하는 것이 보통이다. 위어의 종류는 예연위어(sharp-crested weir)와 광정위어(broad-crested weir)로 대별할 수 있으며, 계측수로로는 벤츄리수로(Venturi flume)와 파샬수로(Parshall flume)를 들 수 있다.

8.5.1 예연위어

예연위어는 그림 8.18과 같이 위어 정부가 날카로운 금속판으로 되어 그 위를 흐르는 흐름이 자유낙하하는 물 제트와 같이 되는 위어를 말하며, 흐름단면의 수축이 전혀 없는 전폭 수평위어, 단면수축이 있는 **구형 위어**(rectangular weir), **삼각형 위어**(triangular weir or V-notch weir) 및 사다리꼴(梯形) 위어(trapezoidal weir)로 나눌 수 있다.

그림 8.19와 같은 전폭 수평위어의 정점을 통과하는 수평면을 기준면으로 취하고 유선 AB를 따라 단면 1, 2 사이에 Bernoulli 식을 적용하면

$$H + \frac{V_1^2}{2g} = (H - y) + \frac{V_2^2}{2g}$$

V_2에 관해 풀면

$$V_2 = \sqrt{2g\left(y + \frac{V_1^2}{2g}\right)} \tag{8.9}$$

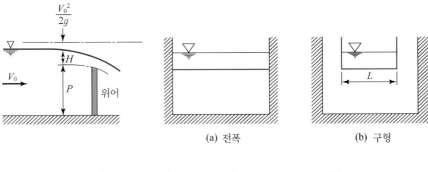

(a) 전폭   (b) 구형

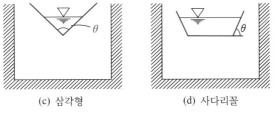

(c) 삼각형   (d) 사다리꼴

그림 8.18

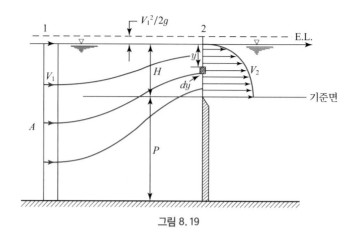

그림 8.19

그림 8.19에서 미소수심 dy를 통과하는 미소유량은 위어폭을 L 이라 할 때 $dQ = V_2 L dy$ 이므로 식 (8.9)를 사용하면 위어를 월류하는 전 유량은

$$Q = \int_0^H V_2 \, L \, dy = \sqrt{2g} \, L \int_0^H \left(y + \frac{V_1^2}{2g} \right)^{1/2} dy$$

따라서,

$$Q = \frac{2}{3} \sqrt{2g} \, L \left[\left(H + \frac{V_1^2}{2g} \right) - \left(\frac{V_1^2}{2g} \right)^{3/2} \right] \tag{8.10}$$

그런데, 대부분의 위어에서 $P \gg H$ 이므로 V_1 은 아주 작고, 따라서 $V_1^2/2g$ 항을 무시할 수 있으므로 식 (8.10)은 다음과 같아진다.

$$Q = \frac{2}{3} \sqrt{2g} \, L H^{3/2} \tag{8.11}$$

실제흐름의 경우에는 위어를 월류할 때 에너지손실이 생기므로 이를 고려해 주기 위해 위어계수 C_w 를 도입한다. 즉,

$$Q = \frac{2}{3} \sqrt{2g} \, C_w \, L H^{3/2} \tag{8.12}$$

여기서, 계수 C_w 는 월류수심 H, 위어높이 P 및 위어의 두께 등에 관계가 있으며 Rehbock은 다음과 같은 실험식을 제안하였다.

$$C_w = 0.605 + \frac{1}{1,000H} + 0.08 \frac{H}{P} \tag{8.13}$$

식 (8.13)을 다시 쓰면

$$Q = \frac{2}{3} \sqrt{2g} \, C_w \, L H^{3/2} = 2.953 \, C_w \, L H^{3/2} = C_d \, L H^{3/2} \tag{8.14}$$

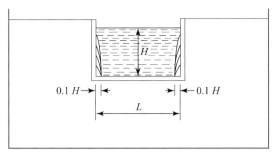

그림 8.20

여기서, C_d 를 위어의 유량계수라 하여 Francis의 전폭 위어 공식에서는 $C_d = 1.84$이다. 즉,

$$Q = 1.84\,LH^{3/2} \qquad (8.15)$$

구형 위어의 경우는 위어폭이 수로의 폭보다 작은 경우로서 단수축(端收縮)이 있어 그림 8.20에서 보는 바와 같이 위어폭이 양단에서 각각 $0.1H$만큼 축소되므로 식 (8.12) 및 (8.15)의 공칭위어폭 L 대신 유효 위어폭 L'을 다음과 같이 계산하여 사용한다.

$$L' = L - 0.1nH \qquad (8.16)$$

여기서, n은 단수축의 수이다.

삼각형 위어는 개수로에서 측정코자 하는 유량이 작을 때 사용되는 위어로서 전형적인 모양은 그림 8.21에 표시되어 있다. 그림에서 위어 위로 월류하는 수맥의 수축을 무시하고 $P \gg H$라 가정하면 미소단면 dA을 통과하는 흐름의 유속 $v = \sqrt{2gy}$로 표시할 수 있으므로 이론적인 총 유량은

$$Q = \int_A v\,dA = \int_0^H \sqrt{2gy}\ x\,dy \qquad (8.17)$$

그림 8.21에서 닮은 삼각형의 비 관계를 사용하면

$$\frac{x}{H-y} = \frac{L}{H} \qquad \therefore\ x = \frac{(H-y)}{H}L \qquad (8.18)$$

식 (8.18)을 식 (8.17)에 대입하면

$$Q = \sqrt{2g}\ \frac{L}{H} \int_0^H y^{1/2}\,(H-y)dy = \frac{4}{15}\sqrt{2g}\ \frac{L}{H}\,H^{5/2} \qquad (8.19)$$

그런데 그림 8.21에서

$$\frac{L/2}{H} = \tan\frac{\theta}{2} \qquad \therefore\ \frac{L}{H} = 2\tan\frac{\theta}{2} \qquad (8.20)$$

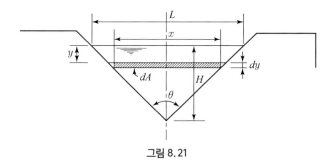

그림 8.21

식 (8.20)을 식 (8.21)에 대입하면

$$Q = \frac{8}{15}\sqrt{2g}\,\tan\frac{\theta}{2}\,H^{5/2} \tag{8.21}$$

구형 위어의 경우와 마찬가지로 월류수맥의 수축과 월류 시의 에너지손실로 인한 유량의 감소현상을 고려해 주기 위해서 위어계수 C_w 가 도입되며, Strickland에 의하면 C_w 는 다음과 같은 실험식으로 표시된다.

$$C_w = 0.565 + \frac{0.0087}{\sqrt{H}} \tag{8.22}$$

따라서, 직각삼각 위어($\theta = 90°$)를 통한 실제유량은 식 (8.21)에 식 (8.22)로 표시되는 C_w 를 곱하면

$$Q = 2.361\left(0.565 + \frac{0.0087}{\sqrt{H}}\right)H^{5/2} \tag{8.23}$$

사다리꼴 위어 위로 월류하는 유량은 그림 8.22와 같이 폭이 L 인 구형 위어의 유량과 중심각이 θ 이고 수면폭이 $(T-L)$인 삼각형 위어의 유량을 합한 것과 같다고 보면 접근유속을 무시할 때 다음과 같이 표시할 수 있다.

$$Q = C_1\frac{2}{3}\sqrt{2g}\,LH^{3/2} + C_2\frac{8}{15}\sqrt{2g}\tan\frac{\theta}{2}\,H^{5/2} \tag{8.24}$$

위어의 예연에 의한 양단수축이 있고 그림 8.23과 같이 사변의 경사가 1 : 4(수평 : 연직), 즉, $\tan\dfrac{\theta}{2} = \dfrac{1}{4}$ 인 사다리꼴 위어를 Cipolletti 위어라 부르며, 월류유량의 크기는 유효폭이 L 인 구형위어의 유량과 같은 것으로 알려져 있다. 그림 8.23에 표시한 미국개척성(USBR)의 표준사다리꼴 위어의 유량공식은

$$Q = 1.859\,LH^{3/2} \tag{8.25}$$

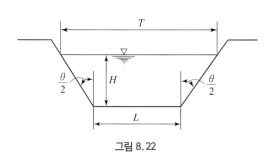

그림 8.22

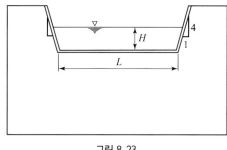

그림 8.23

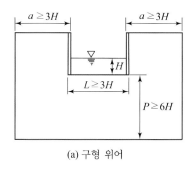

(a) 구형 위어

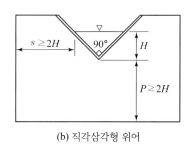

(b) 직각삼각형 위어

그림 8.24

이상에서 살펴본 각종 예연위어 중 구형 위어와 삼각형 위어가 실제로 가장 많이 사용되며, 이들 위어는 정상적인 기능을 발휘하기 위해 위어의 높이 P, 위어의 길이 L 및 수로벽면으로부터 떨어져야 할 거리 등이 수두 H의 적당한 배수이상으로 유지되어야 한다. 그림 8.24는 USBR의 표준형 구형 및 삼각형 위어의 적정치수를 표시하고 있으며, 사다리꼴 위어의 경우에도 그대로 적용된다.

예제 8-05

폭이 1.5 m인 실험실 개수로에 흐르는 유량을 측정했더니 0.25 m³/sec이었다.

(a) 수로의 어떤 단면에 높이 80 cm의 전폭 예연위어를 설치한 결과 월류수두가 20 cm로 측정되었다면 위어의 유량계수는 얼마이겠는가?

(b) 수로의 어떤 단면의 중앙부에 폭 60 cm의 구형 위어를 설치했을 때 월류수두가 40 cm로 측정되었다면 구형 위어의 유량계수는 얼마이겠는가?

(c) 수로의 어떤 단면의 중앙부에 밑변 폭 80 cm인 USBR의 표준 구형 위어를 설치했을 때 월류수두는 얼마이겠는가?

풀이 (a) 식 (8.14)를 이용하면 유량계수

$$C_d = \frac{Q}{LH^{3/2}} = \frac{0.25}{1.5 \times (0.2)^{3/2}} = 1.86$$

혹은, 식 (8.13)과 식 (8.14)로부터

$$C_d = 2.953 \, C_w = 2.953 \left(0.605 + \frac{1}{1,000 \, H} + 0.08 \frac{H}{P} \right)$$

$$= 2.953 \times \left(0.605 + \frac{1}{1,000 \times 0.2} + 0.08 \frac{0.2}{0.8} \right) = 1.86$$

(b) 식 (8.14)와 식 (8.16)으로부터

$$Q = C_d (L - 0.1 \, n \, H) H^{3/2}$$

$$\therefore C_d = \frac{0.25}{(0.6 - 0.1 \times 2 \times 0.4) \times (0.4)^{3/2}} = 1.90$$

(c) 식 (8.25)으로부터

$$H = \left(\frac{Q}{1.859 \, L} \right)^{2/3} = \left(\frac{0.25}{1.859 \times 0.8} \right)^{2/3} = 0.305 \text{ m}$$

8.5.2 광정위어

광정위어(廣頂위어, broad-crested weir)는 그림 8.25와 같이 흐름방향으로 상당한 길이를 가지는 배수구조물로서 위어상에서 한계수심이 발생하도록 함으로서 유량을 측정할 수 있게 된다.

그림 8.25에서 단면 1, 2 사이의 베르누이 방정식을 세우면

$$E = H + \frac{V_1^2}{2g} = y + \frac{V_2^2}{2g}$$

위어상에서의 흐름의 평균유속 V_2를 표시하면

$$V_2 = \sqrt{2g(E - y)}$$

따라서, 폭이 L인 위어 위로 흐르는 유량은

$$Q = V_2 \, Ly = Ly \, \sqrt{2g(E - y)} \tag{8.26}$$

식 (8.26)에서 Q는 위어 위의 수심 y의 함수이며, $y = 0$ 및 $y = E$일 때 $Q = 0$이므로 $0 < y < E$에서 최대유량이 발생하며 $dQ/dy = 0$이 최대유량의 발생 조건식이 된다. $y = 2E/3$일 때 유량은 최대가 되며 이것이 바로 한계류조건인 것이다.

식 (8.26)에 $y = 2E/3$를 대입하면

$$Q = \frac{2}{3} EL \, \sqrt{2g \left(\frac{1}{3} E \right)} = \left(\frac{2}{3} \right)^{3/2} \sqrt{g} \, LE^{3/2} = 1.705 \, LE^{3/2} \tag{8.27}$$

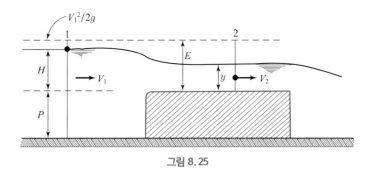

그림 8.25

식 (8.27)은 위어의 높이나 형상 등의 영향을 고려하지 않은 이론적인 유량공식이며 실제유량의 측정을 위한 기본식의 형태는 다음과 같다.

$$Q = CLH^{3/2} \qquad\qquad (8.28)$$

여기서, H는 위어상류부의 수두이며 C는 위어의 유량계수로서, 가능하면 검정에 의해 결정하는 것이 좋으나 유량이 커서 검정이 불가능할 경우에는 경험식을 사용하게 된다. Doeringsfeld-Barker의 경험식은 다음과 같다.

$$C = 0.433 \sqrt{2g} \left(\frac{P+H}{2P+H}\right)^{1/2} \qquad\qquad (8.29)$$

여기서, P는 광정위어의 높이이다.

예제 8-06

높이 1 m, 폭 3 m인 광정위어 상류부에서의 수두가 0.4 m라면 유량은 얼마나 되겠는가?

풀이 식 (8.29)로 위어의 유량계수를 계산하면

$$C = 0.433 \times \sqrt{2 \times 9.8} \left(\frac{1+0.4}{2+0.4}\right)^{1/2} = 1.46$$

식 (8.28)로 유량을 계산하면

$$Q = 1.46 \times 3 \times (0.4)^{3/2} = 1.108 \text{ m}^3/\text{sec}$$

8.5.3 계측수로

개수로 내의 유량측정을 위한 각종 위어는 경비가 적게 들고 구조가 단순한 이점이 있으나 비교적 흐름에너지의 손실이 크고 위어 직상류에 누적되는 토사가 문제가 된다. 이와 같은 문제점은 한계류 수로(critical flow flume)를 사용하면 어느 정도 극복할 수 있으며, 이러한 목적으로 사용되기 시작한 수로를 벤츄리 수로(Venturi flume)라 한다.

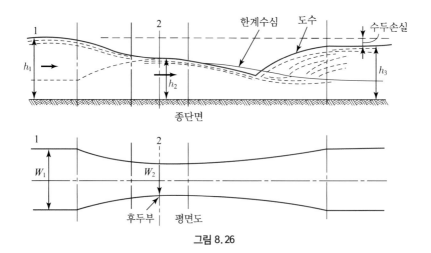

한계수심 도수 수두손실

종단면

후두부 | 평면도

그림 8.26

지금까지 여러 가지 형태의 벤츄리 수로가 유량측정에 사용되어 왔으며 일반적인 형은 그림 8.26에 표시한 바와 같이 관수로 내 유량측정을 위해 사용되는 벤츄리 미터처럼 축소부와 후두부(喉頭部, 목부, throat) 및 확대부로 구성된다.

대부분의 벤츄리 수로는 후두부에서 한계수심이 형성되고 출구부(확대부)에서 도수가 발생하여 출류수가 잠수상태가 되도록 운영된다. 수로를 통한 유량은 후두부에 설치되는 관측정에서의 수심과 다른 한 단면에서의 수심을 읽음으로써 계산에 의해 구해진다. 즉, 그림 8.26에서 $W_1/W_2 = x$, $h_2/h_1 = y$, 유량계수를 C_d 라 할 때 유량 Q 는 다음과 같이 표시할 수 있다.

$$Q = C_d\, W_2\, \sqrt{2g\, h_2\, (h_1 - h_2)}\, \sqrt{\dfrac{x^2}{x^2 - y^2}} \qquad (8.30)$$

개수로 내 유량측정을 위한 한계류 수로 중 가장 많이 사용되는 수로형은 파샬 수로(Parshall flume)로서 그림 8.27에 평면도와 종단도가 표시되어 있다. 파샬 수로 각 부분의 제원은 표 8.2에 수로의 크기(후두부 폭의 크기)별로 영국단위제를 사용하여 수록되어 있다. 따라서, 수로 크기별로 수로의 평면과 종단을 결정할 수 있으므로 완전한 설계가 가능하다.

표 8.2의 각종 크기별 파샬 수로에 대한 유량공식은 경험적으로 유도되었으며 비 잠수상태 하에서의 이들 공식은 표 8.1과 같다.

표 8.1 수로크기별 유량공식

후두부 폭	유량공식	통수용량(ft³/sec)
3 in.	$Q = 0.992\, H_a^{1.547}$	0.03~1.9
6 in.	$Q = 2.06\, H_a^{1.58}$	0.05~3.9
9 in.	$Q = 3.07\, H_a^{1.53}$	0.09~8.9
1~8 ft	$Q = 4\, WH_a^{(1.522\, W)^{0.026}}$	~140
10~50 ft	$Q = (3.6875\, W + 2.5)\, H_a^{1.6}$	~2,000

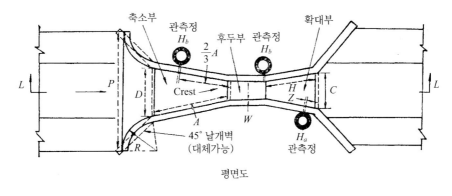

평면도

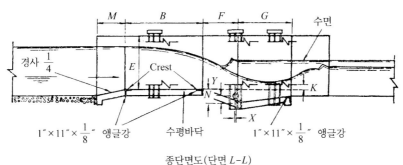

종단면도(단면 $L-L$)

그림 8.27

표 8.1의 유량공식에서 Q 는 유량(ft^3/sec), W 는 후두부의 폭(in 혹은 ft)이고 H_a 는 관측정 a 에서 읽은 수심(ft)이다.

만약, 관측정 b 에서 읽은 수심 H_b 와 관측정 a 에서의 수심 H_a 의 비인 H_b/H_a 가 아래 값을 초과할 경우 수로 내의 흐름은 잠수상태라 정의한다.

$$W= 1'',\ 2'', 3''\text{일 때} \qquad H_b/H_a > 0.50$$
$$W= 6'',\ 9''\text{일 때} \qquad H_b/H_a > 0.60$$
$$W= 1' \sim 8'\text{일 때} \qquad H_b/H_a > 0.70$$
$$W= 9' \sim 50'\text{일 때} \qquad H_b/H_a > 0.80$$

수로 출구부의 흐름이 잠수상태에 있으면 상류부의 흐름을 방해하여 수로의 통수능력을 감소시키는 결과를 초래하게 되므로, 표 8.1의 유량공식을 H_a 및 H_b 를 고려하여 수정해 주지 않으면 안 된다. 그림 8.28은 1 ft 파샬수로에 대한 잠수 백분율별 보정유량(ft^3/sec)을 후두부 수심(ft)에 따라 구하는 방법을 표시하고 있다. 또한, 그림 8－28은 수로크기 8 ft까지에 대해서도 사용할 수 있도록 만들어졌으며, 1 ft 수로에 대한 보정유량에 표 8.3의 보정계수를 각 수로에 곱하여 수로별 보정유량을 결정하면 된다.

표 8.2 파샬수로 크기별 제원

W		A		$\frac{2}{3}A$		B		C		D		E		F		G		H		K		M		N		P		R		X		Y		Z		통수용량(비잠수) 최소	통수용량(비잠수) 최대
FT	IN	FT	IN	FT	IN	FT	IN	FT	IN	FT	IN	FT	IN	FT	IN	FT	IN	FT	IN	FT	IN	FT	IN	FT	IN	FT	IN	FT	IN	FT	IN	FT	IN	FT	IN	ft^3/sec	ft^3/sec
0	1	1	$2\frac{9}{32}$	0	$9\frac{17}{32}$	1	2	0	$3\frac{21}{32}$	0	$6\frac{19}{32}$	0	6~9	0	3	0	8	0	$8\frac{1}{8}$	0		–	–	0			–	–		0	$\frac{5}{16}$	0	$\frac{1}{2}$	0	$\frac{1}{8}$	0.01	0.19
	2	1	$4\frac{5}{16}$		$10\frac{7}{8}$	1	4		$5\frac{5}{16}$		$8\frac{13}{32}$	1~	6~10		$4\frac{1}{2}$		10		$10\frac{1}{8}$				–		$1\frac{11}{16}$		–	–			$\frac{5}{8}$		1		$\frac{1}{4}$	0.02	0.47
	3	1	$6\frac{3}{8}$	1	$\frac{1}{4}$	1	6		7		$10\frac{3}{16}$	$1\frac{1}{2}$			6	1	0	1	$\frac{5}{32}$			–			$2\frac{1}{4}$		–	–			1		$1\frac{1}{2}$		$\frac{1}{2}$	0.03	1.90
0	6	2	$\frac{7}{16}$	1	$4\frac{5}{16}$	2	0	1	$3\frac{1}{2}$	1	$3\frac{5}{8}$	2	0	1	0	2	0	–		0		1	0	0	$4\frac{1}{2}$	2	$11\frac{1}{2}$	1	4	0	2	0	3	–		0.05	3.9
	9	2	$10\frac{5}{8}$	1	$11\frac{1}{8}$	2	10	1	3	1	$10\frac{5}{8}$	2	6	1	0	1	6	–				1	0		$4\frac{1}{2}$	3	$6\frac{1}{2}$	1	4		2		3	–		0.09	8.9
1	0	4	6	3	0	4	$4\frac{7}{8}$	2	0	2	$9\frac{1}{4}$	3	0	2	0	3	0	–				1	3		9	4	$10\frac{3}{4}$	1	8		2		3	–		0.11	16.1
1	6	4	9	3	2	4	$7\frac{7}{8}$	2	6	3	$4\frac{3}{8}$	3	0	2	0	3	0	–				1	3		9	5	6	1	8		2		3	–		0.15	24.6
2	0	5	0	3	4	4	$10\frac{7}{8}$	3	0	3	$11\frac{1}{2}$	3	0	2	0	3	0	–				1	3		9	6	1	1	8		2		3	–		0.42	33.1
3	0	5	6	3	8	5	$4\frac{3}{4}$	4	0	5	$1\frac{7}{8}$	3	0	2	0	3	0	–				1	3		9	7	$3\frac{1}{2}$	1	8		2		3	–		0.61	50.4
4	0	6	4	4	0	5	$10\frac{5}{8}$	5	0	6	$4\frac{1}{4}$	3	0	2	0	3	0	–				1	6		9	8	$10\frac{3}{4}$	2	0		2		3	–		1.3	67.9
5	0	6	6	4	4	6	$4\frac{1}{2}$	6	0	7	$6\frac{5}{8}$	3	0	2	0	3	0	–				1	6		9	10	$1\frac{1}{4}$	2	0		2		3	–		1.6	85.6
6	0	7	0	4	8	6	$10\frac{3}{8}$	7	0	8	9	3	0	2	0	3	0	–				1	6		9	11	$3\frac{1}{2}$	2	0		2		3	–		2.6	103.5
7	0	7	6	5	0	7	$4\frac{1}{4}$	8	0	9	$11\frac{3}{8}$	3	0	2	0	3	0	–				1	6		9	12	6	2	0		2		3	–		3.0	121.4
8	0	8	0	5	4	7	$10\frac{1}{8}$	9	0	11	$1\frac{3}{4}$	3	0	2	0	3	0	–				1	6		9	13	$8\frac{1}{4}$	2	0		2		3	–		3.5	139.5
10	0	–		6	0	14	0	12	0	15	$7\frac{1}{4}$	4	0	3	0	6	0	–		1		–		1	$1\frac{1}{2}$	–				0	9	1	0	–		6	200
12	0	–		6	8	16	0	14	8	18	$4\frac{3}{4}$	5	0	3	0	8	0	–		1		–		1	$1\frac{1}{2}$	–					9	1	0	–		8	350
15	0	–		7	8	25	0	18	4	25	0	6	0	4	0	10	0	–		1		–		1	6	–					9	1	0	–		8	600
20	0	–		9	4	25	0	24	0	30	0	7	0	6	0	12	0	–		2		–		2	3	–					9	1	0	–		10	1,000
25	0	–		11	0	25	0	29	4	35	0	7	0	6	0	13	0	–		2		–		2	3	–					9	1	0	–		15	1,200
30	0	–		12	8	26	0	34	8	40	$4\frac{3}{4}$	7	0	6	0	14	0	–		2		–		2	3	–					9	1	0	–		15	1,500
40	0	–		16	0	27	0	45	4	50	$9\frac{1}{2}$	7	0	6	0	16	0	–		2		–		2	3	–					9	1	0	–		20	2,000
50	0	–		19	4	27	0	56	8	60	$9\frac{1}{2}$	7	0	6	0	20	0	–		2		–		2	3	–					9	1	0	–		25	3,000

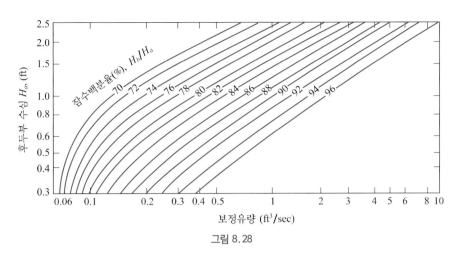

그림 8.28

표 8.3 수로크기별 보정계수(1~8 ft)

수로크기(ft)	1.0	2.0	3.0	4.0	6.0	8.0
보정계수	1.0	1.8	1.8	3.1	4.3	5.4

그림 8.28과 마찬가지로 그림 8.29는 10 ft 파샬수로의 보정유량을 결정하기 위한 그림이며, 표 8.4는 수로크기 50 ft까지의 파샬수로의 보정유량을 10 ft 수로의 보정유량으로부터 구하기 위한 보정계수를 수로크기별로 수록하고 있다.

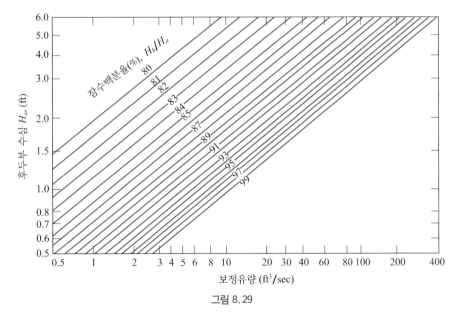

그림 8.29

표 8.4 수로크기별 보정계수(10~50 ft)

수로크기(ft)	10	15	20	30	40	50
보정계수	1.0	1.5	2.0	3.0	4.0	5.0

파샬 수로의 유량을 결정하기 위해서는 표 8.1의 유량공식으로 계산한 유량으로부터 위에서 소개한 방법으로 구한 보정유량을 빼어주면 흐름의 잠수영향을 고려한 실제의 유량을 결정할 수 있게 된다.

예제 8-07

4 ft 파샬 수로에 물이 흐르고 있다. $H_a = 1.0$ ft, $H_b = 0.8$ ft로 측정되었다면 유량은 얼마이겠는가?

풀이 수로 출구부의 흐름을 비 잠수상태라 가정할 경우 유량공식은 표 8.1로부터

$$Q = 4\,WH_a^{(1.522W)^{0.026}}$$

$$= 4 \times 4 \times (1.0)^{(1.522 \times 4)^{0.026}} = 16 \text{ ft}^3/\text{sec}$$

$H_b/H_a = 0.8 = 80\%$ 이므로 잠수의 영향을 고려하여 유량을 보정해야 한다.

그림 8.28로부터 $H_b/H_a = 0.8$일 때 $H_a = 1.0\text{ m}$에 대한 1 ft 파샬수로의 보정유량을 구하면 $(\varDelta Q)_{1ft} = 0.35 \text{ ft}^3/\text{sec}$ 이고, 표 8.3에서 4 ft 수로에 대한 보정계수가 3.1이므로 4 ft 수로의 보정유량은

$$(\varDelta Q)_{4ft} = 0.35 \times 3.1 = 1.085 \text{ ft}^3/\text{sec}$$

따라서, 이 파샬수로의 유량은

$$Q = 16 - 1.085 = 14.915 \text{ ft}^3/\text{sec}$$

8.1 유속 4 m/sec로 흐르는 수류를 측정하기 위해 흐름과 반대방향으로 설치한 피토관의 정압 및 동압관에 연결된 액주계의 시차가 14.2 cm였다. 액주계 유체의 비중을 구하라.

8.2 직경 1 m인 관수로의 중립축으로 0.3 m인 곳에 프란틀-피토관을 삽입하여 8.7 cm의 액주계시차를 얻었다. 점유속을 계산하라. 액주계 유체의 비중은 3.0으로 가정하라.

8.3 직경 1.2 m인 원형관의 어떤 단면의 상부와 하부에 한쪽이 개방된 U자 수은 액주계를 연결하여 시차를 측정했더니 상부 및 하부 액주계의 독치가 각각 7.25 cm 및 16.09 cm이었다. 관 속에 흐르는 액체의 비중과 이 단면에서의 압력을 구하라.

8.4 흐르는 물속에 양단이 개방된 90° 만곡 유리세관의 일단을 흐름방향과 반대방향으로 위치시켰더니 연직관부로 4 cm만큼 흐름의 표면보다 위로 물이 올라왔다. 흐름의 점유속을 구하라.

8.5 직경 100 cm인 관에 50 cm 벤츄리 미터가 연결되어 있다. 20℃의 물이 흐를 때 수은 시차액주계를 읽은 값이 6 cm였다면 유량은 얼마이겠는가?

8.6 25℃의 물을 50 ℓ/sec의 율로 직경 16 cm관을 통해 운반하고 있다. 8 cm 벤츄리 미터의 후두부와 상류부와의 압력차를 구하라.

8.7 20 cm 벤츄리 미터를 직경 50 cm인 관로에 연결시켜 유량을 측정하고자 한다. 상류관로와 벤츄리 미터 후두부에 연결된 압력계를 읽은 값이 각각 3 kg/cm² 및 2 kg/cm²였다면 유량은 얼마이겠는가?

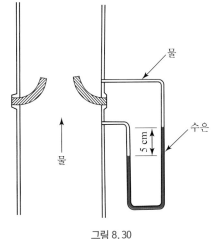

8.8 직경 20 cm인 관로에 물이 흐르고 있다. 유량을 측정하기 위해 직경 10 cm인 ASME 노즐을 연결하여 수은 시차액주계의 눈금차를 읽었더니 42 cm였다. 유량을 계산하라. 수은은 20℃이다.

8.9 그림 8.30에 표시된 직경 40 cm관에 흐르는 유량을 계산하라. 노즐의 후두부 직경은 32 cm이고 ASME의 표준에 맞추어 제작된 것으로 가정하라. 수온은 15℃이다.

그림 8.30

8.10 직경 15 cm인 관을 통해 5℃의 물이 흐르고 있다. 직경 6 cm인 ASME 노즐을 설치했을 때 수은 시차액주계의 눈금은 얼마를 가리킬까? 관속에 흐르는 유량은 80 ℓ/min.이다.

8.11 직경 7 cm인 노즐이 직경 15 cm인 관로에 설치되어 있다. 수은 시차액주계를 읽은 값이 35 cm, 수온이 20℃일 때 유량을 구하고 노즐의 설치로 인한 수두손실을 구하라.

8.12 직경 30 cm인 관수로에 직경 20 cm의 관 오리피스를 설치했을 때 시차액주계를 읽은 값이 30 cm이고 수온은 20℃였다. 유량을 계산하라. 단, 액주계 유체의 비중은 2.94이다.

8.13 직경 7.5 cm인 호스의 끝에 직경 3 cm의 노즐이 붙어 있다. 호스 내의 압력이 850 kg/cm²일 때 노즐을 통한 유량을 계산하라. 노즐의 유속계수 $C_V = 0.97$로 가정하라.

8.14 직경 30 cm인 관 오리피스를 직경 50 cm인 수평관에 설치하고 물을 흘렸다. 유량 검정실험에서 7 sec 동안 받은 양의 체적이 6.78 m³였고 수은 시차액주계를 읽은 값이 18.24 cm였다면 오리피스 미터의 유량계수는 얼마인가?

8.15 직경 15 cm의 관수로 끝에 부착된 직경 10 cm인 오리피스를 통해 0.15 m³/sec의 물이 흐르고 있다. 오리피스 상류의 압력계가 4 kg/cm², 수축단면(vena contracta)에서의 압력계가 4.2 kg/cm²를 지시할 때의 유량계수를 결정하라.

8.16 직경 30 cm인 관수로에 직경 20 cm인 관 오리피스를 설치했을 때 시차액주계를 읽은 값이 30 cm였다. 액주계 유체의 비중이 2.94이고 수온이 18°C일 때 유량을 계산하라.

8.17 직경 75 cm인 수평 90° 만곡관의 만곡부에 엘보미터를 설치하여 유량을 검정했더니 1분 동안 48 m³가 되었다. 수은 시차액주계를 연결했다면 시차는 얼마나 되겠는가?

8.18 연습문제 8.17의 만곡관이 수평면 내에 있지 않고 연직방향으로 만곡된다고 할 때 엘보미터의 유량계수를 결정하라. 유량은 동일하고 액주계에 연결되는 tap의 위치는 만곡부에서 수평 및 연직과 45°의 각도를 이루는 선상에 있다고 가정하라.

8.19 개수로에 설치된 양단수축 구형 위어의 폭이 4 m, 수두가 1.1 m이고 높이가 3 m일 때 월류하는 유량을 계산하라.

8.20 폭이 2 m인 양단수축 구형 위어를 통해 월류하는 유량이 1 m³/sec이다. 위어 상류부의 수두를 2.25 m로 유지하려면 위어의 높이를 얼마로 해야 할 것인가?

8.21 구형 단면의 폭이 4 m인 수로에 일정한 유량이 흐르고 있다. 폭 1 m, 높이 1.7 m인 구형 위어로 상류수심을 2.3 m로 유지하고 있다. 동일한 상류수심을 유지할 수 있는 전폭 위어의 소요 높이를 계산하라.

8.22 높이가 1 m이고 수두가 0.3 m 되는 전폭 예연위어 위로 물이 흐르고 있다. 높이가 0.5 m인 전폭 예연위어로 대치할 경우 상류수심의 변화는 얼마나 될 것인가?

8.23 60° 삼각형 위어 실험에서 수두가 0.3 m 되는 전폭 예연위어 위로 물이 흐르고 있다. 높이가 0.5 m인 전폭 예연위어로 대치할 경우 상류수심의 변화는 얼마나 될 것인가?

8.24 높이 1.5 m, 폭 4 m인 구형 광정위어 위로 물이 흐르고 있다. 위어 상류부의 수두가 0.5 m일 때 유량을 계산하라.

8.25 폭 3 m인 USBR 표준형 구형 위어 위의 수두가 0.6 m일 때 유량을 구하라.

8.26 폭 3 m, 높이 1.5 m인 광정 위어 위로 흐르는 유량이 2.8 m³/sec일 때 위어 상류의 수두를 구하라.

8.27 폭이 6.5 m인 개수로의 유량이 수심 1 m일 때 2.8 m³/sec이다. 이 수로에 광정 위어를 설치하여 상류수심이 2 m가 되는 위어의 높이를 결정하라.

8.28 위어 위의 수두를 0.25 cm 이하로 제한하고자 할 때 0.8 m³/sec까지의 유량을 소통시킬 수 있는 Cipoletti 위어의 소요 폭을 계산하라.

8.29 비잠수 흐름상태에서 $H_a = 1$ ft인 10 ft 파샬 수로를 통한 유량을 m³/sec 단위로 계산하라.

8.30 4 ft 파샬 수로에서 $H_a = 1.0$ ft, $H_b = 9.8$ ft일 때 유량을 계산하라.

8.31 40 ft 파샬 수로에서 $H_a = 1.0$ ft, $H_b = 0.95$ ft이었다. 파샬 수로를 통과하는 유량을 계산하라.

Chapter

수리학적 상사와 모형이론

9.1 서론

공학의 여러 분야에서는 원형(原型, prototype)의 성능을 사전에 파악하기 위해 원형을 축소시켜 만든 모형(模型, model)에서 실험을 통해 각종 현상을 관찰하는 소위 모형실험(model studies)의 기법을 널리 사용하고 있다. 수리학의 분야에 속하는 각종 수리현상은 강체 (rigid bodies)의 경우와는 달리 흐름조건이 매우 복잡하므로, 이론적인 해석만으로는 흐름현상을 완전히 분석하기가 힘들어 수리모형실험을 통해 관찰된 자료를 분석하여 원형의 합리적인 설계의 기본자료로 이용하는 것이다. 모형의 제작 및 실험에 드는 비용은 통상 원형의 건설비에 비하면 비교가 안 될 정도로 적으며, 모형에서 각종 변화에 따른 여러 대안을 실험함으로써 성능이 가장 우수하고 경제적인 원형의 구조와 크기를 결정할 수 있다.

　모형과 원형은 수리학적 거동(hydraulic performance)의 유사성이 보장되어야 하고, 모형실험은 이를 근거로 하여야만 올바른 의미를 가지는데 이러한 원리를 정리한 것이 수리학적 상사법칙(laws of hydraulic similarity, or hydraulic similitude)이다. 물론, 모형과 원형의 크기차 즉, 축척영향(scale effect)으로 인해 모형과 원형 간의 완전상사(complete similarity)를 유지한다는 것은 불가능하나, 모형을 가능한 한 크게 만들면 축척의 영향은 어느정도 극복할 수 있으며 따라서 주로 흐름을 지배하는 힘을 고려한 상사법칙으로 모형실험결과를 분석하면 원형에서의 흐름의 거동을 예견할 수 있다.

　여기서 한 가지 강조해야 할 것은 수리모형실험에 의한 방법이 언제나 이론적 혹은 해석적 방법보다 우수한 것은 아니라는 점이다. 근년에 와서는 고속 전자계산기의 급속한 발달로 종래에 해를 구할 수 없던 각종 수학적 모형에 의한 해석이 가능하게 되었으며, 통상적인 경우 수학적 모형에 의한 문제의 해결은 수리모형실험에 의한 것보다 경제적이므로 각종 복잡한 수리현상을 수학적 모형으로 해석하고자 하는 노력이 계속되고 있다. 따라서, 수리모형실험을 할 때에는 우선 이론적으로 혹은 수학적인 모형에 의해 큰 오차 없이 해석할 수 있는지의 여부를 검토할 필요가 있다.

이상에서 개관해 본 바와 같이 수리모형실험은 상사법칙에 준하여 수행되고 분석되며, 해석적 방법으로 수리현상의 완전한 분석이 어려울 때 동원되는 수단이라고 말할 수 있다. 따라서 이 장에서는 각종 상사법칙의 내용과 적용 방법, 수리모형의 종류와 특성 및 모형실험을 위한 여러 가지 기법 등을 중심으로 살펴보고자 한다.

9.2 수리학적 상사

수리모형실험에서 얻은 결과를 원형으로 전이 해석하려면 두 흐름계가 수리학적으로 상사성을 가지지 않으면 안 되며 이를 **수리학적 상사**(hydraulic similarity)라 한다. 수리학적 완전상사는 원형과 모형 간의 **기하학적 상사**(geometric similarity), **운동학적 상사**(kinematic similarity) 및 **동역학적 상사**(dynamic similarity)가 성립할 때에 비로소 얻어지는 것이다.

9.2.1 기하학적 상사

기하학적 상사는 원형과 모형의 모양(shape or form)이 유사해야 함을 뜻한다. 모형은 기하학적으로 원형의 축소판이라 할 수 있으며, 원형과 모형의 **대응길이**(homologous lengths) 사이의 축척이 일정하게 유지될 때 기하학적 상사가 성립되는 것이다. 기하학적 상사에 관련되는 물리량에는 길이(L), 면적(A) 및 체적(V)이 있다. 원형과 모형 간의 대응길이비는 모든 방향으로 일정해야 하며 다음과 같이 표시할 수 있다.

$$\frac{L_p}{L_m} = L_r \tag{9.1}$$

여기서, 첨자 p는 원형, m은 모형, r은 비율을 뜻한다.

면적(A)은 2개의 대응길이의 곱으로 정의되므로 대응면적비 또한 일정해야 한다. 즉,

$$A_r = \frac{A_p}{A_m} = \frac{L_p^2}{L_m^2} = L_r^2 \tag{9.2}$$

또한, 체적(V)은 3개의 대응길이의 곱으로 표시되므로 대응 체적비도 일정하지 않으면 안 된다. 즉,

$$V_r = \frac{V_p}{V_m} = \frac{L_p^3}{L_m^3} = L_r^3 \tag{9.3}$$

완전한 기하학적 상사를 위해서는 길이와 면적 및 체적뿐만 아니라 원형과 모형의 표면조도 k 의 크기도 상사성을 가져야 한다. 즉, 표면조도비 $k_p/k_m = k_r = L_r$ 이어야 하며 원형과 모형에서 이 값이 일정해야 함을 뜻한다. 그러나 실제로는 표면조도에 있어서까지 상사성을 유지하기란 매우 힘들다. 예를 들면 비교적 매끈한 표면(금속이나 잘 마감된 콘크리트 등)을 가지는 원형의 모형을 만들 때 축척비(L_r)에 따라 모형의 표면조도를 맞춘다는 것은 실질적으로 불가능하다. 또한 세굴 혹은 퇴적실험을 위한 모형을 만들 때 원형의 모래입자에 상응하는 모형사를 기하학적 상사가 유지되도록 선택하려면 특수한 세분(細粉)을 사용해야겠으나 이는 원형의 수리상태와는 거리가 먼 결과를 주게 될 것이다. 기하학적 상사성을 위반할 수밖에 없는 또 하나의 경우는 하천이나 하구 수리모형이다. 만약 모든 방향의 축척을 동일하게 하여 모형을 제작하면 수심이 너무 작아져서 원형에서는 중요하지 않은 표면장력현상이 모형 내의 흐름을 지배하게 되므로 원형의 수리현상과 상이한 현상을 실험하는 결과가 된다. 따라서, 하천 및 하구모형에서는 통상 수평과 연직방향의 축척을 다르게 하는 왜곡모형(歪曲模型, distorted model)을 사용하게 된다.

이상에서 설명한 기하학적 상사성의 파괴는 모형의 성질상 불가피하며 흐름의 수리학적 거동에 큰 영향을 미치지 않으므로 크게 문제가 되지 않는다.

예제 9-01

기하학적 상사성을 가지는 개수로모형을 5 : 1의 축척으로 제작하였다. 모형에서 유량이 0.2 m³/sec라면 원형에서는 얼마만한 유량에 해당하는가?

풀이 연속방정식 $Q = AV$를 생각하면 원형과 모형에서의 유량비는

$$Q_r = \frac{Q_p}{Q_m} = \left(\frac{A_p}{A_m}\right)\left(\frac{V_p}{V_m}\right) = \left(\frac{L_p}{L_m}\right)^2 \left(\frac{\dfrac{L_p}{T_p}}{\dfrac{L_m}{T_m}}\right) \tag{a}$$

원형과 모형에서의 시간은 동일하므로 $T_p = T_m$ 이고, 따라서 식 (a)는

$$\frac{Q_p}{Q_m} = \left(\frac{L_p}{L_m}\right)^3 = (5)^3 = 125$$

$$\therefore Q_p = 125 \times 0.2 = 25 \, \text{m}^3/\text{sec}$$

9.2.2 운동학적 상사

원형과 모형에 있어서의 운동의 유사성을 운동학적 상사라 한다. 만약 원형과 모형에서 운동하고 있는 대응입자(homologous particles)가 기하학적으로 상사인 경로를 따라 동일한 속도비와 같은 방향으로 이동한다면 원형과 모형은 운동학적 상사성을 가진다고 할 수 있다.

운동학적 상사에 관련되는 물리량에는 속도(V), 가속도(a), 유량(Q), 각변위(θ), 각속도(N) 및 각가속도(ω) 등이 있다. 속도는 단위시간당의 거리로 정의되므로 원형과 모형에서의 대응속도비는

$$V_r = \frac{V_p}{V_m} = \frac{\dfrac{L_p}{T_p}}{\dfrac{L_m}{T_m}} = \frac{\dfrac{L_p}{L_m}}{\dfrac{T_p}{T_m}} = \frac{L_r}{T_r} \tag{9.4}$$

여기서, $T_r = T_p / T_m$ 은 원형과 모형에서의 대응입자가 대응거리를 이동하는 데 소요되는 시간비를 표시한다.

가속도는 단위시간당의 속도로 정의되므로 가속도비는

$$a_r = \frac{a_p}{a_m} = \frac{\dfrac{V_p}{T_p}}{\dfrac{V_m}{T_m}} = \frac{\dfrac{L_p}{T_p^2}}{\dfrac{L_m}{T_m^2}} = \frac{\dfrac{L_p}{L_m}}{\left(\dfrac{T_p}{T_m}\right)^2} = \frac{L_r}{T_r^2} \tag{9.5}$$

유량은 단위시간당의 체적으로 표시되므로 유량비는

$$Q_r = \frac{Q_p}{Q_m} = \frac{\dfrac{L_p^3}{T_p}}{\dfrac{L_m^3}{T_m}} = \frac{\dfrac{L_p^3}{L_m^3}}{\dfrac{T_p}{T_m}} = \frac{L_r^3}{T_r} \tag{9.6}$$

마찬가지 방법으로 원형과 모형 간의 각변위비, 각속도비 및 각가속도비를 각각 표시해 보면

$$\theta_r = \frac{\theta_p}{\theta_m} = \frac{\dfrac{V_p}{R_p}}{\dfrac{L_m}{R_m}} = \frac{\dfrac{L_p}{L_m}}{\dfrac{R_p}{R_m}} = \frac{L_r}{R_r} = \frac{L_r}{L_r} = 1 \tag{9.7}$$

$$N_r = \frac{N_p}{N_m} = \frac{\dfrac{\theta_p}{T_p}}{\dfrac{\theta_m}{T_m}} = \frac{\dfrac{\theta_p}{\theta_m}}{\dfrac{T_p}{T_m}} = \frac{1}{T_r} \tag{9.8}$$

$$\omega_r = \frac{\omega_p}{\omega_m} = \frac{\dfrac{N_p}{T_p}}{\dfrac{N_m}{T_m}} = \frac{\dfrac{N_p}{N_m}}{\dfrac{T_p}{T_m}} = \frac{1}{T_r^2} \tag{9.9}$$

축척이 $10:1$인 모형으로 냉각용 저수지 내의 흐름현상을 실험하고자 한다. 화력발전소로부터 방류되는 계획유량은 $200 \text{ m}^3/\text{sec}$이고 모형에 흘릴 수 있는 최대유량은 $0.1 \text{ m}^3/\text{sec}$이다. 원형과 모형 간의 시간비를 구하라.

풀이 길이비

$$L_r = \frac{L_p}{L_m} = \frac{10}{1} = 10$$

유량비

$$Q_r = \frac{Q_p}{Q_m} = \frac{200}{0.1} = 2,000$$

식 (9.6)으로부터

$$T_r = \frac{T_p}{T_m} = \frac{L_r^3}{Q_r} = \frac{10^3}{2,000} = 0.5$$

혹은

$$T_m = 2\, T_p$$

즉, 모형에서 측정한 시간은 원형에서의 시간의 두 배에 해당한다.

9.2.3 동역학적 상사

원형과 모형에서 대응점(homologous points)에 작용하는 힘(F)의 비가 일정하고 작용방향이 같으면 동역학적 상사가 성립된다고 말할 수 있다. 즉,

$$\frac{F_p}{F_m} = F_r \tag{9.10}$$

힘은 질량(M)에 가속도(a)를 곱한 것이며 이때 질량은 밀도에 체적을 곱하여 표시할 수 있으므로 식 (9.10)을 다시 쓰면

$$F_r = \frac{F_p}{F_m} = M_r\, a_r = \rho_r\, L_r^3\, \frac{L_r}{T_r^2} = \rho_r\, L_r^4\, T_r^{-2} \tag{9.11}$$

식 (9.11)로부터 원형과 모형이 기하학적 및 운동학적 상사이면 대응체적의 밀도비가 동일할 때 원형과 모형은 동역학적으로도 상사임을 알 수 있다. 따라서 동역학적 상사를 이루기 위해서는 필연적으로 기하학적 상사와 운동학적 상사가 먼저 이루어져야 한다.

동역학적 상사에 관련되는 물리량에는 일(W)과 동력(P)이 있으며, 일은 힘에 거리를 곱한 것이고 동력은 단위시간당 일로 표시되며 원형과 모형에서의 비를 각각 표시하면 다음과 같다.

$$W_r = \frac{W_p}{W_m} = F_r \cdot L_r = \rho_r\, L_r^{\;5}\, T_r^{\;-2} \qquad (9.12)$$

$$P_r = \frac{P_p}{P_m} = \frac{W_r}{T_r} = \frac{F_r\, L_r}{T_r} = \rho_r\, L_r^{\;5}\, T_r^{\;-3} \qquad (9.13)$$

예제 9-03

출력 60 kW인 원형펌프의 설계를 위해 축척 8 : 1의 모형펌프를 제작하였다. 원형과 모형에서의 속도비가 2 : 1이라면 모형펌프의 소요출력은 얼마인가?

풀이 $L_r = 8$, $V_r = 2$ 이므로

$$T_r = \frac{L_r}{V_r} = \frac{8}{2} = 4$$

원형과 모형에서의 유체가 동일한 것이라고 가정하면 $\rho_r = 1$. 따라서, 식 (9.11)을 사용하면

$$F_r = \rho_r\, L_r^{\;4}\, T_r^{\;-2} = 1 \times (8)^4 \times (4)^{-2} = 256$$

식 (9.13)에서

$$P_r = \frac{F_r\, L_r}{T_r} = \frac{256 \times 8}{4} = 512$$

혹은

$$P_r = \rho_r\, L_r^{\;6}\, T_r^{\;-3} = \frac{1 \times (8)^5}{(4)^3} = 512$$

따라서, 모형펌프의 소요출력은

$$P_m = \frac{P_p}{P_r} = \frac{60}{512} = 0.117\,\text{kW}$$

9.3 수리학적 완전상사

전술한 바와 같이 수리학적 상사란 결국 원형과 모형 사이에 동역학적 상사가 이루어질 때 얻어지는 것이며, 동역학적 상사는 원형과 모형의 수리현상에서 대응점에 작용하는 모든 힘 성분의 크기비와 방향이 같을 때 성립하는 것이다. 일반적인 유체의 흐름문제에 포함되는 힘의 성분은 유체의 기본성질로 인한 압력, 동력, 점성력, 표면장력 및 탄성력(혹은 압축력) 등이며 이들 성분의 크기비가 원형과 모형에서 전부 동일해야만 동역학적 상사가 성립되는 것이다. 즉,

$$\frac{(F_P)_p}{(F_P)_m} = \frac{(F_G)_p}{(F_G)_m} = \frac{(F_V)_p}{(F_V)_m} = \frac{(F_S)_p}{(F_S)_m} = \frac{(F_E)_p}{(F_E)_m} \qquad (9.14)$$

여기서, F_P, F_G, F_V, F_S 및 F_E 는 각각 원형과 모형의 대응점에 작용하는 압력, 중력, 점성력, 표면장력 및 압축력을 표시한다.

만약, 이들 5개 힘 성분의 크기와 방향을 알면 이들 힘벡터(vector)를 합성함으로써 합력을 얻을 수 있게 되며, Newton의 제 2 법칙에 의하면 이 합력이 바로 흐르고 있는 유체에 실제로 작용하는 힘인 관성력(inertia force) F_I인 것이다. 따라서 벡터방정식을 쓰면

$$\vec{F}_P + \vec{F}_G + \vec{F}_V + \vec{F}_S + \vec{F}_E = \vec{F}_I \tag{9.15}$$

식 (9.15)는 흐름계에서의 관성력과 성분력 간의 관계를 표시해 주고 있으며, 원형과 모형이 동역학적 상사, 즉 수리학적 상사를 이루려면 식 (9.14)의 성분력의 비는 원형과 모형에서의 관성력비 $(F_I)_p / (F_I)_m$ 와도 같아야 할 것임을 알 수 있다. 즉,

$$(F_P)_r = (F_G)_r = (F_V)_r = (F_S)_r = (F_E)_r = (F_I)_r \tag{9.16}$$

여기서, 첨자 r 은 원형과 모형에서의 힘의 비를 표시한다.

식 (9.16)은 5개의 서로 독립적인 조건식 혹은 방정식이라 볼 수 있으며, 원형과 모형이 동역학적 상사를 이루기 위해 충족시켜야 할 조건들이다. 그러나 이는 식 (9.15)를 사용함으로써 4개의 조건식으로 줄일 수 있다. 즉, 식 (9.15)의 좌변의 힘 중 한 개를 종속변수로, 나머지를 독립변수로 취하면 흐름의 관성력은 원형이나 모형에서 결과력(resultant force)으로 인정하므로 종속변수로 선택되는 힘은 다음 식과 같이 결정된다. 종속변수로 선택되는 힘은 통상 압력에 의한 힘 F_P 이므로

$$\vec{F}_P = \vec{F}_I - (\vec{F}_G + \vec{F}_V + \vec{F}_S + \vec{F}_E)$$

원형과 모형에 대한 힘의 비로 표시하면

$$\frac{(\vec{F}_P)_p}{(\vec{F}_P)_m} = \frac{(\vec{F}_I)_p - [(\vec{F}_G)_p + (\vec{F}_V)_p + (\vec{F}_S)_p + (\vec{F}_E)_p]}{(\vec{F}_I)_m - [(\vec{F}_G)_m + (\vec{F}_V)_m + (\vec{F}_S)_m + (\vec{F}_E)_m]} \tag{9.17}$$

식 (9.17)이 의미하는 바는 원형이나 모형에 작용하는 중력, 점성력, 표면장력 및 압축력이 결정되면 압력에 의한 힘 F_P 는 자동적으로 결정된다는 것이다.

식 (9.16)을 바꾸어 쓰면

$$\left(\frac{F_I}{F_P}\right)_r = \left(\frac{F_I}{F_G}\right)_r = \left(\frac{F_I}{F_V}\right)_r = \left(\frac{F_I}{F_S}\right)_r = \left(\frac{F_I}{F_E}\right)_r = 1 \tag{9.18}$$

식 (9.18)은 관성력과 5개 성분력의 비가 원형과 모형에서 전부 동일해야 함을 뜻하며, 이것이 바로 수리학적 완전상사(complete similarity)를 위한 조건이 된다.

후술하게 되지만 식 (9.18)의 5개 성분력의 관성력에 대한 비는 물리법칙에 의해 흐름의 특성을 대표하는 5개 무차원변량(dimensionless parmeters)과 동일함을 증명할 수 있으

며, 제 6 장의 차원해석법에 의해서도 유도될 수 있다. 즉, 일반 유체흐름에 포함되는 물리량들의 함수관계는

$$\phi(\Delta p, \sigma, \mu, g, E, L, \rho, V) = 0 \qquad (9.19)$$

여기서, 모든 변수는 지금까지 정의된 바와 같고 E는 유체의 압축력 혹은 탄성력을 대표하는 체적탄성계수이다. Buckingum의 π 정리를 적용하여 차원해석을 하면 $n = 8, m = 3$ 이므로 5개의 무차원변량(π항)을 얻을 수 있으며 이들 간의 일반적인 함수관계식을 표시해보면

$$\phi'\left[\frac{V}{\sqrt{\Delta p/\rho}}, \frac{V}{\sqrt{gL}}, \frac{\rho V L}{\mu}, \frac{\rho V^2 L}{\sigma}, \frac{\rho V^2}{E}\right] = 0 \qquad (9.20)$$

식 (9.20)의 5개 무차원변량은 순서대로 Euler 수($\boldsymbol{E}$), Froude 수($\boldsymbol{F}$), Reynolds 수($\boldsymbol{R_e}$), Weber 수($\boldsymbol{W}$) 및 Cauchy 수($\boldsymbol{C}$)로 알려져 있으며, 원형과 모형이 완전상사를 이루려면 원형과 모형에서의 이들 각 변량의 값이 각각 같아야 한다는 것이다. 즉,

$$\boldsymbol{E}_r = \boldsymbol{F}_r = \boldsymbol{R}_{er} = \boldsymbol{W}_r = \boldsymbol{C}_r = 1 \qquad (9.21)$$

식 (9.17)에서 설명한 바와 같이 식 (9.21)에서 Euler 수 $\boldsymbol{E}_r$을 제외한 나머지 무차원변량의 값이 원형과 모형에서 동일하면 Euler 수는 자동적으로 같아지므로 원형과 모형의 완전상사조건은 다음과 같아진다.

$$\boldsymbol{F}_r = \boldsymbol{R}_{er} = \boldsymbol{W}_r = \boldsymbol{C}_r = 1$$

즉,

$$\frac{V}{\sqrt{g_r L_r}} = \frac{\rho_r V_r L_r}{\mu_r} = \frac{\rho_r V_r^2 L_r}{\sigma_r} = \frac{\rho_r V_r^2}{E_r} = 1 \qquad (9.22)$$

9.4 수리모형법칙

식 (9.22)로부터 알 수 있는 바와 같이 이 식을 동시에 만족시키는 모형유체($\rho_m, \mu_m, \sigma_m, E_m$)를 획득한다는 것은 불가능하다. 따라서, 모형과 원형에서 흐름의 완전상사를 얻는다는 것은 실질적으로는 불가능하다고 볼 수 있다. 그러나, 실제의 수리현상에서는 하나 혹은 몇 개의 성분력이 작용하지 않거나 혹은 무시할 정도로 작은 경우가 대부분이며 흐름을 주로 지배하는 힘 하나만을 고려해도 충분한 것이 보통이다. 예를 들면 대부분의 수리구조물에 작용하는 흐름의 힘은 동력에 의한 것으로 점성력이나 표면장력, 혹은 탄성력 등은 무시할 수 있을 정도로 작다. 이와 같은 이유 때문에 수리모형을 사용한 각종 수리현상의 실험적

해석이 가능한 것이며, 흐름을 주로 지배하는 힘이 무엇인가를 정확하게 판단하여 식 (9.22)의 완전 상사조건 중 해당조건 1개에 맞추어 수리모형실험 및 자료분석을 실시하게 된다. 이와 같이 수리모형실험 및 자료분석의 기준이 되는 제반 법칙을 수리모형법칙(hydraulic model laws)이라 한다.

수리현상을 주로 지배하는 힘이 점성력이면 Reynolds 모형법칙, 중력이면 Froude 모형법칙, 표면장력이면 Weber 모형법칙, 그리고 탄성력이면 Cauchy 모형법칙을 따르게 되며 수리현상에 따라서는 1개 이상의 지배력을 고려해야 할 경우도 있다. 이때에는 1개 이상의 모형법칙이 동시에 만족되도록 모형실험을 해야 한다.

9.4.1 Reynolds 모형법칙

흐름현상을 주로 지배하는 힘이 점성력일 경우에는 Reynolds 모형법칙을 적용한다. 모든 유체는 점성을 가지므로 수리모형실험을 계획할 때는 항상 점성력의 중요성 여부를 검토하지 않으면 안 된다. 잠수함이 수면 아래에서 항진할 때 잠수함 표면에 미치는 힘을 모형실험에서 조사하고자 할 경우라든지, 대형 관수로 내의 흐름 현상을 구명하고자 할 경우 등은 바로 Reynolds 모형법칙을 이용하게 된다.

흐름을 주로 지배하는 힘을 흐름에 작용하는 성분력 중의 하나인 점성력이라고 가정하므로, 원형과 모형의 대응점에 작용하는 실제흐름의 합력인 관성력과 점성력의 비가 동일할 때 모형과 원형에서의 흐름은 수리학적 상사를 이룬다고 보는 것이다. 즉, 식 (9.18)에서

$$\left(\frac{F_I}{F_V}\right)_r = \frac{(F_I/F_V)_p}{(F_I/F_V)_m} = 1 \tag{9.23}$$

혹은

$$\frac{(F_I)_p}{(F_I)_m} = \frac{(F_V)_p}{(F_V)_m} \tag{9.24}$$

식 (9.24)의 좌우변은 원형과 모형에서의 관성력과 점성력의 비를 표시하며 이를 모형의 축척비 L_r과 시간비 T_r의 항으로 나타내면, 우선 관성력은 식 (9.11)과 같이 표현할 수 있으므로

$$(F_I)_r = M_r a_r = \rho_r L_r^{\,4} T_r^{\,-2} \tag{9.25}$$

한편, 점성력은 Newton의 마찰법칙을 고려하면

$$(F_V)_r = \tau_r A_r = \mu_r \left(\frac{du}{dy}\right)_r L_r^{\,2} = \mu_r L_r^{\,2} T_r^{\,-1} \tag{9.26}$$

여기서, τ는 마찰응력이고 du/dy는 속도구배로서 $[T^{-1}]$의 차원을 가진다.

식 (9.25)와 (9.26)의 관계를 식 (9.24)에 대입하면

$$\rho_r L_r{}^4 T_r{}^{-2} = \mu_r L_r{}^2 T_r{}^{-1}$$

따라서,

$$\frac{\rho_r L_r{}^2}{\mu_r T_r} = \frac{\rho_r V_r L_r}{\mu_r} = 1 \tag{9.27}$$

식 (9.27)을 다시 쓰면

$$\frac{\dfrac{\rho_p V_p L_p}{\mu_p}}{\dfrac{\rho_m V_m L_m}{\mu_m}} = 1 \quad \text{혹은,} \quad \frac{\rho_p V_p L_p}{\mu_p} = \frac{\rho_m V_m L_m}{\mu_m} \tag{9.28}$$

식 (9.28)의 좌우변은 바로 원형과 모형에서의 흐름의 Reynolds 수(R_e) 임을 알 수 있다. 따라서 전술한 바와 같이 원형과 모형에서의 관성력비와 점성력비가 서로 같다는 것은 원형에서의 Reynolds 수(R_{ep})와 모형에서의 Reynolds 수(R_{em})의 값이 서로 같음을 의미하며, 이 조건이 바로 점성력이 지배하는 흐름의 수리학적 상사조건인 것이다.

모형에서 사용되는 유체와 원형에서의 유체가 동일한 경우($\rho_r = 1, \mu_r = 1$인 경우), Reynolds 모형법칙에 따라 원형과 모형에서의 각종 물리량의 비를 축척비(L_r)로 표시해 보면 표 9.1과 같다.

표 9.1 Reynolds 모형법칙 하의 물리량비

기하학적 상사		운동학적 상사		동력학적 상사	
물리량	비	물리량	비	물리량	비
길이	L_r	시간	L_r^2	힘	1
면적	L_r^2	속도	L_r^{-1}	질량	L_r^3
체적	L_r^3	가속도	L_r^{-3}	일	L_r
		유량	L_r	동력	L_r^{-1}
		각속도	L_r^{-2}		
		각가속도	L_r^{-4}		

예제 9-04

모형과 원형에서의 유체가 동일할 때 Reynolds 모형법칙 하의 시간, 유량, 힘, 질량 및 동력비를 축척비 L_r의 항으로 표시하라.

풀이 Reynolds 모형법칙에서는 $R_{ep} = R_{em}$ 이므로

$$\frac{\rho_p V_p L_p}{\mu_p} = \frac{\rho_m V_m L_m}{\mu_m} \tag{a}$$

동일유체일 경우에는 $\rho_p = \rho_m$, $\mu_p = \mu_m$ 이므로 식 (a)는

$$V_p L_p = V_m L_m, \quad \frac{V_p}{V_m} = \frac{1}{\dfrac{L_p}{L_m}} \tag{b}$$

$$\therefore \ V_r = \frac{1}{L_r} = L_r^{-1}$$

(a) 시간비, T_r

$$T_r = \frac{L_r}{V_r} = \frac{L_r}{L_r^{-1}} = L_r^2$$

(b) 유량비, Q_r

$$Q_r = \frac{L_r^3}{T_r} = \frac{L_r^3}{L_r^2} = L_r$$

혹은

$$Q_r = A_r V_r = (L_r^2)(L_r^{-1}) = L_r$$

(c) 힘비, F_r

$$F_r = m_r a_r = (\rho_r L_r^3)\left(\frac{L_r}{T_r^2}\right) = L_r^3\left(\frac{L_r}{L_r^4}\right) = 1$$

(d) 질량비, m_r

$$m_r = \rho_r L_r^3 = 1 \cdot (L_r^3) = L_r^3$$

(e) 동력비, P_r

$$P_r = \frac{W_r}{T_r} = \frac{F_r \cdot L_r}{T_r} = \frac{1 \cdot L_r}{L_r^2} = L_r^{-1}$$

예제 9-05

점성력이 주로 흐름을 지배하는 수리현상을 실험하기 위해 축척이 $10 : 1$인 모형을 사용하고자 하며, 원형에서는 물이 흐른다고 가정한다. 모형에서 다음의 유체를 사용할 경우 원형과 모형에서의 시간비 및 힘비를 각각 구하라.

(a) 물

(b) 물보다 점성이 5배 크고 밀도는 물의 80%인 기름

풀이 (a) $L_r = 10$ 이고 표 9.1로부터

$$T_r = L_r^2 = (10)^2 = 100$$

$$F_r = 1$$

(b) $\mu_r = \mu_p / \mu_m = 1 / 5 = 0.2$

$$\rho_r = \rho_p / \rho_m = 1 / 0.8 = 1.25$$

Reynolds 모형에서는

$$R_{er} = \frac{\rho_r\, V_r\, L_r}{\mu_r} = 1$$

$$\therefore\ V_r = \frac{\mu_r}{\rho_r L_r} = \frac{0.2}{1.25 \times 10} = 0.016$$

따라서,

$$T_r = \frac{L_r}{V_r} = \frac{10}{0.016} = 625$$

$$F_r = \frac{\rho_r L_r^4}{T_r^2} = \frac{1.25 \times (10)^4}{(625)^2} = 0.032$$

이상의 풀이로부터 모형에 선택되는 유체의 성질이 모형의 거동에 매우 큰 영향을 미침을 알 수 있다.

예제 9-06

공기의 흐름을 위한 대형 벤츄리미터(Venturi meter)를 설계하기 위해 축척비 5 : 1로 물을 흘리는 모형을 제작하였다. 모형에서의 유량이 85 ℓ/sec일 때 두 단면 간의 압력차가 0.28 kg/cm²로 측정되었다. 원형에서의 압력차를 구하라. 공기와 물의 온도는 20°C로 가정하라.

풀이 $L_r = 5$, $Q_m = 0.085\ \mathrm{m^3/sec}$, $\Delta p_m = 0.28\ \mathrm{kg/cm^2}$이고 20°C에서의 공기와 물의 μ 및 ν값은 표 1-4로부터

$$\mu_p = 1.852 \times 10^{-6}\,\mathrm{kg \cdot sec/m^4}, \quad \nu_p = 1.509 \times 10^{-5}\,\mathrm{m^2/sec}$$

$$\mu_m = 1.021 \times 10^{-4}\,\mathrm{kg \cdot sec/m^4}, \quad \nu_m = 1.003 \times 10^{-6}\,\mathrm{m^2/sec}$$

관수로 내 흐름이므로 Reynolds 모형법칙을 적용하면

$$\frac{\rho_r\, V_r\, L_r}{\mu_r} = 1 \qquad \therefore\ V_r = \frac{\mu_r}{\rho_r L_r}$$

$$T_r = \frac{L_r}{V_r} = \frac{\rho_r L_r^2}{\mu_r}$$

힘의 비는

$$F_r = (\rho_r L_r^3)\left(\frac{L_r}{T_r^2}\right) = (\rho_r L_r^3)\left(\frac{\mu_r^2}{\rho_r^2 L_r^3}\right) = \frac{\mu_r^2}{\rho_r}$$

압력차의 비는

$$\Delta p_r = \frac{F_r}{L_r^2} = \frac{\mu_r^2}{\rho_r L_r^2} = \frac{\mu_r \nu_r}{L_r^2}$$

$$\Delta p_p = \Delta p_m\left[\left(\frac{\mu_p}{\mu_m}\right)\left(\frac{\nu_p}{\nu_m}\right)\left(\frac{L_m}{L_p}\right)^2\right] = 0.28 \times \frac{(1.852 \times 10^{-6}) \times (1.509 \times 10^{-5})}{(1.021 \times 10^{-4}) \times (1.003 \times 10^{-6}) \times 5^2}$$

$$= 0.00306\ \mathrm{kg/cm^2}$$

9.4.2 Froude 모형법칙

수리현상이 자유표면을 가지고 흐를 경우에는 주로 중력이 지배적인 힘이 되며, 이때는 Froude 모형법칙을 적용하게 된다. 수리모형실험에 의해 효과적으로 해결할 수 있는 수리현상 중 가장 많은 수의 문제가 여기에 속하며 개수로, 하천, 하구 등에서의 흐름문제라든지 위어, 여수로 등의 수리구조물에서의 흐름 및 파랑문제 등을 예로 들 수 있다.

흐름을 주로 지배하는 힘이 중력만이라고 생각하므로 관성력과 중력의 비가 각각 원형과 모형에서 동일하면 두 흐름은 수리학적 상사를 이룬다고 보는 것이다. 즉, 식 (9.18)에서

$$\left(\frac{F_I}{F_G}\right)_r = \frac{(F_I/F_G)_p}{(F_I/F_G)_m} = 1 \tag{9.29}$$

혹은

$$\frac{(F_I)_p}{(F_I)_m} = \frac{(F_G)_p}{(F_G)_m} \tag{9.30}$$

식 (9.30)은 원형과 모형에서의 관성력비와 중력비가 같아야 함을 뜻한다. 식 (9.30)을 모형의 축척비 L_r과 시간비 T_r의 항으로 표시하기 위하여 중력비를 표시해 보면

$$(F_G)_r = M_r g_r = \rho_r L_r^3 g_r \tag{9.31}$$

여기서, g_r은 원형과 모형에서의 중력가속도비이다. 식 (9.25)와 식 (9.31)을 식 (9.30)에 대입하면

$$\rho_r L_r^4 T_r^{-2} = \rho_r L_r^3 g_r$$

따라서

$$\frac{L_r^2}{T_r^2} = g_r L_r$$

혹은

$$\frac{V_r}{\sqrt{g_r L_r}} = 1 \tag{9.32}$$

표 9.2 Froude 모형법칙 하의 물리량비

기하학적 상사		운동학적 상사		동력학적 상사	
물리량	비	물리량	비	물리량	비
길이	L_r	시간	$L_r^{1/2}$	힘	L_r^3
면적	L_r^2	속도	$L_r^{1/2}$	질량	L_r^3
체적	L_r^3	가속도	1	일	L_r^4
		유량	$L_r^{5/2}$	동력	$L_r^{7/2}$
		각속도	$L_r^{-1/2}$		
		각가속도	L_r^{-1}		

식 (9.32)를 다시 쓰면

$$\frac{V_p}{\sqrt{g_p L_p}} = \frac{V_m}{\sqrt{g_m L_m}} \tag{9.33}$$

식 (9.33)의 좌우변은 각각 원형과 모형에서의 흐름의 Froude 수($\boldsymbol{F}$)임을 알 수 있으며, 이것이 바로 중력이 흐름을 지배하는 수리현상의 수리학적 상사조건인 것이다.

모형과 원형에서의 유체가 서로 동일하고 같은 중력계라면($r_g = 1$) Froude 모형법칙에 따라 원형과 모형에서의 각종 물리량비를 표 9.2와 같이 표시할 수 있다.

예제 9-07

모형과 원형에서의 유체가 동일하고 중력가속도도 동일할 때 Froude 모형법칙 하의 시간, 가속도, 유량, 힘 및 동력의 비를 L_r의 항으로 표시하라.

풀이 Froude 모형법칙에서는 $F_p = F_m$ 이므로

$$\frac{V_p}{\sqrt{g_p L_p}} = \frac{V_m}{\sqrt{g_m L_m}}$$

$g_p = g_m$ 이므로

$$\frac{V_p}{V_m} = V_r = L_r^{1/2}$$

(a) 시간비, T_r

$$T_r = \frac{L_r}{V_r} = \frac{L_r}{L_r^{1/2}} = L_r^{1/2}$$

(b) 가속도비, a_r

$$a_r = \frac{V_r}{T_r} = \frac{L_r^{1/2}}{L_r^{1/2}} = 1$$

(c) 유량비, Q_r

$$Q_r = \frac{L_r^3}{T_r} = \frac{L_r^3}{L_r^{1/2}} = L_r^{5/2}$$

(d) 힘비, F_r

$$F_r = \rho_r \frac{L_r^4}{T_r^2} = 1 \times \frac{L_r^4}{(L_r^{1/2})^2} = L_r^3 \text{ (동일유체이므로 } \rho_r = 1 \text{ 임)}$$

(e) 동력비, P_r

$$P_r = \frac{F_r \cdot L_r}{T_r} = \frac{L_r^4}{L_r^{1/2}} = L_r^{7/2}$$

이상에서 유도된 각종 물리량의 비는 표 9.2의 내용과 일치함을 확인할 수 있다.

축척비 20 : 1로 길이 30 m인 개수로 모형을 제작하여 실험하고자 한다. 원형인 하천수로에서의 계획홍수량이 700 m³/sec라면 이 모형수로에 얼마의 물을 흘려야 할 것인가? 원형과 모형의 힘비도 구하라.

풀이 개수로 흐름에서는 중력이 지배적인 힘이므로 Froude 모형법칙을 적용한다.

표 9.2에서 유량비는 $Q_r = L_r^{5/2}$이고, $L_r = 20$ 이므로

$$Q_r = \frac{Q_p}{Q_m} = L_r^{5/2} = (20)^{5/2} = 1{,}789$$

$$\therefore Q_m = \frac{Q_p}{1{,}789} = \frac{700}{1{,}789} = 0.391 \, \text{m}^3/\text{sec} = 391 \, \ell/\text{sec}$$

원형과 모형에서의 힘비는 표 9.2로부터

$$F_r = L_r^3 = (20)^3 = 8{,}000$$

직경 2.4 m인 선박 프로펠러를 직경 40 cm의 모형으로 만들어 실험하였다. 모형선박의 프로펠러를 450 rpm으로 회전시키는 데 2 kg·m의 토크(torque)가 필요하였다. 이때 모형선박의 항진속도는 2.6 m/sec, 항진력(thrust)은 25 kg으로 측정되었다. 점성효과를 무시할 때

(a) 원형선박의 항진속도와 프로펠러의 회전각속도를 구하라.

(b) 원형과 모형에서의 유체가 동일할 때 원형선박에 작용하는 힘과 프로펠러를 회전시키는 데 필요한 토크를 구하라.

(c) 프로펠러의 효율은 얼마인가?

풀이 Froude 모형법칙을 적용하면 $V_r = \sqrt{L_r}$ 이고 $L_r = 2.4/0.4 = 6$ 이다.

(a) 속도비는
$$V_r = \sqrt{L_r} = \sqrt{6} = 2.45$$
$$\therefore V_p = 2.45 \, V_m = 2.45 \times 2.6 = 6.37 \, \text{m}/\text{sec}$$

회전각속도비는

$$N_r = \frac{V_r}{L_r} = \frac{\sqrt{L_r}}{L_r} = \frac{1}{\sqrt{L_r}} = \frac{1}{\sqrt{6}} = 0.41$$

$$\therefore N_p = 0.41 \, N_m = 0.41 \times 450 = 184.5 \, \text{rpm}$$

(b) 힘비는 표 9.2로부터
$$F_r = L_r^3 = 6^3 = 216$$
$$F_p = 216 \, F_m = 216 \times 25 = 5{,}400 \, \text{kg}$$

토크비는

$$(\text{Torque})_r = F_r L_r = L_r^4 = 6^4 = 1{,}296$$

$$(\text{Torque})_p = 1{,}296 \, (\text{Torque})_m = 1{,}296 \times 2 = 2{,}592 \, \text{kg·m}$$

(c) 효율 $\eta = \dfrac{P_{\text{out}}}{P_{\text{in}}}$ 이므로

$$\text{모형의 입력}(P_{\text{in}})_m = (\text{Torque})_m \times \omega_m$$

$$= 2 \times (2\pi \times 450/60) = 94.2\ \text{kg·m}/\sec$$

$$\text{모형의 출력}(P_{\text{out}})_m = F_m \times V_m = 25 \times 2.6 = 65\ \text{kg·m}/\sec$$

따라서,

$$\eta = \frac{65 \times 100}{94.2} = 69\%$$

원형의 경우 P_{out} 과 P_{in} 은 각각 모형에서의 값의 $L_r^{7/2}$ 배(표 9.2 참조)이므로 효율은 역시 69%로 동일하다.

9.4.3 Weber 모형법칙

흐름을 주로 지배하는 힘이 표면장력일 경우에는 Weber 모형법칙을 적용하게 된다. 표면장력은 물 표면의 곡률을 항상 최소한으로 유지하려 하는 힘이며, 물이 공기와 접촉해 있고 흐름의 규모가 아주 작을 때에만 중요한 역할을 한다. Weber 모형법칙의 적용 예로는 수두가 아주 작은 위어(weir)상의 흐름이라든지 미소 표면파의 전파, 수면을 통한 공기흡수현상의 모형을 들 수 있으며 수리모형실험 분야에서 큰 비중을 차지하지는 않는다.

Weber 모형에서는 관성력과 표면장력의 비가 원형과 모형에서 각각 동일하면 수리학적 상사가 이루어진다고 보고 식 (9.18)에서

$$\left(\frac{F_I}{F_S}\right)_r = \frac{(F_I/F_S)_p}{(F_I/F_S)_m} = 1 \tag{9.34}$$

혹은

$$\frac{(F_I)_p}{(F_I)_m} = \frac{(F_S)_p}{(F_S)_m} \tag{9.35}$$

식 (9.35)를 모형의 축척비 L_r 과 시간비 T_r 의 항으로 표시하기 위해 표면장력비를 표시해 보면

$$(F_S)_r = \sigma_r L_r \tag{9.36}$$

여기서, σ 는 단위길이당 힘인 표면장력이다.

식 (9.25)와 (9.36)을 식 (9.35)에 대입하면

$$\rho_r L_r^4 T_r^{-2} = \sigma_r L_r$$

따라서,

$$\frac{\rho_r \, V_r^2 \, L_r}{\sigma_r} = 1 \tag{9.37}$$

식 (9.37)을 다시 쓰면

$$\frac{\rho_p \, V_p^2 \, L_p}{\sigma_p} = \frac{\rho_m \, V_m^2 \, L_m}{\sigma_m} \tag{9.38}$$

식 (9.38)의 좌우변은 각각 원형과 모형에서의 흐름의 Weber 수(W)임을 알 수 있으며, 이것이 바로 표면장력이 흐름을 주로 지배하는 수리현상의 수리학적 상사조건인 것이다.

모형과 원형에서의 유체가 동일($\rho_r = 1, \sigma_r = 1$)하다면 식 (9.37)로부터

$$V_r = L_r^{-1/2} \tag{9.39}$$

따라서,

$$T_r = \frac{L_r}{V_r} = \frac{L_r}{L_r^{-1/2}} = L_r^{3/2} \tag{9.40}$$

식 (9.39)와 식 (9.40)의 관계를 사용하면 Reynolds, 혹은 Froude 모형법칙에서처럼 Weber 모형법칙에 따른 원형과 모형에서의 각종 물리량비를 유도할 수 있다.

9.4.4 Cauchy 모형법칙

유체의 탄성력이 흐름을 주로 지배하는 경우에는 Cauchy 모형법칙이 적용된다. 탄성력이 주로 흐름을 지배하는 예로는 수격작용(water hammer)이라든가 기타 관수로 내의 부정류에 있어서의 몇몇 문제 등을 들 수 있으나 대체로 보아 수리모형실험에서 그다지 많이 접하게 되는 것은 아니다.

Cauchy 모형에서는 관성력과 탄성력의 비가 원형과 모형에서 각각 동일하면 수리학적 상사가 이루어진다고 보므로 식 (9.18)에서

$$\left(\frac{F_I}{F_E}\right)_r = \frac{(F_I / F_E)_p}{(F_I / F_E)_m} = 1 \tag{9.41}$$

혹은

$$\frac{(F_I)_p}{(F_I)_m} = \frac{(F_E)_p}{(F_E)_m} \tag{9.42}$$

식 (9.42)를 모형의 축척비 L_r과 시간비 T_r의 항으로 표시하기 위해 탄성력비를 표시해 보면

$$(F_E)_r = E_r L_r^2 \tag{9.43}$$

여기서 E 는 유체의 체적탄성계수이다.

식 (9.25)와 식 (9.43)을 식 (9.42)에 대입하면

$$\rho_r \, L_r^4 \, T_r^{-2} = E_r \, L_r^2$$

따라서

$$\frac{\rho_r \, V_r^2}{E_r} = 1 \qquad\qquad (9.44)$$

식 (9.44)를 다시 쓰면

$$\frac{\rho_p \, V_p^2}{E_p} = \frac{\rho_m \, V_m^2}{E_m} \qquad\qquad (9.45)$$

식 (9.45)의 좌우변은 각각 흐름의 Cauchy 수(C)임을 알 수 있으며 이것이 바로 탄성력이 흐름을 주로 지배하는 수리현상의 수리학적 상사조건인 것이다. 식 (9.45)의 양변에 제곱근을 취하면

$$\frac{V_p}{\sqrt{E_p / \rho_p}} = \frac{V_m}{\sqrt{E_m / \rho_m}} \qquad\qquad (9.46)$$

식 (9.46)의 좌우변항은 Mach 수(M)라 하며, $C = \sqrt{E / \rho}$ 는 유체 내에서의 압력파의 전파속도인 파속(celerity)이라 부른다.

유체의 탄성력이 흐름현상을 지배할 경우에는 원형과 모형에서의 Mach 수가 동일해야 하며 이러한 현상이 필요한 것은 통상 항공공학 분야에서 Mach 수가 1보다 커질 경우이다. 대부분의 수리현상에서는 Mach 수가 1보다 작고 탄성력이 무시할 수 있을 정도이므로 Cauchy 모형법칙은 수리모형 실험에서 크게 사용되지 않는다.

식 (9.44)에서 원형과 모형에서의 유체가 동일하면 ($\rho_r = 1, \; E_r = 1$),

$$V_r = 1 \qquad\qquad (9.47)$$

따라서,

$$T_r = \frac{L_r}{V_r} = \frac{L_r}{1} = L_r \qquad\qquad (9.48)$$

식 (9.47)과 식 (9.48)의 관계를 사용하면 Cauchy 모형법칙에 따른 원형과 모형에서의 각종 물리량비를 유도할 수 있다.

9.4.5 중력과 점성력이 동시에 지배하는 흐름

물 위에 떠서 항진하는 선박 주위의 흐름이라든가 개수로 내의 천류(淺流, shallow water flow)에 생기는 표면파 등과 같이 중력과 점성력이 공히 흐름을 지배하는 경우에는 Froude

및 Reynolds 모형법칙을 동시에 만족시킬 수 있도록 모형실험을 하지 않으면 안 된다. 따라서 식 (9.27)과 식 (9.32)를 같게 놓으면

$$\frac{\rho_r\, V_r L_r}{\mu_r} = \frac{V_r}{\sqrt{g_r L_r}}$$

중력가속도비 $g_r = 1$ 이라 가정하고 $\nu = \mu/\rho$ 를 도입하면

$$\nu_r = L_r^{3/2} \tag{9.49}$$

따라서, 모형의 축척비 L_r 이 결정되었을 때 모형유체의 동점성계수 ν_m 이 식 (9.49)를 만족할 수 있도록 모형에서 사용할 유체를 선택하지 않으면 안 된다. 일반적으로 이 조건을 만족시킨다는 것은 그렇게 쉬운 일은 아니다. 예를 들면 $L_r = 10$ 이면 $\nu_r = 31.6$ 이므로 축척비를 10으로 하면 모형유체의 동점성계수가 원형유체보다 31.6배 정도 작아야 한다는 것이며 실제로 이러한 유체는 존재하지 않는다.

따라서, 이런 경우에는 수리현상에 포함된 두 힘의 상대적인 중요성에 따라 두 가지 방법을 사용할 수 있다. 즉, 선박에 미치는 표면항력(surface drag force)실험을 위해서는 Reynolds 모형법칙에 따라 모형을 제작한 후 Froude 모형법칙에 맞춰 모형실험을 진행하고 해석하며, 고정상개수로(fixed−bed open channel)내 흐름의 실험에서는 Manning 공식과 같이 유체의 점성에 의한 마찰효과를 고려하는 경험공식을 도입하여 Froude 모형법칙을 사용한다.

예제 9-10

직경 3 m인 상부가 개방된 원형 기름탱크의 바닥에 연결된 급유관을 통한 유량의 시간에 따른 변화를 알기 위해 모형탱크 실험을 하고자 하며, 20℃에서의 기름의 단위중량은 $880\,\text{kg/m}^3$이고 동점성계수는 $7.395 \times 10^{-5}\,\text{m}^2/\text{sec}$이다. 모형의 축척을 대략 4 : 1 정도로 하고자 할 때 모형에 사용할 유체와 모형 기름탱크의 정확한 직경을 계산하라.

풀이 모형유체로 20℃의 59% 글리세린(glyceline) 용액을 선택하면

$$\nu_m = 0.892 \times 10^{-5}\,\text{m}^2/\text{sec}$$

식 (9.49)에서

$$L_r = (\nu_r)^{2/3} = \left(\frac{7.395 \times 10^{-5}}{0.892 \times 10^{-5}} \right)^{2/3} = 4.096$$

$$\therefore L_m = \frac{L_p}{4.096} = \frac{3}{4.096} = 0.732\,\text{m}$$

즉, 모형탱크의 직경을 73.2 cm로 하면 된다.

90° 삼각형 위어(원형) 위로 흐르는 물의 유량 Q와 수두 H 사이에는 다음의 관계가 있다.

$$Q_p = 1.33\,H_p^{2.48} \qquad\qquad (a)$$

여기서, Q_p는 m³/sec, H_p는 m 단위를 가진다.

모형 위어를 제작하여 동점성계수 0.562×10^{-5} m²/sec(20℃)인 기름을 20 cm 수두로 흘린다고 가정할 때

(a) 수리학적 상사를 유지하기 위해서는 원형에서의 대응수두와 유량은 얼마이어야 하겠는가?

(b) 모형위어상의 기름의 유량을 구하라.

풀이 모형에서 기름이 흐르고 자유표면을 가지므로 점성력과 중력을 동시에 고려해야 한다. 주어진 값은

$$\nu_m = 0.562 \times 10^{-5}\ \mathrm{m^2/sec}, \quad H_m = 0.2\,\mathrm{m}$$

(a) 20℃의 물의 $\nu_p = 1.003 \times 10^{-6}$ m²/sec 이고 식 (9.49)로부터

$$H_r = L_r = (\nu_r)^{2/3} = \left(\frac{1.003 \times 10^{-6}}{0.562 \times 10^{-5}}\right)^{2/3} = 0.317$$

$$\therefore H_p = 0.317\,H_m = 0.317 \times 0.2 = 0.0634\,\mathrm{m}$$

따라서, 식 (a)의 관계로부터

$$Q_p = 1.33\,(0.0634)^{2.48} = 0.00142\,\mathrm{m^3/sec} = 1.42\,\ell/\mathrm{sec}$$

(b) Reynolds 모형법칙에서

$$\frac{V_r L_r}{\nu_r} = 1 \qquad \therefore L_r = \frac{\nu_r}{V_r} \qquad\qquad (a)$$

Froude 모형법칙에서

$$\frac{V_r}{\sqrt{g_r L_r}} = 1 \qquad \therefore L_r = V_r^2 \qquad\qquad (b)$$

식 (a), (b)를 같게 놓으면

$$V_r = (\nu_r)^{1/3} \qquad\qquad (c)$$

그런데, 유량비는

$$Q_r = V_r A_r = V_r L_r^2 \qquad\qquad (d)$$

식 (d)에 식 (c)와 식 (9.49)의 변형인 $L_r = (\nu_r)^{2/3}$를 대입하면

$$Q_r = (\nu_r)^{1/3} \cdot (\nu_r)^{4/3} = (\nu_r)^{5/3} = \left(\frac{1.003 \times 10^{-6}}{0.562 \times 10^{-5}}\right)^{5/3} = 0.0566$$

$$\therefore Q_m = \frac{Q_p}{0.0566} = \frac{1.42}{0.0566} = 25.09\,\ell/\mathrm{sec}$$

9.5 불완전 상사

중력과 점성력이 공히 흐름을 지배할 경우 모형의 축척비를 크게 하면 식 (9.49)의 관계를 만족시킬 수 있는 모형유체를 선택하는 것은 불가능하다. 따라서, 전술한 바와 같이 힘의 상대적 중요성을 고려하여 한 가지 모형법칙을 선택하고 부족한 부분은 경험적인 물리법칙 (physical laws)을 이용하여 해결하는 접근방법이 사용되고 있다. 이와 같이 상사법칙과 물리법칙을 동시에 적용하는 상사이론을 **불완전 상사**(incomplete similarity)라 한다.

불완전 상사방법에 의해 문제를 해결하는 가장 대표적인 예로는 선박모형실험을 들 수 있으며, 이 실험에서는 첫째로, 항진하는 선체표면에서 생기는 **마찰항력**(friction drag force), 둘째로 선박의 기하학적 모양 때문에 선박 주위에 발생하는 박리현상(flow seperation)으로 인한 **와항력**(渦抗力, form drag force), 셋째로 중력파의 발생에 소모된 힘인 **파 저항력** (波抵抗力, wave resistance) 등에 관한 정보를 얻고자 하는 것이 주된 관심사이다. 마찰항력과 와류력은 분명히 점성력으로 인한 것이므로 모형은 Reynolds 모형법칙에 준해 설계되어야 하며, 중력파에 관계되는 힘은 중력이 지배적인 힘이 되므로 Froude 모형법칙에 따라야 한다. 이들 3가지 힘을 위한 모형실험에서는 필요한 자료를 측정한 후 마찰항력과 와항력의 합은 물리법칙에 의해 다음과 같이 계산된다.

$$D_m = C_{D_m} \left(\frac{1}{2} \rho_m A_m V_m^2 \right) \tag{9.50}$$

여기서, D_m 은 모형에서의 마찰과 와류로 인한 표면항력(drag force)이고, C_{D_m} 은 항력계수, ρ_m 은 유체의 밀도, A_m 은 선박의 연직면상의 최대 수중투영면적이며, V_m 은 선박의 항진속도이다.

모형실험에서 실측한 총 힘에서 식 (9.50)으로 표시되는 표면항력을 빼면 파 저항력을 얻게 되고, 이를 Froude 모형법칙에 의해 원형에서의 파 저항력으로 환산하게 된다. 한편, 원형에 있어서의 표면항력도 원형에 대한 식 (9.50)을 사용해서 계산할 수 있으므로 이를 파 저항력에 합함으로써 원형선박에 작용하게 될 전 저항력을 구할 수 있게 된다.

예제 9-12

길이가 0.9 m이고 연직면상의 최대 수중투영면적이 0.78 m^2인 모형선박을 토우잉 탱크(towing tank)에서 0.5 m/sec의 속도로 띄워 길이 45 m인 원형배의 모형에 작용하는 전 힘을 측정하였더니 40 g이었다. 원형 선박에 작용할 전 힘은 얼마나 되겠는가? 선박의 항력계수는 원형과 모형의 경우 공히 다음과 같이 Reynolds 수(R_e)의 항으로 표시할 수 있다고 가정하라.

$$C_D = \frac{0.06}{R_e^{1/4}} \ (10^4 \leq R_e \leq 10^6 \text{일 때})$$

$$C_D = 0.0018 \ (R_e > 10^6 \text{일 때})$$

또한, 원형과 모형에서의 수온은 20℃라 가정하라.

[풀이] 중력과 점성력이 둘 다 중요하나 Froude 모형법칙을 주로 적용하고 항력공식을 사용하는 불완전 상사방법을 사용하기로 한다.

모형의 축척비는 $L_r = 45/0.9 = 50$ 이고 Froude 모형법칙에 의하면

$$V_r = L_r^{1/2} = \sqrt{50} = 7.07$$

$$\therefore V_p = 7.07\, V_m = 7.07 \times 0.5 = 3.54\,\mathrm{m/sec}$$

모형에서의 Reynolds 수는($\nu_m = 1.003 \times 10^{-6}\,\mathrm{m^2/sec}$ 이므로)

$$R_{em} = \frac{V_m \cdot L_m}{\nu_m} = \frac{0.5 \times 0.9}{1.003 \times 10^{-6}} = 4.49 \times 10^5$$

모형에서의 항력계수는

$$C_{D_m} = \frac{0.06}{(4.49 \times 10^5)^{1/4}} = 0.00232$$

모형선박에 작용하는 항력은 식 (9.50)으로부터

$$D_m = 0.00232 \times \left(\frac{1}{2} \times 101.79 \times 0.78 \times 0.5^2 \right) = 0.023\,\mathrm{kg}$$

따라서, 모형에서의 파 저항력은 전 저항력에서 D_m 을 뺀 것이므로

$$F_{W_m} = 0.040 - 0.023 = 0.017\,\mathrm{kg}$$

원형선박에 작용하는 파 저항력을 Froude 모형법칙으로 계산하면(표 9.2에서 $F_r = L_r^3$)

$$F_{W_p} = F_{W_r} \cdot F_{W_m} = L_r^3 F_{W_m} = (50)^3 \times 0.017 = 2{,}125\,\mathrm{kg}$$

원형에서의 Reynolds 수를 계산하면

$$\boldsymbol{R}_{ep} = \frac{3.5 \times 45}{1.003 \times 10^{-6}} = 1.588 \times 10^8$$

따라서, 원형에서의 항력계수 $C_{D_p} = 0.0018$ 이고, $A_p = A_m \cdot A_r = A_m \cdot L_r^2$ 이므로

$$= C_{D_p} \cdot \left(\frac{1}{2} \rho_p \cdot A_m \cdot L_r^2 \cdot V_p^2 \right)$$

항력은
$$D_p = C_{D_p} \left(\frac{1}{2} \rho_p A_p V_p^2 \right)$$

$$= 0.0018 \times \frac{1}{2} \times 101.79 \times 0.78 \times (50)^2 \times (3.54)^2 = 2{,}239\,\mathrm{kg}$$

따라서, 원형선박에 작용할 전 저항력은

$$F = D_p + F_{W_p} = 2{,}239 + 2{,}125 = 4{,}364\,\mathrm{kg}$$

9.6 수리구조물의 수리모형

이수 및 치수를 위해 설치되는 각종 수리구조물에 대한 모형실험은 가장 흔히 이루어지는 것으로 각종의 위어라든지 수문(水門, sluices), 감세공(減勢工, stilling basin), 하류지(下流池, tail bay), 유량측정용 수로(flume), 교량의 통수단면(bridge waterway) 등에서의 흐름특성을 분석하기 위한 것이 있다. 물론 이와 같은 구조물의 이론적 설계방법이 없는 것은 아니지만 일반적으로 각종 조건 하에서 구조물의 성능을 사전에 충분히 파악함으로써 흐름조건을 가장 좋게 하면서 하상세굴을 방지할 수 있는 구조물을 설계하는 데 목적이 있으며, 부수적으로 구조물을 통해 흐르는 유량의 검정(檢正, calibration)이나 건설기간 동안에 예상되는 각종 문제 등에 대한 사전 점검도 할 수 있게 된다.

수리구조물에서의 흐름은 중력이 주로 지배하므로 Froude 모형법칙이 기본이 되며, 축척은 왜곡시키지 말고 모든 방향으로 동일하게 하는 것이 보통이다. 흐름의 에너지손실은 마찰에 의한 것보다 와류에 의해 주로 발생하나 가급적 축척비를 고려하여 조도를 맞추기 위해 최대한 매끈한 표면을 사용하도록 해야 하며 합판(plywood), 플렉시 글라스판(plexiglass plate), 금속판(sheet metal), 유리 등을 흔히 구조물의 표면에 입히기도 한다.

물의 흐름방향에 직각으로 놓이는 수리구조물의 폭이 상당히 클 경우에는 큰 축척(작은 축척비)의 부분단면 모형(sectional model)과 작은 축척의 완전모형(complete model)의 두 가지를 제작하여 실험하는 것이 좋다. 전자는 구조물의 단면을 큰 축척으로 만들고 폭은 전체구조물의 일부만을 만들어 실험함으로써 흐름의 어떤 단면에서의 수리현상을 보다 세밀하게 조사할 수 있도록 하는 것이고, 후자는 소 축척으로 완전한 구조물의 모형을 만들고 접근수로와 하류수로도 갖추어 흐름의 종단방향으로의 특성을 조사할 수 있도록 하는 것이다.

9.6.1 위어와 수문모형

모형의 축척비는 보통 5 : 1~40 : 1 정도로 택하며 단면모형을 측벽이 유리로 된 수로상에 고정시켜 위어 위의 흐름거동이나 수문에 작용하는 수압분포 및 그로 인한 힘들에 관한 실험을 하게 된다. 위어 모형에서 특히 조심해야 할 것은 모형 위어상의 수두가 최소한 6 mm 이상이 되도록 해야 한다는 것이다. 만약 이보다 수두가 작으면 원형에서 중요하지 않는 표면장력현상이 모형에서의 흐름을 크게 지배하게 되므로 엉뚱한 실험결과를 얻을 우려가 있다.

폭이 18 m인 위어(혹은 월류형 여수로) 위로의 월류량 특성을 조사하기 위해 모형 위어를 제작하고자 한다. 위어 위로 흐르게 될 하천유량의 범위는 1~30 m³/sec로 추정되었으며 위어의 유량계수 $C = 1.7$ 정도일 것으로 판단하였고, 수리실험용 펌프의 최대양수율은 90 ℓ/sec이다. 모형의 축척은 얼마로 하는 것이 좋겠는가?

풀이 (a) 모형 위어상의 수두가 6 mm 이상이 되도록 축척을 정해야 하며 원형에서의 유량범위를 전부 실험할 수 있도록 해야 한다.

원형에서의 최소유량인 $Q_p = 1$ m³/sec일 때의 위어상 수두 H_p를 위어 공식(11장)으로 부터 구하면

$$Q_p = CL_p H_p^{3/2} \quad \therefore H_p = \left(\frac{Q}{CL_p}\right)^{2/3} = \left(\frac{1}{1.7 \times 18}\right)^{2/3} = 0.102 \text{ m}$$

모형 위어상의 수두 $H_m = 6$ mm $= 0.006$ m로 놓으면 최대허용축척비는

$$H_r = \frac{H_p}{H_m} = \frac{0.102}{0.006} = 17.0$$

따라서, 표면장력으로 인한 영향을 없애기 위한 안전축척으로 $H_r = 15$를 택한다.

(b) 한편, 축척비를 15 : 1로 했을 때 실험실 최대유량 90 ℓ/sec가 원형에서의 최대유량 30 m³/sec에 충분한가를 검사해 보면, Froude 모형에서는 $Q_r = L_r^{5/2}$ 이므로

$$Q_r = \frac{Q_p}{Q_m} = (15)^{5/2} = 871.42$$

$$\therefore Q_m = \frac{30}{871.42} = 0.0344 \, \text{m}^3/\text{sec} < 90 \, \ell/\text{sec}$$

따라서, 실험실 유량은 충분하다.

9.6.2 댐 여수로 모형

7장에서 소개한 바와 같이 댐 여수로에는 여러 가지 형식이 있으나 여기서는 월류형, 나팔형 및 사이폰형 여수로의 모형실험에 대해서만 간단하게 살펴보기로 한다.

월류형 여수로(overflow spillway)는 가장 흔히 사용되는 여수로로서 모형에서는 여수로 노면곡선(spillway surface profile)상에서의 흐름의 거동을 조사하게 된다(그림 9.1). Pitot관으로 유속을 측정하여 유속분포를 조사하기도 하고 여수로곡선을 따라 피에조미터 탭(piezometer tap)을 만들고 이를 액주계에 연결함으로써 압력변화를 조사하기도 한다(그림 9.2). 이때 노면의 어떤 부분에서 과대한 부압이 발견되면 이는 원형여수로에서 공동현상이 발생할 위험성을 보여주는 것이므로 노면곡선을 개선하는 등의 조치를 취해야 한다.

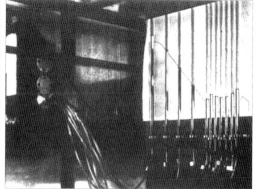

그림 9.1   그림 9.2

여수로의 완전모형의 축척은 20 : 1~100 : 1 정도가 보통이다. 이러한 축척을 사용하게 되면 상사법칙에 따라 모형의 표면조도를 맞추기가 힘들게 되는데 Manning 공식을 사용하여 그 이유를 설명하기로 한다. 월류형 여수로는 일반적으로 폭이 크므로 광폭 구형단면이라 볼 수 있으며, 동수반경과 수심이 같다고($R_h \fallingdotseq y$) 할 수 있으므로 원형과 모형에서의 유속비(V_r)를 Manning 공식으로 표시해 보면

$$V_r = \frac{1}{n_r} y_r^{2/3} S_r^{1/2} \tag{9.51}$$

여기서, 여수로 노면경사 S는 모형의 기하학적 상사를 맞추기 위해 원형과 모형에서 동일하게 하므로 $S_r = 1$이면 Froude 모형에서 $V_r = L_r^{1/2}$이므로 식 (9.51)은 다음과 같아진다.

$$L_r^{1/2} = \frac{L_r^{2/3}}{n_r} \qquad \therefore n_r = \frac{n_p}{n_m} = L_r^{1/6} \tag{9.52}$$

그런데, 원형여수로는 통상 콘크리트로 제작되므로 $n_p = 0.014$ 정도이고 모형에 사용할 수 있는 가장 매끈한 재료(sheet metal 혹은 Perspex 등)의 $n_m = 0.009$ 정도이므로 이를 식 (9.52)에 대입하면 $L_r = (0.014/0.009)^6 = 14.2$가 된다. 대형 댐의 경우 이 축척비에 맞추어 모형여수로를 제작한다는 것은 경제적으로 비현실적이라 말할 수 있으므로 이보다 작게 $L_r = 20~100$으로 제작하는 것이 보통이다. 다행스럽게도 여수로에서는 표면조도에 관련되는 마찰력보다 중력의 영향이 훨씬 더 지배적이므로 조도의 비상사성이 크게 문제가 되지는 않는다.

나팔형 여수로(morning-glory spillway) 모형은 나팔형 입구부의 모양과 위어 정상부에 위치하는 피어(piers)의 모양 및 간격 등에 의한 흐름상태뿐 아니라 연직통관과 수평관을 연결하는 만곡부에서의 흐름의 거동이 순조로운가를 조사하기 위해 사용된다(그림 9.3). 또한, 이 모형실험에서는 모형 여수로의 **유량검정**(discharge calibration)을 함으로써 원형여수로의 방류능력을 평가할 수 있게 된다.

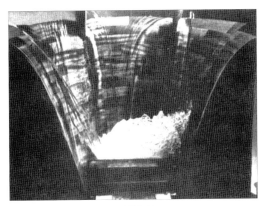

그림 9.3

사이폰형 여수로(siphon spilway) 모형은 사이폰 내의 일반적인 흐름특성을 몇 가지 설계안을 대비하면서 분석하는 데 사용할 수 있다. 사이폰형 여수로가 만류상태로 흐를 때에는 모형과 원형의 상사성을 유지하는 데 어려움이 없으나, 사이폰 내에서의 공기흡입에 따른 영향을 고려해야 하는 사이폰 작용의 시동(priming) 및 종료(depriming) 과정까지는 모형화하기 힘들다. 대체로 모형에서의 사이폰 작용은 원형보다 늦게, 그리고 상류 저수지 수위가 원형일 경우보다 높아져야 시작되는 것으로 알려져 있다(그림 9.4). 사이폰 여수로에서의 사이폰 작용은 사이폰의 정상부에서의 부압(負壓) 때문에 생기는 것이며, 이 부압의 측정과 해석에 각별한 주의를 요한다.

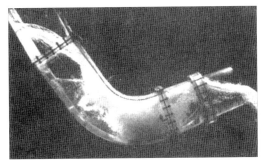

그림 9.4

예제 9-14

홍수조절용 댐의 여수로와 감세공을 축척비 50 : 1로 모형을 제작하여 실험하였다. 원형여수로의 폭은 300 m, 설계유량은 1,500 m³/sec이며 수문의 개방시간은 24시간으로 설계하고자 한다. 설계유량조건 하에서의 모형실험결과 감세공의 시점 부근에서의 유속은 3 m/sec, 도수전 수심은 3 cm, 도수로 인한 동력손실은 0.5마력으로 측정되었다. 여수로의 유량계수를 1.5라 가정하고 다음을 구하라.

(a) 모형에서 흘린 유량
(b) 모형 여수로상의 수두

(c) 원형에서의 도수전후의 수심

(d) 원형에서의 도수로 인한 에너지손실

(e) 모형에서의 수문개방시간과 이 시간동안의 총 방류용적

풀이 (a) Froude 모형법칙을 적용해야 하므로

$$Q_r = \frac{Q_p}{Q_m} = L_r^{5/2} = (50)^{5/2} = 17,678$$

$$\therefore Q_m = \frac{1,500}{17,678} = 0.0849\,\mathrm{m^3/sec} = 84.9\,\ell/\mathrm{sec}$$

(b) 위어 공식 $Q_m = CL_m H_m^{3/2}$ 에서

$$L_m = L_p / L_r = 300/50 = 6\,\mathrm{m}$$

이므로

$$H_m = \left(\frac{Q_m}{CL_m}\right)^{2/3} = \left(\frac{0.0849}{1.5 \times 6}\right)^{2/3} = 0.0446\,\mathrm{m} = 4.46\,\mathrm{cm}$$

(c) 원형에서의 도수전

수심 : $y_{1p} = L_r\, y_{1m} = 50 \times 3 = 150\,\mathrm{cm} = 1.5\,\mathrm{m}$

유속 : $V_{1p} = \sqrt{L_r}\ V_{1m} = \sqrt{50} \times 3 = 21.2\,\mathrm{m/sec}$

Froude 수 : $F_{1p} = \dfrac{21.2}{\sqrt{9.8 \times 1.5}} = 5.5$

따라서, 도수후 수심은

$$y_{2p} = \frac{y_{1p}}{2}\left[-1 + \sqrt{1 + 8F_{1p}^2}\,\right] = \frac{1.5}{2}\left[-1 + \sqrt{1 + 8 \times (5.5)^2}\,\right] = 10.94\,\mathrm{m}$$

(d) $P_r = \dfrac{P_p}{P_m} = L_r^{7/2} = (50)^{3.5} = 883,883.5$

$$\therefore P_p = 883,883.5 \times 0.5 = 441,942\,\text{마력}$$

(e) $T_r = \dfrac{T_p}{T_m} = \sqrt{L_r} = \sqrt{50} = 7.071$

$$\therefore T_m = \frac{24}{7.071} = 3.394\,\mathrm{hr}$$

총 방류용적$= Q_m\, T_m = 0.0849 \times 3.394 \times 3,600 = 1,037\,\mathrm{m^3}$ 혹은

$$\mathbb{V}_r = \frac{\mathbb{V}_p}{\mathbb{V}_m} = \frac{1,500 \times 24 \times 3,600}{\mathbb{V}_m} = L_r^3 = (50)^3$$

$$\therefore \mathbb{V}_m = \frac{1,500 \times 24 \times 3,600}{50^3} = 1,036.8\,\mathrm{m^3}$$

9.6.3 감세공 모형

감세공(stilling basin)은 위어나 수문, 여수로의 하류에 연결되는 중요한 수리구조물이므로 이의 설계는 마땅히 구조물 전체 속에서 조화가 되도록 해야 한다. 따라서, 모형실험도 그림 9.5에서와 같이 일체가 된 모형에서 실시하는 것이 보통이다.

모형실험에서의 주안점은 고속흐름이 가지는 에너지를 가장 효율적으로 짧은 구간 내에서 감세시켜 상류상태(subcritical condition)로 하류하천으로 흘려보낼 수 있는 에너지감세용 출구수로의 형태를 결정하는 것이다. 이동상 감세공에서의 세굴현상을 양적으로 조사하기는 어려우나 여러 가지 여수로 노면곡선과 여수로 단부 모양 등이 세굴에 어떻게 영향을 미치는가를 정성적으로 관찰함으로서 설계에 유익한 정보를 제공할 수 있다. 모형감세공 내에 사용하는 바닥재료의 크기는 정성적 조사를 하는 데는 큰 영향을 미치지 않으므로 작은 자갈이나 쇄석 등을 많이 사용한다.

그림 9.5

9.7 개수로의 수리모형

자연하천에서 홍수통제를 위한 하천개수사업을 수행할 때는 대상구간에 대해서 광범위한 변화를 주게 되며, 기본설계단계에서는 몇 가지 하천개수대안에 대한 상대적인 평가를 하는 것이 보통이다. 즉, 해당 하천구간에 대한 계획홍수량이 흐를 경우의 각 대안별 홍수위를 예측 비교하는 것으로서 해석적 방법(6장의 점변류의 수면곡선 계산법 등)만으로는 자연하천의 불규칙한 단면형상과 수로의 만곡 때문에 신빙성 있는 예측이 불가능하므로 개수로의 수리모형실험으로 보다 정확한 해석을 하게 된다.

개수로 수리모형에 있어서 자연하천의 폭은 수심에 비해 매우 크므로 왜곡되지 않은 축척

(모든 방향으로 동일한 축척)으로 모형을 제작하려면 측정을 위해 수심을 어느 수준이상 확보해야 하므로 모형이 너무 커져서 경제적으로 감당하기 힘들게 된다. 만약, 모형을 평면형태를 기준으로 하는 왜곡모형으로 제작하면 수심이 지나치게 작아져서 실험에서 수심차를 측정하기 힘들뿐 아니라 모형의 조도를 맞출 수 없고, 층류(하천에서는 난류)가 흐르고 표면장력이 흐름을 주로 지배하게 되며, 이동상 수로의 경우는 유속이 너무 느려서 하상물질을 전혀 침식하지 못하는 등의 현상이 발생하게 되어 모형에서의 흐름이 하천에서의 흐름특성과 크게 달라지게 된다.

이와 같은 문제점을 해결할 수 있는 한 방법이 바로 **왜곡모형**(歪曲模型, distorted model)으로서 연직축척비 Y_r 을 수평축척비 X_r 보다 훨씬 작게 만드는 것이다. 모형의 축척을 왜곡시키면 횡단면 내에서의 유속분포가 실제와 달라진다든지, 혹은 가파른 측면경사 때문에 측면의 세굴이 실제보다 더 커지는 등의 문제가 발생하는 것은 사실이나 비교적 긴 하천구간에 걸친 수위-유량관계의 예측에 그다지 큰 영향을 미치지는 않는다.

자연하천에서의 흐름은 일반적으로 완전난류상태로 흐르고 흐름에 따른 저항력이 주로 마찰력보다도 와항력(form drag force)에 의한 것이므로 Manning 공식과 같은 경험공식이 적용될 수 있으며 상사법칙에 따라 쓰면

$$V_r = \frac{1}{n_r} R_{hr}^{2/3} S_r^{1/2} \tag{9.53}$$

개수로에 있어서 수평방향의 유속(V)은 수심(Y)의 자승근에 비례하므로 왜곡모형에서의 유속비 V_r 과 시간비 T_r 은 Froude 모형법칙에 따라 각각

$$V_r = \sqrt{Y_r} \tag{9.54}$$

$$T_r = \frac{L_r}{V_r} = \frac{X_r}{Y_r^{1/2}} \tag{9.55}$$

식 (9.53)에 식 (9.54) 및 $S_r = Y_r / X_r$ 을 대입하고 정리하면

$$n_r = \frac{n_p}{n_m} = \frac{R_{hr}^{2/3}}{X_r^{1/2}} \tag{9.56}$$

만약, 원형과 모형수로를 광폭단면수로라 가정하면 $R_h \simeq y$ (수심)이므로 식 (9.56)은

$$n_r = \frac{Y_r^{2/3}}{X_r^{1/2}} \tag{9.57}$$

식 (9.56)의 동수반경비 R_{hr} 은 수평 및 연직축척과 연관되어 있으며, 이 식은 모형의 경사비(Y_r / X_r)가 가용 실험공간에 맞춰 결정된 경우 조도계수비를 결정하는 데 사용할 수 있다. 반대로, 원형과 모형의 조도계수비(n_r)가 선정되었을 때 경사비는 식 (9.53)로부터

$$\frac{Y_r}{X_r} = S_r = \frac{n_r^2 V_r^2}{R_{hr}^{4/3}} = \frac{n_r^2 Y_r}{R_{hr}^{4/3}} \tag{9.58}$$

한편, 원형과 모형에서의 유량비 Q_r은

$$Q_r = A_r V_r = X_r Y_r \sqrt{Y_r} = X_r Y_r^{3/2} \tag{9.59}$$

일반적으로 왜곡개수로모형에 사용되는 연직방향 축척비는 $Y_r < 100$, 수평방향 축척비는 $200 < X_r < 500$ 정도로 하는 것이 보통이며 왜곡도(X_r/Y_r)는 3~6이 보통이다.

고정상 수로모형(fixed-bed model)은 통상 $n = 0.012$ 정도인 시멘트 모르타르(cement mortar)로 제작하며 자연하천 수로의 조도는 대부분 0.030보다 큰 것이 보통이므로 식 (9.56)의 관계에 의한 모형수로의 n 값이 시멘트 모르타르의 조도계수보다 커져야 한다. 따라서, 모형수로의 조도계수를 높이기 위해 시멘트 모르타르 표면 밖으로 자갈이나 철사(鐵絲) 등이 튀어나오게 하거나 혹은 인조 모르타르 블록(mortar block) 등을 군데군데 설치하기도 한다. 이와 같이 모형수로의 조도를 Froude 법칙이 성립되도록 맞추고 나면 원형수로에서의 수위-유량관계가 모형수로에서도 성립하는지를 실측에 의해 검증하는 절차가 필요하게 되며 이를 모형검정(model calibration)이라 한다.

이동상 수로모형(movable-bed model)은 자연하천의 하상에서 나타나는 토사의 세굴, 유송 및 퇴적 등의 현상에 대한 실험을 위해 사용된다. 이와 같은 모형실험에서는 양적인 상사성을 유지한다는 것은 실질적으로 불가능하므로 정성적인 상사성을 얻어 수리현상을 예측한다. 즉, 세굴이나 퇴적의 위치를 파악한다거나 상대적인 크기를 비교 평가하는 목적으로 이루어지게 된다. 모형의 축척에 맞추어 하상재료를 선정한다는 것은 불가능하므로, 흐름이 충분한 소류력을 가져 모형 하상물질을 운반할 수 있도록 연직축척비를 전술한 바와 같이 왜곡시켜야 한다.

이동상 모형에서는 정량적인 상사성을 얻을 수 없으므로, 원형에서 여러 수리현상을 예측하기에 앞서 현장실측에서 이미 알고 있는 원형조건 하의 하상형상을 모형에서 재연시킴으로써 원형과 모형의 수리학적 상사를 확인해야 한다.

예제 9-15

길이 10 km(직선거리 7.1 km)인 하천에서의 홍수류에 대한 실험을 위해 고정상 모형실험을 하고자 한다. 하천의 평수량 300 m³/sec일 때의 평균수심과 하폭은 각각 4 m 및 50 m이며, 조도계수는 0.035, 최대홍수량은 850 m³/sec일 것으로 추정되어 있다. 실험실의 길이가 18 m로 제한되어 있다고 가정하고 적절한 모형수로의 축척을 결정하라. 또한 모형수로의 조도와 최대유량을 결정하라.

풀이 (a) 모형의 축척결정

이 모형에는 Froude 법칙을 적용해야 한다. 최대 평균축척은 실험실의 길이에 따라 결정된다. 즉,

$$X_r = \frac{7,100}{18} = 394$$

따라서, $X_r = 400$ 을 취한다. 왜곡도 $X_r / Y_r = 5$ 로 선택하면

$$Y_r = \frac{400}{5} = 80$$

연직축척비가 80이면 모형에서의 수면곡선경사를 정확하게 측정하는 데 별문제가 없을 것으로 생각된다.

(b) 모형수로에서의 흐름의 난류도검사

평수량 $Q_p = 300\,\mathrm{m^3/sec}$ 일 때 유속은

$$V_p = \frac{300}{4 \times 50} = 1.5\,\mathrm{m/sec}$$

식 (9.54)에 의하면

$$\frac{V_p}{V_m} = V_r = \sqrt{Y_r} \quad \therefore \ V_m = \frac{1.5}{\sqrt{80}} = 0.168\,\mathrm{m/sec}$$

모형에서의 동수반경은

$$R_{hm} = \frac{A_m}{P_m} = \frac{\left(\dfrac{50}{400}\right) \times \left(\dfrac{4}{80}\right)}{\dfrac{50}{400} + 2\left(\dfrac{4}{80}\right)} = \frac{0.00625}{0.2225} = 0.0278\,\mathrm{m}$$

따라서, 물의 동점성계수 $\nu = 1.14 \times 10^{-6}\,\mathrm{m^3/sec}\,(15\,\mathrm{℃})$ 라면 흐름의 Reynolds 수는

$$R_{em} = \frac{V_m R_{hm}}{\nu} = \frac{0.168 \times 0.0278}{1.14 \times 10^{-6}} = 4,097 \gg 500$$

따라서, 모형수로에서의 흐름은 최소유량에서도 난류가 보장되므로 원형에서의 흐름 성질을 그대로 재연할 것이다.

(c) 모형수로의 소요 조도계수 결정

모형에서의 동수반경은

$$R_{hp} = \frac{A_p}{P_p} = \frac{4 \times 50}{50 + 8} = 3.448\,\mathrm{m}$$

식 (9.56)을 사용하면

$$n_r = \frac{n_p}{n_m} = \frac{R_{hr}^{2/3}}{X_r^{1/2}} = \frac{\left(\dfrac{3.448}{0.0278}\right)^{2/3}}{(400)^{1/2}} = 1.244$$

$$\therefore \ n_m = \frac{0.035}{1.244} = 0.028$$

즉, $Q = 300\,\mathrm{m^3/sec}$ 가 흐르는 저수로에 대해서는 $n_m = 0.028$ 이 적당하다.

그러나, $Q = 850\,\mathrm{m^3/sec}$ 로 고수부지를 포함하는 하천단면에 대해서는 식 (9.56)에서 $R_{hr} \simeq Y_r$ 로 놓고 n_m 을 구한다. 즉,

$$n_r = \frac{n_p}{n_m} = \frac{Y_r^{2/3}}{X_r^{1/2}} = \frac{(80)^{2/3}}{(400)^{1/2}} = 0.9283$$

$$\therefore n_m = \frac{0.035}{0.9283} = 0.038$$

따라서, 모형수로의 재료인 시멘트 모르타르에 인공조도를 가하면서 기지의 수면경사와 비교하여 조도를 맞추어야 한다.

(d) 실험실의 최대 소요유량

Froude 모형법칙에 따라 식 (9.59)를 사용하면

$$Q_r = X_r\, Y_r^{3/2} = 400 \times (80)^{3/2} = 286,217$$

$$\therefore Q_m = \frac{850 \times 10^3}{286,217} = 2.97 \, \ell/\sec$$

9.1 기하학적으로 상사인 축척 5 : 1인 개수로 모형에서의 유량이 0.2 m³/sec였다면 원형에서의 유량은 얼마이겠는가?

9.2 냉각용 저수지 내에서의 흐름문제를 조사하기 위하여 축척 10 : 1의 모형을 제작하였다. 원형 화력발전소로부터의 방류량이 200 m³/sec이며 모형에서의 유량은 0.1 m³/sec이다. 원형과 모형의 시간비를 구하라.

9.3 해안구조물에 미치는 파압에 대한 실험을 하기 위해 길이 1 m인 축척 30 : 1의 모형을 제작하였다. 모형실험에서 측정한 파압으로 인한 작용력이 232 g이었다. 만약, 원형과 모형에서의 유속비가 10 : 1이라면 원형구조물의 단위길이당 작용하는 힘은 얼마나 되겠는가?

9.4 수문에 작용하는 모멘트에 관한 실험을 실험실 물탱크에서 축척 125 : 1인 모형을 사용하여 실시한 결과 모형에서 측정한 모멘트는 0.153 kg·m이었다. 원형 수문에 작용하는 모멘트를 구하라.

9.5 축척이 100 : 1인 수문을 사용하여 저수지로부터 물을 방류하는 원형 수문의 성능을 실험하고자 한다. 모형실험에서 물을 완전히 방류하는 데 5분이 걸렸다면 원형 저수지에서는 시간이 얼마나 걸릴 것인가?

9.6 월류형 여수로를 계획유량 1,150 m³/sec, 계획수두 3 m로 하여 길이 100 m로 설계하고자 한다. 원형 여수로의 수리학적 성능을 시험하기 위하여 축척 50 : 1의 모형으로 실험하고자 한다.

    (a) 모형에서의 유량을 결정하라.
    (b) 모형여수로 말단부(toe)에서 측정한 유속이 3 m/sec였다면 원형에서의 대응유속은?
    (c) 원형과 모형의 말단부에서의 Froude 수는?
    (d) 모형여수로의 말단부에 이어서 설치된 버킷형 감세공에 작용하는 힘이 3.5 kg으로 측정되었다면 원형에서의 대응력의 크기는?

9.7 Reynolds 모형법칙을 사용하여 어떤 수리시설의 성능을 모형실험 하고자 한다. 모형의 축척은 5 : 1이고 20℃의 물을 모형에서 흘린다. 모형에서의 수온이 90℃이고 유량이 11.5 m³/sec라면 원형에서의 대응유량은 얼마이겠는가?

9.8 수온 85℃인 물을 송수하는 원형 급수관망에서의 전 손실수두를 결정하기 위해 축척 10 : 1인 모형에 20℃의 물을 흘려 실험하고자 한다. 모형관의 직경이 1 m, 유량이 5 m³/sec일 때 원형관로에서의 유량과 유속을 구하라. 모형실험에서 측정한 전 손실수두를 원형에서의 손실수두로 어떻게 환산할 것인가?

9.9 해수 중에 완전잠수하여 5 m/sec로 항진하는 잠수함을 10 : 1 모형으로 실험할 때 모형의 항진속도를 얼마로 해야 할 것인가? 모형에서도 해수를 사용한다고 가정하라.

9.10 축척 5 : 1인 모형배를 항해속도 6 m/sec인 원형 선박의 설계를 위해 실험하고자 한다. 만약 모형배에서의 마찰항력이 25 kg으로 계산되었다면 원형에서의 대응 마찰항력은 얼마이겠는가? 또 모형배의 속도는 얼마로 해야 할 것인가? 단, 파 저항력은 무시하라.

9.11 공기의 흐름을 측정하기 위한 대형 벤츄리미터의 설계를 위해 축척 5 : 1인 모형 벤츄리미터에 물을 흘려 실험하고자 한다. 모형에서의 유량이 85 ℓ/sec일 때 벤츄리미터의 입구부와 후두부 사이의 압력차가 0.3 kg/cm²로 측정되었다면 원형에서의 대응 압력차는 얼마인가?

9.12 대기 중을 75 m/sec의 속도로 나는 비행기의 성능을 파악하기 위해 축척 6 : 1인 모형비행기를 풍동에서 풍속 460 m/sec로 실험하였다. 관성력과 점성력 및 압축력이 흐름을 지배한다고 할 경우 모형과 원형은 동력학적 상사를 유지하는가? 표준대기 중에서의 음속은 340 m/sec이다.

9.13 길이 300 m인 월류형 여수로의 계획홍수량은 3,600 m³/sec이다. 폭 1 m인 실험실 수로에 축척 20 : 1인 여수로 단면모형을 설치하여 실험한다면 모형에서의 유량을 얼마로 해야 할 것인가? 점성력과 표면장력을 무시하라.

9.14 축척 1000 : 1인 조석(潮汐)모형에서 원형의 성능을 조사하기 위해 실험할 경우 원형에서의 주기 1일에 대응하는 모형에서의 주기를 계산하라.

9.15 최대속도 1 m/sec로 항진할 길이 100 m의 배를 축척 50 : 1인 모형배로 실험할 경우 Reynolds 모형법칙과 Froude 모형법칙에 따라 실험한다면 모형배의 속도를 각각 얼마로 해야 할 것인가?

9.16 연습문제 9.10에서 모형배에 작용하는 파 저항력이 25 kg이고 마찰항력은 무시할 수 있다면 원형에서의 저항력은 얼마이며 모형배의 속도는 얼마로 해야 할 것인가?

9.17 축척 36 : 1인 길이 1 m의 모형방파제에 작용하는 파압으로 인한 작용력이 13 kg으로 측정되었다. 원형방파제의 단위길이당 작용하는 파력을 계산하라.

9.18 계획홍수량 1,130 m³/sec, 허용 최대수두 2.7 m인 높이 60 m, 길이 120 m인 원형 월류형 여수로를 50 : 1의 축척으로 모형실험하고자 한다.

(a) 모형에서의 유량을 구하라.
(b) 모형여수로의 유량계수가 2.10이었다면 원형여수로의 유량계수는?
(c) 모형여수로 말단부에서의 유속이 4.5 m/sec였다면 원형에서의 대응유속은?
(d) 원형과 모형의 여수로 말단부에서의 Froude 수는?
(e) 여수로 말단부에 연결된 버킷형 감세공에 작용하는 힘이 모형에서 20 kg으로 측정되었다면 모형에서의 대응력의 크기는?

9.19 어떤 여수로 아래에 연결시킬 감세공을 수평감세수로와 감세용 부속물로 구성하고자 하며 축척 25 : 1로 모형실험을 하고자 한다. 감세수로의 계획유량은 수로의 단위폭당 2 m³/sec/m이며 도수직전의 유속이 8 m/sec일 때 다음을 계산하라.

(a) 도수직후의 수심
(b) 도수전후의 Froude 수
(c) 수로의 단위폭당 도수로 인한 에너지손실
(d) 수로의 단위폭당 흘릴 모형에서의 유량
(e) 감세용 모형블록에 작용하는 힘이 1 kg으로 측정되었을 때 원형블록에 작용하게 될 힘

9.20 어떤 월류형 여수로와 감세공에 대한 수리모형실험을 하고자 한다. 원형여수로의 길이는 180 m, 계획홍수량은 10 m³/sec/m이고 모형여수로의 길이는 3 m로 하고자 한다.

(a) 모형에서 흘릴 단위폭당 유량은?
(b) 모형여수로에서의 유량계수가 2.0이었다면 원형에서의 값은? 원형여수로의 계획수두의 크기는?
(c) 모형감세공에서의 도수직전 수심이 1.3 cm였다면 원형에서의 도수로 인한 에너지손실은?

9.21 저수지에서의 표면장력현상을 조사하기 위하여 모형실험을 하고자 한다. 모형의 축척을 100 : 1로 할 경우 다음 물리량의 원형과 모형 간의 환산비를 표시하라.

(a) 유량　　　　　　　(b) 에너지　　　　　　(c) 압력　　　　　　(d) 동력

9.22 15℃의 물에서 1.5 m/sec의 속도로 항진하는 길이 100 m인 배를 축척 100 : 1의 모형으로 만들어 토우잉 탱크(towing tank)에 비중 0.9인 유체를 채워 모형배의 실험을 하고자 한다. 점성계수가 얼마인 유체를 선택해야 할 것인가?

9.23 축척 250 : 1인 모형배를 물에 띄워 파 저항력을 측정했더니 1.1 kg이었다. 원형배에서의 대응하는 파 저항력을 구하라.

9.24 길이 1 m인 모형 뗏목을 토우잉 탱크에서 1 m/sec의 속도로 띄워 실험하였다. 모형뗏목의 폭은 10 cm, 흘수는 2 cm이며 원형배의 길이는 150 m이다. Reynolds 수가 50,000 이상일 때 항력계수가 0.25이고 모형뗏목을 끄는 데 소요된 힘이 30 g으로 측정되었다면 원형뗏목의 속도와 끄는 데 소요되는 힘은 얼마이겠는가?

9.25 속도 2.6 m/sec로 움직이는 길이 6 m의 모형배에 작용하는 항력을 측정하였더니 12 kg이었다. 배의 표면 마찰항력계수는 0.00272이고 물과 접촉하는 표면적은 6.5 m²이다.

(a) 모형에서의 표면 마찰항력을 구하라.
(b) 모형에서의 파 저항력을 구하라

9.26 연습문제 9.25에서 모형은 Froude 모형법칙에 따라 실험하며 원형배의 길이를 120 m라 할 때 다음을 구하라.

(a) 원형배의 속도
(b) 원형배에 작용하는 파 저항력
(c) 원형배의 표면마찰항력계수가 0.0018일 때 원형배에 작용하는 항력

9.27 예제 9–08과 같은 하천수로를 모형화하기 위한 야외 수리실험실이 확보되어 있어 실험실 공간은 문제가 되지 않으나 하상재료의 조도계수 $n_m = 0.18$로 하고자 한다. 적절한 모형축척과 이에 상응하는 모형에서의 유속을 결정하라.

9.28 폭이 40 m이고 깊이가 7.5 m인 자연하천수로가 300 m³/sec의 물을 운반하고 있다. 이 하천수로에서의 유사조절을 위한 실험을 위해 연직축척 65 : 1, $n_m = 0.02$인 모형개수로를 제작하였다. 원형에서의 $n_p = 0.03$이라 하고 본 실험의 분석에서 필요한 여러 가지 물리량의 원형과 모형 간의 비를 결정하라.

9.29 하천의 어떤 구간에서의 흐름양상을 조사하기 위하여 축척 100 : 1인 개수로 모형을 제작하였다. 만약 이 하천구간의 $n = 0.025$라면 모형에서의 조도는 얼마로 맞추어 주어야 할 것인가?

9.30 밑변의 폭이 60 m, 수심이 9 m이고 측면경사가 1.5 : 1(수평 : 연직)인 사다리꼴 하천단면을 수평축척 $X_r = 200$, 연직축척 $Y_r = 80$으로 모형화하려 한다. 모형단면의 조도계수가 0.02라면 원형에서의 조도계수는 얼마이겠는가?

9.31 어떤 하천의 홍수위 분석을 위해 개수로 모형을 제작하고자 한다. 하천의 계획홍수량은 3,600 m³/sec이고 모형실험을 위한 최대가용 유량은 120 ℓ/sec이다. 원형과 모형에서의 흐름이 동력학적 상사를 이루도록 하기 위한 왜곡모형의 축척을 결정하라. 수평축척과 연직축척의 비(X_r / Y_r, 왜곡도)는 3으로 하고자 한다.

9.32 수평축척 $X_r = 300$, 연직축척 $Y_r = 75$인 모형개수로의 폭은 1 m, 수심은 5 cm이며, $n_m = 0.012$이고 유량은 500 ℓ/sec이다. 원형에서의 대응하는 유속, 조도계수 및 유량을 계산하라.

9.33 하천경사가 0.0001, 평균수심 2 m, 하폭 70 m, $n = 0.03$, 하천연장 10 km 구간의 개수로 모형을 설계하라.

9.34 감조하구지역에 대한 축척 1,800 : 1의 모형실험을 하고자 한다. 원형하구에서의 시간장경(조석주기) 12.4시간은 모형에서 얼마의 시간에 해당하는가?

9.35 연습문제 9.34의 하구모형(河口模型, estuary model)을 수평축척 3,600 : 1, 연직축척 81 : 1로 제작했다면 모형에서의 조석주기는 얼마나 되겠는가?

9.36 화성(火星)에서의 하천수로 내 물의 흐름과 토사유송을 지구상에서 모형실험에 의해 조사하고자 한다. 화성에서의 중력가속도는 지구에서의 중력가속도의 약 $\dfrac{1}{3}$이며 하천수로는 상당한 폭을 가졌다고 가정한다. 모형수로 내의 수심을 측정가능한 깊이로 유지하기 위해서는 왜곡모형을 쓰지 않을 수 없다. 수평축척을 X_r, 연직축척을 Y_r이라 할 때 다음을 구하라.

(a) 수평방향 유속비
(b) 유량비

- Chow, V.T., *Open Channel Hydraulics*, McGraw-Hill Book Co., Inc., New York, 1959
- Chow, V.T., *Handbook of Applied Hydrology*, McGraw-Hill Book Co., Inc., New York, 1964
- Dake, J.M.K., *Essentials of Engineering Hydraulics*, Macmillan Co., Inc., New York, 1972
- Henderson, F.M., *Open Channel Flow*, Macmillan Co., Inc., New York, 1966
- Hwang, N.H.C., *Fundamentals of Hydraulics Engineering System*, Prentic-Hall, Inc., New Jersey, 1981
- Ministry of Construction, Republic of Korea, *Design Guidelines, Volum 2, Drainage*, Wilbur Smith and Associates, Louis Berger, Inc., 1974
- Morris, H.M. and Wiggert, J.M., *Applied Hydraulics in Engineering*, 2nd Ed., John Wiley & Sons, Inc., New York, 1972
- Olson, R.M., *Essentials of Engineering Fluid Mechanics*, International Textbook Co., Pennsylvania, 1964
- Portland Cement Association, *Handbook of Concrete Culvert Pipe Hydraulics*, Chicago, 1964
- Rouse, H., *Elementary Mechanics of Fluids*, John Wiley & Sons, New York, 1962
- Rouse, H., *Advanced Mechanics of Fluids*, John Wiley & Sons, New York, 1963
- Rouse, H., *Fluid Mechanics for Hydraulic Engineers*, Dover Publication, New York, 1961
- Rouse, H., *Engineering Hydraulics*, John Wiley & Sons, New York, 1950
- Streeter, V.L. and Wylie E.B., *Fluid Mechanics*, 6th Ed., McGraw-Hill Book Co., Inc., 1975
- United Statss Bureau of Reclamation, *Design of Small Dams*, U.S. Government Printing Office, Washington, D.C., 1961
- United Statss Bureau of Reclamation, *Water Measurement Manual*, U.S. Government Printing Office, Washington, D.C., 1967
- Vanoni, V.A., Ed., *Sedimentation Engineering*, ASCE Task Committee, New York, 1975
- Vennard, J.K., *Elmentary Fluid Mechanics*, 4th Ed., John Wiley & Sons, New York, 1961
- Webber, N.B. *Fluid Mechanics for Civil Engineers*, Chapman and Hall, London, 1971
- Yalin, M.S., *Theory of Hydraulic Models*, Macmillan Co., Inc., New York, 1971
- 朴勝德, 流體力學(國際單位版), 螢雪出版社, 1971
- 安守漢, 水理學, 文運堂, 1977
- 安守漢 外 4人, 實用水理計算法, 上卷, 錦文社, 1971
- 尹龍男, 尹泰勳, 李舜鐸, 水理學(I), 基礎遍, 請文閣, 1979

- 尹龍男, <u>水理學 -기초와 응용-</u>, 請文閣, 1987
- 尹在福, 方時桓, 金寬浩, <u>流體力學</u>, 螢雪出版社, 1969
- 崔榮博, 金治弘, 南宣祐, <u>水理學</u>, 光林社, 1982
- 尹龍男, <u>水理學</u>, 敎文社, 2014

부 록

1 주요 상수 및 단위환산표

1. 주요 상수

중력가속도 $g = 9.807 \ \mathrm{m/sec^2}$

$e = 2.7182818285$

$\pi = 3.1415926536$

$\log_{10} e = 0.4342944819$

$\log_e 10 = 2.3025850930$

2. 단위환산표(KS에 준함)

(1) 길이 : 표준단위＝ m(meter : 미터)

미크론(micron)	$1 \, \mu = 1 \, \mu\mathrm{m} = 10^{-6} \ \mathrm{m}$
옹스트롬(Angstrom)	$1 \, \text{Å} = 10^{-10} \ \mathrm{m}$
야드(yard)	$1 \, \mathrm{yd} = 0.9144 \ \mathrm{m}$
피드(feet)	$1 \, \mathrm{ft} = \dfrac{1}{3} \, \mathrm{yd} = 0.3048 \ \mathrm{m}$
인치(inch)	$1 \, \mathrm{in} = \dfrac{1}{36} \, \mathrm{yd} = 0.0254 \ \mathrm{m}$
마일(mile)	$1 \, \mathrm{mi} = 1760 \, \mathrm{yd} = 1609.344 \ \mathrm{m}$
해리(nautical mile)	$1 \, \mathrm{n.mi} = 1852 \ \mathrm{m}$
광년(light year)	$1 \, \mathrm{light \ year} = 9.4614 \times 10^5 \ \mathrm{m}$

(2) 면적 : 표준단위＝ m²(square meter : 제곱미터)

아르(are)	$1 \, \mathrm{a} = 100 \ \mathrm{m^2}$
헥타르(hectare)	$1 \, \mathrm{ha} = 100^4 \ \mathrm{m^2}$
제곱 인치(square inch)	$1 \, \mathrm{in^2} = 0.4516 \times 10^{-4} \ \mathrm{m^2}$
제곱 피트(square feet)	$1 \, \mathrm{ft^2} = 9.290304 \times 10^{-2} \ \mathrm{m^2}$
제곱 야드(square yard)	$1 \, \mathrm{yd^2} = 0.836127 \ \mathrm{m^2}$
제곱 마일(square mile)	$1 \, \mathrm{mi^2} = 2.58999 \ \mathrm{km^2}$
에이커(acre)	$1 \, \mathrm{acre} = 4840 \, \mathrm{yd^2} = 4046.86 \ \mathrm{m^2}$
평	$1 \, 평 = 3.30579 \ \mathrm{m^2}$

(3) 체적 : 표준단위 $= \mathrm{m}^3$(cubic meter : 세제곱미터)

리터(liter) $\qquad\qquad\quad 1\,l = 10^{-3}\,m^3$

세제곱 센티미터 $\qquad\quad 1\,\mathrm{cm}^3 = 10^{-6}\,\mathrm{m}^3$

세제곱 인치 $\qquad\qquad 1\,\mathrm{in}^3 = 16.3871 \times 10^{-6}\,\mathrm{m}^3$

세제곱 피트 $\qquad\qquad 1\,\mathrm{ft}^3 = 28316.8 \times 10^{-6}\,\mathrm{m}^3$

세제곱 야드 $\qquad\qquad 1\,\mathrm{yd}^3 = 0.764555\,\mathrm{m}^3$

갤런(gallon) $\qquad\qquad 1\,\mathrm{gal} = 3.7854 \times 10^{-3}\,\mathrm{m}^3$

에이커·피트(acre‐feet) $\quad 1\,\mathrm{acre}\cdot\mathrm{ft} = 1230\,\mathrm{m}^2$

에스 에프 디(sfd) $\qquad\quad 1\,\mathrm{sft} = 1\,\mathrm{ft}^3/\mathrm{sec}\cdot\mathrm{day} = 2450\,\mathrm{m}^3$

(4) 체적유량 : 표준단위 $= \mathrm{m}^3/\mathrm{sec}$(cubic meter per second)

리터매초(liter per second) $\qquad\qquad 1\,l/\mathrm{sec} = 10^{-3}\,\mathrm{m}^3/\mathrm{sec}$

세제곱피트매초(cubic feet per second) $\;\; 1\,\mathrm{ft}^3/\mathrm{sec} = 1\,\mathrm{cfs} = 2.83168 \times 10^{-2}\,\mathrm{m}^3/\mathrm{sec}$

갤런매초(gallon per second) $\qquad\quad 1\,\mathrm{gal}/\mathrm{sec} = 3.79 \times 10^{-3}\,\mathrm{m}^3/\mathrm{sec} = 327\,\mathrm{m}^3/\mathrm{day}$

갤런매분(gallon per minute) $\qquad\quad 1\,\mathrm{gal}/\mathrm{min} = 1\,\mathrm{gpm} = 63.0905 \times 10^{-6}\,\mathrm{m}^3/\mathrm{sec}$

갤런매일(gallon per day) $\qquad\qquad 1\,\mathrm{gal}/\mathrm{day} = 4.38 \times 10^3\,\mathrm{m}^3/\mathrm{sec}$

에이커·피트매일(acre‐feet per day) $\;\; 1\,\mathrm{acre}\cdot\mathrm{ft}/\mathrm{day} = 0.0143\,\mathrm{m}^3/\mathrm{sec}$

(5) 시간 : 표준단위 $= \mathrm{sec}$(second : 초)

분(minute) $\qquad\qquad 1\,\mathrm{min} = 60\,\mathrm{sec}$

시(hour) $\qquad\qquad\quad 1\,\mathrm{hr} = 3600\,\mathrm{sec}$

일(day) $\qquad\qquad\quad 1\,\mathrm{day} = 24\,\mathrm{hr} = 86400\,\mathrm{sec}$

(6) 질량 : 표준단위 $= \mathrm{kg}$(kilogram : 킬로그램)

그램(gram) $\qquad\qquad 1\,\mathrm{g} = 10^{-3}\,\mathrm{kg}$

그램매세제곱미터* $\qquad 1\,\mathrm{g}/\mathrm{m}^3 = 102.04\,\mathrm{kg}\cdot\mathrm{sec}^2/\mathrm{m}^4$

톤(tonne)* $\qquad\qquad 1\,\mathrm{ton} = 10^3\,\mathrm{kg}$

캐럿(carat) $\qquad\qquad 1\,\mathrm{ct} = 200\,\mathrm{mg} = 2 \times 10^{-4}\,\mathrm{kg}$

파운드(pound) $\qquad\quad 1\,\mathrm{lb} = 0.45359237\,\mathrm{kg}$

슬러그(slug) $\qquad\qquad 1\,\mathrm{slug} = 14.5939\,\mathrm{kg}$

그레인(grain) $\qquad\qquad 1\,\mathrm{gr} = \dfrac{1}{7000}\,\mathrm{lb} = 64.7989\,\mathrm{mg}$

온스(ounce) $\qquad\qquad 1\,\mathrm{oz} = \dfrac{1}{16}\,\mathrm{lb} = 28.3495\,\mathrm{g}$

영국톤(ton) $\qquad\qquad 1\,\mathrm{ton} = 2240\,\mathrm{lb} = 1016.05\,\mathrm{kg}$

미국톤(short ton) $\qquad 1\,\mathrm{sh.ton} = 2000\,\mathrm{lb} = 907.185\,\mathrm{kg}$

(주) *미터제에서 사용됨.

(7) 힘 : 표준단위＝ N (Newton : 뉴턴)

뉴턴(Newton)	$1\,\mathrm{N} = 1\,\mathrm{kg} \cdot \mathrm{m/sec^2}$
다인(dyne)	$1\,\mathrm{dyne} = 1\,\mathrm{g} \cdot \mathrm{cm/sec^2} = 10^{-5}\,\mathrm{N}$
킬로그램중(kilogram weight)	$1\,\mathrm{kg}중 = 9.80665\,\mathrm{N}$
파운드중(pound force)	$1\,\mathrm{lbf} = 4.44822\,\mathrm{N}$
파운달(poundal)	$1\,\mathrm{pdl} = 0.138255\,\mathrm{N}$

(8) 에너지, 일 : 표준단위＝ J(joule : 줄)

줄(joule)	$1\,\mathrm{J} = 1\,\mathrm{N} \cdot \mathrm{m}$
에르그(erg)	$1\,\mathrm{erg} = 10^{-7}\,\mathrm{J}$
칼로리(thermochemical calorie)	$1\,\mathrm{cal} = 4.184\,\mathrm{J}$
I.T.칼로리(International steam table calorie)	$1\,\mathrm{cal_{I.T}} = 4.1868\,\mathrm{J}$
킬로와트시(kilowatt – hour)	$1\,\mathrm{kWh} = 3.6 \times 10^6\,\mathrm{J}$
킬로그램중미터(kilogram – meter)	$1\,\mathrm{kgw} \cdot \mathrm{m} = 9.80665\,\mathrm{J}$
피트·파운드중(feet – pound force)	$1\,\mathrm{ft} \cdot \mathrm{lbf} = 1.35582\,\mathrm{J} \times 10^{-7}$
피트·파운달(feet – poundal)	$1\,\mathrm{ft} \cdot \mathrm{pdl} = 0.0421401\,\mathrm{J}$

(9) 중력, 공률 : 표준단위＝ W(watt : 와트)

킬로칼로리매시	$1\,\mathrm{kcal/hr} = 1.16222\,\mathrm{W}$
킬로그램중미터매초	$1\,\mathrm{kgw} \cdot \mathrm{m/sec} = 9.80665\,\mathrm{W} = 0.0133\,\mathrm{HP}$
피트파운드중매초	$1\,\mathrm{ft} \cdot \mathrm{lbf/sec} = 1.35582\,\mathrm{W}$
불마력(metric horse power)	$1\,\mathrm{P.S.} = 75\,\mathrm{kgw} \cdot \mathrm{m/sec} = 735.499\,\mathrm{W}$
영마력(British horse power)	$1\,\mathrm{HP} = 745.7\,\mathrm{W} = 550\,\mathrm{ft} \cdot \mathrm{lbf/sec}$

2 물의 물리적 성질

1. 물의 밀도, ρ (kg·sec^2/m^4)

온도 t℃	0.0	0.1	0.2	0.3	0.4
0	102.0265	102.0272	102.0278	102.0285	102.0292
1	102.0325	102.0331	102.0334	102.0340	102.0344
2	102.0367	102.0370	102.0373	102.0376	102.0379
3	102.0392	102.0394	102.0395	102.0396	102.0397
4	102.0400	102.0400	102.4000	102.0399	102.0399
5	102.0392	102.0390	102.0398	102.0386	102.0383
6	102.0367	102.0364	102.0361	102.0357	102.0354
7	102.0328	102.0323	102.0318	102.0313	102.0308
8	102.0273	102.0267	102.0261	102.0255	102.0248
9	102.0205	102.0198	102.0190	102.0181	102.0173
10	102.0132	102.0113	102.0104	102.0095	102.0086
11	102.0025	102.0015	102.0004	101.9994	101.9982
12	001.9915	101.9903	101.9892	101.8979	101.9867
13	101.9792	101.9778	101.9765	101.9752	101.9739
14	101.9656	101.9642	101.9627	101.9613	101.9599
15	101.9509	101.9493	101.9477	101.9462	101.9447
16	101.9349	101.9333	101.9316	101.9299	101.9283
17	101.9178	101.9161	101.9143	101.9124	101.9107
18	101.8996	101.8977	101.8758	101.8940	101.8920
19	101.8803	101.8783	101.8763	101.8773	101.8722
20	101.8598	101.8577	101.8556	101.8535	101.8513
21	101.8383	101.8361	101.8339	101.8316	101.8294
22	101.8157	101.8134	101.8110	101.8088	101.8063
23	101.7920	101.7897	101.7872	101.7848	101.7823
24	101.7674	101.7649	101.7623	101.7598	101.7572
25	101.7417	101.7391	101.7365	101.7339	101.7312
26	101.7151	101.7123	101.7096	101.7069	101.7042
27	101.6874	101.6847	101.6818	101.6760	101.6761
28	101.6589	101.6560	101.6530	101.6501	101.6472
29	101.6294	101.6264	101.6234	101.6204	101.6173
30	101.5990	101.5959	101.5927	101.5897	101.5865

(계속)

(앞에서 계속)

온도 t℃	0.5	0.6	0.7	0.8	0.9
0	102.0298	102.0303	102.0309	102.0314	102.0320
1	102.0348	102.0352	102.0356	102.0360	102.0364
2	102.0381	102.0383	102.0387	102.0389	102.0391
3	102.0398	102.0399	102.0399	102.0400	102.0400
4	102.0398	102.0397	102.0396	102.0395	102.0393
5	102.0381	102.0379	102.0376	102.0373	102.0370
6	102.0350	102.0346	102.0342	102.0338	102.0332
7	102.0303	102.0297	102.0292	102.0285	102.0279
8	102.0242	102.0235	102.0227	102.0220	102.0213
9	102.0165	102.0157	102.0149	102.0141	102.0132
10	102.0076	102.0066	102.0056	102.0046	102.0036
11	101.9971	101.9961	101.9950	101.9940	101.9926
12	101.9855	101.9843	101.9830	101.9817	101.9805
13	101.9725	101.9712	101.9698	101.9685	101.9670
14	101.9584	101.9569	101.9554	101.9539	101.9524
15	101.9430	101.9414	101.9398	101.9382	101.9365
16	101.9265	101.9248	101.9230	101.9213	101.9186
17	101.9089	101.9070	101.9052	101.9034	101.9015
18	101.8901	101.8882	101.8862	101.8843	101.8822
19	101.8702	101.8681	101.8661	101.8640	101.8619
20	101.8492	101.8470	101.8449	101.8426	101.8405
21	101.8271	101.8249	101.8225	101.8203	101.8179
22	101.8040	101.8016	101.7993	101.7968	101.7945
23	101.7799	101.7773	101.7749	101.7724	101.7699
24	101.7547	101.7521	101.7496	101.7469	101.7444
25	101.7286	101.7258	101.7231	101.7205	101.7177
26	101.7014	101.6987	101.6958	101.6931	101.6903
27	101.6732	101.6713	101.6675	101.6647	101.6618
28	101.6443	101.6413	101.6384	101.6354	101.6323
29	101.6143	101.6112	101.6082	101.6051	101.6015
30	101.5835	101.5803	101.5771	101.5740	101.5708

2. 물의 동점성계수, ν (10^{-6} m^2/sec)

온도 t℃	0.0	0.1	0.2	0.3	0.4	0.5	0.6	0.7	0.8	0.9
0	1.792	1.786	1.780	1.774	1.768	1.761	1.755	1.749	1.743	1.737
1	1.731	1.725	1.719	1.713	1.707	1.701	1.696	1.690	1.684	1.679
2	1.673	1.667	1.661	1.655	1.650	1.645	1.639	1.634	1.629	1.624
3	1.619	1.613	1.603	1.608	1.598	1.592	1.582	1.577	1.572	1.572
4	1.567	1.562	1.557	1.552	1.542	1.537	1.537	1.533	1.528	1.524
5	1.519	1.515	1.510	1.505	1.500	1.496	1.491	1.478	1.482	1.477
6	1.473	1.468	1.464	1.459	1.455	1.451	1.446	1.442	1.438	1.433
7	1.428	1.424	1.420	1.416	1.412	1.408	1.403	1.399	1.395	1.391
8	1.386	1.383	1.379	1.375	1.371	1.367	1.363	1.359	1.355	1.351
9	1.346	1.342	1.339	1.335	1.331	1.327	1.323	1.319	1.315	1.311
10	1.308	1.304	1.300	1.296	1.293	1.289	1.285	1.282	1.278	1.274
11	1.271	1.267	1.264	1.260	1.256	1.253	1.250	1.246	1.243	1.240
12	1.237	1.233	1.230	1.226	1.223	1.220	1.217	1.214	1.211	1.207
13	1.204	1.201	1.198	1.194	1.191	1.185	1.182	1.178	1.175	1.175
14	1.172	1.169	1.166	1.162	1.159	1.156	1.153	1.150	1.147	1.144
15	1.141	1.138	1.135	1.132	1.129	1.126	1.123	1.120	1.117	1.115
16	1.112	1.109	1.106	1.103	1.100	1.098	1.095	1.092	1.089	1.063
17	1.084	1.081	1.078	1.075	1.072	1.069	1.067	1.065	1.062	1.059
18	1.057	1.055	1.053	1.050	1.047	1.045	1.042	1.040	1.037	1.035
19	1.032	1.029	1.260	1.024	1.022	1.019	1.017	1.014	1.012	1.009
20	1.007	1.004	1.002	1.000	0.997	0.995	0.993	0.990	0.988	0.986
21	0.983	0.981	0.978	0.976	0.974	0.972	0.969	0.967	0.964	0.962
22	0.960	0.958	0.955	0.953	0.951	0.949	0.947	0.945	0.942	0.940
23	0.938	0.936	0.934	0.932	0.929	0.927	0.925	0.923	0.921	0.919
24	0.917	0.915	0.913	0.911	0.909	0.907	0.905	0.903	0.901	0.899
25	0.897	0.895	0.893	0.893	0.891	0.889	0.887	0.885	0.883	0.879
26	0.877	0.875	0.873	0.871	0.869	0.867	0.866	0.864	0.862	0.860
27	0.858	0.856	0.854	0.852	0.850	0.848	0.846	0.845	0.843	0.841
28	0.839	0.837	0.835	0.833	0.832	0.830	0.828	0.826	0.825	0.823
29	0.821	0.819	0.818	0.816	0.814	0.813	0.811	0.809	0.808	0.806
30	0.804	0.803	0.801	0.799	0.798	0.796	0.794	0.793	0.791	0.790

(주) 물의 점성계수, μ = 물의 밀도(ρ)×물의 동점성계수(ν) = $\rho\nu$

3. 공기와 접하는 물의 표면장력, σ (dyne/cm)

t ℃	0	5	10	15	16	17	18	19
표면장력	75.64	74.92	74.22	73.49	73.34	73.19	73.05	72.90

t ℃	20	21	22	23	24	25	30	–
표면장력	72.75	72.59	72.44	72.28	72.13	72.97	71.18	–

3 면적 및 체적의 특성

명 칭	형 태	면적 또는 체적	도심의 위치	단면 2차 모멘트
사각형		bh	$y = \dfrac{h}{2}$	$I_c = \dfrac{bh^3}{12}$
삼각형		$\dfrac{bh}{2}$	$y_c = \dfrac{h}{3}$	$I_c = \dfrac{bh^3}{36}$
원 형		$\dfrac{\pi d^2}{4}$	$y_c = \dfrac{d}{2}$	$I_c = \dfrac{\pi d^3}{64}$
반원형		$\dfrac{\pi d^2}{8}$	$y_c = \dfrac{4r}{3\pi}$	$I = \dfrac{\pi d^4}{128}$
타원형		$\dfrac{\pi d h}{4}$	$y_c = \dfrac{h}{2}$	$I_c = \dfrac{\pi d h^3}{64}$
반타원형		$\dfrac{\pi d h}{4}$	$y_c = \dfrac{4h}{3\pi}$	$I = \dfrac{\pi d h^3}{16}$
포물선형		$\dfrac{2}{3}bh$	$y_c = \dfrac{3h}{5}$ $x_c = \dfrac{3b}{8}$	$I = \dfrac{2bh^3}{7}$
원통형		$\dfrac{\pi d^2 h}{4}$	$y_c = \dfrac{h}{2}$	
원추형		$\dfrac{1}{3}\left(\dfrac{\pi d^2 h}{4}\right)$	$y_c = \dfrac{h}{4}$	
포물선회전체형		$\dfrac{1}{2}\left(\dfrac{\pi d^2 h}{4}\right)$	$y_c = \dfrac{h}{3}$	
구 형		$\dfrac{\pi d^3}{6}$	$y_c = \dfrac{d}{2}$	
반구형		$\dfrac{\pi d^3}{12}$	$y_c = \dfrac{3r}{8}$	

4 관경에 따른 Manning의 *n*값과 Darcy의 *f*값 간의 관계

$$f = \left(\frac{124.5n^2}{d^{1/3}} \right), \ (d \ \text{단위} : m)$$

d(mm) \ n	0.010	0.011	0.012	0.013	0.014	0.015	0.016	0.017	0.018	0.019	0.020
10	0.0578	0.0699	0.0832	0.0976	0.1132	0.1300	0.1479	0.1670	0.1872	0.2086	0.2311
20	459	555	660	775	0.0896	1032	0.1174	1325	1486	1655	1834
30	401	485	577	677	785	0.0901	0.1025	1157	1298	1446	1602
40	366	443	527	619	717	824	0.0937	1058	1186	1321	1464
50	338	409	486	571	662	760	865	0976	1094	1219	1351
60	0.0318	0.0385	0.0458	0.0537	0.0623	0.0715	0.0715	0.0814	0.0918	0.1030	0.1247
70	302	365	435	510	592	680	773	873	978	1090	1208
80	289	349	416	488	566	650	739	835	936	1043	1155
90	278	336	400	469	544	625	711	803	900	1003	1111
100	268	324	386	453	555	603	686	775	869	0968	1072
150	0.0234	0.0283	0.0337	0.0396	0.0459	0.0527	0.0600	0.0677	0.0759	0.0846	0.0937
200	213	257	306	360	417	479	545	615	689	768	851
250	198	239	284	334	387	444	506	571	640	713	790
300	186	225	268	314	364	418	476	537	602	671	744
350	177	214	254	298	346	397	452	510	571	638	706
400	169	204	243	285	330	379	432	489	546	609	674
450	162	197	134	274	318	365	419	469	526	586	650
500	157	190	226	265	307	353	401	453	508	566	627
600	0.0148	0.0179	0.0213	0.0249	0.0289	0.0332	0.0378	0.0427	0.0478	0.0533	0.0590
700	140	170	202	237	275	315	359	405	454	506	660
800	134	162	193	226	263	302	343	387	434	484	536
900	129	156	186	218	353	290	330	373	418	465	516
1,000	124	151	179	214	244	280	318	360	403	449	498
1,500	109	132	157	184	213	245	278	314	352	393	435
2,000	0.0099	0.0120	0.0142	0.0167	0.0194	0.0222	0.0253	0.0285	0.0320	0.0357	0.0395
2,500	092	111	132	155	180	206	235	265	297	331	367
3,000	086	104	124	146	169	191	221	249	280	312	345
3,500	082	099	118	139	164	184	210	237	266	296	328
4,000	078	095	115	133	154	177	201	227	254	283	314
4,500	075	091	109	127	148	170	193	218	244	272	302
5,000	073	088	105	123	143	164	186	210	236	263	291
6,000	069	083	099	116	134	154	175	198	222	247	274
7,000	065	079	094	110	128	146	167	188	211	235	260
8,000	062	075	090	105	122	140	159	180	202	225	249
9,000	060	072	086	101	117	135	153	173	194	216	239
10,000	058	070	083	098	113	130	148	167	187	209	231

찾아보기

저자약력

| 윤용남 |

학 력

1959. 2.~1963. 2.	육군사관학교 졸업, 이학사
1965. 2.~1967. 2.	미국 University of Illinois 대학원, 공학석사(수공학)
1968. 9.~1970. 9.	미국 University of Illinois 대학원, 공학박사(수공학)

경 력

1971. 2. ~ 1982. 8.	육군사관학교 교수부 토목공학과, 조교수, 부교수, 교수
1983. 9. ~ 2006. 2.	고려대학교 토목·환경공학과 교수
1994. 5. ~ 2006. 2.	고려대학교 방재과학기술연구센터 소장
1996. 6. ~ 1998. 6.	고려대학교 대학본부 관리처장
1986. 9. ~ 1988. 2.	한국건설기술연구원 원장(제2대)
1999. 3. ~ 2001. 2.	한국수자원공사 비 상임이사
2002.11. ~ 2003. 4.	국무총리실 수해방지대책기획단 민간위원장
2006. 3. ~ 2010. 12.	(주)삼안 상임고문
2011. 1. ~ 현재	(주)이산 상임고문

학술단체경력

1999. 3. ~ 2001. 2.	한국수자원학회 회장
2002. 2. ~ 2004. 2.	한국물학술단체연합회 회장
2002. 2. ~ 2004. 5.	한국방재협회 회장
1999. 3. ~ 2001. 2.	한국대댐회 부회장
1995. 5. ~ 1997. 2.	대한토목학회 부회장
2004. 5. ~ 2007. 6.	국제대댐회(ICOLD) 부총재
2004. 7. ~ 2007. 8.	아세아 – 대양주 지구과학회(AOGS) 수문과학부문 회장
2005. 5. ~ 2008. 2.	한국방재협회 명예회장
2007.10. ~ 2009. 5.	한국자연재해저감산업협회 회장
2010. 1. ~ 현재	한국수자원학회 원로회의 의장

수 상

• 정부포상

보국훈장 삼일장(1980), 대통령 표창(1980), 국민훈장 동백장(2000), 옥조근정훈장(2006)

• 학술단체 포상

대한토목학회 논문상(1979), 한국수문학회 학술상(1981), 대한토목학회 학술상(1986), 한국대댐회 학술상(1992), 한국수자원학회 학술상(1994), 대한토목학회 공로상(1997), 국제 물과학·공학회(ICHE) 특별봉사상(2000), 일본수문수자원학회(JSHWR) 국제상(2002), 국제대댐회(ICOLD) 명예 회원상(2003), 한국방재협회 공로상(2005), 한국대댐회 공로상(2010)

저 서

토목공학개론(공저, 청문각, 1973), 수문학(태창출판사, 1974), 수문학 – 기초와 응용 – (청문각, 1976), 수리학 – 기초편 – (공저, 청문각, 1979), 기초수리실험법(청문각, 1980), 확률의 기초개념(공동번역, 형설출판사, 1981), 수리학 – 기초와 응용 – (청문각, 1984), 공업수문학(청문각, 1987), 수문학 – 기초와 응용 – (청문각, 2007), 기초수문학(청문각, 2008)

| 안재현 |

학 력

1987.3~1994.2	고려대학교 토목공학과, 공학사
1994.3~1996.2	고려대학교 대학원 토목환경공학과, 공학석사(수공학)
1997.3~2001.2	고려대학교 대학원 토목환경공학과, 공학박사(수공학)

경 력

1996.5~1997.2	(주)두산엔지니어링 수자원부
1997.3~2001.2	고려대학교 부설 방재과학기술연구센터
2001.2~2002.2	(주)건일엔지니어링 수자원부
2002.3~현재	서경대학교 토목건축공학과 교수

학술단체경력

2013.1~현재	한국수자원학회 이사
2017.3~현재	한국국민안전산업협회 부회장
2020.3~현재	한국방재협회 부회장

수 상

• 정부포상
  소방방재청장 표창(2006), 행정안전부장관 표창(2011), 대통령 표창(2017)

• 학술단체 포상
  한국수자원학회 논문상(2019), 한국수자원학회 학술상(2020)

저 서

방재사전(공저, R&D프레스, 2010), 물위를 걸어온 과학자들(공저, 한티미디어, 2012), 재난관리론(공역, 북코리아, 2016), 재난복구론(공역, 북코리아, 2018), 방재기사(공저, 북코리아, 2019)

| 김태웅 |

학 력
1991.3~1997.2	고려대학교 토목환경공학과, 공학사
1997.3~1999.2	고려대학교 대학원 토목환경공학과, 공학석사
1999.9~2003.12	The University of Arizona, Civil Engineering and Engineering Mechanics, 공학박사

경 력
2004.2~2005.2	미국 National Park Service, South Floirida Ecosystem Office, 박사후연구원
2011.1~2012.2	미국 University of Tennessee, Institute for a Secure and Sustainable Environment, 방문교수
2005.3~현재	한양대학교(ERICA) 건설환경공학과 교수

학술단체경력
2018.1~현재	대한토목학회 이사
2019.1~현재	한국수자원학회 이사
2018.1~현재	한국습지학회 이사

수 상
• 정부포상
  소방방재청장 표창(2014), 국토교통부장관 표창(2016), 환경부장관 표창(2018)
• 학술단체 포상
  한국수자원학회 논문상(2017), 한국수자원학회 올해의논문상(2017),
  한국과학기술단체총연합회 과학기술우수논문상(2013, 2020),
  한양대학교 우수연구자상(2018), 한양대학교 강의우수교원(2007, 2013)

저 서
물위를 걸어온 과학자들(공저, 한티미디어, 2012), 재해분석론(공역, 북코리아, 2016), 재난관리론(공역, 북코리아, 2016), 재난관리 및 대응사례 연구(공역, 북코리아, 2017), 재난복구론(공역, 북코리아, 2018), 방재기사(공저, 북코리아, 2019), 방재학(공저, 구미서관, 2017), 내일을 설계하고 미래를 건설한다(공저, 대한토목학회, 2015)

수공구조물 공학설계를 위한
수문학·수리학

2021년 2월 15일 초판 인쇄
2021년 2월 19일 초판 발행
등록번호 1960. 10. 28. 제406-2006-000035호
ISBN 978-89-363-2118-5 (93530)

값 33,000원

지은이

윤용남 · 안재현 · 김태웅

펴낸이

류원식

편집팀장

모은영

책임진행

김선형

디자인

신나리

펴낸곳

교문사

10881, 경기도 파주시 문발로 116

문의

TEL 031-955-6111
FAX 031-955-0955
www.gyomoon.com
e-mail. genie@gyomoon.com